建筑设备（第4版）

主　编　董羽蕙

副主编　王成芬　陈　卫

重庆大学出版社

内容提要

本书主要介绍建筑物内部的设备，包括建筑给水排水工程，建筑采暖、通风及空气调节，建筑供电及防雷、建筑电气照明，智能建筑及综合布线与建筑监控管理系统，建筑设备管道综合布置与敷设所需的基础理论知识和基本概念、方法。全书采用新颁布的技术规范和规程编写。

本书可作为高等学校土木工程专业教材，也可作为相关专业的工程技术人员参考用书。

图书在版编目(CIP)数据

建筑设备 / 董羽蕙主编. -- 4版. -- 重庆 ：重庆大学出版社，2017.8(2021.1 重印)

高等学校土木工程本科规划教材

ISBN 978-7-5689-0767-5

Ⅰ. ①建… Ⅱ. ①董… Ⅲ. ①建筑设备—高等学校—教材 Ⅳ. ①TU8

中国版本图书馆 CIP 数据核字(2017)第 203850 号

建筑设备

(第4版)

主 编 董羽蕙

副主编 王成芬 陈 卫

策划编辑：曾令维

责任编辑：文 鹏 姜 凤 版式设计：曾令维

责任校对：陈 力 责任印制：张 策

*

重庆大学出版社出版发行

出版人：饶帮华

社址：重庆市沙坪坝区大学城西路21号

邮编：401331

电话：(023) 88617190 88617185(中小学)

传真：(023) 88617186 88617166

网址：http://www.cqup.com.cn

邮箱：fxk@cqup.com.cn (营销中心)

全国新华书店经销

重庆升光电力印务有限公司印刷

*

开本：787mm×1092mm 1/16 印张：28.5 字数：676千

2002年5月第1版 2017年8月第4版 2021年1月第21次印刷

印数：59 501—61 500

ISBN 978-7-5689-0767-5 定价：59.00元

第4版前言

随着科学技术的发展，建筑业也在快速地发展。近年来，我国人民生活水平不断提高，对建筑设备工程的标准、质量、功能等提出了更高的要求。为此，要求从事建筑设计、施工和管理工作的人员必须进一步掌握有关建筑设备的基本技术知识和技能。本书在习近平新时代中国特色社会主义思想指导下，落实“新工科”建设新要求，本着高等学校的教学必须顺应时代发展的要求，编写了这本能较全面地反映当前建筑领域设备内容的教材。

本书主要介绍建筑物内部的设备，包括建筑给水排水工程，建筑采暖、通风及空气调节，建筑供电及防雷、建筑电气照明，智能建筑及综合布线与建筑监控管理系统，建筑设备管道综合布置与敷设等内容。书中阐述了上述专业内容方面的基础理论知识和基本概念、方法；介绍建筑设备各工种之间以及与建筑之间的关系，设备工程的设计基本要求，建筑设备中管线综合布置与敷设的原则，设备各工种与建筑设计相协调的设计要求。本书第4版是根据现行规范对原书进行修订，介绍了建筑设备各工种领域中新颁布的技术规范和规程，以及有关建筑设备工程设计计算方法的基本知识。

由于本书所涉及的内容广，编者水平有限，因此本书在内容取舍、叙述深度、体系组织、例题安排等方面都会存在不足。恳请使用本书的师生提出意见和批评，以利于本书质量的提高。

建筑设备第1版(2002年5月)：董羽蕙主编。参编人员及编写内容如下：

董羽蕙　第1章，第2章，第9章，第12章，第13章，第14章；

龚明树　第4章，第6章；

王成芬　第5章；

蒋国秀　第7章，第8章；

周　明　第3章，第10章，第11章。

建筑设备第 2 版(2004 年 12 月):董羽蕙主编。参加修编人员以及修编内容如下:

董羽蕙　第 1 章,第 2 章,第 3 章,第 9 章,第 11 章,第 12 章,第 13 章,第 14 章;

王成芬　第 4 章,第 5 章,第 6 章;

蒋国秀　第 7 章,第 8 章;

彭仁行　第 10 章。

建筑设备第 3 版(2012 年 8 月):董羽蕙主编。参加修编人员以及修编内容如下:

董羽蕙　第 1 章,第 2 章,第 3 章,第 9 章,第 12 章,第 13 章,第 14 章;

王成芬　第 4 章,第 5 章,第 6 章;

蒋国秀　第 7 章,第 8 章;

周　明　第 10 章;第 11 章。

建筑设备第 4 版(2017 年 5 月)董羽蕙主编,王成芬、陈卫副主编。参加修编人员以及修编内容如下:

董羽蕙　第 8 章,第 10 章,第 11 章,第 12 章;

王成芬　第 2 章,第 3 章,第 4 章;

蒋国秀　第 5 章,第 6 章;

陈　卫　第 1 章,第 7 章,第 9 章。

编　者

2017 年 6 月

目录

第1篇　建筑设备技术基础知识

第2篇　建筑给水排水工程

第 3 篇　建筑采暖、通风及空气调节

第 4 篇　建筑电气

第 1 篇 建筑设备技术基础知识

第 1 章 建筑设备技术基础理论

1.1 流体力学基础知识

物质通常是以固体、液体和气体中的一种形式出现的。流体是液体和气体的统称,宏观地研究流体受力和运动的规律以及这些规律在工程技术中的应用的科学称为流体力学,它是力学的一个重要分支。

1.1.1 流体的物理属性

(1)流体

流体可承受压力,几乎不能承受拉力,且抗剪切能力也极弱。

(2)易流性

在极小剪切力的作用下,流体就将产生无休止的(连续的)剪切变形(流动),直到剪切力消失为止。如水在江河中流动,燃气在管道中输送,空气从喷嘴喷出等,都表现流体具有易流动性。因此,流体没有一定的形状。

(3)液体和气体

气体远比液体具有更大的流动性。气体在外力作用下表现出很大的可压缩性。

1.1.2 流体的主要物理性质

(1)密度和容重

流体也具有质量和重量,工程上分别用密度 ρ 和容重 γ 表示。对于均质流体,单位体积的质量称为流体的密度 ρ;作用于单位体积流体的重量称为容重 γ,其计算关系为:

$$\rho = \frac{M}{V} \tag{1.1}$$

$$\gamma = \frac{G}{V} \tag{1.2}$$

根据牛顿第二定律:$G = Mg$,则有

$$\gamma = \frac{G}{V} = \frac{Mg}{V} = \rho g \tag{1.3}$$

式中 M——流体的质量,kg;

V——流体的体积,m^3;

G——流体的重量,N;

g——重力加速度,$g = 9.807\ m/s^2$。

流体的密度和容重随外界压力和温度而变化。当压力升高时,流体的密度和容重增加;温度升高时,流体的密度和容重则减小。例如,水在标准大气压和 4 ℃时,$\rho = 1\ 000\ kg/m^3$,$\gamma = 9.81\ kN/m^3$。水银在标准大气压和 0 ℃时,密度和容重是水的 13.6 倍。干空气在温度为 20 ℃、压强为 760 mmHg(101.33 kPa)时,$\rho_a = 1.2\ kg/m^3$;$\gamma_a = 11.80\ N/m^3$。

(2)流体的压缩性和热胀性

流体压强增大、体积缩小的性质,称为流体的压缩性;流体温度升高、体积膨胀的性质,称为流体的热胀性。在这两种性质上,液体和气体的差别很大,因此分别进行介绍。

1)液体的压缩性和热胀性

①液体的压缩性。在某一温度和压力下,液体单位内压力升高所引的体积相对减少值,称为该温度和压力下液体的体积压缩率 k,其计算公式为:

$$k = -\frac{1}{V}\frac{dV}{dp} \tag{1.4}$$

式中 dp——压力的增值;

V——液体原来的体积;

dV——液体体积的变化。

由式(1.4)可知,k 值越大,液体的压缩性越大。工程中,常用液体的体积模量 K 来表示液体的压缩性,其计算公式为:

$$K = \frac{1}{k} \tag{1.4a}$$

由式(1.4a)可知,K 值越大,液体越不易压缩。

②液体的热胀性。在某一压力和温度下,液体的温度升高1 ℃对所引起的体积相对变化值称为该温度和压力下液体的体积膨胀系数 α_V,其计算公式为:

$$\alpha_V = \frac{1}{V}\frac{dV}{dT} \tag{1.5}$$

式中　dT——温度的增值;

V——液体升温前的体积;

dV——温升引起的液体体积变化。

通常液体的体积压缩性和体积膨胀系数都很小,因此,在很多工程技术领域中忽略密度变化所带来的误差。例如,在建筑设备工程技术中,除管中水击和热水循环系统等外,一般不考虑液体的压缩性和热胀性,这种理想的液体称为不可压缩性液体。

2)气体的压缩性和热胀性

气体具有显著的压缩性和热胀性,从物理学中已知:

①理想气体状态方程。适用于气体在温度不过低,压强不过高时。

$$\frac{p}{\rho} = RT \tag{1.6}$$

式中　p——气体的绝对压强,N/m²;

ρ——气体的密度,kg/m³;

T——气体的绝对温度,K;

R——气体常数,J/(kg·K)。

R 的物理意义是:1 kg质量的气体在定压下,加热升高1 ℃时所做的膨胀功。对于空气,$R=287$;对于其他气体,$R=\frac{8\ 314}{N}$,N 为该气体的分子量。

②等温过程。气体状态变化过程中,温度保持不变的情况。式(1.6)可写为:

$$\frac{p}{\rho} = \frac{p_0}{\rho_0} = C(\text{常数}) \tag{1.7}$$

式(1.7)表明,密度与压强成正比关系变化,即波义耳定律。

对于气体状态变化缓慢或气流速度较低时,气体与外界能进行充分的热交换,视为与外界温度相等,即可按等温过程处理。例如,缓变充气或排气时储气缸中气体就是缓慢压缩或缓慢膨胀过程,均可视为等温过程。

③等压过程。气体状态变化过程中,压强保持不变的情况。式(1.6)可写为:

$$\rho = \rho_0\frac{T_0}{T_0 + t}\text{或}\gamma = \frac{\gamma_0}{1 + \beta t} \tag{1.8}$$

式中　$\beta=\frac{1}{273}$,是气体的体积膨胀系数。

式(1.8)表明,在等压过程中,密度与温度成反比关系变化,即盖·吕萨克定律。

④绝热过程。气体状态变化过程中,与外界没有热交换的情况。绝热方程为:

$$\frac{p}{\rho^k} = \frac{p_0}{\rho_0^k} = C(\text{常数})$$

或

$$\rho = \rho_0 \left(\frac{p}{p_0}\right)^{\frac{1}{k}}, \gamma = \gamma_0 \left(\frac{p}{p_0}\right)^{\frac{1}{k}} \tag{1.9}$$

式中 k——绝热指数,是定压比热 C_p 与定容比热 C_v 的比值。对于空气,$k=1.4$。

例如,有的气动设备,进、排气过程进行得很快,气体来不及与外界进行热交换,这类问题即可按绝热过程对待。

⑤多变过程。多变过程方程为:

$$\frac{p}{\rho^n} = C(\text{常数}) \tag{1.10}$$

式中 n——多变指数。

当 $1<n<k$ 时,气体为不完全冷却下的压缩,或不完全加热下的膨胀;当 $n>k$ 时,相当于气体被冷却压缩或被加热膨胀。如水冷式压气机所压缩的气体属于 $n<k$ 的多变过程;其他小型鼓风机,则属于 $n>k$ 的多变过程。

在流体运动的分类中,把速度较低的(远小于音速)的气体,若压强和温度在流动过程中变化较小,密度可视为常数,称为不可压缩气体。而流动过程中密度变化增大(当速度等于50 m/s时),密度变化为1%,也可以当作不可压缩气体对待;反之,把流速较高(接近或超过音速)的气体,ρ 不能视为常数,称为可压缩气体。

综合上述为流体的各项主要物理性能,当流体速度较低,流动过程中密度变化不大(可视为常数),这种液体和气体可认为是不可压缩的流体。

在研究流体运动规律中,把流体看成是全部充满的、内部无任何空隙的质点所组成的连续体。研究单元的质点,也认为是由无数分子所组成,具有一定体积和质量。这样,不仅从客观上摆脱了分子运动的研究,而且能运用数学的连续函数工具,分析流体运动规律。

(3)流体的黏滞性

流体不能承受剪力,但不同的流体在相同的剪切力作用下其变形的速度是不同的,也就是不同的流体抵抗剪切力的能力不同,这种能力称为流体的黏性。

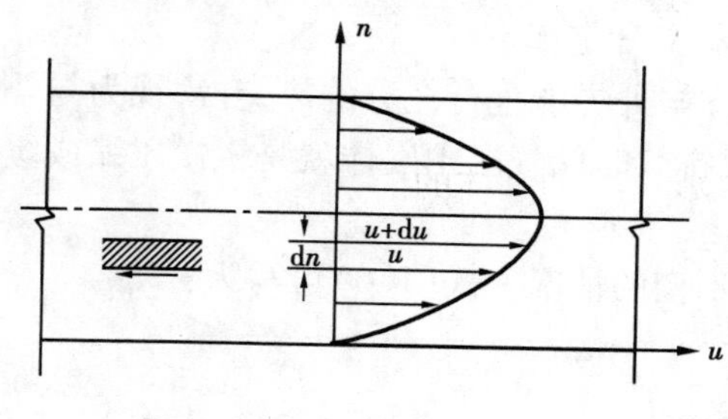

图1.1 管道中断面流速分布

用流速仪测出实验管道中某一断面的流速分布。分析发现流体沿管道直径方向流速不同,并按某种曲线规律连续变化,管轴心的流速最大,向着管壁的方向递减,直到管壁处的流速为零,如图1.1所示。

取流速方向的坐标为 u,垂直流速方向的坐标为 n,若令水流中某一流层的速度为 u,则与其相邻的流层为 $u+\mathrm{d}u$,$\mathrm{d}u$ 为相邻两流层的速度增值。令流层厚度为 dn,沿垂直流速方向单位长度的流速增值$\frac{du}{dn}$,称为流速梯度,由于流体各流层的流速不同,相邻流层间有相对运动,便在接触面上产生一种相互作用的剪切力,这个力称为流体的内摩擦力或称黏滞力。流体在黏滞力作用下,具有抵抗流体的相对运动(或变形)的能力,称为流体的黏滞性。对于静止流体,由于各流层间没有相对运动,黏滞性不显示。

在总结实验的基础上,牛顿首先提出了流体内摩擦力的假说——牛顿内摩擦定律,即流层间的切应力表达式:

$$\tau = \frac{F}{S} = \mu \frac{du}{dn} \tag{1.11}$$

式中　F——内摩擦力,N;

S——摩擦流层的接触面面积,m^2;

μ——与流体种类有关的系数,称为动力黏度,$N \cdot s/m^2$ 或 $Pa \cdot s$;

$\frac{du}{dn}$——流速梯度,表示速度沿垂直于流速方向的变化率,s^{-1}。

流体黏滞性的大小,可用黏度表达。除用动力黏度μ外,工程中常用动力黏度μ和流体密度ρ的比值来表示黏度,称为运动黏度$\nu = \frac{\mu}{\rho}$,单位为 m^2/s,简称斯。黏度是流体的重要属性,它是流体温度和压力的函数。在工程的常用温度和压力范围内,黏度主要根据温度而定,压力的影响不大。水及空气的μ值及ν值见表 1.1 和表 1.2。

表 1.1　水的黏度

t/℃	$\mu \times 10^{-3}$ /Pa·s	$\nu \times 10^{-6}$ /($m^2 \cdot s^{-1}$)	t/℃	$\mu \times 10^{-3}$ /Pa·s	$\nu \times 10^{-6}$ /($m^2 \cdot s^{-1}$)
0	1.792	1.792	40	0.656	0.661
5	1.519	1.519	50	0.549	0.556
10	1.308	1.308	60	0.469	0.477
15	1.140	1.140	70	0.406	0.415
20	1.005	1.007	80	0.357	0.367
25	0.894	0.897	90	0.317	0.328
30	0.801	0.804	100	0.284	0.296

流体的黏滞性对流体运动有很大影响,使ν不断损耗运动流体的能量。因此,它是实际工程水力计算中必须考虑的一个重要问题,将在后面有关部分讨论。

表 1.2　一个大气压下空气的黏度

t/℃	$\mu \times 10^{-3}$ /Pa·s	$\nu \times 10^{-6}$ /($m^2 \cdot s^{-1}$)	t/℃	$\mu \times 10^{-3}$ /Pa·s	$\nu \times 10^{-6}$ /($m^2 \cdot s^{-1}$)
-20	0.016 6	11.9	10	0.017 8	14.7
0	0.017 2	13.7	20	0.018 3	15.7

续表

t/℃	$\mu\times10^{-3}$ /Pa·s	$\nu\times10^{-6}$ /($m^2\cdot s^{-1}$)	t/℃	$\mu\times10^{-3}$ /Pa·s	$\nu\times10^{-6}$ /($m^2\cdot s^{-1}$)
30	0.018 7	16.6	90	0.021 6	22.9
40	0.019 2	17.6	100	0.021 8	25.8
50	0.019 6	18.6	150	0.023 9	29.6
60	0.020 1	19.6	200	0.025 9	35.8
70	0.020 4	20.5	250	0.028 0	42.8
80	0.021 0	21.7	300	0.029 8	49.9

综上所述，建筑设备工程中的水、气流体，流速在大多情况下均较低，密度在流动过程中变化不大，密度可视为常数，一般将其认为是一种易于流动的，具有黏滞性的和不可压缩的流体。

1.1.3 流体运动的参数、分类和模型

(1)流体运动的主要物理参数

1)压力 P 和压强

理想流体之间相互的作用力是以压力表达。单位面积上的压力称为压强。流体运动时的压强称为动压强。若流体处于静止(仅有重力作用下)，流体之间相互作用力则称为静压力，单体面积上流体的静压力称为流体的静压强。压强对于理想流体因不考虑其黏滞力，而忽略其切应力，则动压强方向必然垂直指向其所作用的平面，此时与静压强作用方向是相同的。对于实际流体间相互作用的压力，其大小应为动压力与黏滞力形成切应力 τ 的合力。

压强的 3 种量度单位如下：

从压强的基本定义出发，用单位面积上的力表示：国际单位为 N/m^2，以符号 Pa 表示。

用大气压的倍数表示：国际规定标准大气压为 1 标准大气压 = 101.325 kPa。

用液柱高度表示：用水柱高度或汞柱高度，单位为 mH_2O，mmH_2O，mmHg。

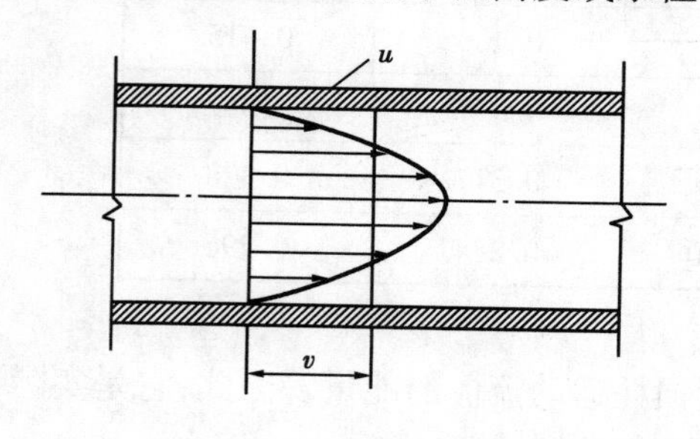

图 1.2 断面平均流速

2)流量

单位时间内流体流过某控制断面的流体量称为流量。流体量可以用体积、质量表示，即体积流量和质量流量。一般的流量指的是体积流量，用符号 Q 表示，单位是 m^3/s 或 L/s。有时也引用重量流量或质量流量。质量流量的单位为 kg/s。

3)断面平均流速(v)

流体流动时，断面各点流速一般不易确定，当工程中无须确定时，可采用断面平均流速来简化流动，如图 1.2 所示。断面上实际流速通过的流量为：

$$Q = \int_{\omega} u\mathrm{d}\omega$$

断面平均流速为：

$$v = \frac{\int_{\omega} u \mathrm{d}\omega}{\omega} = \frac{Q}{\omega} \tag{1.12}$$

计算式(1.12)表达了流量、过流断面和平均流速三者之间的关系。过流断面 ω 则与水深 h、湿周 χ 等参数有关。

(2)流体运动的分类与模型

1)流线与迹线

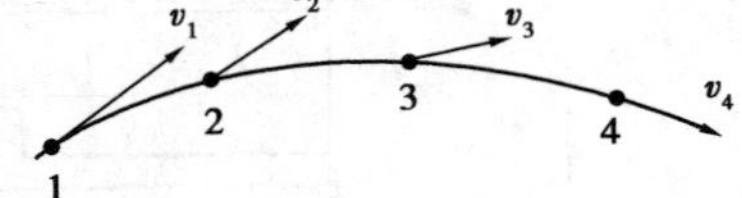

图1.3　流线

①流线。流体运动时，在某一时刻流体中通过连续质点绘制的曲线，这条曲线就称为该时刻的一条流线，如图1.3所示。整个流体的瞬时流线图形象地描绘出该瞬时整个流体的流动情况。流线具有以下两个特性：一是流线上任一点的切线方向即为该点的流速方向；二是流线不能相交或转折，否则必存在两个切线方向。同一质点同时具有两个运动方向，这是不合理的。

②迹线。流体运动时，流体中某一个质点在连续时间内的运动轨迹称为迹线。流线与迹线是两个完全不同的概念。

2)压力流与无压流

①压力流。流体在压差作用下流动时，流体与固体壁周围都接触，流体无自由表面。工程中常见的压力流有：供热工程中管道输送有压的气、水载热体，风道中气体，给水管中水的输配等都是压力流。

②无压流。也称重力流，是指液体在重力作用下流动时，液体的一部分周界与固体壁相接触，另一部分则与空气相接触，形成自由表面。如天然河流、明渠流等为无压流动。

3)恒定流与非恒定流

①恒定流。流体运动时，各点的流速方向和流线图不随时间变化，质点始终沿着固定的流线运动，流线与迹线相重合，如图1.4(a)所示。

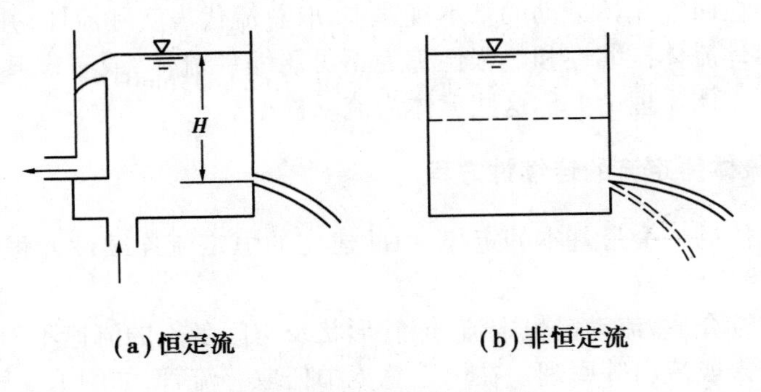

图1.4　恒定流与非恒定流

②非恒定流。流体运动时，各点的流速方向和流线图可随时间变化，流线与迹线不一定相重合，如图1.4(b)所示。自然界中非恒定流较为普遍，但为了方便计算工程中常将变化缓慢的非恒定流视为恒定流。

4)均匀流与非均匀流

①均匀流。指流体运动，所有物理量不依赖于空间坐标，其流线是平行直线的流动状态；如等截面长直管中的流动属于均匀流。

②非均匀流。流体运动时，流线为非平行直线的流动状态，如流体在收缩管、扩大管或弯管中流动等。非均匀流又可分为：

A. 渐变流：指流体运动中流线接近于平行直线的流动称为渐变流，如图 1.5A 区。

B. 急变流：流体运动中流线不能视为平行直线的流动称为急变流，如图 1.5B,C,D 区。

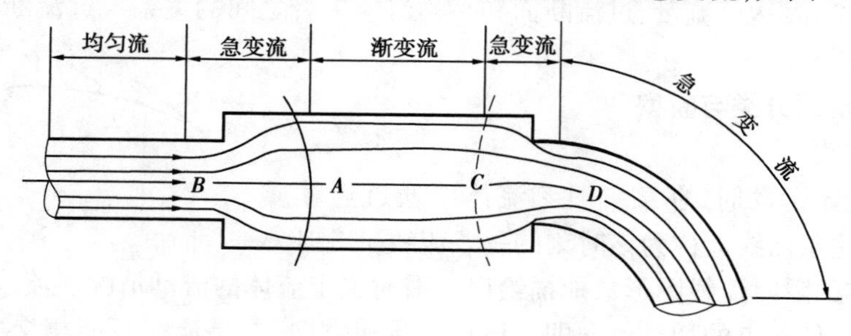

图 1.5 均匀流和非均匀流

5）流管与总流及流动模型

①流管。流体运动时，在流场中取一垂直于流速方向的微小面积 $d\omega$，并在 $d\omega$ 面积上各点引出流线而形成了一股由流线组成的流束称为流管，如图 1.6 所示。在流管内，流体不会通过流线流到流管外面，在流管外面的流体也不会通过流线流进流管中。

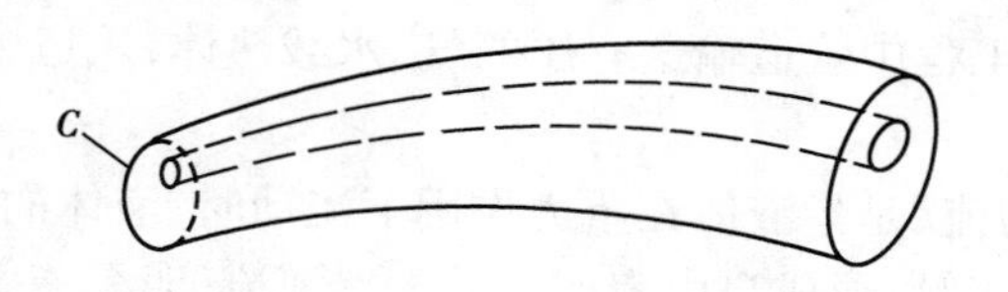

图 1.6 流管

②总流。流体运动时，如果流管的管状流面部分或全部取在固壁上，这整股流体称为总流。它是微元流束的总和。如水管中的水流及风管中的气流等都是总流。

③流动模型。在研究流体运动的基本规律中，取总流代表实际流体，并且忽略其黏滞性以及在一定条件下不计流体压缩性和热胀性称为不可压缩性流体，或考虑其压缩性和热胀性的流体称为可压缩性流体。理论上称这些流体为流动模型。

1.1.4 一维流体恒定流的连续性方程

质量守恒是流体的一个最基本的定律，由此建立的恒定流连续性方程是流体运动的基本方程之一，应用极为广泛。

根据流体是连续介质，流动是恒定流，流管形状及空间各点的流速不随时间变化以及流体不能从流管侧壁流入或流出等原理。在恒定总流中任取一流管，如图 1.6 所示，流管在进口端 1—1 和出口端 2—2 过流断面上的面积和流速分别为 $d\omega_1$ 和 $d\omega_2$，u_1 和 u_2。由质量守恒定律可知，流进 $d\omega_1$，断面的质量必然等于流出 $d\omega_2$ 断面的质量。令流进流体密度为 ρ_1，流出的密度为 ρ_2，则在 dt 时间内流进与流出的质量相等：

$$\rho_1 u_1 d\omega_1 dt = \rho_2 u_2 d\omega_2 dt \text{ 或 } \rho_1 u_1 d\omega_1 = \rho_2 u_2 d\omega_2$$

推广到总流，得：

$$\int_{\omega_1} \rho_1 u_1 d\omega_1 = \int_{\omega_2} \rho_2 u_2 d\omega_2$$

由于过流断面上密度 ρ 为常数，以 $\int_\omega u\mathrm{d}\omega = Q$ 代入上式，得：

$$\rho_1 Q_1 = \rho_2 Q_2 \tag{1.13}$$

或以断面平均流速来描述，则：

$$\rho_1 \omega_1 v_1 = \rho_2 \omega_2 v_2 \tag{1.13a}$$

式中　ρ——密度；

ω——总流过流断面面积；

v——总流的断面平均流速；

Q——总流的流量。

式(1.13)与式(1.13a)为总流连续性方程式的普遍形式，即质量流量的连续性方程式。由于 $r=\rho g$，对于同一地区则有过流断面1—1,2—2总流的重量流量为：

$$\gamma_1 Q_1 = \gamma_2 Q_2 \tag{1.14}$$

或

$$\gamma_1 \omega_1 v_1 = \gamma_2 \omega_2 v_2 \tag{1.14a}$$

或

$$G_1 = G_2 \tag{1.14b}$$

式中　γ——容重；

G——重量流量。

式(1.14)、式(1.14a)、式(1.14b)是总流重量流量的连续性方程式。

当流体不可压缩时，流体的容重 γ 不变，则有：

$$Q_1 = Q_2 \tag{1.15}$$

或

$$\omega_1 v_1 = \omega_2 v_2 \tag{1.15a}$$

式(1.15)与式(1.15a)为不可压缩流体的总流连 量的连续性方程式。

若在工程上遇到可压缩流体，可用总流重量流量 量流量的连续性方程式，即式(1.14)或式(1.13)。

连续性方程，说明管道中总流是连续的，过流断面与平均流速成反比，过流断面大，流速小；过流断面小，流速大；过流断面不变，流速也不变；连续性方程是质量守恒定律在流体力学中的表达式。

1.1.5　一维流恒定总流能量方程

流体也满足能量守恒及其转化规律，以此规律来分析流体运动，揭示流体在运动中压强、流速等运动要素随空间位置的变化关系——能量方程式，即工程技术计算的基本方程。

(1)恒定总流实际液体的能量方程

流体流动具有动能和势能两种机械能。它的势能又可分为位置势能和压力势能两种。瑞士科学家达·伯努利(Daniel Bernoulli)根据功能原理，推演出考虑液体黏性影响的实际液体的1—1和2—2断面间恒定总流的能量方程，亦即伯努利方程式。

$$z_1 + \frac{p_1}{\gamma} + \frac{\alpha_1 v_1^2}{2g} = z_2 + \frac{p_2}{\gamma} + \frac{\alpha_2 v_2^2}{2g} + h_{\omega 1-2} \tag{1.16}$$

式中　z_1, z_2——过流断面1—1,2—2上单位重量液体位能,也称位置水头;

$\dfrac{p_1}{\gamma}, \dfrac{p_2}{\gamma}$——过流断面1—1,2—2上单位重量液体压能,也称压强水头;

$\dfrac{\alpha_1 v_1^2}{2g}, \dfrac{\alpha_2 v_2^2}{2g}$——过流断面1—1,2—2上单位重量液体动能,也称流速水头;

$h_{\omega 1-2}$——单位重量液体从1—1断面到2—2断面流段的能量损失,也称水头损失。

公式(1.16)表示单位质量流体所具有的位能、动能和压能之和,即总机械能(总水头)为一常数,式中α为动能修正系数。是对用断面平均流速v代替质点流速u计算动能所造成误差的修正。一般$\alpha = 1.05 \sim 1.1$,在工程计算上,常取$\alpha = 1.0$。

能量方程式中每一项的单位都是长度,都可以在断面上用铅直线段在图中表示出来。如果把各断面上的总水头$H = z + \dfrac{p}{\gamma} + \dfrac{\alpha v^2}{2g}$的顶点连成一条线,则此线称为总水头线,如图1.7中虚线所示。在实际水流中,由于水头损失$h_{\omega 1-2}$的存在,所以总水头线总是沿流程下降的倾斜线。总水头线沿流程的降低值$h_{\omega 1-2}$与沿程长度的比值,称为总水头坡度或水力坡度,它表示沿流程单位长度上的水头损失,用i表示,即

$$i = \frac{h_\omega}{l} \tag{1.17}$$

把各过流断面的测压管水头$\left(z + \dfrac{p}{\gamma}\right)$连成线,如图1.7实线所示,称为测压管水头线。测压管水头线可能上升,可能下降,也可能水平,可能是直线也可能是曲线,要根据液流沿程圆管构造情况确定。

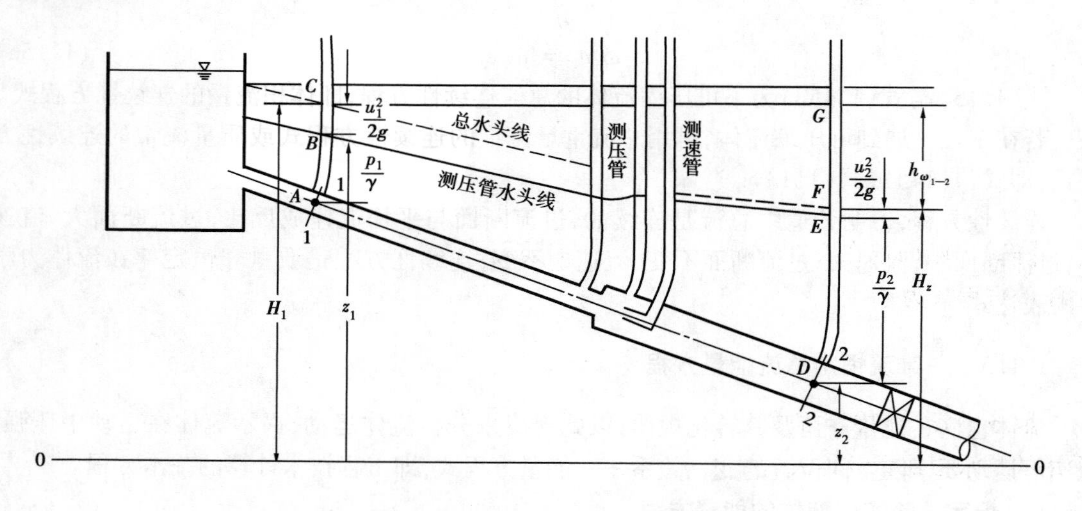

图1.7　圆管中有压流动的总水头线与测压管水头线

(2)**实际气体恒定总流的能量方程**

对于不可压缩的气体,流体能量方程式同样可以适用,若气体容重很小,式中重力做功可忽略不计。则实际气体恒定总流的能量方程式为:

$$\frac{p_1}{\gamma}+\frac{v_1^2}{2g}=\frac{p_2}{\gamma}+\frac{v_2^2}{2g}+h_{\omega 1-2} \tag{1.18}$$

式(1.18)也可写成

$$p_1+\frac{\gamma v_1^2}{2g}=p_2+\frac{\gamma v_2^2}{2g}+\gamma h_{\omega 1-2} \tag{1.18a}$$

实际气体恒定总流的能量方程与液体总流的能量方程比较，除各项单位以压强来表达气体单位体积平均能量外，对应项意义基本相近，即

p——过流断面相对压强，工程上称静压；

$\frac{\gamma v^2}{2g}$——工程上称动压；

$p+\frac{\gamma v^2}{2g}$——过流断面的静压与动压之和，工程上称全压；

$rh_{\omega 1-2}$——过流断面1—1至2—2间的压强损失。

(3)能量方程应用举例

【例1.1】 如图1.8所示文丘里流量计，当水流通过时，水银压差计的读数是Δh，求通过的流量Q值。

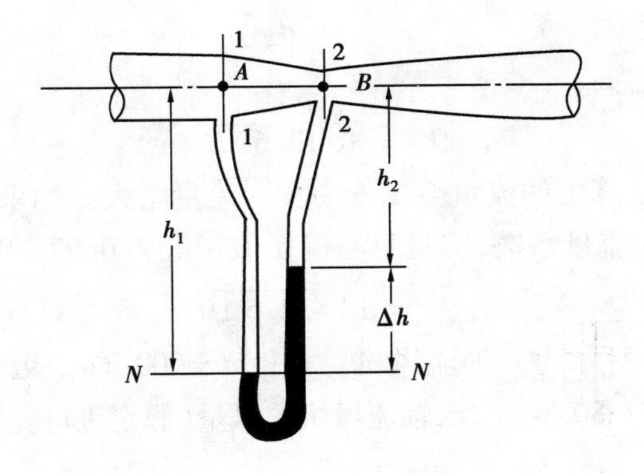

图1.8　文丘里流量计

【解】 断面选在安置水银压差计的1—1和2—2，基面选为文丘里轴线，断面1—1，2—2之能量方程式为：

$$z_1+\frac{p_1}{\gamma}+\frac{\alpha_1 v_1^2}{2g}=z_2+\frac{p_2}{\gamma}+\frac{\alpha_2 v_2^2}{2g}+h_{\omega 1-2}$$

取$\alpha_1=\alpha_2=1.0$，因管路很短，水头损失很小，可取$h_{\omega 1-2}\approx 0$。又由于文丘里管水平设置，采用的是水银比压计，故：

$$z_1=z_2=0;\quad \frac{p_1}{\gamma}-\frac{p_2}{\gamma}=12.6\Delta h$$

将上述诸值代入上列计算式，可得：

$$12.6\Delta h=\frac{v_2^2}{2g}-\frac{v_1^2}{2g} \tag{1}$$

根据连续方程式得：

$$v_1 = v_2 \frac{d_1^2}{d_2^2} \tag{2}$$

由式(1)、式(2)联立,解得:

$$12.6\Delta h = \frac{v_1^2}{2g}\left(\frac{d_1^4}{d_2^4} - 1\right)$$

或

$$v_1 = \sqrt{\frac{2g(12.6\Delta h)}{\frac{d_1^4}{d_2^4} - 1}}$$

所以

$$Q' = \omega_1 v_1 = \frac{\pi d_1^2}{4}\sqrt{\frac{2g(12.6\Delta h)}{\frac{d_1^4}{d_2^4} - 1}}$$

为了简化计算式,取:

$$A = \frac{\pi d_1^2}{4}\sqrt{\frac{2g}{\frac{d_1^4}{d_2^4} - 1}}$$

则文丘里流量计算式为:

$$Q' = A\sqrt{12.6\Delta H}$$

上式未计入水头损失,算出的流量会比管中实际流量略大。如果考虑水头损失,则应乘以小于1的系数μ,称为文丘流量系数,实验中测得μ值一般为0.97~0.99,因此,实际流量为:

$$Q' = \mu A\sqrt{12.6\Delta H}$$

【例1.2】 如图1.9所示为一轴流风机。直径$d = 200$ mm,吸入管的测压管水柱高$h = 20$ mm,空气重力密度$\gamma = 11.80$ N/m³,求轴流风机的风量(假定进口能量损失很小而忽略不计)。

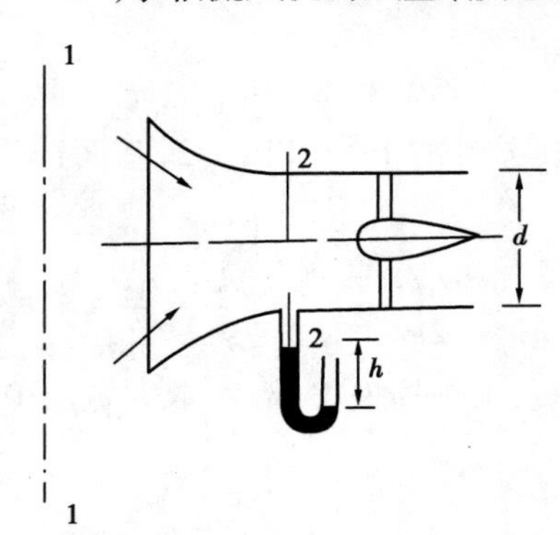

图1.9 轴流风机简图

【解】 风机在实际工作中从进风口吸入空气,经工作轮加压,经出风口送到需要的地方。本例中,风机的吸入管段的流量$Q = \omega v$,其中ω为已知,故只需求出过流断面ω上流速v,即可知风机的风量。今取气体为不可压缩性气体,故取过流断面1—1(取在离进口断面较远处)和断面2—2(取在测压计所在过流断面上)之伯努利方程,并以风机轴线为基线,则在过流断面

1—1 上$\frac{v_1^2}{2g} \approx 0$，其相对压强 $p_1 \approx 0$，过流断面 2—2 上相对压强根据已知条件应为：

$$p_2 = -\gamma_{水} h = -9\ 800\ \text{N/m}^3 \times 0.02\ \text{m} = -196\ \text{N/m}^2$$

代入气体能量方程式(1.18a)并化简得：

$$0 + 0 = -196 + 11.80 \times \frac{v_2^2}{2 \times 9.8} + 0$$

所以

$$v_2 = \sqrt{\frac{2 \times 9.8 \times 196}{11.80}}\ \text{m/s} = 18\ \text{m/s}$$

$$Q = \omega_2 v_2 = 18 \times \frac{\pi}{4} \times 0.2^2\ \text{m}^3/\text{s} = 0.565\ \text{m}^3/\text{s}$$

1.1.6　流动阻力和流动状态

(1)流体流动的两种形态——层流和紊流

流体在流动过程中，呈现出两种不同的流动形态。

如图 1.9 所示为雷诺实验装置。利用溢水管保持水位恒定，轻轻打开玻璃管末端的节流阀 A，然后轻轻打开装有红色水杯上的阀 B，向管流中注颜色水。当液体流速较低时，将看到玻璃管内有股红色水流的细流，如一条线一样，为图 1.10(a)所示，水流是成层成束的流动，各流层间并无质点的掺混现象，这种水流形态称为层流。如果加大管中水的流速(节流阀开大)，红色水随之开始动荡，成波浪形，如图 1.10(b)所示。继续加大流速，将出现红色水向四周扩散，质点或液团相互混掺，流速越大，混掺程度越烈，这种水流形态称为紊流，如图 1.10(c)所示。

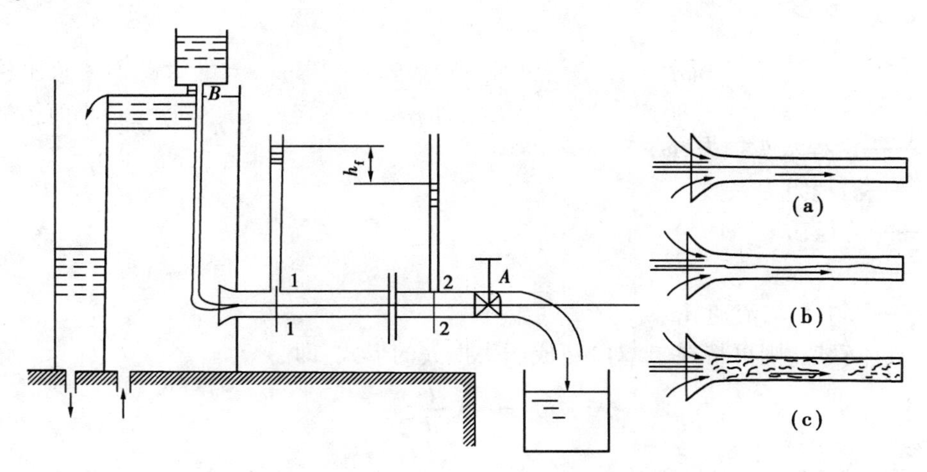

图 1.10　雷诺实验装置

判断流动形态，雷诺用无因次量纲分析法得到无因次量——雷诺数 Re 来判别。

$$Re = \frac{vd}{\nu} \tag{1.19}$$

式中　Re——雷诺数；

v——圆管中流体的平均流速，m/s 或 cm/s；

d——圆管的管径,m 或 cm;

ν——流体的运动黏滞系数,其值可由表 1.1 与表 1.2 查得,单位为 m^2/s。

对于圆管的有压管流,若 $Re<2\ 320$ 时,为层流形态;若 $Re>2\ 320$ 时,则为紊流形态。

非圆管流,通常以水力半径 R 代替公式(1.19)中的 d,即非圆管流中的雷诺数为:

$$Re = \frac{vR}{\nu} \tag{1.20}$$

因为水力半径 $R=\frac{\omega}{\chi}$,ω 是过流断面面积,χ 是湿周(液体浸湿的过流断面周边长)。则有压管流的水力半径 $R=\frac{\omega}{\chi}=\frac{\pi d^2/4}{\pi d}=\frac{d}{4}$;对于矩形断面的管道,其 $R=\frac{ab}{2(a+b)}$。

若 $Re<500$ 时,非圆管流为层流形态;若 $Re>500$ 时,非圆管流为紊流形态。

在建筑设备工程中,绝大多数的流体运动都处于紊流形态。只有在流速很小,管径很大或黏性很大的流体运动时(如地下渗流、油管等)才可能发生层流运动。

(2)流动阻力和水头损失的两种形式

用流体的能量方程式来解决各种工程技术中流体计算问题,首先需确定水头损失 $h_{\omega 1-2}$,本节将介绍恒定流动时各种流态下的水头损失的计算。流动阻力和水头损失有两种形式:

1)沿程阻力和沿程水头损失

流体运动时,由于流体的黏性形成阻碍流体运动的力,此摩擦阻力称为沿程阻力。流体克服沿程阻力所消耗的单位重量流体的机械能量,称为沿程水头损失 h_f。

流体运动时,不同流态的水头损失规律是不一样的。

工程中流体运动大多数是紊流。因此下面先介绍紊流形态下的水头损失。公式的普遍表达为:

$$h_f = \lambda \frac{l}{d}\frac{v^2}{2g} \tag{1.21}$$

式中 h_f——沿程水头损失,m;

λ——沿程阻力系数;

d——管径,m;

l——管长,m;

v——管中平均流速,m/s。

对于气体管道,则可将式(1.21)写成压头损失的形式,即

$$p_i = \gamma\lambda \frac{l}{d}\frac{v^2}{2g} \tag{1.22}$$

式中 p_i——压头损失,N/m^2。

对于非圆形断面管,$d=4R$,R 为水力半径,故式(1.21)变为:

$$h_f = \lambda \frac{l}{4R}\frac{v^2}{2g} \tag{1.23}$$

在实际工程计算中,对于已知沿程水头损失 h_f 和水力坡度 $i\left(i=\frac{h_\omega}{l}\right)$,求流速 v 的大小,可将式(1.23)整理得到:

$$v = \sqrt{\frac{8g}{\lambda}}\sqrt{Ri} = C\sqrt{Ri} \tag{1.24}$$

公式(1.22)称为均匀流的流速公式,也称谢才公式。式中 $C = \sqrt{\frac{8g}{\lambda}}$ 称为流速系数或谢才系数。该公式在非圆管流中应用较广。

2)局部阻力和局部水头损失

由于过流断面的变化、流动方向的改变,速度重新分布,质点间进行动量交换而产生的阻力称为局部阻力。流体克服局部阻力所消耗的机械能,称为局部水头损失。

图1.11为一给水管示意图,管道上有弯头、突然扩大、突然缩小、闸门等,这些变化迫使主流脱离边壁而形成漩涡,流体质点间产生剧烈地碰撞,引起了局部水头损失 h_j。

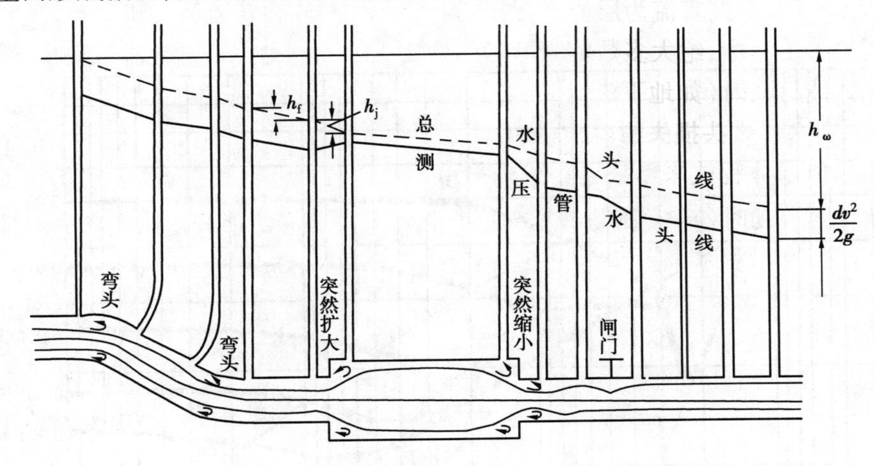

图1.11　给水管道沿程和局部水头损失

通常局部水头损失可用式(1.25)表示:

$$h_j = \xi \frac{l}{d}\frac{v^2}{2g} \tag{1.25}$$

式中　ξ——局部阻力系数,由实验测出。各种局部阻力系数值可查有关手册得到。

在管径不变的直管段上,只有沿程水头损失 h_f。在弯头、突然扩大;缩小、阀门等处产生局部阻力 h_j,显然整个管道总水头损失 $h_\omega = \sum h_f + \sum h_j = \sum \lambda \frac{l}{d}\frac{v^2}{2g} + \sum \xi \frac{l}{d}\frac{v^2}{2g}$。

(3)**沿程阻力系数 λ 和流速系数 C 的确定**

1)尼古拉兹实验曲线

沿程阻力系数 λ 是反映边界粗糙情况和流态对水头损失影响的一个系数。层流中,沿程阻力系数 λ 与雷诺数 Re 的关系为 $\lambda = f(Re)$;在紊流中沿程阻力系数 λ 与雷诺数 Re 及粗糙度 Δ 之间的关系,在理论上还没有完善解决。为了确定沿程阻力系数 $\lambda = f\left(Re, \frac{\Delta}{d}\right)$ 的变化规律,尼古拉兹在圆管内壁用胶黏上经过筛分具有同一粒径 Δ 的砂粒,制成人工均匀颗粒粗糙度。然后对不同粗糙度的管道进行过水实验,尼古拉兹于1933年发表了反映圆管流动情况的实验成果。

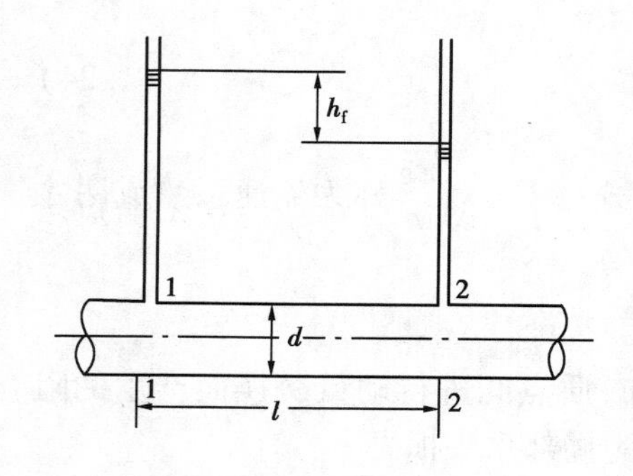

图 1.12　圆管中恒定流动

尼古拉兹实验装置如图 1.12 所示。实验是在恒定流动的条件下进行的。在管段 1—1 和 2—2 的两个过流断面上装有测压管，当管中平均流速为 v 时。两测压管的水面高差等于 1—2 管段的沿程水头损失 h_f。然后按照公式 $h_f=\lambda\dfrac{l}{4R}\dfrac{v^2}{2g}$ 计算 λ 值。调节实验管段尾部阀门不同开启度，可得到不同的 Q，v，Re 和 λ 值。并将实验数据绘在坐标纸上，横坐标以 Re 表示。纵坐标以 λ 表示，用几种不同相对粗糙度 Δ/d 的管子进行同样的实验，最后得出如图 1.13 所示的结果。分析这些曲线，可得出以下结论。

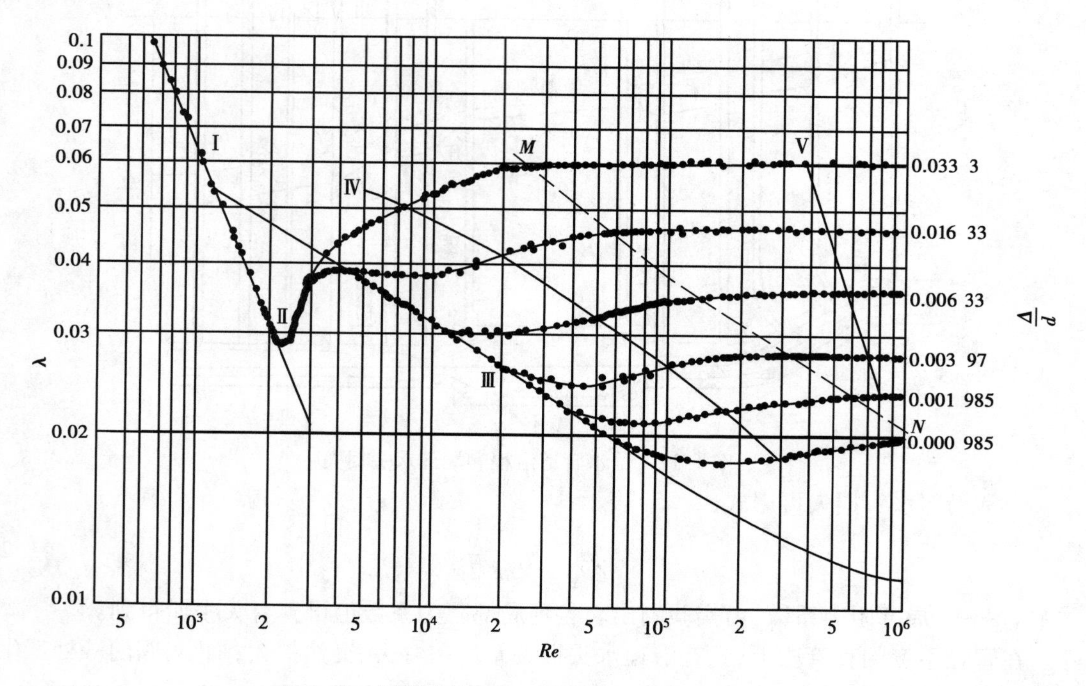

图 1.13　圆管中不同相对粗糙度的 Re 与 λ 关系

①层流区。当 $Re<2\ 320$ 时，所有试验点聚积在直线Ⅰ上，说明 λ 与相对粗糙度 $\left(\dfrac{\Delta}{d}或\dfrac{r}{\Delta}\right)$ 无关，并且 λ 与 Re 的关系符合圆管层流理论公式，即 $\lambda=\dfrac{64}{Re}$。同时，该实验也证明了绝对粗糙度面不影响临界雷诺数 $Re=2\ 320$ 值。

②层、紊流转变的过渡区。当 $2\ 320<Re<4\ 000$ 时，工程实际中 Re 在这个区域的较少，对它的研究也较少，未总结出此区的 λ 计算公式，如果涉及此区，通常按下述水力光滑处理。

③紊流区。$Re>4\times10^3$ 后形成，根据 λ 的变化规律，此区流动又可分为如下 3 个流区。

A. 水力光滑区：$4\times10^3<Re<26.98(d/\Delta)^{\frac{8}{7}}$，所有的试验点聚集在线Ⅲ上，沿程阻力系数 λ 与 Re 有关，而与相对粗糙度无关。当 $4\times10^3<Re<10^5$ 时，可用布拉修斯(Blasius)公式：

$$\lambda=\frac{0.316\ 4}{Re^{\frac{1}{4}}}$$

当 $10^5 < Re < 3 \times 10^6$ 时,可用尼克拉兹公式:

$$\lambda = 0.003\,2 + \frac{0.221}{Re^{0.237}}$$

B. 水力过渡区:$26.98(d/\Delta)^{8/7} < Re < 4\,160(0.5d/\Delta)^{0.85}$,Ⅳ区的沿程阻力系数 λ 与雷诺数 Re 和相对粗糙度(Δ/d)均有关。可用洛巴耶夫公式:

$$\lambda = \frac{1.42}{\left[\lg\left(Re \cdot \frac{d}{\Delta}\right)\right]^2}$$

一般对工业管道采用柯罗布鲁克(Colebrook)公式:

$$\frac{1}{\sqrt{\lambda}} = -2\lg\left(\frac{2.51}{Re\sqrt{\lambda}} - \frac{\Delta}{3.7d}\right)$$

C. 水力粗糙区(阻力平方区):$4\,160(0.5d/\Delta)^{0.85} < Re$,即Ⅴ区的 λ 值仅与相对粗糙度有关,与 Re 无关,此区的代表方程为尼克拉兹公式:

$$\lambda = \frac{1}{\left[1.74 + 2\lg\left(\frac{d}{2\Delta}\right)\right]^2}$$

此区的沿程损失与流速平方成正比,故也称为阻力平方区。

尼古拉兹实验全面揭示了不同流态下 λ 和 Re 及相对粗糙度的关系以及 λ 计算式的适用范围。

2)沿程阻力系数的一些经验公式

①对于通风管道,采用柯罗布鲁克公式:

$$\frac{1}{\sqrt{\lambda}} = -2\lg\left(\frac{2.51}{Re\sqrt{\lambda}} - \frac{\Delta}{3.7d}\right) \tag{1.26}$$

②对于给排水的旧钢管和旧铸铁管采用舍维列夫公式:

当 $v \geqslant 1.2$ m/s 时,

$$\lambda = \frac{0.021}{d_j^{0.3}} \tag{1.27}$$

当 $v < 1.2$ m/s 时,

$$\lambda = \frac{0.017\,9}{d_j^{0.3}}\left(1 + \frac{0.867}{v}\right)^{0.3} \tag{1.28}$$

式中　d_j——管道计算内径,m。

以上介绍的是计算 λ 值常用的经验公式。此外,也可查用于工业管道的计算用表,直接由 Re 大小查得 λ 值。莫迪图的编制是以柯列勃洛克氏对大量的工业管道实验资料所提出的柯氏公式为基础,由莫迪氏绘制的 Re,Δ/d 和 λ 关系图。

3)流速系数 C 的经验公式

①曼宁公式:前面介绍的均匀流的流速公式(1.24),在给排水管道、明渠中应用极广。公式中流速系数 C 的经验公式也较多,常用的有曼宁公式:

$$C = \frac{1}{n}R^{\frac{1}{6}} \tag{1.29}$$

式中　n——粗糙系数,视管、渠材料的粗糙程度而定,见表 1.3。

表 1.3　给排水工程中常用管、渠材料的 n 值

管、渠材料	n	管、渠材料	n
钢管、新的接缝光滑铸铁管	0.011	粗糙的砖砌面	0.015
普通的铸铁管	0.012	浆砌块石	0.020
陶土管	0.013	一般土渠	0.025
混凝土管	0.013 ~ 0.014	混凝土渠	0.014 ~ 0.017

②海澄—威廉公式。适用于常温下管径大于 0.05 m，流速小于 3 m/s 的管中水流，为英、美两国给水工程上所采用的海澄—威廉公式：

$$v = 0.85CR^{0.63}i^{0.54} \tag{1.30}$$

式中　v——管中平均流速，m/s；

C——流速系数可由表 1.4 选用；

R——水力半径，m；

i——水力坡度。

表 1.4　C 值

管、壁材料	C	管、壁材料	C
非常光滑的直管、石棉水泥管	140	铆接钢管（用旧）	95
很光滑管、混凝土管、粉土、铸铁管	130	用旧水管（积垢情况很差）	
刨光木板、焊接钢管	120	鞍钢焊接黑铁管	60 ~ 80
缸瓦管（带釉）、铆接钢管	110	DN 15	93
铸铁管（用旧）、砖砌管	100	DN 20 ~ DN 100	127

1.1.7　应用举例

【例 1.3】　有一水煤气焊接钢管，长度 $l = 200$ m，直径 $d = 100$ mm。试求流量 $Q = 20$ L/s，水温 15 ℃时，该管的沿程水头损失是多少？

【解】　采用舍维列夫公式计算沿程水头损失：

因为 $v = \dfrac{Q}{\omega} = \dfrac{Q}{\pi d^2/4} = \dfrac{20\ 000}{3.14 \times 10^2/4}$ cm/s = 255 cm/s

又查表 1.1 得：

$$\nu = 1.14 \times 10^{-6}\ \text{m}^2/\text{s} = 0.011\ 4\ \text{cm}^2/\text{s}$$

雷诺数：

$$Re = \frac{vd}{\nu} = \frac{255 \times 100}{0.011\ 4} = 223\ 700 \gg 2\ 000$$

故可知管中水流为紊流形态。

又因为 $v = 2.55$ m/s > 1.2 m/s，按公式（1.24）计算沿程阻力系数：

$$\lambda = \frac{0.021}{d_j^{0.3}} = \frac{0.021}{0.1^{0.3}} = \frac{0.021}{0.501} = 0.041\ 9$$

所以

$$h_f = \lambda \frac{l}{d}\frac{v^2}{2g} = \frac{0.0419 \times 200}{0.1} \times \frac{2.55^2}{2 \times 9.81}\ mH_2O = 27.77\ mH_2O$$

【例1.4】　如图1.14所示为一卧式压力罐A，通过长度为50 m，直径为150 mm的铸铁管，向高架水箱B供应冷水，水温10 ℃。已知$h_1 = 1.0$ m，$h_2 = 5.0$ m。管路上有3个90°圆弯头（$d/R = 1.0$），1个球形阀，压力罐上压力表读数为1 kgf/cm²，用国际单位制表示为98 000 N/m² = 10 mH₂O，求供水流量。（查得$\lambda = 0.0315$，$\sum \xi = 14.4$。）

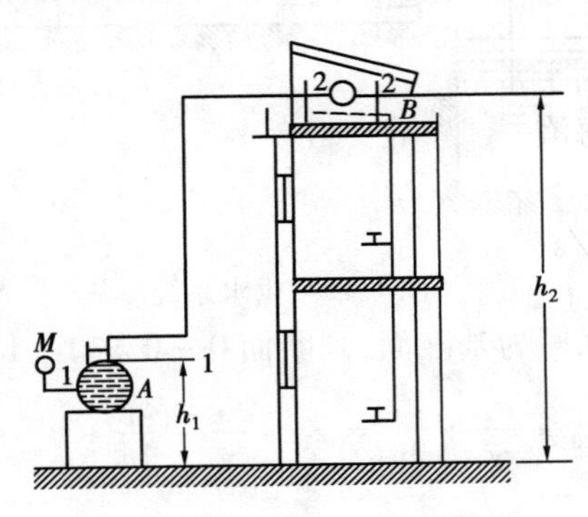

图1.14　压力罐供水布置图

【解】　由于流量未知，无法判定流动区域，只能采用试算法。先假定是充分紊流。取过流断面1—1和2—2之间的能量方程，以地面为基准面，则其总水头损失为：

$$h_f = h_\omega = \left(z_1 + \frac{p_1}{\gamma} + \frac{\alpha_1 v_1^2}{2g}\right) - \left(z_2 + \frac{p_2}{\gamma} + \frac{\alpha_2 v_2^2}{2g}\right)$$

$$= (1 + 10 + 0) - (5 + 0 + 0)\,mH_2O = 6\ mH_2O$$

又因为$h_{\omega_{1-2}} = \lambda \frac{l}{d}\frac{v^2}{2g} + \sum \xi \frac{v^2}{2g}$；$6\ mH_2O = \left(0.0315 \times \frac{50}{0.15} + 14.4\right)\frac{v^2}{2g}\ mH_2O$

所以　$v = 2.18$ m/s

$$Q = v \times \frac{\pi d^2}{4} = 2.18 \times \frac{3.14 \times 0.15^2}{4}\ m^3/s = 0.0384\ m^3/s = 138\ m^3/h$$

最后校核假定为充分紊流是否有效，由表1.1查得：

$$\nu = 1.308 \times 10^{-6}\ m^2/s = 1.308 \times 10^{-2}\ cm^2/s$$

故

$$Re = \frac{vd}{\nu} = \frac{218 \times 15}{1.308 \times 10^{-2}} = 2.5 \times 10^5 \gg 2\,000$$

由此可知，流动型态确为充分紊流型，以上计算有效。

【例1.5】　如图1.15所示。水泵将水自池抽至水塔，已知：水泵的功率$P_p = 25$ kW，流量$q = 0.06$ m³/s，水泵效率$\eta_p = 75\%$，吸水管长度$l_1 = 8$ m，$l_2 = 50$ m，吸水管直径$d_1 = 250$ mm，压力管直径$d_2 = 200$ mm，沿程阻力系数$\lambda = 0.025$。带底阀滤水网的局部阻力系数$\xi_{fv} = 4.4$，弯头局部阻力系数$\xi_b = 0.2$（1个），阀门$\xi_v = 0.5$，止回阀$\xi_{sv} = 5.5$，水泵的允许真空$h_v = 6$ m，试求：

（1）水泵的安装高度h_s；

（2）水泵的提水高度。

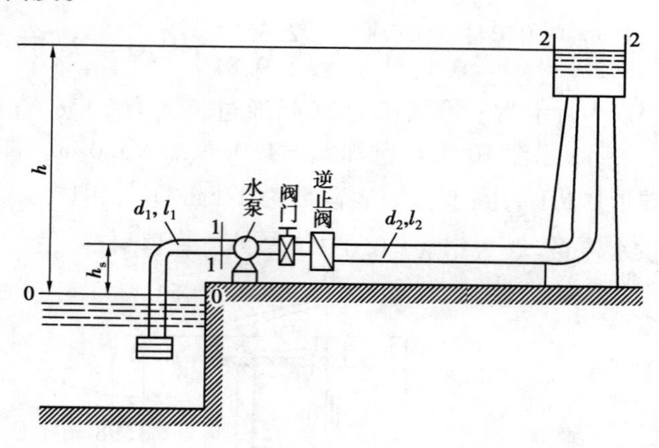

图 1.15　供水系统

【解】　(1)以吸水井的水面为基准面,列断面 0—0 与 1—1 的能量方程式为:

$$z_0 + \frac{p_a}{\gamma} + \frac{v_0^2}{2g} = z_1 + \frac{p_1}{\gamma} + \frac{v_1^2}{2g} + h_{\omega 0-1}$$

即

$$0 + \frac{p_a}{\gamma} + 0 = h_s + \frac{p_1}{\gamma} + \frac{v_1^2}{2g} + h_{\omega 0-1}$$

得

$$h_s = \left(\frac{p_a}{\gamma} - \frac{p_1}{\gamma}\right) - \frac{v_1^2}{2g} - h_{\omega 0-1} = h_v - \frac{v_1^2}{2g} - \left(\lambda \frac{l}{d} + \xi_{fv} + \xi_b\right)$$

$$= 6 - \left(1 + 0.025 \times \frac{8}{0.25} + 4.4 + 0.2\right)\frac{v_1^2}{2g} = 6 - 6.4 \frac{v_1^2}{2g}$$

进水管流速:

$$v_1 = \frac{q}{\omega_1} = \frac{0.06}{0.785 \times 0.25^2}\ \text{m/s} = 1.22\ \text{m/s}$$

压水管流速:

$$v_2 = \frac{q}{\omega_2} = \frac{0.06}{0.785 \times 0.2^2}\ \text{m/s} = 1.91\ \text{m/s}$$

故

$$h_s = 6 - 6.4 \times \frac{1.22^2}{19.6}\ \text{m} = 5.51\ \text{m}$$

（2）仍以水池面为基准面,列断面 0—0 与 2—2 的能量方程式,H_p 为水泵扬程,则:

$$z_0 + \frac{p_a}{\gamma} + \frac{v_0^2}{2g} + H_p = z_2 + \frac{p_a}{\gamma} + \frac{v_2^2}{2g} + h_{\omega 0-2}$$

即

$$0 + \frac{p_a}{\gamma} + 0 + H_p = h + \frac{p_a}{\gamma} + 0 + h_{\omega 0-2}$$

得

$$h = H_p - h_{\omega 0-2}$$

又　$P_p = \frac{\rho g q H_p}{\eta_p} = \frac{\gamma q H_p}{\eta_p}$　　$H_p = \frac{\eta_p P_p}{\gamma q}$

故

$$h = \frac{\eta_p P_p}{\gamma q} - h_{\omega 0-2} = \frac{\eta_p P_p}{\gamma q} - \left(\xi_{fv} + \xi_b + \lambda \frac{l_1}{d_1}\right)\frac{v_1^2}{2g} - \left(\xi_v + \xi_{sv} + \xi_b + \xi_o + \lambda \frac{l_2}{d_2}\right)\frac{v_2^2}{2g}$$

$$= \frac{0.75 \times 25 \times 10^3}{9\ 800 \times 0.06} - \left(4.4 + 0.2 + 0.025 \times \frac{8}{0.25}\right) \times \frac{1.22^2}{19.6} - \left(0.5 + 5.5 + 0.2 + 1 + 0.025 \times \frac{50}{0.2}\right) \times \frac{1.91^2}{19.6}\ \mathrm{mH_2O}$$

$$= (31.89 - 0.41 - 2.5)\ \mathrm{mH_2O} = 28.98\ \mathrm{mH_2O}$$

【例 1.6】　(A)薄壁圆形小孔口的液体自由出流,如图 1.16 所示。已知过流断面为 ω,收缩断面为 ω_c,收缩系数 $\varepsilon = \omega_c/\omega = 0.63 \sim 0.64$,又知水深为 H,求其出流计算式。

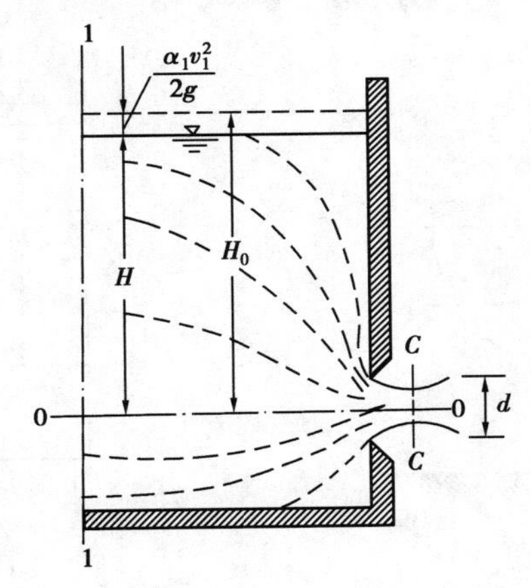

图 1.16　小孔口出流

【解】　以收缩断面形心作基准面 0—0,到 1—1 与 C—C 过流断面间的能量方程式,经化简后可得:

$$v_c = \frac{1}{\sqrt{1 + \xi_c}}\sqrt{2gH_0} = \phi\sqrt{2gH_0}$$

式中　H_0——孔口的作用水头,m。

$$H_0 = H + \frac{\alpha_1 v_1^2}{2g}$$

可得:

$$Q = \omega_c v_c = \varepsilon\omega\phi\sqrt{2gH_0} = \mu_h \omega\sqrt{2gH_0}$$

式中　μ_h——孔口的流量系数,实验得到:$\mu_h = 0.60 \sim 0.62$;

　　ω——孔口面积,m^2。

淹没出流如图 1.17 所示。已知 $H_0 = H_1 - H_2$,求液体孔口淹没出流的流量计算式。

【解】　由题意可用上述小孔口自由出流计算式,以 H_1—H_2 代替 H_0 即可。

若为气体的孔口出流,仍可用上述淹没出流计算式,式中 H_0 可变为$\frac{\Delta p}{\gamma}$(γ 为出流气体容重,Δp 为前后的压强差)。

【例 1.7】 管嘴出流 $l=(3\sim4)d$,如图 1.18 所示。求其出流计算公式。

【解】 过管嘴轴线作基准面 0—0,写出对 1—1 与 2—2 过流断面的能量方程,经化简整理可得:

$$v_c = \frac{1}{\sqrt{1+\xi_j}}\sqrt{2gH_0} = \mu_j\sqrt{2gH_0}$$

式中 ξ_j——管嘴局部阻力系数,实验知直角锐缘进口的 $\xi_j=0.5$;

μ_j——管嘴流量系数,对于直角锐缘进口的:

$$\mu_j = \frac{1}{\sqrt{1+\xi_j}} = \frac{1}{\sqrt{1+0.5}} = 0.82$$

可得

$$Q = \omega v = \mu_j\omega\sqrt{2gH_0}$$

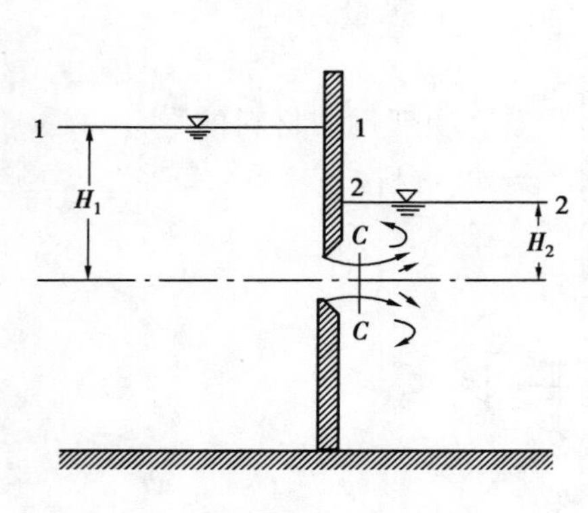

图 1.17 淹没孔口出流

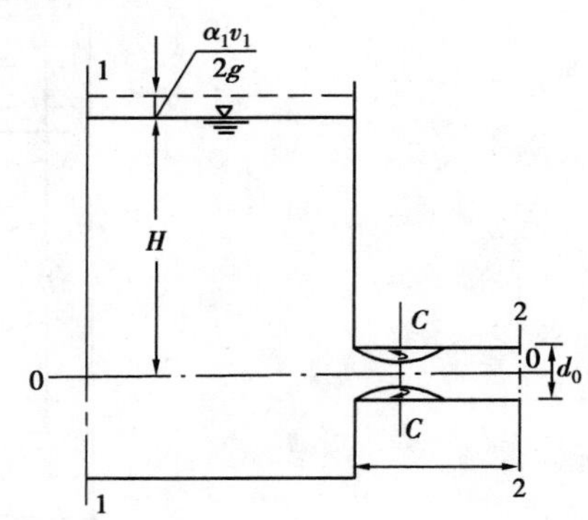

图 1.18 管嘴出流

1.2 传热学基础知识

凡是有温度差的地方,就会有热量转移现象,热量总是自发地由高温物体传向低温物体。而热学就是采用宏观方法研究热现象的理论。其中,当采用观察与实验方法得到的热能性质以及其他能量转换规律称为热力学。对于采用相同方法总结得到的热量传递过程规律则称为传热学。本章仅简单地介绍建筑设备工程中所遇到的热传递的某些知识(如传热的 3 种基本方式:热传导,热对流、热辐射,以及组合方式)。

1.2.1 热传导

物体内存在温差或不同温度的物体接触,物体各部分之间不发生相对位移下的热能由高温侧向低温侧传递的现象。热传导(也称为导热)在气体中主要依靠原子、分子的热运动;在液体中热传导主要依靠弹性波的作用;在固体中热传导主要依靠晶格振动和自由电子的运动。但只有在密实的固体中才存在单纯的导热过程。

绝大部分建筑材料内部都存在孔隙，固体孔隙内将同时存在其他方式的传热，但极其微弱。因此热工计算中，对固体建筑材料的传热可按单纯导热考虑。

(1)**导热量**

固体平壁中进行的导热过程最为简单。当平壁内各部分温度不随时间变化，而处于稳定导热时，如图1.19所示，平壁内外两侧面的温度差$\tau_1-\tau_2$(当$\tau_1>\tau_2$时)越大，平壁厚度δ越薄，壁的面积F越大，则在单位时间内通过此平壁的导热量就越多，可以列出平壁导热公式为：

$$Q=\lambda\frac{\tau_1-\tau_2}{\delta}\cdot F$$

$$q=\frac{Q}{F}=\lambda\frac{\tau_1-\tau_2}{\delta}\tag{1.31}$$

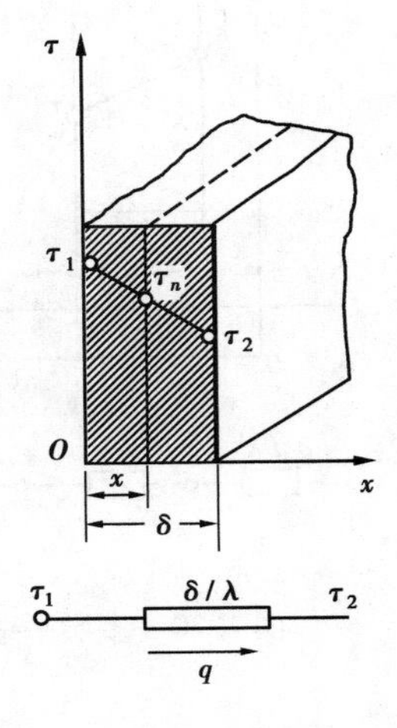

图1.19　平壁导热图

式中　Q——单位时间由导热体传递的热量，称为热流量，J/s或W；

λ——导热系数，其意义是当沿着导热方向每米长度上温度降落1 K时，单位时间通过每平方米面积所传导的热量，W/(m·K)。

由式(1.31)可知，导热系数λ是表示该材料导热能力的物理量。材料的导热系数越大，则表示导热性越好。不同材料的导热系数不同，即使对同一种材料，导热系数的数值也随所处状态不同而有差异。各种材料的λ值在有关热工手册中可查到。

如果将式(1.31)写成一般的微分形式，就获得一维稳定导热的傅里叶定律表达式：

$$Q=-\lambda\frac{\mathrm{d}\tau}{\mathrm{d}x}\cdot F$$

$$q=-\lambda\frac{\mathrm{d}\tau}{\mathrm{d}x}\tag{1.32}$$

式中　$\frac{\mathrm{d}\tau}{\mathrm{d}x}$——沿$x$方向面积为$F$处的温度梯度。

其他符号意义与式(1.31)相同。

式中负号“-”表示导热量和温度梯度方向相反。将式(1.32)分离变量后，可得：

$$q\mathrm{d}x=-\lambda\mathrm{d}\tau\tag{1.33}$$

将式(1.33)积分，并代入边界条件：当$x=0$时，$\tau=\tau_1$；$x=x$时，$\tau=\tau_x$，则得：

$$q\int_0^x\mathrm{d}x=-\lambda\int_{\tau_1}^{\tau_x}\mathrm{d}\tau$$

故

$$q\cdot x=-\lambda(\tau_x-\tau_1)$$

即

$$\tau_x-\tau_1=\frac{q}{\lambda}\cdot x\quad 或\quad \tau_x=\frac{q}{\lambda}\cdot x+\tau_1\tag{1.33a}$$

由此可知，求解方程(1.33a)后，就可求得平壁内部任意位置上的温度值。通常$\left(\frac{q}{\lambda}\right)$和$\tau_1$均为常数，所以平壁中的温度分布是直线(见图1.19中$\tau_1\sim\tau_2$直线)。

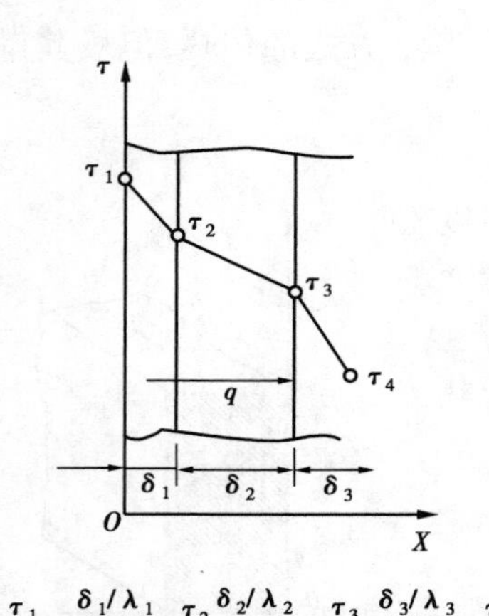

图 1.20　多层平壁导热

式(1.31)及式(1.33a)仅适用于计算物体为单层无限大平面壁的热流量。

1)多层平壁

工程中常遇到的复杂情况,如以红砖为主体砌筑而成的房屋,墙壁内白灰层,外抹水泥砂浆、磁砌罩面等均为多层平壁。如三层壁的导热,两侧表面均能维持稳定温度 τ_1 和 τ_4,且各层之间结合严密,接触面温度分别为 τ_2 和 τ_3(见图 1.20),在稳定情况下,通过各层的热流量是相等的,对图 1.19 中三层平壁的对流换热量可分别写出:

$$Q = \lambda_1 \frac{\tau_1 - \tau_2}{\delta_1} \cdot F = \frac{\tau_1 - \tau_2}{\dfrac{\delta_1}{\lambda_1 \cdot F}} = \frac{\tau_1 - \tau_2}{R_{\lambda,1}}$$

$$Q = \lambda_2 \frac{\tau_2 - \tau_3}{\delta_2} \cdot F = \frac{\tau_2 - \tau_3}{\dfrac{\delta_2}{\lambda_2 \cdot F}} = \frac{\tau_2 - \tau_3}{R_{\lambda,2}} \quad (1.34a)$$

$$Q = \lambda_3 \frac{\tau_3 - \tau_4}{\delta_3} \cdot F = \frac{\tau_3 - \tau_4}{\dfrac{\delta_3}{\lambda_3 \cdot F}} = \frac{\tau_3 - \tau_4}{R_{\lambda,3}}$$

式中　$\lambda_1,\lambda_2,\lambda_3$——各层平壁导热系数;

$\delta_1,\delta_2,\delta_3$——各层平壁厚度;

$R_{\lambda,1},R_{\lambda,2},R_{\lambda,3}$——各层平壁导热热阻。

化简式(1.34a)可得:

$$\begin{aligned} \tau_1 - \tau_2 &= R_{\lambda,1} \cdot Q \\ \tau_2 - \tau_3 &= R_{\lambda,2} \cdot Q \\ \tau_3 - \tau_4 &= R_{\lambda,3} \cdot Q \end{aligned} \quad (1.34b)$$

把式(1.34b)中各等式前后相加整理可得:

$$Q = \frac{\tau_1 - \tau_4}{R_{\lambda,1} + R_{\lambda,2} + R_{\lambda,3}} = \frac{\tau_1 - \tau_4}{\sum_{I=1}^{3} R_{\lambda,I}} \quad (1.34c)$$

式中　$\sum_{I=1}^{3} R_{\lambda,I}$—— 三层平壁总热阻。

对于 n 层平壁导热,则可直接写出:

$$Q = \frac{\tau_1 - \tau_4}{\sum_{I=1}^{n} R_{\lambda,I}} \quad (1.34)$$

2)单层非平壁导热

如圆管的稳定导热热流量时,则式(1.31)应为:

$$Q = -\frac{\mathrm{d}\tau}{\mathrm{d}r} 2\pi r l$$

通过分离变量积分等运算后，可得圆管稳定导热计算式为：

$$Q = \frac{2\pi\lambda l}{\ln\dfrac{d_2}{d_1}}(\tau_1 - \tau_2) \tag{1.35a}$$

或通过单位长度管状的热流量：

$$q_l = \frac{Q}{l} = \frac{\tau_1 - \tau_2}{\dfrac{1}{2\pi\lambda}\ln\dfrac{d_2}{d_1}} \tag{1.35b}$$

式中　l——管长，m；

d_l, d_2——管内径和外径，mm。

【例1.8】　某供热锅炉炉墙由3层砌成，内层为耐火砖层厚$\delta_1 = 230$ mm，其导热系数$\lambda_1 = 1.1$ W/(m·K)，最外层为红砖层厚$\delta_3 = 240$ mm，其导热系数$\lambda_3 = 0.58$ W/(m·K)，内外层之间填石棉隔热层，原$\delta_2 = 50$ mm，其导热系数$\lambda_2 = 0.10$ W/(m·K)，已知炉墙最内和最外两表面温度$\tau_1 = 500$ ℃和$\tau_2 = 50$ ℃。求通过炉墙的导热热流量值。

【解】　根据题意，先计算各层面导热热阻值，可得

$$R_{\lambda,1} = \frac{\delta_1}{\lambda_1} = \frac{0.23}{1.1}\,\frac{\mathrm{m^2 \cdot K}}{\mathrm{W}} = 0.21\,\frac{\mathrm{m^2 \cdot K}}{\mathrm{W}}$$

$$R_{\lambda,2} = \frac{\delta_2}{\lambda_2} = \frac{0.05}{0.1}\,\frac{\mathrm{m^2 \cdot K}}{\mathrm{W}} = 0.5\,\frac{\mathrm{m^2 \cdot K}}{\mathrm{W}}$$

$$R_{\lambda,3} = \frac{\delta_3}{\lambda_3} = \frac{0.024}{0.58}\,\frac{\mathrm{m^2 \cdot K}}{\mathrm{W}} = 0.41\,\frac{\mathrm{m^2 \cdot K}}{\mathrm{W}}$$

由式(1.34)可得单位面积热流量为：

$$q = \frac{Q}{F} = \frac{500 - 50}{0.21 + 0.50 + 0.41}\ \mathrm{W/m^2} = 401.78\ \mathrm{W/m^2}$$

1.2.2　热对流

所谓对流传热，是指具有热能的流体在移动的同时所进行的热交换现象，即热能在流体各部分之间发生相对位移，把热量从高温处带到低温处的热传递现象，称为热对流。热对流只发生在流体中，与流体的流动有关。由于流体质点位移在改变空间位置时不可避免地要和周围流体相接触，因而热对流的同时必然伴有导热存在。

(1)对流换热

工程上最关心的是流动着的流体与温度不同的壁面接触时，它们之间所发生的热量交换过程，例如，管内流动的热水与管内壁面间的换热，称为对流换热。对流换热过程是热对流和导热的综合过程。该过程是由于摩擦力的作用，在紧贴固体壁面处有一平行于固体壁面流动的流体薄层，称为层流边界层，其垂直壁面方向的热量传递形式主要是导热，它的温度分布呈倾斜直线状；而在远离壁面的流体核心部分，流体呈紊流状，则因流体的剧烈运动而使温度分布比较均匀，呈一水平线；在层流边界层与流体核心部分间为过渡区，温度分布可近似看成抛物线。由此可知，对流换热的强弱主要取决于层流边界层内的热量交换情况，与流体运动发生的原因、流体运动的情况、流体与固体壁面温差、流体的物性、固体壁面的形状、大小及位置等因素都有关系。

对流换热又分为强迫对流(或受迫对流)和自然对流(或称自由对流)换热。流体各部分之间由于温度不同引起密度差产生的相对运动称为自然对流;而由机械(泵或风机)的作用或其他压差而引起的相对运动称为强迫对流(或受迫对流)。

(2)**对流换热的计算**

对流换热的计算是牛顿在1701年首先提出来的,称为牛顿冷却定律,其方程式为:

$$Q = \alpha \cdot \Delta T \cdot A \text{ 或 } q = \alpha \cdot \Delta T \tag{1.36}$$

式中 Q——对流换热量,W 或 J/s;

A——与流体接触的壁面换热面积,m^2;

ΔT——流体和壁面之间的温差,K 或℃;

α——对流换热系数或放热系数,$J/(s \cdot m^2 \cdot K)$ 或 $W/(m^2 \cdot K)$。它表示在单位时间内,当流体与壁面温差为1 K时,流体通过壁面单位面积所交换的热量。其大小表示对流换热的强弱。

对流换热系数或放热系数(也称表面对流传热系数)的物理意义,一般来说,可以认为是系统的几何形状,流体的物性和流体流动的状况(如层流、紊流和层流边界层等)以及温差 ΔT 的函数。近似计算时,可参照表1.5选取。

表1.5 对流换热系数 α 的近似值

换热机理	$\alpha/[W \cdot (m^2 \cdot K)^{-1}]$	换热机理	$\alpha/[W \cdot (m^2 \cdot K)^{-1}]$
空气自由对流	5~50	水蒸气凝结	5 000~100 000
空气受迫对流	25~250	墙壁内表面	8.72
水受迫对流	250~15 000	墙壁外表面	
水沸腾	2 500~25 000		

注:墙壁内外表面的 α 值均已计入壁面与周围环境之间的辐射换热。

1.2.3 热辐射

所谓热辐射是指依靠物体表面向外发射热射线(能产生显著热效应的电磁波)来传递能量的现象。当温度高于绝对零度时,物体的热状态促使其分子及原子中的电子不间断地振动和激发,其结果不间断地转化本身的内热能,以电磁波(波长主要为0.1~100 μm)热射线形式,向周围空间辐射能量。当它达到另一物体表面被其吸收时,又重新转换为内热能。两物体即使不存在温差,辐射仍在进行,只是当每个物体射出和吸收的能量相等时,则处于动态平衡。物体温度越高,辐射的能力越强。若温度相同,但物体性质和表面情况不同,辐射能力也不同。

辐射能投射到物体上的能量,一般来说,部分可能被吸收,部分可能被反射,另一部分可能穿透过物体。三者的百分比如以 α,ρ,τ 表示,则

$$\alpha + \rho + \tau = 1$$

其中 α,ρ 和 τ 分别称为物体的吸收率、反射率和透射率。绝大多数固体和液体,热辐射线不能透过,可以认为其透射率 $\tau = 0$,则 $\alpha + \rho = 1$。

(1)**辐射能的计算**

物体对外放射热能的能力,即单位时间内在单位面积上物体辐射的波长从0~∞范围的总能量。

对于投射于其上的各种波长的能量,能全部吸收(即 $\alpha=1$)的理想物体称为绝对黑体,简称黑体。根据绘制的辐射光谱图分析,黑体不但能将一切波长的外来辐射完全吸收,也能向外发射一切波长的热辐射。试验和理论分析证明,黑体的辐射能为:

$$E_0=\sigma_0 T^4 \tag{1.37}$$

式中　E_0——黑体单位时间内单位面积向外辐射时的能量,称为黑体的辐射力,W/m^2;

σ_0——黑体的辐射常数 $\sigma_0=5.67\times10^{-8}$,$W/(m^2\cdot K^4)$;

T——绝对温度,K。

式(1.37)称为斯蒂芬-波次曼定律,又称为四次方定律,为便于工程应用,式(1.37)可改写成以下形式:

$$E_0=C_0\left(\frac{T}{100}\right)^4$$

式中　C_0——黑体的辐射系数,$C_0=5.67\ W/(m^2\cdot K^4)$。

实际物体是很复杂的。另一种物体其各种波长的辐射能均与同条件下的黑体的辐射能的比值为一常数,称为灰体。灰体是其表面吸收率与波长无关的物体。大多数的实际固、流体表面很接近灰体的性质,因而人们把实际物体当作灰体处理,则实际物体的辐射力为:

$$E=C\left(\frac{T}{100}\right)^4 \tag{1.38}$$

式中　C——灰体实际物体的辐射系数,介于0~5.67。

引入物体的辐射率,式(1.38)也可写成:

$$E=\varepsilon\cdot C_0\left(\frac{T}{100}\right)^4=\varepsilon\cdot E_0 \tag{1.39}$$

式中　ε——物体的辐射率,又称为黑度,数值为0~1,取决于物体的种类、表面状况和物体温度,由实验确定。

很显然,对黑体而言,$\alpha=\varepsilon=1$,$C_0=5.67$。而对灰体(实际固、流体表面)$\alpha=\varepsilon<1$,$C=\varepsilon C_0<5.67$。

由上述可知,物体有好的吸收能力,就一定有好的辐射能力。也就是说,物体都只能吸收其自身所能辐射的辐射能。

(2)辐射换热的计算

不同温度的两物体(或数个物体)间互相进行着热辐射和吸收,由此引起相互间的热传递现象称为辐射换热。

最简单的情况是两平行的大平面之间的辐射换热,如图1.21所示。设 Q_1,Q_2 分别为大平面1和2表面向对方发射出去的总热辐射热量(包括反射辐射);ε_1,ε_2 为其辐射率(黑度);T_1,T_2 为其温度;α_1,α_2 为其吸收率。

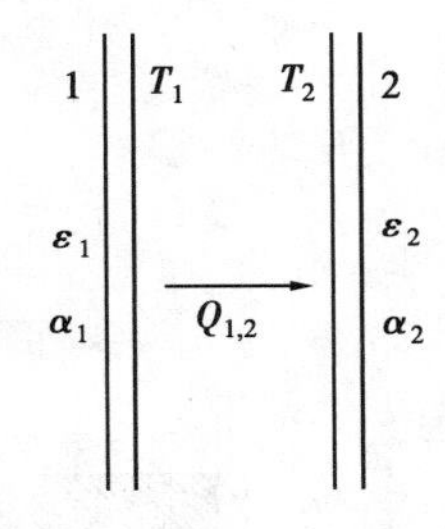

图1.21　两平面间热辐射、传热图

根据上述定义,结合斯蒂芬-波次曼定律可知:

$$Q_1=\varepsilon_1 C_0\left(\frac{T_1}{100}\right)^4\cdot F+Q_2(1-\alpha_1)$$

$$Q_2=\varepsilon_2 C_0\left(\frac{T_2}{100}\right)^4\cdot F+Q_1(1-\alpha_2)$$

式中　F——大平面面积；

$Q_2(1-\alpha_1)$及$Q_1(1-\alpha_2)$——两大平面反射辐射，如果$T_1>T_2$，则所传递的热量为：$Q=Q_1-Q_2$。

从上面两式求出Q_1及Q_2，且有$\varepsilon_1\cdot C_0=C_1$；$\varepsilon_1=\alpha_1$及$\varepsilon_2\cdot C_0=C_2$；$\varepsilon_2=\alpha_2$，代入后经过运算可得出下列公式：

$$Q=\frac{1}{\frac{1}{C_1}+\frac{1}{C_2}+\frac{1}{C_3}}\left[\left(\frac{T_1}{100}\right)^4-\left(\frac{T_2}{100}\right)^4\right]\cdot F^4\cdot F \tag{1.40}$$

其中，$\dfrac{1}{\frac{1}{C_1}+\frac{1}{C_2}+\frac{1}{C_3}}=\dfrac{C_0}{\frac{1}{\varepsilon_1}+\frac{1}{\varepsilon_2}-1}$为无限大平面的系统辐射系数，用$C_n$表示，则

$$Q=C_n\left[\left(\frac{T_1}{100}\right)^4-\left(\frac{T_2}{100}\right)^4\right]\cdot F \text{或} q=\frac{Q}{F}=C_n\left[\left(\frac{T_1}{100}\right)^4-\left(\frac{T_2}{100}\right)^4\right] \tag{1.40a}$$

对其他较复杂的辐射换热，只要求出各系统的系统辐射系数，传递的热量就可以用式(1.40a)求出。

【例1.9】　设有两大平行平壁间为空气间层，平壁1的表面温度$t_1=300$ ℃，冷平壁2的表面温度为$t_2=50$ ℃，两平壁的辐射率为$\varepsilon_1=\varepsilon_2=0.85$，求此间层单位表面积的辐射换热量。

【解】　由题意知，两大平行平壁的尺寸远大于其空气间层厚度，故其辐射换热量可用式(1.40a)计算，即

$$q=\frac{Q}{F}=C_n\left[\left(\frac{T_1}{100}\right)^4-\left(\frac{T_2}{100}\right)^4\right]$$

根据已知条件得到：

$$C_n=\frac{C_0}{\frac{1}{\varepsilon_1}+\frac{1}{\varepsilon_2}-1}=\frac{5.67}{\frac{1}{0.85}+\frac{1}{0.85}-1}\ \text{W/(m}^2\cdot\text{K}^4)=4.19\ \text{W/(m}^2\cdot\text{K}^4)$$

$$T_1=t_1+273=573\ \text{K}$$
$$T_2=t_2+273=323\ \text{K}$$

所以

$$q=4.19\times\left[\left(\frac{573}{100}\right)^4-\left(\frac{323}{100}\right)^4\right]\text{W/m}^2=4\ 060\ \text{W/m}^2$$

1.2.4　传热过程及传热系数

(1)稳定传热方程

热量从温度较高的流体经过固壁(或相邻流体)传递给另一侧温度较低流体的过程。工程中大多数设备的热传递过程都属于这种情况，这种过程称为传热过程。传热过程实际上是导热、热对流和辐射3种基本方式共同存在的复杂换热过程，如图1.22所示的墙壁。其壁厚为δ，面积为F，墙壁一侧有温度t_1的热流体在流动，另一侧有温度t_2的冷流体在流动，其两侧的对流换热系数分别为α_1和α_2(如有辐射，α应是对流换热和辐射

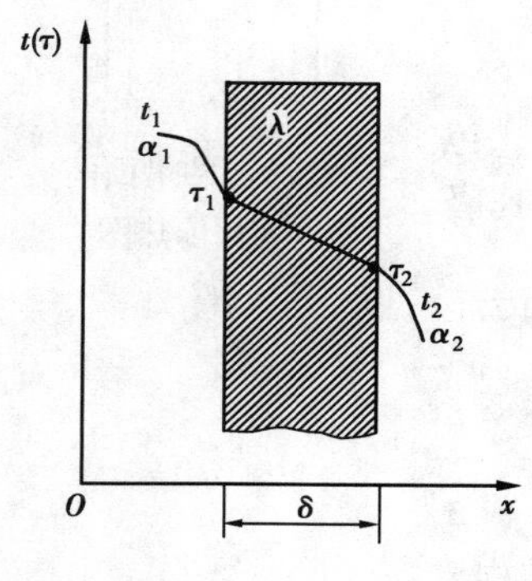

图1.22　通过墙壁的传热

换热共同作用的结果)，在流体和墙壁的温度不随时间变化的稳定传热情况下，则墙一侧表面的对流换热，墙壁的导热量以及墙另一侧表面的对流换热量，三者均应相等，即

$$q = \alpha_1(t_1 - \tau_1) = \frac{\lambda}{\delta}(\tau_1 - \tau_2) = \alpha_2(\tau_2 - t_2)$$

有

$$\frac{q}{\alpha_1} = t_1 - \tau_1;\frac{q\delta}{\lambda} = \tau_1 - \tau_2;\frac{q}{\alpha_2} = \tau_2 - t_2$$

将上式中 τ_1，τ_2 消去后，可得：

$$q = \frac{t_1 - t_2}{\frac{1}{\alpha_1} + \frac{1}{\alpha_2} + \frac{\delta}{\lambda}} = K(t_1 - t_2) \tag{1.41}$$

由式(1.41)可得：

$$K = \frac{1}{\frac{1}{\alpha_1} + \frac{1}{\alpha_2} + \frac{\delta}{\lambda}} \tag{1.42}$$

当壁面面积为 F 时，总的传热量为：

$$Q = K \cdot F(t_1 - t_2) \tag{1.43}$$

即两种流体间的温差一定时，换热量与传热面积成正比；传热面积一定时，换热量与温差值成正比。式(1.43)不仅能计算冷、热流体通过平壁的传热，对一切冷、热流体通过固体壁面的传热过程都是适用的。

(2)传热系数 K

K 值的意义是当壁面两侧流体的温度差为 1 K 时，单位时间内通过每平方米的壁面所传的热量。K 值越大，传热量越多。因此，对于上述情况 K 值表示了热流体的热量通过墙壁传给冷流体的能力。各种不同情况下传热系数计算式不一样，式(1.42)是平面壁单位面积的传热系数 K 值的计算式。

对于多层壁：

$$K = \frac{1}{\frac{1}{\alpha_1} + \frac{1}{\alpha_2} + \sum \frac{\delta}{\lambda}}$$

对圆管等其他情况的传热系数计算式，可在有关传热学书中找到。

(3)绝热

物体表面热传递越少或固体导热系数越小，则传热系数就越小。因此，所谓绝热，也可以说是设法使物体表面换热系数和固体的导热系数减小。当空气接近于静止状态时，一般换热系数为5.8 W/(m^2 · K)。如果适当采取减少辐射换热的措施，可以使换热系数降至4.6 W/(m^2 · K)左右。故可采用导热系数为0.058 ~0.023 W/(m^2 · K)的绝热材料，传热量就可大幅度地减少。

1.2.5　传热的增强与削弱

(1)增强传热的措施

增强传热的积极措施是提高传热系数，而传热系数是由传热过程中各项热阻决定的。增强传热的方法如下所述。

1）扩展传热面

扩展传热壁换热系数小的一侧面积，是增强传热中使用最广泛的一种方法，如肋壁、肋片管、波纹管、板翅式换热面等，它使换热设备传热系数及单位体积的传热面积增加，能收到高效紧凑的效益。

2）改变流动状况

增加流速、增强扰动、采用旋流及射流等都能起到增强传热的效果，但这些措施将引起流动阻力的增加。

①增加流速：增加流速可改变流态，提高紊流强度。

②在流道中加插入物体增强扰动：在管内或管外加进插入物，如金属丝、金属螺旋环、盘片、麻花铁、异形物，以及将传热面做成波纹状等措施都可增强扰动、破坏流动边界层，增强传热。

③采用旋转流动装置：在流道进口装涡流发生器，使流体在一定压力下从切线方向进入管内作剧烈旋转运动。用涡旋流动以强化传热，其原理是使流体在弯管中流动，旋转产生二次环流。

④采用射流方式喷射传热表面：由于射流撞击壁面，能直接破坏边界层，故能强化换热，是现代强化传热的新技术之一。

3）使用添加剂改变流体物性

流体热物性中的导热系数和容积比热对换热系数的影响较大。在流体内加入一些添加剂可以改变流体的某些物理性能，达到强化传热的效果。添加剂可以是固体或液体，它与换热的主流体组成气—固、液—固、气—液以及液—液混合流动系统。

①气流中添加少量固体颗粒，如石墨、黄砂、铅粉、玻璃球等形成气—固悬浮系统。

②在蒸汽或气体中喷入液滴。在凝结换热的增强技术中，在蒸汽中加入珠状凝结促进剂，如油酸、硬脂酸等可增强传热。

4）改变表面状况

①增加粗糙度：增加壁面粗糙度不仅对管内受迫流动换热、外掠平板流动换热等有利，也有利于沸腾换热和凝结换热。

②改变表面结构：采用烧结、机械加工或电火花加工等方法在表面形成一层很薄的多孔金属，可增强沸腾换热。在壁上切削出沟槽或螺纹也是改变表面结构，增强凝结换热的实用技术。

③表面涂层：在换热表面涂镀表面张力很小的材料，以造成珠状凝结。在辐射换热条件下，涂镀选择性涂层或发射率大的材料以增强辐射换热。

5）改变换热面的形状、大小

如用小直径管子代替大直径管子，用椭圆管代替圆管的措施，因换热系数与 $d^{-0.2}$（管内）和 $d^{-0.4\sim-0.16}$（管外）成比例而收到提高换热系数的好处。在凝结换热中，尽量采用水平管也是一例。

6）改变能量传递方式

由于辐射换热与热力学温度 4 次方成比例，一种在流道中放置“对流—辐射板”的增强传热方法正逐步得到重视。对流—辐射板一般可用金属网、多孔陶瓷板或瓷环等做成。

7)靠外力产生振荡,强化换热

这方面大体有3个措施:

①用机械或电的方法使传热面或流体产生振动;

②对流体施加声波或超声波,使流体交替地受到压缩和膨胀,以增强脉动;

③外加静电场,对流体加高电压而形成一个非均匀的电场,静电场使传热面附近电介质流体的混合作用加强,强化了对流换热。

(2)**削弱传热的方法**

与增强传热相反,削弱传热则要求降低传热系数。削弱传热是为了减少热设备及其管道的热损失,节省能源及保温。主要方法可概括为以下两个方面:

1)覆盖热绝缘材料

在冷热设备上包裹热绝缘材料是工程中最常用的措施,常用的材料有石棉、泡沫塑料、微孔硅酸钙、珍珠岩等。

2)改变表面情况

①改变表面的辐射特性:采用选择性涂层,既增强对投入辐射的吸收,又削弱本身对环境的辐射换热损失,这些涂层如氧化铜、镍黑等。

②附加抵制对流的元件:如太阳能平板集热器的玻璃盖板与吸热板间装蜂窝状结构的元件,抑制空气对流,同时也可减少集热器的对外辐射热损失。

1.3 电工学基础知识

1.3.1 电流、电压、电阻与电功率

(1)**电源与电流**

电源是一种将非电能转换成电能的装置,该装置将化学能或机械能转换为电能。

电流是带电质点在物体中作有规则的运动,大小为单位时间内通过导体横截面的电荷量,单位为安[培](A)。电流的方向为正电荷的运动方向,电流在导体内流动中其数值大小和方向不随时间变化则称为直流电,随时间作周期性变化则称为交流电。

电流在导体和电解液中会产生化学效应、热效应、光效应和力效应等,这些效应在工程中应用很广,如工业中电解技术、电炉烘炼、灯具发光、电动机运转等都是这些效应的应用实例。而产生这些效应的用电设备可统称为电气负载。

(2)**电位、电压(U)与电动势(E)**

电路中某点的电位是指电场力将单位正电荷从该点移动到参考点(零点位)所做的功。

电路中某两点的电压是指该两点间的电位差,即电场力将单位正电荷从某点移动到另一点所做的功,度量单位为伏[特](V)。两点间的电压总是从正极指向负极,即电位降的方向。直流电压 U 在时间过程不变化,交流电压 U 则随时间发生周期性变化。

电源内部分离电荷使电源两个极上堆积大量的正、负电荷形成电位差,而维持电位差的能力称为电动势 E,其单位为伏[特](V)。电动势方向是由电源负极指向正极(电位升的方向)。直流电源电动势 E 的大小、方向不随时间而变化,交流电源电动势 e 的大小、方向随时

间发生周期性变化。在电源正、负极之间若不接负载(导体),处于开路状态,则电源不会有电荷移动。此时,电源的负极到正极电动势的数值必等于电源正极到负极的数值,即 $E=U$。电路处于闭路状态时,则电动势的数值因电源有内阻,不等于电压数值。在直流情况下,端电压等于电动势减去内压降,即 $U=E-IR_0$。

(3)**电阻**(R)

导体中存在着阻碍电流通过,并消耗能量的电阻。物体性质不同,电阻也不同,因而有导体、半导体和绝缘体之分。电阻的度量是以导线两端为 1 V 电压而产生 1 A 电流而命名为 1 Ω。导线中电阻 R 根据实验总结得知:电阻与物体导电性能、截面积、导线长度和温度有关。当温度处于常温并保持不变时有下列关系式:

$$R = \rho \frac{l}{A} \tag{1.44}$$

式中 R——物体的电阻,Ω;

l——物体(导线)长度,m;

A——物体截面积,mm^2;

ρ——物体的电阻系数,称电阻率,$\Omega \cdot mm^2/m$。

电阻率倒数称为电导率 γ,当温度变化时,金属导体的电阻受温度变化的影响,根据实验总结,关系如下:

$$\alpha = \frac{\rho_2 - \rho_1}{\rho_1(t_1 - t_2)} \tag{1.45}$$

式中 α——电阻温度系数,1/℃;

t_1,t_2——温度由 t_1 变化到 t_2,℃;

ρ_1,ρ_2——温度为 t_1,t_2 时物体相应的电阻率,$\Omega \cdot mm^2/m$。

式(1.45)可变化为:

$$\rho_2 = \rho_1[1 + \alpha(t_2 - t_1)] \tag{1.45a}$$

对同一种类的两根导线,当其长度和截面积相同,在不同温度时,其电阻按式(1.44),应分别列出 $R_1=\rho_1 \frac{l}{A}$,$R_2=\rho_2 \frac{l}{A}$,即 $\frac{R_1}{R_2}=\frac{\rho_1}{\rho_2}$ 代入式(1.45a),可得:

$$R_2 = R_1[1 + (t_1 - t_2)] \tag{1.46}$$

式中符号意义同前。半导体的电阻随温度增加而减少。

(4)**电路**

电流通过的路径称为电路,包括电源、负载和中间环节。如图 1.23 所示,当电路闭合并有电流能够流通时,就称为闭合电路也称全电路。全电路处于通路时,电动势、电压、电流、电阻和负载同时存在。

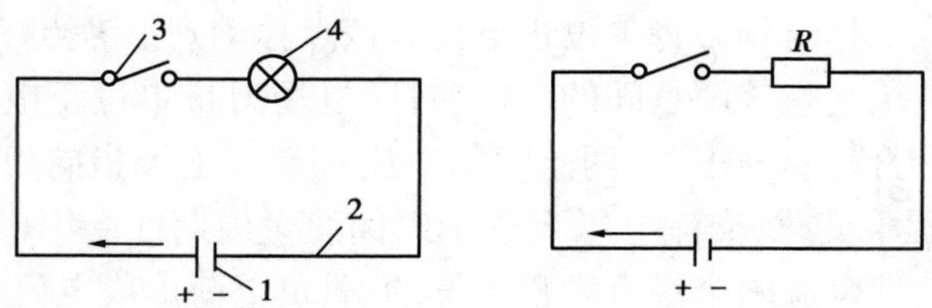

图 1.23 简单电路图示

1—电源;2—导线闭合回路;3—开关;4—负载

在电工图中,闭合直流电路中负载常以电阻形式表达。除电源以外的电路称为外电路,而电源内部称为内电路。全电路由内电路和外电路组成。根据电路中的电流分直流电路和交流电路。

电路有3种状态,即通路、断路和短路。前面已介绍过通路和断路的概念,而所谓短路是指电路中某两点被导体直接联通,如电源两端发生短路,则是一种严重故障。

(5)**欧姆定律**

1)无源电路的欧姆定律

具有两极导线的电路其间没有电源,如图1.24(a)所示,根据实验观察,U,I正方向相一致时,其电流、电压与电阻的关系为:

$$I=\frac{U}{R} \tag{1.47}$$

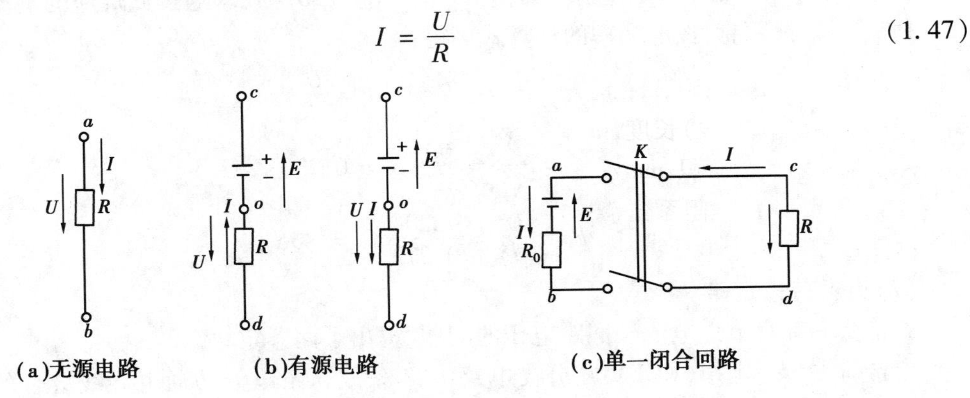

(a)无源电路　(b)有源电路　(c)单一闭合回路

图1.24　电路图

2)一段含源电路的欧姆定律

如图1.24(b)所示,其电流、电动势、电压与电阻的关系为:

$$I=\frac{\pm E\pm U}{R} \tag{1.48}$$

式(1.48)中的电动势和电压的正方向如果和电流方向一致,则取正号,否则取负号。

3)单一闭合回路的欧姆定律

根据图1.24(c)分析可得,由于$U=E-IR_0$,及$U=IR$,即$I=\dfrac{E}{R_0+R}$。若为多电源,则可写为:

$$I=\frac{\sum E}{\sum R} \tag{1.49}$$

式(1.49)中,分母为回路总电阻。分子为电动势的代数和,“+”“−”号以I的正方向为准。

(6)**电功与电功率**(P)

电流在一定时间内通过电路中负载所消耗的功,相当于在时间t内,该电路中电压、电流形成的电场力所做的功。这种电流在电路中通过负载做功称为电功。电功的大小为:

$$W=UIt=I^2Rt \tag{1.50}$$

电功的度量为焦[耳](J)[1 J=1 A×1 V×1 s]。根据实验知1 J做功的能量相当0.24 cal(1 cal=4.19 J)的热量,故式(1.50)以热功当量0.24 cal乘之,则可用热量计算式表达:

$$Q_v = 0.24I^2Rt \tag{1.50a}$$

电功率 P 是单位时间内电流在电路中所做的功,其度量单位为 J/s,称瓦[特](简称瓦,W)或千瓦(kW),即

$$P = \frac{W}{t} = \frac{UIt}{t} = UI \tag{1.51}$$

以 $U=RI, I=\frac{U}{R}$ 代入式(1.51);又可得到电功率的另一表达式为:

$$P = UI = I^2R = \frac{U^2}{R} \tag{1.51a}$$

【例 1.10】 在 220 V 的电源上接有 60 W 灯泡(220 V),求通过此灯泡的电流和电阻。

【解】 根据题意,按电功率的计算式可得:

$$P = UI = I^2R = \frac{U^2}{R}$$

$$I = \frac{P}{U} = \frac{60}{220}\text{ A} = 0.273\text{ A}$$

$$R = \frac{U}{I} = \frac{220}{0.273}\ \Omega = 806\ \Omega$$

(7)克希荷夫定律

克希荷夫针对节点电流和回路电压的问题,提出了两条定律。

克希荷夫第一定律(KCL):在分支电路中,3 条或 3 条以上的通电导线会合的一点,称为分支点或节点。在任一节点处,流向节点的电流之和等于流出节点的电流之和,若规定流入节点电流为正则流出该节点电流为负。则在同一瞬时和同一节点相连的各支路电流的代数和恒等于零,即

$$\sum I_{入} = \sum I_{出} \text{ 或} \sum I = 0 \tag{1.52}$$

图 1.25(a)中节点 a 的 KCL 表达式为:

$$I_1 + I_2 - I = 0$$

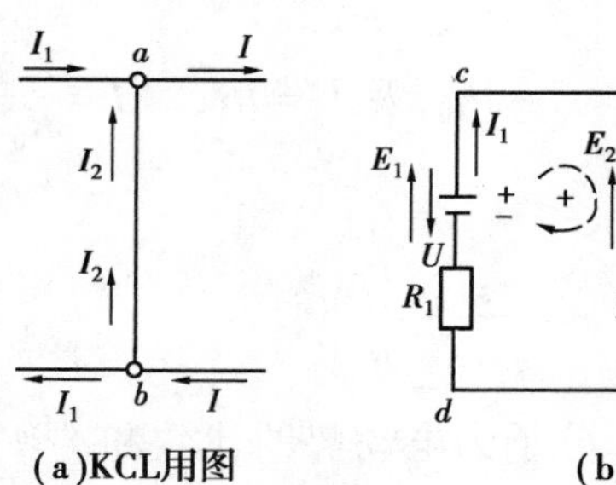

(a)KCL用图

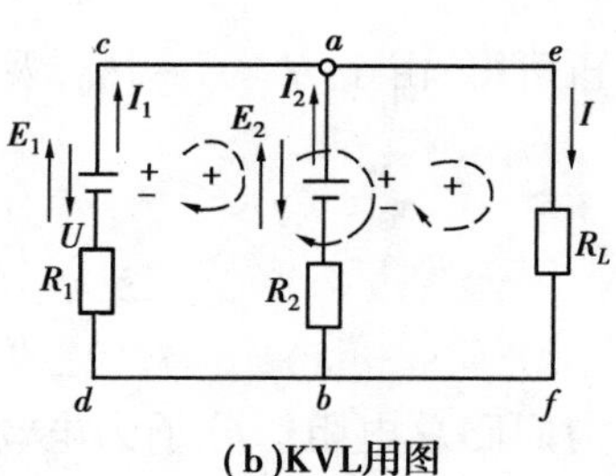

(b)KVL用图

图 1.25 KCL,KVL 用图

克希荷夫第二定律(KVL):沿任一闭会回路的电位增量的代数和等于零,或其电动势的代数和等于电阻上电压降的代数和,即

$$\sum E = \sum IR \tag{1.53}$$

式(1.53)的使用,首先需设定回路绕行方向和电流的正流向。回路中电动势方向与回路绕行方向一致时为正,反之为负。回路中电流正方向与回路绕行方向一致时,则电压降 $U=IR$

为正,反之为负。把回路中电动势代数和、电阻上电压降代数和代入式(1.53)即可求解。

按照上述方法,对图1.25(b)中回路 *cabdc* 的 KVL 具体表达式为:

$$E_1 - E_2 = I_1R_1 - I_2R_2$$

回路 *aefba* 的 KVL 具体表达式为:

$$E_2 = I_2R_2 + IR_1$$

回路 *caefbd* 的 KVL 具体表达式为:

$$E_1 = I_1R_1 + IR_1$$

【例1.11】 如图1.26所示的电路,电路绕行及电流正方向如图示。已知 $R_B = 20\ k\Omega$, $R_1 = 10\ k\Omega$, $E_B = 6\ V$, $U_S = 6\ V$, $U_{BE} = 0.3\ V$,试求 I_B, I_2 及 I_1。

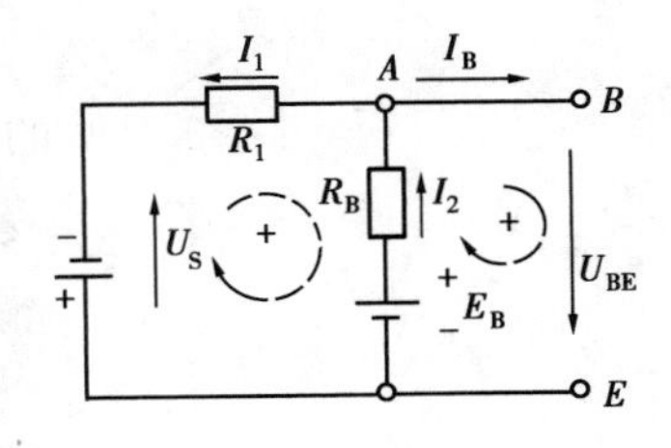

图1.26　[例1.11]电路图

【解】 根据 KVL 定律,列出左右两个单回路的表达式为:

$$E_B = I_2R_B + U_{BE}$$

$$-E_B = -I_1R_1 - I_2R_2 + U_S$$

根据 KCL 定律,列出节点 *A* 的表达式为:

$$I_2 - I_1 - I_B = 0$$

分别将已知数据代入上述列三式中,求解可得:$I_1 = 0.57\ mA$, $I_2 = 0.315\ mA$, $I_B = -0.255\ mA$。

应用 KCL 和 KVL 定律时应注意:列方程时,必须是独立节点及独立回路方程(含有新支路),如节点数为 *n* 可列(*n* − 1)个独立节点方程,有 *L* 个网孔则有 *L* 个独立回路方程。

1.3.2　电磁效应与电磁感应

(1)电磁效应

与磁体产生磁场一样,载流导体周围也同样存在磁场,这种现象称为电流的磁效应。磁场可以用磁力线表达。磁场的强弱,是以磁场中垂直穿过某一截面 *S* 的磁力线总数的磁通 Φ 表达。磁通的度量单位在国际单位制中为韦[伯](Wb)即 1 Wb = 1 V · S。如果单位面积所通过的磁通则称为磁通密度或磁感应强度 *B*,磁感应强度(磁通密度)与磁通二者的关系为:

$$B = \frac{\Phi}{S}$$

磁通密度的度量单位当为 Wb/m^2 或 $V \cdot s/m^2$,简称为特[斯拉](T)。磁通在工程上有时也用麦克斯韦(Mx)表达,1 T = 104 Gs,1 Wb = 108 Mx。电磁效应有下面3种:

①导体通电,则导体周围必产生磁场。电流方向变化,组成磁场的磁力线方向也随之变化。对直导体通电后产生的磁场方向用右手螺旋定则来确定,即右手握住导线,大拇指指向电流方向,其余四指弯曲方向就是磁力线方向(即磁场方向),如图1.27(a)所示。当电流沿闭合环形式螺旋管导线通过时,右手弯曲四指指向与电流方向一致,伸直的大拇指就表示螺旋管内部磁力线的方向,如图1.27(b)、(c)所示。

②螺旋管线圈内置一铁芯如图1.28所示,当线圈接通电源产生电流时,铁芯被磁化获得磁性,切断电源铁芯也失掉了磁性,被磁化的铁芯称为电磁铁。在一定范围内,电磁铁磁性强弱与线圈通过电流大小和线圈匝数成正比。电磁铁具有吸力,可使衔铁靠近铁芯,如图1.28

所示,当切断电源铁芯也就失掉吸力。电磁铁吸力大小与铁芯的两极面积和间隙内磁通密度 B 的平方成正比。

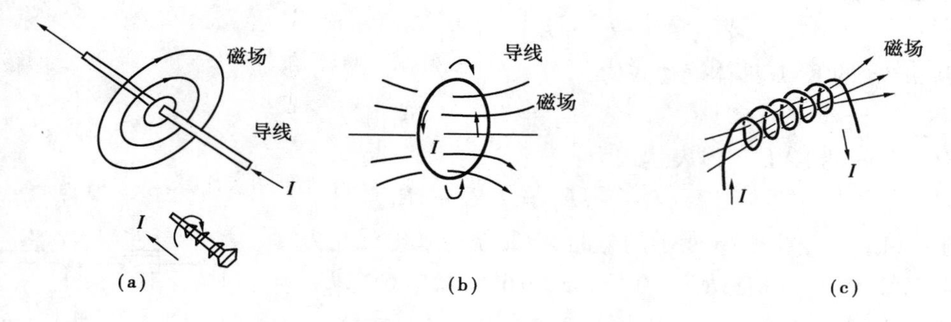

图 1.27　电流沿导线方向变化与磁场方向变化的规律

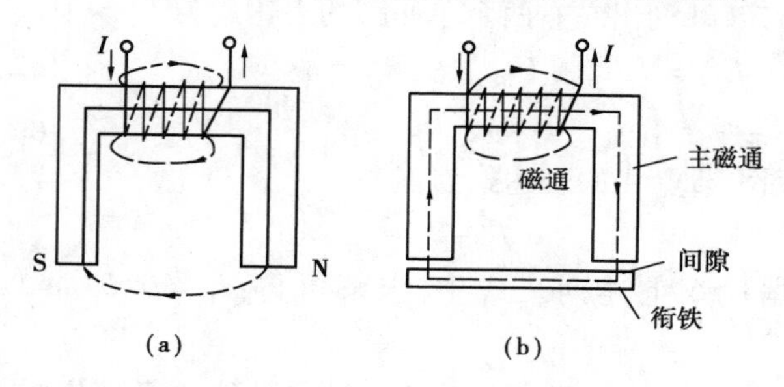

图 1.28　电磁铁

在工程上,常利用电流的磁效应制成的电磁铁应用于设备中,例如,接触器、继电器各种电动阀门、电铃、扬声器等。

③如图 1.29 所示的装置,实验观察到置磁场中导线,如不通电流时,导线并不受力,若通电流(见图 1.29(a)),则直导线会发生图中所示电磁力 F 方向的移动,如果电流方向相反,导线所产生力效应的方向也相反。其电流、磁通及电磁力三者的方向,遵守左手定则,如图 1.29(c)所示。这种电磁效应也称电流的力效应,是直流电动机的工作原理。产生这种效应的原因,实际上是磁场与磁场的相互作用。以图 1.29(b)作如下说明:

图 1.29(b-1),不通电导线置于均匀磁场中;图 1.29(b-2),通电导线不置于均匀磁场中按右手定则产生的磁场;图 1.29(b-3),通以电流的导线并置于均匀磁场中,恰如图 1.29(b-1)、(b-2)的合成效应,必然产生磁场力 F 而推动导线移动。

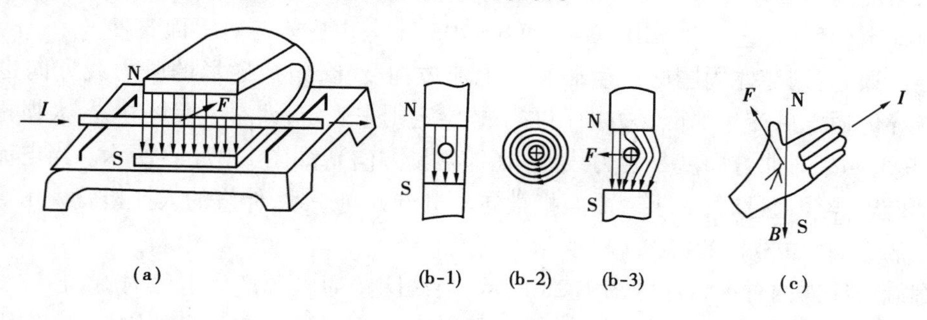

图 1.29　电动机工作原理

(2)**电磁感应**

1)感应电动势

如图1.30(a)所示的实验装置示意图,根据法拉第电磁感应定律知:在磁铁所形成的均匀磁场中,置一不通电流的闭合直导线,导线与磁力线成任意 α 角,并以速度 v 作切割磁力线运动,或导线不动仅移动磁场,则会在导线中产生感应电动势出现感应电流。同样,若用螺旋管型组成的闭合导线与永磁铁或人工磁铁如图1.31所示,两者中一方位置不动,而使另一方运动;形成切割磁力线作用,也会发现在导线中产生电动势 e,输出感应电流。

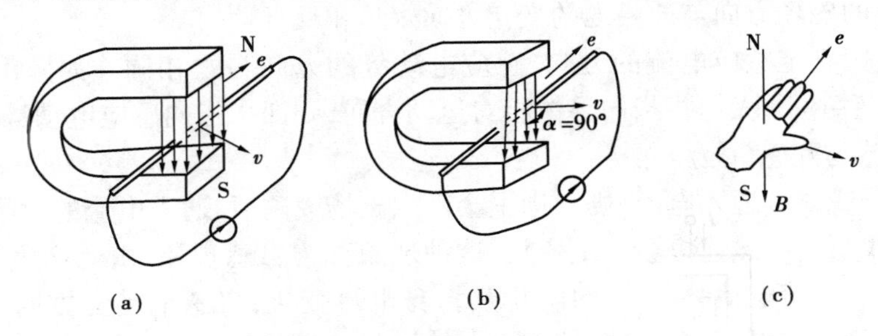

图1.30　闭合直导线的电磁感应

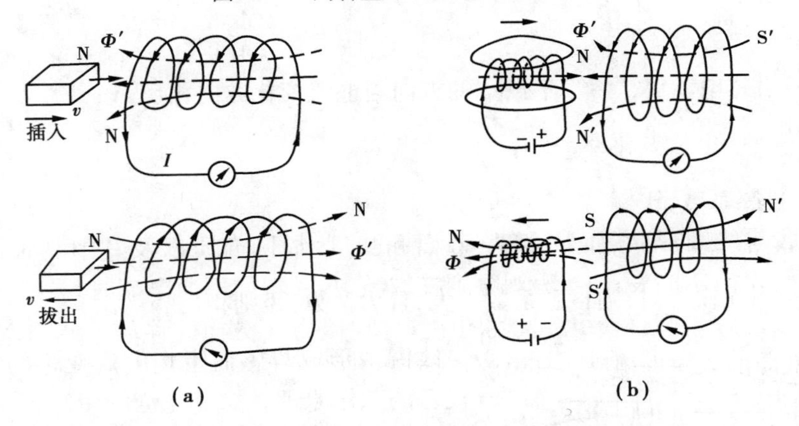

图1.31　螺旋管型线圈的电磁感应

或者说,不论任何原因使通过回路面积的磁通量发生变化时,回路中就产生感应电动势出现感应电流。从实验发现:感应电动势大小与导体切割磁通的速率成正比。或与穿过线圈电路的磁通变化率(e 与 Φ 正向符合右手螺旋定则时)成正比,可得如下计算式:

$$e = BLv \sin \alpha \tag{1.54}$$

$$e = -N\frac{\mathrm{d}\Phi}{\mathrm{d}t} \tag{1.55}$$

式中　e——感应电动势,V;

B——磁感应强度(磁密),T 或 V · s/m^2;

L——直导线长度,m;

v——导体相对移动速度,m/s;

α——导体运动方向与所切割磁力线形成的角度;

N——线圈匝数;

$\frac{d\Phi}{dt}$——磁通变化率,Wb/s。

从式(1.54)可知,$\alpha=0$ 则 $e=0$,即导线运动方向与磁力线平行,则不产生感应电动势。而当 $\alpha=90°$时,导线运动方向与磁力线垂直,则 $e=BLv$ 为最大值。

上述电磁感应在工程上是发电机、变压器等的工作原理。

楞次定律提供了感应电动势或感应电流方向的判定法则:

①判定磁场方向及相对运动使原磁场加强还是减弱;

②感应电流的磁场方向与原磁通的变化方向永远相反;

③用右手定则判定感应电流的方向,感应电动势的方向与之相同。如图1.30(c)所示。即磁力线指向右手手心,大拇指指向导体相对运动方向,则四指指向感应电动势的方向。

2)涡流、自感与互感

①自感:导线或线圈通入电流,则其周围会产生磁场或磁通,通入电流的大小发生变化,则导线周围磁场、线圈周围磁通也会发生变化,这种现象称为自感现象,由此产生的感应电动势称为自感电动势。自感电动势 e_L 方向阻止其自身电流变化,自感电动势方向也服从楞次定律。计算式由实验总结得到,在 e_L 与 i 正方向一致时:

$$e_L=-L\frac{\Delta i}{\Delta t} \text{ 或 } e_L=-L\frac{di}{dt} \tag{1.56}$$

式中 e_L——自感电动势,"-"表示 e_L 的方向与电流变化方向相反,V;

$\frac{\Delta i}{\Delta t}$或$\frac{di}{dt}$——电流变化率,A/s;

L——自感系数,H。

自感系数与线圈形状、匝数多少、截面和长度、周围介质以及其中是否有铁芯等有关$\left(L=\mu\frac{N^2}{l\cdot s}\right)$。当无铁芯时,则自感系数不大,且为常数,否则相反。

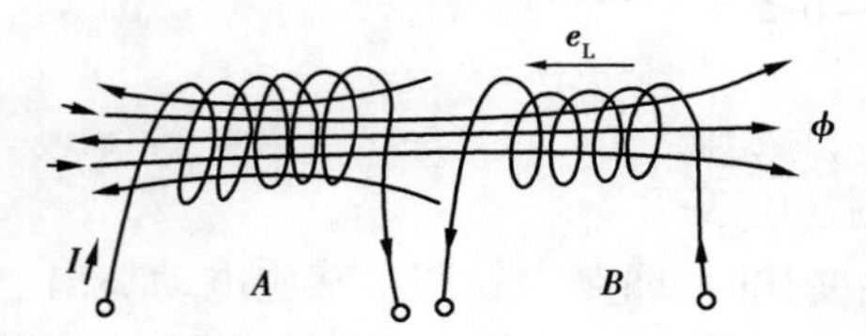

图1.32 互感

线圈内形成自感而阻止电流变化的特性是许多电气设备的工作原理。如日光灯的镇流器、感应电机启动电抗器、交流焊机限制电流的电抗器等都是利用自感的特性制成的。自感在电路图中的符号为"L"。

②互感:根据实验,法拉第得出:两个相邻线圈如图1.32所示,其中一个线圈中通过大小变化的电流时,其邻近线圈必产生感应电动势,这种现象称为互感。互感电势 e_M 只能由与其相邻的线圈电流变化时产生,其大小与电流变化率成正比,计算式为:

$$e_{MA}=-M\frac{di_A}{dt} \tag{1.57}$$

$$e_{MB}=-M\frac{di_B}{dt} \tag{1.58}$$

式中 e_{MA}——电流 i_A 变化在线圈 B 中的互感电势,V;

e_{MB}——电流 i_B 变化在线圈 A 中的互感电势,V;

M——互感系数,H。

③涡流:将具有铁芯的线圈或金属导体置于磁场中运动或处在变化磁场中,则产生感应电

动势。而在铁芯或金属导体内引起自成闭合回路的环形感应电流以反抗磁通的变化,这种环形感应电流称为涡流。利用涡流的热效应可以冶炼金属,利用涡流和磁场的相互作用而产生的电磁力原理可以制造感应式仪器、涡流测距器等。但在电机和电器的铁芯中产生的涡流是有害的。它不但消耗电能,而且使设备效率降低,从而造成设备过热,甚至损坏。

1.3.3　直流与交流电路

(1)直流电路

1)直流电路的基本类型

在直流闭合电路中按其电源数量有单电源和多电源闭合电路之分,按闭合电路中外电路上电阻联结方式有串联、并联、串并联混联之分。凡是能用串联、并联的方法简化为单一闭合回路的电路称为简单电路;反之,称为复杂回路。简单电路可用串联、并联的方法和欧姆定律来解决。复杂电路则必须用 KCL,KVL 定律或其他方法来解决。图 1.33 为几种基本类型的直流闭合电路。

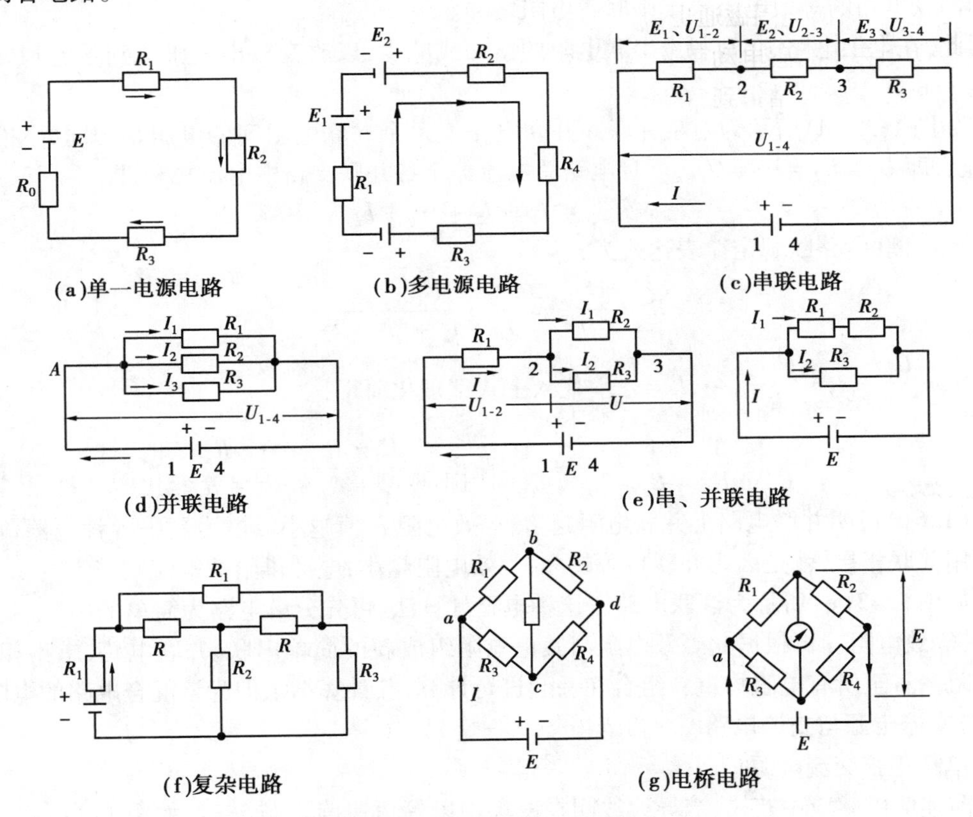

图 1.33　几种基本直流闭合电路

2)电阻的串联和并联

①如图 1.33(c)所示为电阻串联。因经过各电阻的电流均为 I 值,推广到 n 个电阻,电路总电压等于各段电压之和即 $U_{1-n}=U_{1-2}+U_{2-3}+\cdots+U_{x-n}$。利用欧姆定律的表达式可得:

$$I=\frac{U_{1-n}}{R}=\frac{U_{1-2}+U_{2-3}+\cdots+U_{x-n}}{R}$$

各个电阻上的电压为：

$$U_{1-2} = IR_1$$

$$\begin{aligned} U_{1-2} &= IR_1 = \frac{U_{1-n}}{R}R_1 = \frac{R_1}{R}U_{1-n} \\ U_{2-3} &= IR_2 = \frac{U_{1-n}}{R}R_2 = \frac{R_2}{R}U_{1-n} \\ &\vdots \\ U_{x-n} &= IR_n = \frac{U_{1-n}}{R}R_n = \frac{R_n}{R}U_{1-n} \end{aligned} \tag{1.59}$$

则得：

$$R = \frac{(R_1 + R_2 + \cdots + R_n)I}{I} = R_1 + R_2 + \cdots + R_n \tag{1.60}$$

即串联电路的等效电阻等于串联各电阻之和。

因此，在电工电路中，常利用串联电阻的增加或减少，以改变输出电压达到限流和分压的目的。

②如图1.33(d)所示为电阻并联。并联电路上每个并联电阻间的电压是相同的，推广到n个电阻，即$U_1 = U_2 = \cdots = U_{1-n}$。且电路总电流等于各并联支路中电流之和，即

$$I_{1-n} = I_1 + I_2 + \cdots + I_n$$

因此，并联电路欧姆定律表达式为：

$$R = \frac{U_{1-n}}{I} = \frac{U_{1-n}}{I_1 + I_2 + \cdots + I_n}$$

将$I_1 = \frac{U_{1-n}}{R_1}, I_2 = \frac{U_{1-n}}{R_2}, \cdots, I_n = \frac{U_{1-n}}{R_n}$代入上式整理化简得：

$$\frac{1}{R} = \frac{1}{R_1} + \frac{1}{R_2} + \cdots + \frac{1}{R_n} \text{或} R = \frac{R_1 \cdot R_2 \cdot \cdots \cdot R_n}{R_1 + R_2 + \cdots + R_n} \tag{1.61}$$

式(1.61)说明并联电路上并联电阻越多，等效电阻R值越小。电力网中各种电器负载之所以采用并联相接，就是因为并联负载越多，等效电阻越小，电源供给的电流则越大。

③如图1.33(e)所示为混联电路。这种电路计算法，可先分解电路为简单的串联、并联电路，求其等效电阻。再根据此等效电阻与其他电阻组成新的简单串联、并联电路，求出相应的等效电阻。直至所有电阻均重新组合在一起进行计算，其计算结果即为该混合电路的电阻。

(2)**交流电源与交流电路**

1)单相正弦交流电源

由前述电磁感应中获知，当导线线圈在磁场中以等角速度ω旋转时，如图1.34(a)所示，根据右手定则，在线圈导线中必有电动势和电流产生。其感应电动势依式(1.55)为：$e = -N\frac{d\Phi}{dt}$。式中磁通量的数值与线圈旋转位置有关，如图1.34(b)所示。线圈从通过磁通为零的位置开始，而后经过t s，则线圈旋转$\alpha = \omega t$弧度，此时通过磁通量为$\Phi \cos \omega t$，其电动势$e = -N\frac{d}{dt}(\Phi \cos \omega t)$。当$\omega t = \frac{\pi}{2}$时，则$e = N\omega\Phi = E_m$为最大值，则得：

$$e = E_m \sin \omega t \tag{1.62}$$

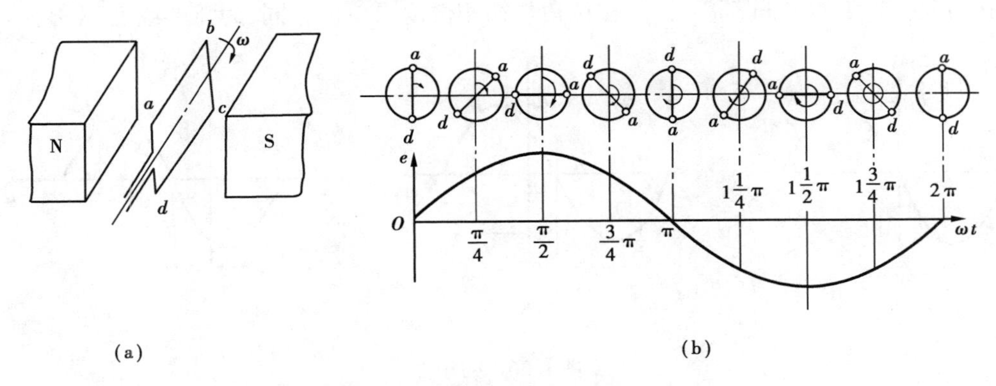

图1.34　交流电的发生原理示意图

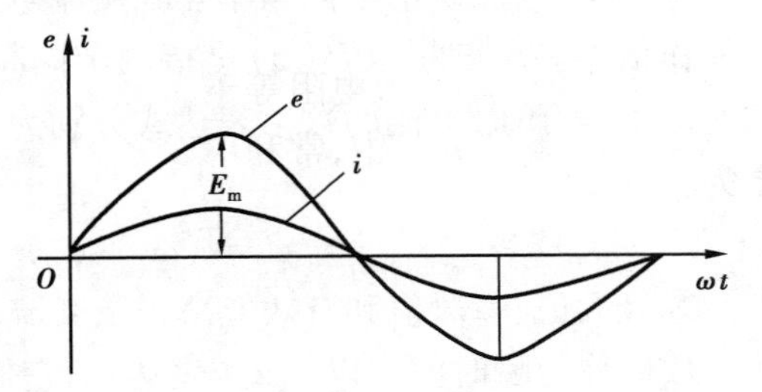

图1.35　单相正弦交流电压与电流曲线

式(1.62)表明线圈两端发生的电动势是按通过坐标原点的正弦波变化,如图1.34(b)所示。以欧姆定律表达瞬时电流 i,瞬时电动势 e 和电阻 R 的关系,并考虑电阻 R 为常数得:$i = I_m \sin \omega t, u = U_m \sin \omega t$,式中,$I_m, U_m$ 为瞬时正弦交流电流、电压的最大值。即单相交流电的电动势(电压)和电流大小、方向变化,均为通过坐标原点的正弦波变化的(见图1.35)。上述正弦交流电源为单线圈构成的,故称为单相正弦交流电源。

正弦函数的变化频率、初始角和振幅3个基本物理参数,可表达正弦波的基本特征。就一般而论,单相正弦交流电路中某瞬时电动势、电压与瞬时电流并不一定都通过坐标原点,可发生在波形坐标系的 e,i 轴上任一点,此种工况,表明线圈与中性面间具有夹角。这种具有普遍意义的正弦交流电数学式为:

$$\begin{aligned} e &= E_m \sin(\omega t + \varphi_e) \\ u &= U_m \sin(\omega t + \varphi_u) \\ i &= I_m \sin(\omega t + \varphi_i) \end{aligned} \tag{1.63}$$

正弦交流电频率、初相角和最大值、瞬时值、有效值的意义如下:

①频率(f)。在正弦交流电中,以频率、周期、角频率反映其电动势、电压及电流大小和方向变化的快慢。频率是指每1 s内交流电变化的次数,单位为赫兹(Hz)。交流电变化一个循环(或完成一周波)所需的时间,称为交流电的周期(T),单位为秒(s)。周期与频率的关系为:

$$T = \frac{1}{f} \text{或} f = \frac{1}{T} \tag{1.64}$$

角频率(ω)是指每秒交流电变化的电角度,单位为弧度/秒(rad/s),即

$$\omega = \frac{2\pi}{T} = 2\pi f \tag{1.65}$$

②初相角。交流电在不同时刻对应有不同电角度,从式(1.63)可获得不同时刻的瞬时值。式中$(\omega t + \varphi)$则反映交变过程中瞬时变化情况,称为相位,也称相位角。当 $t = 0$ 时,则 $\omega t + \varphi = \varphi_u$ 称为初相位,即初始状态。以正弦交流电压为例,其正弦波形图上初相位,如图1.36所示,当其初相角 $\varphi_u = 0, \varphi_u > 0, \varphi_u < 0$ 时,其数学表达式相应为:$u = U_m \sin \omega t$、$u =$

$U_m\sin(\omega t+\varphi_u)$、$u=U_m\sin(\omega t-\varphi_u)$，相位角与初相位度量单位相同，为弧度或度。

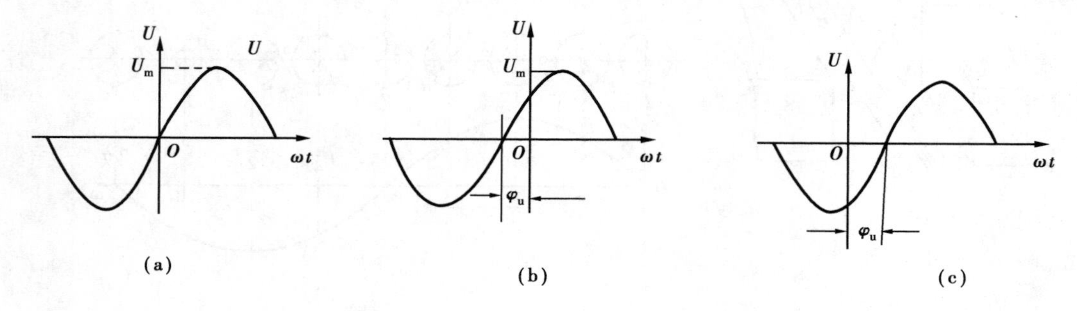

图1.36　初相位

工程中，为反映两个同频率正弦交流电到达最大值或最小值时，在时间上的先后，常以相位差作依据。所谓相位差(φ)是指两个同频率正弦交流电初相角之差。例如，两个频率相同的交流电压、瞬时电流的数学表达式分别为 $u=U_m\sin(\omega t+\varphi_u)$、$i=I_m\sin(\omega t+\varphi_i)$，则其相位差为：

$$\varphi=(\omega t+\varphi_u)-(\omega t+\varphi_i)=\varphi_u-\varphi_i$$

③最大值、瞬时值和有效值。正弦交流电的大小及方向随时间按正弦波变化，因此某一瞬间的数值称为瞬时值。以 e,u,i 表达；而它们在一个周期内最大值，以 E_m,U_m,I_m 表示。

由于在量测和使用上，采用瞬时值和最大值都不能确切表达交流电路中的交流电效应，因此，引入有效值概念，用 I,U,E 表示。有效值是根据电流的热效应获得，实际上就是指一个具有同样热效应的直流电数值。即当某一交流电的电流通过电阻为 R 的电路，其在一个周期时间内做功所产生的热量 Q_a 与一直流电在相同时间内通过电路，具有相同电阻 R 所产生的热量 Q_d 相等，则称此交流电流大小与比较的恒定直流电流大小为等效的。由此在数值上把此直流电流 I 定为交流电流 i 的有效值。

正弦交流电流 i 通过电阻 R 的电路上一个周期 T 所产生的热量，按电功率式(1.52)概念应为：

$$Q_a=0.24i^2R\mathrm{d}t \tag{1.66a}$$

而直流电流 I 通过同样电阻 R 电路、时间 T 所产生的热量为：

$$Q_d=0.24I^2RT \tag{1.66b}$$

按热效应相等条件：$Q_a=Q_d$，并把式(1.66a)和式(1.66b)的 Q_a,Q_d 值代入，经整理化简得：

$$I=\sqrt{\frac{1}{T}\int_0^T i^2\mathrm{d}t} \tag{1.66}$$

把 $i=I_m\sin(\omega t+\varphi_i)$ 代入式(1.66)，积分整理可得：

$$I=\frac{I_m}{\sqrt{2}}=0.707I_m$$

同理可得：

$$U=\frac{U_m}{\sqrt{2}}=0.707U_m \tag{1.67}$$

$$E = \frac{E_m}{\sqrt{2}} = 0.707E_m$$

式(1.67)表明正弦交流电各有效值与频率、初相位无关。一般交流电器设备、电压、电流表等均采用有效值。但考虑耐压时,应按最大值考虑。

【例1.12】　某一电路其正弦电压 $U = 220\sqrt{2}\sin\left(314t + \frac{\pi}{4}\right)$。试求其最大值、有效值、角频率、周期和初相位。

【解】　根据正弦交流电压的普遍表达式得到:

最大值:$U_m = 220\sqrt{2} = 311$ V;

有效值:$U = 0.707U_m = 0.707 \times 311$ V $= 220$ V;

角频率:$\omega = 314$ rad/s;

频率:$f = \frac{\omega}{2\pi} = \frac{314}{2 \times 3.14}$ Hz $= 50$ Hz;

周期:$T = \frac{1}{f} = \frac{1}{50}$ s $= 0.02$ s;

初相位:$\varphi_u = \frac{\pi}{4}$ rad

2)三相交流电源、电压和负载接法

①三相交流电源。工程中,为提高电源的利用,普遍把3个相同的单相正弦交流电源按图1.37(a)的方式组合在一起。即由固定在发电机定子铁芯内侧槽中3个大小、形状和匝数相同;空间位置相互对称相差120°的线圈和一定数量的磁极(有2,4,8等),置于旋转的发电机的转子中所构成。这样,当发电机转子以等角速度 ω 旋转,就会形成3个相互相差120°的单相正弦交流电动势,以解析式表达为:

$$\begin{aligned} e_{XA} &= E_m \sin \omega t \\ e_{YB} &= E_m \sin(\omega t - 120°) \\ e_{ZC} &= E_m \sin(\omega t - 240°) \end{aligned} \tag{1.68}$$

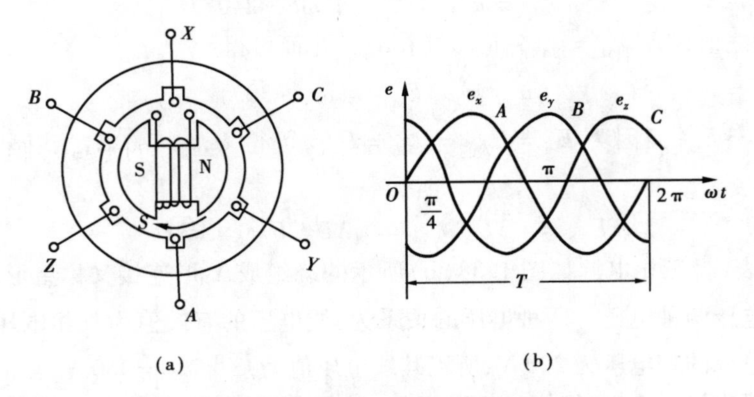

图1.37　三相交流电源示意图

上述方程式绘出了三相交流电动势曲线,如图1.38(b)所示。这类发电原理所产生的电源,称为三相交流电。发电机产生的电动势幅值为 $E_{Am} = E_{Bm} = E_{Cm} = E_m$,其频率相同,3个电动势相位差为$\frac{2\pi}{3}$；三相交流电出现的顺相序（正幅值）为$A—B—C$，逆相序为$A—C—B$。

②三相交流电压——三相四线供电及三相三线供电。三相交流电中每相都可作为独立电源，若各用一对导线分别接通负载进行输电。如图1.38（a）所示，需6根输电线，很不经济。如果把3个线圈末端X,Y,Z连在一起，用一根公共导线与3个负载的3个端点连成3个回路，如图1.38（b）所示，称为三相四线供电，其公共导线称为中线。中线常接地，故称为零线或地线。

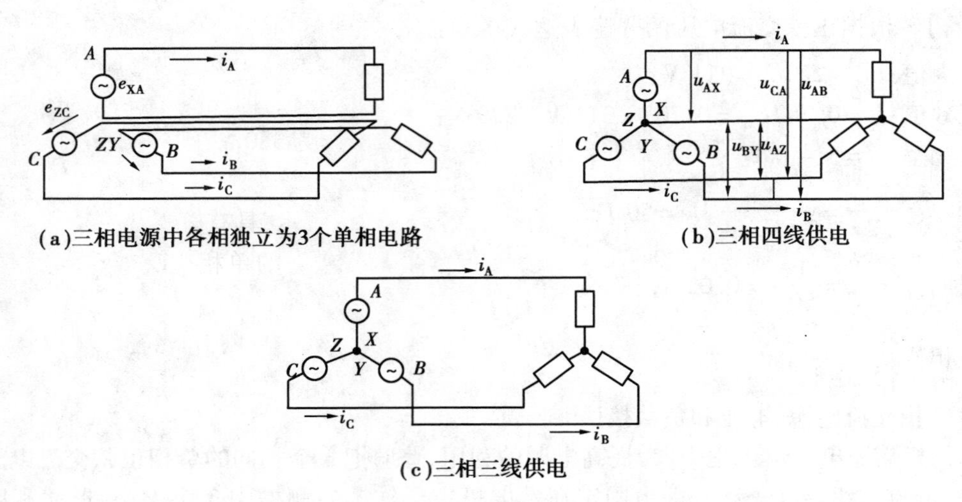

图1.38　三相正弦交流电路

三相四线供电，其各相（各火线）之间电压，如图1.38（b）中u_{AB},u_{BC},u_{CA}称为线电压。其各火线与中线之间电压如u_{AX},u_{BY},u_{CZ}称为相电压。相电压与线电压的关系，根据图1.38，以线电压u_{AB}为例，得到$u_{AB}=u_{Ax}-u_{BY}$，又由式（1.68）可知，

$$\begin{aligned} e_{XA} &= u_{AX} = E_m \sin \omega t \\ e_{YB} &= u_{BY} = E_m \sin(\omega t - 120°) \\ e_{ZC} &= u_{CZ} = E_m \sin(\omega t - 240°) \end{aligned} \tag{1.69}$$

将u_{AX},u_{BY}之值代入$u_{AB}=u_{AX}-u_{BY}$式（1.69），化简可得：

$$u_{AB} = \sqrt{3}E_m \sin(\omega t + 30°)$$

令$U_{ABm}=\sqrt{3}E_m$，又因为$E_m=U_{Am}=U_{Bm}=U_{Cm}$，可得$U_{ABm}=\sqrt{3}U_{Am}$，用电压有效值代替可得：

$$U_{AB} = \sqrt{3}U_A, U_{BC} = \sqrt{3}U_B, U_{CA} = \sqrt{3}U_C \tag{1.70}$$

式（1.70）表明，三相电源如图1.38（b）所示的绕组成Y形连接又称星形连接供电，则可供线电压和相电压两种电压。两种电压的关系为：线电压的有效值为其相电压的$\sqrt{3}$倍。我国低压三相交流电源的相电压为220 V，所以其线电压值为$\sqrt{3}\times220=380$ V，常记为220/380 V。

发电机绕组为星形连接，相位差角为120°，在三相负载完全相同的条件下，则三相电流必相等，则有：

$$\begin{aligned} i_A &= I_m \sin \omega t \\ i_B &= I_m \sin(\omega t - 120°) \end{aligned} \tag{1.71}$$

$$i_C = I_m \sin(\omega t - 240°)$$

若取初相角 $\omega t = 90°$ 时，代入式(1.71)并化简可得 $i_A = I_m, i_B = -\frac{1}{2}I_m, i_C = -\frac{1}{2}I_m$，即

$$i_A + i_B + i_C = 0 \tag{1.72}$$

因为三相电流相等，且中线无电流则可不必设置中线。这种供电称为三相三线供电，如图1.38(c)所示。

③三相交流负载电路。三相交流电路中，按负载类型有单相、三相负载电路之分。前者如电路中照明各种灯具、电扇、电热等负载，后者各相负载的性质相同，如额定电压为380 V三相电动机等。按负载连接方式，则有星形(Y形)连接和三角形连接(△形)。在我国，当负载额定电压为220 V，则可接入220/380 V三相四线制电源中任一根，但应尽可能做到每相负载量相同，即为负载星形接法(也称Y形接法)。如负载额定电压为380 V，则应把三相电器设备的每根接到电源的三相相应的火线上。即三角形负载连接。

上述星形连接所构成的三相四线制电路，如图1.39(a)所示，具有以下几个特点：

a. 由于负载接于各相线(火线)与中线之间，形成3个独立的单相交流电路，各相电路计算与单相交流电路计算方法相同；

b. 负载相电压总是保持对称不变，负载相电压 $U_{相}$ 与电源线电压 $U_{线}$ 的关系为：$U_{相} = U_{线}$；

c. 电源相线中流过的电流 $I_{线}$ 与各相负载的相电流 $I_{相}$ 相等，即 $I_{线} = I_{相}$；

d. 三相四线制电路的中线不能断开，否则每相电压不平衡，不能正常工作，破坏供电正常运行，甚至损坏设备；

e. 电路的电源供给的三相总功率为其各相功率 $P_{相}$ 的3倍，即 $P = 3P_{相} = 3U_{相} I_{相} \cos\varphi$，因为上述 $U_{相} = \frac{1}{\sqrt{3}}U_{线}$、$I_{相} = I_{线}$，代入前式得总功率 $P = \sqrt{3}U_{线} I_{线} \cos\varphi$。

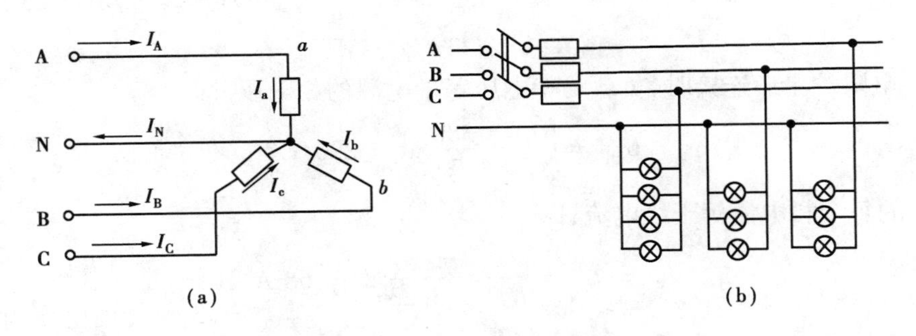

图1.39　三相四线制电路

图1.40为负载三角形(△接)连接的三相交流电路，这种电路的特点如下：

①由于负载各相直接于电源相线(火线)之间，不管负载是否平衡，负载各相的电压($U_{相}$)等于相应电源的线电压($U_{线}$)，当线电压不变时，其负载相电压总是保持不变；

②负载平衡时，线电流($I_{线}$)与负载相电流($I_{相}$)之间关系为：$I_{线} = \sqrt{3}I_{相}$；

③各相负载与电源间均独自构成回路，互不干扰，因此，各相的计算可按单相交流电路方法进行；

④电源供给的三相总功率 P 值要按下述工况确定。

负载不平衡时总功率 P 为各相功率(P_A, P_B, P_C)之和，即 $P = P_A + P_B + P_C$。

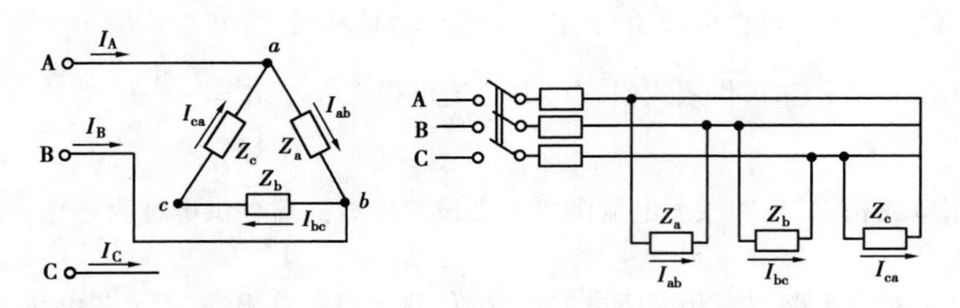

图 1.40　三相三线制电路

负载平衡时，$P=3U_{相}I_{相}\cos\varphi$。

三相负载为三角形接法且平衡时，由于 $U_{相}=U_{线}$，$I_{相}=\frac{1}{\sqrt{3}}I_{线}$，代入 $P=3U_{相}I_{相}\cos\varphi=\sqrt{3}U_{线}I_{线}\cos\varphi$。上式说明，负载不论是星形还是三角形连接，若为平衡负载，其从电源取用的总功率 $P=\sqrt{3}U_{线}I_{线}\cos\varphi$。式中，$\cos\varphi$ 为相的功率因数。

【例 1.13】　有一台三相电阻炉（见图 1.41），接在 380 V 电源上，每相电阻丝的热电阻为 3.23 Ω，计算电阻炉星形连接时的功率。

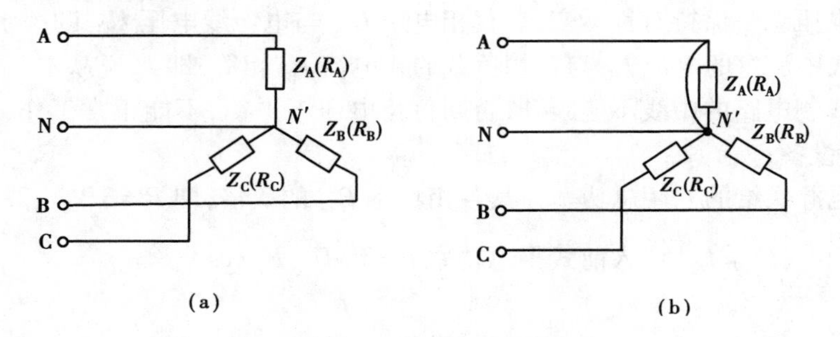

图 1.41　三相交流电路图

【解】　电阻炉星形连接时，负载的相电压等于电源的相电压，即

$$U_{相}=\frac{U_{线}}{\sqrt{3}}=\frac{380}{\sqrt{3}}\ \text{V}=220\ \text{V}$$

电阻丝的每个相电流等于线电流，即

$$I_{相}=I_{线}=\frac{U_{相}}{R_{相}}=\frac{220}{3.23}\ \text{A}=68\ \text{A}$$

电路的总功率为：

$$P=\sqrt{3}U_{线}I_{线}\cos\varphi=\sqrt{3}\times 380\times 68\ \text{W}=45\ \text{kW}$$

【例 1.14】　图 1.41 为一三相交流电路，其电源的线电压为 380 V，若负载以星形接入各相回路中，负载为额定电压 220 V 白炽灯组成各根总电阻为 $R_A=5\ \Omega$、$R_B=10\ \Omega$、$R_C=20\ \Omega$。试求：

（1）其中任一相断开情况下，该电路中线断开及不断开；

（2）其中任一相发生短路，该电路中线断开及不断开时，其他两相所发生电压变化情况。

【解】　（1）如图 1.41 所示，设 A 相断开，则供电线路的相电压为：

$$U_A=\frac{U_{AB}}{\sqrt{3}}=\frac{380}{\sqrt{3}}\ \text{V}=220\ \text{V}$$

当中线不断，由于B，C相负载的相电压对称等于220 V。当中线断开，B相和C相负载形成串联，而形成串联负载电路，其电流为：

$$I = \frac{U_{AB}}{R_A + R_B} = \frac{380}{10 + 20} \text{ A} = 12.67 \text{ A}$$

即B相电压 $U_B = IR_B = 12.67 \times 10 \text{ V} = 126.7 \text{ V} < 220 \text{ V}$，灯泡因电压不足而不亮。

C相电压 $U_C = IR_C = 12.67 \times 20 \text{ V} = 253.4 \text{ V} > 220 \text{ V}$，灯泡因远超其额定电压而烧坏。

(2)若设A相短路，当中线不断，B，C相仍承受对称电压220 V，当中线断开，A点相当于0点，则B相负载承受的相电压 U_A 为电源A，B线之间线电压 U_{AB}，C相负载承受的相电压 U_C 为C，A线之间线电压，即 $U_B = U_{AB} = 380 \text{ V} > 220 \text{ V}$ 灯泡立即烧坏；$U_C = U_{CA} = 380 \text{ V} > 220 \text{ V}$ 灯泡立即烧坏。

1.3.4　变压器工作原理

变压器是一种能将交流电压升高或降低，又能保持其频率不变的静止的电器设备。除此之外，还可用来改变电流、变换阻抗、改变相位等。变压器在电力系统中是一个非常重要的元件。

变压器按其输入电源的相数有单相变压器和三相变压器，变压器按其升降压的功能分为升压变压器和降压变压器。变压器种类虽然很多，但就其工作原理来说基本相同。在此主要介绍单相变压器工作原理和概述三相变压器的构造原理。

(1)变压器工作原理源于电磁感应原理

图1.42(a)为单相变压器原理图。图中铁芯两侧分别缠绕线圈(绕组)。左侧与电源相连线圈称为原绕组或称初级绕组(又称一次侧绕组)，右侧与负载相连的线圈称副绕组或称为次级绕组(或二次绕组)。设 $e_1, e_2; u_1, u_2; i_1, i_2; N_1, N_2; i_1N_1, i_2N_2$ 分别代表原绕组与副绕组的电动势、电压、电流、绕组匝数和磁动势。按照电磁感应原理，设变压器处于空载运行工况，当交流电源接通原绕组，铁芯中必产生由原、副绕组磁动势共同形成的合磁通 Φ，此时原绕组中感应电动势为 $e_1 = -N_1 \frac{d\Phi}{dt}$。副绕组中的感应电动势为 $e_1 = -N_2 \frac{d\Phi}{dt}$。

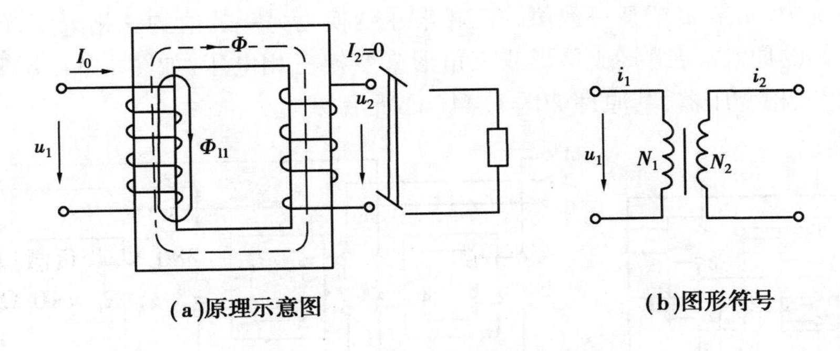

图1.42　单相变压器空载运行

设穿过原绕组的磁通 $\Phi = \Phi_m \sin \omega t$，将 Φ 值代入原绕组感应电动势表达式，得：

$$e_1 = -N_1\omega\Phi_m \cos \omega t = 2\pi f N_1 \Phi_m \sin\left(\omega t - \frac{\pi}{2}\right) = E_{1m}\sin\left(\omega t - \frac{\pi}{2}\right)$$

即 $E_{1m}=2\pi fN_1\Phi_m$，有效值为：

$$E_1=\frac{E_{1m}}{\sqrt{2}}=4.44fN_1\Phi_m \tag{1.73}$$

同理可得副绕组产生的感应电动势的有效值为：

$$E_2=4.44fN_2\Phi_m \tag{1.74}$$

若忽略原绕组在通电流后的绕组电阻值和其磁感抗值，即取 $U_1=E_1=4.44fN_1\Phi_m$，又因变压器空载工况其 $i_2=0$；副绕组电动势和副绕组端电压相等（$E_2=U_2$），则由式（1.73）和式（1.74）可得：

$$\frac{U_1}{U_2}=\frac{E_1}{E_2}=\frac{4.44fN_1\Phi_m}{4.44fN_2\Phi_m}=\frac{N_1}{N_2}=k \tag{1.75}$$

式中　k——变压器的变压比。即变压器处于空载工况时，原、副绕组的电压比，近似等于其匝数比。当 $N_1>N_2$ 时，则 $k>1$，即 $U_1>U_2$，为降压变压；反之，为升压变压。这就是升压和降压变压器的工作原理。

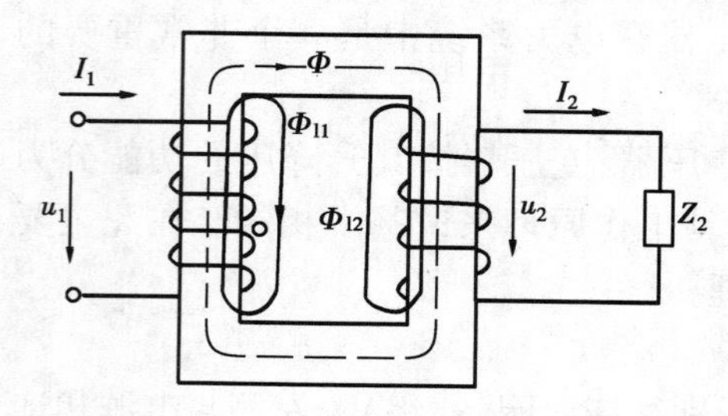

图 1.43　单相变压器负载运行

变压器的副绕组若接通负载电路，则变压器处于负载运行，如图 1.43 所示。图中副绕组接通负载，副绕组内便会通过电流 i_2，此时原绕组内电流应由空载时电流 i_0 增大到 i_1，依电磁感应楞次定律可知，增大的 i_1 值是由于 i_2 的影响。此时，若忽略原绕组侧电能传到副绕组侧电能过程中功率损耗值（包括铜损及铁损），则变压器内输入功率 P_1 与输出功率 P_2 的关系为：$P_1=P_2$，即

$$u_2i_2\approx u_1i_1 \text{ 或 } \frac{i_1}{i_2}=\frac{u_2}{u_1}=\frac{N_2}{N_1}=\frac{1}{k} \tag{1.76}$$

式（1.76）说明：原绕组与副绕组中电流之比与其绕组匝数成反比。即高压绕组匝数多，负载运行时电流小，绕组导线断面较小，而低压绕组匝数少，但电流大，导线断面应较大。

（2）三相变压器的构造原理

输配电系统中，常需要把某一数值的三相电压变换为另一数值的三相电压，可采用 3 台单相变压器把它们的原、副绕组接成星形或三角形来变换三相电压，如图 1.44（b）所示为Y/Y接法；或采用一台三相变压器，其原理如图 1.44（a）所示。

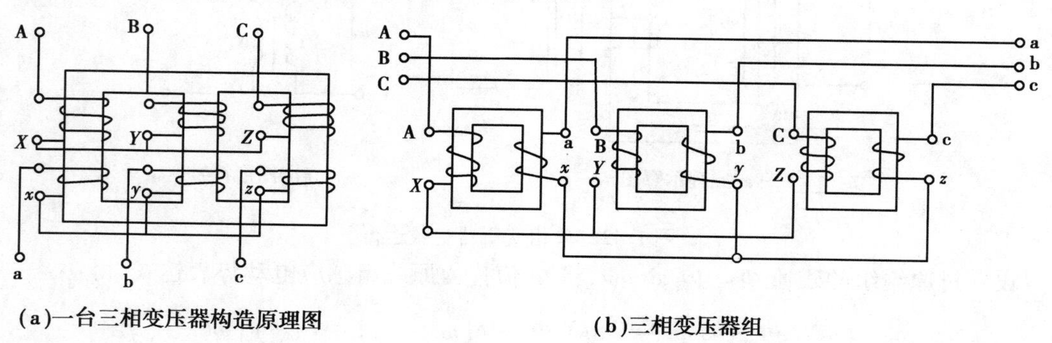

（a）一台三相变压器构造原理图

（b）三相变压器组

图 1.44　三相变压器构造原理图

图 1.44(a)为配电变压器的接法,图中 3 个铁芯柱上各有一相原、副绕组,若把每相高压绕组末端 X,Y,Z 接为中点,起点 A,B,C 接到电源 3 根相线,此为星形(Y形)接法。如果在低压绕组末端 X,Y,Z 接为一中点;并引出中线,则也为星形接法,以 Y_0 表达,这种配给用户电是三相四线供电,其线路符号可记为 Y/Y。若记为 Y/Y 则配给用户的线路是三相三线供电。这种三相变压器占地面积小,维护方便,多用于中、小容量的配电。

习 题 1

1. 物质是按什么原则分为固体和液体两大类?

2. 什么是导热、热对流、热辐射现象?

3. 如何进行导热量、对流换热、辐射能的计算?

4. 简述实际工程中的热传递现象,并举例说明。

5. 什么是电流?怎样决定电流的方向?什么是电压、电动势?电压与电动势有何异同?

6. 直径 $d=400$ mm,长 $l=2$ m 输水管作水压试验,管内水的压力加至 750 N/cm^2 时封闭,经 1 h 后由于泄漏压力降至 700 N/cm^2,不计水管变形,水的压缩率为 0.5×10^{-9} Pa,求水的泄漏量。

7. 存放 4 m^3 液体的储液罐,当压力增加 0.5 MPa,液体体积减小 1 L,求该液体的体积模量。

8. 压缩机向气罐充气,绝对压力从 0.1 MPa 升到 0.6 MPa,温度从 20 ℃升到 78 ℃,问空气体积缩小百分数为多少?

9. 如图 1.45 所示为离心分离器,已知:半径 $R=15$ cm,高 $H=50$ cm,充水深度 $h=30$ cm,若容器绕 z 轴以等角速度 ω 旋转,试求:容器以多大极限转速旋转时,才不致使水从容器中溢出。

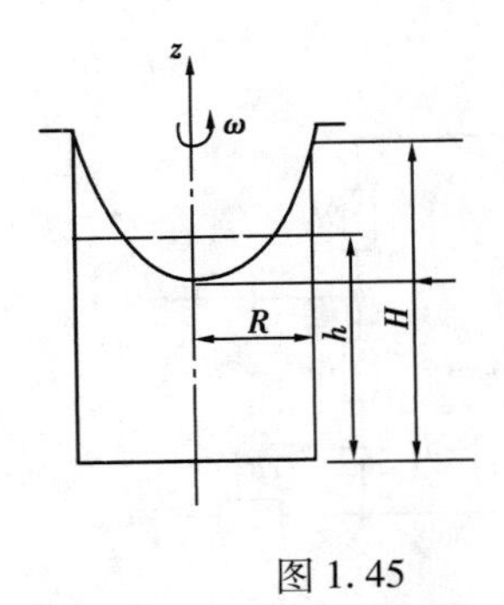

图 1.45

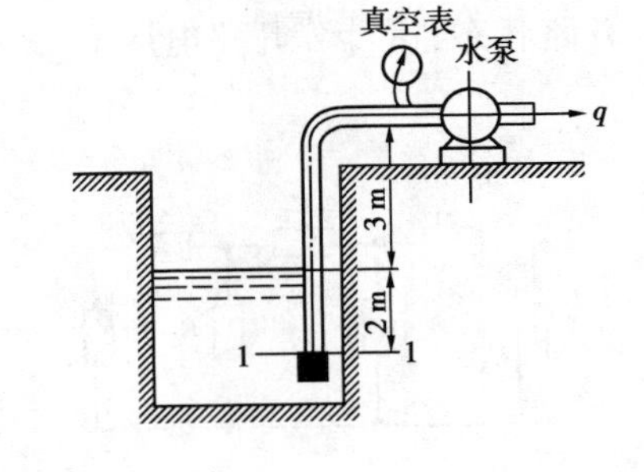

图 1.46

10. 如图 1.46 所示为水泵吸水管装置,已知:管径 $d=0.25$ m,水泵进口处的真空度 $p_v=4\times10^4$ Pa,带底阀的莲蓬的局部水头损失为 $8\dfrac{v^2}{2g}$,水泵进出口以前的沿程水头损失为 $\dfrac{1}{5}\dfrac{v^2}{2g}$,弯管中局部水头损失为 $0.3\dfrac{v^2}{2g}$,试求:

(1)水泵的流量 q;

(2)管中1—1断面处的相对压强。

11. 如图1.47所示为150 mm厚的混凝土墙体,室内侧温度为 $t_1=20$ ℃,室外温度 $t_2=0$ ℃。假设,当热流方向垂直于墙面时,内表面换热系数 $\alpha_1=8$,外表面换热系数 $\alpha_2=20$,混凝土系数 $\lambda=1.4$,求:

(1)通过墙体的传热量以及墙壁两侧表面的温度?

(2)当增加导热系数为0.35的绝热材料25 mm厚时,则总的传热系数为多少?

12. 使用直径 $d=4$ mm,$\rho=1.2\ \Omega\text{mm}^2/\text{m}$,$\alpha=1\times10^{-4}$ 1/℃的电阻丝绕制电阻炉。在温度800 ℃时,电阻等于16.2 Ω,求电阻丝的长度。

13. 如图1.48为测量电源电动势 E 和内阻 R_0 的实验电路,图中 R 是一阻值适当的电阻。如果开关开时,伏特计的读数为6 V;开关闭合时,安培计的读数为0.58 A,伏特计的读数为5.8 V,试求 E 和 R_0。

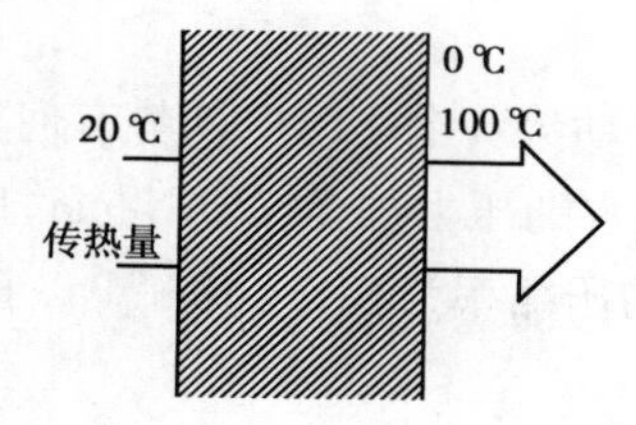

图1.47

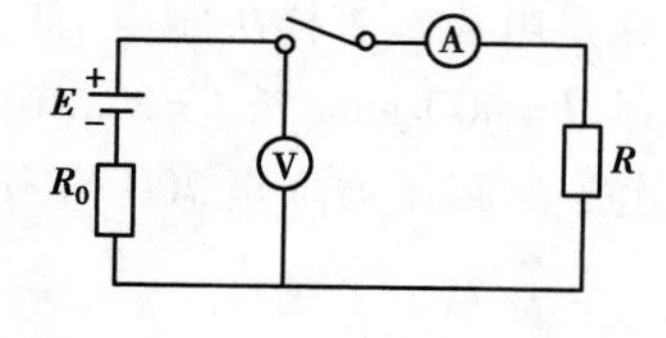

图1.48

14. 有一直流发电机,其端电压 $U=230$ V,内阻 $R_0=0.6\ \Omega$,输出电流为 $I=5$ A。

(1)试求发电机的电动势 E;

(2)负载电阻 R 和负载消耗的电功率。

15. 如图1.49所示,实线部分,$E=30$ V,内阻不计。$R_1=240\ \Omega$,$R_2=R_5=600\ \Omega$,$R_3=R_4=200\ \Omega$,求电流 I_1,I_2,I_3。

16. 如图1.50所示,已知 $U_1=10$ V,$E_1=4$ V,$E_2=2$ V,$R_1=4\ \Omega$,$R_2=2\ \Omega$,$R_3=5\ \Omega$,1和2两点间处于开路状态,试计算开路电压 U_2。

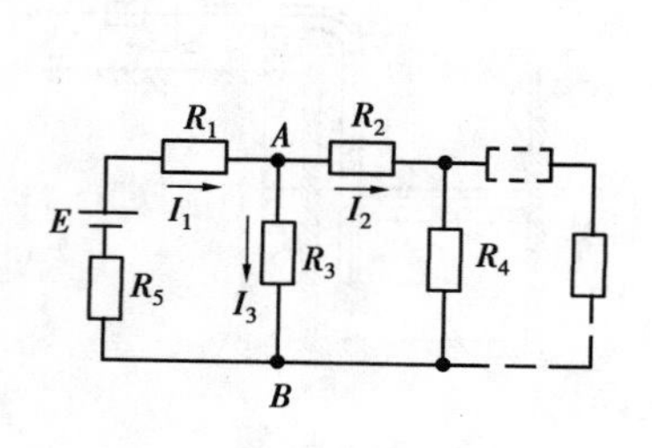

图1.49

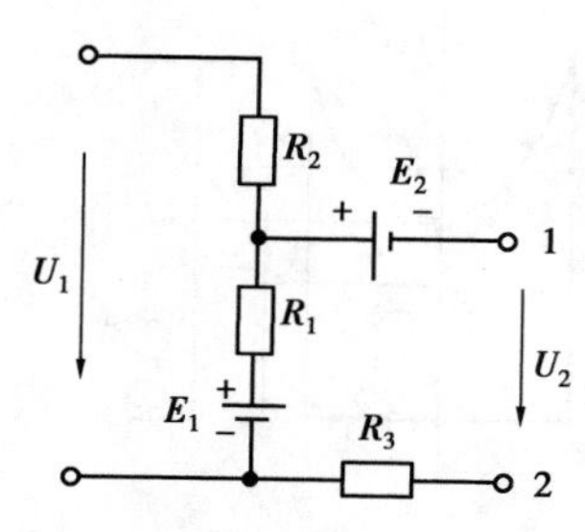

图1.50

17. 画出图1.51中各线圈中的磁极极性或线圈中的电流方向。

18. 如图1.52所示,线圈2的匝数 $W=1\ 000$ 匝,设线圈1中的电流发生变化,分别使磁通在0.1 s增多 2×10^{-2} Wb及在0.2 s减少了 3×10^{-2} Wb,求这两种情况下,线圈2中感应电动势的大小和方向。

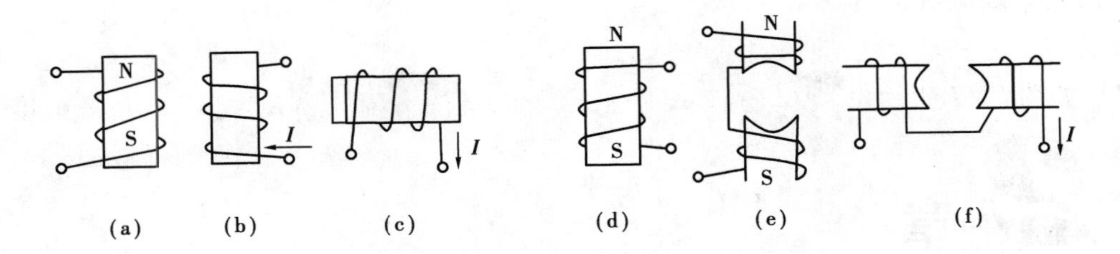

图 1.51

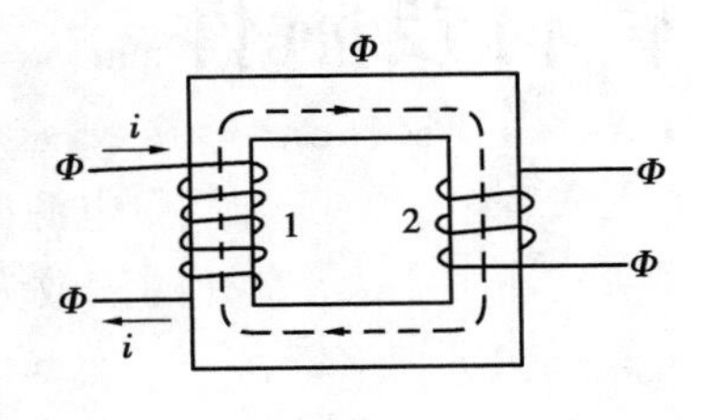

图 1.52

19. 一个线圈中的电流以 200 A/s 的速度变化，在另一线圈中产生的感应电动势为 0.2 V，求两线圈间的互感。

20. 已知 $i=10\sqrt{2}\sin\omega t$，$u=220\sqrt{2}\sin(\omega t+90°)$，问电流与电压的相位差为多少？作出它们的波形图，哪个超前？哪个滞后？怎样理解相位差的含义？

21. 有一 15 kW 的单相电阻炉，接到 380 V 的交流电源上。如每根电阻丝的电阻为3.21 Ω，问用几根电阻丝？电阻丝是串联还是并联？每根电阻丝的额定电流是多少？

22. 日光管与镇流器接到交流电源上，可以看成是 R,L 串联电路，如已知灯管的等效电阻 $R_1=280\ \Omega$，镇流器的电阻和电感分别为 $R_2=20\ \Omega$，$L=1.65$ H，电源电压 $U=220$ V，试求电路中的电流和灯管两端与镇流器上的电压，这两个电压加起来是否等于 220 V？

23. 有一台三相电阻炉接入 380 V 交流电源上，电路每相电阻丝为 5 Ω，试分别求出此电炉作星形和三角形连接时的线电流和功率，并加以比较。

第2章 管材及附件

2.1 常用给排水管材及管件

2.1.1 管材

建筑设备工程中的管材、管件主要用于输送各种液体及气体介质，或敷设电气导线。按其材料的性质划分，可分为以下几种类型：

(1)钢管

钢管有焊接钢管和无缝钢管两种。焊接钢管又分镀锌钢管(白铁管)和非镀锌钢管(黑铁管)两种。钢管适用于内压力较大的管道、温度较高的热力管道、温度较低的冷凝管道、煤气管道和与水池水塔相连的管道以及管径较小的卫生器具及非腐蚀性生产设备的给水排水支管；在振动大的地方，也可采用钢管。

钢管具有强度高、承压大、接口方便、抗震性好、加工安装方便等优点；缺点是抗腐蚀性差、造价高。镀锌钢管的防锈、防腐蚀性能较好，使用期限较长。

(2)铸铁管

铸铁管又分低压管、普压管和高压管3种，其工作压力分别不大于0.45,0.75和1 MPa。铸铁管适宜作埋地管道。排水用铸铁管因其不承受水压力，管壁较薄(5~7 mm)，质量较轻，管径为50~200 mm。铸铁管具有耐腐蚀性、使用期限长、价格低等优点；缺点是性脆、质量大、长度小、水流条件较差。

(3)塑料管

目前在建筑给排水与供暖中采用较多的塑料管有硬聚氯乙烯(UPVC)管、聚丙烯(PP-R)管、聚乙烯(PE)管。塑料管具有优良的化学稳定性、耐腐蚀、质量轻、水力条件好、安装简便等优点；缺点是性脆、相对机械强度较低、耐久性及耐热性较差(使用年限可达50年)。

(4)石棉水泥管

质量较轻、耐腐蚀、表面光滑、容易切割；但性脆、强度低、抗冲击力差，容易破损。

(5)陶土管

陶土管分涂釉和不涂釉两种;陶土管具有表面光滑、耐腐蚀、价格便宜等优点;缺点是性脆、强度低。多用作含酸、碱等废水的排水管。

(6)混凝土及钢筋混凝土管

混凝土及钢筋混凝土管具有耐腐蚀、价格便宜、使用寿命长等优点;缺点是内壁粗糙、水力条件差、安装不便。通常用作室外埋地排水管。

(7)铝塑复合管

铝塑复合管内外壁均为聚氯乙烯,中间以铝合金为骨架。该种管材具有质量轻、耐压强度好、输送阻力小、耐化学腐蚀性强,且可曲绕、接口少、安装方便等优点,但造价较高。其按输送介质的不同分给水管、热水管、煤气管等,目前管材规格为 DN 15 ~ 50。

(8)孔网钢带复合塑料管

孔网钢带复合塑料管(PESI)是以冷轧带钢和热塑性塑料为原料,以氩弧对接焊成型的多孔薄壁钢管为增强体,外层和内层为双面复合热塑料的一种新型复合压力管材。该种管材具有高强度、抗冲击、耐腐蚀、保温节能、卫生无毒、外形美观、安装方便、使用寿命长等优点,但造价高。主要用作生活给水的冷、热水管。目前管材规格为 DN 50 ~ 200。

2.1.2　管材的选用

工程中采用何种管材,主要是根据以下几点综合考虑进行选择。

①技术性:由管材强度,质量,工作压力,工作温度,耐久性,耐腐蚀性,水力条件,抗震性能,管材规格等来考虑其适用性。

②施工工艺:施工方法、连接方式等方面。

③经济性:市场成品规格以及价格等方面。

管材的选用参见表2.1。

表2.1　管材的选用

管材		用途	优缺点	连接方式
铸铁管	给水	大管径的给水铸铁管多用在埋地城市给水主干管	与钢管相比不易腐蚀、造价低、耐久性好	承插连接、法兰连接
	排水	作生活污水、雨水、工业废水的排水管用	价格便宜、性脆、自重大,承受高压差,水力条件较差	承插连接
钢管	镀锌钢管	用于消防给水系统中	强度高,接口方便,承受内压力大,内表面光滑,水力条件好,易腐蚀,造价高	焊接、法兰丝扣连接
	无缝钢管	当镀锌钢管不能满足压力要求等情况时采用无缝钢管,常用于高层建筑和消防系统中大管径、需耐高压的立管与横干管	强度高,接口方便,承受内压力大,内表面光滑,水力条件好,易腐蚀,造价高	焊接、法兰连接
	不锈钢管	输送纯净饮用水,腐蚀性的生产废水	耐腐蚀,耐热,耐振动,抗压;不易施工,价贵	焊接、法兰连接

续表

管材		用途	优缺点	连接方式
塑料管	硬聚氯乙烯管	室内外给水排水管,酸碱性生产污(废)水管。*DN* 20~1 000,水压 1.6 MPa、水温 45 ℃以下,一般用途和饮用水的输送	耐腐蚀,安装方便,内壁光滑,水力条件好,不易积垢阻塞,质轻,价廉;但耐热性差,强度低,不抗撞击,易老化,耐久性差	热熔对接、承插黏接、压盖橡胶圈连接、螺纹连接、法兰连接
	聚乙烯管(PE)	水压 1.0 MPa、水温 45 ℃以下的埋地给水管。*DN* 16~315		
	聚丙烯管(PP-R)	液压 2.0 MPa、温度 95 ℃以下的生活给水管、热水管、纯净饮用水管。*DN* 16~630	卫生无毒,耐热,耐腐蚀,保温节能,质量轻,外形美观,且水力条件好,安装方便,使用寿命长	热熔连接
	铝塑复合管	管径较小的生活给水管、热水管、煤气管	耐腐蚀,质量轻,外形美观,内壁光滑,水力条件好,安装方便;但铜接头较贵	丝扣连接
孔网钢带复合塑料管(PESI)		市政给排水主干管、热水管、燃气输送管	卫生无毒,耐热,耐腐蚀,质量轻,外形美观,且水力条件好,安装方便,使用寿命长,强度高,抗冲击	热熔连接
铜管(紫铜、黄铜)		热水管道	对淡水的耐腐蚀性较好,机械强度高,抗挠性较强,易加工,不易结垢,美观,内表面光滑;管壁薄,易破损	螺纹连接、法兰连接、焊接、套圈连接
石棉水泥管		工业废水管道及生活污水通气管	质轻,内壁光滑,耐腐蚀;性脆,机械强度低	双承插铸铁管箍或套箍接口
陶土管		污水管	耐弱酸、碱,价格便宜;质脆不耐压,不耐撞击,不便于施工	承插连接

2.1.3 管件(管道连接件)

(1)给水管件

常用的给水管件有弯头、三通、四通、管箍、大小头、活接头等。各种给水管件的连接如图 2.1 所示。

(2)排水管件

常用的排水管件有 90°顺水弯头、45°顺水弯头、90°顺水三通、45°斜三通、90°顺水四通、45°斜四通、P 形存水弯、S 形存水弯等。常用的排水管件如图 2.2 所示。

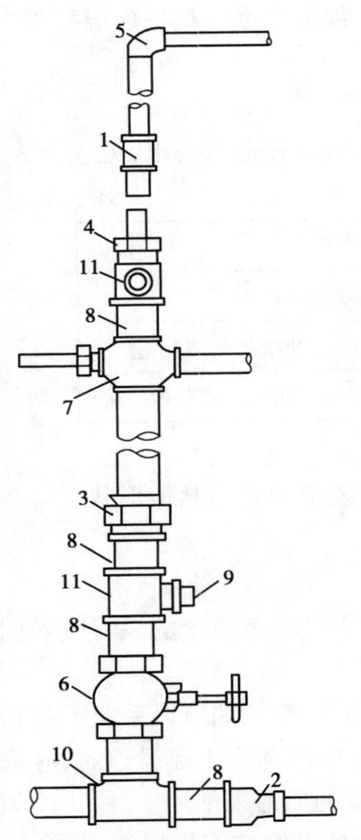

图2.1　给水管件的连接
1—外管箍;2—大小头;3—活接头;
4—补心;5—90°弯头;6—阀门;
7—异径四通;8—内管箍;9—管堵;
10—等径三通;11—异径三通

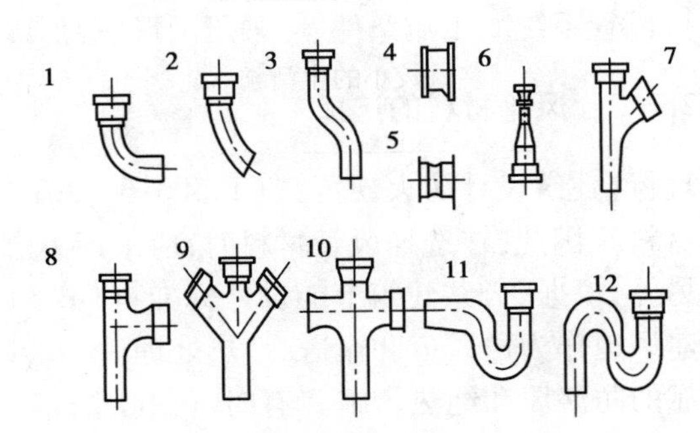

图2.2　排水管件
1—90°弯头;2—45°弯头;3—乙字管;4—套管;
5—双承管;6—大小头;7—斜三通;8—正三通;
9—斜四通;10—正四通;11—P弯;12—S弯

2.2　风管及其配件

供暖、通风、空调系统中输送空气的管路包括送风管、回风管、新风管、排风管。

2.2.1　风管的分类

(1)按制作风管的材料分

1)金属风管

普通钢板风管、镀锌钢板风管、彩色涂塑钢板风管、不锈钢风管、铝合金板风管等。

2)非金属复合风管

无机玻璃钢风管、波镁风管、酚醛风管、聚氨酯风管、玻璃纤维风管、硬聚乙烯风管等。

3)土建风道

砖砌、混凝土风道等。

风道在输送空气的过程中,为了防止风道对某空间的空气参数产生影响,均应考虑风道的保温处理问题。保温材料主要有软木、泡沫塑料、玻璃纤维板等。保温厚度应根据保温要求进行计算。保温层结构可参阅有关国家标准图。

(2)按风管系统的工作压力分

风管可分为低压系统、中压系统、高压系统。风管系统的工作压力和密封要求,见表2.2。

表2.2 空调机房的面积和层高

系统类别	系统工作压力 P/Pa	密封要求
低压系统	$P\leqslant500$	接缝和接管连接处严密
中压系统	$500<P\leqslant1\ 500$	接缝和接管连接处增加密封措施
高压系统	$P>1\ 500$	接缝和接管连接处,均应采取密封措施

按风管系统的工作条件,可采用圆形、矩形以及配合建筑空间要求确定的其他形状。

2.2.2 风管材料的选择

现行《建筑设计防火规范》(GB 50016—2014)中规定:“通风、空气调节系统的风管应采用不燃材料。”因此,在选择风管材料时,应采用不燃材料制作。

另外,根据《公共建筑节能设计标准》(GB 50189—2015)的规定:“空气调节风系统不应利用土建风道作为送风道和输送冷、热处理后的新风风道。当受条件限制利用土建风道时,应采取可靠的防漏风和绝热措施。”有时,可利用土建风道作为钢制风管的通道来使用。

工程中,常用的金属风管是镀锌钢板风管;常用的非金属风管是无机玻璃钢风管、复合玻纤板风管等。

风道选材是根据输送的空气性质以及就地取材的原则来确定。一般输送腐蚀性气体的风道可用涂刷防腐油漆的钢板或硬塑料板、玻璃钢制作;埋地风道常用混凝土板做底、两边砌砖,预制钢筋混凝土板做顶;利用建筑空间兼作风道时,多采用混凝土或砖砌通道。

2.2.3 风管断面形状的选择

风管断面形式常用的有圆形和矩形。圆形断面的风管强度大、阻力小、消耗材料少,但制作工艺比较复杂,占用空间多,布置时难以与建筑、结构配合,常用于高流速、小管径的除尘和高速送风的空调系统;或需要暗装时可选用圆形风道。矩形断面的风管易加工、好布置,能充分利用建筑空间,对低流速、大断面的风道多采用矩形,其适宜的宽高比在3.0以下。因此,一般民用建筑空调系统送、回风管道断面形式多采用矩形。

常用的圆形风管和矩形风管尺寸可参考附录6.3和附录6.4。

2.2.4 风管配件

空调工程的风管系统是由直风管和各种配件(如弯头、三通、四通、变径管、天圆地方等,见图2.3)、各种风管调节阀(见图2.4)、风管测定孔以及空气分布器(送风口、回风口或排风口)等部件所组成。

风管配件的功能如下:

①弯头用来改变空气流动的方向;

(a)弯头　(b)三通　(c)四通　(d)天圆地方

图2.3　常用风管配件

(a)多叶调节阀　(b)防火调节阀

图2.4　常用风管调节阀

②三通、四通用于风管的分叉和汇合；

③变径管用来连接断面尺寸不同的风管；

④天圆地方用于连接圆形和矩形两个不同断面的部件；

⑤调节阀和定风量阀是用来控制送、回、排风量及平衡风管系统的流动阻力；

⑥风管测定孔主要用于空调系统的调试和测定风管内风量、风压和空气温度。

现行《建筑设计防火规范》(GB 50016—2014)中规定："通风、空气调节系统的风管在下列部位应设置公称动作温度为70 ℃的防火阀：a.穿越防火分区处；b.穿越通风、空气调节机房的房间隔墙和楼板处；c.穿越重要或火灾危险性大的场所的房间隔墙和楼板处；d.穿越防火分隔处的变形缝两侧；e.竖向风管与每层水平风管交接处的水平管段上。"

根据《公共建筑节能设计标准》(GB 50189—2015)的规定，当输送冷、热媒且管道外环境温度不允许其冷、热媒温度升高或降低时，管道应采取保温保冷措施。传统的保温材料有离心玻璃棉保温材料、岩棉保温材料、橡塑海绵保温材料等，近年来，出现了一些新型的保温材料，如铝箔复合橡塑保温材料、柔性闭泡绝热材料(福乐斯)、复合铝箔保温材料等。

2.3　附件

2.3.1　给水附件

给水管道附件分为配水附件、控制附件两大类。配水附件诸如装在卫生器具及用水点的各式水龙头，用以调节和分配水流。控制附件用来调节水量、水压、关断水流、改变水流方向，如球形阀、闸阀、止回阀、浮球阀及安全阀等。

(1)**配水附件**

配水附件的形式较多,有早期用于洗涤盆、污水盘、洗槽上的球形阀式配水龙头,旋转 90°即可完全开启的旋塞式配水龙头,用于洗脸盆、浴盆上冷热水混合龙头,沐浴用的莲蓬头,化验盆使用的鹅颈三联龙头,医院使用的脚踩龙头,以及延时自闭式龙头和红外线电子自控龙头等。

(2)**控制附件**

1)截止阀

如图 2.5(a)所示。截止阀关闭严密,但水流阻力较大。

2)闸阀

如图 2.5(b)所示。闸阀全开时水流呈直线通过,阻力小;但水中有杂质落入阀座后,使阀不能关闭到底,因而易产生漏水。

3)回阀

回阀是用来阻止水流的反向流动。有以下两种类型:

①升降式止回阀:如图 2.5(c)所示,装于水平管道上,水头损失较大,适用于小管径。

②旋启式止回阀:如图 2.5(d)所示,一般直径较大,水平、垂直管道上均可安装。

以上两种止回阀安装都有方向性,阀板或阀芯启闭既要与水流方向一致,又要在重力作用下能自行关闭,以防止常开不闭的状态。

4)浮球阀

如图 2.5(e)所示,是一种可以自动进水、自动关闭的阀门,多装在水箱或水池内。当水箱充水到既定水位时,浮球随水浮起,关闭进水口;当水位下降时,浮球下落,进水口开启,于是自动向水箱充水。浮球阀口径为 15 ~ 100 mm。

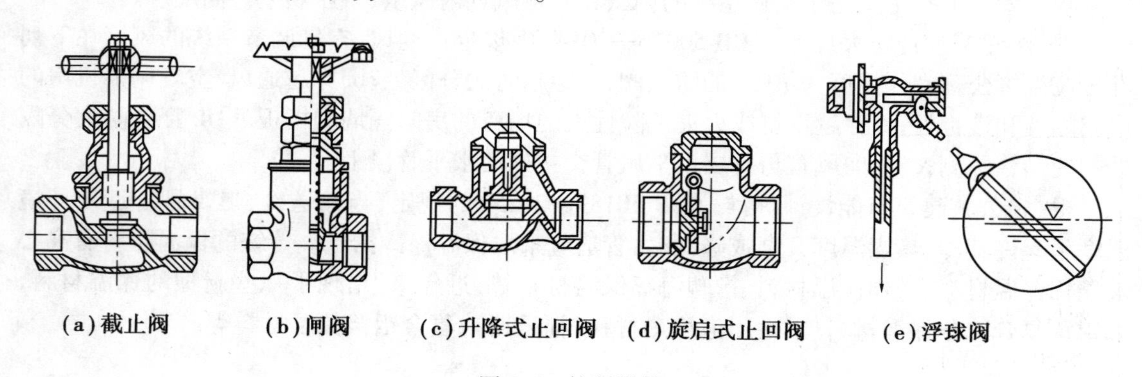

图 2.5　控制附件

5)安全阀

安全阀是一种保安器材,避免管网和其他设备中压力超过规定的范围而使管网、器具或密闭水箱受到破坏。

6)减压阀

减压阀的作用是调节管段的压力。采用减压阀可以简化给水系统,因此,在高层建筑给水和消防给系统中,其应用较广。

2.3.2　水表

水表是计量用水量的仪表,建筑给水系统中广泛采用流速式,如图2.6所示。流速式水表是根据管径一定时,通过水表的水流速度与流量成正比的原理来测量的。水流通过水表时推动翼轮旋转,翼轮轴传动一系列联动齿轮,再传递到记录装置,在刻度盘指针指示下便可读到流量的累积值。

流速式水表按翼轮转轴构造不同分为旋翼式和螺翼式。旋翼式的翼轮转轴与水流方向垂直,水流阻力较大,多为小口径水表,宜测量小的流量。螺翼式的翼轮转轴与水流方向平行,阻力较小,适用于大流量的计量,为大口径水表。

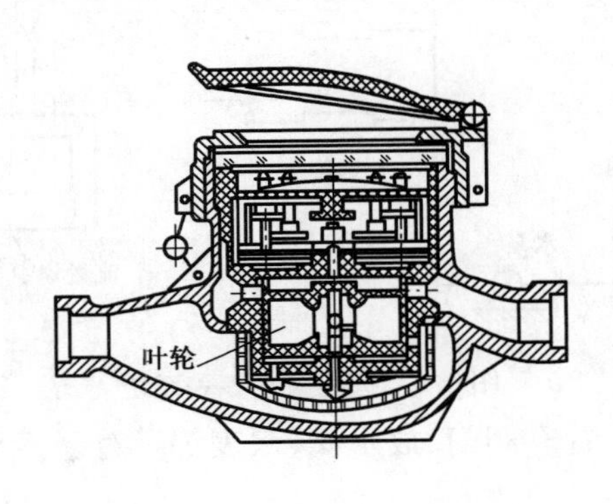

(a)旋翼式水表

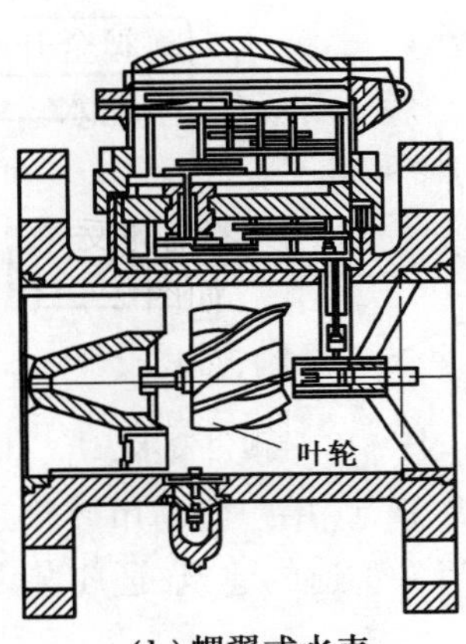

(b)螺翼式水表

图2.6　速度式水表

水表按其计数机件所处状态又分干式和湿式两种。干式构造复杂,灵敏度差;湿式构造简单,计量准确,密封性能好。水表的规格性能见表2.2。

表2.2　LXS型旋翼式水表技术数据

型　号	公称直径/mm	特性流量	最大流量	额定流量	最小流量	灵敏度/($m^3 \cdot h^{-1}$)	最大示值/($m^3 \cdot h^{-1}$)
		/($m^3 \cdot h^{-1}$)					
LXS-15小口径水表(塑料水表)	15	3	1.5	1.0	0.045	0.017	10 000
LXS-20小口径水表(塑料水表)	20	5	2.5	1.6	0.075	0.025	10 000
LXS-25小口径水表(塑料水表)	25	7	'3.5	2.2	0.090	0.030	10 000
LXS-32小口径水表	32	10	5.0	3.2	0.120	0.040	10 000
LXS-40小口径水表	40	20	10.0	6.3	0.220	0.070	100 000
LXS-50小口径水表	50	30	15.0	10.0	0.400	0.090	100 000

注:①适用于洁净冷水,水温不超过40 ℃。

②LXS型小口径水表最大压力为1 000 kPa;塑料水表最大压力为600 kPa。

③特性流量:水头损失为100 kPa(10 mH_2O)时水表的出水流量。使用时不允许在特性流量下工作。

水表的选型是以通过水表的设计流量(不包括消防流量),以不超过水表额定流量确定水表的口径,并以平均小时流量的6% ~8%校核水表灵敏度。生活-消防共用系统,还应加消防流量复核,其总流量不超过水表最大流量限值。此外,还需校核水表水头损失。

除此之外,还有IC卡预付费水表和远程自动抄表系统,分别如图2.7、图2.8所示。

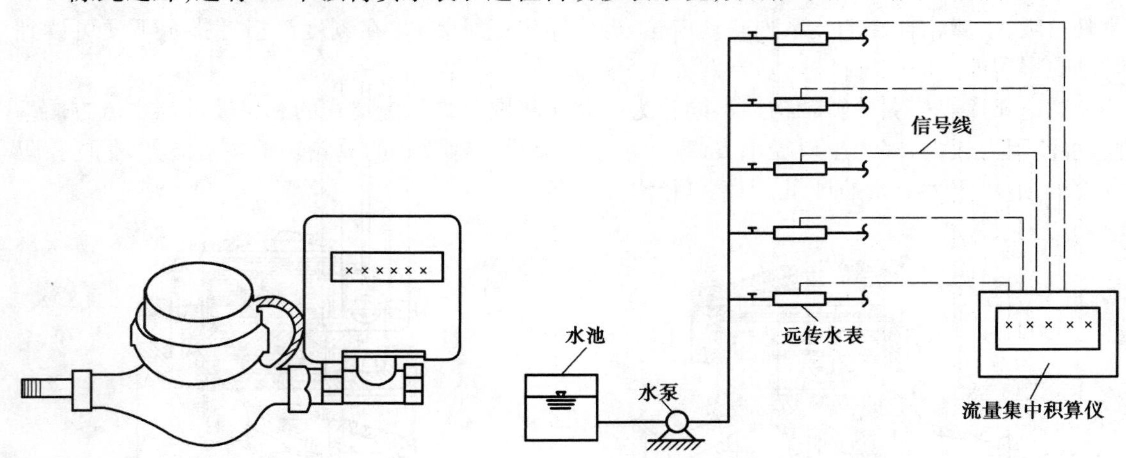

图2.7　IC卡预付费水表　　　　图2.8　远程自动抄表系统

水表井节点(用户管与市政管道连接点处)布置有阀门、放水阀、水表等。对于不允许停水或设有消除管道的建筑,还应装设旁通管。

2.3.3　供热系统附件

(1)散热器

在供暖系统中,具有一定温度的热媒所携带的热量是通过散热器不断地传给室内空气和物体的,热量通过散热器壁面以对流、辐射方式传递给室内,补偿房间的热损耗,达到供暖的目的。其设计要求是:传热能力强,单位体积内散热面积大,耗用金属量小、成本低,具有一定的机构强度和承压能力,不漏水,不漏气,外表光滑,不积灰易于清扫,体积小,外形美观,耐腐蚀,使用寿命长。

散热器的种类繁多,根据材质的不同,主要分为铸铁、钢制两大类。

1)铸铁散热器

由于铸铁散热器具有耐腐蚀、使用寿命长、热稳定性好,以及结构比较简单的特点而被广泛应用。工程中常用的铸铁散热器有翼型和柱型两种。

翼型散热分圆翼型和长翼型两种,翼型散热器承压能力低,外表面有许多肋片,易积灰难清扫,外形不美观,不易组成所需散热面积,不节能。适用于散发腐蚀性气体的厂房和湿度较大的房间,以及工厂中面积大而又少尘的车间。

柱形散热器主要有二柱、四柱、五柱3种类型,如图2.9所示。柱形散热器是呈柱状的单片散热器,每片各有几个中空的立柱相互连通。根据散热面积的需要,可把各个单片组合在一起形成一组散热器。但每组片数不宜过多,否则散热效果降低,一般二柱不超过20片,四柱不超过25片。我国目前常用的柱形散热器有带脚和不带脚两种片型,便于落地或挂墙安装。柱形散热器和翼型散热器相比,柱形散热器传热系数高,外形也较美观,占地较少。每片散热面积少,易组成所需的散热面积。无肋片,表面光滑易清扫。因此,被广泛用于住宅和公共建筑中。

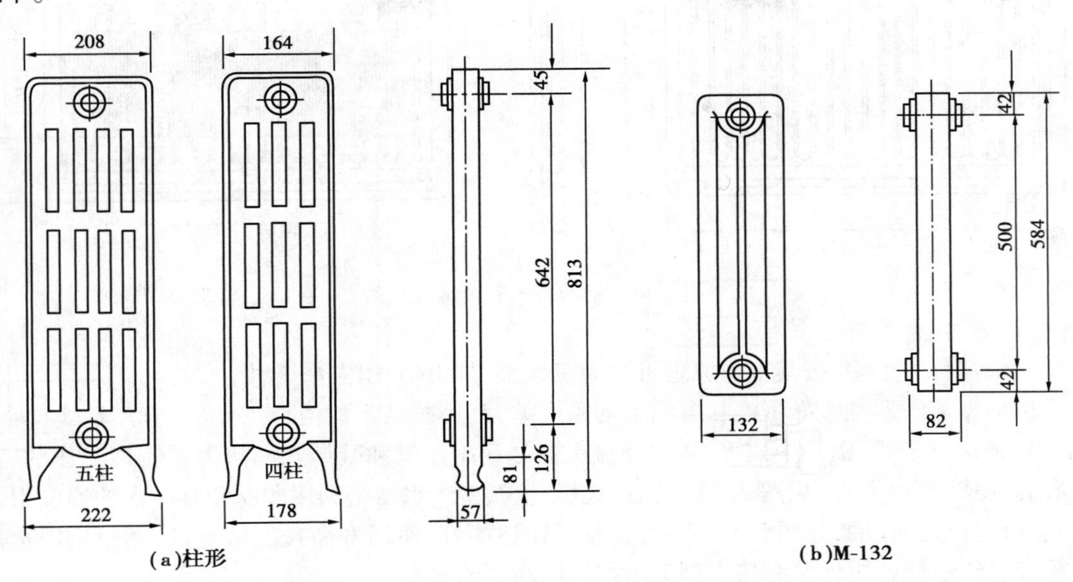

图2.9　柱形散热器

2)钢制散热器

钢制散热器主要有闭式钢串片(见图2.10)、板式(见图2.11)、柱形及扁管形4类。与铸铁散热器相比,具有以下特点:金属耗量少,大多数由薄钢板压制焊接而成,耐压强度高,外形美观整洁,占地少便于布置。缺点是容易被腐蚀,使用寿命比铸铁短,在蒸汽供暖系统中及较潮湿的地区不宜使用钢制散热器。

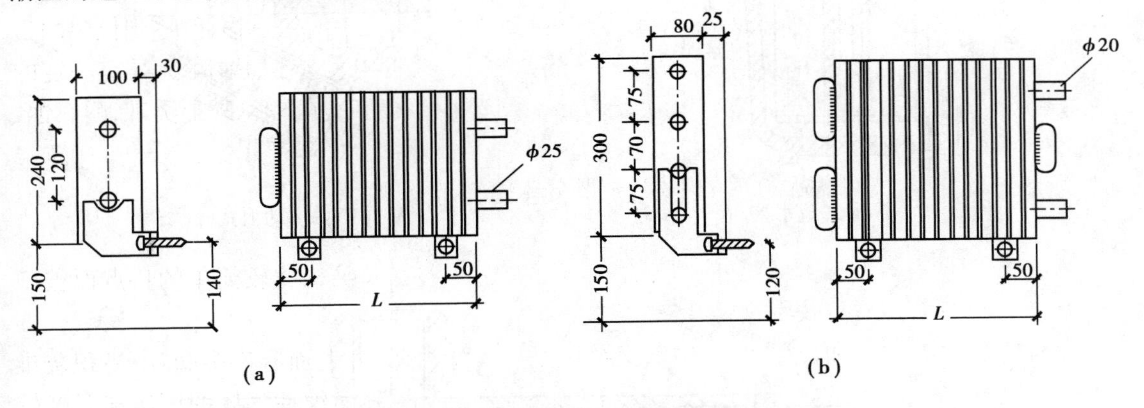

图2.10　闭式钢串片对流散热器示意图

散热器的布置应尽量使房间温度分布均匀,一般应将散热器安装在外墙的窗台下。这样,沿散热器上升的对流热气流,能阻止从玻璃窗渗入的冷空气进入室内工作,使流进室内的空气比较暖和舒适。散热器宜明装,以利于散热。装饰要求较高的民用建筑可用暗装,托儿所、幼儿园须暗装,也可用挡板、格栅等围挡,但要设有便于空气对流的通道。楼梯间的散热器尽量分配在底层。双层外门的外室、门斗不宜设置,以防冻裂。

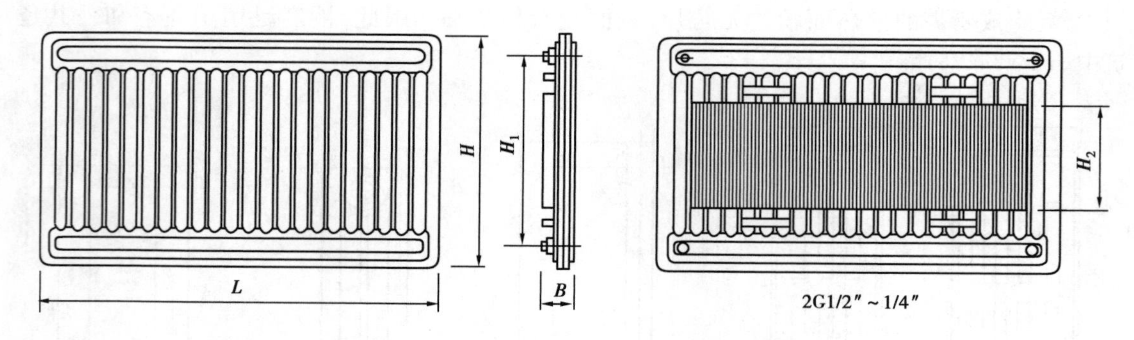

图 2.11　钢制板式散热器示意图

(2)疏水器

疏水器种类繁多,按其工作原理可分为机械型、热力型、恒温型 3 种。

机械型疏水器是依靠蒸汽和凝结水的密度差,利用凝结水的液位工作的,有浮桶式(见图 2.12)、钟形浮子式、倒吊桶式等;热力型疏水器是利用蒸汽和凝结水的热力学特性工作的,主要有脉冲式、热动力式(见图 2.13)、孔板式等;恒温型疏水器是利用蒸汽和凝结水的温度引起恒温元件变形工作的,如图 2.14 所示,具有工作性能好,使用寿命长的特点,适用于低压蒸汽供暖及供热系统。机械型和热力型疏水器均属高压疏水器。

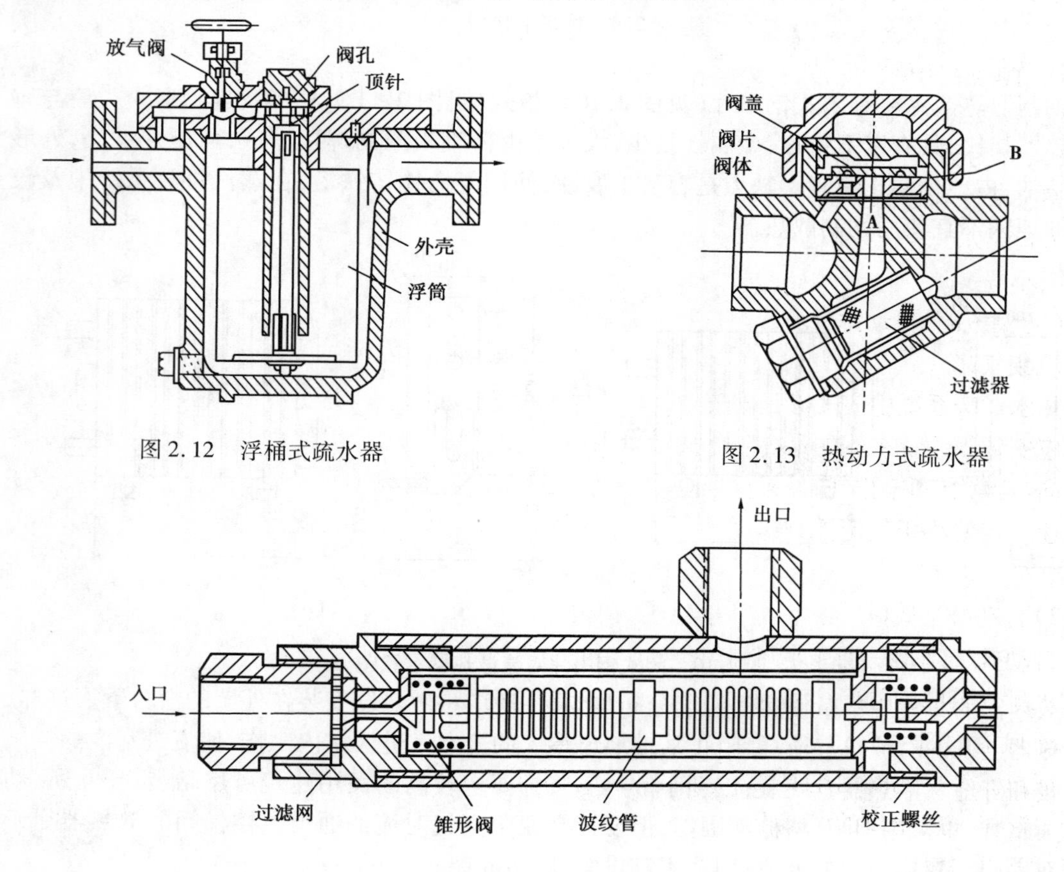

图 2.12　浮桶式疏水器

图 2.13　热动力式疏水器

图 2.14　恒温型疏水器

(3)凝结水箱

用于回收蒸汽供暖或供热系统的冷凝回水,有开式(无压)和闭式(有压)两种类型。如图2.15所示,开式水箱为矩形,闭式水箱为圆形。

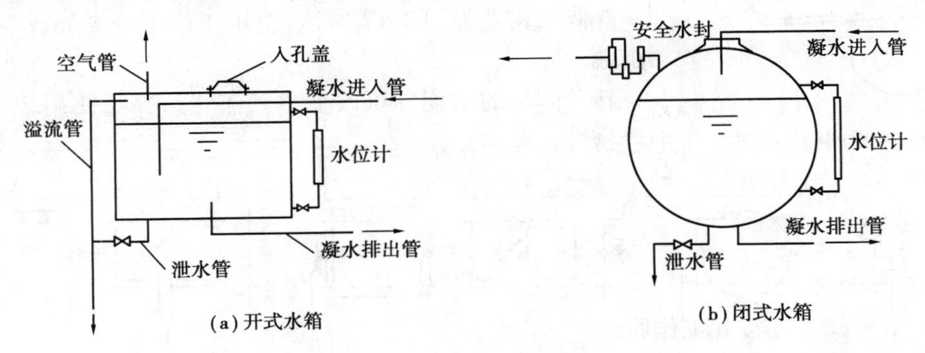

图2.15 凝结水箱

此外,在供暖或供热系统中还有混水器、热交换器和补偿器等设备和附件。

(4)减压阀和安全阀

减压阀依靠启闭阀孔对蒸汽节流达到减压的目的,且能够控制阀后压力。常用的减压阀有活塞式、波纹管式两种,分别适用于工作温度不高于300 ℃、200 ℃的蒸汽管路上。

安全阀是保证蒸汽供暖系统不超过允许压力范围的一种安全控制装置。阀门自动开启放出蒸汽,直至压力降到允许值才会自动关闭。安全阀有微启式、全启式和速启式3种类型,供暖系统中多用微启示安全阀。

(5)除污器

用来清除和过滤热网中污物,以保证系统管路畅通无阻的设备。一般设置在供暖系统用户引入口供水总管上、循环水泵的吸入管段上、热交换设备进水管段等位置。其型号根据接管直径大小选定。

(6)集气罐、自动排气阀及风道阀门

1)集气罐

热水供暖系统中集气罐是聚集空气的一个直径较大的直管,其上有一个放气管。集气罐一般应安装于系统末端的最高处并使管道坡度与水流方向相反,以使水流方向与空气气泡浮升方向一致,有利于排气;如果由于安装位置及其他原因,干管只能顺坡设置时,要注意管道中水流速一定要小于气泡浮升速度。集气罐上的排气管应设置阀门,阀门应设置在便于操作的地方。

2)自动排气阀

自动排气阀是一种靠水对浮体的浮力,通过杠杆机构的传动,使排气孔自动启闭,达到自动阻水排气目的的阀门。其他附件这里不再介绍,可查阅有关手册。

3)风道阀门

通风系统中的阀门主要用于启动风机,关闭风道、风口,调节管道内空气量,平衡阻力等。阀门安装于风机出口的风道上、主干风道上、分支风道上或空气分布器之前等位置。常用的阀门有插板阀、蝶阀。

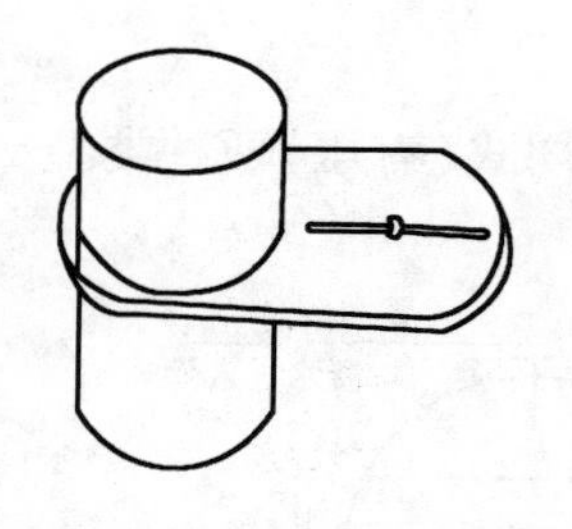

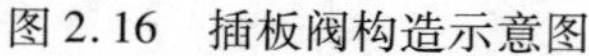

图2.16　插板阀构造示意图

插板阀的构造如图2.16所示，多用于风机出口或主干风道处用作开关。通过拉动手柄来调整插板的位置即可改变风道的空气流量。其调节效果好，但占用空间大。

蝶阀的构造如图2.17所示，多用于风道分支处或空气分布器前端。

转动阀板的角度即可改变空气流量。蝶阀使用较为方便，但严密性较差。

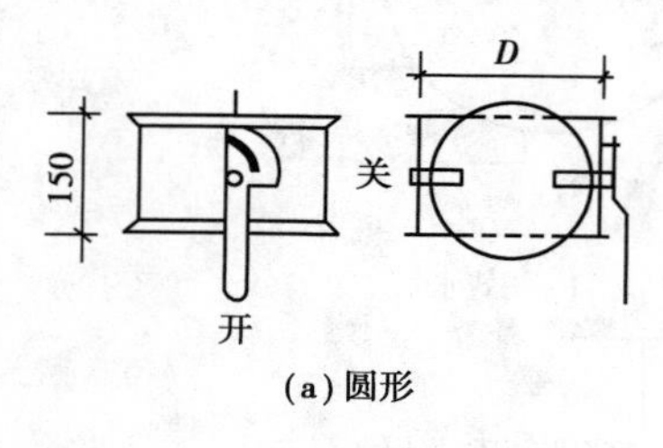

(a)圆形

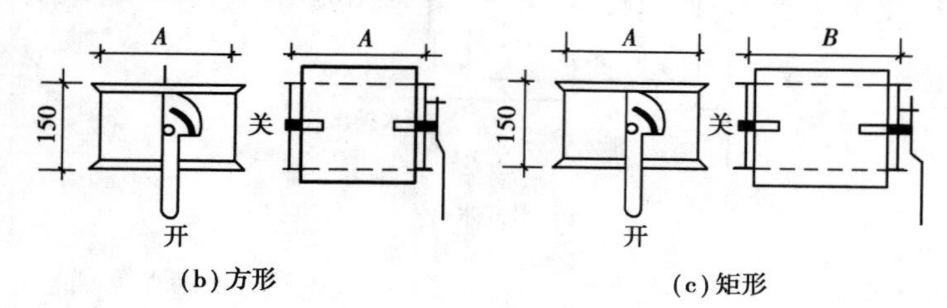

(b)方形

(c)矩形

图2.17　蝶阀构造示意图

2.4　水泵及风机

2.4.1　水泵

(1)水泵的定义及分类

水泵是输送和提升液体的机器。它把原动机的机械能转化为被输送液体的能量，使液体获得动能或势能。由于水泵在国民经济各部门中应用很广，品种系列繁多，对它的分类方法也各不相同。按其作用原理可分为以下3类：

1)叶片式水泵

叶片式水泵对液体的压送是靠装有叶片的叶轮高速旋转而完成的。属于这一类的有离心泵、轴流泵、混流泵等。

2)容积式水泵

容积式水泵对液体的压送是靠泵体工作室容积的改变来完成的。一般使工作室容积改变的方式有往复运动和旋转运动两种。属于往复运动这一类的如活塞式往复泵、柱塞式往复泵等。属于旋转运动这一类的如转子泵等。

3)其他类型水泵

这类泵是指除叶片式水泵和容积式水泵以外的特殊泵。属于这一类的主要有螺旋泵、射流泵(又称水射器)、水锤泵、水轮泵以及气升泵(又称空气扬水机)等。其中，除螺旋是利用螺旋推进原理来提高液体的位能以外，上述各种水泵的特点都是利用高速液流或气流的动能来输送液体的。在给水排水工程中，结合具体条件应用这类特殊泵来输送水或药剂(混凝剂、消毒药剂等)时，常常能起到良好的效果。

上述各种类型水泵的使用范围是很不相同的。往复泵的使用范围侧重于高扬程、小流量。轴流泵和混流泵的使用范围侧重于低扬程、大流量。而离心泵的使用范围则介乎两者之间，工作区间最广，产品的品种、系列和规格也最多。

水泵是给水系统中的主要升压设备，在建筑给水系统中，常用的是离心式水泵。

(2)离心式水泵的工作原理

离心泵主要由泵壳、泵轴、叶轮、吸水管、压水管等部分组成，如图 2.18 所示。

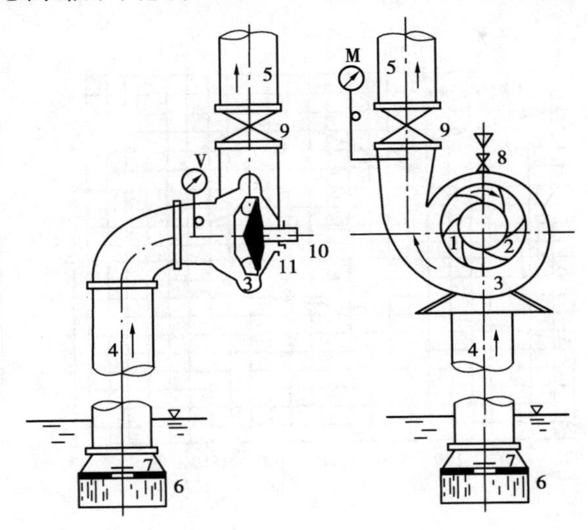

图 2.18　离心水泵装置

1—叶轮；2—叶片；3—泵壳；4—吸水管；5—压水管；6—格栅；
7—底阀；8—灌水口；9—阀门；10—泵轴；M—压力表；V—真空表

离心泵通过离心力的作用来输送和提升液体。水泵启动前，要使水泵泵壳及吸水管中充满水，以排除泵内空气。当叶轮高速转动时，在离心力的作用下，水从叶轮中心被甩向泵壳，使水获得动能与压能。由于泵壳的断面是逐渐扩大的，因此，水进入泵壳后流速减小，部分动能转化为压能。因而泵出口处的水便具有较高的压力，流入压水管。在水被甩走的同时，水泵进口形成真空，由于大气压力的作用，将吸水池中的水通过吸水管压向水泵进口，进而流入泵体。由于电动机带动叶轮连续旋转，因此，离心泵是均匀地连续供水。

水泵从水池抽水时，其启动前的充水方式有两种：一是“吸水式”，即泵轴高于水池最低设计水位；二是“灌入式”，即水池最低水位高于泵轴。灌入式可省去真空泵等灌水设备，也便于水泵及时启动，一般应优先采用。

(3)离心泵的主要参数

表明离心泵工作性能的基本参数有：

①流量(Q)：指单位时间内水通过水泵的体积，单位为 L/s 或 m^3/h。

②扬程(H)：单位质量的水，通过水泵时所获得的能量，单位为 mH_2O 或 kPa。

③轴功率(N)：水泵从电动机处所得到的全部功率，单位为 kW。

④效率(η)：因水泵工作时，本身也有能量损失，因此，水泵真正得到的能量即有效功率 N_u 小于 N，效率 η 为二者之比值，即 $\eta = N_u \times 100\% / N$。

⑤转速(n)：叶轮每分钟的转动次数，单位为 r/min。

⑥允许吸上真空高度(Hs)：当叶轮进口处的压力低于水的饱和蒸汽压时，水出现汽化形成大量气泡，致使水泵产生噪声和振动，严重时产生“气蚀现象”而损伤叶轮。为此，真空高度

须加以限制,允许吸上真空高度就是这个限制值,单位为 kPa 或 mH_2O。

水泵的各基本工作参数是相互联系和影响的,工作参数之间的关系可用水泵性能曲线来表示,如图 2.19 所示,从图中看出,流量 Q 逐渐增大,扬程 H 逐渐减小,水泵的轴功率逐渐增大,而水泵的效率曲线存在一峰值。我们称效率最高时的流量为额定流量,其扬程为额定扬程,将这些额定参数标注于水泵的铭牌上。

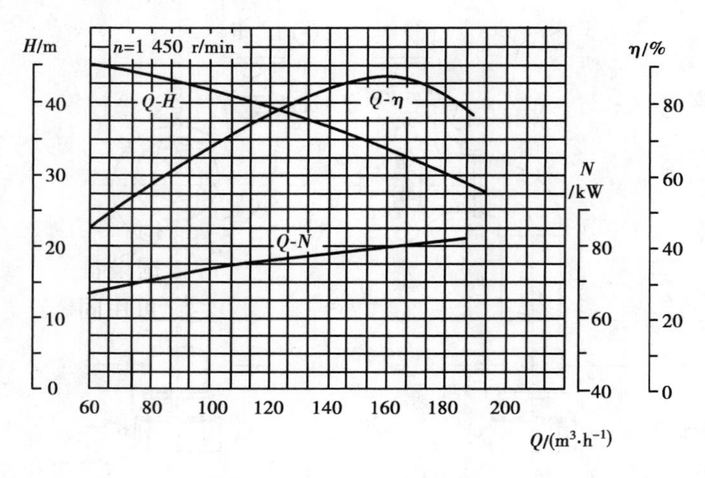

图 2.19　离心泵特性曲线

(4)离心泵的选择

由给水泵性能曲线 Q-η 曲线可知,水泵选择应使水泵在给水系统中保持高效运行状态。水泵的高效运行区间的技术数据可查水泵样本的水泵性能表。

水泵的型号可根据给水系统的流量和扬程来选定。

1)流量

在生活(生产)给水系统中,有高位水箱时,因水箱能起调节水量的作用,水泵流量可按最大时流量或平均时流量确定。无水箱时,水泵以满足系统高峰用水要求的最大瞬时流量按设计秒流量确定。

2)扬程

水泵自储水池抽水时,水泵扬程可按下式确定:

$$H_p = H_1 + H_2 + H_3 + H_4$$

式中　H_p——水泵扬程,mH_2O;

H_1——储水池最低水位至水箱最高水位或最不利配水点的高度,m;

H_2——水泵吸水管与压水管上的沿程和局部水头损失总和,mH_2O;

H_3——考虑水泵效能降低的富裕水头,mH_2O;

H_4——最不利点的流出水头,mH_2O。

由上确定流量和扬程后,查水泵样本选择合适的水泵。

(5)泵房及机组布置

水泵机组通常设置在水泵房,在供水量较大的情况下,常将水泵并联工作,此时两台或两台以上的水泵同时向压力管路供水。

水泵机组的布置原则:管线短而直,管路便于连接,布置力求紧凑,尽量减少泵房平面尺寸以降低建筑造价,并考虑到扩建和发展,同时注意起吊设备时的方便。当水泵房机组供水量大于200 m^3/h,泵房还应设有一间面积为10～15 m^2 的修理间和一间面积约为5 m^2 的库房。水泵房应有排水措施,光线和通风良好,并不致结冻。泵房不应与有防振或对安静要求较高的房间上下左右相邻布置。

水泵机组并排安装的间距,应当使检修时在机组间能放置拆卸下来的电机和泵体。从机组基础的侧面至墙面以及相邻基础的距离不宜小于0.7 m;口径小于或等于50 mm的小型泵此距离可适当减小。水泵机组端头到墙壁或相邻机组的间距应比轴的长度多出0.5 m。机组和配电箱间通道不得小于1.5 m。水泵机组应设在独立的基础上,不得与建筑物基础相连,以免传播振动和噪声,水泵基础至少应高于地面0.1 m。当水泵较小,为了节省泵房面积,也可两台泵共用一基础,周围留有0.7 m通道。

泵房的高度在无吊车起重设备时,应不小于3.2 m(指室内地面至梁底的距离)。当有吊车起重设备时应按具体情况决定。泵房门的宽度和高度,应根据设备运入的方便决定。开窗总面积应不小于泵房地板面积的1/6,靠近配电箱处不得开窗(可用固定窗)。

2.4.2　风机

(1)风机的分类及选用

风机是输送气体的机械。在通风和空调工程中,根据通风机的结构和作用原理分为离心式、轴流式和贯流式3种类型,大量使用的是离心式和轴流式通风机。

1)离心风机

离心风机(见图2.20)由叶轮、机壳和集流器(吸气口)3个主要部分组成。

离心风机的工作原理与离心水泵相同,利用叶轮旋转时产生的离心力而使气体获得压能和动能。

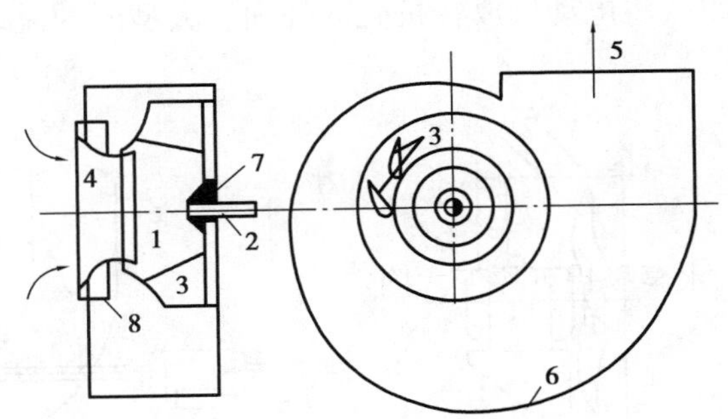

图2.20　离心风机构造示意图

1—叶轮;2—机轴;3—叶片;4—吸气口;
5—出口;6—机壳;7—轮毂;8—扩压机

离心风机的主要性能参数:

①风量(L):风机在标准状态(大气压 P=101 325 Pa或760 mmHg,温度 t=20 ℃)下工作时,单位时间内输送的空气量,m^3/h。

②全压(H):在标准状态下工作时,通过风机的每1 m^3 空气所获得的能量,包括压能与动能,Pa或 kgf/m^2。

③功率(N):电动机加在风机轴上的功率称为风机的轴功率 N,空气通过风机实际得到的

功率称为有效功率 N_u，其计算公式为：

$$N_u = \frac{L \times H}{3\ 600} \tag{2.1}$$

式中　L——风机的风量，m^3/h；

　　H——风机的全压，kPa。

④转数(n)：叶轮每分钟旋转的转数，r/min。

⑤效率(η)：风机的有效功率与轴功率的比值，其计算公式为：

$$\eta = \frac{N_u}{N} \times 100\% \tag{2.2}$$

与离心泵的原理相同，当风机的叶轮转数一定时，风机的全压、轴功率和效率与风量之间存在着一定的关系，其曲线称为离心风机的性能曲线，也可用数据表来表示。

不同用途的风机，在制作材料及构造上有所不同。例如，用于一般通风换气的普通风机(输送空气的温度不高于 80 ℃，含尘浓度不大于 150 mg/m^3)，通常用钢板制作，小型的也有铝板制作的，除尘风机要求耐磨和防止堵塞，因此，钢板较厚，叶片较少并呈流线形；防腐风机一般用硬聚氯乙烯板或不锈钢板制作；防爆风机的外壳和叶轮用铝、铜等有色金属制作，或外壳用钢板而叶轮用有色金属制作等。

离心风机的机号，是用叶轮外径表示的，不论哪一种形式的风机，其机号均与外轮外径的分米数相等，例如，№6 的风机，叶轮外径等于 6 dm(600 mm)。

2)轴流风机

轴流风机的构造如图 2.21 所示，叶轮由轮毂和铆在其上的叶片组成，叶片与轮毂平面安装成一定的角度。叶片的构造形式很多，如机翼型扭曲或不扭曲的叶片；等厚板型扭曲或不扭曲叶片等。大型轴流风机的叶片安装角度是可以调节的，借以改变风量和全压。有的轴流风机做成长轴形式(见图 2.22)，将电动机放在机壳的外面。大型的轴流风机不与电动机同轴，而用三角皮带传动。

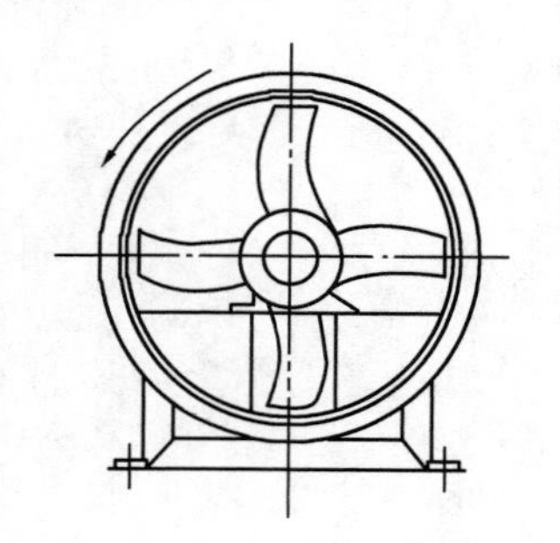

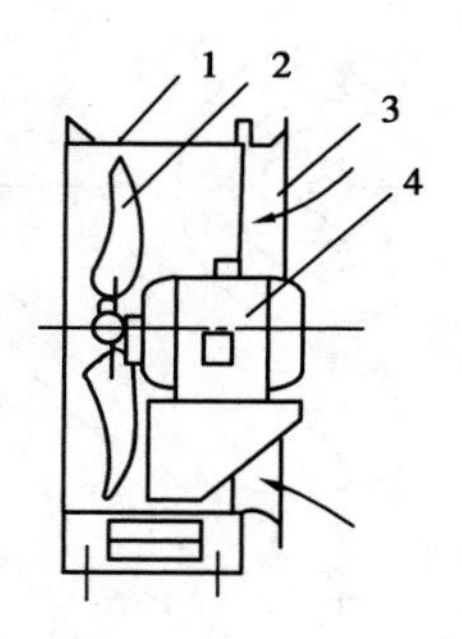

图 2.21　轴流风机的构造简图

1—圆筒形形壳；2—叶轮；3—进口；4—电动机

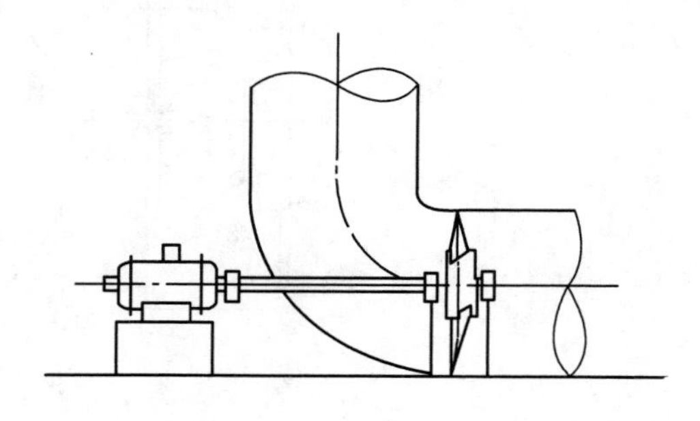

图 2.22　长轴式轴流风机

轴流风机是借助叶轮的推力作用促使气流流动的，气流的方向与机轴相平行。

轴流风机的性能参数也是风量、全压、轴功率、效率和转数等，参数之间也可用性能曲线来表示。此外，机号也用叶轮直径的分米数来表示。

轴流风机与离心风机在性能上最主要的差别，是前者产生的全压较小，后者产生的全压较大。因此，轴流风机只能用于无须设置管道场合以及管道阻力较小的系统，而离心风机则往往用在阻力较大的系统中。

(2)**风机的安装**

轴流风机通常安装在风管中间或者墙洞内。在风管中间安装时,可将风机装在用角钢制成的支架上,再将支架固定在墙上、柱上或混凝土楼板的下面。

小型直联传动的离心风机(小于 №5 的),也可用支架安装在墙上、柱上及平台上,或者通过地脚螺栓安装在混凝土基础上。

中、大型离心风机一般应安装在混凝土基础上。此外,安装通风机时,应尽量使空气吸风口和出风口均匀一致,不要出现流速急剧变化。对隔振有特殊要求的情况,应将风机装置在减振台座上。

习 题 2

1. 常用的建筑给排水管材有哪些？简述其优缺点。
2. 在建筑给水设计中,如何选择水表?
3. 选择室内散热设备时,应考虑哪些因素?
4. 简述离心式水泵的组成及工作原理。

第2篇 建筑给水排水工程

第3章 建筑给水工程

建筑给水的水源来自城镇给水管网或自备水源,建筑给水工程包括各类建筑、生产、消防用水。本章在此主要介绍上述用水的各种给水方式及其选用;室内给水水压、水量及加压和储存;室内管网的计算方法及配管方式。

3.1 城镇给水

3.1.1 城镇给水系统的组成

城镇给水系统的任务是自水源取水,进行处理净化达到用水水质标准后,经过管网输送,供城镇各类建筑所需的生活、生产、市政(如绿化、街道洒水)和消防用水。

城镇给水系统一般由以下3个部分组成：

(1)**取水工程**

取水工程包括水源和取水构筑物，其主要任务是保证给水系统取得足够的水量并符合我国饮用水水源的水质标准。给水水源分为地面水源和地下水源两种。地面水源即地面上的淡水水源(江、河、湖泊、水库等水体)，其水体的水量大，易于估算，供水较为可靠。但因流行于地表，水质一般较差，水质水温随季节变化，需经净化处理，改善水质后方能使用，我国大中城市多采用地面水源。地下水源(潜水、自流水和泉水等)一般水质较好，无色透明，取水简便，不易受污染、安全经济。但地下水的水量较小，不宜大规模开采。水源选择需经过技术经济比较论证，并考虑水资源的合理开发与综合利用，既要满足近期需要，又要考虑今后的发展，做到安全可靠、经济合理。

(2)**净水工程**

净水工程的任务就是对天然水质进行净化处理，除去水中的悬浮物质、胶体、病菌和其他有害物质，使水质达到我国卫生部生活饮用水水质标准或工业生产用水水质标准要求。

水的净化方法和净化程度，要根据水源水质以及用户对水质的要求而定。城市自来水厂净化后的水必须满足我国现行生活饮用水的水质标准。工业企业用水对水质如果具有特殊要求，常常单独建造生产给水系统，以满足不同生产性质、不同产品对水质标准的不同要求。地下水一般不需像地面水那样进行净化处理，有的可直接饮用，有的仅进行加氯消毒，有的经滤池过滤和消毒处理之后作为饮用水。净水工程包括沉淀、过滤和消毒等设备及其构筑物。地面水的处理流程如图3.1所示。

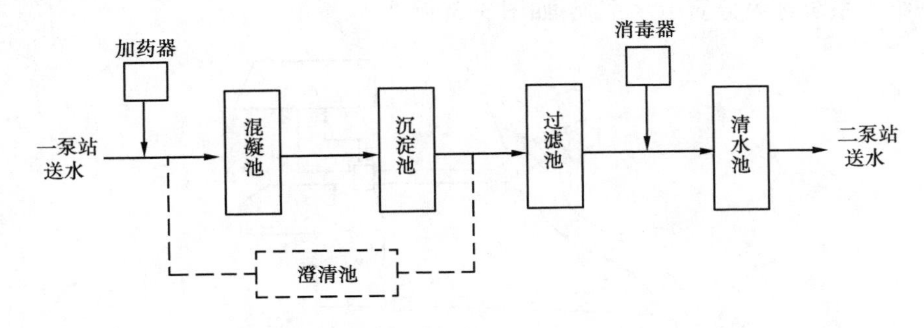

图3.1　地面水制备生活用水净化流程图

(3)**输配水工程**

输配水工程的任务是将净化后的水输送到用水地区并分配到各用水点。它包括输水管、配水管网以及泵站、水塔与水池等调节构筑物。输配水工程直接服务于用户，是给水系统中工程量最大、投资最高的部分(占70%～80%)。

3.1.2　城镇给水系统

城镇给水系统的选择应根据城市规划、自然条件及用水要求等主要因素进行综合考虑，确定安全可靠、经济合理的给水系统。给水系统有多种形式，应根据具体情况分别采用。

(1)**统一给水系统**

我国城镇各类建筑的生活、生产、消防等用水都按照生活用水水质标准统一供给的给水系统，称为统一给水系统。图3.2为分别以地面水、地下水为水源的单水源统一给水系统示意图。

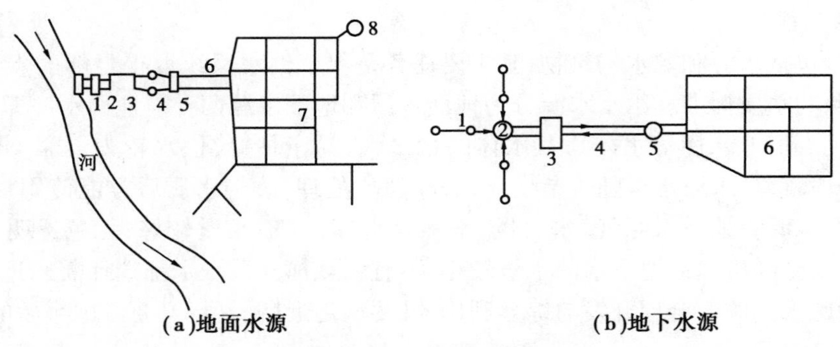

图 3.2　城镇给水系统示意图

1—取水构筑物;2—一级加压泵站;
3—水净化构筑物;4—清水池;
5—二级加压泵站;6—输水管路;
7—配水管网;8—水塔(网后)

1—井群;2—集水池;
3—加压泵站;4—输水管;
5—水塔(网前);6—配水干管管网

统一给水系统适用于新建中小城市、工业区或大型厂矿企业,一般不需长距离转输水量,各用户对水质、水压要求相差不大,地形较为平坦和城镇中建筑层数差异不大的情况。该系统构造简单、管理方便。

(2)分质给水系统

取水构筑物从水源取水,经不同的净化过程,用不同的管道分别将不同水质的水供给各个用户,这种给水系统称为分质给水系统,如图 3.3 所示。

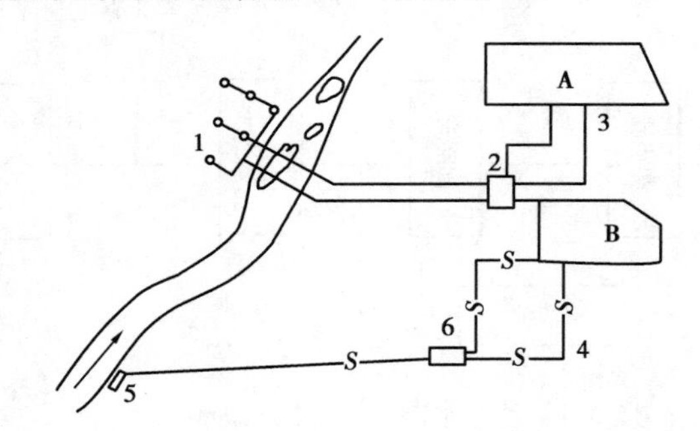

图 3.3　分质给水系统

A—居住区;B—工厂

1—井群;2—泵站;3—生活给水管网;

4—生产给水管网;5—地面水取水构筑物;6—生产用水净水厂

图示这种分质给水系统因厂矿企业生产用水和城镇居民生活用水对水质要求不同,如果生产用水对水质要求低于生活用水标准且用水量又大,宜采用分质给水系统。显然,分质给水节省了净水运行费用。缺点是需设置几套净水设施和几套管网,管理工作较为复杂,选用这种给水系统应作技术、经济分析和比较。

(3)分压给水系统

当城镇地形高差大或各区域用水压力要求高低相差较大,若按统一给水,势必造成低区水压过高,高区水压不足。使低区管网及设备易被损坏,而高区需再加压方能供水,增加城镇供水维护管理费用，造成能力损耗。因此，采用分压给水系统是很有必要的。根据高、低区供水范围和压差值，可分成水泵集中管理向高、低区输水的分压并联供水方式和分区设加压泵站的分压串联供水方式。如图3.4所示。对于大城市，管网较大，管线延伸很长，考虑供水节能或分区分期建设，常采用分压串联供水方式。

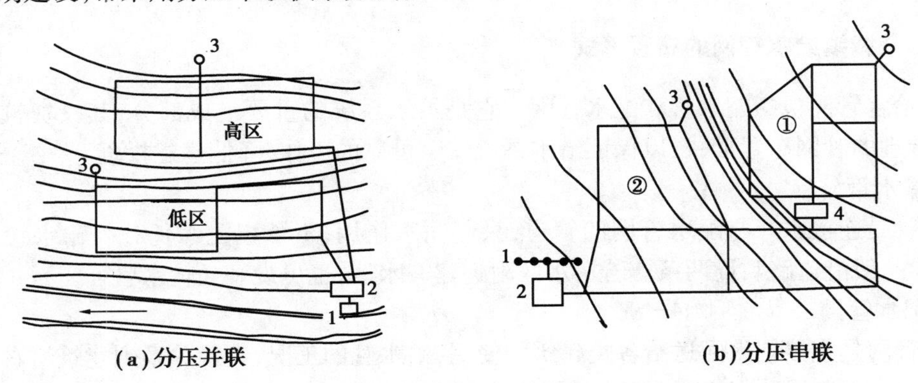

图3.4　分压给水系统

1—取水构筑物;2—水处理构筑物;3—水塔或水池;4—高区泵站

(4)**分区给水系统**

在大城市中地势地形或功能上有明显的划分或自然环境如山河的分割，经过技术经济比较，也可考虑分别设置给水系统，避免艰巨工程过多，投资过大，又可增大供水的可靠性。

(5)**循环和循序给水系统**

循环和循序给水系统主要是针对工业用水而言。

工业用水的水量一般很大，如冷却用水，大多仅仅是水温升高而水质并未受污染或只是轻度污染，通常这部分废水经冷却降温或简单处理后可再送回车间循环使用，这种系统称为循环给水系统，如图3.5所示。

循序给水系统是按各生产车间对水质和水温的要求高低进行顺序供水的系统，先供水质要求高、水温低的车间或生产设备，用后水温略有升高、水质轻度污染，但其水温和水质尚能满足另一车间或生产设备的水温水质要求，即可引入该车间使用，用到水温水质不能再用时，可排入水体或处理站，如图3.6所示。

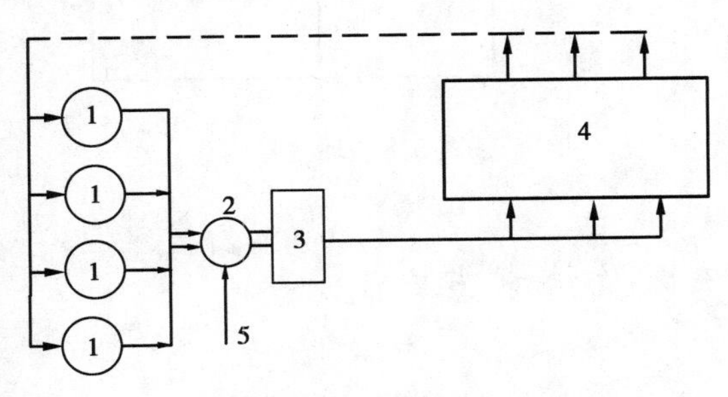

图3.5　循环给水系统

1—冷却塔;2—吸水井;3—泵站;

4—车间;5—补充水

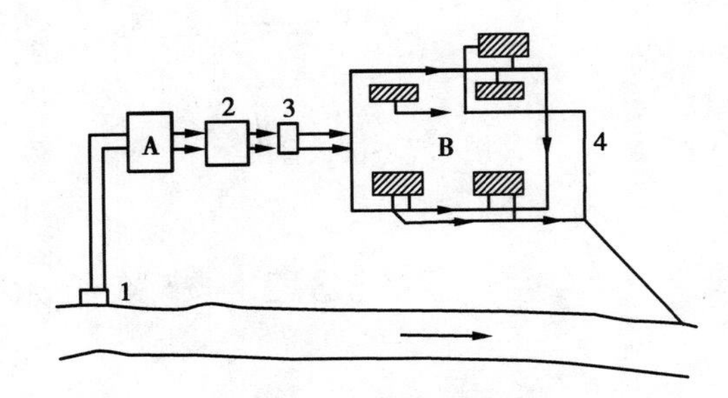

图3.6　循序给水系统

1—取水构筑物;2—冷却塔;3—泵站;

4—排水系统;A,B—车间

(6)区域给水系统

这是一种统一从沿河城镇的上游取水,经水质净化后,用输、配水管道送给沿该河诸多城镇使用的一种区域性供水系统。这种系统因水源免受城镇排水污染,水源水质是稳定的,但开发需要大投资。

3.1.3 城镇给水管网的布置形式

城镇给水管网包括输水管和配水管网。它是给水系统的重要组成部分,其投资较大。因此,选择合理的管网布置形式,以保证给水系统安全可靠的工作,降低基建投资。

(1)输水管

输水管是连接水厂与配水管网的管道,只起输水作用,不承担配水任务。输水管要求简短、安全。一般沿道路敷设两条。若用水区附近建有水池,也可设一条输水管。

(2)配水管网

配水管网是直接把水配送给各类建筑物使用,给水管的工况,直接关系到建筑给水方案的确定。布线时干管通向用水量较大区域,力求简洁,减少管材、节省能量,便于施工与维护管理,给水管网的布置形式可分为:

1)树状管网

树状网布置成树枝状,管线向供水区延展,管径随用户的减少而逐渐减小。其特点是管线长度短,构造简单,投资少,但安全性较差,一旦某处发生故障,其下游用水将受到影响,且管网末端水流停滞,水质易变坏,适宜较小工程或非重要性工程,或初建工程中,为节省初建投资,先敷设树状管网,以后逐渐连成环状管网,如图3.7所示。

2)环状管网

把配水管道互相连通在一起,形成许多闭合的环状管路。环状管网每条管均可从两个方向供水,安全可靠,水力条件好,节省电能,但管长、投资大,一般用于供水要求严格的较大城市中,如图3.8所示。

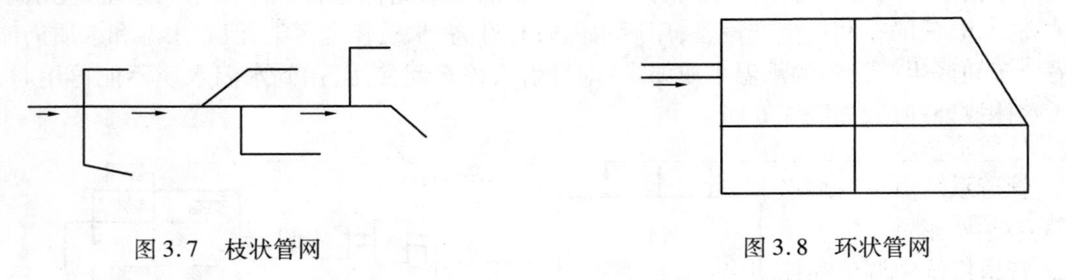

图3.7 枝状管网　　图3.8 环状管网

3.2 建筑给水系统以及给水方式

建筑给水系统是将城镇给水管网或自备水源的水经引入管送至建筑内的生活、生产和消防设备,并满足各用水点对水质、水量和水压要求的冷水供应系统。

3.2.1 建筑给水系统的分类

(1)建筑给水系统的分类

建筑室内给水系统按用途可分为3类:

1)生活给水系统

民用、公共建筑和工业企业的饮用、烹调、盥洗、沐浴、洗涤等生活用水。该系统除满足需要的水量和水压外,其水质必须符合国家规定的饮用水质标准。

2)生产给水系统

工业建筑或公共建筑在生产过程中生产设备的冷却、原材料洗涤、锅炉及空调系统的制冷等用水,其对水质、水量、水压以及安全可靠性的要求因工艺不同差异很大。

3)消防给水系统

多层或高层民用建筑、大型公共建筑及工业建筑的生产车间等灭火系统的各类消防设备用水。消防用水对水质要求不高,但必须按现行建筑设计防火规范的有关规定,保证有足够的水量和水压。

上述3种给水系统在同一建筑物中不一定全部具备,可根据建筑物的用途和性质以及设计规范的要求,设置独立的某几种或组成不同的共用系统,如生活—生产—消防共用系统、生活—消防共用系统、生产—消防共用系统等。

(2)建筑给水系统的组成

建筑给水系统由以下各部分组成,如图3.9所示。

1)引入管

自室外给水管将水引入室内的管段,也称进户管。

2)水表节点

安装在给水引入管上的水表及表前后设置的阀门和泄水装置的总称,如图3.10所示。闸门用以关闭管网,以便修理和拆换水表,泄水装置为检修时放空管网,检测水表精度及测定进户点压力值之用。水表节点形式多样,可按用户用水要求及所选择的水表型号等因素选择。为了保证水表的计量准确,在翼轮式水表与闸门间应有8~10倍水表直径的直线段,以使水表水流平稳。

3)管道系统

管道系统由室内给水水平或垂直干管、立管和支管等组成。

4)给水附件

管道系统中调节和控制水量的闸门、止回阀及各种配水龙头。

5)增压和储水设备

在市政管网压力不足或建筑对安全供水、水压稳定有要求时,需设置的屋顶水箱、水泵、气压给水装置、水池等增压和储水设备。

6)室内消防设备

按照建筑物的防火要求及规定,室内需设消防给水时,应增设消火栓灭火给水系统。有特殊要求时,尚需设自动喷水灭火系统或粉末与气体灭火系统。

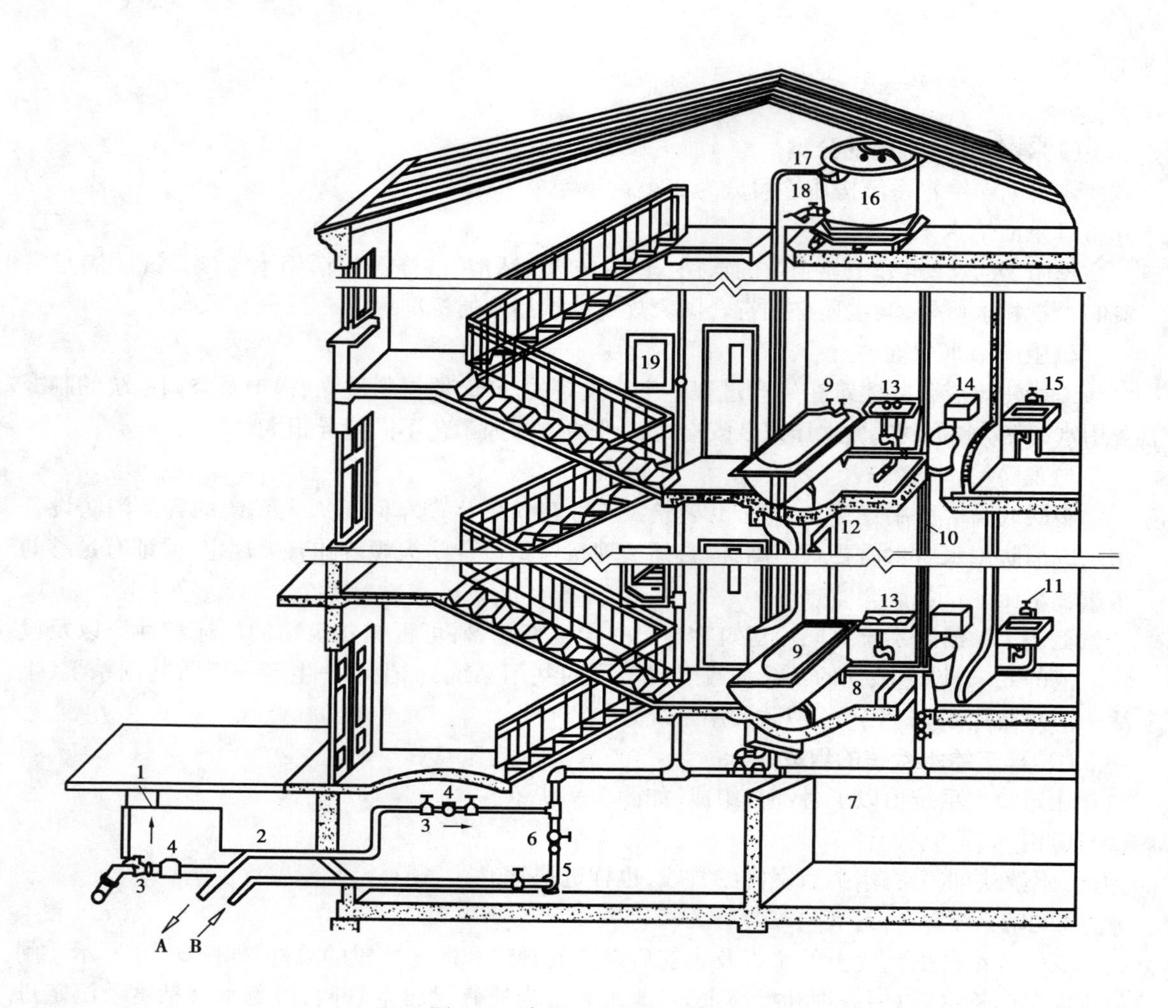

图 3.9　建筑室内给水系统

1—阀门井;2—引入管;3—闸阀;4—水表;5—水泵;6—止回阀;7—干管;8—支管;
9—浴盆;10—立管;11—水龙头;12—淋浴器;13—洗脸盆;14—大便器;15—洗涤盆;
16—水箱;17—进水管;18—出水管;19—消火栓;A—入储水池;B—来自储水池

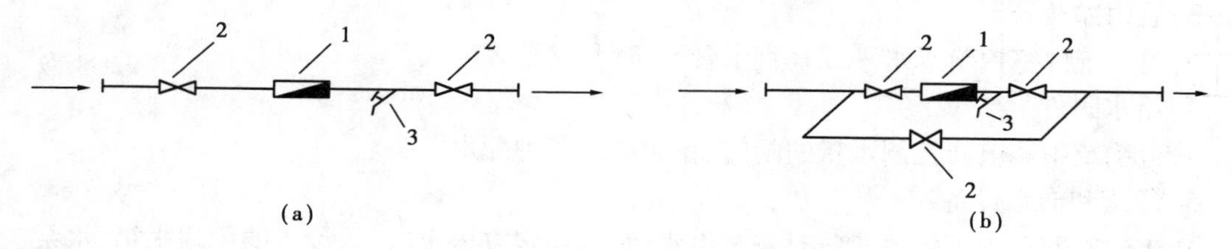

图 3.10　水表节点

1—水表;2—阀门;3—泄水检查龙头

3.2.2　建筑给水系统的给水方式

建筑给水系统的给水方式即室内的供水方案。方案的选择应根据建筑物的使用要求、建筑高度、基建投资及运行费用、配水点的布置、室内所需水压和室外给水管网所能提供的最低水压以及对建筑立面和结构的影响等因素确定。在初步设计时,给水系统所需的压力(自室外地面算起)可估算确定:一层为10 m,二层为12 m,二层以上每增加一层,增加4 m。这种估算法一般适用于层高不超过3~5层的民用建筑,不适用于高层建筑供水系统。

给水方式最基本的有以下4种:

(1)直接给水方式

当室外给水管网的水量、水压在一天中任何时间都能满足建筑室内用水要求时,采用这种方式,如图3.11所示。直接给水方式是最简单、最经济的供水方式。

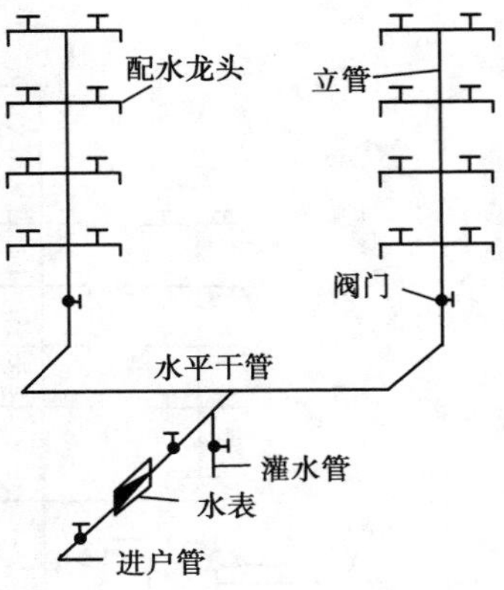

图3.11　直接给水方式

(2)设水泵和水箱的给水方式

1)单设水箱的给水方式

当室外给水管网供应的水压大部分时间能满足室内需要,仅在用水高峰出现不足,且允许设置高位水箱的建筑可采取此种给水方式,如图3.12所示。该方式在室外管网压力大于室内所需压力时,向水箱进水,当室外管网压力不足时水箱供水。

2)单设水泵的给水方式

当室外管网的水量满足室内需要,但压力经常不足时,可采用单设水泵的给水方式,如图3.13所示。当室内用水量大而均匀时,如生产车间给水,可用均匀加压。当室内用水量大且用水不均匀时,如住宅、高层建筑等,可考虑采用水泵变频调速供水,使供水曲线与用水曲线接近,并达到节能的目的。水泵直接从室外管网抽水,会使外网水压降低,影响附近居民用水,因此,水泵从外网直接抽水时,应征得供水部门的同意。为避免上述问题,可在系统中增设储水池,采用水泵与外网间接连接的方式。

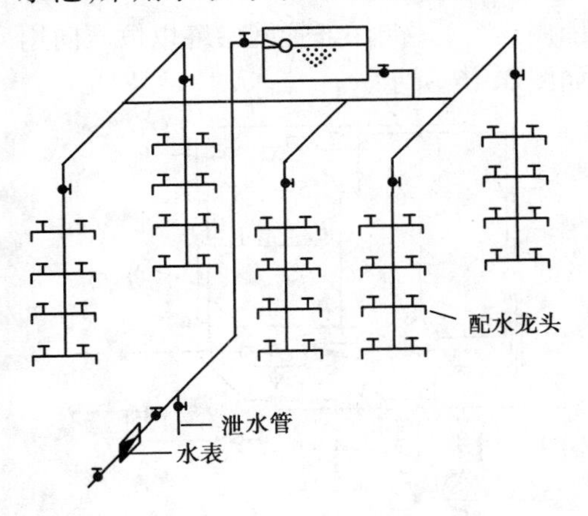

图3.12　单设水箱的给水方式

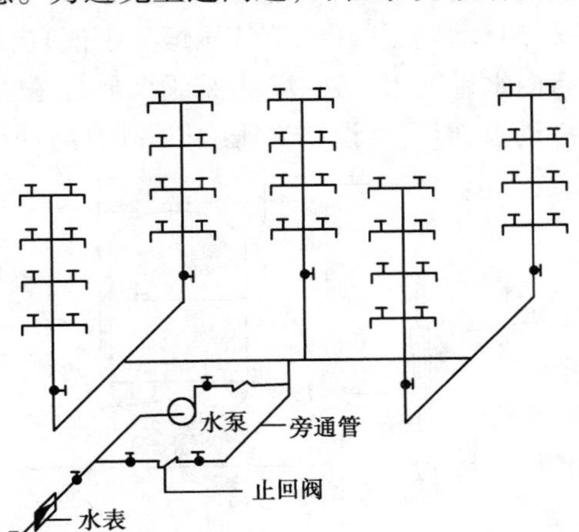

图3.13　单设水泵的给水方式

3)设水泵、水箱的给水方式

当室外管网的压力经常不足且室内用水量变化较大时,可采用水泵、水箱联合给水方式,如图3.14所示。

这种给水方式由于水泵可及时向水箱充水,使水箱容积大为减少。有水箱的调节作用,水泵出水量稳定,可使水泵在高效率下工作;在水箱内设置控制装置,还可使水泵自动启闭。因

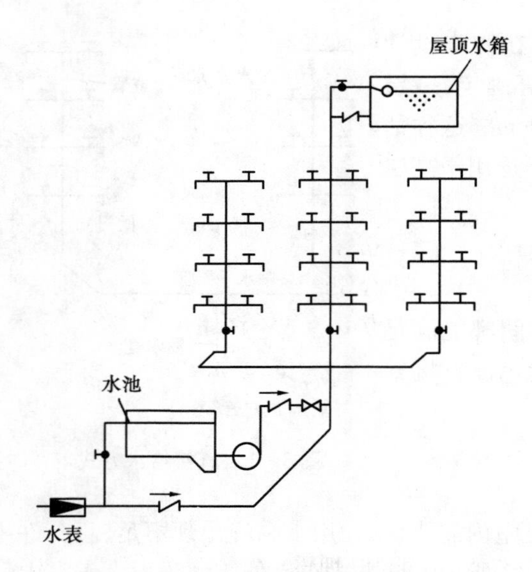

图 3.14 水箱水泵联合给水方式

此,这种方式技术上合理,供水可靠,虽设备费用较高,但长期运行效果是经济的。

(3)**设气压给水设备的给水方式**

当室外管网压力经常不足,且不宜设置高位水箱的建筑,可采用气压给水方式。气压给水设备是给水系统中利用空气的压力,使气压罐中的储水得到位能的增压设备,可设置在建筑物的任何位置,如室内外、地下、地面或楼层中。

气压给水装置可分为变压式和定压式两种。

1)变压式

水泵启动向用户供水,当水泵流量大于用户所需用水量时,多余的水进入水罐,罐内空气因被压缩而增压,直至高限(相当于最高水位)时,压力继电器会指令自动停泵。罐内水表面上的压缩空气压力将水输送至用户。当罐内水位下降至设计最低水位时,因罐内空气膨胀而减压,压力继电器又会指令自动开泵。罐内的水压是与压缩空气的体积成反比而变化的,故称便压式。它常用于中小型给水工程,可不设空气压缩机(在小型工程中,气和水可合用一罐),设备较定压式简单,但因压力有波动,故对保证用户用水的舒适性和泵的高速运行均是不利的,如图 3.15 所示。

2)定压式

当用户用水,水罐内水位下降时,空气压缩机即自动向气压罐内补气,而罐内的压缩空气又经自动调压阀(调节气压恒为定值)向水罐补气。当水位降至设计最低水位时,泵即自动开启向水罐充水,故它既能保证水泵始终稳定在高效范围内运行,又能保证管网始终以恒压向用户供水,但需专设空气压缩机,并且启动次数较频繁,如图 3.16 所示。

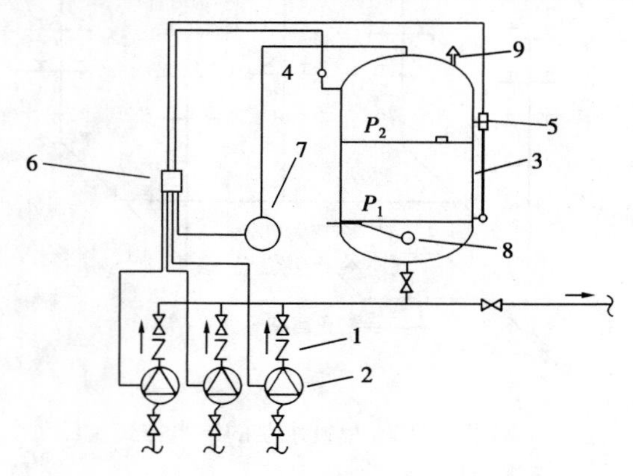

图 3.15 单罐变压式气压给水设备
1—止回阀;2—水泵;3—气压水罐;
4—压力信号器;5—液位信号器;6—控制器;
7—补气装置;8—排气阀;9—安全阀

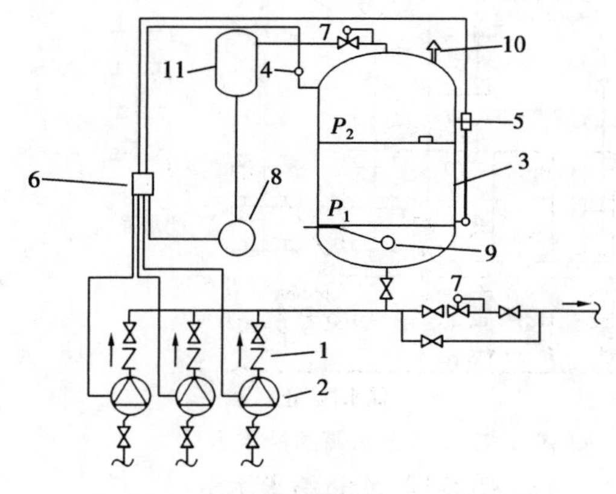

图 3.16 单罐定压式气压给水设备
1—止回阀;2—水泵;3—气压水罐;4—压力信号器;
5—液位信号器;6—控制器;7—压力调节阀;
8—补气装置;9—排气阀;10—安全阀;11—储气罐

气压式的罐可以是水、气合罐,也可以是水、气分罐,罐可以横放或竖放。由于气压给水装置是利用罐内压缩气体维持的,罐体的安装高度可以不受限制。该系统具有灵活性大,施工安装方便,便于扩建、改建和拆迁,可以设在泵房内,且设备紧凑,占地小,便于与水泵集中管理;供水可靠,且水压密闭系统中流动不会受污染等优点。但是调节能力小,运行费用较高。

(4)**分区给水方式**

城市供水压力不足,多层建筑只能满足下部几层的用水而不能供到上部楼层时,为了能充分利用室外管网的压力,常将室内给水系统分为上下两个供水区,如图 3.17 所示,下区直接由室外管网供水,上区由水泵、水箱联合供水(或单设水箱的给水方式)。高层建筑中多采用分区供水系统。

3.2.3　室内给水系统的管路图式

(1)**根据水平干管在建筑内敷设的位置分**

1)下行上给式

如图 3.11、图 3.13、图 3.14 所示,水平干管敷设在底层(明装、埋设或沟敷)或地下室天花板下,自下而上供水,居住建筑、公共建筑和工业建筑,在利用外网水压直接供水时多采用下行上给式。

2)上行下给式

如图 3.12 所示,水平干管敷设在顶层天花板下吊顶内或平层顶上(非冰冻地区),自上而下供水,设有屋顶水箱的建筑一般采用此种方式。

3)中分式

水平干管设在中间技术夹层或某层吊顶内,由中间向上、下两个方向供水的为中分式,适用于屋顶用作露天茶座、舞厅或设有中间技术层的高层建筑。

同一幢建筑的给水管网也可同时兼有两种布置形式,如图 3.17 所示。

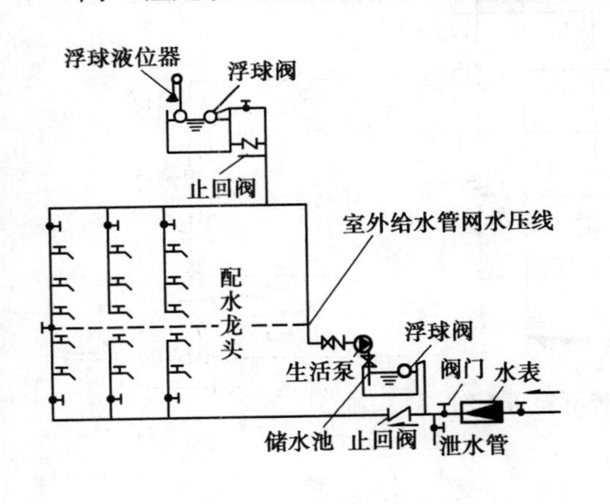

图 3.17　分区给水方式

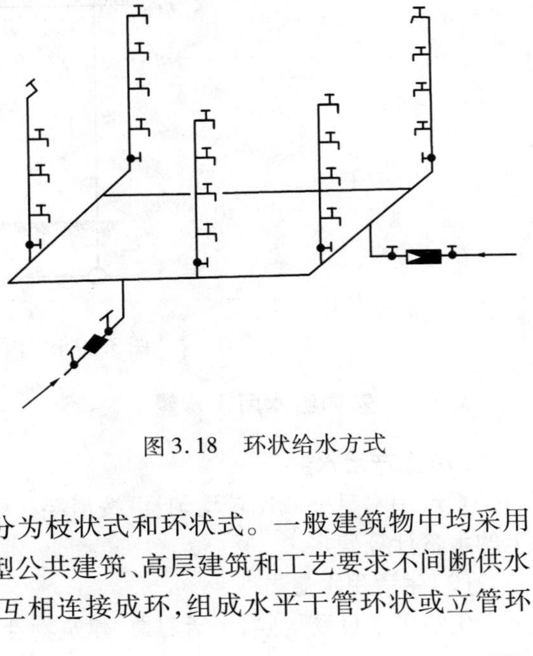

图 3.18　环状给水方式

(2)**根据供水可靠程度要求分**

按照用户对供水可靠程度要求不同,管网可分为枝状式和环状式。一般建筑物中均采用枝状式,只有在任何时间都不允许间断供水的大型公共建筑、高层建筑和工艺要求不间断供水的工业建筑常用环状式,由水平干管或配水立管互相连接成环,组成水平干管环状或立管环状。有两根引入管时,可将两根引入管与水平配水干管或配水立管相连通,组成贯通环状,如图3.18所示的水平干管环状式。

3.3 室内给水水压、水量以及加压和储存

建筑室内所需的水压、水量是选择给水方式以及给水系统中增压和水量储存调节设备的依据。

3.3.1 室内给水所需的压力

室内给水应保证各配水点在任何时间内所需的水量。满足各配水龙头和用水设备需要所规定的出水量即额定流量,所需的最小压力称流出水头。因此,室内给水系统所需水压,应保证管网中配水水压最不利点具有足够的流出水头,如图3.19所示。管网所需水压为:

$$H = H_1 + H_2 + H_3 + H_4 \tag{3.1}$$

式中 H——建筑内给水系统所需的水压,kPa 或 mH_2O;

H_1——引入管起点至最不利配水点位置高度所要求的静水压,kPa 或 mH_2O;

H_2——引入管起点至最不利配水点的给水管路,即计算管路的沿程与局部水头损失之和,kPa 或 mH_2O;

H_3——水流经水表时水头损失,kPa 或 mH_2O;

H_4——最不利配水点的龙头或用水设备所需的流出水头,kPa 或 mH_2O;见附录3.4。

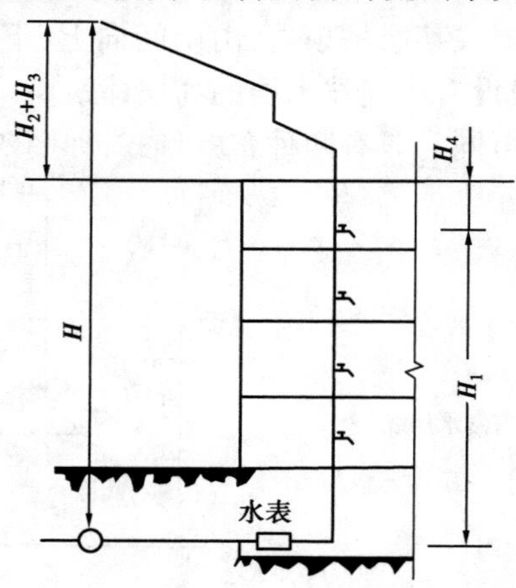

图3.19 室内给水系统所需压力图

3.3.2 室内给水所需水量

(1)生产用水量

生产用水量一般比较均匀,可按消耗在单位产品上的水量或单位时间内消耗在生产设备上的水量计算确定。

(2)生活用水量

生活用水量受气候、生活习惯、建筑物性质、卫生器具和用水设备的完善程度及水价等多

种因素影响，用水量不等。根据国家制订的用水定额、小时变化系数和用水单位数按下式计算：

最高日用水量：

$$Q_d = mq_d \tag{3.2}$$

最大小时用水量：

$$Q_h = \frac{Q_d}{T}K_h \tag{3.3}$$

式中　m——用水单位数，人或床位等；

q_d——最高日生活用水量定额，L/(人·d)或人/(床·d)；

T——建筑物的用水时间，h；

K_h——小时变化系数，为建筑物最高日、最大时用水量和平均时用水量的比值，其比值大小反映了用水不均匀程度的大小。

各类建筑的生活用水定额、小时变化系数见附录3.1—附录3.3。

(3)消防用水量

消防用水量大而集中，与建筑物的性质、规模、耐火等级和火灾危险程度等密切相关。消防用水量应按现行的有关消防规范确定。

3.3.3　室内给水系统的加压和储存

城市供水管网的水压通常只能满足大多数低层、多层建筑的用水压力要求，其他用水压力高的，可设置储水构筑物和增压设备解决。增压设备有水泵、高位水箱、气压装置等，储水构筑物通常为储水池。

(1)储水池

储水池是储存和调节水量的构筑物。储水池的有效容积与水源供水保证能力和用户要求有关，一般根据调节水量、消防储备水量和生产事故储备用水量确定。储水池的有效容积为：

$$V \geqslant (Q_b - Q_l)T_b + V_f + V_s \tag{3.4}$$
$$Q_l T_t \geqslant T_b(Q_b - Q_l)$$

式中　Q_b——水泵出水量，m^3/h；

Q_l——储水池进水量，m^3/h；

T_b——水泵最长连续运行时间，m^3/h；

T_t——水泵运行间隔时间，h；

V_f——火灾延续时间内，室内外消防用水总量，m^3；

V_s——生产事故备用水量，m^3。

当资料不足时，储水池的调节水量 $T_b(Q_b - Q_l)$ 不得小于建筑物日用量的20%～25%。如果储水池仅备生活(生产)调节水量，则水池有效容积可不计入 V_f 和 V_s。

生活储水池位置应远离化粪池、厕所、厨房等卫生环境不良的房间，可设在室外靠近泵房处，也可设在地下室内，为防止生活用水被污染，水池溢流口底标高应高出室外地坪100 mm，保持足够的空气隔断，保证在任何情况下污水不能通过入孔、溢流管等流入池内。储水池进、出水管的布置应使池内储水经常流动，防止滞流和死角，以免池水腐化变质。当储水池仅储存消防水量时，可兼作喷泉水池、水景镜池和游泳池(需有净水措施)。当生活(生产)、消防共用水池应在消防水位面上设有小孔,如图 3.20 所示,以确保消防储备水量不被动用,当水池包括室外消防水量时,应在室外设有供消防车取水用的取水口。

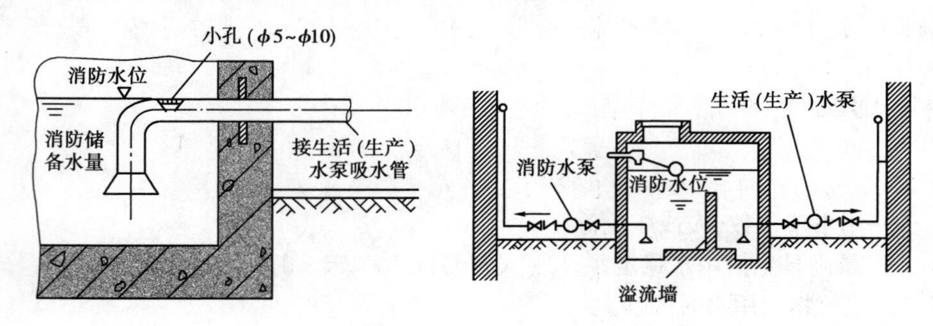

图 3.20　储水池中消防储水平时不被动用的措施

当室外管网能满足建筑物所需水量,但供水部门不允许水泵直接从室外管网抽水时,可设仅满足水泵吸水要求的吸水井。吸水井的有效容积不得小于最大一台水泵 3 min 的出水量,且满足吸水管的布置、安装、检修和水泵通常工作的要求,其最小尺寸如图 3.21 所示。

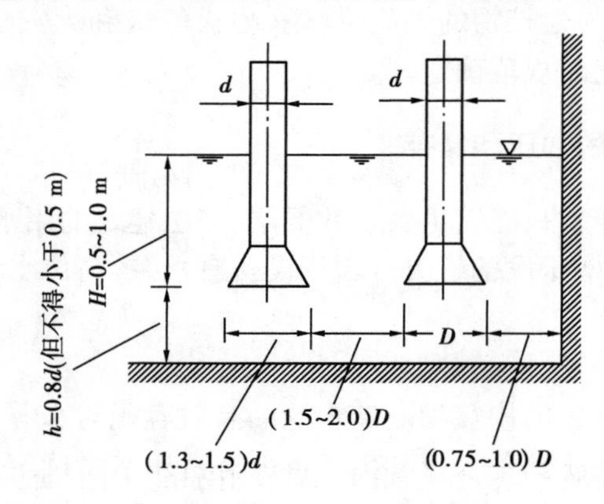

图 3.21　吸水管在吸池中布置的最小尺寸

(2)水泵

水泵是室内给水系统中主要的增压设备,而一般多采用离心泵和管道泵。

水泵常设在建筑的底层或地下室内,这样可以减小建筑负荷、振动和噪声,且便于水泵吸水。水泵的吸水方式有两种:一种是直接从室外管网上吸水,适用于外网供水量大,水泵直接吸水时不影响管网的工作情况。经供水部门同意,可采用由外网上直接抽水,这种方式可充分利用外网的压力,系统简单,并能保证水质不受污染;另一种是水池-水泵抽水方式,当外网不允许直接抽水时,可建造储水池储备所需的水量,水泵从池中抽水,送入室内管网。储水池存储生活用水和消防用水。供水可靠,对外网无影响。高层民用建筑、大型公共建筑及由城市管网供水的工业区企业,一般采用此方式,此方式的水池易受污染,需增加消毒设备。离心泵从水池吸水的工作方式有“吸入式”和“灌入式”两种。泵轴高于吸水面的称为“吸入式”;吸水池水面高于泵轴的称为“灌入式”,这种方式不仅可以省掉真空泵等抽气设备,而且也有利于水泵的运行管理。

1)水泵的流量

在生活(生产)给水系统中,无水箱时,水泵流量需满足系统高峰用水要求,故其流量均应以系统最大瞬时流量即设计秒流量确定。有水箱时,因水箱能起调节水量的作用,水泵流量可按最大时流量确定。若水箱容积较大或用水量较均匀,则水泵流量可按平均时流量确定。生活、生产消防共用水泵,在消防时其流量除保证消防用水量,还应保证生活、生产最大时流量。

2)水泵的扬程

①直接从配水管中吸水时,水泵所需总扬程(mH_2O 或 kPa):

$$H_p \geqslant Z + H_1 + H_2 + H_3 - H_0 \tag{3.5}$$

式中　Z——水泵的几何升水高度,即自连接引入管处给水管,给水管轴线至最不利配水点(或消火栓)间的垂直距离,m;

H_1——吸水管和压水管的总水头损失,mH_2O;

H_2——水表水头损失,mH_2O 或 kPa;

H_3——最不利配水点(或消火栓或水箱最高设计水位)处所需的流出水头,mH_2O;

H_0——室外供水水头(水压)即引入管连接点室外管网的最小压力,mH_2O。

②水泵从储水池抽水时,水泵所需总扬程为:

$$H_p \geqslant Z_1 + Z_2 + H_1 + H_3 (mH_2O \text{ 或 } kPa) \tag{3.6}$$

式中　Z_1——水泵吸水几何高度,即泵车至储水池供水面间的垂直距离,m;

Z_2——水泵压水几何高度,即泵轴至最不利配水点(或消火栓或水箱最高设计水位)间的垂直距离,m;

H_1、H_3——同上。

水泵机组一般设置在水泵房内。泵房布置见第2章2.4节。

水泵在工作时产生振动发生噪声,因此,水泵房的位置应远离要求防震和安静的房间(如精密器室、病房、教室等),必要时在相应位置上设隔振减噪装置,详见第12章12.4节。

(3)**水箱**

1)水箱的设置条件

水箱设置在建筑物的屋顶上,起着存储水、调节用水量变化和稳定管网压力的作用。当室外管网内水压对多层建筑所需的压力呈经常周期性不足时,在用水低峰时,水箱从室外管网直接进水;而高峰水压不足时,由水箱供给水压不足的楼层用水。当室外管网压力经常不能满足建筑供水要求时,可设置水泵和水箱联合供水系统,既可减小水箱容量,又可提高水泵运行效率。当高层、大型公共建筑中为确保用水安全或须储备一定的消防水量时,也需要设置水箱。室内给水系统需要保持恒定压力的情况下,可设置水箱定压。水箱是一种有效的供调节设备。但由于水箱需设置在屋顶的最高处,容量也相当大,增加了建筑高度和结构荷载,有碍美观,不利于抗震。

2)水箱的形状和材料

水箱的形状,有圆形、方形和矩形,也可根据需要设计成其他任意形状。圆形水箱结构合理,节省材料,造价较低,但有时布置不方便,占地较大。方形和矩形水箱布置方便,占地较小,但结构复杂,耗材料多,造价较高,球形玻璃钢水箱则美观大方。

水箱的材料采用金属(如钢板焊制,但需作防腐处理。有条件时也可用不锈钢板焊制)或非金属(如塑料、玻璃钢及钢筋混凝土等,较耐腐蚀性,在木材多处也可采用)。水箱的有效水深一般为0.7~2.5 m。

3)水箱的配管

水箱上一般设有下列配管,如图3.22所示。

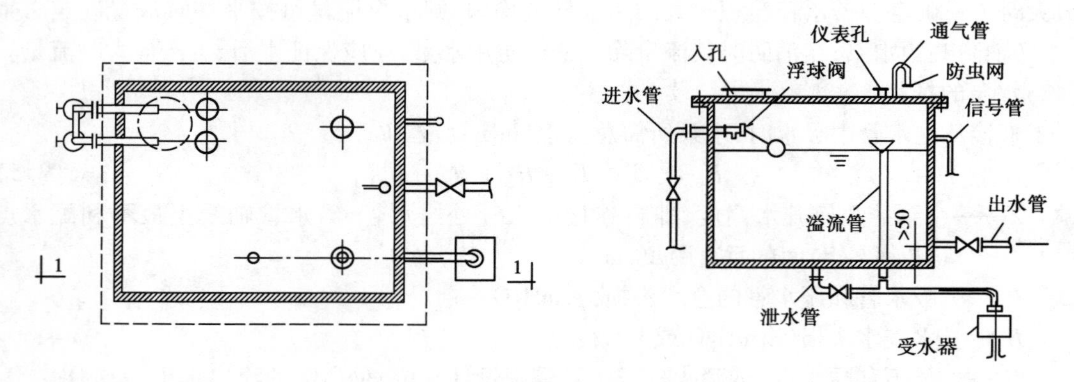

图3.22　水箱附件示意图

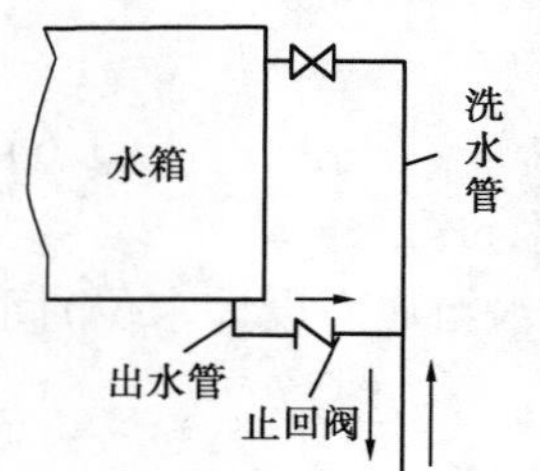

图3.23　水箱进出水管合用示意图

①进水管:当水箱利用室外给水管网压力进水时,为防止溢流,在进水管上应安装水位控制阀,如浮球阀、液压阀。进水管入口距箱盖的距离,应满足浮球阀的安装要求。当水箱由水泵供水,并采用控制水泵启闭的自动装置时,不需设水位控制阀。进水管管径可按水泵出水量或室内最大瞬时用水量即设计秒流量确定。

②出水管:由水箱侧壁或箱底接出,其管口上缘或入水口至水箱内底的距离应不小于50 mm,以防沉淀物流入配水管网。管径按设计秒流量确定。若进出水管合用一条管道,应在出水管上设止回阀,如图3.23所示。水箱进出管宜在水箱不同侧分别设置,以使水箱内的水经常流动,以免水质变坏。

③溢流管:管口设在水箱允许最高水位上,管径应按水箱最大流入量确定,一般比进水管大1~2号。溢流管上不得装设阀门,不得与排水管直接连接,必须采用间接排水,溢流管应设防止尘土、昆虫、蚊蝇等进入的滤网。

④泄水管:装在水箱底部,用以泄水。管径*DN* 40~50 mm,管上应设阀门,可与溢流连接后用同一管道排水,但不得与排水管道直接连接,泄水管上不应装截止阀。

⑤通气管:设在饮用水箱的密封盖上,管上不应设阀门,管口应朝下,并设防止尘土、昆虫、蚊蝇等进入的滤网,通气管径一般不小于50 mm。

⑥水箱信号装置:反映水位控制阀失灵信号装置,可采用自动液位信号计设在水箱内,也可在溢流管下10 mm处设信号管,直通值班室内的洗涤盆等处,其管径一般采用*DN* 15~20 mm。若需随时了解水箱水位,也可在水箱侧壁便于观察处,安装玻璃液位计。

(4)水箱的容积

水箱的有效容积应根据调节水量、生活和消防储备水量确定。调节水量应根据用水量和流入量的变化曲线确定,如无资料时,可估算。如水泵为自动启闭时,不得小于日用水的5%;如水泵为人工启闭时,不得小于日用量的12%;仅在夜间进入的水箱,生活用水储备量按用水人数和用水定额确定,一般按经验,水箱容积可取日用水的50%。消防储备水量应满足初期火灾消防用水量的要求,并应符合有关建筑消防规范的规定,消防储水量在平时不得被动用。

①由室外管网直接供水,其表达式为:

$$V = Q_L T_L \tag{3.7}$$

式中　V——水箱的有效容积,m^3;

Q_L——由水箱供水的最大连续平均小时用水量,m^3/h;

T_L——由水箱供水的最大连续时间,h。

②水泵自动启动供水,其表达式为:

$$V \geqslant C \cdot \frac{Q_b}{4n} \tag{3.8}$$

式中　V——同式(3.7);

Q_b——水泵出水量,m^3/h;

n——水泵1 h内启动次数,一般选4~8次;

C——安全系数,可在1.5~2.0内选用。

③由人工启动水泵供水,其表达式为:

$$V = \frac{Q_d}{n_b} - T_b Q_p \tag{3.9}$$

式中　V——同式(3.7);

Q_d——最高日用水量,m^3/d;

n_b——水泵每天启动次数,次/d;

T_b——水泵启动一次的最短运行时间,由设计确定,h;

Q_b——水泵运行时间 T_b 内的建筑平均时用水量,m^3/h。

(5)水箱的设置高度

高位水箱的设置高度,应按最不利处的配水管所需水压计算确定。水箱底出水管安装标高为:

$$Z_{箱} = Z_1 + H_2 + H_3 \tag{3.10}$$

式中　Z_1——最不利配水点标高,m;

H_2——水箱供水到最不利配水点计算管路总水头损失,mH_2O;

H_3——最不利配水点的流出水头,mH_2O。

对于储存有消防水的水箱,水箱安装高度难以满足顶部几层消防水压的要求时,需另行采取局部增压措施。

(6)水箱间

水箱一般设置在水箱间内,水箱间的位置应便于管道布置,尽量缩短管线长度,其安装间距见表3.1。水箱间应有良好的通风、采光和防蚊蝇措施,室内最低气温不得低于5 ℃。水箱间的承重结构应为非燃材料,水箱间的净高不得低于2.2 m,同时还应满足水箱布置要求。

表3.1　水箱之间及水箱与建筑结构之间的最小距离

给水水箱形式	箱外壁距墙面的净距/m		水箱之间的距离/m	箱底至建筑结构最低点的距离/m	入孔盖顶至房间顶板的距离/m	最低水位至水管上止回阀的距离/m
	有管道一侧	无管道一侧				
圆形	1.0	0.7	0.7	0.8	0.8	1.0
矩形	1.0	0.7	0.7	0.8	0.8	1.0

大型公共建筑中高层建筑为避免因水箱检修时停水，当水箱容积超过 5 m^3 时，宜分成两格或分设两个。水箱底距地面宜不小于 800 mm 的净距，以便安装管道和进行检修。

3.4 室内给水的配管方法

室内给水配管的计算是在绘出管道平面布置图和系统后进行的，包括各管段管径和给水系统所需的压力。

3.4.1 设计秒流量及管径

建筑内用水量因建筑性质、卫生设备情况、生活习惯不同，用水变化是不同的，用水人数越少，用水的不均匀性越大。为保证最不利时刻的最大用水量，给水管道设计流量应为建筑内的最大瞬间用水量即设计秒流量。

设计秒流量是根据建筑内的卫生器具类型、数量及同时使用情况确定的，不管建筑物的性质如何，室内用水总是通过配水龙头出水来体现的，但各种器具配水龙头的流量、出流特性各不相同，为简化计算，以污水盆上支管直径为 15 mm 的水龙头的额定流量 0.2 L/s 作为 1 个给水当量 N，其他各种卫生器具配水龙头的额定流量以此换算成相应的当量数，各种卫生器具的当量见附录 3.4。

(1)住宅建筑的生活给水管道的设计秒流量

住宅建筑的生活给水管道的设计秒流量按下列步骤和方法计算：

①根据住宅配置的卫生器具给水当量、使用人数、用水定额、使用时数及小时变化系数，计算出最大用水时卫生器具给水当量平均出流概率为：

$$U_0 = \frac{q_0 m K_h}{0.2 N_g T \times 3\,600} \times 100\% \tag{3.11}$$

式中 U_0——生活给水管道的最大用水时卫生器具给水当量平均出流概率，%；

q_0——最高用水日的用水定额，按附录 3.1 取用；

m——每户用水人数；

K_h——小时变化系数，按附录 3.1 取用；

N_g——每户设置的卫生器具给水当量数；

T——用水时数，h；

0.2——一个卫生器具给水当量的定额流量，L/s。

②根据设计管段上的卫生器具给水当量总数，计算得出该管段的卫生器具给水当量的同时出流概率为：

$$U = \frac{1 + \alpha_c (N_g - 1)^{0.49}}{\sqrt{N_g}} \times 100\% \tag{3.12}$$

式中 U——计算管段的卫生器具给水当量同时出流概率，%；

α_c——对应于不同 U_0 的系数，按表 3.2 选取；

N_g——计算管段的卫生器具给水当量数。

表3.2　给水管段卫生器具给水当量同时出流概率计算式 α_c 系数取值表

U_0/%	α_c
1.0	0.003 23
1.5	0.006 97
2.0	0.010 97
2.5	0.015 12
3.0	0.019 39
3.5	0.023 74
4.0	0.028 16
4.5	0.032 63
5.0	0.037 15
6.0	0.046 29
7.0	0.055 55
8.0	0.064 89

③根据计算管段上的卫生器具给水当量同时出流概率，计算得计算管段的设计秒流量为：

$$q_g = 0.2 \cdot U \cdot N_g \tag{3.13}$$

表3.3　根据建筑物用途而定的系数值（α 值）

建筑物名称	α 值
幼儿园、托儿所、养老院	1.2
门诊部、诊疗所	1.4
办公楼、商场	1.5
学校	1.8
医院、疗养院、休养所	2.0
集体宿舍、旅馆、招待所、宾馆	2.5
客运站、会展中心、公共厕所	3.0

④有两条或两条以上具有不同最大用水时卫生器具给水当量平均出流概率的给水支管的给水干管，该管段的最大卫生器具给水当量平均出流概率为：

$$\overline{U_0} = \frac{\sum U_{oi} N_{gi}}{\sum N_{gi}} \tag{3.14}$$

为了计算快速、方便，在计算出 U_0 后，可根据计算管段的 N_g 值从给水管段设计秒流量计算表，直接查《建筑给水排水设计规范（2009 版）》（GB 50015—2003）得给水设计秒流量 q_g，该表可用内插法。

(2)宿舍(Ⅰ,Ⅱ类)、旅馆、宾馆、酒店式公寓、医院、疗养院、幼儿园、养老院、办公楼、商场、图书馆、书店、客运站、航站楼、会展中心、中小学教学楼、公共厕所等

建筑的生活给水设计秒流量为:

$$q_g = 0.2\alpha \sqrt{N_g} \tag{3.15}$$

式中 q_g——计算管段的生活给水设计秒流量,L/s;

N_g——计算管段的卫生器具当量总数;

α——根据建筑物用途而定的系数,按表3.3选取。

(3)宿舍(Ⅲ,Ⅳ类)、工业企业生活间、公共浴室、职工食堂或营业餐馆的厨房、体育场馆、剧院、普通理化实验室等

建筑的生活给水管道设计秒流量计算公式为:

$$q_g = \frac{\sum q_0 n_0 b}{100} \tag{3.16}$$

式中 q_g——计算管段的生活给水设计秒流量,L/s;

q_0——同类型的一个卫生器具给水额定流量,L/s;

n_0——同类型卫生器具数量;

b——卫生器具的同时给水百分数,查附录3.5—附录3.7。

选用式(3.11)、式(3.13)、式(3.14)计算某管设计秒流量时,如计算值小于该管段上一个最大的卫生器具的给水额定流量时,则以此额定流量作为设计秒流量。

(4)确定管径

已知管段的设计秒流量之后,根据水力学公式 $q_g = F \cdot v\left(\text{对圆管 } q_g = \frac{\pi d^2}{4} \cdot v\right)$ 及流速控制范围可初步选定管径,其表达式为:

$$d = \sqrt{\frac{4q_g}{\pi v}} \tag{3.17}$$

式中 q_g——计算管段的设计秒流量,m^3/s;

d——计算管段的管径,m;

v——管段中的流速,m/s。

当管段的流量确定后,流速的大小将直接影响管道系统技术、经济的合理性。流速过大将引起水锤,产生噪声,损坏管道、附件,并将增加管道的水头损失,提高室内给水系统所需的压力,流速过小又将造成管材的浪费。考虑以上因素,室内给水系统的流速应符合下列规定:

①生活、生产给水管道内的水流速度不宜大于2.0 m/s;干管水流速度一般采用1.2~2.0 m/s;支管水流速度一般采用0.8~1.2 m/s。

②消防给水管道消火栓管道系统内水流速度不宜大于2.5 m/s。自动喷水灭火系统管道内水流速度宜大于5 m/s,但其配水支管的流速在个别情况下,不得大于10 m/s。

(5)给水管网水头损失的计算

给水管道的水头损失包括沿程水头损失和局部水头损失。

①沿程水头损失,其表达式为:

$$H_y = i \cdot L \tag{3.18}$$

式中 i——单位管长的沿程水头损失,kP_a/m;

L——管段长度，m。

式(3.15)和式(3.16)中，q_g，d，v，i4项中只要了解两项，即可求其他两项。计算中也可查《建筑给水排水设计手册》中的水力计算表。

②局部水头损失。局部水头损失是水流通过管道的连接件（如转弯、分支、闸阀等）产生的阻力损失。

$$h_m = \zeta \frac{v^2}{2g} \tag{3.19}$$

$$H_m = \sum \zeta \frac{v^2}{2g} \tag{3.20}$$

式中　h_m——水流通过配件局部阻力损失，m；

v——水流速度，m/s；

ζ——配件局部阻力系数，详细计算可查有关表格。通常情况下，为了简化计算，管道的局部水头损失之和一般可根据经验采用沿程水头损失的百分数进行估计。不同用途的室内给水管网，其局部水头损失占沿程水头损失的百分数如下：

生活给水管网　　25%～30%；

生产给水管网　　20%；

消防给水管网　　10%；

自动喷淋给水管网　　20%；

生活与消防共用的给水管网　　25%；

生活、生产与消防共用的　　20%；

3.4.2　室内管网的计算和步骤

①根据建筑平面和初定的给水方式，绘出给水系统管道平面布置图及系统图。

②选择最不利点，确定计算管路，在计算管路上进行节点编号。

③从最不利点开始，在流量变化的节点处由小到大顺序编号，将计算管路划分成计算管段，并确定各计算管段的长度。

④按建筑物性质选用设计秒流量公式计算各段管段的设计秒流量。

⑤用设计秒流量及适当的流速，查《建筑给水排水设计手册》中的有关给水管道水力计算表，求得管段的管径和水力坡降。

⑥以管段长度乘以水力坡降算出管段的沿程损失值，计算至引入管并将各管段的水头损失值相加，求得计算管路的水头损失 H_2，若管路中设置水表则应算出水表的水头的损失。

⑦计算最不利点至城市管网的标高差。

⑧用式(3.1)计算给水管网所需的压力 H 值。

⑨将计算出的 H 与城市配水管网 H_0 相比较，若 $H_0 \geqslant H$，即所计算得到的管网能满足建筑的供水要求；若 $H > H_0$ 很多时，则需考虑升压设备供水。

3.4.3　实例

【例3.1】　某集体宿舍楼4层，设有卫生间及盥洗间，其卫生器具平面布置如图3.24所示。已知城市自来水满足该楼水量要求，最小水压力0.20 MPa(20 mH_2O)，试配管。

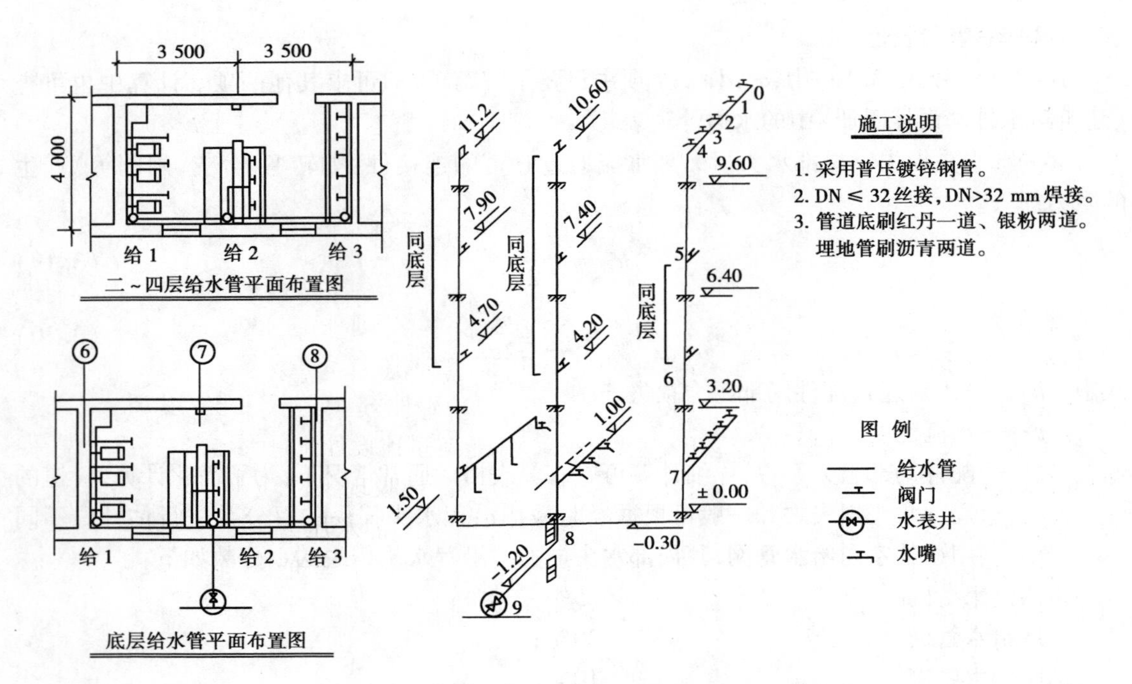

图 3.24　某集体宿舍室内给水平面布置图及给水系统图

【解】　(1)按照设计步骤与方法选定给水方式、进行管道平面布置，并绘出给水系统图，如图 3.24 所示。

(2)根据建筑卫生器具设置情况，由表 3.3 查得 α 为 2.5，利用式(3.13)计算管段的设计流量 q，进行水力计算，查水力计算表得到 DN，v 及 i。

(3)配管水力计算，计算成果见表 3.4。

表 3.4　室内给水配管水力计算成果

计算管段编号	管段长 L /m	卫生器具种类、数量、当量数				当量总数	设计秒流量 /(L·s^{-1})	DN /mm	i /(mm·m^{-1})	iL /mm	v /(m·s^{-1})
		盥洗槽水龙头	多孔管 /m	大便器自闭式冲洗阀	污水池水嘴						
1	2	3	4	5	6	7	8	9	10	11	12
0～1	0.8	1/0.8				0.8	取 0.16	15	234	187	0.95
1～2	0.8	2/1.6				1.6	取 0.32	20	180	144	1.10
2～3	0.8	3/2.4				2.4	0.80	25	279	223	1.51
3～4	0.8	4/3.2				3.2	0.90	32	78.7	63	0.95
4～5	4.2	5/4.0				4.0	1.00	32	95.7	402	1.05
5～6	3.2	10/8				8.0	1.40	40	88.4	283	1.11
6～7	3.2	15/12				12.0	1.80	50	37.8	121	0.85
7～8	4.8	20/16				16.0	2.00	50	46.0	221	0.94
8～9	3.3	32/25.6	10/2.5	12/72	4/4	104.1	5.10	80	32	106	1.02

注：1. 各管段管长乘水力坡降得管段水头损失，表中 $\sum iL$ = 1 750 mm = 1.80 m 。

2. 立管给 1、给 2 的横支管可按流速为 0.8～1.0 m/s 确定管径，成果略。

(4)**室内总水压**

$$H_{需} = (1.2 + 10.6)\text{m} + 1.8 \times 1.3\ \text{m} + 5.0 = 19.1\ \text{m} < H_{供}(20\ \text{mH}_2\text{O})$$

考虑到大便器自闭冲洗阀,其所需工作水压较大,故配管水力计算不再进行调整。

3.5　高层建筑给水系统

高层建筑层数多,建筑高度高,若采用同一给水系统供水,则垂直方向管线过长,低层管道中静水压力过大,会带来以下弊端:需要采用耐高压的管材、附件和配水器材,费用高;启闭水嘴、阀门易产生水锤,不但会引起噪声,还可能损坏管道、附件,造成漏水;开启水嘴水流喷溅,既浪费水量,又影响使用;下层龙头的流出水头过大,出流量比设计流量大得多,使管道内流速增加,以致产生流水噪声、振动,并可使顶层龙头产生负压抽吸现象,形成回流污染。因此,高层建筑给水应竖向分区,分区后各区最低卫生器具配水点的静水压力应不小于其工作压力。住宅、旅馆、医院宜为0.30~0.35 MPa,办公楼因卫生器具较以上建筑少,且使用不频繁,故卫生器具配水点装置处的静水压力可略高些,宜为0.35~0.45 MPa。

高层建筑给水系统竖向分区的基本形式有以下3种:

3.5.1　并联给水方式

如图3.25所示,这种方式是在各分区内独立设置水箱和水泵,且水泵集中设置在建筑底层或地下室,分别向各区供水。这种供水方式的优点是:各区是独立给水系统,互不影响,某区发生事故,不影响全局,供水安全可靠,集中布置,维护管理方便,能源消耗小。其缺点是:水泵出水高压线长,投资费用增加;分区水箱占建筑楼层若干面积,给建筑房间布置带来困难,减少房间面积,影响经济效益。

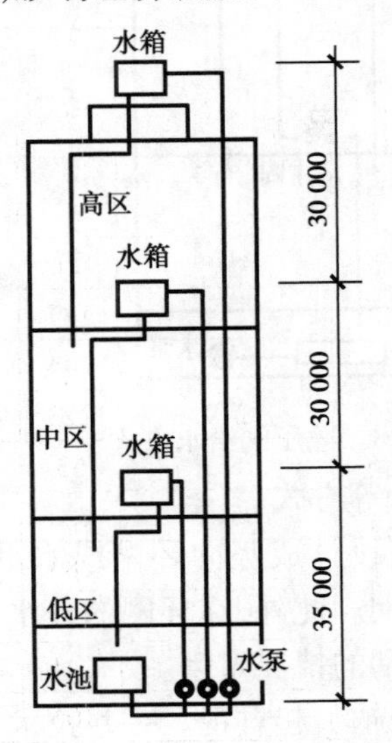

图3.25　并联给水方式

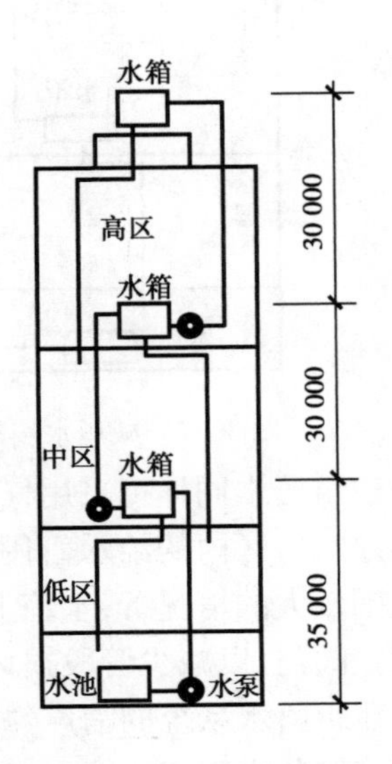

图3.26　串联给水方式

3.5.2　串联给水方式

高位水箱串联供水方式为水泵分散设置在各区的设备层中,自下区水箱抽水供上区用水,如图3.26所示。这种供水方式的优点是:设备与管道较简单,投资较节约,能源消耗较少。其缺点是:水泵分散设置,连同水箱所占设备层面积较大;水泵设在设备层,防震隔音要求高;水泵分散,管理维护不便;若下区发生事故,其上部数区供水受影响,供水可靠性差。

3.5.3　减压给水方式

由图3.27可知,整个高层建筑的用水由设置在泵房内的水泵抽升到最高处水箱,再逐级向下一区的高位水箱给水,形成减压水箱串联给水系统。这种供水方式优点是:水泵管理简单(水泵仅两台,一用一备),水泵及管路的投资较省,水泵占地面积小。其缺点是:设置在最高层的水箱总容积大,增加了结构负荷,而且起转输作用的管道管径也将加大,水泵向高位水箱供水,然后逐渐减压供水,增加中、低压区常年能耗,提高了运行成本,且不能保证供水的安全可靠,若上面任一区管道和水箱等设备出问题便影响下面的各区供水。

如图3.28所示为减压给水的另一种方式,各区的减压水箱由减压阀代替。这种供水方式的最大优点是减压阀不占楼层房间面积,提高了建筑面积的利用率(无水箱),是我国目前实际工程中采用较多的一种方式。

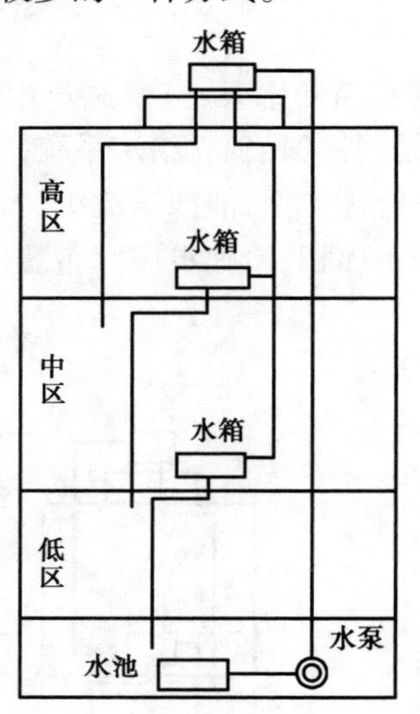

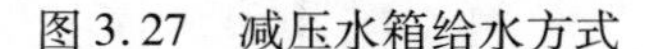
图3.27　减压水箱给水方式

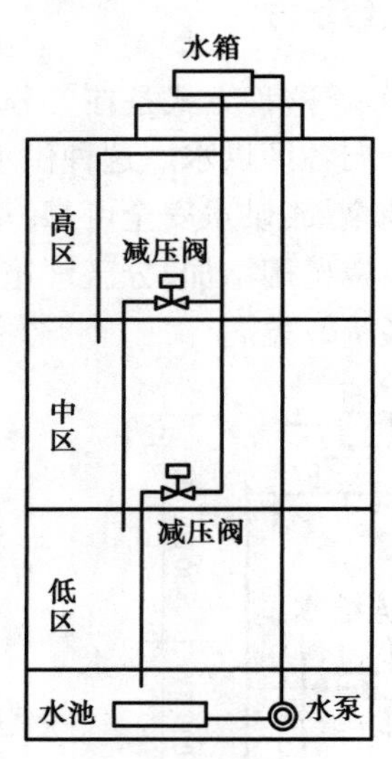

图3.28　减压阀给水方式

高层建筑给水同样可采用气压给水及无水箱的变频供水等方式。

高层建筑每区内的给水管网,根据供水之安全要求程度设计成竖向环网或水平向环网。在供水范围较大的情况下,水箱上可设置两条出水管接到环网。此外,在环网的分水节点处适当位置设置阀门,以减少管段损坏或维修时停水影响供水范围的情况发生。

高层建筑给水系统的消声、减振、防水锤等技术问题越来越引起重视。一些技术措施也不断成熟。该部分内容将在第12章2.4节中讲解。

3.6 建筑消防给水类别、组成及设置

3.6.1 室内建筑消防给水系统的类别

民用建筑根据其建筑高度和层数可分为单层、多层民用建筑和高层民用建筑。高层民用建筑根据其建筑高度、使用功能和楼层的建筑面积可分为一类和二类。民用建筑的分类应符合表3.5的规定。

表3.5 民用建筑的分类

名 称	高层民用建筑		单层、多层民用建筑
	一类	二类	
住宅建筑	建筑高度大于54 m的住宅建筑(包括设置商业服务网点的住宅建筑)	建筑高度大于27 m,但不大于54 m的住宅建筑(包括设置商业服务网点的住宅建筑)	建筑高度不大于27 m的住宅建筑(包括设置商业服务网点的住宅建筑)
公共建筑	1. 建筑高度大于50 m的公共建筑 2. 建筑高度大于24 m以上部分任一楼层建筑面积大于1 000 m^2 的商店、展览、电信、邮政、财贸金融建筑和其他多种功能组合的建筑 3. 医疗建筑、重要公共建筑 4. 省级及以上的广播电视和防灾指挥调度建筑、网局级和省级电力调度建筑 5. 藏书超过100万册的图书馆书库	除一类高层公共建筑外的其他高层公共建筑	1. 建筑高度大于24 m的单层公共建筑 2. 建筑高度不大于24 m的其他公共建筑

(1)建筑消防给水的分类方法

①按我国目前消防登高设备的工作高度和消防车的供水能力分:有低层建筑消防给水系统和高层建筑消防给水系统。

②按消防给水系统的救火方式分:有消火栓给水系统和自动喷水灭火系统等。

消火栓给水系统由水枪喷水灭火,系统简单,工程造价低,是我国目前各类建筑普遍采用的消防给水系统。自动喷水灭火系统由喷头喷水灭火,该系统自动喷水并发出报警信号,灭火、控火成功率高,是当今世界上广泛采用的固定灭火设施,但因工程造价高,目前我国主要用于建筑内消防要求高、火灾危险性大的场所。

③按消防给水压力分:有高压、临时高压和低压消防给水系统。

④按消防给水系统的供水范围分:有独立消防给水系统和区域集中消防给水系统。

(2)室内消防水压

①消火栓水枪充实水柱的长度不应小于7 mH_2O,但甲、乙类厂房和超过6层的民用建筑、

超过 4 层的厂房和库房内,水枪的充实水柱长度不应小于 10 mH_2O。

②消火栓栓口静水压力不应超过 80 mH_2O。如有超过则应采取分区给水系统,消火栓栓口处出水压力超过 50 mH_2O 时,应有减压设施。

3.6.2 消火栓系统的组成及设置

消火栓系统由水枪、水龙带、消火栓、消防管道和水源等组成。当室外管网不能升压或不能满足室内消防水量、水压要求时,还应设置升压储水设备。

根据我国《建筑设计防火规范》(GB 50016—2014)、《人民防空工程设计防火规范》(GB 50098—2009)和《停车库、修车库、停车场设计防火规范》(GB 50067—2014)的规定,下列建筑应设置室内消火栓给水系统:

(1)单层、多层民用建筑、高层民用建筑

①建筑占地面积大于 300 m^2 的厂房和仓库。

②高层公共建筑和建筑高度大于 21 m 的住宅建筑。(注:建筑高度不大于 27 m 的住宅建筑,设置室内消火栓系统确有困难时,可只设置干式消防塑管和不带消火栓箱的 *DN* 65 的室内消火栓。)

③体积大于 5 000 m^3 的车站、码头、机场的候车(船、机)建筑、展览建筑、商店建筑、旅馆建筑、医疗建筑和图书馆建筑等单层、多层建筑。

④特等、甲等剧场,超过 800 个座位的其他等级的剧场和电影院等以及超过 1 200 个座位的礼堂、体育馆等单层、多层建筑。

⑤建筑高度大于 15 m 或体积大于 10 000 m^3 的办公建筑、教学建筑和其他单层、多层民用建筑。

⑥国家级文物保护单位的重点砖木或木结构的古建筑,宜设置室内消火栓系统。

⑦人员密集的公共建筑、建筑高度大于 100 m 的建筑和建筑面积大于 200 m^2 的商业服务网点内应设置消防软管卷盘或轻便消防水龙。高层住宅建筑的户内宜配置轻便消防水龙。

下列建筑或场所,可不设置室内消火栓系统,但宜设置消防软管卷盘或轻便消防水龙:

a. 耐火等级为一、二级且可燃物较少的单层、多层丁、戊类厂房(仓库)。

b. 耐火等级为三、四级且建筑体积不大于 3 000 m^3 的丁类厂房;耐火等级为三、四级且建筑体积不大于 5 000 m^3 戊类厂房(仓库)。

c. 粮食仓库、金库、远离城镇且无人值班的独立建筑。

d. 存有与水接触能引起燃烧爆炸的物品的建筑。

e. 室内无生产、生活给水管道,室外消防用水取自储水池且建筑体积不大于 5 000 m^3 的其他建筑。

其中,高层建筑的防火设计应立足自防自救,因此,消火栓系统是其不可缺少的一部分。建筑高度大于 250 m 的建筑,其防火设计应提交国家消防主管部门组织专题研究、论证。

(2)人防建筑

①建筑面积大于 300 m^2 的人防工程。

②电影院、礼堂、消防电梯前室和避难走道。

(3)停车库、修车库

防火设计中根据其规模考虑设置消火栓系统和其他灭火系统。

3.6.3 自动喷水消防给水系统的设置及组成和分类

(1)自动喷水灭火系统的设置

除《建筑设计防火规范》(GB 50016—2014)另有规定和不宜用水保护或灭火的场所外,下列部位应设置自动喷水灭火系统:

1)下列厂房或生产部位

①不小于50 000纱锭的棉纺厂的开包、清花车间,不小于5 000纱锭的麻纺厂的分级、梳麻车间,火柴厂的烤梗、筛选部位。

②泡沫塑料厂的预发、成型、切片、压花部位。

③占地面积大于1 500 m^{2}的木器厂房。

④占地面积大于1 500 m^{2}或总建筑面积大于3 000 m^{2}的单层、多层制鞋、制衣、玩具及电子等类似生产的厂房。

⑤高层乙、丙类厂房。

⑥建筑面积大于500 m^{2}的地下或半地下丙类厂房。

2)下列仓库

①每座占地面积大于1 000 m^{2}的棉、毛、丝、麻、化纤、毛皮及其制品的仓库。(注:单层占地面积不大于2 000 m^{2}的棉花库房,可不设置自动喷水灭火系统。)

②每座占地面积大于600 m^{2}的火柴仓库。

③邮政建筑内建筑面积大于500 m^{2}的空邮袋库。

④可燃、难燃物品的高架仓库和高层仓库。

⑤设计温度高于0 ℃的高架冷库,设计温度高于0 ℃且每个防火分区建筑面积大于1 500 m^{2}的非高架冷库。

⑥总建筑面积大于500 m^{2}的可燃物品地下仓库。

⑦每座占地面积大于1 500 m^{2}或总建筑面积大于3 000 m^{2}的其他单层或多层丙类物品仓库。

3)下列高层民用建筑或场所

①一类高层公共建筑(除游泳池、溜冰场外)及其地下、半地下室。

②二类高层公共建筑及其地下、半地下室的公共活动用房、走道、办公室和旅馆的客房、可燃物品库房、自动扶梯底部。

③高层民用建筑内的歌舞娱乐放映游艺场所。

④建筑高度大于100 m的住宅建筑。

4)下列单层、多层民用建筑或场所

①特等、甲等剧场,超过1 500个座位的其他等级的剧场,超过2 000个座位的会堂或礼堂,超过3 000个座位的体育馆,超过5 000人的体育场的室内人员休息室与器材间等。

②任一层建筑面积大于1 500 m^{2}或总建筑面积大于3 000 m^{2}的展览、商店、餐饮和旅馆建筑以及医院中同样建筑规模的病房楼、门诊楼和手术部。

③设置送回风道(管)的集中空气调节系统且总建筑面积大于3 000 m^{2}的办公建筑等。

④藏书量超过50万册的图书馆。

⑤大、中型幼儿园,总建筑面积大于500 m^{2}的老年人建筑。

⑥总建筑面积大于500 m^2 的地下或半地下商店。

⑦设置在地下或半地下或地上四层及以上楼层的歌舞娱乐放映游艺场所(除游泳场所外),设置在首层、二层和三层且任一层建筑面积大于300 m^2 的地上歌舞娱乐放映游艺场所(除游泳场所外)。

5)展览厅、观众厅和丙类生产车间、库房等高大空间场所

根据本规范要求难以设置自动喷水灭火系统的展览厅、观众厅等人员密集的场所和丙类生产车间、库房等高大空间场所,应设置其他自动灭火系统,并宜采用固定消防灭火系统。

6)汽车库、修车库、停车场

根据《汽车库、修车库、停车场设计防火规范》(GB 50067—2014)年版规定,Ⅰ,Ⅱ,Ⅲ类地上汽车库;停车数超过10辆的地下、半地下汽车库,机械式立体汽车库;采用汽车专用升降梯作汽车疏散出口的汽车库;Ⅰ类修车库。均应设自动喷水灭火系统。

(2)自动喷水消防给水系统的分类和组成

自动喷水灭火系统根据适用范围不同,可分为以下6类:

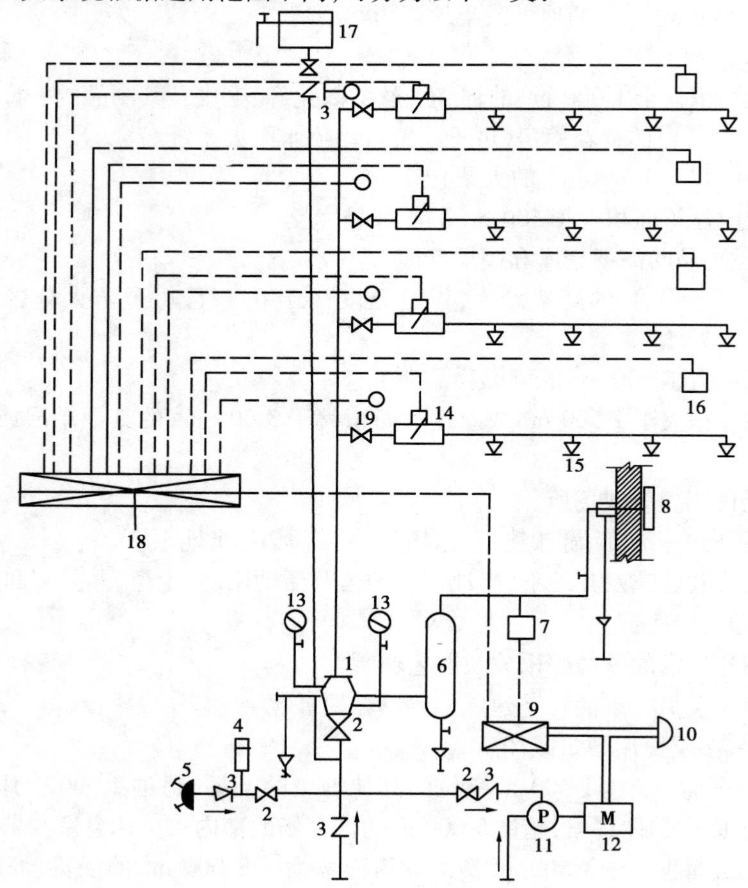

图3.29 湿式自动喷水灭火系统

1—湿式报警阀;2—闸阀;3—止回阀;4—安全阀;5—消防水泵接合器;6—延迟器;7—压力开关(压力继电器);8—水力警铃;9—自控箱;10—按钮;11—水泵;12—电机;13—压力表;14—水流指示器;15—闭式喷头;16—感烟探测器;17—高位水箱;18—火灾控制台;19—报警按钮

1)湿式自动喷水灭火系统

由闭式喷头、湿式报警阀、报警装置、管道系统和供水设施等组成,如图3.29所示。正常情况下报警阀前后管道内充满压力水,发生火灾时,喷头受热自动打开喷水。该系统灭火速度快,施工管理方便,适于室温4~70 ℃的场所。

2)干式自动喷水灭火系统

由闭式喷头、干式报警阀、报警装置、管道系统、充气设备和供水设施等组成,如图3.30所示。该系统在报警阀后的管道内充有有压气体,报警阀前管道内充满压力水。当发生火灾喷头开启时,先排出管路中的压缩空气,随之水进入管网,经喷头流出。该系统不受低温和高温的影响,适于室温小于4 ℃及大于70 ℃的建筑物或构筑物。但灭火时喷头受热打开后要先排气才喷水,喷水速度较慢,不宜用于易燃物燃烧速度快的场所。

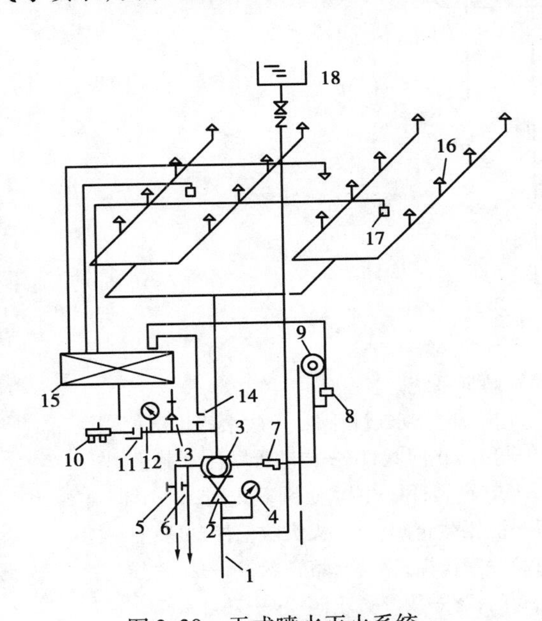

图3.30 干式喷水灭火系统

1—供水管;2—总闸阀;3—干式报警阀;
4—供水压力表;5—试验用截止阀;
6—排水截止阀;7—过滤器;8—报警压力开关;
9—水力警铃;10—空压机;11—止回阀;
12—低系统气压表;13—安全阀;
14—压力控制器;15—火灾收信机;16—闭式喷头;
17—火灾报警装置;18—来自水箱

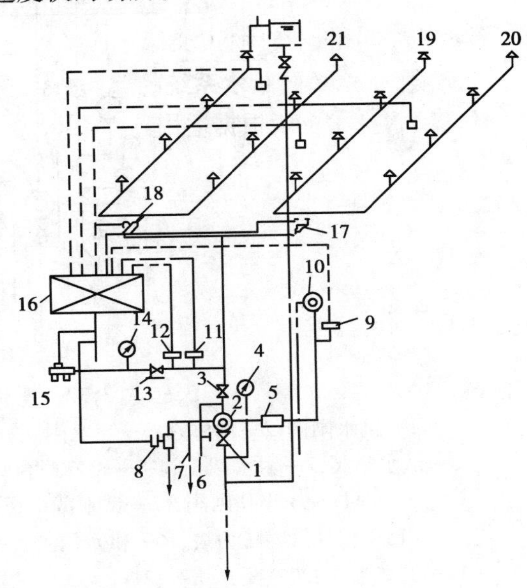

图3.31 预作用喷水灭火系统

1—供水闸阀;2—预作用阀;3—出水闸阀;
4—供水压力表;5—过滤器;6—试水截止阀;
7—手动开启截止阀;8—电磁阀;9—报警压力开关;
10—水力警铃;11—空压机开停信号开关;
12—低气压报警开关;13—止回阀;14—空气压力表;
15—空压机;16—火灾收信控制器;
17,18—区域水流指示器;19—火灾探测器;
20—闭式喷头;21—来自水箱

3)预作用系统

由火灾探测系统、闭式喷头、预作用阀、报警装置、管道系统和供水设施组成,如图3.31所示。正常时预作用阀后安装喷头的配管内充以有压或无压气体,发生火灾时,火灾探测系统自动开启作用阀,压力水迅速充满管道,喷头受热后即打开喷水。该系统具有湿式和干式系统的长处,设置温度不受限制,并适用于不允许因误喷而造成水渍损失的建筑。

4)雨淋系统

由火灾探测系统、开式喷头、雨淋阀、报警装置、管道系统和供水设施等组成。

如图 3.32 所示。发生火灾时由火灾报警装置自动开启雨淋阀,使喷头迅速喷水。适用于火灾危险性大,火势蔓延快的场所。

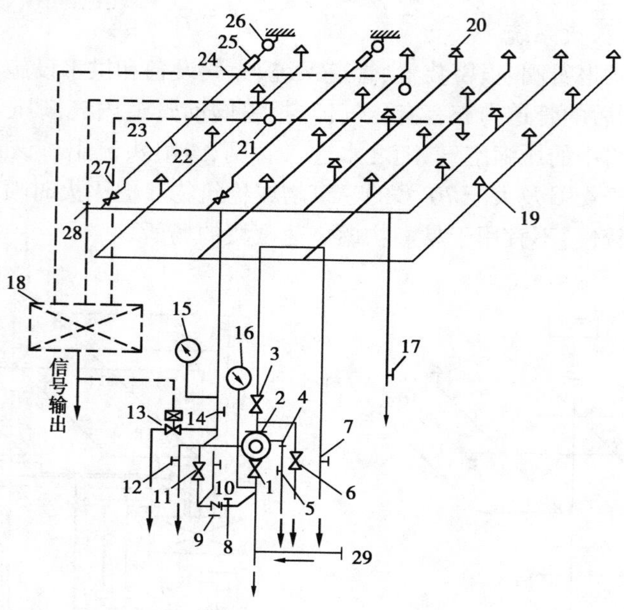

图 3.32　自动喷水雨淋系统

1—供水闸阀;2—雨淋阀;3—出水闸阀;4—雨淋管网充水截止阀;5—放水截止阀;6—试水闸阀;7—溢水截止阀;8—检修截止阀;9—稳压止回阀;10—传动管网注水截止阀;11—$\phi3$ 小孔闸阀;12—试水截止阀;13—电磁阀;14—传动管网截止阀;15—传动管网压力表;16—供水压力表;17—泄压截止阀;18—火灾收信控制器;19—开式喷头;20—闭式喷头;21—火灾探测器;22—钢丝绳;23—易熔锁封;24—拉紧弹簧;25—拉紧连接器;26—固定挂钩;27—传动阀门;28—放气截止阀;29—来自水箱

5)水幕系统

由开式水幕喷头、控制阀、管道系统、供水设施及火灾探测和报警系统等组成,如图 3.33 所示。该系统不能直接扑灭火灾,主要起冷却和防火、阻火作用。适用于建筑内需要保护和防火隔断的部位。

6)水喷雾系统

由喷雾喷头、雨淋阀、管道系统、供水设施及火灾探测和报警系统等组成。该系统工作程序同雨淋系统。喷头喷出的水雾对燃烧物能起冷却系统窒息作用,对燃烧的油类及水溶性液体能起乳化和稀释作用,同时水雾绝缘性强,适用于存放或使用易燃体和电器设备的场所。该系统灭火效果好,用水量少,水渍损失也小。

以上系统根据采用开式与闭式喷头的区别,又可分为开式自动喷水灭火系统和闭式自动喷水灭火系统。

自动喷水灭火系统,灭火效率高,安全可靠,是一种较好的防火系统,适用范围广,在大型建筑、高级重要建筑、百货商店、仓库等内发挥了良好的灭火效果,在国内外都获得较为广泛的应有。

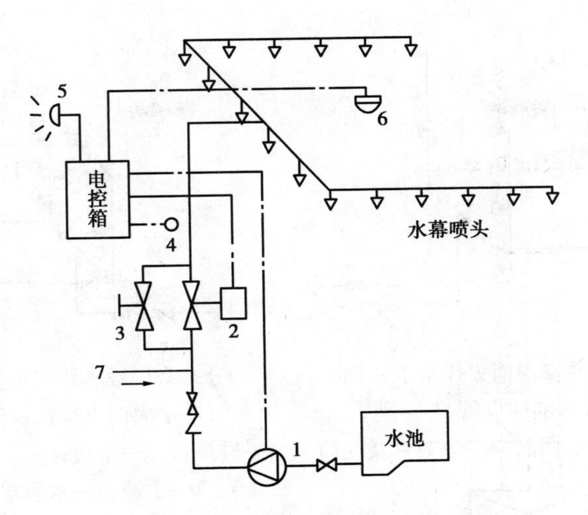

图3.33　电动控制水幕系统图
1—水泵;2—电动阀;3—手动阀;4—电按钮;
5—电铃;6—火灾探测器;7—来自水箱

3.7　建筑消防给水方式及配管方法

3.7.1　建筑消防给水方式

(1)低层建筑

根据建筑物高度、室外管网压力、流量和室内消防流量、水压等要求,室内消防给水方式可分为3类:

1)无加压泵和水箱的室内消火栓给水系统

如图3.34所示,这种给水方式常用在建筑物不太高,室外给水管网的压力和流量完全能满足室内最不利点消火栓的设计水压和流量时采用。

2)设有水箱的室内消火栓给水系统

如图3.35所示,这种给水方式常用在水压变化较大的城市或居住区,当生活、生产用水量达到最大时,室外管网不能保证室内最不利点消火栓的压力和流量,而当生活、生产用水量较小时,室外管网的压力较大,能保证各消火栓的供水并能向高位水箱补水。因此,常设水箱调节生活、生产用水量,同时水箱中储存10 min的消防用水量。

3)设置消防泵和水箱的室内消火栓给水系统

室外管网压力经常不能满足室内消火栓给水系统的水量和水压要求时,宜设置水泵和水箱,如图3.36所示。消防水泵应保证供应生活、生产、消防用水的最大秒流量,并应满足室内管网最不利点消火栓的水压。同时水箱应储存10 min的消防用水量。水箱中的消防用水必须采用不被动用的措施,以保证消防用水量。屋顶水箱的消火栓出水管上应设置止回阀,当发生火灾后,使消防水泵供给的消防用水,不会进入屋顶水箱。

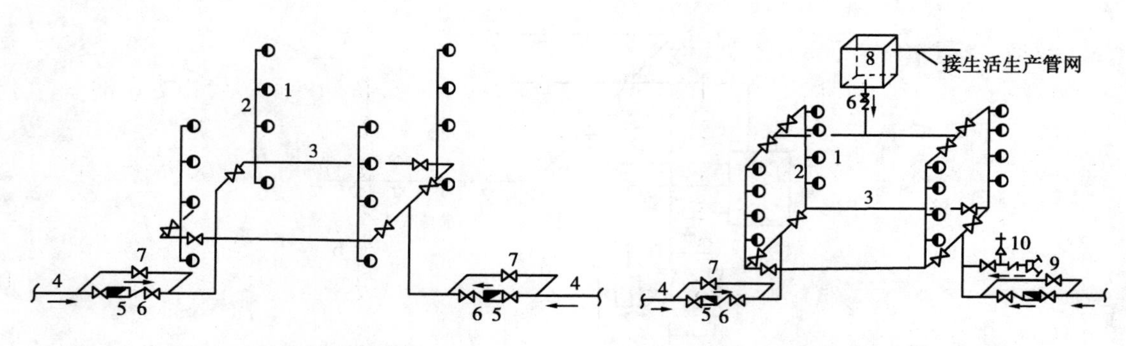

图 3.34 无加压水箱的室内消火栓给水系统

1—室内消火栓;2—室内消防立管;3—干管;
4—进户管;5—水表;6—止回阀;7—旁通管及阀门

图 3.35 设有水箱的室内消火栓给水系统

1—室内消火栓;2—消防立管;3—干管;
4—进户管;5—水表;6—止回阀;7—旁通管及阀门;
8—水箱;9—水泵接合器;10—安全阀

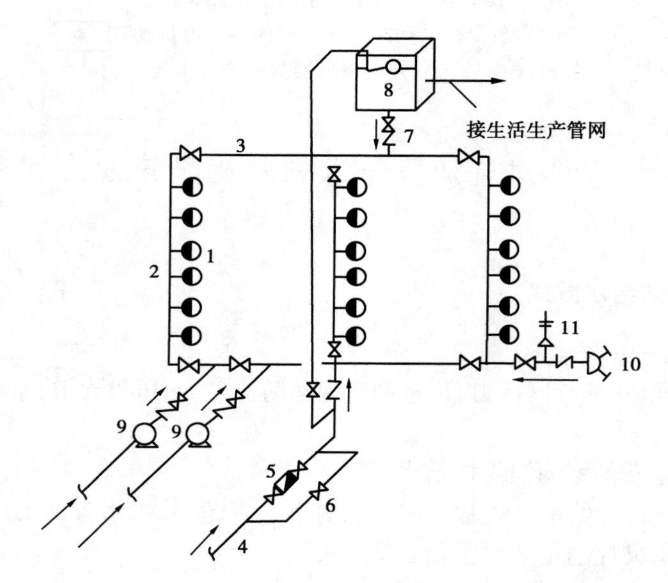

图 3.36 设有消防泵和水箱的室内消火栓给水系统

1—室内消火栓;2—消防立管;3—干管;4—进户管;5—水表;
6—旁通管及阀门;7—止回阀;8—水箱;9—水泵;10—水泵接合器;11—安全阀

(2)高层建筑

1)不分区的室内消火栓给水系统

如图 3.37 所示,这种系统属于临时高压消防给水系统,平时管网中的水压由高位水箱提供,压力不足时,可设补压设备,水箱中储存 10 min 的消防用水量,发生火情时靠水泵供水。这种系统不作竖向分区,只适用于消防泵至屋顶高位水箱的几何高差小于 80 m 的建筑。

2)分区给水的室内消火栓给水系统

如图 3.38 所示。当建筑高度大,消火栓系统的最大静水压力超过 0.8 MPa 时,应采用分区消防系统,使每个消防区内的最高静水压不超过 0.8 MPa。

(3)**消防水箱**

临时高压消防给水系统的高位消防水箱的有效容积应满足初期火灾消防用水量的要求，并应符合下列规定：一类高层公共建筑，不应小于36 m^3，但当建筑高度大于100 m时，不应小于50 m^3，当建筑高度大于150 m时，不应小于100 m^3；多层公共建筑、二类高层公共建筑和一类高层住宅，不应小于18 m^3，当一类高层住宅建筑高度超过100 m时，不应小于36 m^3；二类高层住宅，不应小于12 m^3；建筑高度大于21 m的住宅，不应小于6 m^3；工业建筑室内消防给水设计流量小于或等于25 L/s时，不应大于18 m^3；总建筑面积大于10 000 m^2 且小于30 000 m^2 的商店，不应小于50 m^3。

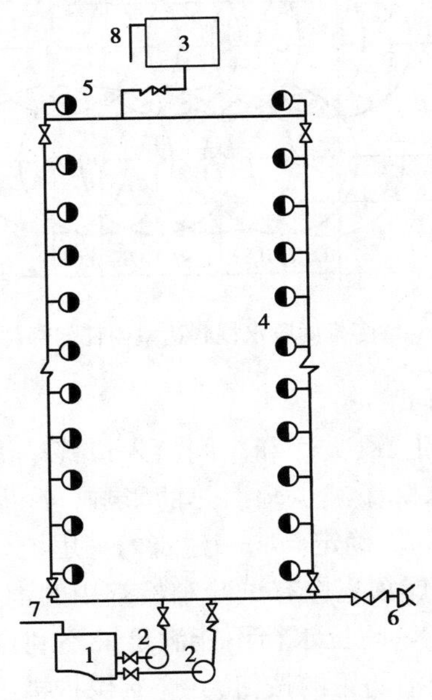

图3.37 不分区消防供水方式

1—水池；2—消防水泵；3—水箱；4—消火栓；
5—试验消火栓；6—水泵结合器；
7—水池进水管；8—水箱进水管

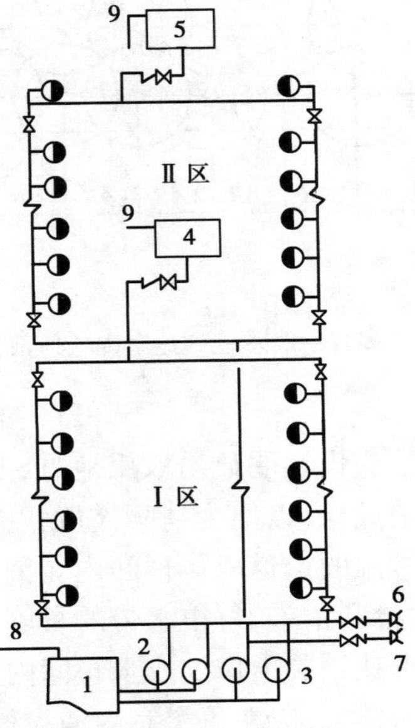

图3.38 分区消防供水方式

1—水池；2—Ⅰ区消防水泵；3—Ⅱ区消防水泵；
4—Ⅰ区水箱；5—Ⅱ区水箱；6—Ⅰ区水泵接合器；
7—Ⅱ区水泵结合器；8—水池进水管；9—水箱进水管

3.7.2 消火栓给水系统的布置

消火栓布置间距，有如图3.39所示的4种方式。

设置消火栓给水系统的建筑各层均设消火栓，并保证有两支水枪的充实水柱同时到达室内任何部位。只有建筑高度小于或等于24 m，且体积小于或等于5 000 m^3 的库房，可采用1支水枪的充实水柱到达任何部位。

消火栓的保护半径为：

$$R = 0.9L + H_m \times \cos 45° \tag{3.21}$$

式中 L——水龙带长度，m；

0.9——考虑水龙带转弯曲折的折减系数；

H_m——充实水柱长度，m。

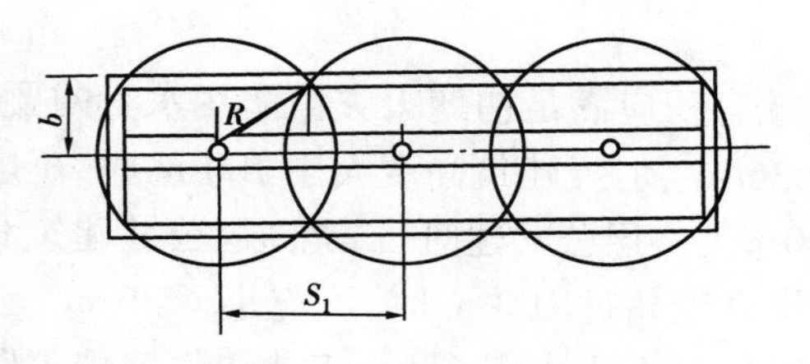

(a)单排一股水柱到达室内任何部位

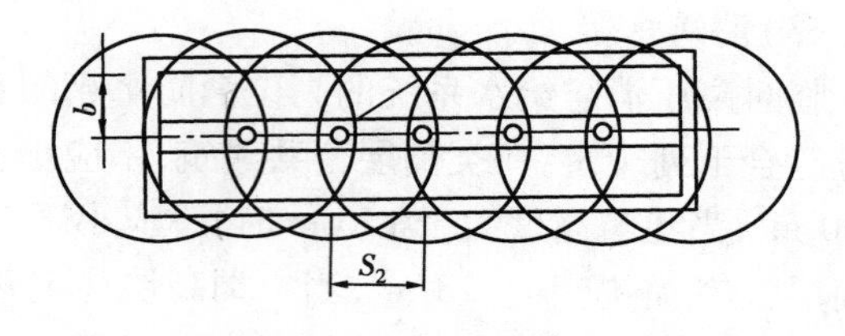

(b)单排两股水柱到达室内任何部位

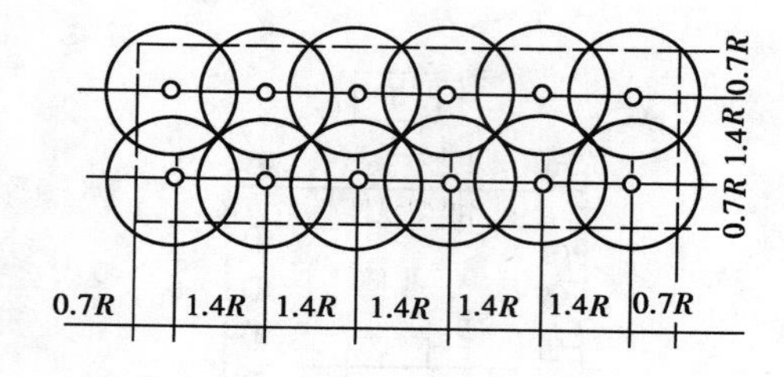

(c)多排一股水柱到达室内任何部位

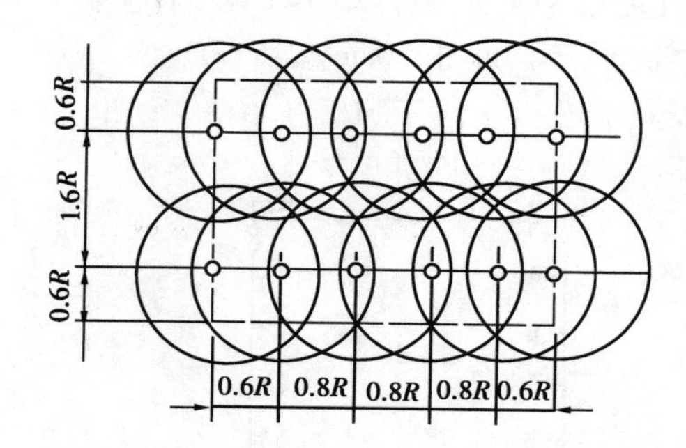

(d)多排两股水柱到达室内任何部位

图3.39 消火栓布置间距

消火栓应设在明显易取用地点,如耐火的楼梯间、走廊、大厅和车间出入口等。消防电梯前室应设消火栓,以便为消防人员救火打开通道和淋水降温减少辐射热的影响。冷库的消火栓应设在常温的走道或楼梯间内。消火栓的间距应由计算确定。同一建筑内采用统一规格的消火栓、水枪和水带,每根水带的长度不应超过25 m。屋顶上应有试验和检查用的消火栓,采暖地区也可在顶层出口处或水箱间内,但要有防冻措施。高位水箱不能满足最不利点消火栓水压要求的建筑,应在每个室内消火栓处设置直接启动消防泵的按钮,并应有保护措施。消火栓口离安装处地面高度为1.1 m,其出口宜向下或与设置消火栓的墙面成90°。

高层建筑消火栓给水系统应独立设置,其管网要布置成环状,使每个消火栓得到双向供水。引入管不应少于两条。一般建筑室内消火栓超过10个,室外消防用水量大于15 L/s时,引入管也不应少于2条,并应将室内管道连成环状或将引入管与室外管道连成环状。但7~9层的单元式住宅和不超过9层的通廊式住宅,设置环管有一定困难时,允许消防给水管枝状布置和采用一条引入管。

3.7.3 消防管道配管方式

消防配管的计算是在绘出管道平面布置图和系统图后进行的,计算内容同室内给水系统,包括确定各管段管径和消防给水系统所需的压力。

(1)消火栓给水管网的计算

1)消防水量室内消防用水量

消防水量室内消防用水量与建筑高度及建筑性质有关,其大小应根据同时使用水枪数及充实水柱长度来确定。查附录3.8、附录3.9可分别获得低层和高层民用建筑的室内消防用水量、室外消防用水量,其他建筑消防用水量可参阅其他有关资料。

2）水枪的设计射流量

水枪的设计射流量 q_{xh} 是确定各管段管径和计算水头损失，进而确定水枪给水系统所需压力的主要依据。消防给水系统最不利水枪的设计射流量，应由每支水枪的最小流量 q_{min} 和实际水枪的射流量 q_{xh} 即在保证建筑物所需充实水柱长度的压力作用下水枪的出水量，进行比较后确定。实际水枪射流量可按下式计算：

$$q_{xh} = \sqrt{\beta H_q} \tag{3.22}$$

式中 β——水流特性系数；见表3.6；

H_q——水枪喷口处的压力。

计算最不利水枪射流量时，应为保证该建筑充实水柱长度所需的压力（kP_a），q_{xh} 也可根据充实水柱长度和水枪喷嘴口径由附录3.10确定。若计算可行，$q_{xh} > q_{min}$ 则取设计射流量，若 q_{xh}，$= q_{min}$，为确保火场所需水量，应取设计射流量 $q_{xh} = q_{min}$。其他作用水枪的设计射流量，应根据该水枪喷口处的压力，由公式计算确定。

表3.6 水流特性系数 β 值

喷嘴直径/mm	9	13	16	19	22	25
β	0.007 9	0.034 6	0.079 3	0.157 7	0.283 4	0.472 7

3）消防给水管网水力计算

在保证最不利消火栓所需的消防流量和水枪所需的充实水柱的基础上确定管网管径及计算管路水头损失，其方法与给水管网水力计算方法相同，但由于消防用水的特殊性，其立管直径上下不变。

4）计算水头损失，确定消防给水系统所需压力

消火栓给水管网的水头损失包括沿程水头损失和局部水头损失，其计算方法同室内给系统。消火栓给水管网所需压力可按下式计算：

$$H = H_1 + H_2 + H_{xh} \tag{3.23}$$

$$H_{xh} = H_q + h_d \tag{3.24}$$

$$h_d = A_z L_d q_{xh}^2 \tag{3.25}$$

式中 H——消火栓给水系统所需的压力，kPa 或 mH_2O；

H_1——管网与外网直连时，引入管起点至最不利消火栓高度的压力，管网与外网间接连接时，水池最低水位至最不利消火栓高度的压力，kPa 或 mH_2O；

H_2——计算管路沿程与局部水龙头损失之和，kPa 或 mH_2O；

H_{xh}——消火栓口处所需压力，kPa 或 mH_2O；

h_d——水龙带的水头损失，kPa 或 mH_2O；

H_q——同公式（3.22）；

A_z——水龙带的比阻，按表3.7采用；

表3.7 水龙带比阻 A_z 值

水龙带口径/mm	A_z	
	帆布、麻织的水龙带	衬胶的水龙带
50	0.150 1	0.067 7
60	0.043 0	0.017 2

q_{xh}——水枪的设计射流量,L/s;

L_d——水龙带的长度,m;

高层建筑消火栓给水管道均布置成环状,在确定计算管路时,可以出现不利情况,管网成单向供水的枝状布置考虑。

(2)自动喷水灭火系统

1)喷头出水量

喷头的出水量是确定各管段设计流量的基本数据,可按下式计算:

$$q = K\sqrt{\frac{p}{9.8 \times 10^4}} \tag{3.26}$$

式中 q——喷头出水量,L/min;

P——喷头的工作压力,Pa;

K——喷头流量特性系数,当 $P = 9.8 \times 10^4$ Pa,喷头公称直径为 15 mm 时,$K = 80$。

2)计算各管段的设计量并确定管径

自动喷水灭火系统的计算,是以作用面积(查附录 3.11)内的喷头全部动作,且满足所需喷头强度要求为出发点的,因为喷水强度是衡量控火、灭火效果的主要依据。由于火灾时一般火源呈辐射状向四周扩散,因此,作用面积宜选用正方形或长方形,当采用长方形布置时,其长边应平行于配水支管,边长宜为作用面积平方根的 1.2 倍。

对严重危险系统,为确保安全,在作用面积内每个喷头的出水量应按喷头处的水压计算确定。对中危险级和轻危险级系统,为简化计算,可假定作用面积内每只喷头的出水量均等于最不利点喷头的出水量,但需保证作用面积内的平均喷水强度不小于附录 3.11 的规定,且任意 4 个喷头组成的保护面积内的平均喷水强度不小于或不大于表中规定的 20%。

各管段设计流量即为该管段转输作用喷头的出水量之和。管径按流量、流速计量确定,管道内的水流速度不宜超过 5 m/s,个别情况下,配水支管内的水流速度可控制在≤10 m/s 的范围内。在初步设计时,也可按喷头数计算管径,见表 3.8。

表 3.8 管径估算表

建、构筑物的危险等级	允许安装喷头个数							
	ϕ25	ϕ32	ϕ40	ϕ50	ϕ70	ϕ80	ϕ100	ϕ150
轻危险级	2	3	5	10	18	48	按水力计算	按水力计算
中危险级	1	3	4	10	16	32	60	按水力计算
严重危险级	1	3	4	8	12	20	40	>40

3)计算水头损失,确定系统所需压力

自动喷水灭火系统管网的水头损失包括沿程水头损失和局部水头损失。沿程水头损失的计算为:

$$h = ALQ^2 \tag{3.27}$$

式中 A——管道比阻,查表 3.9;

Q——计算管段流量,L/s。

表3.9　管道比阻值 A(q 以 L/s 为单位)

管径/mm	管材	
	钢管	铸铁管
20	1.643	
25	0.436 7	
32	0.093 86	
40	0.044 53	
50	0.011 08	
70	0.002 893	
80	0.001 168	
100	0.000 267 4	0.000 365 3
150	0.000 033 95	0.000 041 48
200	0.000 092 73	0.000 092 029

局部水头损失可按沿程水头损失的20%计算。自动喷水灭火系统所需压力,可按下式计算:

$$H = H_{p} + H_{pj} + \sum h + H_{kp} \tag{3.28}$$

式中　H_p——计算管路中最不利喷头的工作压力,kPa;

H_{pj}——管网与外网直连时,引入管起点至最不利喷头高度的压力,管网与外网间接连接时,水池最低水位至最不利消火栓高度的压力,kPa;

$\sum h$——计算管路沿程与局部水头损失之和,kPa;

H_{pk}——报警阀的局部水头损失,可按产品提供值选用。

3.8　消防给水设备与器材

3.8.1　水枪、水龙带、消火栓

水枪是一种增加水流速度、射程和改变水流形状的射水灭火工具,室内一般采用直流式水枪。水枪的喷嘴直径分别为13,16,19 mm。水龙带接口口径有50 mm和65 mm两种。

水龙带的两端分别与消火栓和水枪相连,长度一般为15,20,25 m 3种规格,材料有棉织、麻织和化纤等。

消火栓是具有内扣式接口的环形阀式龙头,单出口消火栓直径有50 mm和65 mm两种,双出口消火栓直径为65 mm。当水枪射流量小于5 L/s时,采用50 mm口径的消火栓,配用喷嘴为13 mm或16 mm的水枪,当水枪射流量大于或等于5 L/s时应采用65 mm口径消火栓,配用喷嘴为19 mm的水枪。消火栓、水龙带、水枪均设在消火栓箱内。临时高压消防给水系

统的每个消火栓处应设直接启动消防水泵的按钮,并应有保护按钮的设施。消火栓箱有双开门和单开门,又有明装、半明装和暗装3种形式分别如图3.40、图3.41所示,但在同一建筑内,应采用同一规格的消火栓、水龙带和水枪,以便于维修、保养。

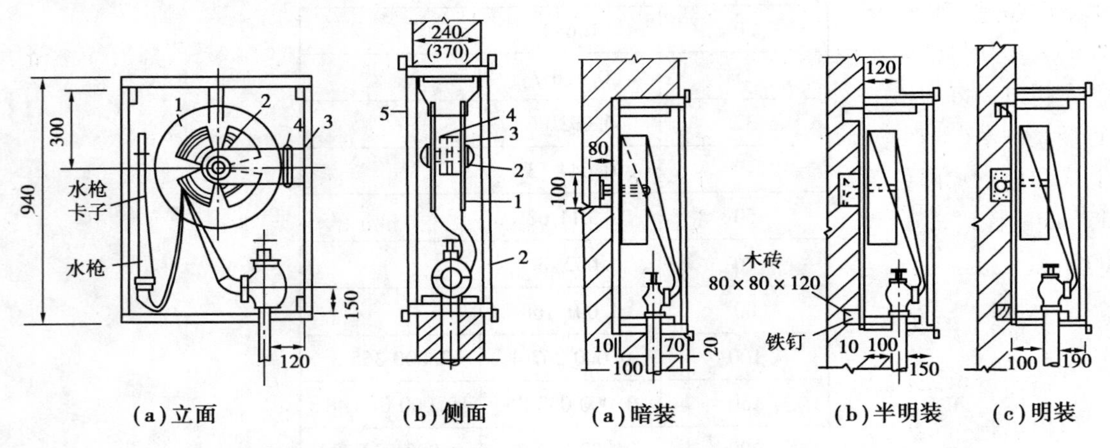

图3.40 双开门的消火栓箱

1—水龙带盘;2—盘架;3—托架;4—螺栓;5—挡板

图3.41 单开门的消火栓箱

3.8.2 消防卷盘

消防卷盘是一种重要的辅助灭火设备。由口径为25 mm或32 mm的消火栓,内径19 mm长度20~40 m卷绕在右旋转盘上的胶管和喷嘴口径为6~9 mm的水枪组成。可与普通消火栓设在同一消防箱内,也可单独设置,如图3.42(a)和(b)所示。该设备操作方便,便于非专职消防人员在火灾初起时及时救火以防火势蔓延,提高灭火成功率。在高级旅馆、重要办公楼、一类建筑的商业楼、展览馆、综合楼和消防高度超过100 m的其他高层建筑内,均应设置消防卷盘。因其用水量较少,且消防队不使用该设备,故其用水量可不计入消防用水总量。

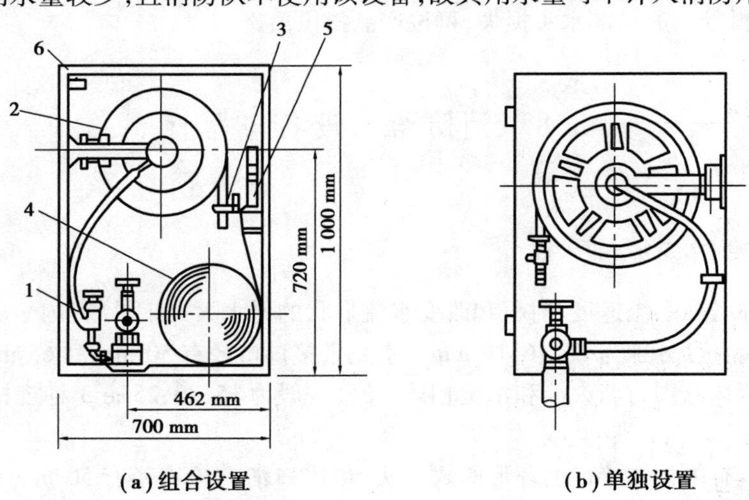

图3.42 消防卷盘

1—小口径消火栓;2—卷盘;3—小口径直流开关水枪;

4—ϕ65 输水衬胶水带;5—大口径直流开关水枪;6—控制按钮

3.8.3　室外消火栓

室外消火栓的消防流量应按附录3.9的规定设置。据规定,室外消火栓应沿道路布置,间距不应超过120 m。当道路超过60 m时,宜在道路两边设置消火栓,并宜靠近十字路口。室外消火栓是供消防车使用的,为保证消防车从室外消火栓取水方便和使用安全,消火栓距路边不应超过2 m,距房屋外墙不宜小于5 m。消防车的保护半径即为消火栓的保护半径,消防车的最大供水(即保护半径)为150 m。因此,消火栓的保护半径为150 m。室外消火栓分为地上式和地下式两种。室外地上式消火栓应有一个直径为150 mm或100 mm和两个直径为65 mm的栓口;室外地下式消火栓应有直径为100 mm和65 mm的栓口各一个,并应设有明显的标志。

3.8.4　喷头

喷头有很多种,可分为闭式、开式和特殊式3种。

(1)闭式喷头

闭式喷头可分为易熔金属元件闭式喷头和玻璃球闭式喷头两种。

1)易熔金属元件闭式喷头

该喷头是由低熔合金锁片封闭的,如图3.43所示,用于无腐蚀性气体的各种建筑中。喷头动作温度为72,98及142 ℃等。

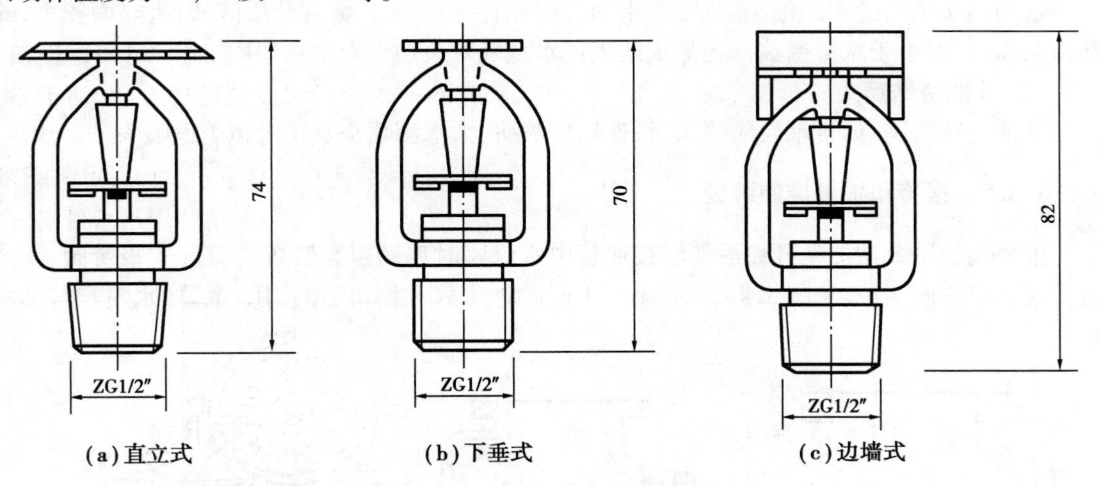

图3.43　易熔金属元件闭式喷头

2)玻璃球闭式喷头

用内装高膨胀性液体的玻璃球封闭式喷头,当火灾发生时,室温升高到一定程度,液体膨胀,破坏玻璃球,打开封口喷水灭火。喷头的构造形成如图3.44所示。动作温度有57,68,79,93及141 ℃等,设置环境温度不宜小于10 ℃的建筑物内。

(2)开式喷头

该喷头是带热敏元件的喷头。这种喷头无感温元件,也无密封组件,喷水动作由阀门控制。工程上常用的开式喷头有开启式、水幕式及喷雾式3种。

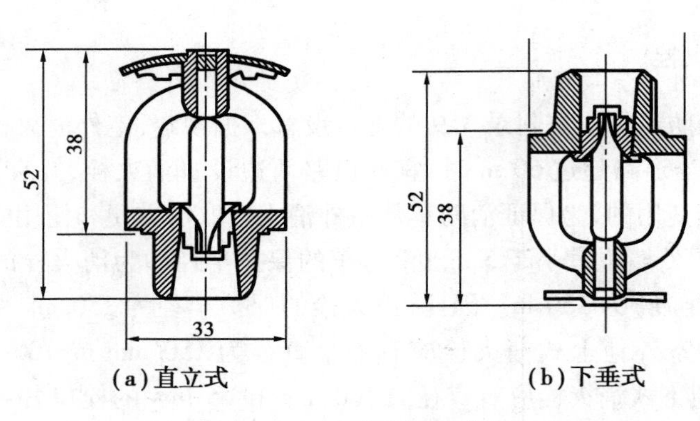

(a)直立式　　(b)下垂式

图3.44　玻璃球闭式喷头

1)开启式喷头

这种喷头就是无释放机构的洒水喷头,与闭式喷头的区别在于没有感温元件及密封组件。它常用于雨淋灭火系统。按安装形式可分为直立型和下垂型,按结构形式可分为单臂和双臂两种。

2)水幕喷头

这种喷头喷出的水呈均匀的水帘状,起阻火、隔火作用。水幕喷头有各种不同的结构形式和安装方法。

3)喷雾喷头

这种喷头喷出的水滴细小,其喷洒水的总面积比一般洒水喷头大几倍,因吸热面积大,冷却作用强,同时由于水雾受热汽化形成的大量水蒸气对火焰也有窒息作用。

(3)其他特殊喷头

其他特殊喷头,如自动启闭喷头、快速反应喷头、大水滴喷头及扩大覆盖面喷头等。

3.8.5　报警和报警控制装置

报警阀的主要功能是开启后能够接通管中水流同时启动报警装置。有湿式报警阀、干式报警阀和雨淋阀3种,见图3.45。分别适用于湿式、干式和雨淋、预作用、水幕、水喷雾自动喷水灭火系统。

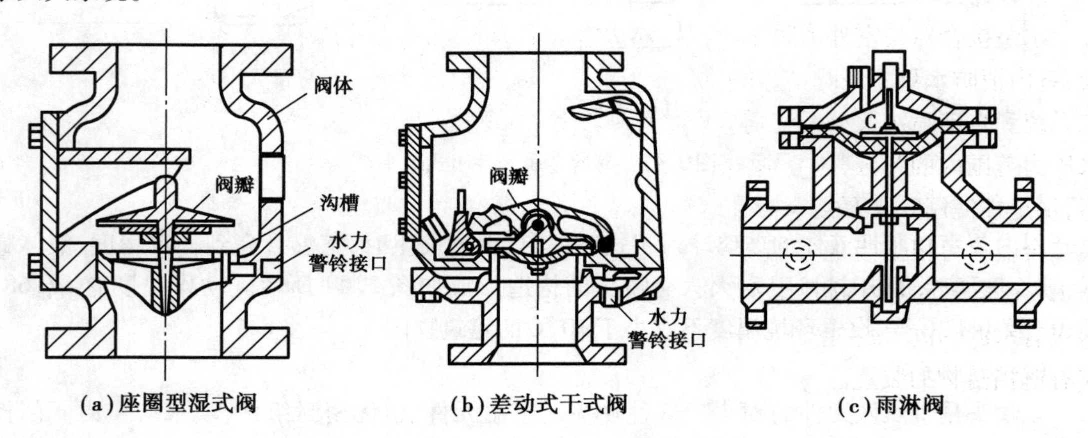

(a)座圈型湿式阀　　(b)差动式干式阀　　(c)雨淋阀

图3.45　报警阀构造示意图

水力警铃是与湿式报警阀配套的报警器，当报警阀开启通水后，在水流冲击下，能发出报警铃声。水流指示器如图3.46所示，安装在采用闭式喷头的自动喷水灭火系统的水平干管上，当报警阀开启水流通过管道时，水流指示器中桨片摆动接通电信号，可直接报知起火喷水的部位。

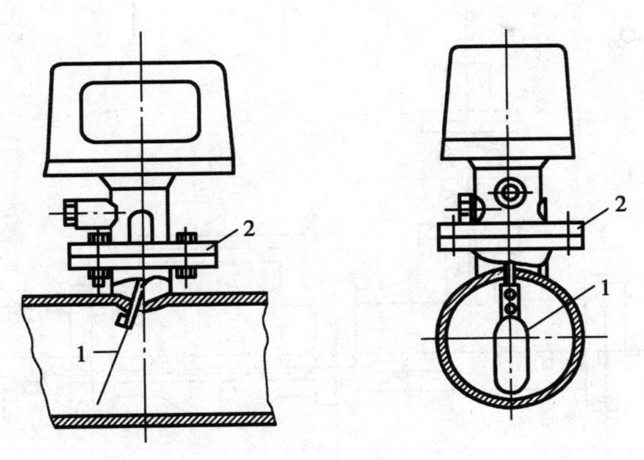

图3.46　桨片式水流指示器

1—桨片；2—连接法兰

延时器安装在湿式报警阀和水力警铃之间的管道上，以防止管道中压力不稳定而产生误报警现象。当报警阀受管网水压冲击开启，少量水进入延时器后，即由泄水孔排出，故水力警铃不会动作。

压力开关一般安装在延时器与水力警铃之间的信号管道上，当水流流经信号管时，压力开关动作，发出报警信号并启动增压供水设备。

电动感烟、感光、感温火灾探测器的作用能分别将物体燃烧产生的烟、光、温度的敏感反应转化为电信号，传递给报警器或启动消防设备的装置，属于早期报警设备。火灾探测器在预作用灭火系统中是不可缺少的重要组成部分，也可与自控装置组成独立的火灾探测系统。

此外，室内消防给水系统中还应安装用以控制水箱和水池水位、干式和预作用喷火灭火系统中的充气压力以及水泵工作等情况的监测装置，以消除隐患，提高灭火的成功率。

3.8.6　水泵接合器

水泵接合器是室外消防车向室内消防管网供水的接口。当室内消防泵发生故障或发生大火，室内消防水量不足时，室外消防车可通过水泵接合器向室内消防管网供水，因此，消火栓给水系统和自动喷水灭火系统均应设水泵接合器。消防给水系统竖向分区供水时，在消防车供水压力范围内的各区，应分别设水泵接合器，只有采用串联给水方式时，可在下区设水泵接合器，供全楼使用。水泵接合器有地上式、地下式和墙壁式3种，如图3.47所示为地上式消防水泵接合器。可根据当地气温等条件选用。设置数量应根据每个水泵接合器的出水量10~15 L/s和全部室内消防用水量由水泵接合器供给的原则计算确定。水泵接合器周围15~40 m内应有水源，并应设在室外便于消防车通行和使用的地方。采用墙壁式水泵接合器时，其上方应有遮挡落物的装置。

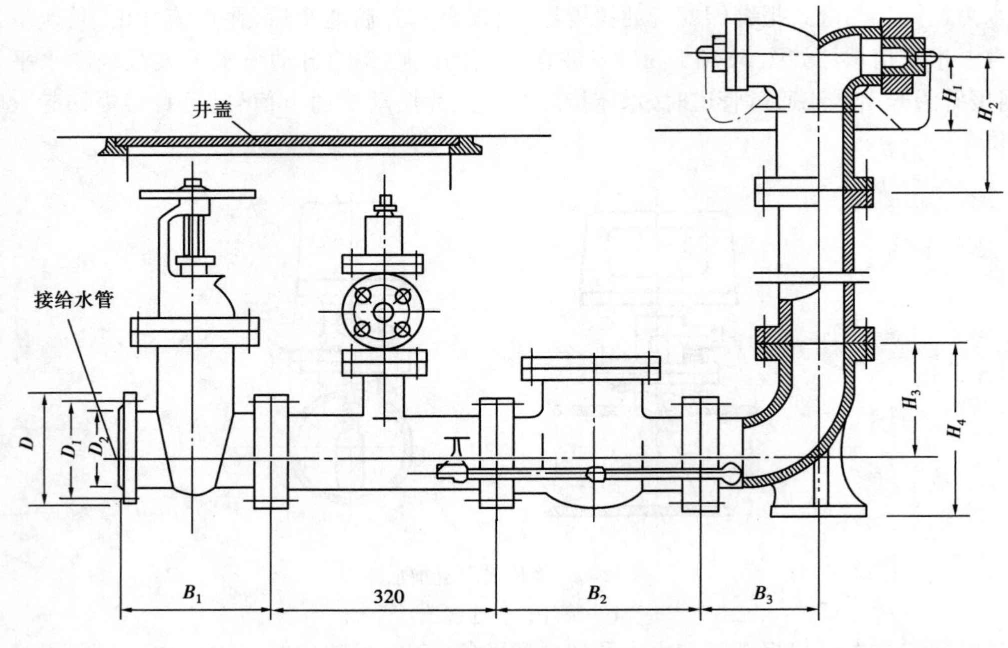

图 3.47 地上式消防水泵接合器

习 题 3

1. 城镇给水系统的给水方式有哪几种？各适用于什么条件？

2. 室内给水按用途可分为哪几类？

3. 室内给水系统由哪几部分组成？

4. 建筑给水系统最基本的给水方式有哪几种？各适用条件及用水特点是什么？

5. 给水管道敷设方式有哪几种？各适用于怎样的建筑？

6. 室内给水管道水力计算内容、方法以及结果经济合理的准则是什么？

7. 高层民用建筑室内给水方式有哪几种？各有什么特点？

8. 室内消火栓给水系统由哪几部分组成？消火栓的布置原则是什么？

9. 如何解决初期火灾建筑上层水压不足的问题？

10. 消火栓系统的计算与给水系统的计算有何异同？

11. 自动喷水灭火系统有哪几种类型？各适用于什么场所？

12. 如何实现自动喷洒系统的报警？

13. 某公共浴室内有淋浴器 30 个，浴盆 10 个，洗脸盆 20 个，大便器（冲洗水箱）4 个，小便器（手动冲洗阀）6 个，污水池 3 个，求其给水进户总管中的设计秒流量。

14. 某旅馆共有 40 套客房，每套客房均设有卫生间，卫生器具有浴盆 1 个，洗脸盆 1 个，坐便器 1 个，有集中热水供应，试确定每套客房给水总管和全楼给水总进户管中的设计秒流量。

第 4 章
建筑排水工程

4.1 城镇排水系统的体制、组成与管网

城市排水工程是把城镇生活污水、生产污(废)水及雨水、雪水有组织地按一定系统汇集起来,并处理到符合排放标准后,排泄至水体。排水工程也由一系列构筑物所组成。城镇排水工程通常包括排水管网、雨水管网、污水(雨水)泵站、污水处理厂以及污水(雨水)出水口等。

排水按其来源和性质,可分为生活污水、工业污(废)水及雨、雪水3类。

以上3种污水均需妥善排除与处理,否则会影响环境卫生,污染水体,影响工农业生产及人们身体健康。

4.1.1 排水体制

在城市中,对生活污水、工业污(废)水和雨、雪水径流采取的汇集方式称为排水制度(也称排水体制)。按汇集方式可分为合流制和分流制。

(1)分流制排水系统

当生活污水、工业污(废)水和雨、雪水径流用两个或两个以上的排水管渠系统来汇集和输送时,称为分流制排水系统,如图4.1所示。现代城市的排水系统一般采用分流制排水系统。分流制排水系统水力条件好,有利于污水的处理和利用,但总投资大。

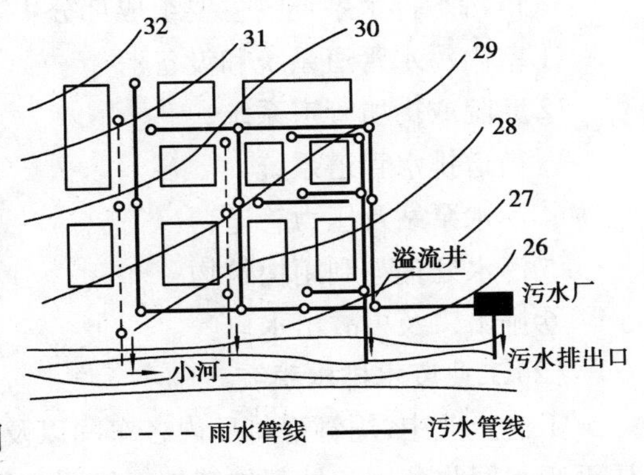

图4.1 分流制排水体制系统示意图

(2)合流制排水系统

将生活污水、工业污(废)水和雨、雪水径流用同一管渠系统汇集输送排除的称为合流制排水系统。根据污水、废水、雨水径流汇集后的处置方式

不同,可分为直泄式合流制和截流式合流制。

1)直泄式合流制

管渠系统的布置就近坡向水体,混合污水未经处理直接由几个排出口排入水体。我国许多城市旧城区的排水方式大多是这种系统。直泄式合流制系统所造成的污染危害很大,目前已不采用。直泄式合流制如图 4.2 所示。

2)截流式合流制

在街道管渠中的污水合流排向沿河的截流干管,如图 4.3 所示。晴天时,污水全部输送到污水处理厂;雨天,当雨水、生活污水和工业污(废)水的混合水量超过一定数量时,其超出部分通过溢流井泄入水体。这种体制目前应用较广。

排水制度的选择,是根据城镇和工业企业的规划、环境保护要求、污水利用情况、原有排水设施、水质、水量、地形、气候和水体等条件,从全局出发,通过技术经济比较,综合考虑确定的。

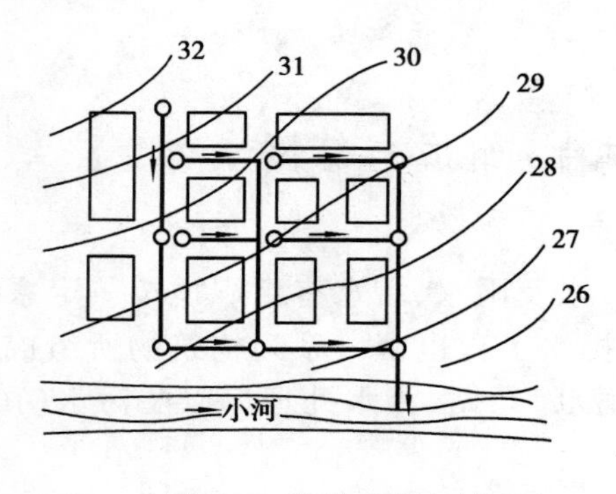

图 4.2　直泄式合流制

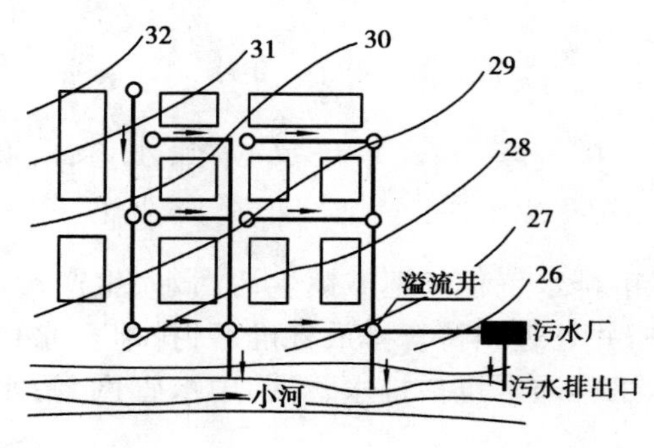

图 4.3　截流式合流制

4.1.2　排水系统的组成

(1)城市污水排水系统

城市生活污水和允许进入城市污水管道的工业废水称为城市污水,该系统则称为城市污水排水系统。

城市污水排水系统的主要组成部分:

①室内污水管道系统和设备;

②庭院或街坊管道系统;

③街道排水管道系统;

④污水泵站及压力管道;

⑤污水处理与利用构筑物;

⑥排出口及事故出水口。

(2)工业废水排水系统

工业企业中,用管道将厂内各车间以及其他排水对象所排出的不同性质的废水收集起来,送至废水回收利用和处理构筑物。经回收处理后的水可再利用或排入水体,或排入城市排水系统。当某些工业废水不需处理容许直接排入城市排水管道时,可不需设置废水处理构筑物。

工业废水排水系统的主要组成部分:

①车间内部管道系统和设备;

②厂区管道系统;

③污水泵站及压力管道;

④废水处理站:回收和处理废水与污泥的场所。

(3)雨水排水系统

雨水排水系统的主要组成部分:

①房屋的雨水管道系统和设备;

②街坊或厂区雨水管渠系统;

③街道雨水管渠系统;

④排洪沟;

⑤出水口。

4.1.3 排水管网的布置

城镇排水管网的布置应尽可能距离短、埋深适当,能使污水以重力流的方式流向污水处理厂。对部分管网埋深过大时,需要设污水泵站进行提升。根据水流畅通,节省能量,且管道工程量最小的原则。

(1)排水管网的布置要求

①支管、干管、主干管的布置要顺直,水流不要绕弯。

②充分利用地形地势,最大可能采用重力流形式,避免提升。

③在起伏较大的地区,宜将高区与低区分离;高区不宜随便跌水,应直接重力流入污水厂,并尽量减少管道埋深。至于个别低洼地区应局部提升,做到高水高排。

④尽量减少中途加压站的数目。若遇高山可考虑采用隧道方式输送。

⑤管道在坡度改变、管径变化、转弯、接入支管处以及直线段中隔适当距离应设排水检查井,作为检查、清通管线之用。其中,直线段内排水检查井的井距与管径大小有关。对污水管道,当管径 $D=200\sim400$ mm 时,最大井距为30 m;当管径 $D=500\sim700$ mm 时,最大井距为50 m;当管径 $D=800\sim1\ 000$ mm 时,最大井距为70 m;当管径 $D=1\ 100\sim1\ 500$ mm 时,最大井距为90 m;当管径大于1 500 mm 时,最大井距为120 m。

(2)排水管网(主要是干管和主干管)常用的布置形式

排水管网有截流式、平行式、分区式、放射式等多种形式,如图4.4所示。

城镇污水、污泥处理后可考虑综合利用,如用作农业肥料和养鱼等;工业污水能回收多种工业原料,不但保护环境,且可创造财富。污水处理厂根据污水的特点选择物理处理、生物处理和化学处理。根据处理程度可分为一级、二级和三级处理。一级处理主要去除污水中的悬浮固体污染物,常用物理处理方法;二级处理主要是大幅度地去除污水中的胶体和溶解性有机污染物,常用生物处理方法;三级处理主要是进一步去除二级处理中所未能去除的某些污染物质,如氮、磷等物质。通常,城市污水经过一、二级处理后,基本上能达到国家统一规定的污水排放水体的标准,三级处理一般用于污水处理后再用的情况。

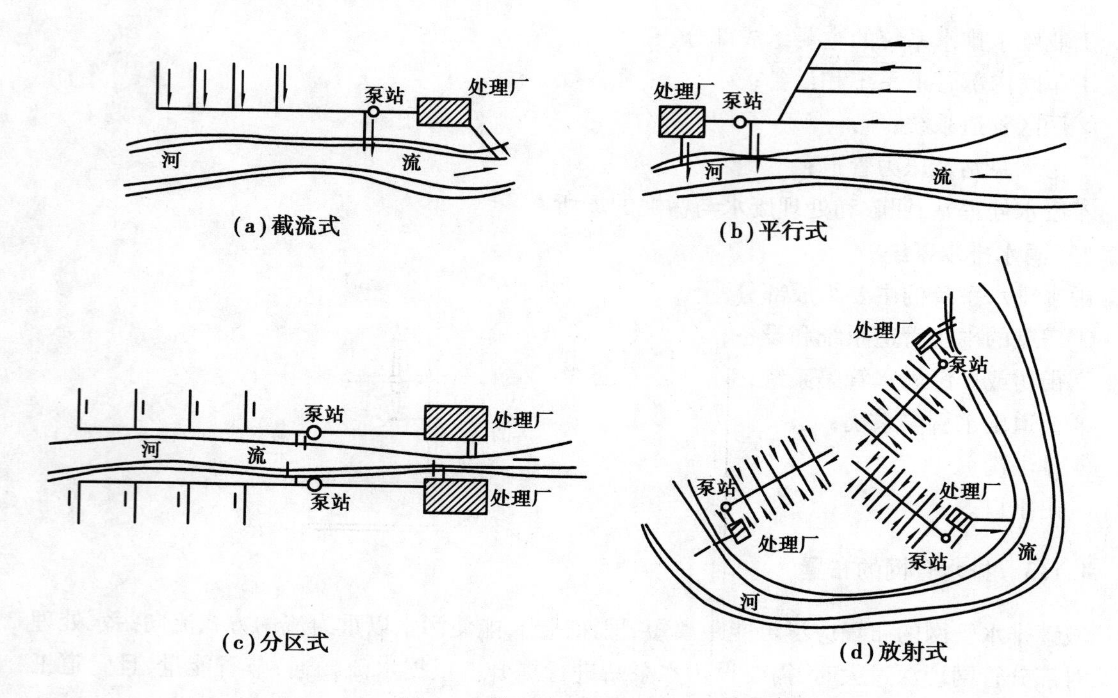

图 4.4　排水管网主干管布置示意图

4.2　室内排水系统的分类和组成

4.2.1　室内排水系统的分类

建筑物的排水系统分为以下 4 类:

(1)排水系统

①生活污水排水系统:来自于大、小便器(槽)的粪便污水。

②生活废水排水系统:来自于浴盆、洗脸盆、洗涤盆、洗衣机等的洗涤、沐浴水。

(2)工业排水系统

根据工业废水受污染程度分为两类:

①生产污水:工业生产中排出的受污染严重的水,由于工艺不同水质差异很大。

②生产废水:工业生产中排出的受轻度污染的水,如工业冷却水。

(3)雨水排水系统

雨水排水系统是排除屋面雨水和雪水的。雨、雪水比较清洁,可不经处理排入水体。

(4)其他排水

从公共厨房排出的含油脂的废水,经隔油池处理排入废水管道,冲洗汽车的废水,也需单独收集,局部处理后排放。除此之外,还有游泳池排水等。

4.2.2　室内排水系统的组成

完整的室内排水系统一般由下列几部分组成,如图4.5所示。

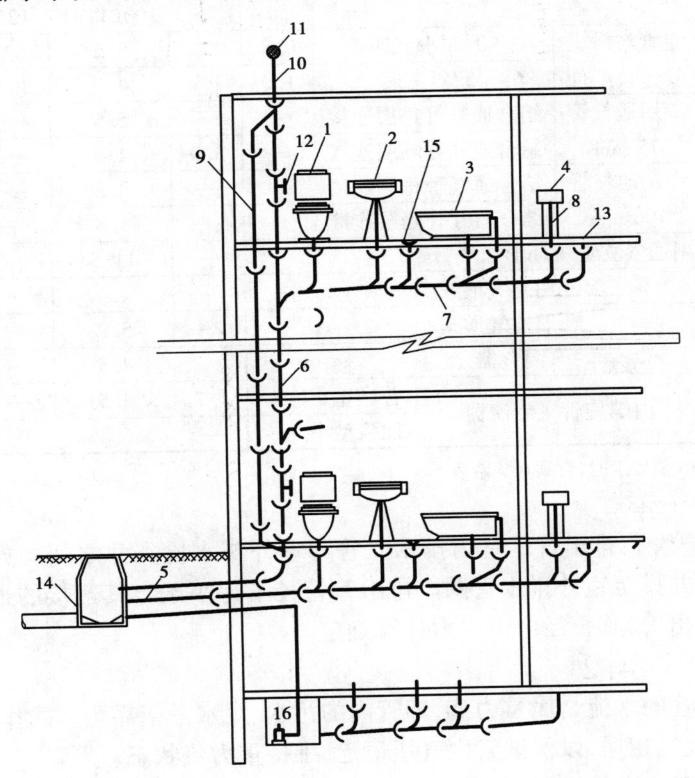

图4.5　建筑室内排水系统

1—坐便器;2—洗脸盆;3—浴盆;4—厨房洗涤盆;
5—排水出户管;6—排水立管;7—排水横支管;8—器具排水管;
9—专用通气管;10—伸顶通气管;11—通气帽;12—检查口;
13—清扫口;14—排水检查井;15—地漏;16—污水泵

(1)**卫生器具或生产设备受水器**

卫生器具是室内排水系统的起点,污水、废水从卫生器具排水栓经器具内的水封装置或器具排水管连接的存水弯排入排水管系统。

(2)**排水管道**

①器具排水管:连接卫生器具与横支管之间的短管。

②横支管:汇集各卫生器具排水管的污水排至立管。横支管应具有一定的坡度。

③立管:收集各横支管流来的污水,输送至排出管。为了保证污水畅通,立管管径不得小于50 mm,也不应小于任何一根接入的横支管的管径。生活排水立管的最大设计排水能力,见表4.1。

表 4.1 生活排水立管的最大设计排水能力

<table>
<tr><td rowspan="3" colspan="4">排水立管系统类型</td><td colspan="5">最大设计排水能力/(L·s⁻¹)</td></tr>
<tr><td colspan="5">排水立管管径/mm</td></tr>
<tr><td>50</td><td>75</td><td>100(110)</td><td>125</td><td>150(160)</td></tr>
<tr><td rowspan="2">伸顶通气管</td><td rowspan="2">立管与横支管连接配件</td><td colspan="2">90°顺水三通</td><td>0.8</td><td>1.3</td><td>3.2</td><td>4.0</td><td>5.7</td></tr>
<tr><td colspan="2">45°斜三通</td><td>1.0</td><td>1.7</td><td>4.0</td><td>5.2</td><td>7.4</td></tr>
<tr><td rowspan="4">专用通气管</td><td rowspan="2">专用通气管
75 mm</td><td colspan="2">结合通气管每层连接</td><td>—</td><td>—</td><td>5.5</td><td>—</td><td>—</td></tr>
<tr><td colspan="2">结合通气管隔层连接</td><td>—</td><td>3.0</td><td>4.4</td><td>—</td><td>—</td></tr>
<tr><td rowspan="2">专用通气管
100 mm</td><td colspan="2">结合通气管每层连接</td><td>—</td><td>—</td><td>8.8</td><td>—</td><td>—</td></tr>
<tr><td colspan="2">结合通气管隔层连接</td><td>—</td><td>—</td><td>4.8</td><td>—</td><td>—</td></tr>
<tr><td colspan="4">主、副通气立管+环形通气管</td><td>—</td><td>—</td><td>11.5</td><td>—</td><td>—</td></tr>
<tr><td rowspan="2">自循环通气</td><td colspan="3">专用通气形式</td><td>—</td><td>—</td><td>4.4</td><td>—</td><td>—</td></tr>
<tr><td colspan="3">环形通气形式</td><td>—</td><td>—</td><td>5.9</td><td>—</td><td>—</td></tr>
<tr><td rowspan="3">特殊单立管</td><td colspan="3">混合器</td><td>—</td><td>—</td><td>4.5</td><td>—</td><td>—</td></tr>
<tr><td rowspan="2" colspan="2">内螺旋管+旋流器</td><td>普通型</td><td>—</td><td>1.7</td><td>3.5</td><td>—</td><td>8.0</td></tr>
<tr><td>加强型</td><td>—</td><td>—</td><td>6.3</td><td>—</td><td>—</td></tr>
</table>

注:排水层数在 15 层以上时,宜乘 0.9 系数。

④排出管(出户管):排出管是室内排水立管与室外排水检查井之间的连接管段,可一根或几根立管的污水并排至室外排水管网。排出管管径不得小于与其连接的最大立管的管径,连接几根立管的排出管,其管径应由水力计算确定。

(3)**通气管**

绝大多数排水管的水流是属重力流,即管内的污水、废水是依靠重力的作用排出室外。因此,排水管必须和大气相通,以保证管内气压恒定,维持重力流状态。

通气管系有以下 3 个作用:

①向排水管内补给空气,使水流畅通,减小排水管道内的气压变化幅度,防止卫生器具水封被破坏;

②使室内外排水管道中散发的臭气和有害气体能排到大气中去;

③管道内经常有新鲜空气流通,可减轻管道内废气对管道的锈蚀。

楼层不高、卫生器具不多的建筑物,一般较少采用专用通气管系,仅将排水立管上端延伸出屋面即可,排水立管最高层检查口以上的管段称为伸顶通气管(或透气管)。其管径一般与排水立管的管径相同或比排水管管径小一级,在最冷月平均气温低于 -13 ℃的地区,应自室内平顶或顶下 0.30 m 处安装管径较排水立管大 50 mm 的通气管,以免管中结霜而缩小或阻塞管道断面。伸顶通气管应高出屋面 0.30 m 以上,并大于最大积雪厚度。对于经常上人的平屋顶,通气管应高出屋面 2 m,并根据防雷要求设置防雷设备。在通气管出口 4 m 以内有门、窗时,通气管应高出门、窗 0.60 m 或引向无门、窗的一侧。通气管出口不宜设在建筑物的屋檐口、阳台、雨篷等的下面,以免影响空气卫生条件。为防异物落入立管,通气管顶端应装网形或伞形通气帽(寒冷地区应采用伞形通气帽)。

对层数较多或卫生器具设置较多的建筑物,必须设置专用的通气管。通气管是与排水管连通的一个系统,但其内部无流水,仅向排水管内补给空气,达到加强排水管内部气流循环流动,控制压力变化的作用。

常见的通气管系有以下类型,如图 4.6 所示。

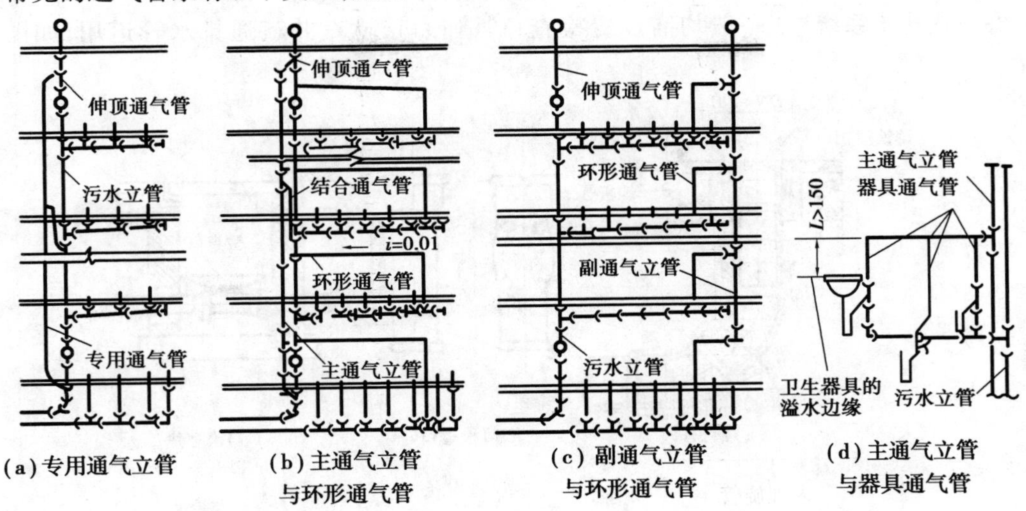

图 4.6　建筑内部通气管

1)器具通气管

器具通气管适用于对卫生标准和控制噪声要求较高的排水系统。

2)环行通气管

下列污水管段应设环形通气管:

①连接 6 个及 6 个以上大便器的污水横支管,且同时排水概率较大,设环行通气管以减少管内的压力波动。

②连接 4 个及 4 个以上卫生器具,且与立管的距离大于 12 m 的污水横支管。

③设有器具通气管。

3)安全通气管

在上述情况下,若一根横支管接纳的卫生器具数量甚多或横支管过长时,还必须设置安全通气管加强通气能力。

4)专用通气管

专用通气管常用于高层建筑,管径应比最底层污水立管管径小一级。

5)结合通气管

高层建筑应每隔 6 ~ 8 层处设置结合通气管,连接排水立管与通气立管,加强通气能力;管径不得小于所连接的较小的一根立管的管径。

通气管的管径不宜小于排水管管径的 1/2,其最小管径见表 4.2。

表 4.2　通气管最小管径

通气管名称	排水管管径/mm				
	50	75	100	125	150
器具通气管	32	—	50	50	—
环形通气管	32	40	50	50	—
通气立管	40	50	75	100	100

(4)清通设备

在室内排水系统中,一般均需设置检查口、清扫口,检查井疏通排水管道用,如图 4.7 所示。

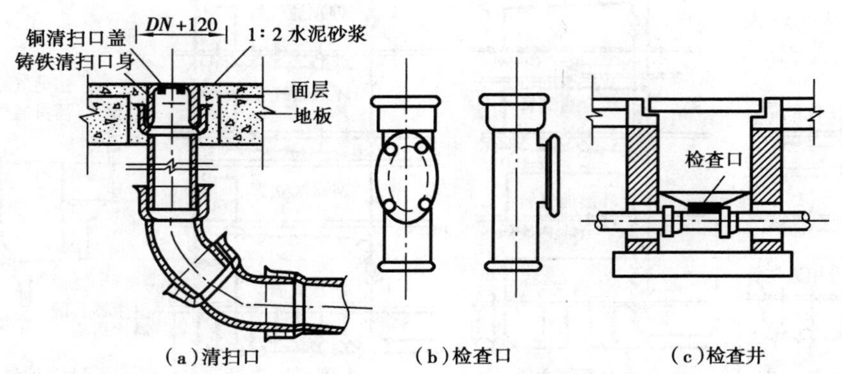

图 4.7　清通设备

①检查口:设在排水立管以及较长的水平管段上,检查口为一带有螺栓盖板的短管,清通时将盖板打开。

②清扫口:当悬吊在楼板下面的污水横管上有两个及两个以上的大便器或 3 个及 3 个以上的卫生器具时,应在横管的起端设置清扫口,也可采用螺栓盖板的弯头、带堵头的三通配件作清扫口。

③检查井:生活污水排水管道,在建筑物内不宜设检查井。对不散发有害气体或大量蒸汽的工业废水的排水管道,在管道转弯、变径和坡度改变及连接支管处,可在建筑物内设检查井。

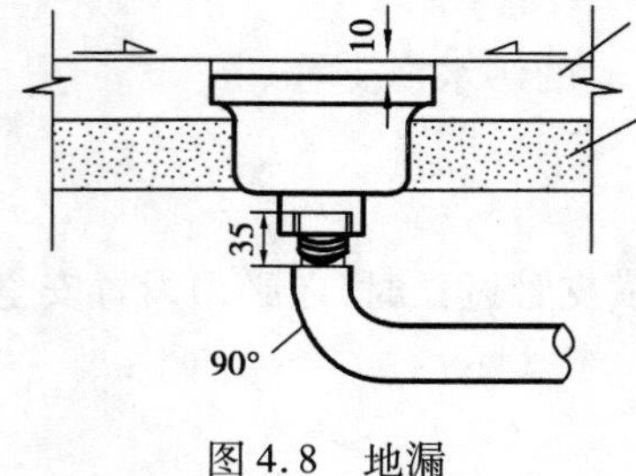

图 4.8　地漏

(5)辅助设备

1)地漏的设置及其数量

①每个卫生间均应设置 1 个 50 mm 规格的地漏,其位置设在靠易溅水的卫生器具旁。

②地漏一般设置在地面最低处,地面做成 0.005 ~ 0.01 的坡度坡向地漏,地漏篦子顶面应低于装饰地面标高 5 ~ 10 mm,如图 4.8 所示。

③淋浴室布置地漏时,可按表 4.3 中设置。当用排水沟时,8 个淋浴器可设置一个直径为 100 mm 的地漏。

表 4.3　淋浴室地漏管径

淋浴器数量/个	地漏管径/mm
1 ~ 2	50
3	75
4 ~ 5	100

2)水封及水封装置

①水封的作用。

为防止室外排水管道中臭气和其他有害、易燃气体及虫类通过卫生器具泄水口进入室内造成危害,在卫生设备的排水口处或器具本身构造设置水封装置。

②水封装置的设计要求。

a. 水封深度应为 50 ~ 100 mm,有特殊要求时可在 100 mm 以上。

b. 构造简单,能有效防止排水管内的臭气和虫类进入室内。

c. 水封装置内表面要光滑,防止阻留污物。

d. 要易于清通。

e. 材质要耐腐蚀。

③常用的水封装置。建筑设备中常用的水封装置是管式存水弯,见表 4.4。

表 4.4　管式存水弯类型

名称		示意图	优缺点	适用条件
管式存水弯	P形		1. 小型 2. 污物不易停留 3. 在存水弯上设置通气管是理想、安全的存水弯装置	适用于所接的排水横管标高较高的位置
	S形		1. 小型 2. 污物不易停留 3. 在冲洗时容易引起虹吸而破坏水封	适用于所接的排水横管标高较低的位置
	U形		1. 有碍横支管的水流 2. 污物容易停留,一般在 U 形两侧设置清扫口	适用于水平横支管

(6)**污水提升设备**

人防建筑物、高层建筑的地下室、工业企业车间地下或半地下室、地下铁道等地下建筑物内的污水、废水不能自流排至室外时,必须设置污水抽升设备。采用何种抽升设备,应根据污(废)水性质(悬浮物含量、腐蚀程度、水温高低和污水的其他危害性),所需抽升高度和建筑物性质等按具体情况确定。最常用的是离心式污水泵。

在地下室设置污水泵时,应设集水坑,并应设抽吸、提升装置。污水泵应设计成自吸式,每台泵有单独的吸水管,在泵的吸压水管上装设阀门。

集水坑的容积,按自动控制启闭时,最大一台水泵不得小于 5 min 的出水量。泵启动次数,每小时不得超过 6 次;人工控制启动时,集水坑容积应根据流入的污水量和水泵工作情况确定,但生活污水集水坑的容积不得大于 6 h 的平均小时污水量;工业废水集水坑的容积,按工艺要求确定。污水泵房和集水坑间的布置,注意良好的通风。

4.3　卫生器具和卫生间

4.3.1　卫生器具

卫生器具是建筑内生活及生产用盥洗、沐浴、冲便和洗涤等设施的总称。按功能可分为以

下 3 类:

(1)便溺用卫生器具

1)大便器

①坐式大便器:常用的有坐式、蹲式大便器和大便槽。坐式大便器适用于住宅、宾馆、饭店高级建筑内,如图 4.9 所示。

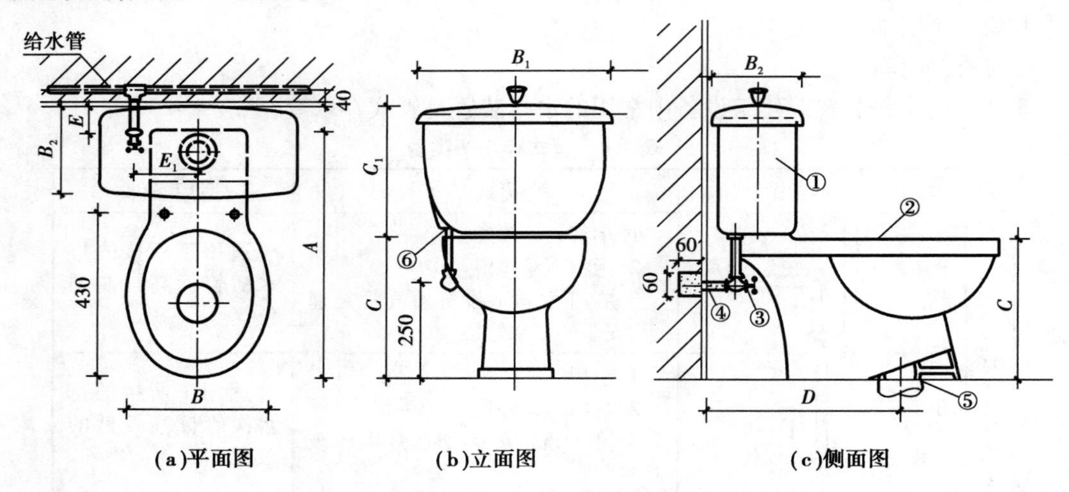

图 4.9　坐式大便器

1—水箱;2—马桶座;3—角阀;4—进水口;5—排水管;6—进水管

②蹲式大便器:在使用的卫生条件上优于坐式大便器,多用于公共卫生间、机关、学校、旅馆等一般建筑内,如图 4.10 所示。

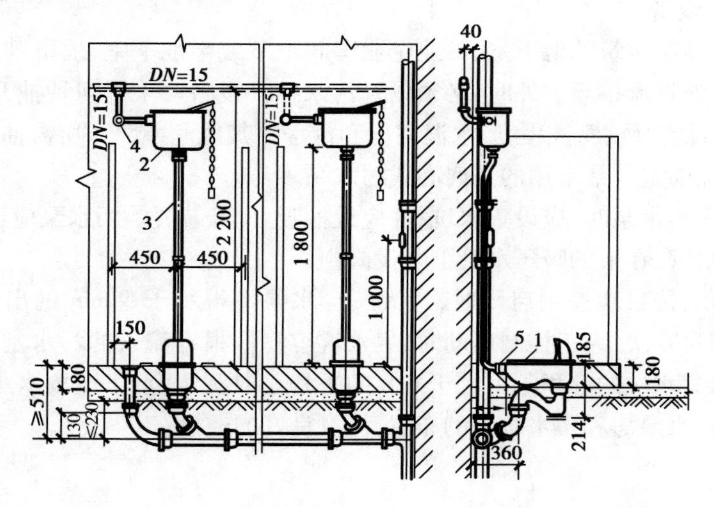

图 4.10　蹲式大便器冲洗水箱安装简图

1—蹲式大便器;2—高位水箱;3—冲洗管;4—角阀;5—橡皮碗

③大便槽:一般用于建筑标准不高的公共建筑厕所,其卫生条件较差,造价低,使用集中的冲洗水箱,故耗水量较少。

2）小便器

在公共男厕所内，常安装挂式或立式小便器。挂式小便器悬挂在墙上，冲洗设备可用自动冲洗水箱，也可采用阀门冲洗，每只小便器均设有存水弯；立式小便器装置在对卫生设备要求较高的公共建筑，如展览馆、大剧院、宾馆等男厕所内，多为两个以上成组装置，如图4.11所示。

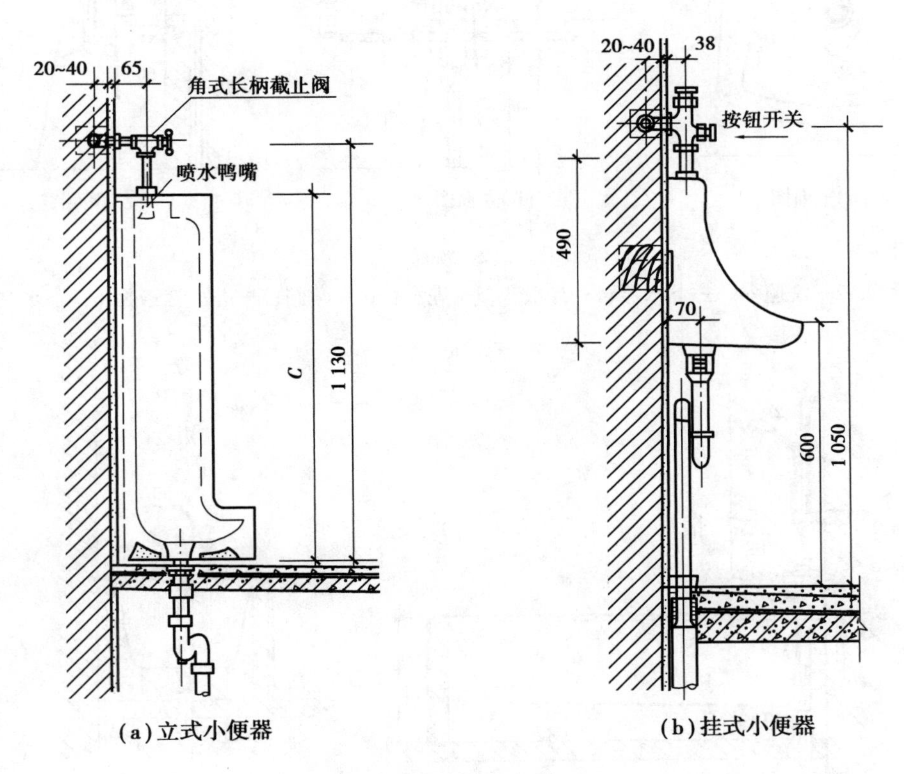

图4.11　小便器

学校和集体宿舍的男厕所中也可采用小便槽，其建造简单，造价低，能同时容纳较多的人使用。小便槽可用普通阀门控制多孔管冲洗或自动冲洗水箱定时冲洗。

(2)沐浴用卫生器具

1）洗脸盆

洗脸盆大多用上釉陶瓷制成，按形状有长方形、三角形、椭圆形等；按安装方式有墙式、柱式、台式等，如图4.12所示。

2）盥洗槽

对卫生标准要求不高的公共建筑或集体宿舍，多用水泥或水磨石制成，造价低。

3）浴盆

在住宅、宾馆、旅馆、医院等建筑的卫生间和浴室中，浴盆常用搪瓷生铁、水磨石、玻璃钢等材料制成，外形为长方形。浴盆一般设有冷、热水龙头或混合水龙头，有的还有固定的莲蓬头或软管莲蓬头，如图4.13所示。

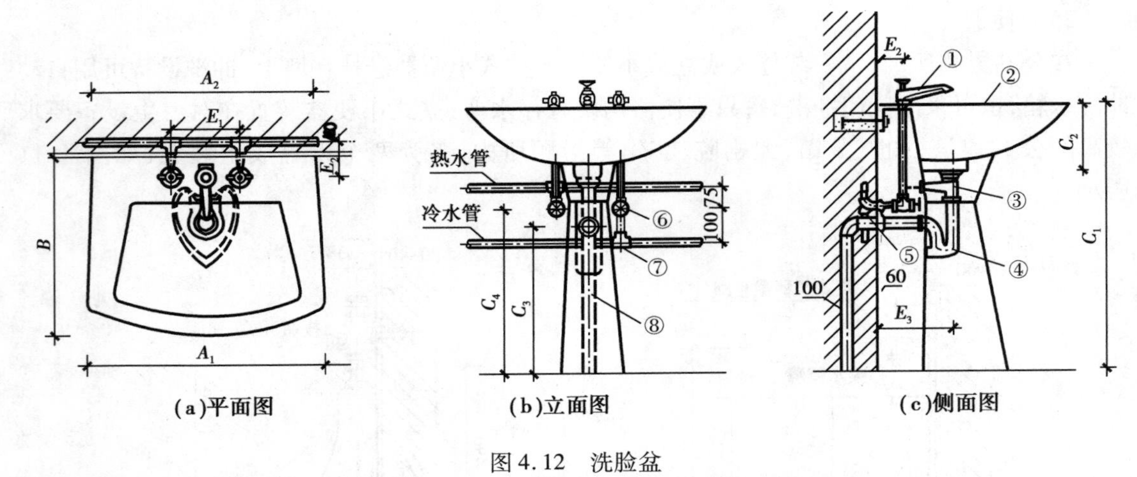

(a)平面图　(b)立面图　(c)侧面图

图 4.12　洗脸盆

1—水龙头;2—洗脸盆;3—下水器;4—存水弯;5—进水管;6—角阀;7—进水管三通;8—下水立管

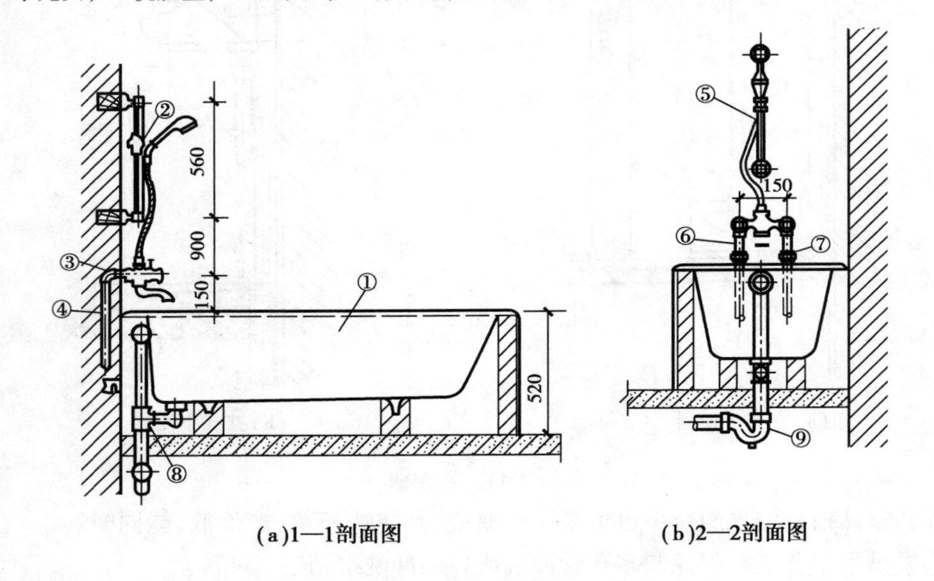

(a)1—1剖面图　(b)2—2剖面图

图 4.13　浴盆

1—浴盆;2—喷头支架;3—进水管弯头;4—进水立管;

5—混水软管;6—热水管;7—冷水管;8—排水三通;9—存水弯

4)淋浴器

淋浴器多用于公共浴室,与浴盆相比具有占地少、造价低、清洁卫生等优点。

(3)**洗涤用卫生器具**

1)洗涤盆

家用和公共食堂用洗涤盆,按安装方式有墙架式、柱角式和台式3种,按构造则有单格、双格,有搁板、无搁板,有靠背、无靠背等类型,如图4.14所示为家用厨房平边式洗涤盆安装。

2)污水盆(池)

设于公共建筑厕所、卫生间、集体宿舍盥洗室中,供打扫厕所、洗涤拖布及倾倒污水之用。分架空式和落地式,如图4.15所示。

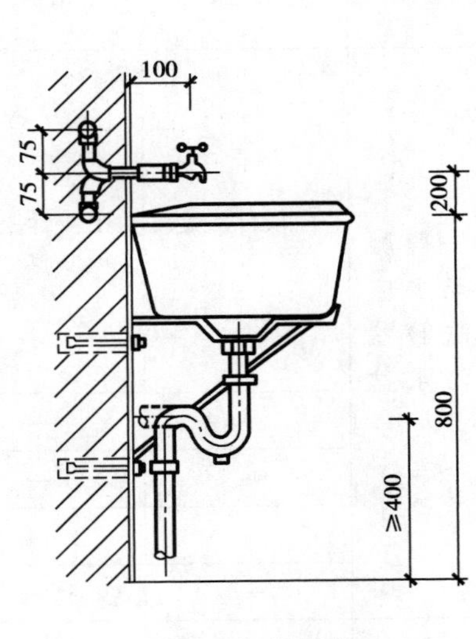

图4.14　洗涤盆

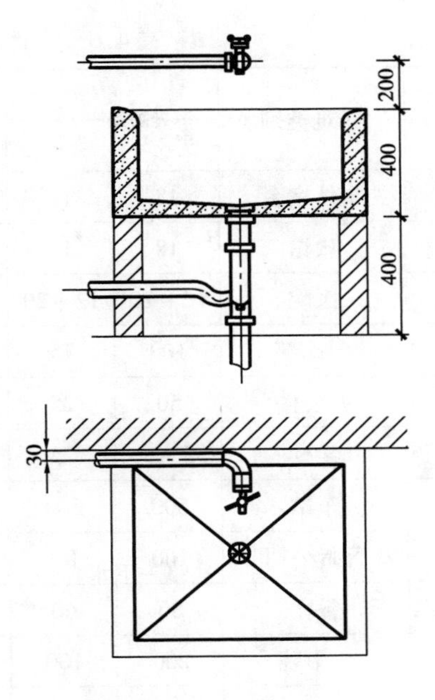

图4.15　污水盆

4.3.2　卫生器具设置定额

卫生器具设置定额应符合“工业企业设计卫生标准”和建筑设计要求；工业废水受水器的设置定额应按工艺要求确定。各类卫生器具的设置标准，见表4.5—表4.8。

表4.5　工业企业生活间卫生器具设置数

<table>
<tr><th colspan="2">男</th><th colspan="4">女</th></tr>
<tr><th>使用人数/人</th><th>大便器数/个</th><th>使用人数/人</th><th>大便器数/个</th><th>使用人数/人</th><th>妇女卫生盆/个</th></tr>
<tr><td>20 以下</td><td>1</td><td>10</td><td>1</td><td>200 ~ 250</td><td>1</td></tr>
<tr><td>21 ~ 50</td><td>2</td><td>11 ~ 30</td><td>2</td><td>251 ~ 400</td><td>2</td></tr>
<tr><td>51 ~ 75</td><td>3</td><td>31 ~ 50</td><td>3</td><td rowspan="5">401 以上</td><td rowspan="5">100 人以上每增加 100 ~ 200 人增设 1 个</td></tr>
<tr><td>76 ~ 100</td><td>4</td><td>51 ~ 75</td><td>4</td></tr>
<tr><td>101 ~ 1 000</td><td>100 人以上每增加 50 人增设 1 个</td><td>75 ~ 100</td><td>5</td></tr>
<tr><td rowspan="2">1 000 以上</td><td rowspan="2">1 000 人以上每增加 60 人增设 1 个</td><td>101 ~ 1 000</td><td>100 人以上每增加 35 人增设 1 个</td></tr>
<tr><td>1 000 以上</td><td>1 000 人以上每增加 45 人增设 1 个</td></tr>
</table>

注：污水池——男女厕所内需各设1个；小便器——男厕所内设置，数量同大便器。

表 4.6　公共建筑中每一卫生器具的使用人数

序号	建筑类别	大便器		大便器/个	洗脸盆	盥洗龙头/个	淋浴器/个
		男/人	女/人				
1	集体宿舍	18	12	18	一般厕所至少应设洗脸盆或污水盆1个	由设计决定	由设计决定
2	旅馆	18	12	18			
3	医院	12～20	12～20	25～40			
4	门诊部	100	75	50			
5	办公楼	50	25	50			
6	学校	35～50	25	30～40			
7	车站	500	300	100		—	—
8	百货公司	100	80	80		—	—
9	餐厅	80	60	80		—	—
10	电影院	200	100	100		—	—
11	剧院、俱乐部	75	50	25～40	100	—	—

表 4.7　工业企业建筑每个淋浴器使用人数

车间卫生特征级别/级	1	2	3	4
每个淋浴器使用人数/人	3～4	5～8	9～12	13～24

表 4.8　中、小学校，幼儿园等每一卫生器具使用人数

幼儿园		中、小学校			
儿童人数	大便器/个	总人数/人	大便器/个		小便器/个
			男	女	
20 以下	8	100 以下	25	20	20
21～30	12	101～200	30	25	20
31～75	15	201～300	35	30	30
76～100	17	301～400	50	35	35
101～125	21				

注：污水池——男女厕所内需各设1个。

4.3.3　卫生器具的材质和功能要求

(1)材质

卫生器具的材质有陶瓷、塑料、玻璃钢、珐琅铸铁、珐琅钢板、亚克力(用于飞行器的一种新型窗口材料)等制品。

(2)卫生器具的功能要求

①卫生器具的材质应耐腐蚀、耐老化,具有一定的强度,不含有对人体有害的成分。

②设备表面光滑(浴缸要求光洁防滑),不易积污纳垢,沾污后易清洗。

③能完成卫生器具的冲洗功能的基础上节水减噪。

④便于安装维修。

⑤若卫生器具内设有存水弯,则存水弯内要保持规定的水封。

4.3.4　卫生器具的安装

卫生器具的安装一般在土建装修基本完工、室内排水管道敷设完毕后进行。各种卫生器具的安装高度见表4.9。

表4.9　卫生器具的安装高度

序号	卫生器具名称	卫生器具边缘离地面高度/mm	
		居住和公共建筑	幼儿园
1	架空式污水盆(池)(至上边缘)	800	800
2	落地式污水盆(池)(至上边缘)	500	500
3	洗涤盆(池)(至上边缘)	800	800
4	洗手盆(至上边缘)	800	500
5	洗脸盆(至上边缘)	800	500
6	盥洗槽(至上边缘)	800	500
7	浴盆(至上边缘)	480	—
	残障人用浴盆(至上边缘)	450	—
	按摩浴缸(至上边缘)	450	—
	淋浴盆(至上边缘)	100	—
8	蹲、坐式大便器(从台阶面至高水箱底)	1 800	1 800
9	蹲式大便器(从台阶面至低水箱底)	900	900
10	坐式大便器(至低水箱)	—	—
	外露排出管式	510	—
	虹吸喷射式	470	370
	冲落式	510	—
	旋涡连体式	250	—
11	坐式大便器(至上边缘)	—	—
	外露排出管式	400	—
	旋涡连体式	360	—
	残障人用	380	—

续表

序号	卫生器具名称	卫生器具边缘离地面高度/mm	
		居住和公共建筑	幼儿园
12	蹲便器(至上边缘)	450	—
	2 踏步	320	—
	1 踏步	200～270	—
13	大便槽(从台阶面至冲洗水箱底)	不低于 2 000	450
14	立式小便器(至受水部分上边缘)	100	150
15	挂式小便器(至受水部分上边缘)	600	—
16	小便槽(至台阶面)	200	—
17	化验盆(至上边缘)	800	—
18	净身器(至上边缘)	360	—
19	饮水器(至上边缘)	1 000	—

4.3.5　卫生器具的布置间距

卫生间一般尽可能设置在建筑物的北面,各楼层卫生间位置宜上下对齐,以利于排水立管的设置和排水畅通。食品加工车间、厨房、餐厅、贵重物品仓库、配电间和重要设备房的顶层不宜设置卫生间。

①坐便器到墙面最小应有 460 mm 的间距,如图 4.16 所示。

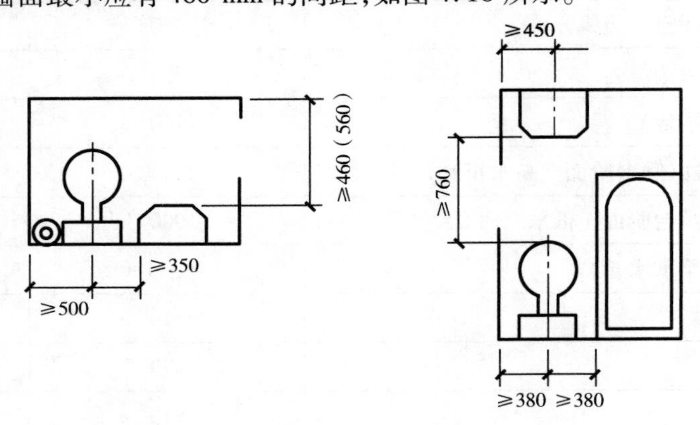

图 4.16　卫生间内器具布置间距

②坐便器与洗脸盆并列,从坐便器的中心线到洗脸盆的边缘至少应相距 350 mm,坐便器的中心线离边墙至少 380 mm。

③洗脸盆放在浴缸或坐便器对面,两者净距至少 760 mm。

④洗脸盆边缘至对墙最小应有 460 mm,对身体魁梧者 460 mm 还显小,可以为 560 mm。

⑤脸盆的上部与镜子的底部间距为 200 mm。

⑥各种卫生器具布置间距参见《全国通用给水排水标准图集》。

卫生器具的布置形式，根据卫生器具的规格尺寸和数量合理布置，但必须考虑排水立管的位置，对室内粪便污水与生活废水分流的排水系统，排出生活废水的器具或设备和浴盆、洗脸盆、洗衣机、地漏应尽量靠近，有利于管道的布置与敷设。

4.3.6　住宅、公寓、旅馆的卫生间

①卫生间的面积应根据当地气候条件、生活习惯和卫生器具设置的数量确定。配置卫生器具三大件的卫生间，其面积不得小于3 m^2。

②卫生器具的设置应根据建筑标准而定，住宅的卫生间内除设有大便器外，还应设有洗脸盆、浴盆等设备或预留沐浴设备的设置，还应考虑预留安装洗衣机的位置；普通旅馆的卫生间内一般设有坐便器、浴盆和洗脸盆；高级宾馆一般客房卫生间也设有坐便器、浴盆和洗脸盆三大件卫生器具，只是所选用器具的质量、外形、色彩和防噪也有较高要求；高级宾馆的部分高级客房内还应设置妇女卫生盆。

4.4　排水管道的配管

4.4.1　排水量标准

①生活污水排水量标准及时变化系数可与生活用水量标准相同。

②工业废水排水量标准及时变化系数应按工艺要求确定。

③卫生器具排水的流量、当量、排水管管径和管道的最小坡度，应按表4.10确定。

表4.10　卫生器具排水的流量、当量、排水管管径

序号	卫生器具名称	排水流量/($L \cdot s^{-1}$)	当量	排水管管径/mm
1	洗涤盆、污水盆(池)	0.33	1	50
2	餐厅、厨房洗菜盆(池)			
	单格洗涤盆(池)	0.67	2.00	50
	双格洗涤盆(池)	1.00	3.00	50
3	盥洗槽(每个水嘴)	0.33	1.00	50~75
4	洗手盆	0.10	0.30	32~50
5	洗脸盆	0.25	0.75	32~50
6	浴盆	1.00	3.00	50
7	淋浴器	0.15	0.45	50
8	大便器			
	冲洗水箱	1.50	4.50	100
	自闭式冲洗阀	1.20	3.60	100
9	医用倒便器	1.50	4.50	100

续表

序号	卫生器具名称	排水流量/(L·s^{-1})	当量	排水管管径/mm
10	小便器			
	自闭式冲洗阀	0.10	0.30	40~50
	感应式冲洗阀	0.10	0.30	40~50
11	大便槽			
	≤4 个蹲位	2.50	7.50	100
	>4 个蹲位	3.00	9.00	150
12	小便槽(每米长)			
	自动冲洗水箱	0.17	0.50	—
13	化验盆(无塞)	0.20	0.60	40~50
14	净身盆	0.10	0.30	40~50
15	饮水器	0.05	0.15	25~50
16	家用洗衣机	0.50	1.50	50

注:家用洗衣机排水软管,直径为 30 mm,有上排水的家用洗衣机排水软管内径为 19 mm。

4.4.2 设计秒流量

①住宅、宿舍(Ⅰ,Ⅱ类)、旅馆、宾馆、酒店式公寓、医院、疗养院、幼儿园、养老院、办公楼、商场、图书馆、书店、客运中心、航站楼、会展中心、中小学校楼、食堂或营业餐厅等建筑生活排水管道设计秒流量:

$$q_u = 0.12\alpha\sqrt{N_p} + q_{max} \tag{4.1}$$

式中 q_u——计算管段污水流量,L/s;

α——根据建筑物用途而定的系数,见表 4.11;

N_p——计算管段卫生器具排水当量总数;

q_{max}——计算管段排水流量最大的一个卫生器具的排水流量,L/s。

表 4.11 根据建筑物用途而定的系数 α 值

建筑物名称	宿舍(Ⅰ,Ⅱ类)、住宅、宾馆、酒店式公寓、医院、疗养院、幼儿园、养老院的卫生间	旅馆和其他公共建筑的公共盥洗室和厕所间
α 值	1.5	2.0~2.5

注:如计算所得流量最大值大于该管段上卫生器具排水流量累加时,应按卫生器具排水流量累加值计。

②宿舍(Ⅲ,Ⅳ类)、工业企业生活间、公共浴室、洗衣房、职工食堂或营业餐厅的厨房、实验室、影剧院、体育场(馆)等建筑的生活管道排水设计秒流量计算:

$$q_p = \sum q_0 N_0 b \tag{4.2}$$

式中 q_p——计算管段排水设计秒流量,L/s;

q_0——同类型的一个卫生器具排水流量,L/s;

N_0——同类型卫生器具数;

b——卫生器具的同时排水百分数,同给水。冲洗水箱大便器的同时排水百分数应按12%计算,但大便器的同时排水量小于一个大便器排水量时,应按一个大便器的排水流量计算。

4.4.3　管道水力计算

水力计算的目的在于合理、经济地确定管径、管道坡度,以及确定设置通气系统的形式以使排水管系统正常地工作。

(1)计算规定

为确保管道在良好的水力条件下工作,必须满足以下水力要素的规定:

①管道坡度:建筑物内生活排水铸铁管道的最小坡度和最大设计充满度按表 4.12(a)选用。建筑排水塑料管粘接、热熔连接的排水横支管的标准坡度应为 0.026。胶圈密封排水横支管的坡度按表 4.12(b)调整。

表 4.12(a)　建筑物内生活排水铸铁管道的最小坡度和最大设计充满度

管径/mm	通用坡度	最小坡度	最大设计充满度
50	0.035	0.025	0.5
75	0.025	0.015	
100	0.020	0.012	
125	0.015	0.010	
150	0.010	0.007	
200	0.008	0.005	
250	0.003 5	0.003 5	0.6
300	0.003	0.003	

表 4.12(b)　建筑排水塑料管排水横管的标准坡度、最小坡度和最大设计充满度

管径/mm	标准坡度	最小坡度	最大设计充满度
50	0.025	0.012 0	0.5
75	0.015	0.007 0	
110	0.012	0.004 0	
125	0.010	0.003 5	
160	0.007	0.003 0	0.6
200	0.005	0.003 0	
250	0.005	0.003 0	
315	0.005	0.003 0	

②管道流速:为使悬游在污水中的杂质不致沉淀在管底,并使水流能及时冲刷管壁上的污物,水流必须满足最小保证流速。排水铸铁管的最小流速(或称自清流速)在设计充满度下,当管径小于 150 mm 时,为 0.60 m/s;管径 150 mm 时,为 0.65 m/s;管径 200 mm 时,为 0.70 m/s。

明渠(沟)的最小流速为 0.40 m/s。雨水管及合流制排水管的最小流速为 0.75 m/s。

为了防止管壁因受污水中坚硬杂质高速流动的摩擦而损坏和防止过大的水流冲击,各种管材的排水管道均有最大允许流速的规定,其值见表 4.13。

表 4.13　管道内最大允许流速值

管道材料	生活污水/($m \cdot s^{-1}$)	含有杂质的工业废水、雨水/($m \cdot s^{-1}$)
金属管	7.0	10.0
陶土及陶瓷管	5.0	7.0
混凝土、钢筋混凝土及石棉水泥管	4.0	7.0

③充满度:管道充满度表示排水管内水深 h 与管径 D 的比值。自流排水管内污水、废水是在非满流的状态下排除的。管道上部未充满水流空间的作用为:使污水、废水散发的有毒、有害气体能自由向空间(通过通气管系)排出;调节排水管内的压力波动,从而防止卫生器具水封的破坏;容纳管道内超设计的高峰流量。污水管道的最大设计充满度见表 4.14。

表 4.14　排水横管的最大设计充满度

污水管道名称	管径/mm	最大设计充满度
生活污水管道	≤125	0.5
	150～200	0.6
生产废水管道	50～75	0.6
	100～150	0.7
	≥200	1.0
生产污水管道	50～75	0.6
	100～150	0.7
	≥200	0.8

(2)**计算公式**

$$q_u = \omega v \tag{4.3}$$

$$v = \frac{1}{n} R^{\frac{2}{3}} I^{\frac{1}{2}} \tag{4.4}$$

式中　q_u——计算管段的设计秒流量,m^3/s;

ω——管道的水流断面积,m^2;

v——管道中的水流速度,m/s;

R——水力半径,m;

I——水力坡度,采用排水管的坡度。

n——管道粗糙系数,见表 4.15。

表 4.15　管道粗糙系数

管材名称	n
石棉水泥管、钢管	0.012
陶土管、铸铁管、水泥砂浆抹面明沟	0.013
混凝土管、钢筋混凝土管	0.013~0.014

4.4.4　排水管道设计

(1)根据经验确定某些排水管的最小管径

室内排水管的管径和管道坡度一般情况下是根据卫生器具的类型和数量按经验资料选定的,具体方法如下:

①为防止管道淤塞,室内排水管的管径不小于 50 mm。

②对单个洗脸盆、浴盆、妇女卫生盆等排泄较洁净废水的卫生器具,最小管径可采用 40 mm钢管。

③对单个饮水器的排水管排泄的清水,甚至可采用 25 mm 钢管。

④公共食堂厨房排泄含大量油脂和泥砂等杂物的排水管管径不宜过小,干管管径不得小于 100 mm,支管不得小于 75 mm。

⑤医院住院部的卫生间或杂物间内,由于使用卫生器具人员繁杂,而且常有棉花球、纱布碎块、竹签、玻璃瓶等杂物投入各种卫生器具内,因此,洗涤盆或污水盆的排水管径不得小于 75 mm。

⑥小便槽或连接 3 个及 3 个以上手动冲洗小便器的排水管,应考虑其排放时水量大而猛的特点,管径应为 100 mm。

⑦凡连接有大便器的管段,即使仅有一只大便器,也应考虑其排放时水量大而猛的特点,管径应为 100 mm。

⑧对于大便槽的排水管,同以上道理,管径至少应为 150 mm。

⑨连接一根立管的排出管,管径宜与立管相同或比立管大一号。

(2)按临界流量值确定排水和管径

针对通气立管的设置情况,可参见表 4.16、表 4.17 选用排水立管的管径。

表 4.16　无专用通气立管的排水管临界流量值

管径/mm	50	75	100	150
排水立管的临界流量/($L \cdot s^{-1}$)	1.0	2.5	4.5	10

表 4.17　设有通气立管的排水立管流量值

管径/mm	50	75	100	150
排水立管的临界流量/($L \cdot s^{-1}$)	—	5	9	25

当由于建筑物或其他方面的原因而使排水立管的上端不可能设置伸顶通气管时,不通气的排水立管,其排水能力应按表4.18选用。表中立管高度是指立管上最高排水横支管和立管的连接点至底层排出管中心线间的距离。若实际高度不符合表中的立管高度,可用内插法求流量。当排水立管仅接收建筑底层排入的污水时,按立管工作高度≤3 m确定其排水能力。

表4.18　无通气管的排水立管的最大排水能力

立管工作高度/m	立管管径/mm		
	50	75	100
2	1.0	1.70	3.80
≤3	0.64	1.35	2.40
4	0.50	0.92	1.76
5	0.40	0.70	1.36
6	0.40	0.50	1.00
7	0.40	0.50	0.76
≥8	0.40	0.50	0.64

(3)按水力计算确定管径

按4.4.3小节的管道水力计算方法计算各设计管段的排水流量,在控制的流速和充满度范围内,查与之相对应的管材的水力计算表,确定其管径大小。

(4)排水管道允许负荷卫生器具当量估算

根据建筑物的性质、设置通气管道的情况,以及计算管段上的卫生器具排水当量总数,查取表4.19即可得到管径。

4.4.5　排水系统设计程序

室内排水工程的设计程序可分为收集资料、设计计算、绘制施工图3个步骤。

(1)收集资料

了解设计对象、设计要求及标准,根据建筑和生产工艺了解卫生器具或用水设备的位置、类型和数量;了解室外排水管网的排水体制,排水管道的位置、管径、埋深、污水流向,检查井内的最高、最低、常水位,构造尺寸和对排入污水的水质要求等资料。

(2)设计计算

确定建筑物内部排水系统的体制;绘制出建筑物内部排水管道的平面图和系统图;进行水力计算,根据排水管道的设计秒流量确定排水管的管径、坡度并合理地选择通气管系统;选择和计算排水系统中设置的抽升设备和局部处理构筑物。

(3)绘制施工图

建筑给水排水工程施工图一般包括图纸目录、材料设备表、设计施工说明、平面图、系统图、局部详图(包括所选用的标准图)等。

①平面图:表明建筑物内部用水设备的平面位置以及给排水管道的平面位置。凡是设有卫生器具和用水设备的每层房间都应有平面图,当各楼层设备以及管道布置均相同时,只需画

出底层和标准层平面图即可。一般都将室内给水排水管道用不同的线型表示画在同一张图上。但当管道较为复杂时,也可分别画出给水和排水的平面图。

平面图常用的出图比例为1∶100,管线多时可以采用1∶50 ~ 1∶20,大型车间可用1∶200 ~ 1∶400。常用的图例符号可从《给水排水制图标准》(GB/T 50106—2001)规范中查询。

表4.19　排水管道允许负荷卫生器具当量数

建筑物性质	排水管道名称		允许负荷当量总数			
			50 mm	75 mm	100 mm	150 mm
住宅、公共居住建筑的小卫生间	横支管	无器具通气管	4	8	25	
		有器具通气管	8	14	100	
		底层单独排出	3	6	12	
	横干管			14	100	1 200
	立　管	仅有伸顶通气管	5	25	70	
		有通气立管			900	1 000
集体宿舍、旅馆、医院、办公楼、学校等公共建筑的浴室、厕所	横支管	无环行通气管	4.5	12	36	
		有环行通气管			120	
		底层单独排出	4	8	36	
	横干管			18	120	2 000
	立　管	仅有伸顶通气管	6	70	100	2 500
		有通气立管			1 500	
工业企业生活间:公共浴室、洗衣房、公共食堂、实验室、影剧院、体育场	横支管	无环行通气管	2	6	27	
		有环行通气管			100	
		底层单独排出	2	4	27	
	横干管			12	80	1 000
	立　管	仅有伸顶通气管	3	35	60	800

②系统图:称轴测图或透视图。表明给排水管道的空间位置及相互关系。图中 x 轴表示左右方向,y 轴表示前后方向,z 轴表示高度。x 轴与 y 轴的夹角一般为45°,轴测图中的管线长应与平面图中一致,有时为了方便也可以不与平面图一致。当轴测图中前后的管线重叠,给识图造成困难时,应将系统局部段剖开绘制。

系统图标明:各管道的管径、立管编号;横管的标高及坡度(以箭头表示坡降方向,注明管道坡度);楼层标高以及安装在立管上的附件(检查口、阀门等)标高。

系统图中应分别绘制给水、排水系统图,如果建筑物内的给排水系统较为简单时,可以不画系统图,而只画立管图。系统图常用的比例为1∶100,1∶50。

③详图:在系统图中无法表达清楚,又无标准图可供选用的设备、管道节点等,须绘制施工安装详图。以平面图及剖面图表示设备或管道节点的详细构造以及安装要求。

施工图还包括图例及施工说明。施工说明内容为:尺寸单位、施工质量要求,采用材料、设备的品种、规格、某些统一的做法及设计图中采用标准图纸的名称等。

4.5 屋面排水

屋面排水系统是汇集和排除降落在建筑物屋面上的雨、雪水。

4.5.1 雨水系统的选择

屋面雨水系统分为外排水系统、内排水系统和混合式系统,应根据建筑形式、使用要求、生产性质、结构特点及气候条件等进行选择。

(1)外排水系统

如图 4.17、图 4.18 所示。其特点、选用及敷设情况见表 4.20。

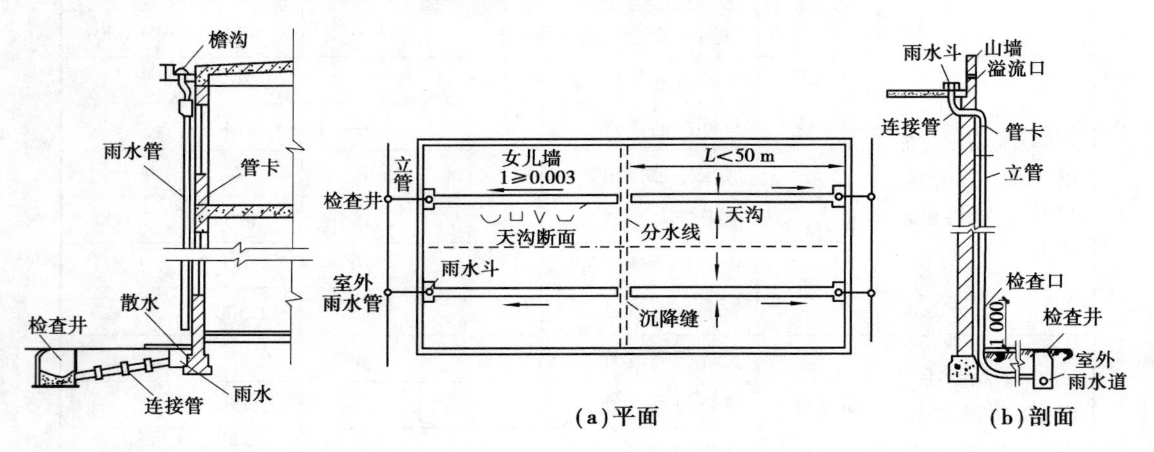

图 4.17　檐沟外排水图　　　　图 4.18　天沟外排水图

表 4.20　雨水外排水系统

技术情况	檐沟外排水	天沟外排水
特　点	雨水系统各部分均敷设于室外,室内不会由于雨水系统的设置而产生水患	
组成部分	檐沟、承雨斗及立管,参看图 4.17	天沟、雨水斗、立管及排出管,参看图 4.18
选择条件	适用于小型低层建筑,室外一般不设置雨水管渠	用于大面积厂房屋面排水,室外常设有雨水管渠 1. 厂房内不允许设置雨水管道 2. 厂房内不允许进雨水 3. 天沟长度不宜大于 50 m
管道材料	管道多用 26°白铁皮制成的圆形或方形管,接口用锡焊、铸铁管及石棉水泥管等(石棉水泥捻口)。也可用 UPVC 管和玻璃钢管	立管及排出管用铸铁管,石棉水泥接口;低矮厂房也可采用石棉水泥管,以套环接连

续表

<table>
<tr><th>技术情况</th><th>檐沟外排水</th><th>天沟外排水</th></tr>
<tr><td>敷设技术要求</td><td>1. 沿建筑长度方向的两侧，每隔 15 ~ 20 m 设 90 ~ 100 mm 的雨落管 1 根，其汇水面积不超过 250 m²
2. 阳台上可用 50 mm 的排水管</td><td>1. 天沟断面、长度及最小坡度等要求参考图 4. 18
2. 立管的敷设要求参考图 4. 18
3. 立管直接排水到地面时，须采取防冲刷措施。在湿陷性土壤地区，不准直接排水
4. 冰冻地区立管须采取防冻措施或设于室内</td></tr>
<tr><td>优　点</td><td colspan="2">1. 室内不会因雨水系统而产生漏水、冒水
2. 与厂房内各种设备、管道等无干扰
3. 节省金属管道材料</td></tr>
<tr><td>缺　点</td><td>1. 不适用于大型建筑排水
2. 排水较分散，不便于有组织排水</td><td>1. 厂房须设生产废水管道
2. 为保证天沟坡度，须增大垫层厚度，可能增大屋面负荷
3. 须加强天沟防水</td></tr>
</table>

(2) **内排水系统**

如图 4. 19 所示，其特点、选用及敷设情况见表 4. 21。

表 4. 21　雨水内排水系统

<table>
<tr><th rowspan="2">技术情况</th><th colspan="2">封闭系统</th><th colspan="2">敞开系统</th></tr>
<tr><th>直接外排式</th><th>内埋地管式</th><th>内埋地管式</th><th>内明渠式</th></tr>
<tr><td>特点</td><td colspan="2">1. 室内雨水管系统无开口部分，不会引起水患
2. 管道为压力排水，不允许接入生产废水
3. 排水能力较大</td><td>1. 可排入生产废水
2. 管内水流掺气，增大排水负荷，有可能造成水患</td><td>1. 结合厂房内明渠排水，节省排水管渠
2. 可减小管渠出口埋深</td></tr>
<tr><td rowspan="2">组成部分</td><td colspan="4">厂房设有天沟、雨水斗、连接管、悬吊管、立管及排出管参见图 4. 19</td></tr>
<tr><td>厂房内不设置埋地管</td><td>厂房内设有密闭埋地管和检查口</td><td>厂房内设有敞开埋地管和检查井</td><td>厂房内设置排水明渠</td></tr>
<tr><td rowspan="2">适用条件</td><td colspan="2">不允许地下管道冒水时</td><td rowspan="2">1. 无特殊要求的大面积工业厂房
2. 除埋地管起端的一、二个检查井外，可以排入生产废水</td><td rowspan="2">1. 结合工艺明渠排水要求，设置雨水明渠
2. 便于排除掺气水流，减少输送负荷，稳定水流</td></tr>
<tr><td>地下管道和设备较多设雨水管困难的厂房</td><td>1. 无直接外排水的条件
2. 厂房内有设置雨水管道的位置</td></tr>
<tr><td rowspan="2">管材接口及防腐</td><td colspan="4">1. 连接管、悬吊管、立管及排出管需采用铸铁管，石棉水泥接口；在可能受到振动处应采用钢管焊接接口
2. 金属管道均需有防腐措施</td></tr>
<tr><td>厂房内无埋地雨水管</td><td>埋地管为压力管，一般采用铸铁管</td><td>埋地管采用非金属管</td><td>明渠用砖砌槽，混凝土槽等</td></tr>
</table>

续表

技术情况	封闭系统		敞开系统	
	直接外排式	内埋地管式	内埋地管式	内明渠式
优点	1.不会产生雨水水患 2.避免了与地下管道和建筑物的矛盾 3.排水量较大	1.不会产生冒水 2.排水量较大 3.适用于空中设施较复杂而地下可敷设埋地管道的厂房	1.可省去废水管道，节省金属管材 2.维修管理较为方便 3.便于生产废水排除	1.可与厂内明渠结合，节省管材 2.稳定水流减轻渠道负担 3.减少出口的埋深 4.便于维护
缺点	1.厂房内需另设生产废水管道 2.架空管道过长易与其设备产生矛盾 3.可能产生凝结水 4.维护不便 5.多用金属管道材料	1.厂房内需另设生产排水管道 2.金属管道材料耗用量大 3.维护不便 4.造价较高，施工较烦锁	1.不能完全避免埋地管道冒水 2.易与厂房内地下管道及地下建筑产生矛盾 3.厂房较大时，可能造成埋地管道过多，施工不便	1.受厂房内明渠条件限制 2.使用环境条件较差 3.管渠接合较为复杂

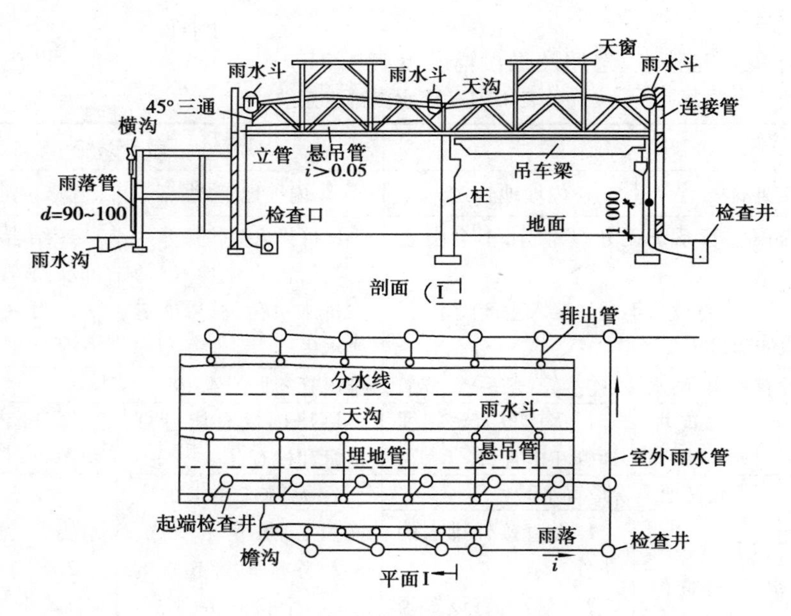

图 4.19　屋面内排水系统

(3)混合式排水系统

在大型工业厂房的屋面形式复杂，各部分工艺要求不同时，屋面雨水排水系统常需采用混合排水系统。常见的混合排水系有：内外排水结合、压力重力排水结合、暗管明沟结合等系统。实际工程中应根据实际情况，因地制宜，水流适当集中或分散排除，以满足生产要求，求得经济合理的排水方案。

4.5.2　雨水排水系统的水力计算

(1)屋面雨水流量

流量应根据一定重现期的降雨强度 H、屋面汇水面积 F 及屋面情况计算：

$$q_y = K\frac{F_w H}{3\ 600} \tag{4.5}$$

或

$$q_y = K_1\frac{F_w q_5}{100} \tag{4.6}$$

$$F_w = BL \tag{4.7}$$

式中　q_y——屋面雨水流量，L/s；

F_w——屋面汇水面积，m^2；

L——汇水面的长度，m；

B——汇水面积的宽度，m；

H——小时降雨厚度，mm/h；

q_5——降雨历时 5 min 的暴雨强度，L/(s · 100 m^{-2})；

K_1——考虑重面期为一年和屋面蓄积能力的系数。平屋面 $K_1 = 1$；斜屋面 $K_1 = 1.5 \sim 2.0$。

(2)雨水外排水系统水力计算

计算的目的是在已知屋面需要排泄的雨量及可能敷设的天沟坡度下，确定天沟断面积，雨水斗和立管的管径。

①天沟内水流速度采用满宁公式计算：

$$V = \frac{1}{n}R^{\frac{2}{3}}I^{\frac{1}{2}} \tag{4.8}$$

式中　V——天沟内水流速度，m/s；

R——水力半径，m；

I——天沟坡度；

n——天沟的粗糙度，各种材料的值见表 4.22。

表 4.22　各种材料的 n 值

壁面材料的种类	n 值
钢管、石棉水泥管、水泥砂浆光滑水槽	0.012
铸铁管、陶土管、水泥砂浆抹面混凝土槽	0.012 ~ 0.013
混凝土及钢筋混凝土槽	0.013 ~ 0.014
无抹面的混凝土槽	0.014 ~ 0.017
喷浆护面的混凝土槽	0.016 ~ 0.021
表面不整齐的混凝土槽	0.020
豆砂沥青马蹄脂护面的混凝土槽	0.025

②天沟过水断面积，其计算公式为：

$$\omega = \frac{q_y}{1\ 000\ V} \tag{4.9}$$

天沟实际断面应另增加保护高度50～100 mm，天沟起端深度不宜小于80 mm。

③天沟坡度：天沟较长坡度不能太大，视屋顶情况而定，但最小坡度不得小于0.003。

④选择雨水斗形式和直径。

⑤确定立管的管径，溢流口的计算。

(3)雨水内排水系统水力计算

该计算包括雨水斗、连接管、悬吊管、立管、排出管和埋地管等的选择及计算。

1)雨水管道的最小管径、最小坡度

雨水管道的最小管径、最小坡度参见图4.19。

2)雨水管道的充满度

雨水管道的充满度根据《建筑给水排水设计规范》(GB 50015—2010)规定，见表4.23。

表4.23　雨水悬吊管和埋地管的最大设计充满度

管道名称	管径/mm	最大设计充满度
悬吊管		0.80
密封系统的埋地管		1.00
敞开系统的埋地管	≤300	0.50
	350～450	0.65
	≥500	0.80

3)水力计算方法

①雨水斗：雨水斗的泄流量q_d计算公式为：

$$q_d = K_1 \frac{F_d H}{3\ 600} \text{或} F_d = \frac{3\ 600 q_d}{K_1 H} \tag{4.10}$$

式中　F_d——雨水斗的汇水面积，m^2；

q_d——雨水斗的泄流量，L/s；

H——小时降雨厚度，mm/h；

K_1——屋面蓄积能力系数；平屋面($i<2.5\%$)$K_1=1$；斜屋面($i\geq 2.5\%$)$K_1=1$。

②连接管：连接管一般不必计算，采用与雨水斗出水口相同的直径即可。

③悬吊管：悬吊管的排水流量与连接雨水斗的数目和斗到立管距离有关，单斗系统的悬吊管泄流能力比多斗系统多20%左右。若设计为单斗系统，则其悬吊管、立管、排出管的管径均与雨水斗规格相同，不必计算。

④立管：立管的排水能力较大，其最大允许汇水面积和排水流量见表4.24。在计算过程中，如出现悬吊管管径大于立管管径时，可放大立管管径使之与悬吊管管径相等同。

表 4.24　立管最大允许汇水面积和排水流量

管径/mm	75	100	150	200	250	300
汇水面积/m^2	360	680	1 510	2 700	4 300	6 100
排水流量/($L \cdot s^{-1}$)	10	19	42	75	120	170

注:本表是根据降雨强度 100 mm/h 计算的,如为其他强度时,应换算为相当于 100 mm/h 的汇水面和排水流量后,再查用本表。

⑤排出管:排出管一般不太长,可采用与立管管径相等,不必另行计算。

⑥埋地管:埋地管按重力流计算,其充满度控制在 0.5 ~ 0.8。

4.6　污水局部处理构筑物简介

目前建筑污水局部处理构筑物有:隔油池、降温池及化粪池等构筑物,现分别简述于下:

4.6.1　隔油池

隔油池是截留污水中油类的局部处理构筑物。含有较多油脂的公共食堂和饮食业的污水,含有汽油、柴油等油类的汽车修理间的污水和少量其他含油生产污水,均应经隔油池(井)局部处理后再排放,否则油脂进入管道后,随着水温下降,将凝固并附着在管壁上,缩小甚至堵塞管道。汽油等油类进入室外排水管道后,易挥发,当挥发气体增加到一定的浓度后可能引起爆炸,从而损坏管道,引起火灾。隔油池(井)采用上浮去油,其构造如图 4.20 所示。

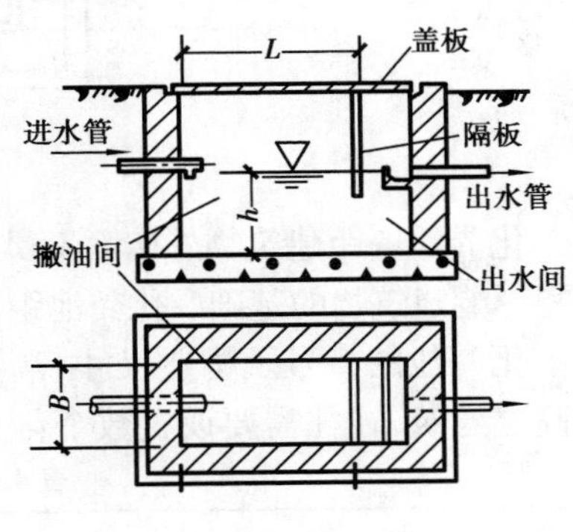

图 4.20　隔油池

4.6.2　降温池

当排出污水的温度高于 40 ℃时,应考虑降温措施。否则会影响后继污水处理构筑物的处理效果,同时因温度变化还可能造成管道裂缝、漏水等危害。降温时应首先考虑余热的利用。一般宜设降温池,降温池宜利用废水冷却,所需冷却水量应用热平衡方法计算确定。

4.6.3　化粪池

设置化粪池的主要目的是去除污水中可沉淀和飘浮的物质以及储存并厌氧消化沉入池底的污泥。化粪池常在建造集中的城市污水处理厂之前作为过渡性的生活污水局部处理构筑物,近期内还有其存在价值。在没有集中排水系统和城镇污水处理厂的地区,对远离城镇郊区的医院、独立的风景游览区的生活设施和小城镇或农村的企业和住宅等,化粪池可作污水处理构筑物。尽管化粪池处理污水的程度很不完善,排出的污水仍有恶臭,但在我国多数城镇尚无污水处理厂的情况下,化粪池的使用还是比较广泛的。

据报道,设计得当的化粪池能降低悬浮固体含量的 70% ~80% 和 BOD_5 的 30% ~50%。

油和脂的去除率一般为70%～80%，磷的去除率约15%。化粪池出水中细菌的浓度变化很大。化粪池如图4.21所示，可采用砖、石或钢筋混凝土等材料砌筑，目前钢筋混凝土化粪池采用较多。化粪池的池形有圆形和矩形两种，实际使用矩形较多。在污水量较少或地盘较小时，也可采用圆形化粪池。

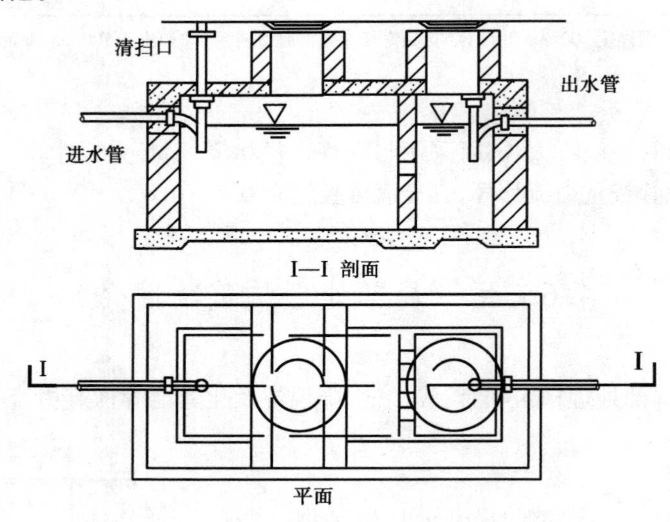

图4.21　化粪池

化粪池壁距建筑物外墙面不得小于5 m，如受条件限制达不到要求时，可酌情减小距离，但不得影响建筑物的基础。化粪池距离地下取水构筑物不得小于30 m。池壁、池底应防止渗漏。

化粪池的型号及构造尺寸，常根据使用卫生设备的人数来确定，一般可根据表4.25选用，对高层建筑，往往需要设置数个化粪池。

表4.25　化粪池构造尺寸及使用人数

型号（无地下水）	有效容积/m^3	构造尺寸/mm						使用人数/人
		L	B	L_1	B_1	H_1	C_1	
1号	3.75	5 030	1 690	2 850	750	1 400	240	120以下
2号	6.25	6 330	1 940	3 150	1 000	1 600	240	120～200
3号	12.50	5 460	2 440	3 150	1 500	2 100	370	200～400

化粪池容积，可按下列公式计算确定。

（1）**粪池实际容积**

$$V = V_1 + V_2 \tag{4.11}$$

式中　V——化粪池实际容积，m^3；

V_1——化粪池有效容积，m^3；

V_2——化粪池保护层容积，m^3。

（2）**有效容积**

由污水和污泥两部分组成，即

$$V_1 = \frac{Nqt}{24 \times 1\ 000} + \frac{aNT(1-b)Km}{(1-c) \times 1\ 000} \tag{4.12}$$

式中　N——化粪池实际使用人数。①对于医院、疗养院等，N 值可取 100% 的居住人数；②住宅、集体宿舍、旅馆等，N 值可取总人数的 60% ~70%；③办公楼、教学楼等，N 值可取总人数的 40% ~50%；④公共食堂、影剧院、体育场等，N 值可采用总人数的 10%。

q——每人每天污水量(一般可采用 20 ~30 L/(cap · d))。

t——污水在池中停留时间(一般可采用 12 ~24 h)。

a——每人每天污泥量(粪便污水与生活废水分流时，一般可采用 0.4 L/(cap · d)；合流时，可采用 0.7 L/(cap · d))。

T——污泥清掏周期(一般采用 90 ~365 d)。

b,c——新鲜和发酵污泥的含水率，取 95% 和 90%。

K——污泥发酵后体积缩减系数，取 0.8。

m——清掏污泥后遗留的熟污泥量容积系数，取 1.2。

(3)保护层容积

化粪池保护层容积 V_2，根据化粪池大小确定，保护层高度一般采用 0.25 ~0.45 m，化粪池实际容积确定后，即可参阅我国现行的《给水排水标准图集》。

4.7　建筑中水工程简介

4.7.1　建筑中水设计适用范围及系统基本类型

建筑中水设计适用范围：对于淡水资源缺乏，城市供水严重不足的缺水地区，利用生活废水经适当处理后回用于建筑物和建筑小区供生活杂用，既节省水资源，又使污水无害化，是保护环境，防治水污染，缓解水资源不足的重要途径。建筑中水设计适用于缺水地区的各类民用建筑和建筑小区的新建、扩建和改建工程。

按中水供水范围划分，中水系统的基本类型一般可分为 3 种，见表 4.26。

表 4.26　中水系统基本类型

类　型	系统图	特　点	适用范围
城市中水系统	上水管道　城市　下水管道　污水处理厂　中水处理站　中水管道	工程规模大，投资大，处理水量大，处理工艺复杂，一般短时期内难以实现	严重缺水城市，无可开辟地面和地下淡水资源时
小区中水系统	上水管道　中水管道　建筑物　建筑物　建筑物　中水处理站　下水管道	可结合城市小区规划，在小区污水处理厂、部分污水深度处理回用，可节水 30%，工程规模较大，水质较复杂，管道复杂，但集中处理的处理费用较低	缺水城市的小区建筑物分布较集中的新建住宅小区和集中高层建筑群

续表

类　型	系统图	特　点	适用范围
建筑中水系统	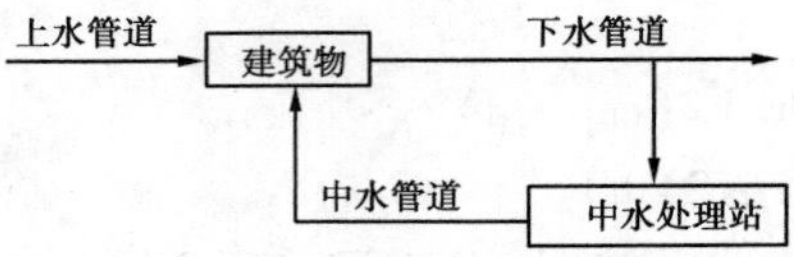 上水管道→建筑物→下水管道 下水管道↓中水处理站 中水处理站→中水管道→建筑物	采用优质排水为水源，处理方便，流程简单，投资省，占地小。便于与其他设备机房统一考虑，管道短，施工方便，处理水量容易平衡	大型公共建筑、公寓和旅馆、办公楼等

4.7.2　中水水源及水质基本要求

(1)中水水源

中水水源的选用应根据原排水的水质、水量、排水状况和中水所需的水质、水量确定。中水水源一般为生活污水、冷却水、雨水等。医院污水不宜作为中水水源。根据所需中水水量应按污染程度的不同优先选用优质杂排水，可按下列顺序进行取舍：

①冷却水；②淋浴排水；③盥洗排水；④洗衣排水；⑤厨房排水；⑥厕所排水。

(2)中水水质基本要求

①卫生上安全可靠：无有害物质；②外观上无不快的感觉（如浊度、色度等）；③不引起设备、管道等的严重腐蚀、结垢和不造成维护管理的困难（如 pH 值等）。

4.7.3　中水处理工艺流程

(1)国内已设计、使用或正在设计施工中的流程

见表 4.27，表中名称栏是按主要处理工艺的习惯概括称法。前 4 种流程是处理经过分流的洗浴废水。前两种宜处理优质杂排水，3 种和 4 种可处理杂排水。后 4 种流程可处理含粪便污水在内的生活污水。一般均需经过一段或二段生物处理。处理后的出水均可作为杂用水使用。

表 4.27　国内目前已设计的流程类型

序　号	简　称	预处理	主处理	后处理
1	直接过滤	加氯或药 ↓ 格网→调节池→	直接过滤→	消毒剂 ↓ 消毒→中水
2	接触过滤（双过滤）	混凝剂 ↓ 格网→ 调节池 →	接触过滤→活性炭吸附→	消毒剂 ↓ 消毒→中水
3	混凝气浮	混凝剂 ↓ 格网→调节池→	混凝气浮→过滤→	消毒剂 ↓ 消毒→中水
4	接触氧化	格栅（网）→调节池 （预曝气）	↓空气 →曝气→沉淀 接触氧化　→过滤	消毒剂 ↓ →消毒 →中水

续表

序　号	简　称	预处理	主处理	后处理
5	氧化槽	格栅(网)→调节池	→氧化槽→过滤→消毒→中水 接触氧化	消毒剂 ↓
6	生物转盘	格栅(网)→调节池	→生物转盘→沉淀→过滤→消毒→中水 →污泥	↓消毒剂
7	综合处理	格栅→调节池→生物处理→混凝→沉淀→过滤→炭吸附→消毒 (一、二级) (污泥法、氧化法)　→污泥		↓消毒剂
8	二级处理 + 深度处理	二级处理出水→接触氧化→混凝→沉淀→过滤→炭吸附→消毒 → 污泥		↓消毒剂

注:1. 步骤可用,也可不用,视水质情况定。

2. 后4种流程均有污泥处理,表内未列。

(2)选择流程应注意的问题

①根据实际情况确定流程。确定流程时必须掌握中水原水的水量、水质和中水的使用要求,中水用途不同而对水质要求的不同以及各地各种建筑的具体条件的不同,其处理流程也不尽相同。选流程切忌不顾条件地照搬照套。

②环境要求的提高和管理水平的限制,处理设备的组装化、密闭性及管理自动应予以重视。不允许也不可能将常规的污水处理厂缩小后,搬入建筑或建筑群内。

③应充分注意中水处理给建筑环境带来的臭味、噪声的危害。

④选用定型设备,尤其是一体化设备应注意其功能和技术指标,确保出水水质。

4.7.4　中水处理方法

按目前已被采用的方法大致可分为以下3类。

(1)生物处理法

该方法是利用微生物的吸附、氧化分解污水中有机物的处理方法,包括好氧微生物处理和厌氧微生物处理。中水处理多采用好氧生物膜处理技术。参考流程表中前4种均以此法为主。

(2)物理化学处理法

该方法以混凝沉淀(气浮)技术及活性炭吸附相组合为基本方式,与传统二级处理相比,提高了水质。参考流程表中的第5种、第6种即为纯物理化学流程。

(3)膜处理法

超滤或反渗透膜处理法,其优点不仅悬浮物SS的去除率很高,而且在排水利用中令人担心的细菌数和病菌数及病毒也能得以很好分离。目前正在进一步开发优质性能的膜以容易洗净的结构组件。参考流程表中的第5,6,7,8种即以膜处理法为主。各种中水处理方法比较见表4.28。

表 4.28　各种中水处理方法比较

项　目		生物处理法	物理化学处理法	膜处理法
1	回收率	90% 以上	90% 以上	70% ~80%
2	适用原水	杂排水、厨房排水、污水	杂排水	杂排水
3	重复用水的适用范围	杂排水—冲厕、空调污水—冲厕	冲便器、空调	冲便器、空调
4	负荷变化	小	稍大	大
5	间歇运转	不适合	稍适	适合
6	污泥处理	需要	需要	不需要
7	装置的密封性	差	稍差	好
8	臭气的产生	多	较少	少
9	运转管理	较复杂	较容易	容易
10	装置所占面积	最大	中等	最小

4.7.5　中水管道的布置及敷设

中水管道系统分中水原水集水系统和中水供水系统。

(1)中水原水集水系统

1)室内合流制集水系统

将生活污水和生活废水用一套排水管道排出的系统。管道布置与室内排水管道相同,注意尽可能地提高污水的流出标高,室内集流管则可以充分利用排水的水头。室内集流干管要选择合适位置设置必要的水平清通口。

2)室内分流集水系统

污水、废水分别以不同的排水管道排出,中水原水水质较好。分流管道布置在不影响使用功能的前提下,专业间协商合作,达到使用功能合理,接管顺畅美观的统一。便器与洗浴设备最好分设或分侧布置以便于接入单独的支管、立管排除。多层建筑洗浴设备宜上下对应布置以便于接入单独立管。高层公共建筑的排水宜采用污水、废水、通气三管组合管系。污、废支管不宜交叉以免横支管标高降低过大。

(2)中水供水系统

1)中水供水管道系统

中水供水管道系统和给水供水系统相似,其图式如图 4.22(a)是余压供水,靠最后处理工序的余压将水供至用户,图 4.22(b)是水泵水箱供水系统,图 4.22(c)是气压供水系统。

2)中水供水管道和设备的要求

①中水管道必须具有耐腐蚀性,因为中水保持有余氯和多种盐类,产生多种生物学和电化学腐蚀,采用塑料管、衬塑复合钢管和玻璃管比较适宜。

②中水管道、设备及受水器具应按规定着色以免误饮误用。《建筑中水设计规范》(GB 50336—2002)规定为浅绿色。

③不采用耐腐蚀材料的管道,设备应作好防腐蚀处理,表面光滑,易于清洗、清垢。

④中水用水最好采用与人直接接触的密闭器具,冲洗浇洒采用地下式给水栓。

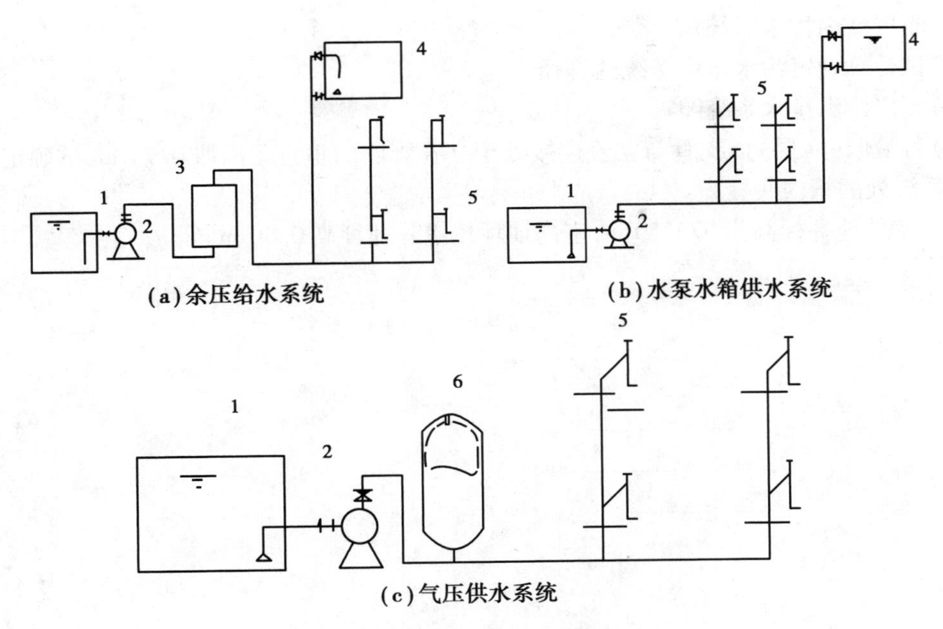

图4.22 中水供水系统

1—中水贮池;2—水泵;3—压力处理器;4—中水供水箱;5—中水用水器具;6—气压罐

习 题 4

1. 简述建筑排水系统的组成。

2. 建筑排水系统中为什么要设通气管系统?

3. 水封的作用是什么?

4. 设计计算题:图4.23所示某学院女生宿舍楼为五层砖混建筑,层高为3.0 m,各层卫生间布置相同,卫生间内设蹲式大便器(采用自闭式冲洗阀)、污水池、盥洗槽,卫生间平面布置如图4.23所示,就近排入市政排水系统中。

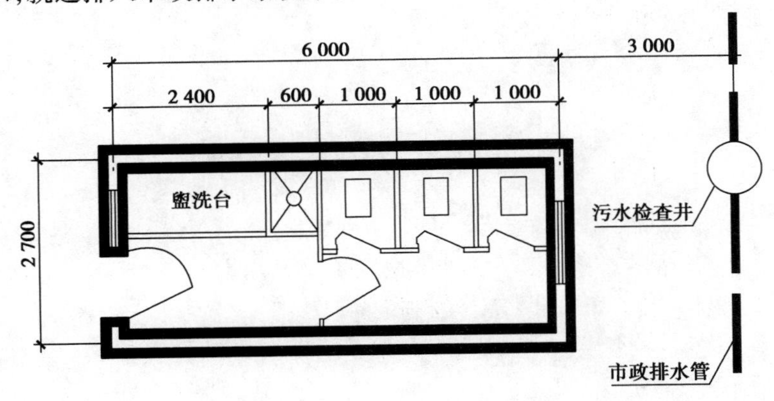

图4.23

(1)布置室内排水系统;

(2)试计算确定污水排水系统的管径;

(3)画出污水排水系统图;

(4)若最低(底层)横支管与立管连接处至立管管底的垂直距离取0.75 m,试确定接入市政排水系统处的管内底标高。

(注:室外地坪标高为673.50 m;室内地坪比室外地坪高0.30 m。)

第3篇 建筑采暖、通风及空气调节

第5章 供暖、热水供应与燃气工程

为了保证冬季人们在室内的正常生活和工作,需向室内供应相应的热量,以维持室内所需要的温度。这种向室内供热量的设备工程称为供暖系统。把生活用水加热后通过管道系统供应到使用地点的设备工程称为生活热水供应系统。气体燃料清洁卫生、热能效率高、火力调节容易、易于实现燃烧过程自动化;燃气工程包括城市气源厂(站)和城市输配管道以及用户管道系统和计量燃烧设备等。

5.1 供暖系统分类方式及选择

5.1.1 供暖系统的组成和供暖系统的分类及热源

(1)供热系统的组成

无论在日常生活还是在社会生产中,都显示出人们对热能的需求。如建筑供暖、供热水、通风、空气调节需要热能,石油、化工、建材、纺织、皮革等行业的生产工艺也需要热能。通常把需要热能的统称为热用户,把生产热能的称为热源,利用蒸汽、热水等热媒把热能从热源输配到热用户的管道和设备称为热网。热源和热网合称为供热工程,并与热用户组成供热系统。当热用户以建筑物供暖为主时,称为集中供暖系统;单体建筑物的供暖工程设备称为建筑供暖系统,如图5.1所示。

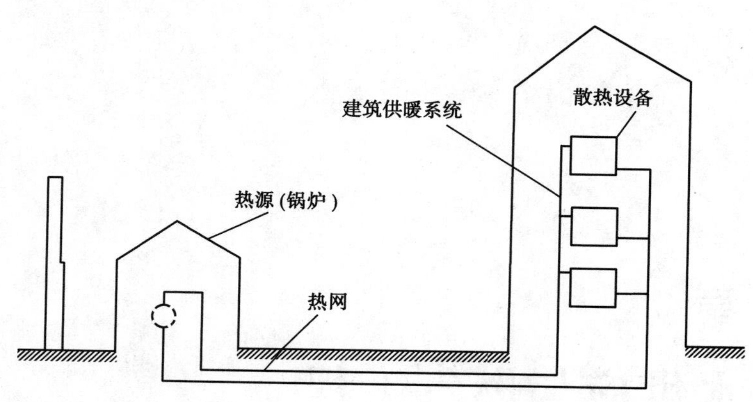

图5.1 热水集中供暖系统

若将热源和散热设备合并为一个整体,设置在各个房间里,称为“局部供暖”,如火炉供暖就是典型的局部供暖,这种供暖方式热效率低,浪费能源,污染大气,目前在城镇中的数量越来越少。

(2)供暖系统的分类及热源

我国的集中供暖事业近年来发展很快,三北地区的城市已基本建立了城市集中供暖系统。在我国一些经济发达的城市,已建立了能同时满足供暖、生产和生活用热能的集中供热系统。

①供暖系统按使用的热媒不同,分为热水供暖、蒸汽供暖、热风供暖系统。

热水供暖系统的特点是热能利用率高、节省燃料、供热稳定、供热半径大、卫生、安全等。热水供暖按热水温度不同分为高温热水供暖(供水温度>100 ℃)和低温热水供暖(供水温度<100 ℃);高温热水系统通常设计供水温度为110~130 ℃,回水温度为70~80 ℃;低温热水散热器供暖系统设计供回水温度为95/70 ℃,热水地面辐射供暖系统设计供回水温度为60/50 ℃。高温热水供热系统的水温高、供回水温差大,其建设投资、输送热媒的能耗和热损失比低温热水系统低,但是高温热水供暖的热舒适度、卫生条件和安全性差,主要适用于工业建筑和车站、影剧院、商业等公共建筑,以及城市市政供热管网的热能输送。低温热水供暖系

统的热舒适度、卫生条件和安全性好，适用于居住建筑、幼儿园、学校、医院、办公楼等民用建筑。为了便于获取自然界的低温热能，利用空气源热泵、水源热泵、地源热泵、太阳能等供暖，近几年，降低了低温热水供暖系统的水温；《民用建筑供暖通风与空气调节设计规范》(GB 50736—2012)第5.3.1条规定，散热器集中供暖系统宜按75/50 ℃连续供暖进行设计，且供水温度不宜大于85 ℃，供回水温差不宜小于20 ℃；第5.4.1条规定，热水地面辐射供暖系统供水温度宜采用35～45 ℃，不应大于60 ℃；供回水温差不宜大于10 ℃，且不宜小于5 ℃。

蒸汽供暖系统的特点是：应用范围大，蒸汽在输送过程中发生跑冒滴漏造成热能的大量浪费，虽然蒸汽热媒温度高使得所需散热器面积小、应用范围广，但对居住建筑存在使用不卫生、不安全等隐患。按蒸汽热媒压力大小可分为低压蒸汽供暖、高压蒸汽供暖和真空蒸汽供暖。当用热户既有供暖热负荷，又有工业通风、生产工艺要求的热负荷时，通常多以蒸汽作为热媒以满足生产工艺的要求；此时的建筑供暖可利用工业余热(多余的蒸汽)或采用热交换装置，将蒸汽热能转换成热水作为供暖系统的热媒。

热风供暖系统的特点是利用空气作为热媒，它是利用加热空气技术的另一种供暖方式。具有升温快、设备简单、投资较小的优点，但该系统噪声较大，不宜于住宅建筑中。多用于耗热能大、所需供暖面积大、定时使用供暖的建筑，如影剧院、体育场等大型公共建筑或有特殊要求的工业厂房。

②供热热源主要有热电厂、区域锅炉房、换热站等；输送热能的热媒介质主要有蒸汽和热水。

如图5.2所示为背压式汽轮发电机组的热、电联合生产的热电厂供热系统，锅炉主要以燃煤为主，产生的高压、高温蒸汽进入背压式汽轮机，在汽轮中进行膨胀，推动汽轮机转子高速旋转，带动发电机发出电能供给电网。蒸汽胀膨后压力降为$(8\sim13)\times10^5$ Pa，由汽轮机排出进入蒸汽供热系统，供给各蒸汽用户，或者进入汽-水加热器，加热热水供暖系统的循环水，供热水给热用户。这种同时产生电能和热能的热源形式具有较高的热效率，燃煤价格较低廉，是大

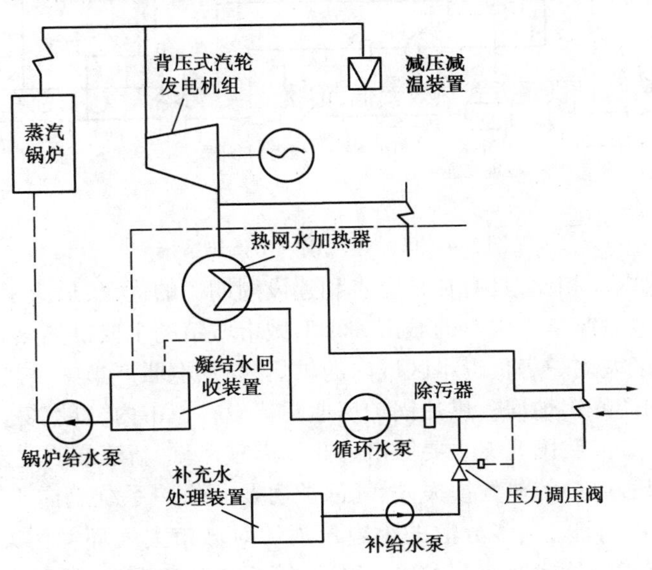

图5.2　背压式热电厂供热系统

中型城市集中供热的主要热源形式;但是燃煤带来了大气环境污染,在发展城市集中供热事业的同时要做好环境保护工作。

热电联产机组除背压式机组形式外还有抽气式和凝汽式等组合机组形式。

作为城市某区域内集中供热热源的锅炉房称为区域供热锅炉房或集中供热锅炉房。图5.3和图5.4分别为以热水为热媒和以蒸汽为热媒的区域锅炉房集中供热系统示意图。

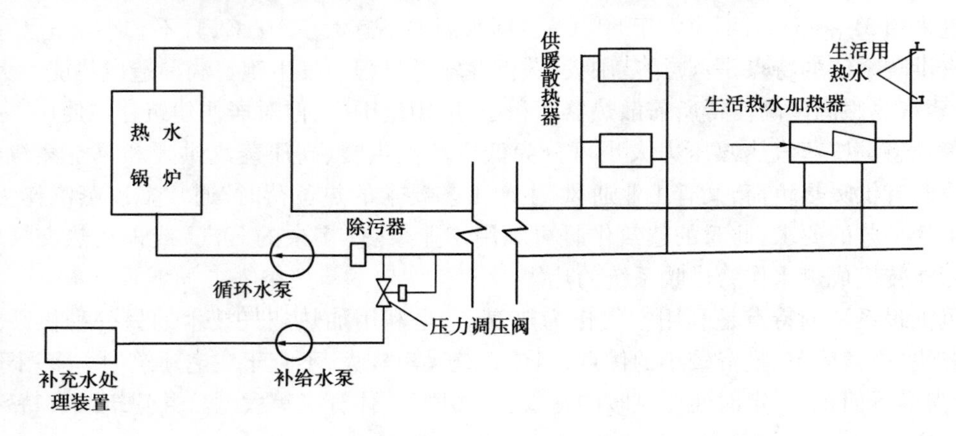

图5.3　区域热水锅炉房供热系统

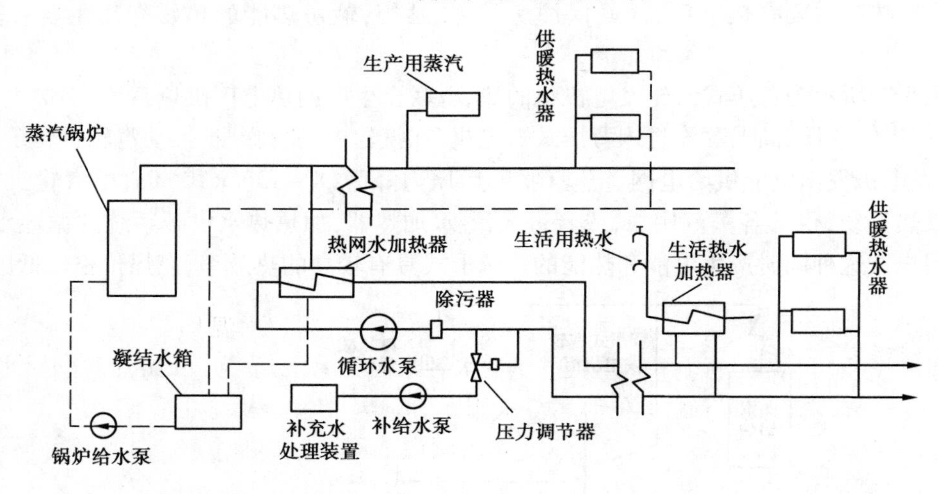

图5.4　区域蒸汽锅炉房供热系统

供热锅炉房与热电厂相比,具有初投资小和建设周期短的优点,适应了我国城镇基本建设的快速发展,是无热电联产集中供热的城市和小型城市城镇的主要供热热源形式;在有热电联产集中供热的城市,区域锅炉房负责本区域内的供热,与热电联产集中供热系统联网作为热电联产集中供热系统的调峰锅炉房。供热锅炉房通常建设在城市内,以燃煤为燃料时,对城市大气环境造成了严重污染。我国北方主要城市近几年雾霾严重,新建或改建多为燃气锅炉房;为了减少管网输送热媒过程中的热量损失,燃气锅炉房及其供热系统趋向于小型化。燃煤锅炉房因为小容量锅炉热效率低,众多分散的小容量锅炉对城市大气环境污染更严重。《严寒和寒冷地区居住建筑节能设计标准》(JGJ 26—2010)第5.2.3条规定,独立建设的燃煤锅炉房的单台锅炉容量不宜小于7.0 MW。

换热站内的主要设备是热交换器和水泵，市政供热管网的蒸汽或高温热水通过热交换器转换成符合热水供暖系统的较低温度热水，同时也隔绝了市政供热管网和热水供暖系统的压力相互影响。每座换热站的供热规模宜控制在5万～10万m^2，供热范围可以是建筑群或单栋建筑物，或一个或数个住宅小区。

5.1.2　热水供暖系统

热水供暖系统是目前广泛应用的供暖系统。

按系统循环动力分：自然循环（即重力循环）和机械循环系统。

按散热器的接管根数分：单管和双管系统。

按系统的管道敷设方式分：垂直式和水平式系统。

（1）自然循环热水供暖系统

图5.5是自然循环热水垂直双管供暖系统工作原理图。该系统主要依靠锅炉加热和散热器散热冷却造成供、回水温度差而形成水的密度差，维持系统中的水循环，这种水的循环作用压力称为自然压头。

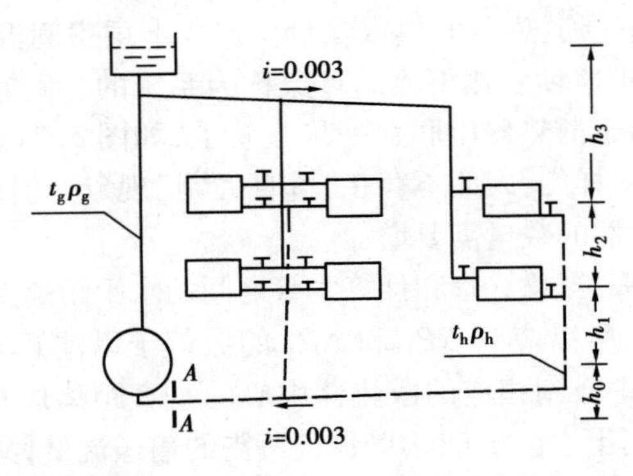

图5.5　自然循环热水垂直双管供暖系统工作原理图

自然压头的简化计算，忽略了水沿管路流动时的冷却，假设水温只在两处发生变化，即锅炉内（加热中心）和散热器内（冷却中心）。供水管水温为t_g，密度为ρ_g，冷却后的回水管水温为t_h，密度为ρ_h，系统内各点之间的高度分别用h_0，h_1，h_2和h_3表示。假设在图5.5的循环环路最低点的断面A—A处有一个阀门，若突然将阀门关闭，则在断面A—A两侧受到不同的水柱压力，这两侧所受到的水柱压力之差就是驱使水进行循环流动的自然压头。

对于经过第一层散热器的循环环路：

断面A—A右侧的水柱压力为：

$$P_1 = g(h_0\rho_h + h_1\rho_h + h_2\rho_g + h_3\rho_g)$$

断面A—A左侧的水柱压力为：

$$P_2 = g(h_0\rho_h + h_1\rho_g + h_2\rho_g + h_3\rho_g)$$

该环路的自然压头ΔP_1为：

$$\Delta P_1 = P_1 - P_2 = gh_1(\rho_h - \rho_g) \tag{5.1}$$

对于经过第二层散热器的循环环路：

断面A—A右侧的水柱压力为：

$$P_1' = g(h_0\rho_h + h_1\rho_h + h_2\rho_h + h_3\rho_g)$$

断面 $A—A$ 左侧的水柱压力为：

$$P'_2 = g(h_0\rho_h + h_1\rho_g + h_2\rho_g + h_3\rho_g)$$

该环路的自然压头 $\Delta P'_1$ 为：

$$\Delta P'_1 = P'_1 - P'_2 = g(h_1 + h_2)(\rho_h - \rho_g)$$
$$= \Delta P_1 + gh_2(\rho_h - \rho_g) \tag{5.2}$$

考虑因管壁散热水温沿途降低而附加的自然压头 $\Delta P'_2$，它的大小与系统供水管路的长短、加热中心与各层散热器中心（冷却中心）的垂直距离、楼层数以及计算的冷却点与锅炉的水平距离等因素有关。其数值参见附录5.1。

因此，经过计算立管第一层散热器的循环环路的自然压头 ΔP 为：

$$\Delta P = \Delta P_1 + \Delta P'_2 \tag{5.3}$$

其中，$\Delta P'_2$ 的数值因计算立管而异。

经过计算立管第二层散热器的循环环路的自然压头 $\Delta P'$ 为：

$$\Delta P' = \Delta P'_1 + \Delta P'_2 = \Delta P_1 + gh_2(\rho_h - \rho_g) + \Delta P'_2 \tag{5.4}$$

当第一、二层房间热负荷相同，采用的立管、支管管径相同时，由于 $\Delta P' > \Delta P$，使流过上层散热器的热水量多，流过下层散热器的热水量少。造成上层房间温度偏高，下层房间温度偏低。通常把热水供暖系统中这种上热下冷的现象称为系统的“垂直失调”。当采用单管顺流式系统时，垂直干管系统由于散热器串联在一根立管上，如图5.7(a)、(b)所示，立管的自然循环作用压力对每层都是一样的，因此不存在“垂直失调”现象。但由于经过各层散热器的水温越来越低，下层房间散热器的数量需要增加。

四层或四层以下的楼房，当总立管和计算立管之间的水平距离≤100 m时，ΔP_1 或 $\Delta P'_1$ 的数值总是大于 $\Delta P'_2$ 的数值，所以应对 ΔP_1 和 $\Delta P'_1$ 的数值予以注意。当供、回水温度一定时，ΔP_1 和 $\Delta P'_1$ 的数值与锅炉中心到相应的散热器中心的垂直距离成正比。由于自然压头的数值很小，所能克服的管路的阻力也很小，为既保证所需的输送流量，又使系统管径不致过大，要求锅炉中心与最下层散热器中心的垂直距离一般不小于2.5～3.0 m。

自然循环供暖系统中水流速度较慢，水平干管的水流速小于0.2 m/s；干管的空气气泡浮升速度为0.1～0.2 m/s，立管约为0.25 m/s；故水中的空气能逆着水流方向向高处聚集。在上供下回自然循环热水供暖系统运行时，空气经过供水干管聚集到系统最高处，再通过膨胀水箱排往大气。因此，系统的供水干管向膨胀水箱方向为坡上升，其坡度为0.5%～1%。

由于系统的自然压头很小，其作用半径（总立管到最远立管沿供水干管走向的水平距离）不宜超过50 m，而且系统的管径也相对较大。但是由于系统不消耗电能，运行管理简单，当有可能在低于室内地面标高的地下室、地坑中安装锅炉时，一些较小的独立的建筑中可采用自然循环热水供暖系统。

(2)机械循环热水供暖系统

如图5.6所示，该系统依靠水泵使系统内的水循环流动。为了维持循环水泵吸入口的压力恒定以及防止水泵抽空和系统的水发生汽化现象，通常把膨胀水箱的膨胀管接在循环水泵吸入口的回水管路上作为系统的定压点。对供水温度为95 ℃的热水供暖系统，膨胀水箱只需高于系统的最高点，就可保证系统内任一点的压力大于大气压，并保证系统始终充满水。对供水温度大于100 ℃的热水供暖系统，膨胀水箱的高度需大于系统最高点处的热水汽化压力。

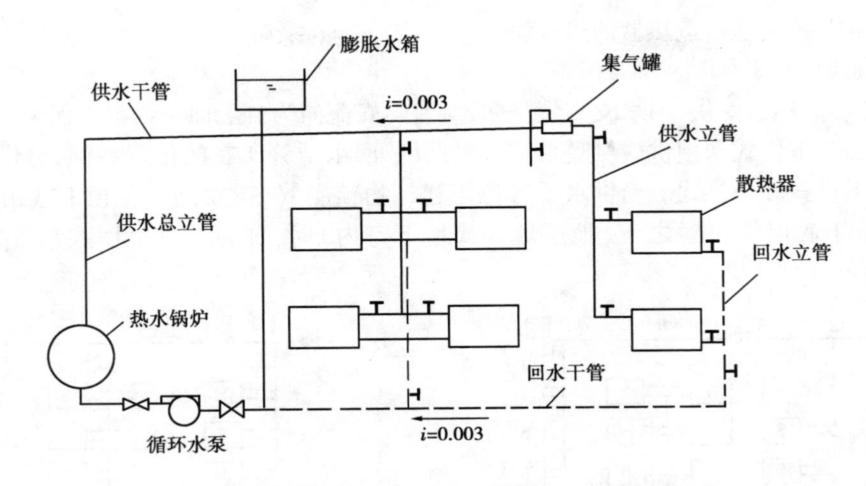

图5.6　机械循环双管上供下回式热水供暖系统

与自然循环热水供暖系统相比,机械循环热水供暖系统还具有以下特点:

①供暖系统的作用压力或驱动力比自然循环的压头大得多,管内水流速度可选用较高的流速,管径较小、节省管材。

②管内空气与水同方向流动,膨胀水箱不能完全排除系统中的空气。为了顺利地排除系统中的空气,供水干管应顺水流方向敷设向上的坡度,并在管段最高点处设置集气罐,排出系统中的空气。

③供暖系统有足够作用压头,供暖系统半径增大。供暖系统可采用较多而灵活的形式。

1)单管和双管供暖系统

供暖系统按散热器热媒进出接管的配管根数,分为双管和单管供暖系统。

①双管供暖系统:如图5.6所示为双管系统,其特点是每组散热器热媒进、出管分别与供、回水立管并联连接,流入每组散热器的流量可通过调节阀或温控阀控制,以调节室内温度控制供热量,满足《民用建筑节能设计标准(采暖居住建筑部分)》的要求。但供暖系统的管道、附件投资增加,其次对3层以上的建筑,存在供、回水立管中因水密度差形成的自然作用压头对下层产生的不利影响,即"垂直失调"现象。楼层数越多,垂直失调越严重。

②单管供暖系统:又分为单管顺流式(串联式)和单管跨越式。单管顺流式系统是将多组散热器采用一根管道串联连接,如图5.7(a)、(b)中的*AD*,*BE*立管。热水顺序流进每组散热器,利用立管上的阀门集中控制立管的热水流量,节省了管道和阀件,避免了垂直方向上的"垂直失调"现象,但无法调节和计量每个房间的供热量。

这类系统的同程式[见图5.7(a)]的各立管环路的总长度都是相等的,各条环路的总长度相等,压力损失容易平衡,热媒流量分配均匀;而异程式[见图5.7(b)]中各环路的总长度不等,系统中各立管环路的压力损失难以平衡,需用不同的立管管径(如*AD*立管采用的管径最小)消除或减小各立管环路的压力损失差。如果靠减小管径仍不能消除图中*OADG*立管环路的剩余压力,过多的热媒从*OADG*环路流过,使其他环路的热媒流量过少不能满足供暖需求,同层房间出现近热远冷的冷热不均现象,也称为系统的水平失调。

单管跨越式系统如图5.7中的*CF*立管的热水部分流进散热器,另一部分则通过跨越管与散热器出口支管的回水在接点处混合后进入下一组散热器。可在散热器支管或跨越管上设置调节控制阀,控制通过散热器的热水流量。

2)垂直式供暖系统

楼房各层散热器由供、回水支立管竖向连接,热媒流向为自上而下或自下而上。

①上供式、下供式和中供式供暖系统。根据供、回水干管所在的位置不同,将供暖系统分为上供式、下供式和中供式。当供水干管位于建筑物顶层散热器之上(屋顶下或吊顶内)时,回水干管位于底层散热器之下(地层地沟或地下室内)时,称为上供下回式系统,如图 5.7(a)、(b)所示。

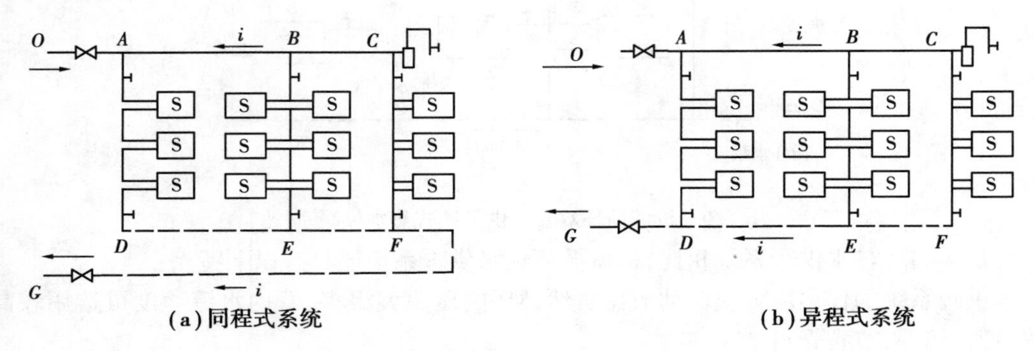

(a)同程式系统　　(b)异程式系统

图 5.7　上供下回式

图 5.8 为下供下回式双管系统,供、回水管均设在底层散热器之下(敷设在底层地沟或地下室内),这种系统的垂直失调现象较上供下回式要弱一些。虽然底层的自然作用压头最大,但流进第一层散热器的循环环路也最短,压力损失最小;最高层散热器环路的自然作用压头最小,但环路管道也最长,压力损失最大。这样各层并联环路的压力损失相差不大容易平衡。系统的空气排除可通过立管顶端或顶层散热器上的排气阀进行。

某些建筑物顶层大梁底标高过低,采用上供下回式供水干管难于敷设,可采用图 5.9 的中供下回式双管系统,由于供水干管在建筑中间层,相对降低了立管的高度,可以减小垂直失调现象。上层的排气方式同下供下回式系统。

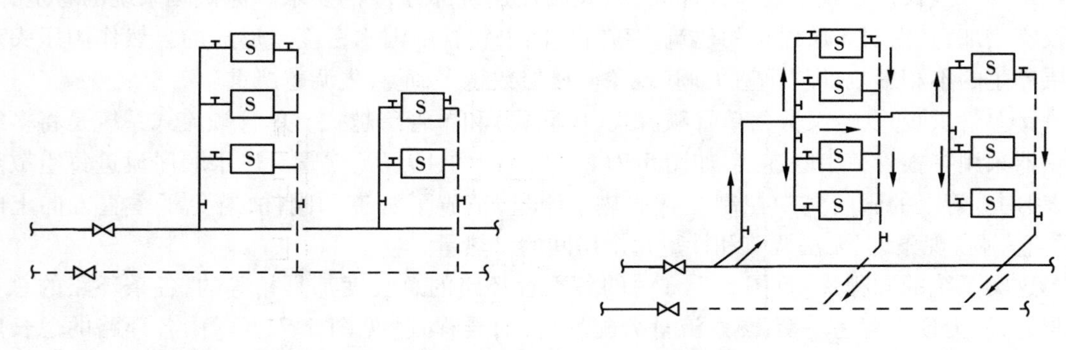

图 5.8　下供下回式系统　　图 5.9　中供下回式系统

对某些建筑物若无地下室,又不允许在底层设置地沟时,可把供、回水干管布置在顶层的屋顶之下或顶层吊顶内,如图 5.10 所示为上供上回式双管系统。这种系统必须在供、回水干管上分别设置坡度和集气罐(管段最高点),用以排除系统中的空气。但这种系统的垂直失调现象较上供下回式双管系统还要严重,对层数较多的供暖系统不宜使用。

②单、双管混合式供暖系统。采用双管供暖系统,当楼层数大于 3 层以上时,由自然压头

产生的垂直失调现象比较明显；采用单管顺流式供暖系统，当建筑物较高或楼层数较多时，也出现散热器支管偏大和底层散热器水温偏低（散热器面积须增加）等问题。对中、高层建筑物，常采用单、双管混合式供暖系统。

图5.11为单、双管混合式供暖系统。该系统在垂直方向上分为若干组，每组为2～3层，均采用双管连接散热器，各组之间采用单管连接。这样，形成的自然压头仅在此2～3层中起作用，避免了楼层高单纯采用双管系统的严重垂直失调现象；同时减小了散热器支管管径，各个散热器也可自行局部调节其热媒流量，控制室内温度。

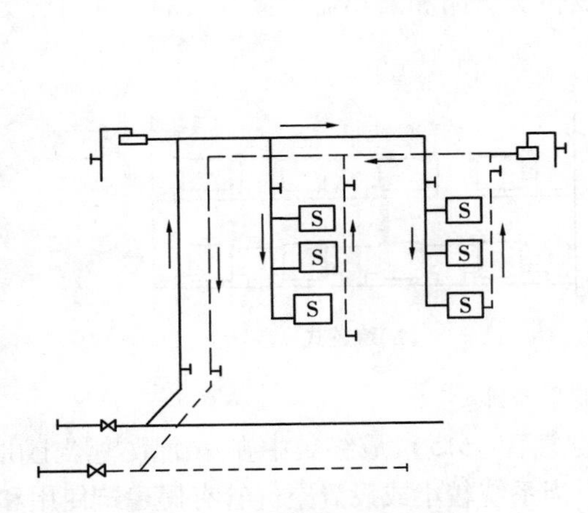

图5.10　上供上回式系统

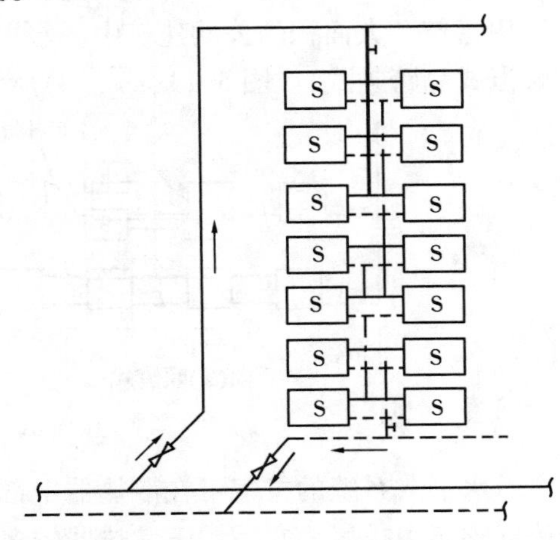

图5.11　单、双管混合式供暖系统

③分层式供暖系统。对高层建筑热水供暖系统，由于水静压力的原因，常将垂直方向分成若干个系统，称为分层式供暖系统，如图5.12所示。

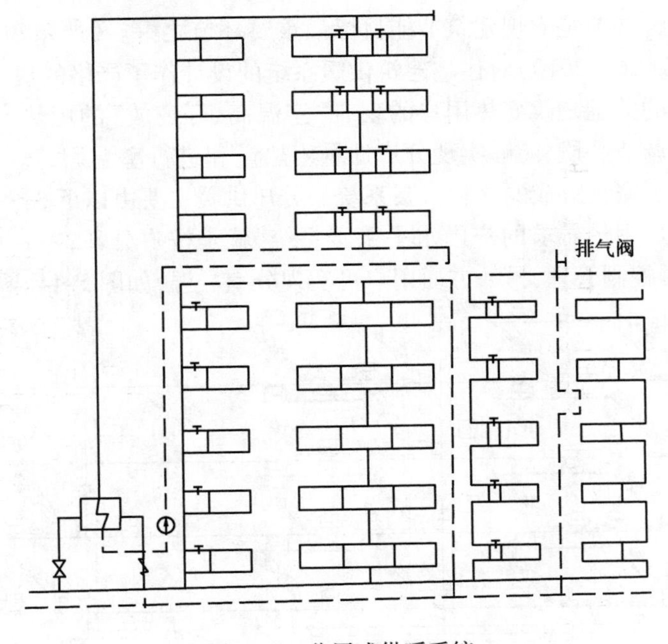

图5.12　分层式供暖系统

下层系统一般与室外热网直接连接，由室外热网的压力工况和散热器的承压能力决定下层系统的高度。上层系统与室外热网采用间接连接，热能的交换是在水-水换热器中进行的，与室外热网没有压力工况关系，互不影响。当室外热网的供水温度高于供暖系统的供水温度，其压力高于或低于供暖系统设计压力时，多采用这种间接连接的方法。

3）水平式供暖系统

水平式与垂直式相比，水平式系统比垂直式系统的总造价要小，管路安装简单，施工简便，管道穿越楼板少，供暖房间内无连接立管，较为美观。近年来，水平系统发展很快，可用于多层民用建筑和大面积的公共建筑中。水平式系统根据供暖管路和散热器连接方式的不同可分为顺流式和跨越式，如图 5.13（a）、（b）所示。

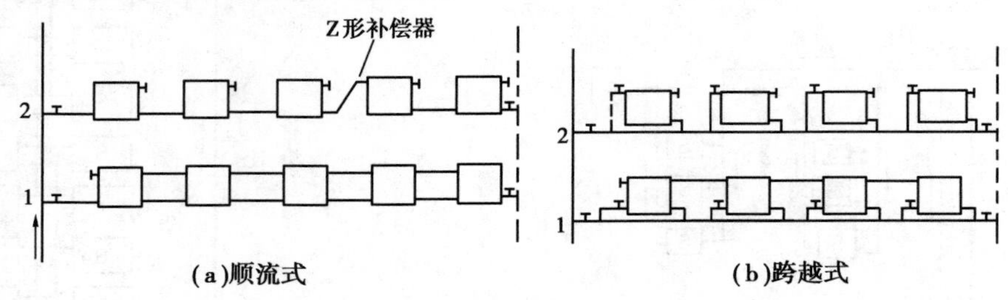

图 5.13　水平式供暖系统

水平式系统的排气可在散热器上部专门设一空气管（ϕ15），最终集中在一个散热器上由放气阀集中排气。它适用于散热器较多的大系统。当系统较小或设置空气管有碍建筑使用和美观时，可以在每个散热器上安装一个排气阀进行局部排气。当水平系统的水平管段较长时，应考虑管道的热伸长问题，防止散热器接口处破坏而漏水。

（3）分户供暖热水供暖系统

供暖系统的运行调节是实现建筑节能目标最重要环节之一。《严寒和寒冷地区居住建筑节能设计标准》（JGJ 26—2010）对住宅建筑供暖系统的设计作了严格的规定。

供暖系统节能的关键是改变热用户的现有“室温高、开窗放”的用热习惯，这就要求采暖系统在用户侧具有调节手段，能够实现分户计量用热量和进行室温调节。分户采暖系统是经过数十年实践和不断完善形成的一种供暖系统。分户供暖主要由以下 3 个系统组成：

一是满足热用户用热需求的户内水平采暖系统，就是按户分环，每一户单独引出供回水管，一方面便于供暖控制管理，另一方面用户可实现分室控温，如图 5.14、图 5.15 所示。

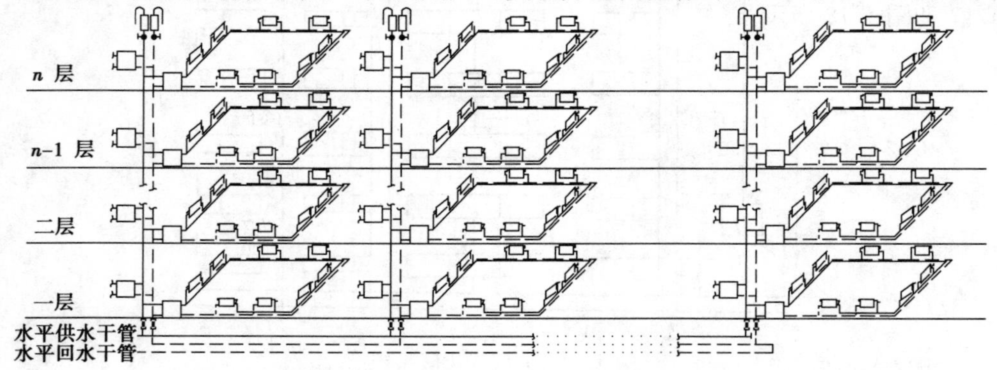

图 5.14　分户采暖管线系统示意图

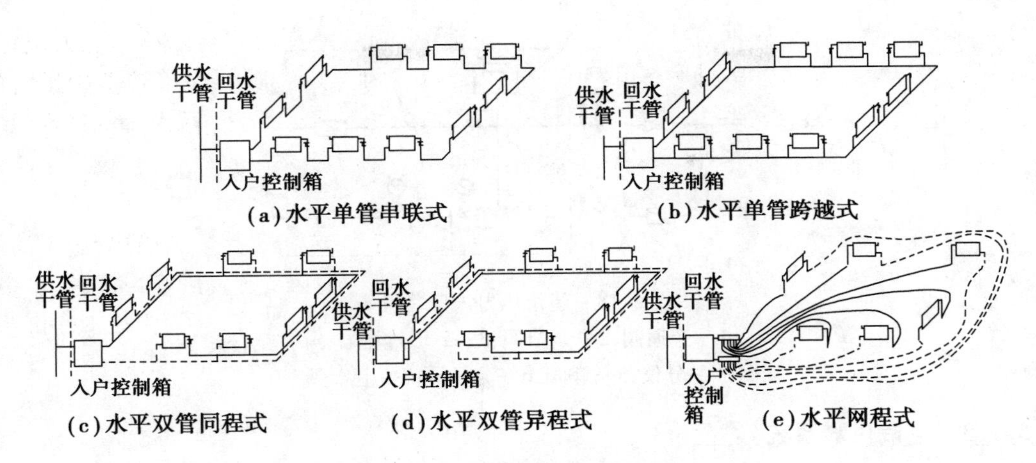

图5.15　分户水平采暖系统

二是向各个用户输送热媒的单元立管供暖系统，即用户的公共立管，可设于楼梯间或专用的供暖管井内，如图5.16所示。

三是向各个单元公共立管输送热媒的水平干管供暖系统。

1)户内水平供暖系统的形式与特点

考虑到美观，一般采用下进下出的方式。并根据实际情况，水平管道可明装，沿踢脚板敷设；水平管道暗装，镶嵌在踢脚板内或暗敷在地面预留的沟槽内。

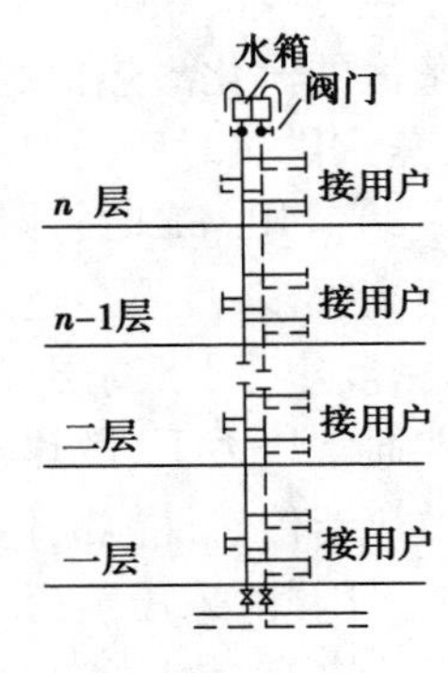

图5.16　单元立管供暖系统

2)单元立管供暖系统的形式与特点

设置单元立管的目的在于向户内采暖系统提供热媒，是以住宅单元的用户为服务对象，一般放置于楼梯间内单独设置的供暖管井中，如图5.16所示。

3)水平干管供暖系统的形式与特点

设置水平干管的目的在于向单元立管系统提供热媒，是以民用建筑的单元立管为服务对象，一般设置于建筑的供暖地沟中或地下室的顶棚下。

4)分户供暖系统的入户装置

分户供暖的入户装置安装位置可分为户内采暖系统入户装置与建筑供暖入口热力装置，如图5.17和图5.18所示。

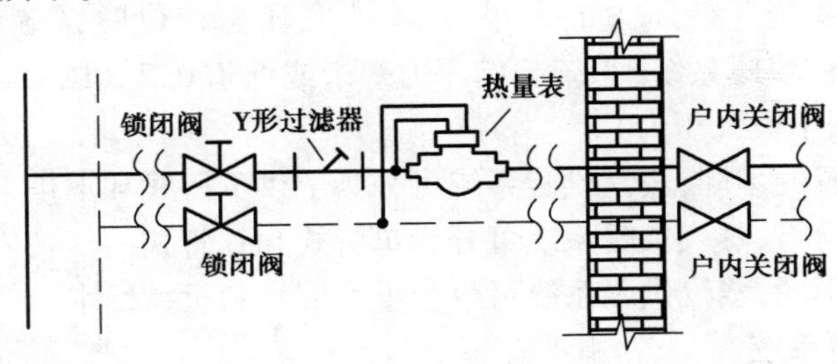

图5.17　户内采暖系统入口装置

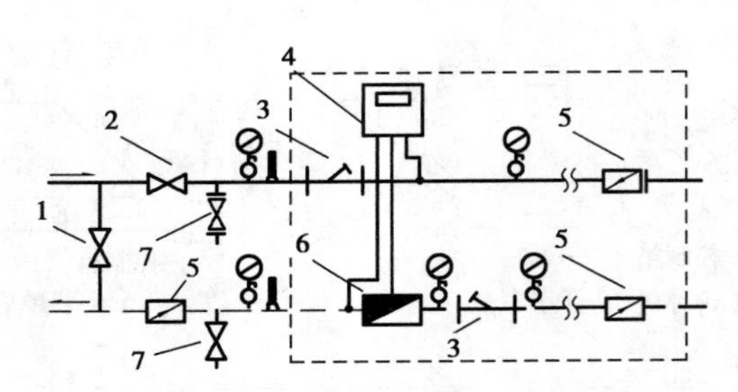

图5.18　建筑热力入口装置

1—旁通阀;2—调节阀;3—Y形过滤器;

4—积分仪;5—蝶阀;6—流量计;7—泄水阀

5.1.3　蒸汽供暖系统

蒸汽供暖以水蒸气作为热媒,水蒸气在供暖系统的散热器中靠凝结放出热量,无论是通入过热蒸汽还是饱和蒸汽,流出散热器的凝水是饱和凝水还是带有过度冷却的凝水,都可近似认为每千克蒸汽凝结时的放热量等于蒸汽在凝结压力下的汽化潜热。

蒸汽的汽化潜热比起每千克水在散热器中靠温降放出的热量要大得多。因此,对相同热负荷,蒸汽供热时所需要的蒸汽质量流量比热水供热时所需热水流量少得多。但在相对压力为$(0\sim3)\times10^5$ Pa时,蒸汽的比容是热水比容的数百倍,故通常选择蒸汽在管道中的流速比热水流速高得多,且不会造成在相同流速下热水流动时所形成的较高的阻力损失。再者蒸汽比容大,密度小,用于高层建筑供暖时,不会像热水供暖那样产生很大的水静压力。

在通常压力下,散热器中蒸汽的饱和温度比热水供暖时热水在散热器中的平均温度高,而衡量散热器传热性能的传热系数是随散热器内热媒平均温度与室内空气温度的差值的增大而增大的。因此,采用蒸汽为热媒的散热器的传热系数较热水的大,蒸汽供暖也可以节省散热器的面积,减少散热器的初投资。由上可知,采用的流速较大,管径可减小,节省管道投资。因此,蒸汽供暖系统比热水供暖系统的初投资要少。

蒸汽供暖系统采用间歇调节来满足负荷的变动,由于系统的热惰性很小,系统的加热和冷却过程都很快,特别适合于人群短时间迅速集散的建筑如大礼堂、剧院等。但是间歇调节会使房间温度上下波动,这对于人长期停留的办公室、起居室、卧室是不适宜的。并且出现管道内时而充满蒸汽,时而充满空气现象,管壁的氧化腐蚀要比热水供暖系统快。因而蒸汽供暖系统的使用年限要比热水供暖系统短,特别是凝结水管,更易损坏。

蒸汽供暖系统按系统起始压力的大小可分为:高压蒸汽供暖系统(系统起始压力大于0.7×10^5 Pa)、低压蒸汽供暖系统(系统起始压力等于或低于0.7×10^5 Pa)以及真空蒸汽供暖系统(系统起始压力低于大气压力)。

按照蒸汽干管布置的不同,蒸汽供暖系统可分为上供下回式和下供下回式。

按照立管布置的特点,蒸汽供暖系统可分为单管式和双管式。

按照回水动力的不同,蒸汽供暖系统可分为重力回水和机械回水。

(1)低压蒸汽供暖系统

低压蒸汽供暖系统的凝水回流入锅炉有两种方式:①重力回水:蒸汽在散热器内放热后变成凝水,靠重力沿凝水管流回锅炉;②机械回水:凝水沿凝水管依靠重力流入凝水箱,然后用凝水泵汲送入锅炉。这种系统作用半径较大,在工程实践中得到了广泛的应用。图5.19为机械回水双管上供下回式系统示意图。该系统每一组散热器后都装有疏水器，疏水器阻止蒸汽通过，是一种只允许凝水和不凝性气体（如空气）及时排往凝水管路的装置。图5.20是低压蒸汽系统中常用的恒温式疏水器。

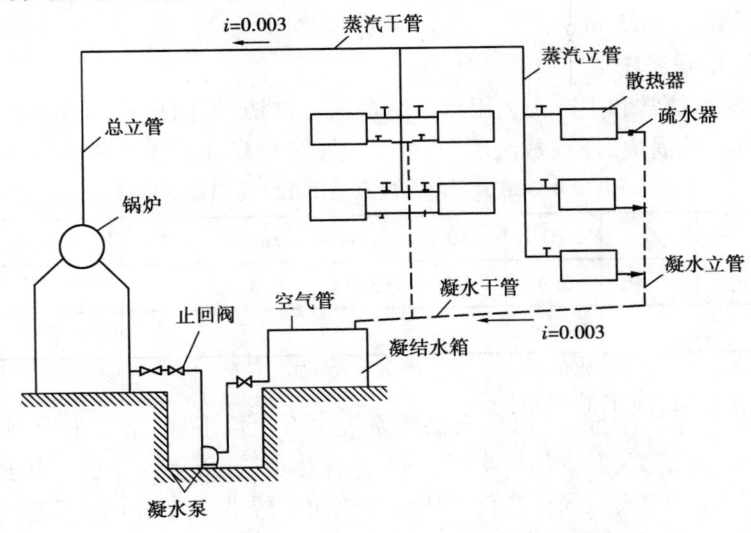

图5.19　机械回水双管上供下回式蒸汽供暖系统

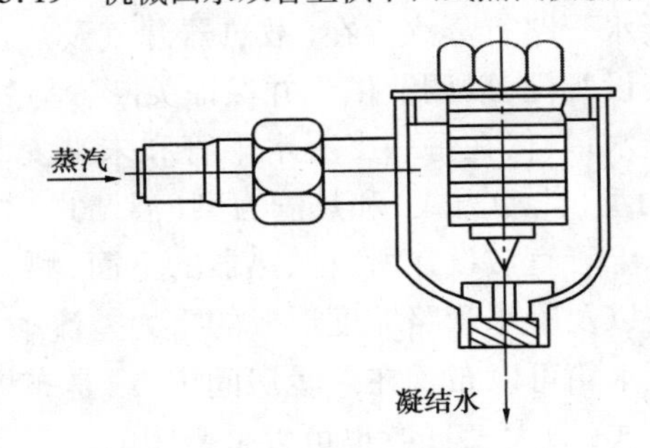

图5.20　恒温式疏水阀

蒸汽沿管道流动时向管外散失热量，供暖系统一般使用饱和蒸汽，很容易造成一部分蒸汽凝结成水，称为“沿途凝水”。及时将沿途凝水送入凝水管，以免高速流动的蒸汽与凝水在遇到阀门等改变流动方向的构件时，产生“水击”现象。在管道内最好使凝结水与蒸汽同向流动，即蒸汽干管应沿蒸汽流动方向有向下的坡度。在一般情况下，沿途凝水经由蒸汽立管进入散热器，然后排入凝水立、干管。当蒸汽干管中凝水较多时，可设置疏水装置。

顺利地排除系统中的空气是保证系统正常工作的重要条件。系统运行若不能及时排出空气，会导致堵塞管道和散热器，影响蒸汽供暖系统的放热量。在系统开始运行时，积存于管道中和散热器中的空气依靠蒸汽的压力赶至凝水管，再经凝结水箱排出。当停止供汽时，原充满在管路和散热器内的蒸汽冷凝成水，散热器和管路内会出现一定的真空度。空气便通过凝结水箱、凝水干管充满管路系统，以免系统的接缝处因内外压差作用形成渗漏。

凝结水箱容积一般按各用户的15～20 min最大小时凝水量设计。若凝水泵无自动启停装置，水箱容积应适当增大到30～40 min最大小时凝水量。在热源处的总凝水箱也可做到0.5～1.0 h的最大小时凝水量容积。水泵应能在少于30 min的时间将这些凝水送回锅炉。

为避免水泵吸入口处压力过低造成凝水汽化，造成汽蚀、停转现象，保证凝水泵（通常是离心式水泵）正常工作的凝水泵最大吸水高度及最小正水头高度 h，见表5.1，其值与凝水温度有关。按照表5.1所给数据确定凝水泵的安装标高，为安全考虑，当凝水温度低于70 ℃时，水泵须低于凝结水箱底面0.5 m。

（2）高压蒸汽供暖系统

高压蒸汽供暖系统常和生产工艺用汽系统合用一汽源，但因生产用汽压力往往高于供暖系统蒸汽压力，所以从锅炉房（或蒸汽厂）来的蒸汽须经减压阀减压才能使用。

表5.1　凝水泵最大吸水高度及最小正水头高度 h 取值表

水温/℃	0	20	40	50	60	75	80	90	100
最大吸水高度/m	6.4	5.9	4.7	3.7	2.3	0			
最小正水头/m							2	3	6

与低压蒸汽供暖系统一样，高压蒸汽供暖系统也有上供下回、下供下回、双管、单管等形式。但供气压力高、流速大、系统作用半径大，对同样热负荷，所需管径小。由于散热器内蒸汽压力高，散热器表面温度高，对同样热负荷所需散热面积较小。为避免高压蒸汽和凝结水在立管中反向流动发出噪声、产生水击现象，一般高压蒸汽供暖均采用双管上供下回式系统。

因为高压蒸汽系统的凝水管路有蒸汽存在（散热器漏气及二次蒸发汽），所以每个散热器的蒸汽和凝水支管上都应安设阀门，以调节供汽并保证关断。另外，考虑疏水器单个的排水能力远远超过每组散热器的凝水量，仅在每一支凝水干管和末端安装疏水器。疏水器分为机械型（浮筒式、吊筒式）、热动力型（热动力式）和热静力型（温调式）等。

散热器供暖系统的凝水干管宜敷设在所有散热器的下面，顺流向下作坡度，凝水依靠疏水器出口和凝水箱中的压力差以及凝水管路坡度形成的重力差流动，凝水在水-水换热器中被自来水冷却后进入凝水箱。凝水箱可以布置在采暖房间内，或是布置在锅炉房或专门的凝水回收泵站内。凝水箱可以是开式（通大气）的，也可以是密闭的。

由于凝水温度高，在凝水通过疏水器减压后，部分凝水会重新汽化，产生二次蒸汽。也就是说，在高压蒸汽供暖系统的凝水管中流动的是凝水和二次蒸汽的混合物，为了降低凝水的温度和减少凝水管中的含汽率，可以设置二次蒸发器。二次蒸发器中产生的低压蒸汽可应用于附近的低压蒸汽供暖系统或热水供应系统。

高压蒸汽供暖系统在启停过程中，管道温度的变化要比热水供暖系统和低压蒸汽供暖系统大，故应考虑采用自然补偿，设置补偿器来解决管道热胀冷缩问题。

高压蒸汽供暖系统的管径和散热器片数都应小于低压蒸汽供暖系统，因此，具有较好的经济性。但是由于蒸汽压力高，温度高，易烧焦落在散热器上面的有机灰尘，影响室内卫生，并且容易烫伤人。因此，这种系统一般适用于工业厂房供暖。

5.1.4　热风供暖系统

热风供暖系统直接对空气集中加热后送往室内或工作地点，空气可以是室内再循环空气，也可以是室外新鲜空气，或者是二者的混合体。加热空气的热源可以是热水、蒸汽、电加热或工业余热产生的废气、烟气等。用于加热空气的设备称为暖风机或空气加热器。

(1)直接加热室内再循环空气

对一些工业厂房、商场等商业性公共建筑,非工作时段内仅须设置值班供暖;其次因为这类建筑高度、空间较大,沿墙或地面布置散热器的位置有限或不便于布置散热器。这时可采用单独暖风机热风供暖方式,或者采用散热器值班供暖与暖风机热风供暖相结合的供暖方式。通常是将暖风机安装在墙壁、柱子的较高处,工作时间需要满负荷供暖时,暖风机开启,对室内空气循环加热;下班时将暖风机关闭,由散热器供暖系统保持室内的值班温度,这种供暖方式调节灵活、节能效果明显。

(2)集中加热室外新鲜空气

对产生有害物质的工业厂房,在既需要通风换气又需要供暖的建筑物内,常用一个送出较高温度空气的通风系统来完成上述两项任务(参见第 8 章)。此时可能选用空气加热器、通风机等设备对室外空气和部分室内回风集中加热,然后用风管送入各房间或工作地点。

5.1.5　各种供暖系统的比较和应用

①热水集中供热系统是城市集中供热的最主要形式。以热水作为热媒可以长距离输送,供热半径一般为数千米,最大可达数十千米;与蒸汽供热系统比较,热水供暖系统供热稳定、热能利用率高,通过调节热水温度和流量满足室内温度要求、控制供热量达到节能目的。《严寒和寒冷地区居住建筑节能设计标准》(JGJ 26—2010)规定:居住建筑的集中供暖系统,应按热水连续采暖进行设计。《民用建筑供暖通风与空气调节设计规范》(GB 50736—2012)规定,散热器供暖系统应采用热水作为热媒。

②蒸汽供暖系统中疏水器漏气、凝结水的二次蒸汽以及蒸汽管件的跑、冒、滴、漏现象,造成热量的严重浪费;另外,蒸汽供暖系统散热器表面温度过高,易发生烫伤事故,且坠落在散热器表面上的灰尘等物质会分解出带有异味的气体,卫生效果较差。因此,在民用建筑(尤其是居住建筑)、可能产生易爆、易燃、易挥发等灰尘的工业厂房内均不适宜采用。对于工业项目中的生产工艺性加热需要蒸汽作为热源时,蒸汽可用于工业厂房、供暖时间集中而短暂的影剧院、礼堂、体育馆类的间歇供暖系统。蒸汽供暖具有以下特点:a. 蒸汽介质温度,高质量流量小,所需散热器和管材少,初投资较低;b. 蒸汽的容重很小,水静压力小,用于高层建筑中不致因底层散热器承受过高的静压而破裂,也不必进行竖向分区;c. 蒸汽热惰性小,加热和冷却速度都很快,蒸汽供暖系统多采用间歇运行,蒸汽和空气交替充满系统中,系统的使用年限较短,房间的温度变化幅度较大。

③真空蒸汽供暖系统由于热媒压力低于大气压力,对系统的严密性要求甚高,稍有空气漏入便破坏系统的正常工作,故限制了它的应用范围,仅在有特殊要求的场所才使用。

④热风供暖系统的热惰性小、升温迅速、设备简单、投资节省、噪声大等特点,适用于间歇供暖的诸如工业车间、体育场、影剧院等类型的建筑物中。

5.2　热负荷

设计供暖系统,首先应确定供暖系统的热负荷。供暖系统的设计热负荷是指在采暖季节室外计算温度下,为了达到要求的室内温度,保持室内的热量平衡,供暖系统在单位时间内向建筑物供给的热量。热负荷是设计供暖系统的最基本的依据,直接影响着供暖系统方案的选择,关系着供暖系统的使用效果和经济效果,同时也影响着锅炉设备的选择。

一般的民用建筑和生产热量很少的工业建筑,计算供暖系统设计热负荷,通常只考虑围护结构的传热量,由门、窗缝隙渗入室内的冷空气耗热量或由门、孔洞和其他生产房间流入室内的冷空气耗热量,其他耗热往往不计。太阳辐射获得的热量,由于随时间、地区、围护结构的朝向而变化,计算比较复杂,通常在供暖负荷中考虑以朝向进行修正。此外,若受到气象条件及建筑物本身的影响因素也以考虑修正,即指风力和房高耗热量的修正。

5.2.1 围护结构的基本耗热量

围护结构的基本耗热量即在房间内外空气的温差作用下,从室内传向室外的热量。在稳定传热条件下,通过各部分围护结构的热量,即基本耗热量 Q 可按式(5.5)计算为:

$$Q = KF(t_n - t'_w)a \tag{5.5}$$

式中 K——围护结构的传热系统数,$W/(m^2 \cdot ℃)$;

F——围护结构的面积,m^2;

t_n, t'_w——冬季室内计算温度和供暖室外计算温度,℃;

a——围护结构温差修正系数,指供暖房间的外侧不是室外而是其他非供暖房间时,对围护结构传热量的修正。其值按附录5.2选用;参照《民用建筑供暖通风与空气调节设计规范》(GB 50736—2012)。

(1)室内计算温度

室内计算温度一般是指距地面2 m以内,人活动的地区的环境温度。设计采暖时,冬季室内计算温度应根据建筑物的用途确定。

①民用和公共建筑的室内计算温度主要依据国情,人们生活的习惯以及人的舒适性要求来考虑,规范规定民用建筑的主要房间,宜采用16~24 ℃;

②工业建筑则以生产工艺要求为主,同时考虑人的舒适。工业建筑的工作地点,一般宜按下列规定采用:

轻作业18~21 ℃;中作业16~18 ℃;重作业14~16 ℃;过重作业12~14 ℃。

当人员占用面积超过100 m^2,工艺又无特殊要求时,一般不设置全面供暖。而应根据工作地点是否固定,设置局部供暖或取暖室解决。工厂在非工作时间内,为了保证车间内设备的润滑油和各种管路不冻结,温度要求维持在5℃水平,这个温度称为值班供暖温度。

③辅助建筑及辅助用室的计算温度不应低于表5.2中的数值。

表5.2 辅助建筑及辅助用室的计算温度

建筑物	计算温度/℃	建筑物	计算温度/℃	建筑物	计算温度/℃
浴室	25	办公室、休息室	18	更衣室	25
食堂	18	盥洗室、厕所	12		

(2)供暖室外计算温度

在假定传热稳定条件下计算围护结构的基本耗热量,即围护结构的各种传热参数不随时间变化,且室外计算温度也取某一固定值。但在供暖期中,室外空气温度是经常变化的。因此计算时,室外计算温度究竟取何值为好?限值取得过低,会造成设备投资的浪费;采用过高则不能保证供暖效果。一个好的供暖系统,应从技术上、经济上确定室外计算温度,以维持室内温度在要求的范围。《民用建筑供暖通风与空气调节设计规范》(GB 50736—2012)规定:"采暖室外计算温度,应采用历年平均每年不保证5天的日平均温度。"

(3)围护结构的传热系数

建筑物围护结构的传热系数K,可用式(5.6)进行计算:

$$K=\frac{1}{R_0}=\frac{1}{\dfrac{1}{\alpha_n}+\sum\dfrac{\delta_i}{\lambda_i}+\dfrac{1}{\alpha_w}} \tag{5.6}$$

式中　R_0——围护结构的总传热阻,$m^2\cdot ℃/W$;

α_n,α_w——围护结构内、表面换热系数,$W/(m^2\cdot ℃)$;

δ_i,λ_i——围护结构各层材料的厚度(m)和导热系数,$W/(m\cdot ℃)$。

常用围护结构的传热系数K可直接查阅有关资料。

(4)围护结构传热面积

不同的围护结构传热面积的丈量方法不同,具体尺寸可按图5.21所示规则进行。门、窗的面积按外墙表面净空尺寸计算;顶棚和地面的面积,按外墙内表面或至内墙中线之间的面积计算;外墙面积的高度从本层的地面算到上层的地面,宽度为沿外缘到内墙中线或内墙中线到外墙角的间距;地下室面积指室外地面以下的外墙,其耗热量计算方法与地面计算相同。但传热地带的划分应从与室外地面相齐的墙面算起,把地下室外墙在室外地面以下的部分看成地下室地面的延伸。

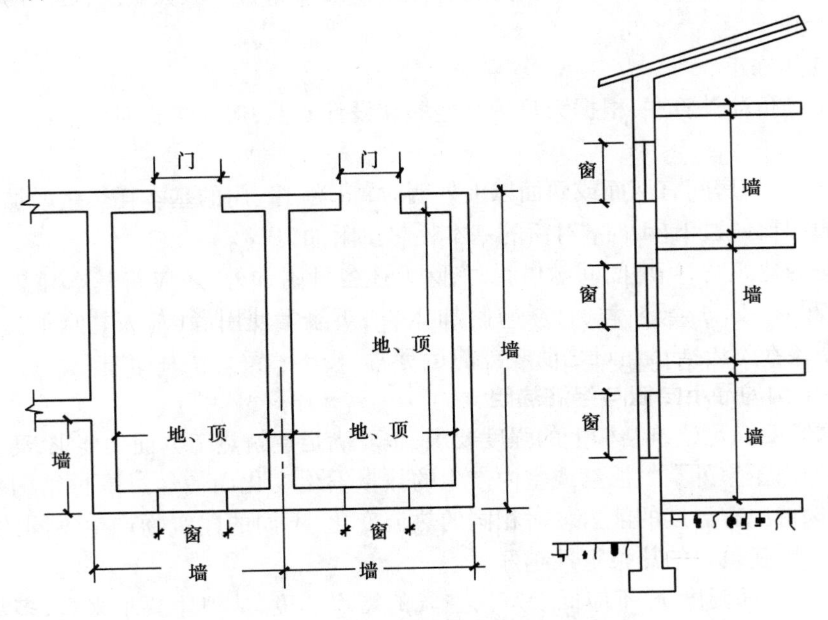

图5.21　围护结构传热面积计算图

(5)维护结构的附加耗热量

1)朝向修正耗热量

我国《采暖通风和空气调节设计规范》(GB 50019—2003)采用的修正方法是按围护结构

的不同朝向,采用不同的修正系数。需要减少的耗热量用垂直的外围护结构(门、窗、外墙及屋顶的垂直部分)的基本耗热量乘以相应的朝向修正率。

规范规定的朝向修正率为:

北、东北、西北	0% ~10%
东、西	-5%
东南、西南	-10% ~ -15%
南	-15% ~ -30%

选用上面的朝向修正率时,应考虑当地冬季日照率的大小和建筑物被遮挡的情况,灵活掌握。

2)风力附加耗热量

我国各地冬季平均风速变化不大,一般可不考虑。但对建筑在不避风的高地、河边、海岸、旷野上的建筑物及城镇或厂区内特别高出的建筑物,《采暖通风和空气调节设计规范》规定:"这类建筑物垂直围护结构的基本耗热量应附加5% ~10%,以考虑风力增大的影响。这项附加值不随围护结构在冬季最大频率风向下是否迎风,也不随当地冬季平均风速的大小而变化。"

3)房高附加耗热量

民用建筑和工业企业辅助建筑物,当房屋高度在4 m以下时,可以不考虑沿房屋高度室内温度上升对耗热量的影响。高度超过4 m时,每增高1 m,应附加的耗热量为房屋围护结构总耗热量(包括围护结构传热基本耗热量和其他修正耗热量)的2%。但总的附加值不大于15%。高度附加耗热不适于楼梯间,因为楼梯间的散热器布置一般在底层,已经考虑了垂直方向热气流的上升。

4)其他耗热修正

在供暖系统负荷计算中,根据大量运行经验和设计实践,还须考虑对围护结构耗热量进行下列修正:

①公共建筑,当房间有两面或两面以上外墙时,将墙、窗、门的基本耗热量增加5%。

②窗墙面积比超过1∶1时,对窗的基本耗热量附加20%。

③对供暖的建筑物,当房间间歇供暖时,除上述各种附加外,还应将基本耗热量作如下附加:仅白天供暖者(如办公楼、教学楼等)附加20%;不经常使用者(如大礼堂等),附加30%。间歇供暖的系统在室内人员上班之前应提前运行。

(6)围护结构的最小热阻与经济热阻

围护结构既要满足建筑结构上的强度要求,也要满足建筑热工方面的要求,要使建筑物具有热稳定性,即由于室外空气温度或室内产生的热量发生变化而使经过围护结构的热流发生变化时,室内保持原有温度的能力。对相同的热流变化,不同的建筑物产生不同的室温波动,室温波动越小,则建筑物的热稳定性越好。

围护结构内表面温度 τ_n 不应低于室内空气的露点温度,从卫生要求来看,多数用途的房间内表面是不允许结露的。围护结构中所含水分增加,耗热量会增加,也会导致围护结构很快损坏。限制围护结构内表面温度而确定的外围护结构的总传热阻称为低限传热阻。冬季供暖的正常使用条件下,设置集中供暖的建筑物,非透明部分外围护结构(门、窗除外)的总传热阻,在任何情况下都不低于按冬季保温要求确定的这一低限传热阻。

工程中规定了供暖室内计算温度与围护结构内表面温度的允许温差 $\Delta t_y = t_n - \tau_n$。在选用 Δt_y后，围护结构最小传热阻按式(5.7)确定：

$$R_{0,\min} = \frac{\alpha(t_n - t_{we})}{\Delta t_y}R_n \tag{5.7}$$

式中 τ_n, t_n, t_{we}——围护结构内表面温度、供暖室内计算温度、冬季围护结构室外计算温度，℃；

R_n——围护结构内表面换热阻，$R_n = 1/\alpha_n$，$m^2 \cdot ℃/W$；

α——温差修正系数，可按附录5.2选用；

Δt_y——供暖室内计算温度与围护结构内表面温度的允许温差，℃，可按附录5.3选用。

在一个规定年限（建筑物使用年限、投资回收年限或政策性规定年限等）内，使建造费用与经营费用之和最小的外围护结构总传热阻称为经济热阻。建造费用包括土建部分和供暖系统的建设费用。经营费用包括土建部分和供暖系统的维修费用及供暖系统的运行费用（水费、电费、燃料费、工资等）。

《严寒和寒冷地区居住建筑节能设计标准》(JGJ 26—2010)规定的围护结构热阻值，一般情况下大于围护结构最小传热阻，从节能趋势看，建筑外围护结构热阻将会逐步增大。

5.2.2 加热进入室内的冷空气所需热量

加热进入室内的冷空气所需要的热量包括冷风渗透耗热量和冷风侵入耗热量。

在风力及热压造成的室内外压差的作用下，室外的冷空气就会通过门、窗等缝隙渗入室内，被加热后又逸出室外，将这部分冷空气从室外温度加热到室内温度所消耗的热量称为冷风渗透耗热量。还有大量冷空气由开启的门、孔洞从室外或相邻房间和其他生产跨间侵入室内，把这部分冷空气加热到室内温度所消耗的热量称为冷风侵入耗热量。

两种耗热量均可用下列公式计算：

$$Q' = L \cdot C \cdot \rho(t_n - t_w) \tag{5.8}$$

式中 L——冷空气进入量，m^3/s；

C——空气的定压比热，$kJ/kg \cdot ℃$；

ρ——在室外温度下空气的密度，kg/m^3。

经门、窗缝隙渗入室内的冷空气量与冷空气流经缝隙的压力差、门窗类型及其缝隙的密封性能和缝隙的长度等因素有关；在开启外门时进入的冷空气量与外门内外压力差及外门面积等因素有关。这些因素不仅涉及室外风向、风速，室内通道状况，建筑物高度和形状而且也涉及门窗的构造和朝向，因此，计算出的冷空气进入量只能是个概略值，具体的计算方法可详见《供热工程》。

5.2.3 供暖系统热负荷的概算

集中供热系统进行规划或扩初设计时，往往需用概算指标法来确定供暖系统的热负荷。其方法主要有体积热指标法、面积热指标法等。

(1)体积热指标法

用单位体积供暖热指标估算建筑物的热负荷时，供暖热负荷可按式(5.9)进行概算：

$$Q = q_V V(t_n - t_w) \tag{5.9}$$

式中 q_V——建筑物的供暖体积热指标，kW/(m³·℃)；

V——建筑物的外围体积，m³；

t_n，t_w——供暖室内、外计算温度，℃。

供暖体积热指标 q_V 主要与建筑的围护结构及外形有关。建筑围护结构的传热系数越大、采光率越大、外部体积相对建筑面积之比越小。建筑的长度比越大时，单位体积的热损失越大，即 q_V 值越大。各类建筑物的供暖体积热指标 q_V 可通过对许多建筑物进行理论计算或对许多实测数据进行统计、归纳整理得出。有关数值参见附录5.4(1)、(2)。

(2)面积热指标法

建筑物的供暖热负荷可按式(5.10)进行概算：

$$Q = q_f F \tag{5.10}$$

式中 q_f——建筑物的面积热指标，kW/m²；

F——建筑物的建筑面积，m²。

面积热指标法简单方便，在国内外城市住宅建筑集中供热系统规划设计中被大量采用。有关数值参见附录5.5。

5.2.4 高层建筑供暖热负荷计算的特点

(1)关于围护结构的传热系数

围护结构的传热系数与围护结构的材料、材料的厚度以及内表面换热系数和外表面换热系数有关。从气象知道，室外风速从地面向上逐渐增大，一般认为风速随高度增加的变化可按式(5.11)计算：

$$\frac{v_h}{v_0} = \left(\frac{h}{h_0}\right)^m \tag{5.11}$$

式中 v_0——基准高度的计算风速，即供暖设计所采用的冬季室外风速，m/s；

v_h——计算高度的室外风速，m/s；

h_0，h——基准高度和计算楼层的高度，m；

m——指数，主要与温度的垂直梯度和地面粗糙度有关，在空旷即沿海地区 $m=1/6$，城郊区 $m=1/5\sim1/4$，建筑群多的市区 $m=1/3$，一般可取0.2。

高层建筑物的高层部分的室外风速大，根据对流换热原理，高层部分的外表面的对流换热系数也比较大，使其围护结构的传热系数增大。

一般建筑物，由于邻近建筑高度相差不多，建筑物的外表面温度相近，可忽略它们之间的相互辐射。高层建筑物高层部分的周围很少受其他建筑屏蔽。夜间天空温度很低，也使其增加了向天空辐射的热量，而周围一般建筑物向高层建筑物高层部分的辐射热量却微小得很，因此，高层部分的外表面的辐射换热系数也显著增大，传热系数也增大。

(2)室外空气进入量

冬季供暖设计热负荷产生的影响主要表现在风压对冷风渗透耗热量的影响。在风压、热压作用下，冷空气由建筑物迎风面缝隙渗入，而热空气由建筑物背风面缝隙渗出，如图5.22所示。或在建筑物内外空气温度差的作用下，冷空气不断入室，而室内热空气通过建筑物内竖直通道如楼梯间、电梯间向上升，最后通过外门、窗等缝隙渗出室外。

在室、内外形成的空气流动中，压力分布是有规律的。较低楼层室外空气压力高于室内空气压力，冷空气通过外门、外窗等缝隙渗入室内，在室内被加热后通过内门、内窗等缝隙进入垂直贯通通道；在较高楼层处，室内压力高于室外压力，热空气由垂直贯通通道通过内门、内窗等缝隙进入房间后，通过外门、外窗等缝隙渗出室外。对于整个建筑，渗入和渗出的空气量相等，在高层与低层之间必然有一内、外空气压力相等，既无渗入又无渗出的界面，称为中和面。这种引起空气流动的压力差称为热压，如图 5.23 所示。

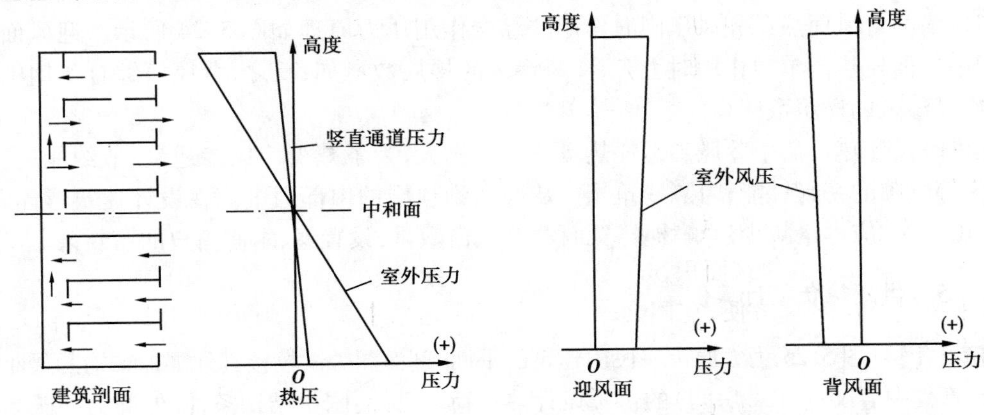

图 5.22 热压作用原理图

图 5.23 风压作用原理图

计算高度上建筑物内外的有效热压 ΔP_r 为：

$$\Delta P_r = C_r(h_z - h)(\rho_w - \rho_n)g \tag{5.12}$$

式中 C_r——热压系数，与空气由渗入到渗出的阻力分布有关，我国取 0.2～0.5；

h,h_z——计算高度、中和面高度，m；

ρ_w,ρ_n——室外空气密度和建筑物内部竖直贯通通道内空气密度，kg/m^3。

当 $\Delta P_r>0$ 时，室外压力高于室内压力，冷风由室外渗入室内，这时 $h<h_z$，即这种现象产生于建筑物的下层部分。当 $\Delta P_r<0$ 时，室外压力低于室内压力，被房屋加热的空气由室内渗出室外，这时 $h>h_z$，即这种现象产生于建筑物的高层部分。

在供暖期间，热压与风压总是同时作用在建筑物外围护结构上。高层建筑外门、外窗的两侧的压力差是热压与风压二者综合作用的结果。迎风面一侧中和面上移（参见图 5.24），同一高度迎风面的冷风渗透量较大，迎风面底层房间冷风渗透量最大。背风面中和面下移，同一高度背风面渗出量较大，而背风面顶层房间渗出量最大。

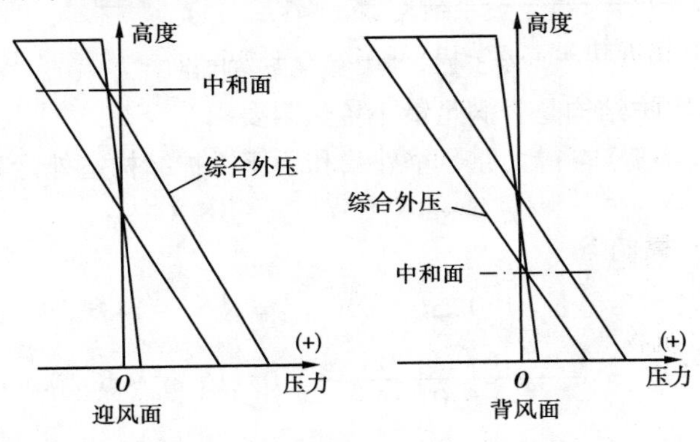

图 5.24 热压与风压综合作用原理图

由于风向总在不断变化，任何朝向都有是迎风面的时刻，在设计中一般以不利条件作为计算条件，热负荷计算中关心的又是冷空气的渗入，因此，对于中和面以下各层，应计算出不同朝向外围护结构上，迎风时门、窗两侧的压力差，即热压与风压的有效综合作用压差，用 ΔP 表示。至于中和面以上各层，从不利条件考虑，可按原多层建筑设计计算中以风速为主的冷风渗透方法进行计算，或进一步考虑热压减少冷风渗透的作用。

迎风面与背风面热压和风压同时作用的综合作用压力原理如图 5.24 所示。迎风面的综合作用中和面较热压单独作用时上升，冷风渗入的楼层数增加；反之，背风面综合作用中和面下降，冷风渗入的楼层数减少。

在供暖设计热负荷中冷风渗透耗热量所占比例大，为了减少冷风渗透量，节约能耗，应增强门、窗等缝隙的密封性能，阻隔建筑物内从底层到顶层的内部通气。在设计建筑形体和门、窗开口位置时，应尽量减少建筑物外露面积和门、窗数量，设置钢、木制窗户的密封条。

5.2.5　供暖热负荷计算例题

【例 5.1】　图 5.25 为太原市一民用建筑的平面、剖面图。试校核其外围护结构的最小传热阻，并计算其中会议室（101 房间）的供暖设计热负荷。已知：围护结构条件，外墙为一砖半厚内抹灰的砖墙，$K=1.56\ \mathrm{W/(m^2\cdot ℃)}$，$D=4.63$；外窗为单层木框玻璃窗，尺寸（宽×高）为1.5 m×3 m，缝隙长为 15 m，$K=5.82\ \mathrm{W/(m^2\cdot ℃)}$；外门为单层木门，尺寸（宽×高）为1.7 m×2.7 m，$K=4.65\ \mathrm{W/(m^2\cdot ℃)}$；顶棚为厚 25 mm 木丝板，$K_1=1.49\ \mathrm{W/(m^2\cdot ℃)}$，$D=0.615$；屋面为有面板的石棉水泥屋面，$K_2=3.28\ \mathrm{W/(m^2\cdot ℃)}$，$D=0.734$；地面为不保温地面，$K$ 值按地带确定。当地气象条件：供暖室外计算温度 $t_w=-12\ ℃$；冬季主导风向为北；冬季室外风速 $v_w=2.7\ \mathrm{m/s}$；供暖室内计算温度 $t_n=16\ ℃$，外墙和顶棚内表面换热阻 $R_n=0.115\ \mathrm{m^2\cdot ℃/W}$。

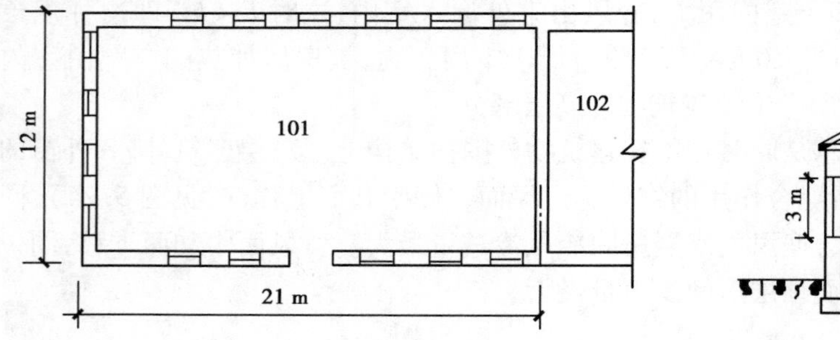

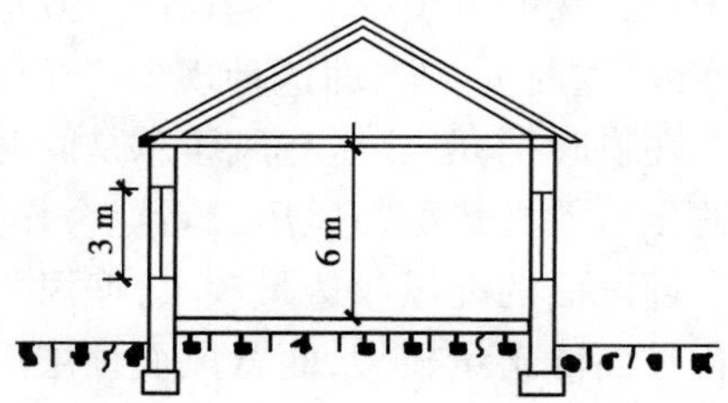

图 5.25　某建筑平面、剖面图

【解】　1）校核外围护结构是否满足最小传热阻要求

由《供暖通风设计手册》查得太原冬季外墙和顶棚围护结构室外计算温度：

$$t_{we}^{\mathrm{I}}=-14\ ℃；t_{we}^{\mathrm{II}}=-18\ ℃$$

①校核外墙最小传热阻

查附录 5.2 和附录 5.3 得 $\alpha=1.0$，$\Delta t_y=6.0$，$t_{we}=t_{we}^{\mathrm{I}}=-14\ ℃$

$$R_{0,\min}=\frac{\alpha(t_n-t_{we})}{\Delta t_y}R_n=\frac{1\times[16-(-14)]}{6.0}\times 0.115\ \mathrm{m^2\cdot ℃/W}=0.575\ \mathrm{m^2\cdot ℃/W}$$

外墙实际传热阻

$$R_0 = \frac{1}{K} = \frac{1}{1.56}\ \text{m}^2 \cdot ℃/\text{W} = 0.64\ \text{m}^2 \cdot ℃/\text{W}$$

$R_0 > R_{0,\min}$满足要求。

②校核顶棚最小传热阻

查附录5.2和附录5.3得$\alpha = 0.75$，$\Delta t_y = 4.5$，$t_{we} = t_{we}^{\text{II}} = -18$ ℃

$$R_{0,\min} = \frac{\alpha(t_n - t_{we})}{\Delta t_y} R_n = \frac{0.75 \times [16 - (-18)]}{4.5} \times 0.115\ \text{m}^2 \cdot ℃/\text{W} = 0.65\ \text{m}^2 \cdot ℃/\text{W}$$

顶棚实际传热阻

$$R_0 = \frac{1}{K} = \frac{1}{1.49}\ \text{m}^2 \cdot ℃/\text{W} = 0.67\ \text{m}^2 \cdot ℃/\text{W}$$

$R_0 > R_{0,\min}$满足要求。

2）101房间供暖设计负荷计算

①围护结构传热耗热量计算

全部计算列于表5.3中，包括传热基本耗热量及朝向修正和高度修正计算。所得围护结构总传热耗热量：$Q_1 = 31\ 050$ W。

表5.3　房间围护结构耗热量计算表

房间编号	房间名称	围护结构			传热系数	室内计算温度	室外计算温度	室内外计算温度	温差修正系数	基本耗热量	耗热量修正			修正后耗热量	高度修正	围护结构耗热量
											朝向	风向				
		名称及方向	面积计算	面积 /m²	K /W·(m²·℃)⁻¹	t_n /℃	t_w /℃	t_n-t_w /℃	α	Q_1' /W	β_1 /%	β_2 /%	$1+\beta_1+\beta_2$ /%	Q_1'' /W	/%	Q_1 /W
		北外窗	1.6×3×6	27	5.82					4 340				4 340		
		北外窗	21×6−27	99	1.56					4 324				4 324		
		西外窗	1.5×3×4	18	5.82					2 933	−5		95	2 786		
		西外窗	12×6−18	54	1.56					2 359	−5		95	2 241		
		南外窗	1.5×3×5	22.5	5.82					3 667	−20		80	2 934		
101	会议室	南外窗	1.7×2.7	4.6	4.65	16	−12	28		599	−20		80	479	4	$Q_1 = 1.04 \times \sum Q_1'' = 31\ 050$
		南外窗	21×6−27.1	98.9	1.56					4 320	−20		80	3 456		
		顶棚	20.6×11.2	230.7	1.49				0.75	7 219				7 219		
		地面Ⅰ	2(18.6×2+11.2)	104.8	0.47					1 379				1 379		
		地面Ⅱ	2(18.6×2+3.2)	80.8	0.23					520				520		
		地面Ⅲ	3.2×16.5	53.1	0.12					178				178		
		∑												29 856		

②冷空气渗透耗热量计算

按缝隙法计算：

$$Q' = 0.278 C L \rho_w (t_n - t_w)$$

采用冬季主导风向迎风面法确定缝隙长度，$l = 8 \times 15$ m $= 120$ m（迎风面6个北外窗，2个西外窗的缝隙总长）。查《供暖通风设计手册》，每米缝隙的渗风3.2 m³/h，$\rho_w = 1.35$

kg/m^3,则

$$Q' = 0.278 \times 1 \times 120 \times 3.2 \times 1.35 \times (16 + 12)\text{ W} = 4\ 035\text{ W}$$

③外门冷风侵入耗热量

按开启时间不长的民用建筑,外门冷风侵入耗热量:外门传热基本耗热量乘以65%求得

$$Q_2 = 0.65 \times 599\text{ W} = 389\text{ W}$$

④房间供暖设计热负荷

$$Q = Q_1 + Q' + Q_2 = (31\ 050 + 4\ 035 + 389)\text{ W} = 35\ 474\text{ W}$$

5.3 供暖设备

5.3.1 散热设备

供暖系统的散热设备是系统的主要组成部分,它向房间散热以补充房间的热损失,保持室内要求的温度。

(1)散热器

1)散热器的要求

散热器是目前我国大量使用的散热设备。

①散热器的传热系数 K 值越大,热工性能越好。一般常用散热器的 K 值为 5 ~ 10 W/(m^2 · ℃)。散热器传热系数的大小取决于它的材料、构造、安装方式及热媒的种类。

②经常用散热器的金属热强度来衡量散热器的经济性。金属热强度是指散热器内热媒平均温度与室内空气温度差为 1 ℃时,每千克质量的散热器单位时间所散出的热量,其单位为 W/(kg · ℃),即

$$q = \frac{K}{G} \tag{5.13}$$

式中 K——散热器的传热系数,W/m^2 · ℃;

G——散热器每平方米散热面积的质量,kg/m^2。

q 值越大,则同样的热量所消耗的金属量越少,从材料消耗来说,经济性越高。

③外表光滑、不易积灰尘,易于清扫。公共与民用建筑中,散热器的形式、装潢、色泽等应与房间内部装饰相协调。

④散热器应能承受较高的压力,不漏水,不漏气,耐腐蚀。结构形式应便于大规模工业化生产和组装。散热器的高度应有多种尺寸,以适应窗台高度不同的要求。

常用的散热器主要有铸铁散热器和钢制散热器,参见第 2 章。

2)散热器的计算

主要是计算确定供暖房间所需散热器散热面积和其相应的散热器片数。计算是在供暖系统形式、各房间的供暖热负荷、散热器类型均已确定的条件下进行的。

①散热器面积计算:

$$F = \frac{Q\beta_1\beta_2\beta_3}{K}(t_p - t_n) \tag{5.14}$$

式中　Q——散热器的散热量，即房间的热负荷，W；

K——散热器的传热系数，W/(m^2·℃)，按产品类型选用；

t_p，t_n——散热器内热媒的平均温度和室内供暖计算温度，℃；

β_1——散热器的片数修正系数，见表5.4；

β_2——暗装管道内水冷却系数，见附录5.6，明装供暖管道的β_2取为1.0；

β_3——散热器的安装方式修正系数，见附录5.7。

表5.4　散热器片数修正系数β_1

6片以下	$\beta_1=0.95$
6~10片	$\beta_1=1.00$
11~20片	$\beta_1=1.05$
20~25片	$\beta_1=1.10$

在式(5.14)中，Q和t_n均为已知。故欲求出F值必须预先计算出t_p值。对于热水采暖系统，t_p可按式(5.15)计算：

$$t_p=\frac{t_1+t_2}{2}\tag{5.15}$$

式中　t_1，t_2——分别为散热器的进、出水温度，℃；对于双管式系统，t_1，t_2，可按系统的供、回水温度计算；对于单管式系统，各散热器的t_1，t_2应逐一计算。

对于蒸汽供暖系统，t_p应取散热器内蒸汽压力的饱和温度值。当蒸汽压力≤0.3×10^5 Pa时，t_p取为100 ℃；当蒸汽压力$>0.3\times10^5$ Pa时，t_p取为与散热器进口蒸汽压力相对应的饱和温度。

②散热器片数或长度的确定，供暖房间所需散热器的片数为：

$$n=\frac{F}{f}\tag{5.16}$$

式中　f——每片或每米长散热器的散热面积，m^2/片或m^2/m；

F——散热器的散热面积，m^2。

应用式(5.16)计算时，若n计算结果经四舍五入取整时将使得实际散热面积与理论计算结果之间产生误差，应按下述方法进行取舍：对于柱型、长翼型、板式、扁管式散热器，其散热面积的减少不宜超过0.01 m^2；对于钢串片式、圆翼型散热器，其散热面积的减少不宜超过10% F。而且每组散热器的片数或长度不应超过下述规定值：4柱、5柱型为25片；2柱M-132为20片；长翼型7片；圆翼型4 m；钢制串片、板式、扁管式2.4 m。

【例5.2】　某供暖房间的散热损失(即热负荷)为1 200 W，选用4柱813型散热器，装在壁龛内($A=40$ mm)。室内供暖设计计算温度为20 ℃，散热器的进、出水口水温分别为95，70 ℃；供暖管道布置成双管式，且为明装。求所需散热器的面积及片数。

【解】　$Q=1\ 200$ W，$t_n=20$ ℃，$\beta_2=1$，查附录5.7：$\beta_3=1.11$，$t_p=(95+70)/2=82.5$ ℃。查有关资料知，散热器的散热系数可按下式计算：

$$K=2.047\times(\Delta t_p)^{0.35}=2.047\times(82.5-20)^{0.35}=8.7\ \text{W/(m}^2\cdot℃)$$

散热器的散热面积F为：(先取$\beta_1=1.0$)

$$F = \frac{Q}{K}\Delta t_p = 1\ 200 \times 1 \times 1.11 \times \frac{1}{8.7} \times 62.5\ \text{m}^2 = 2.45\ \text{m}^2$$

查资料知，4 柱 813 型散热器的单片散热面积：$f = 0.28\ \text{m}^2$

散热器的片数 n 为：

$$n = \frac{F}{f} = \frac{2.45}{0.28}\text{片} = 8.75\ \text{片}$$

取 n 为 9 片，则 $\beta_1 = 1.0$（与假设一致，不必修改）。

检算：9 片散热器的实际散热面积为：

$$90 \times 0.28\ \text{m}^2 = 2.52\ \text{m}^2$$

满足要求。

③散热器的布置。在建筑物内一般是将散热器布置在房间外窗的窗台下，如图 5.26(a) 所示，如此，可使从窗缝渗入的室外冷空气迅速加热后沿外窗上升，造成室内冷、暖气流的自然对流条件，令人感到舒适。但当房间进深小于 4 m，且外窗台下无法装置散热器时，散热器可靠内墙放置，如图 5.26(b) 所示。这样布置有利于室内空气形成环流，改善散热器对流换热。但工作区的气温较低，给人以不舒适的感觉。

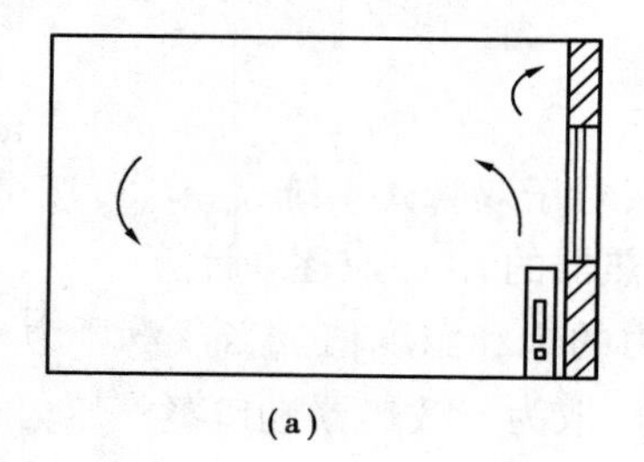

(a)

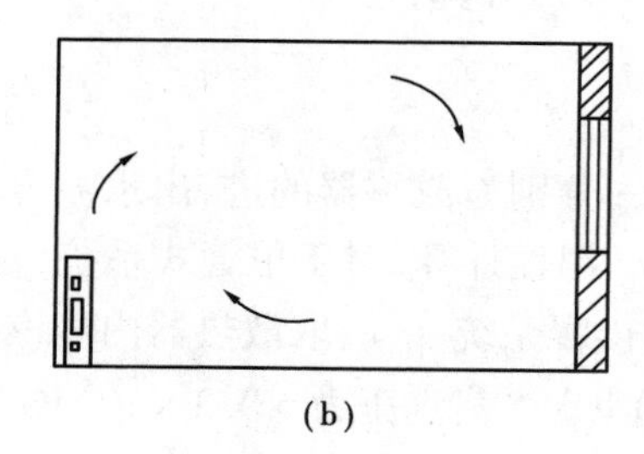

(b)

图 5.26　散热器布置

楼梯间的散热器应尽量布置在底层，被散热器加热的空气流能够自由上升补偿楼梯间上部空间的耗热量。若地层楼梯间的空间不具备安装散热器的条件时，应把散热器尽可能地布置在楼梯间下部的其他层。

(2) 空气加热器和暖风机

用于加热空气的设备称为空气加热器或暖风机，它是利用蒸汽或热水通过金属壁传热而使空气获得热量。常用的空气加热器有 SRZ 和 SRL 两种型号，分别为钢管绕钢片和钢管绕铝片的热交换器。SRL 型空气加热器主要用于集中送风的热风供暖系统。

当采用室内空气再循环的热风供暖系统时，最常用的是暖风机供暖方式。NA 型暖风机是由通风机、电动机和空气加热器组合而成的，可以独立作为供暖设备用于各种类型的高大建筑中。暖风机的安装台数应根据建筑物热负荷和暖风机的实际散热量计算确定，一般不少于两台。暖风机从构造上可分为轴流式和离心式两种类型；根据其使用热媒的不同又有蒸汽暖风机、热水暖风机、蒸汽和热水两用暖风机、冷热水两用暖风机等多种形式。

暖风机可以直接装在供暖房间内，蒸汽或热水通过供暖管道输送到暖风机内部的空气加热器中，加热由通风机加压循环的室内空气，被加热后的空气从暖风机出口处的百叶孔板向室内空间送出，空气量的大小及流向可由导向板来调节。

暖风机的布置方式应做到多台布置使暖风机的射流互相衔接，使供暖房间形成一个总的空气环流；暖风机不宜靠近人体，或者直接吹向人体；暖风机应沿车间的长度方向布置，射程内不应有高大设备或障碍物阻挡空气流动；暖风机的安装高度应考虑对吸风口和出风口的要求。

(3)**辐射供暖设备**

辐射供暖设备也称为辐射板，根据辐射板的表面温度，可分为高温、中温和低温3种。

1)高温辐射器

利用燃料气或电直接燃烧陶瓷或金属网燃烧板以产生辐射热。其表面温度可高达500～900 ℃，因此辐射强度极高。它的辐射波长属于红外线范围，因此也称为红外线辐射，一般在大型厂房或露天作业场使用。

2)中温辐射板

中温辐射板也称为钢制辐射板辐射供暖系统，其板面平均温度为80～200 ℃，这种系统主要用于大跨或多跨工业厂房，在一些大空间公共建筑，如商场、体育馆、展览厅、车站等也得到应用，它可以将热量辐射到工作地点或人流活动场所。

3)低温地板辐射供暖

一种利用建筑物内部房间地面进行供暖的系统。该系统以整个地面作为散热面，地板在通过对流放热加热空气的同时，还向四周的围护结构和人体进行辐射放热，使四周围护结构表面保持适宜的温度，其辐射热量约占总放热量的50%。

低温地板辐射供暖的特点，室内温度梯度分布要比散热片对流采暖温度梯度分布均匀，使人感到有辐射和温度的双层效应，室温比较稳定，无效热损失少；提供的热量在人的脚步较强，头部温和，符合人体足部血液循环较差，头部温度较高的生理学调节特点，给人以脚暖头凉的舒适感；在同样舒适条件的前提下，用低温热水地板辐射采暖房间的设计温度要比对流采暖温度可降低2～3 ℃。根据经验，住宅室内采暖温度每降低1 ℃，可以节约燃料10%；室内不需要安装散热器和连接散热的支管和立管，节省建筑使用面积，且室内整齐美观，便于布置；系统调节控制方便，便于实现国家节能标准提出的供暖“按户计量，分室调温”要求，实现节能目标。相关技术参见《辐射供暖供冷技术规程》(JGJ 142—2012)。

5.3.2　供暖系统的空气排除及补水定压设备

(1)**集气罐和排气阀**

集气罐和排气阀是热水供暖系统中常用的空气排除装置，有手动和自动之分。参见第2章。

(2)**膨胀水箱**

膨胀水箱有以下几个方面的作用：一是可用于容纳系统中水温升高后膨胀的水量；二是在自然循环上供下回式中可以作为排气设施使用；三是在机械循环系统中可用作控制系统压力的定压点。在自然、机械循环热水供暖系统中，膨胀水箱的安装位置有所不同。图5.27所示为自然循环系统中膨胀水箱的连接方法示意图，膨胀水箱位于系统的最高点，与膨胀水箱连接的管道应有利于使系统中的空气通过连接管排入水箱至大气中去，循环管的作用是防止水箱结冻。图5.28所示为机械循环系统与膨胀水箱的连接示意图，膨胀管设在循环水泵的吸水口处作为控制系统的恒压点，循环管的作用同前所述。

膨胀水箱一般用钢板制成，通常做成矩形或圆形，其上各种管道的示意如图5.29中所示。膨胀管上不允许装设阀门，使管网系统中的膨胀水通至膨胀水箱中；循环管保证有一部分膨胀

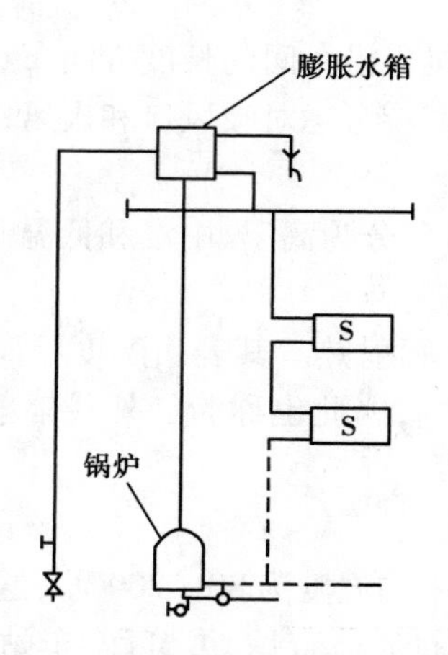

图 5.27　自然循环系统与膨胀水箱连接

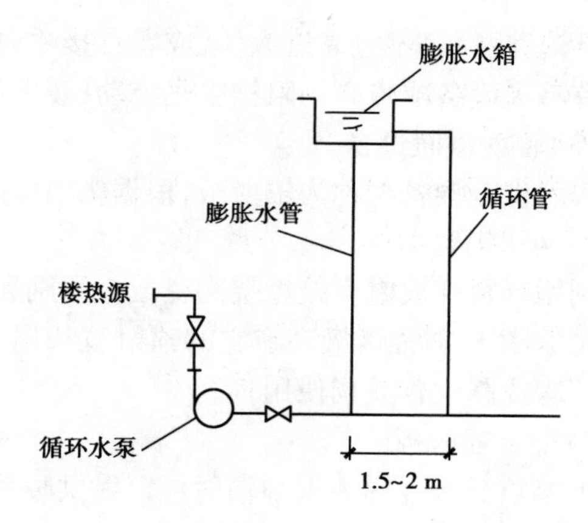

图 5.28　机械循环系统与膨胀水箱连接

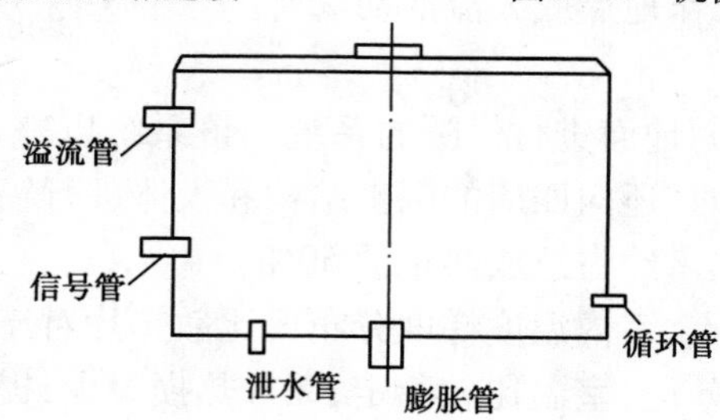

图 5.29　膨胀水箱上各种管道示意

水在水箱与膨胀管之间循环流动，以防水箱结冻；其他与水箱相同。膨胀水箱的有效容积可按下式确定：

$$V_p = a\Delta t V_s = 0.045 V_s \tag{5.17}$$

式中　V_p——膨胀水箱的有效容积（由信号管至溢流管之间的容积），L；

a——水的体积膨胀系统，$a = 0.000\ 6$；

Δt——系统中的水温波动值，$\Delta t = 75$ ℃；

V_s——系统的水容量，L，可按供给 1 kW 热量所需设备的水容量估算，见附录 5.8。

在计算得出膨胀水箱的有效容积后，可由国家标准图册中选出相应的型号。

【例 5.3】　机械循环热水供暖系统中，热负荷为 825 kW，采用 LH 型锅炉和长翼型散热器（大 60），试计算膨胀水箱的有效容积。

【解】　系统的水容量为：（查附录 5.8 选用）

$$V_s = 825 \times (9.46 + 16.1 + 6.9)\ \text{L} = 26\ 779.5\ \text{L}$$

膨胀水箱的有效容积为：

$$V_p = 0.045 V_s = 0.045 \times 26\ 779.5\ \text{L} = 1\ 205.1\ \text{L}$$

（3）**集中补水定压装置**

对于区域热水锅炉房供热系统或较大的热水集中供暖系统，其系统的规模大，供热距离长，热用户多且对供热参数要求不同，整个系统在运行过程中有如下特点：

①系统开始运行后的水温是按室外温度的下降而缓慢升高的；热水系统在运行中通过外网和供暖用户系统的阀门、管接头、排气装置等处存在水泄漏，正常情况下，泄漏水量占系统循环流动水量的 0.5% 左右。此时空气可不必考虑水升温引起的水体积膨胀问题，而且应不断

地向系统内补充水量,维持整个系统的压力和正常循环。

②系统的水温和压力参数一般是按各热用户中的最高参数设定的,除满足位置最高热用户供暖系统充满水外,还应满足该供暖用户系统最高点的热水不汽化。如温度130 ℃的热水汽化压力为17 mH_2O,此时若采用膨胀水箱定压,膨胀水箱的高度应比该用户供暖系统最高点高出17 m,另加安全裕量,造成该膨胀水箱无法设置。此外,若该用户距热源较远,对膨胀水箱水位的观察和控制都产生不便。考虑到各供暖用户系统内的空气可通过系统上设置的集气罐和排气阀来排除,此种情况下可不设膨胀水箱,而在热源处或系统循环水泵吸入口处,设置补水和定压点。补水定压设备可采用补水泵装置,如图5.30所示。

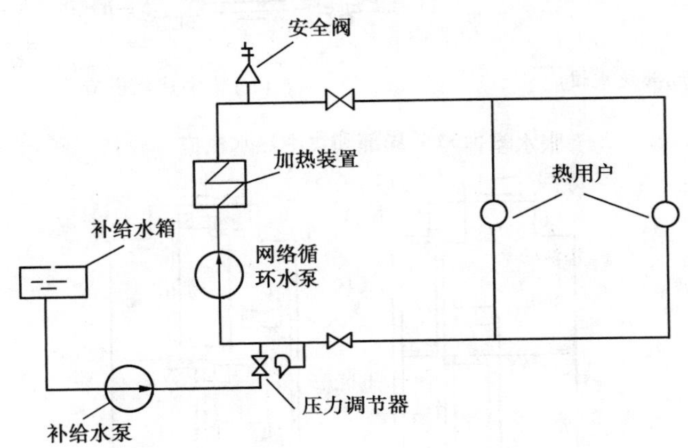

图5.30　补给水泵连续补水定压方式示意图

5.4　热水供应工程简介

热水供应是提供住宅、旅馆、医院、公共浴室、洗衣房、车间等建筑所需热水的工程。

5.4.1　热水供应系统及组成

(1)热水供应系统的分类

热水供水系统由于供水范围的大小,可分为局部热水、集中热水和区域热水供水系统。

局部热水供水系统适用于供水点很少的情况,如家庭、食堂等用热水量较小的建筑。加热器可用炉灶、煤气热水器、电热水器及太阳能热水器等,有设备简单、使用方便、造价低等优点,在没有集中热水供水系统的建筑中广泛使用。

集中热水供应系统设于热水供应范围较大,用水量多的建筑物。热水的加热、贮存及输送均集中于锅炉房,热水由统一管网配送,集中管理,节省建筑面积,热效率较高,但投资大。多用于大型宾馆、高级住宅等建筑物。

区域性热水供水系统是建设小区锅炉房集中供应热水,或利用城市热网供水。此种供热水的规模大,设备集中,热效高,使用方便,对环境污染小,是一种较好的热水供应方法,但设备复杂,管理技术要求高,投资很大,如图5.31、图5.32所示。

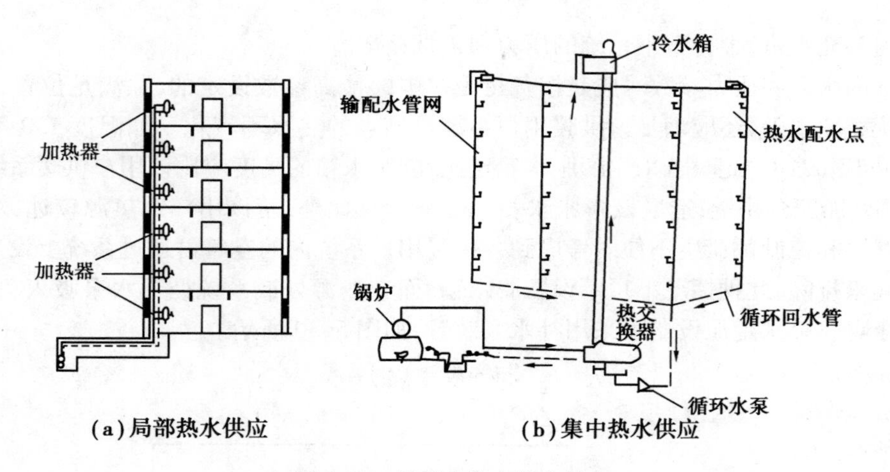

图 5.31　局部和集中热水供应

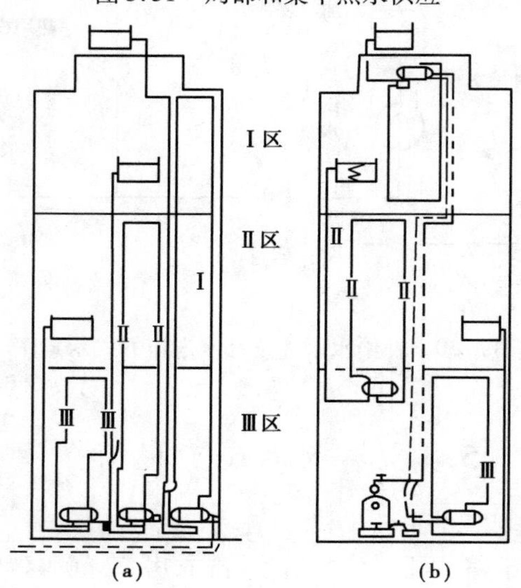

图 5.32　高层建筑热水集中供应方式

(2)热水供应系统的组成

比较完善的热水供应系统,通常由以下 5 部分组成:

①加热设备:锅炉、炉灶、太阳能热水器、各种热交换器等;

②热媒管网:蒸汽管或热水管、凝结水管等;

③热水储存水箱:开式水箱或闭式水箱等;

④热水输配水管网:回水管网、循环管网;

⑤其他设备和附件:循环水泵、各种器材和仪表、管道伸缩器等。

集中热水供应系统的工作流程为锅炉生产的蒸汽经热媒管送入加热器把冷水加热。蒸汽凝结水由凝结水管排入凝水池。锅炉用水由凝水池旁的凝结水泵压入。水加热器中所需的冷水由给水箱供给,热水由配水管送到各个用水点。为了保证热水温度,循环管和配水管中还循环流动着一定数量的循环热水,用来补偿配水管路在不配水时的散热损失。因此,集中热水供应系统可以认为由第一循环系统(发热和加热器等设备)和第二循环系统(配水和回水管网等设备)组成。

5.4.2　热水用水量标准及参数

(1)水质、水温及热水用水量定额

生产用热水的水质标准要根据生产工艺的要求来确定。生活用热水的水质标准应该符合我国现行的《生活饮用水卫生标准》。热水计算使用的冷水温度是以当地最冷月平均水温为标准。集中供应冷、热水时,热水用水定额,应根据卫生器具完善程度和地区条件,按表5.5确定。热水锅炉或水加热器出口的最高水温和配水点的最低温度,应根据水质处理情况而定:当无须进行水质处理或有水质处理设施时,热水锅炉和水加热器出口的最高水温应低于75 ℃,配水点的最低水温应高于60 ℃;需要进行水质处理但未设置处理装置时,热水锅炉和水加热器出口的最高水温应低于65 ℃,配水点的最低水温应高于50 ℃;若热水仅供沐浴、盥洗使用而不供洗涤用水时,配水的最低水温不低于45 ℃即可。

(2)热水量、耗热量、热媒耗量计算

1)热水量(用 Q_r 表示)

①生产上需要的热水设计用水量,是按产品类型、数量及其相应的生产工艺确定。

②住宅、旅馆、医院等建筑的集中热水供应系统的设计小时热水量应按式(5.18)计算:

$$Q_r = K_h m \frac{q_r}{24 \times 3\ 600} \tag{5.18}$$

式中　m——用水计算单位数,人数或床位数;

q_r——热水用水定额,L/(人·d)或L/(床·d),按表5.5采用;

K_h——小时变化系数,全日供应热水时可按表5.6采用。

表5.5　热水用水定额

序　号	建筑物名称		单　位	最高日65 ℃用水定额/L
1	普通住宅,每户设有沐浴设备		每人每日	80~120
2	高级住宅和别墅,每户设有沐浴设备		每人每日	100~140
3	集体宿舍	有盥洗室	每人每日	25~35
		有盥洗室和浴室	每人每日	35~50
4	普通旅馆	有盥洗室	每床每日	25~50
		有盥洗室和浴室	每床每日	50~100
		设有浴盆的客房	每床每日	100~150
5	宾馆、客房		每床每日	150~200
6	医院、疗养院、休养所	有盥洗室	每病床每日	30~60
		有盥洗室和浴室	每病床每日	60~120
		设有浴盆的病房	每病床每日	150~200
7	门诊部、诊疗所		每病人每次	5~8
8	公共浴室,设有淋浴器、浴盆、浴池以及理发室		每顾客每次	50~100
9	理发室		每顾客每次	5~12
10	洗衣房		每千克干衣	15~25
11	公共食堂	营业食堂	每顾客每次	4~6
		工业、企业、机关、学校食堂	每顾客每次	3~5
12	幼儿园、托儿所	有住宿	每儿童每日	15~30
		无住宿	每儿童每日	8~15

续表

序　号	建筑物名称	单　位	最高日 65 ℃用水定额/L
13	体育场(馆),运动员淋浴	每人每次	25

注:1. 表内所列用水定额均已包括在生活用水的定额中。

2. 本表 65 ℃热水水温为计算温度,卫生器具使用时的热水水温见表 5.6。

表 5.6　热水小时变化系数 K_h 值

居住人数/m	100	150	200	250	300	500	1 000	3 000
K_h	5.12	4.49	4.13	3.38	3.70	3.28	2.86	2.48
旅馆居住人数/m	150	300	450	600	900		1 200	
K_h	6.84	5.61	4.97	4.58	4.19		3.00	
医院床位数/m	50	75	100	200	300		500	
K_h	4.55	3.78	3.54	2.93	2.60		2.23	

注:非全日供应热水的小时变化系数,可参照当地同类型建筑用水变化情况具体确定。

③工业企业生活间、公共浴室、学校、剧院、体育馆(场)等建筑的集中热水供应系统的设计用水量应按式(5.19)进行计算:

$$Q_r = \sum q_h \frac{n_0 b}{3\,600} \tag{5.19}$$

式中　q_h——卫生器具热水小时用水定额;

n_0——同类型卫生器具数;

b——卫生器具同时使用百分数。

④公共浴室和工业企业生活间、学校、剧院及体育馆(场)等的浴室内的淋浴器和洗脸盆均应按 100%;设有浴盆的住宅的 b 值按表 5.7 采用;旅馆客房卫生间内浴盆可按 30% ~ 50%,其他器具不计;医院、疗养院病房内卫生间的浴盆可按 25% ~50%,其他器具不计。

表 5.7　住宅浴盆同时使用百分数

浴盆数 n_0	1	2	3	4	5	6	7	8	9
b	100	85	75	70	65	60	57	55	52
浴盆数 n_0	10	25	50	100	150	200	300	400	≥1 000
b	49	39	34	31	29	27	26	25	24

在使用式(5.18)时,卫生器具需要的水温各不相同,可在用水点用混合龙头将冷、热水混合。但热水供应温度只能有一个数值,因此,在计算设计小时热水用量时必须统一在相同的水温情况,即把不同温度的水量统一到供水温度时的水量。可利用混合水量、热水量和冷水量三者热平衡关系得到计算式:

$$K_r = \frac{t_h - t_l}{t_r - t_l} \times 100\% \tag{5.20}$$

式中　K_r——供应的热水量占混合水量的百分数；

t_h, t_l, t_r——混合水、冷水和供应的热水温度，℃。

2)耗热量(Q)

耗热量计算式如下：

$$Q = Q_r C(t_r - t_l) \tag{5.21}$$

式中　C——水的比热，J/(kg·℃)；

t_r, t_l——热水、冷水温度，℃。

局部热水供应系统的设计小时耗热量，可根据卫生器具一次热水用水定额及其水温或小时用水量和同时使用百分数及其水温计算确定。

3)热媒耗量(G_m)

①蒸汽直接与冷水混合制备热水时，蒸汽耗量计算式为：

$$G_m = (1.1 \sim 1.2)\frac{Q}{i - i_r} \tag{5.22}$$

式中　i——蒸汽热焓，kJ/kg按蒸汽压力由蒸汽压力表选用；

i_r——蒸汽与冷水混合后的热焓，kJ/kg，可按式$i_r = t_r \cdot c$计算；

t_r——蒸汽与冷水混合后的热水温度，℃；

Q——设计小时耗热量，W。

②蒸汽通过传热面加热冷水时，蒸汽耗量计算式为：

$$G_{mh} = (1.1 \sim 1.2)\frac{Q}{r_h} \tag{5.23}$$

式中　r_h——蒸汽的汽化热，kJ/kg，按蒸汽压力由蒸汽计算表选用。

③热媒为热水通过传热面加热冷水时，热媒热水耗量计算式为：

$$G_{ms} = (1.1 \sim 1.2)\frac{Q}{C(t_{mc} - t_{mz})} \tag{5.24}$$

式中　t_{mc}, t_{mz}——热媒热水供水温度和回水温度，℃。

【例5.4】　某城市住宅楼共80户，每户平均人口按4人计，每户设有浴盆1个、洗脸盆1个、坐便器1个、厨房洗涤盆1个。设有集中热水供应，冷水水温10 ℃计，当地热水用水定额为120 L/(人·d)，试确定热水供应系统的热水用水量Q_r及设计小时耗热量Q。

【解】　按每人用水定额计算：

$m = 80 \times 4$ 人 $= 320$ 人，$q_r = 120$ L(人·d)(65 ℃)，$T = 24$ h，$K_h = 2.7$，$t_l = 10$ ℃将以上已知条件代入式5.18和式5.21

则　$Q_r = K_h m q_r / T = 2.7 \times 320 \times 120/24$ L/h $= 4\ 320$ L/h $= 4.32$ m^3/h

$Q = Q_r C(t_r - t_l)/3\ 600 = 4\ 320 \times 4.19 \times (65 - 10)/3.6$ kW $= 276.5$ kW

5.4.3　热水的加热方式

热水的加热方式可分为直接加热法和间接加热法两种。

直接加热法即利用燃料直接烧锅炉将水加热或利用清洁的热媒(如蒸汽)与被加热水混合而加热水；可采用电力热水；在太阳能源丰富的地区可采用太阳能加水。

间接加热法即被加热水不与热媒直接接触，而是通过加热器中的传热面的传热作用来加热水的。如用蒸汽或热网水等加热水，热媒放热后，温度降低，仍可回流到原锅炉房复用，因此，热媒不需要大量补充水，既可节省用水，又可保持锅炉不生水垢，提高热效能。

5.4.4 热水供应系统的技术特点及要求

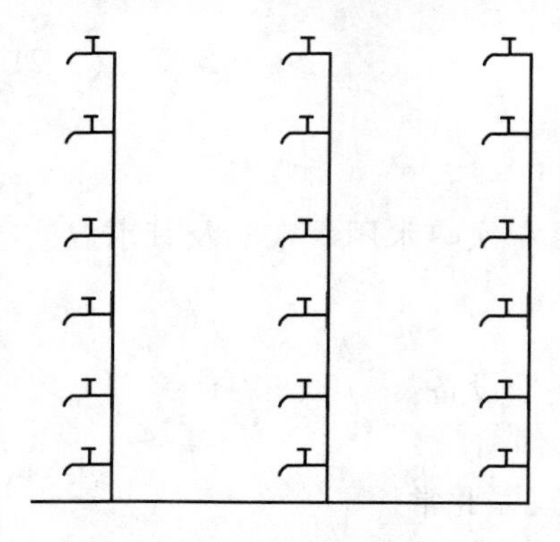

图 5.33 直接加热无循环系统

热水供应系统与建筑给水系统相比，除对水量、水压有同样的要求外，还要求供应水的温度。因此，水系统有一些与冷水系统要求不同的问题，如管网、循环管道的热胀和水体膨胀，管道的腐蚀和结垢以及逸气等问题，都需要通过相对应的技术措施和装置来解决。

(1)热水管网的水循环

热水供应系统按管网的布置形式，同样可分为下行上给式、上行下给式等；若按有无循环管分：可分为全循环、半循环及无循环热水供应系统，这些循环形式都可用于上行和下行两种管网中，如图 5.33—图 5.35 所示。

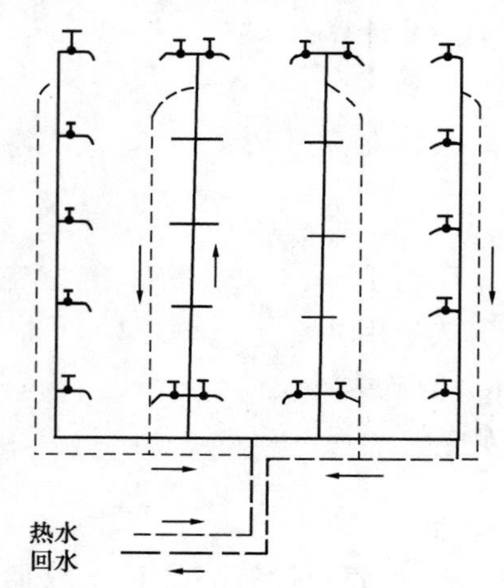

图 5.34 全循环热水供水系统

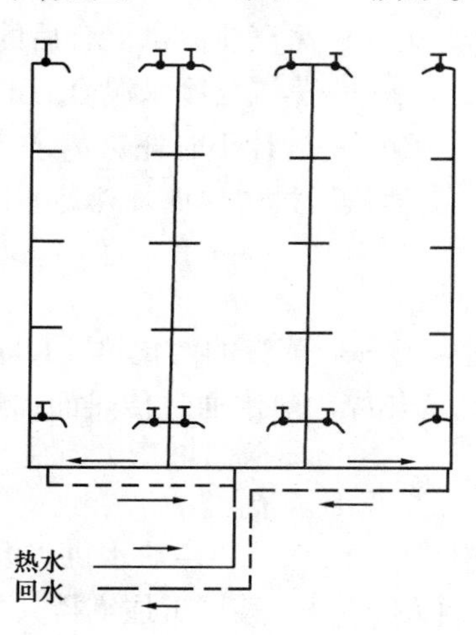

图 5.35 半循环热水系统

(2)管道和设备的保温

为减少热水系统散热，在加热设备、热水箱及配水管道等外设置保温层，保温材料选用导热系数小、不燃、耐腐、易施工及价廉的材料，常用泡沫混凝土、膨胀珍珠岩、硅藻土等预制构件，还有其他几种不同的保温方法，如图 5.36 所示为预制式保温层。

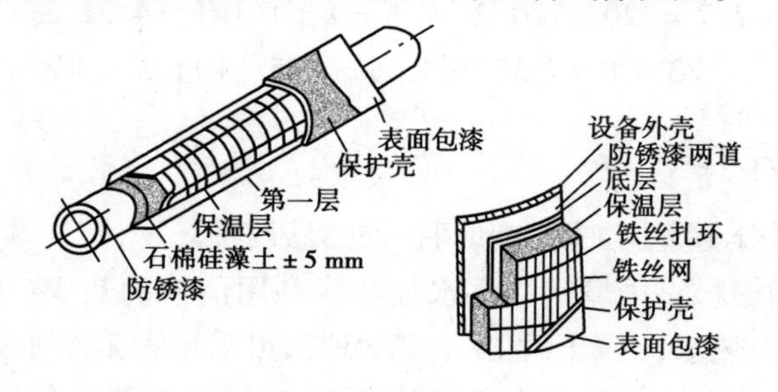

图 5.36 预制式保温层

(3)**热胀冷缩**

物体有热胀冷缩的性质,金属更为显著,在热水系统中必须进行补偿,以免损伤管道设备。管道温升热胀所产生的应力 σ 和管道热胀长度 Δl 为:

$$\sigma = Ee = \frac{E\Delta l}{l} \tag{5.25}$$

$$\Delta l = al\Delta t \tag{5.26}$$

式中　E——金属的弹性模量,MPa;

e——伸长率;

l,a——管长和管道线膨胀系数,mm/(m·℃);

Δt——管道受热与其安装时的温度差,℃。

由上式可计算管道延伸长度和所受推力,选用适宜的补偿设备。补偿可用伸缩器及管道自身转弯等补充,伸缩器有用管道弯成的方形及金属波纹形伸缩器等。

此外水体受热后膨胀力很大,可能破坏管道和加热设备,因此常用膨胀管、膨胀水箱及安全阀等设备,消除水受热后的膨胀压力。锅炉上设安全阀,加热水箱设膨胀管,其上通进屋顶水箱,管上不设闸门。

(4)**防腐蚀**

热水系统的管道和设施的腐蚀问题较为严重,因此,设计时应考虑防腐措施。目前常用的防腐措施有:涂涮防腐保护层,如银粉漆等;选用抗腐蚀的管材。

(5)**防结垢**

硬水受热容易在加热器或管道内结垢,降低传热效率,又腐蚀损坏加热设备,危害很大。为减少积垢,常在加热器的进水口上装设适当的除垢器,如磁水器、电子除垢器等。

(6)**系统中空气排除**

热水供应系统管网中会发生积聚气体的现象,因此,热水管道需要保持一定的坡度,气体通过设在系统最高处的水箱或集气罐排除。

5.4.5　热水供应系统的器材及设备

(1)**热水直接加热设备**

根据建筑情况、热水用水量及对热水的要求等,选用适当的锅炉或热水器。常用的加热器有热水锅炉;燃料有烧煤、油及燃气等;汽水混合加热器,以清洁的蒸汽通过喷射器喷入贮水箱的冷水中,使水汽充分混合加热水;家用型热水器,目前市场有燃气热水器及电力热水器等;太阳能热水器,利用太阳能加热水是一种简单、经济的热水方法。

(2)**热水间接加热设备**

常用的间接加热设备有容积式热水加热器,具有加热器和热水箱的双重作用。其原理如图5.37预制式保温层所示。节能、节电、节水效果显著,已列入国家专利产品中。快速式加热器,即热即用,没有贮存热水容积,体积小,加热面积较大,适用于热水用水量大而均匀的建筑物,如蒸汽为热媒的汽—水快速加热器的原理如图5.38所示。

(3)**膨胀管膨胀水箱和膨胀罐**

为解决热水供应系统中因水温升高、水密度减小、水容积增加而破坏的系统正常工作须设置这类设备。有关膨胀水箱的内容已在供暖工程中讲述过,现仅介绍膨胀管和膨胀罐。

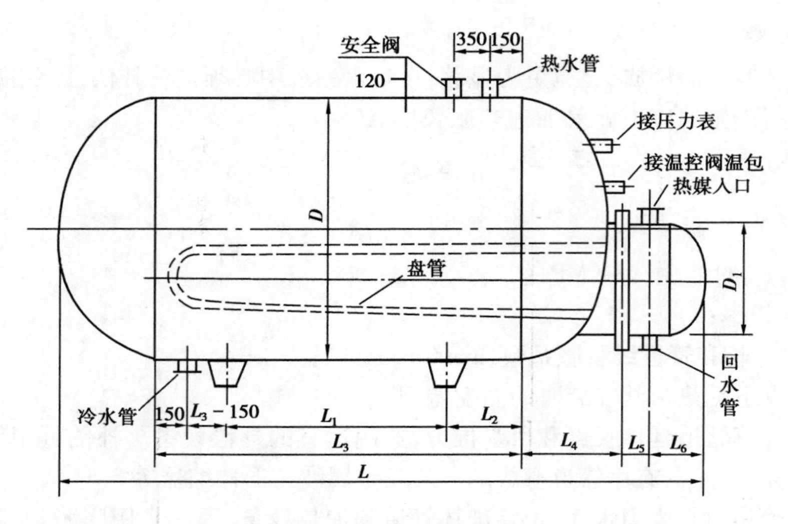

图 5.37　卧式容积水加热器

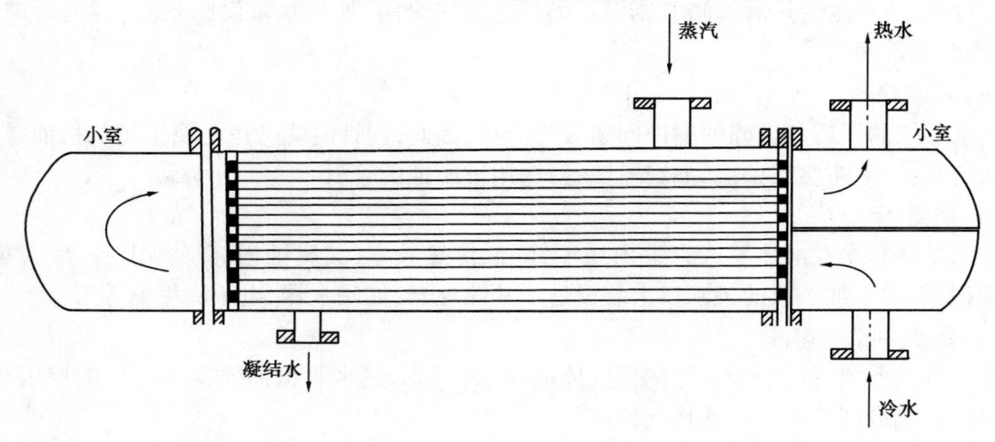

图 5.38　蒸汽快速热水器

膨胀管可由加热设备出水管上引出，将膨胀水引至高位水箱中，如图 5.39 所示，膨胀管上不得设置阀门，其管径一般为 *DN* 20 ~ 25 mm。如图 5.40 所示，膨胀罐是一种密闭式压力罐，适用于热水供应系统中不宜设置膨胀管和膨胀水箱的情况。膨胀罐可安装在热水管网与容积式加热器之间，与水加热器同在一室应注意在水加热器和管网连接管上不得设置阀门。

(4)温度自动调节器

在加热设备的热水出水管管口装设温度自动调节器，其感温元件将温度变化传导到热媒进口管上的调节阀，便可控制热媒流量的大小，达到自动调温的目的，如图 5.41 所示。

(5)水质处理设备

集中热水供应系统的热水在加热前是否需要软化处理，应根据水质、水量、水温、使用要求等因素经技术经济比较确定。按 65 ℃计算的日用水量 ≥10 m^3 时，原水碳酸盐硬度 >7.2 meq/L 时，洗衣房用水应进行软化处理，其他建筑用水宜进行水质处理；按 65 ℃计算的日用水量 <10 m^3 时，其原水可不进行软化处理。另外，对溶解氧控制要求较高时还需采取除氧措施。当前，水质处理方法日益多样、有效、简便，已出现软化处理器、磁化处理仪、电子水处理仪，已得到推广应用。

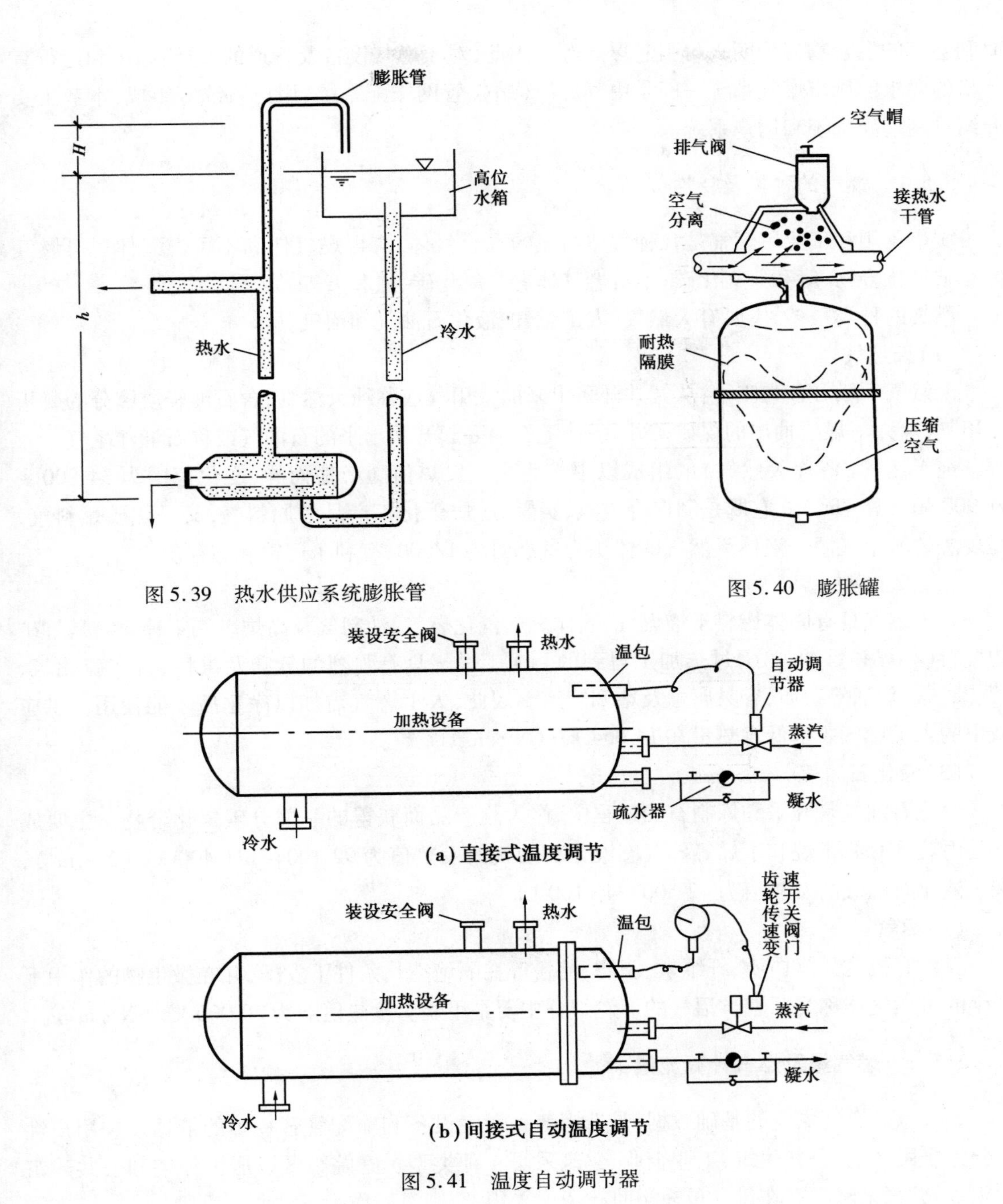

图 5.39　热水供应系统膨胀管

图 5.40　膨胀罐

(a) 直接式温度调节

(b) 间接式自动温度调节

图 5.41　温度自动调节器

5.5　燃气工程简介

燃气具有热能利用率高，燃烧后无灰、无渣，燃气本身可以采用管道输送，便于调节计量和控制，为清洁燃料减少了环境污染，适应经济社会发展的需要，燃气也存在对人体健康和安全有害的一面，如一氧化碳、硫化氢和烃类等物质具有毒性和窒息作用；可燃气体达到一定浓度时和空气的混合物遇到明火可引起爆炸等。因此,对于燃气设备及管道的设计、施工和运行有严格的要求。城市燃气系统一般是由气源厂(站)、管网输配系统、用户系统等组成,本节主要介绍管网输配系统和用户系统。

5.5.1 燃气的种类及特性

城市民用和工业用燃气是几种气体组成的混合气体,有可燃气体和不可燃气体。可燃气体有碳氢化合物、氢和一氧化碳;不可燃气体有二氧化碳、氮和氧等。

燃气的种类很多,主要有天然气、人工燃气、液化石油气和沼气。

(1)天然气

天然气一般可分为4种:从气井开采出来的气田气或称纯天然气;含石油轻质馏分的凝析气田气;从井下煤层抽出的煤矿矿井气;伴随石油一起开采出来的石油气或称石油伴生气。

纯天然气(俗称天然气)的组成以甲烷为主。发热值随产地而异,变化范围为34 800~41 900 kJ/(N·m^3)。它既是制取合成氨、炭黑、乙炔等化工产品的原料气,又是优质燃料气,是理想的城市气源。液体天然气的体积为气态时的1/600,有利于运输和储存。

(2)人工燃气

人工燃气具有固体燃料干馏燃气、固体燃料汽化燃气、油制气及高炉燃气4种。它是将矿物燃料(如煤和重油等)通过热加工得到的。人工燃气具有强烈的气味及毒性,含有硫化氢、萘、苯、氨、焦油等杂质,容易腐蚀及堵塞管道。因此,人工燃气需加以净化后才能使用。供应城市的人工燃气要求低发热量在14 654 kJ/(N·m^3)以上。

(3)液化石油气

液化石油气是开采和炼制石油过程中,作为副产品而获得的一部分碳氢化合物。主要成分是丙烷、丙烯、丁烷和丁烯等。气态液化石油气的发热值为92 100~121 400 kJ/(N·m^3),液态液化石油气的发热值为42 500~46 100 kJ/kg。

(4)沼气

各种有机物如蛋白质、纤维素、脂肪、淀粉等在隔绝空气条件下发酵,并在微生物的作用下产生的可燃气体称为沼气。沼气的可燃组分主要是甲烷。发热值约为20 900 kJ/(N·m^3)。

5.5.2 燃气量及燃气计算流量

燃气量是燃气供应的基础数据,是选用各种燃气设备和输配管管径等的依据。按用户性质分为居民住宅、公共建筑、工业企业、建筑采暖4种类型。庭院小区以居民住宅和公共建筑为主,用燃气采暖只有在供气量充裕时才考虑采用,否则只能作为一种调节手段。

(1)用气量指标

1)居民生活用气量指标

与建筑物标准、使用人数、燃气用具种类和数量、居民生活习惯、燃气价格、公共服务设施情况等因素有关。可对各类用户抽样调查、实测数据,通过数理统计分析求得用气量的平均值,作为用气量指标。住宅中设有淋浴器或浴盆时,其加热冷水所需燃气用量指标可估算为:20 930 kJ/(人·次)淋浴、45 980 kJ/(人·次)浴盆。

2)公共建筑用气量指标

其用气量指标与燃气设备性能、气候条件、加工方式等有关,表 5.8 所列为公共建筑一般用气量指标。

表 5.8　公共建筑燃气用气量指标

建筑名称	单位	用气量	建筑名称	单位	用气量
大学、中专	kJ/(人·d)	6 270	职工食堂	10^4 kJ/kg 粮食	0.42 ~ 0.52
中学、小学	kJ/(人·d)	1 460	饮食业	10^4 kJ/(座位·a)	795 ~ 920
澡堂、淋浴	kJ/(人·次)	14 210 ~ 20 900	面包房	10^4 kJ/T	330
浴盆	kJ/(人·次)	45 980	理发店	kJ/(人·次)	3 340 ~ 4 180
洗衣房	10^4 kJ/kg 粮食	1 760	医院	10^4 kJ/(座位·a)	270 ~ 350
幼儿园、托儿所			旅馆(无餐厅)	10^4 kJ/(座位·a)	70 ~ 85
全托	10^4 kJ/(人·a)	167 ~ 210			
半托	10^4 kJ/(人·a)	60 ~ 105			

(2)燃气的小时计算流量

燃气管道水力计算和设备选型的计算依据是计算月的小时最大流量,即小时计算流量。燃气小时流量的确定方法有不均匀系数法和同时工作系数法两种。不均匀系数法多用于城市燃气管道的计算,同时工作系数法用于庭院燃气管网和室内管网的计算。

1)住宅用气量

庭院及室内燃气管道的计算流量按同时工作系数法估算,即

$$Q_1 = K \sum Q_n N \tag{5.27}$$

式中　K——燃具的同时工作系数;

Q_n——某一类型燃具的额定流量,m^3/h;

N——该类型燃具的数目;

$\sum Q_n N$——各类型燃具额定流量之总和,m^3/h。

2)公共建筑用气量

公共建筑的燃气计算流量有两种计算方法:一种是按公共建筑内的各类用气设备及其额定热负荷计算;另一种是按公共建筑不同燃气用途的用气量指标及其相应的用气单位数计算。

3)工业企业用气量

按各企业的产品及其耗用燃气量计算。参考燃气设计手册计算。

4)小区用气量

根据小区内建筑的性质类型分别计算各类建筑的设计小时流量,然后相加即得小区总燃气流量。若建筑为燃气采暖时,还应再加入各类建筑采暖的燃气用量。

5.5.3　城市燃气输配管网简介

(1)城镇煤气管道压力分级

为了保证输、配煤气的安全、可靠和经济,我国城镇对煤气管道压力分为低压、中压、次高压、高压 4 级,见表 5.9。当前我国大部分城市煤气供应为中、低压两级。

表 5.9　我国城镇燃气管道压力分级

燃气管道压力分级	压力 p/kPa
低　压	≤5
中　压	$5 < p \leq 150$
次高压	$150 < p \leq 300$
高　压	$300 < p \leq 800$

(2)城镇燃气管网分类

根据燃气供应范围的大小,有单级、两级、三级和多级系统。

单级系统一般以低压级输送和分配煤气,适用于较小城镇,如图 5.42(a)所示。

两级系统,采用高压、次高压到低压或中压到低压系统,如图 5.42(b)所示。前者必须采用钢管,后者管材可全部采用铸铁管比较经济,但不如前者发展有利。

三级和多级系统多用于天然气和大型城市。城市民用建筑室内煤气供应均取自室外低压管道。

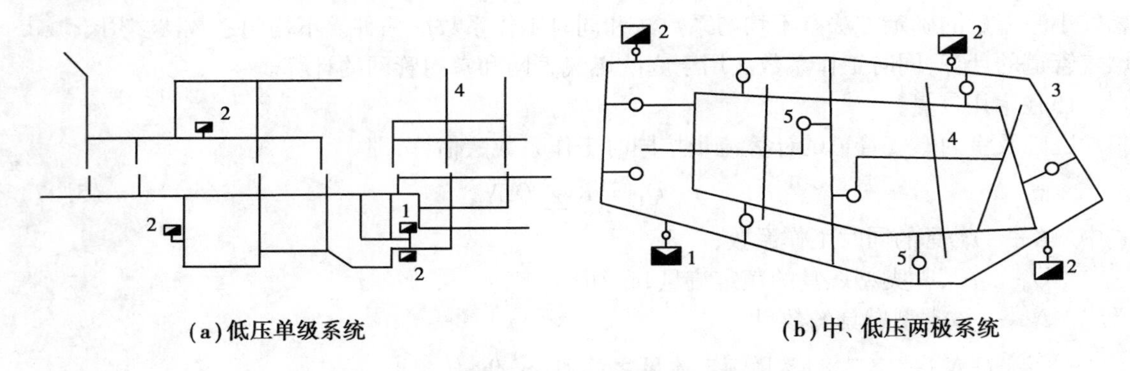

(a)低压单级系统　　**(b)中、低压两极系统**

图 5.42　城市煤气供应管网示意图

1—气源厂;2—低压湿式储备站;3—中压管道;4—低压管道;5—中、低压调压室

(3)调压室(站)及储配站

为保证煤气输配管网压力稳定、控制压差而设置由调压器、计量设备等组成的调压室(站)。调压室(站)根据使用性质不同有区域调压室、用户调压室和专用调压室。按调压作用有高中压、高低压和中低压调压室之分,按建筑形式有地上、地下和露天调压室。

调压器种类很多,其基本工作原理是以局部阻力增加压力损失,使压力降下来。按构造不同有雷诺式调压器、T 形高压器、曲流式调压器、用户调压器等。其中用户调压器具有体积小、质量轻的特点,适用于用量不大的工业用户和居民点,如图 5.43 所示。

煤气储配站功能是使气源厂能均衡生产,调节煤气用户的用气不均匀性。储配站一般由煤气储罐、压送机室、辅助建筑(如变电室、配电室、控制室、水泵房、锅炉房、工具库和储藏室等)和生活间组成。

低压储配站分两种工艺流程,如图 5.44(a)所示。一种是低压储存中压输送的流程;另一种是低压储存中、低压分路输送流程。当城镇需中、低压同时供气时,应采用后者。

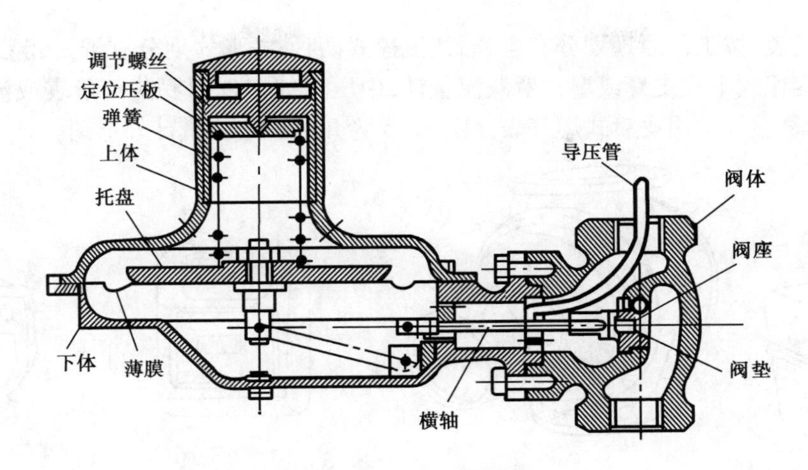

图5.43　用户调压器

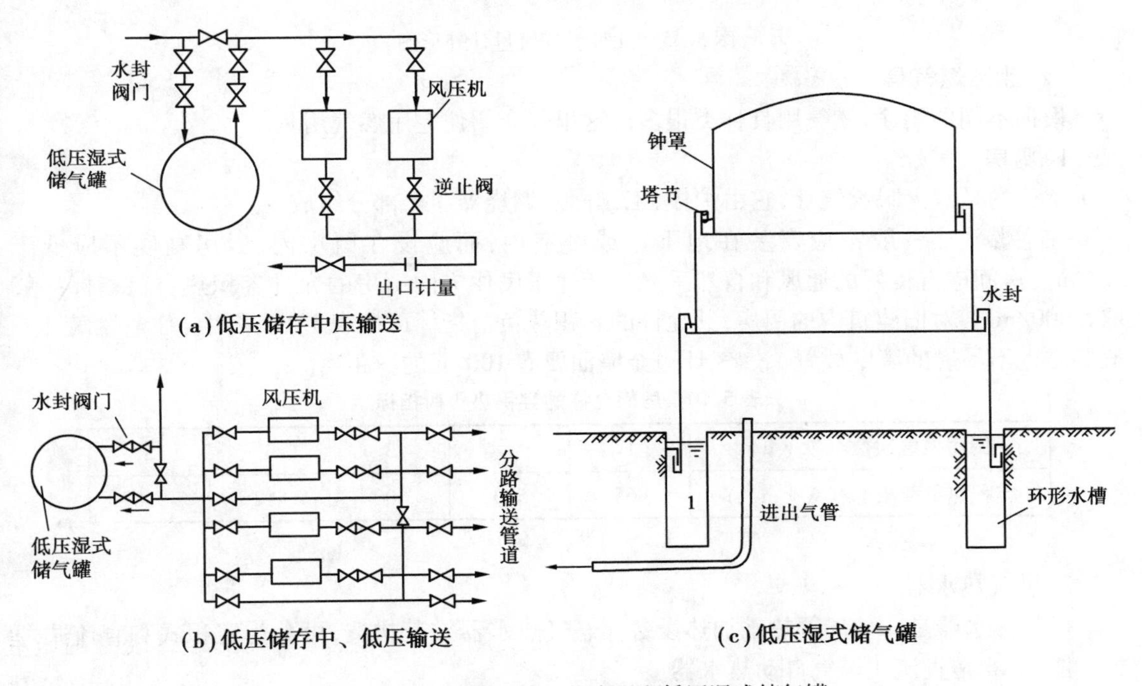

图5.44　低压储配站工艺流程和低压湿式储气罐

(4)**城市煤气管网布置**

一般成环状，尽量不布置在繁华街道下，煤气管不得与水管（冷、热水管）、电力、通信管线同沟敷设，否则应加套管防护；也不得穿过建筑物下方，煤气管应敷设在当地冻土线以下，架空敷设应保证运输要求高度，当过河敷设时应有防冲、防漏等技术措施。

(5)**庭院燃气管道的布置与敷设**

见第12章12.2节。

5.5.4　室内燃气系统的主要设备及管网计算

(1)**燃气流量表**

燃气流量表即燃气计量表俗称煤气表，其种类按用途划分有焦炉煤气表、液化石油气燃气表和两用燃气表;按工作原理划分有容积式、流速式两种;按形式划分有干式、湿式两种。低压输气常采用容积式干式皮囊或湿式罗茨流量计,中压输气多选用罗茨流量表或流速式孔板流量计;家用计量燃气常用皮囊式燃气表。图 5.45 为几种燃气流量计外形图。

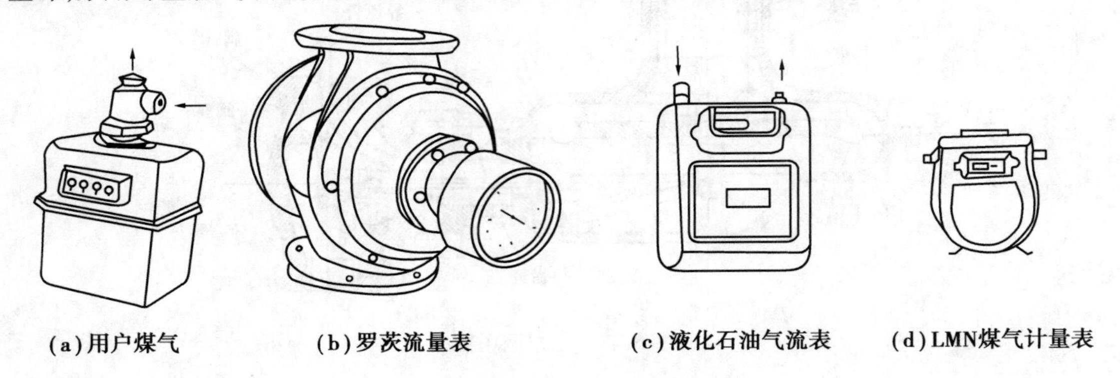

图 5.45　几种燃气流量计外形图

(2)**生活燃气具**

根据不同的用途,燃气用具种类很多。这里仅介绍住宅用燃气用具。

1)厨房燃气灶

常见的是双火眼燃气灶,它由炉体、工作面及燃烧器 3 个部分组成。

住宅燃气灶一般不应安装在地下室或卧室内,而应设在厨房内,厨房高度不应低于 2.2 m。房间应有良好的通风和自然采光。新建居民住宅内厨房的允许容积热负荷指标一般取 5 800/m^3。对旧建筑内的厨房,其允许的容积热负荷指标可按表 5.10 采用。住宅燃气灶一般要靠近不易燃的墙壁放置。燃气灶边至墙面要有 100 m 的净距离。

表 5.10　房间允许的容积热负荷指标

厨房换气次数/(次·h)	1	2	3	4	5
容积热负荷指标/(W·m^{-3})	465	580	700	812	930

2)燃气热水器

燃气热水器是一种局部热水加热设备。燃气热水器按其构造,可分为容积式和直流式两类。图 5.46 是直流式燃气自动热水器。

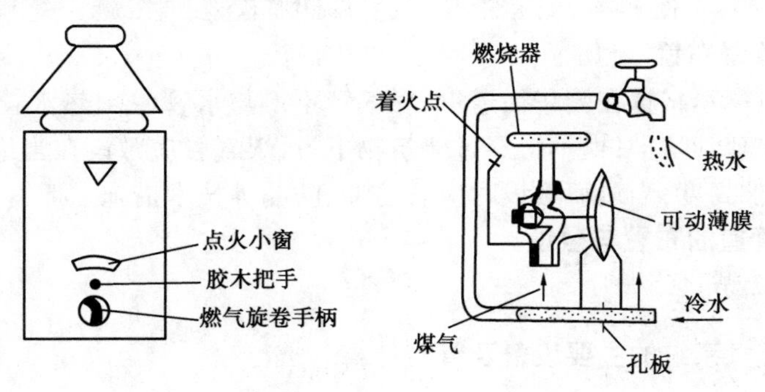

图 5.46　直流式燃气热水器

设有燃气用具的房间，都应有良好的通风措施，换气次数应大于3次/h。燃气热水器不宜直接设置在浴室内，可装在厨房或其他房间内。房间体积不应小于12 m^3，热水器由地面至燃烧器要有1.2～1.5 m的高度。热水器应安装在不燃的墙壁上，与墙壁的净距应大于20 mm；安装在难燃的墙壁上时，墙面应加隔热层，净间距不小于100 mm。

(3)液化石油气供应瓶

液化石油气在石油炼制厂生产后，可用管道、汽车或火车槽车、槽船运输到储配站或灌瓶站后再用管道或钢瓶灌装，经供应站供应用户。

供应站到用户，根据供应范围、户数、燃烧设备的需用量大小等因素可采用单瓶供应、瓶组供应、储罐集中供应。对于用气量很大的住宅楼、高层民用住宅或生活小区的燃气供应，可采用贮罐供应设备，管网集中供气。对于单、双瓶式液化石油气，一般可利用钢瓶设置地点周围空气的热量传导而自然汽化，但在贮罐集中供应系统应采用蒸发器(汽化器)强制汽化。

(4)室内燃气管网计算

在选定、布置用户燃气用具并绘制出系统轴侧图后，可进行室内燃气管网的配管计算。

首先在系统图上选择计算管路，一般选管路最长，水头损失最大为计算管路；在计算管路上划分计算管段，一般按节点支出燃气流量划分；确定各计算管段中计算流量；按允许压力降及管段中计算流量求管径，最小管径一般不宜小于*DN* 20。我国几个城市的室内低压燃气管道计算压力降及其分配见表5.11。

表5.11　我国某些城市室内低压燃气管道计算压力降

项　目	压力和压力降分配/mmH_2O			
	北京	上海	沈阳	天津
燃具的额定压力	80	80	80	200
燃具的最低压力	60	60	60	160
户内管	10	8	8	10
燃气表	10	12	12	15

注：北京、上海、沈阳为人工燃气；天津为石油伴生气。

(5)确定室内燃气管路的总压力降

计算室内燃气管路总压力降，与表5.11中的数值进行比较，若相差太大应调整个别管段管径使其相适应。

计算室内燃气管路总压力降时还应注意一个问题，即垂直管路上附加压力值应计算，由于燃气和空气的容重不同而形成的垂直管路附加压力值可按式(5.28)计算，燃气向上输送时取正值，向下输送时应取负值。

$$\Delta H = \Delta h(\gamma_a - \gamma') \tag{5.28}$$

式中　γ', γ_a——燃气和空气的重力密度，N/m^3；

Δh——垂直管路的高差，m。

【例5.5】　试作六层住宅楼的室内燃气管网配管计算。每户设双眼灶一台，额定用气量为1.4 m^3/h，焦炉燃气重力密度 $\gamma' = 4.5\ N/m^3$，其燃气管网系统如图5.47所示，调压器出口压力为110 mmH_2O。

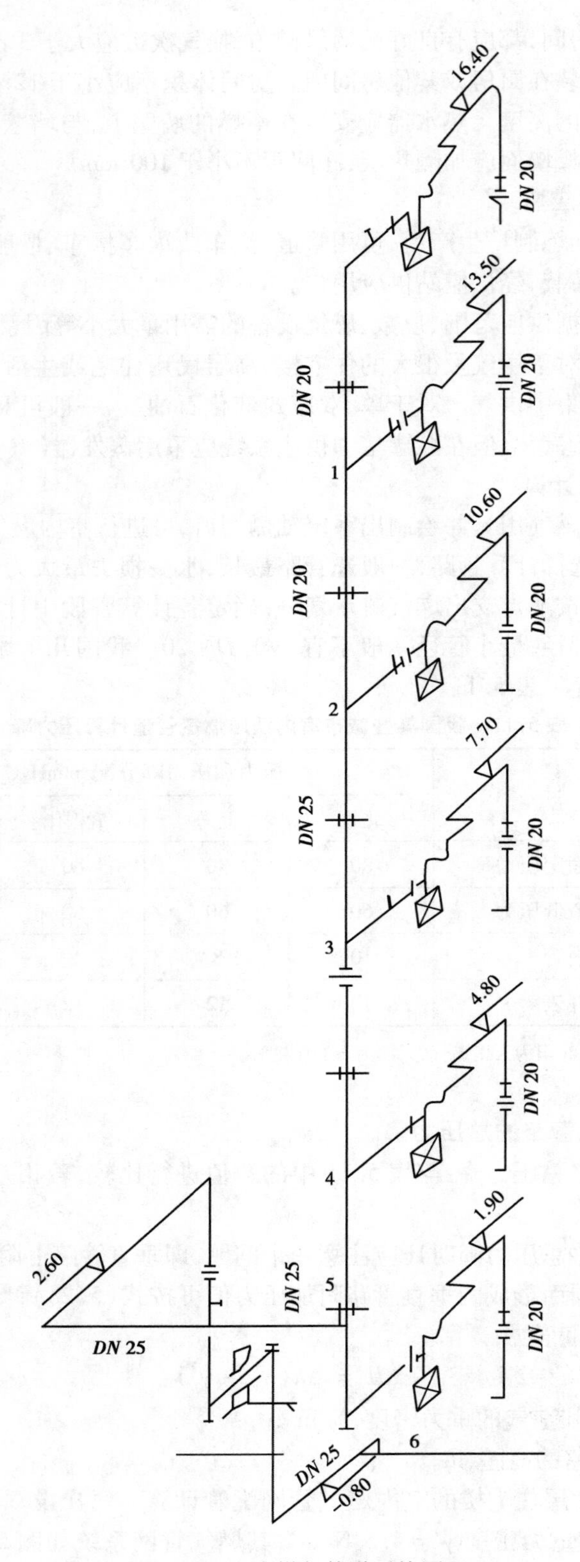

图 5.47 室内燃气管道系统图

【解】 (1)按上述配管水力计算方法选择计算管路:1—2—3—4—5—6。并划分计算管段。

(2)求出各计算管段中燃气流量。

(3)配管计算。本题压力降按 10 mmH_2O 计,即比压降按 10/29 = 0.35 mm/m,查人工燃气低压钢管水力计算表(参见《燃气设计手册》)可确定管径。本例题考虑附加压力值。全部计算成果见表5.12。

表5.12　配管计算结果表

管段编号	燃具数量(双眼灶)	同时工作系数/%	计算流量/($m^3 \cdot h^{-1}$)	管段长度/m	管径 DN	i/($mm \cdot m^{-1}$)	il/mm	管段始末端标高差/m	附加压头/mm	管段沿程阻力/mm
①	②	③	④	⑤	⑥	⑦	⑦×⑤×γ'/g=⑧	⑨	0.833×⑨=⑩	⑪
1—0	1	100	1.4	6.2	20	0.20	$1.24\times\frac{4.5}{9.8}=0.57$	2.0	0.833×2.0=1.67	2.24
2—1	2	100	2.8	2.9	20	0.39	$1.13\times\frac{4.5}{9.8}=0.52$	2.9	0.833×2.9=2.42	2.94
3—4	3	85	3.6	2.9	25	0.19	$0.55\times\frac{4.5}{9.8}=0.25$	2.9	2.42	2.67
4—5	4	75	4.2	2.9	25	0.24	$0.70\times\frac{4.5}{9.8}=0.32$	2.9	2.42	2.74
5—6	5	68	4.8	2.1	25	0.34	$0.71\times\frac{4.5}{9.8}=0.33$	1.9	0.833×1.9=1.58	1.94
6—7	6	64	5.4	12.0	25	0.42	$5.04\times\frac{4.5}{9.8}=2.32$	3.2	0.833×3.2=2.67	4.99
								$\sum 9.37$		$\sum 17.49$

设燃气计算管路局部水头损失为沿程水头损失的10%,则本题计算管路总水头损失为:

$$17.49\times1.10=19.24\ mmH_2O$$

设燃具工作压力为60 mmH_2O,煤气表水头损失为10 mmH_2O,则本题的总压力为:

$$H = 19.24+10+60\ mmH_2O = 89.24\ mmH_2O < 110\ mmH_2O$$

习 题 5

1. 为什么在围护结构热工设计计算中要考虑围护结构的最小传热阻与经济传热阻?
2. 结合供暖设计热负荷计算的相关内容,简述本气候区建筑供暖节能的有效途径。
3. 简述水平式和垂直式供暖系统水力失调的原因和解决的措施。
4. 热水供暖系统中的膨胀水箱的作用是什么?
5. 热水供应系统可选择的热源有哪些?选择热源要考虑哪些因素?
6. 热水供应管道系统为什么要设置循环管路系统?
7. 我国城镇对燃气管道压力分级有哪几级?各级使用条件有哪些?
8. 燃气输配系统中的调压室(站)作用是什么?
9. 已建建筑物外墙为370黏土砖墙单面抹灰20 mm,按建筑节能标准规定,要求外墙的传热系数小于等于0.5 W/m^2℃,现采用聚苯板外保温,聚苯板的导热系数为0.05 W/m℃,密度为18 kg/m^3,需要聚苯反的厚度是多少?

10.一重力(自然)循环供暖系统,如图5.48所示。h_0 =2.0 m,h_1 =4.0 m,h_2 =2.0 m,供水温度 t_g =90 ℃(ρ_{90} =965.34 kg/m^3):

(1)当系统回水温度 t_h =80 ℃、70 ℃时(ρ_{80} =971.83 kg/m^3,ρ_{70} =977.81 kg/m^3),不计入水在管路冷却产生的附加作用压力,该系统的重力循环作用压力 ΔP 为多少?

(2)在热水锅炉中心线上部1.0 m处再增加一组完全相同的散热器,系统回水温度为70 ℃,此时重力循环作用压力 ΔP 为多少?

(3)若为垂直双管系统,通过二组散热器的重力循环作用压力差为多大?

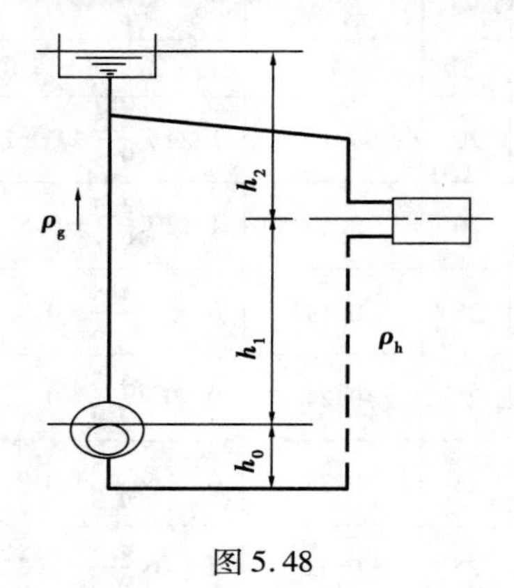

图5.48

第6章 通风

6.1 建筑通风概述

6.1.1 建筑环境的空气参数及设计标准

(1)空气参数对人体健康的影响

1)新风量

室内空气清新是保证人们身体健康的必要条件,氧气是人生存的基本要素。向建筑室内输送一定量的新鲜空气,排除污浊空气,是保证室内空气清新及人们身体健康的必要措施。

2)空气温度

人体与周围环境之间存在着热量传递,周围环境温度、人体的衣着厚度和劳动强度等因素直接影响人体的热量传递,决定人体新陈代谢水平和人体体温。

3)空气相对湿度

人体在周围环境温度较高时热量传递量减少,需要通过人体出汗蒸发散发更多的热量。相对湿度较高的空气环境直接影响人体的出汗蒸发散失热量,同样决定人体新陈代谢水平和人体体温。

4)空气流动速度

人体周围空气的流动速度是影响人体对流散热和水分蒸发散热的主要因素之一。气流流速大,对流散热增强,但是会引起人体的吹风感;气流流速小,对流散热也减小,但是人在高湿高温的环境中会产生闷气、呼吸不畅的感觉。

5)空气中有害物浓度

空气中有害物浓度超过规定的限值就会对人体健康产生危害甚至危及生命。CO_2 浓度超标室内会产生明显气味,人体出现头晕胸闷的症状;CO 浓度超标人会窒息;粉尘浓度超标人会产生呼吸道或肺部疾病;甲醛浓度超标会对人体器官产生明显刺激以及产生疾病等。

空气的上述参数之间互相关联,如人体的冷、热感觉就涉及空气温度、相对湿度、流速等参数产生的综合效应,这称为建筑环境的热湿环境,是人体健康、卫生条件、舒适度评价的主要参数。新风量和空气中有害物浓度是一种此消彼长的关系,向室内输送一定的新风量就可以降低 CO_2 浓度。新风量和空气中有害物浓度参数被称为建筑环境的空气品质,同样是评价建筑环境的主要参数。

(2)空气参数对生产工艺及产品的影响

建筑环境的空气参数对生产工艺及产品质量有决定性的影响。如纺织车间为了保证生产工艺和产品质量,对室内空气的温度和相对湿度有明确要求;有些生产场合为了减少纤维的飞扬和回收,或者产生粉尘的车间为了减少二次粉尘的扩散,要求限制气流的速度和规定气流的流向。再比如,生产精密仪器和微电子类产品的车间、计算机机房等建筑空间的室内空气参数,要求的室内温度往往比夏季室外空气温度低很多,还要求室内空气温度和相对湿度保持恒定或限制在一定的波动范围内;药剂、电子产品车间及手术室等场所对室内空气的洁净度或含尘浓度提出了较高的要求。

(3)室内空气质量设计标准

随着我国的经济发展和技术进步,为保证人们在卫生、健康的建筑环境中生活和工作,我国对建筑环境的室内空气参数制订了比较全面的标准规范,并经过多次修订完善,对室内空气参数的要求更加严格合理。附录 8.1 为室内空气质量标准,摘自《室内空气质量标准》(GB/T 18883—2002);附录 8.2 为我国主要城市的室外气象参数,摘自《民用建筑供暖通风与空气调节设计规范》(GB 50736—2012)。目前,已颁布的技术规范、标准还有《工业建筑供暖通风与空气调节设计规范》(GB 50019—2015)、《工业企业设计卫生标准》(GB Z1—2010)等。

6.1.2 建筑通风的任务及内容

(1)建筑通风的任务

在改善室内空气温、湿度和流速,保证人们的健康以及生活和工作的环境条件下,将室外新鲜空气连续不断地输送到室内并及时排出室内的污浊空气,降低室内空气中有害物浓度,使有害物浓度保持在安全条件以下,达到人们对新鲜空气的基本需求,以保证人们身体健康。

对产生大量余热余湿的生产车间,车间室内处于高温高湿的恶劣环境中,通入室外空气排出室内高温高湿气体,保持车间内的热湿环境符合人体健康卫生的要求。

(2)建筑通风的内容

1)空调建筑

对室内空气参数有严格要求的建筑,直接通入室外空气的单一通风方式,不能满足室内空气参数的设计标准要求,需要对送入室内的室外空气进行冷却、加热、减湿、加湿、洁净等处理。为保证无论在任何自然环境下,都将室内空气参数维持在所要求的参数范围内,这样的建筑称为空调建筑。

①舒适性空调:解决民用建筑对室内空气参数的要求,主要是保证人们身体健康、卫生和舒适,这类空调系统除了对每人所需的新风量有严格要求外,对夏季空调参数的要求是室内温度为 24 ~28 ℃,相对湿度 40% ~70%,空气流动速度不大于 0.25 ~0.3 m/s。

②工艺性空调:主要设置在生产精密仪器和微电子类产品的车间、计算机机房等建筑空

间,主要针对生产工艺和产品对室内空气参数的要求来布置空调系统。通常,其室内温度比舒适性空调要低一些。

③恒温恒湿空调:针对室内空气温度和相对湿度保持恒定或限制在一定的波动范围内设置的空调系统。

④洁净空调:空调系统对室内空气的洁净度或含尘浓度有较高要求。

2)通风系统

民用建筑、工业建筑是人们生活和工作的主要场所,室内污染主要来源于建筑物建造、装修建筑材料以及工业生产废气和人体产生的 CO_2 等,建筑通风系统就是有效地利用空气流通,排除污浊空气,吸收新鲜空气。

①自然通风:通常利用建筑物本身的门窗缝隙或进气窗通入室外新鲜空气和排除室内污浊空气,利用穿堂风降温等手段就能满足人体健康卫生的基本要求;除了卫生间、厨房等污染物较集中的地方利用通风设备排风外,主体建筑不设置机械通风设备和通风管道系统。

②空调通风:对于空调建筑,室外空气经过冷却、加热、减湿、加湿、洁净等处理后,利用通风机和通风管道系统将处理后的空气输送分配到各个房间。

③工业通风:对于工业建筑,仓储和生产工艺及产品种类繁多,情况较复杂。有些场所可能会散发大量余热余湿、各种工业粉尘以及有害气体和蒸汽,会严重危害工作人员身体健康,影响正常生产过程与产品质量,甚至损坏设备和建筑结构;当这些气体排入大气,还将导致环境污染;而且有些工业粉尘和气体是值得回收的原材料。因此,通风的内容和通风方式具有多样性和复杂性,为了保证工作人员的健康卫生,排出室内污染空气通入新鲜空气,还要排出大量余热余湿气体通入新鲜空气,可能还要对污染物进行回收,化害为宝,防止环境污染。这种通风工程称为工业通风,通风方式有局部通风、全面通风、自然通风、机械通风以及多种组合式的通风方式。

6.1.3 通风方式的分类及选择

根据通风的工作动力,建筑通风分为自然通风和机械通风两种。自然通风是借助“风压”或“热压”的作用,使空气流动;机械通风是依靠机械动力强制空气流动。

根据通风的作用范围,通风又分为全面通风和局部通风。全面通风是对整个房间进行通风换气,即用新鲜空气稀释房间内的污染物浓度,使有害物浓度降到最高允许浓度以下,把污浊空气排出室外,故也称稀释通风。全面通风方式有自然通风、机械通风以及自然和机械联合通风(自然进风机械排风或机械送风自然排风);局部通风是局部改善室内某一污染程度严重或工作人员经常活动的局部空间的空气条件,也分为局部送风和排风。

(1)自然通风

自然通风是利用自然风压即室外气流(风力)引起的室内、外空气压差,或热压,即室内、外空气温度不同而形成的重力压差,对建筑进行通风,如图6.1、图6.2所示。

按建筑构造设置情况又分为有组织和无组织的自然通风。有组织自然通风是指具有一定调节风量能力的自然通风,如由通风管上的调节阀门以及窗户的开度控制风量的大小;无组织自然通风是指经围护结构缝隙所进行的不可调节风量的自然通风。在一般工业厂房中,为改善工作区劳动条件应采用有组织的自然通风方式;在民用和公共建筑中多用窗扇作为有组织或无组织自然通风设施。图6.1、图6.2均属有组织自然通风。建筑物窗口设计需满足通风量的要求,且可通过变换孔口截面大小来调节换气风量。高温车间常采用这种对流"穿堂风"和开设天窗的方法来达到防暑降温的目的,如图6.3所示。若室外无风仅借助热压作用进行通风,可考虑图6.4所示的有组织的管道式自然通风,即室外空气从进风口进入室内,经加热处理后由送风管道送至房间,热空气散热冷却后从各房间下部的排风口经排风道由屋顶排风口排出室外,常用在集中供暖的民用和公共建筑物中。

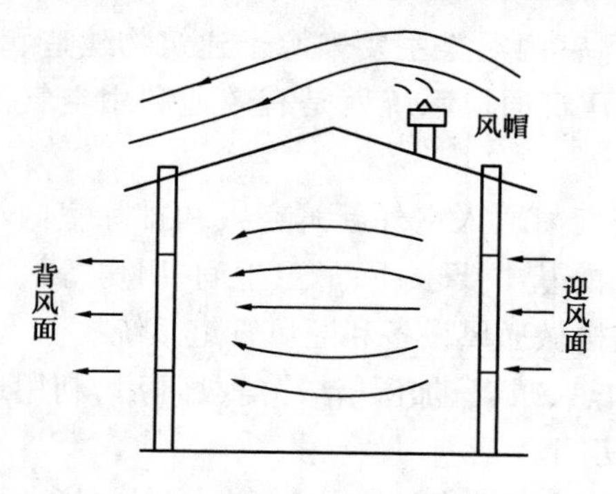

图6.1 风压作用的自然通风

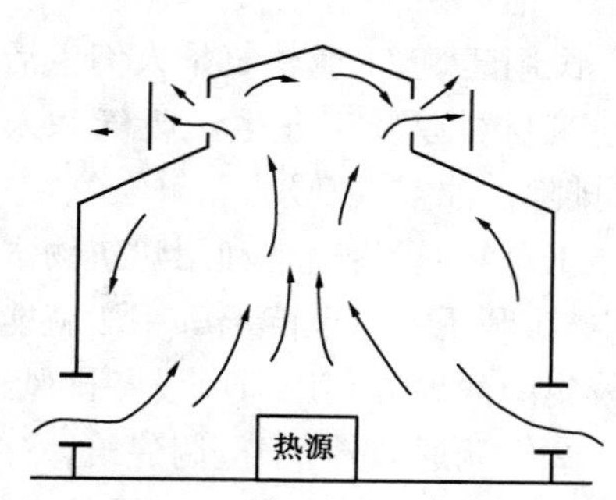

图6.2 热压作用的自然通风

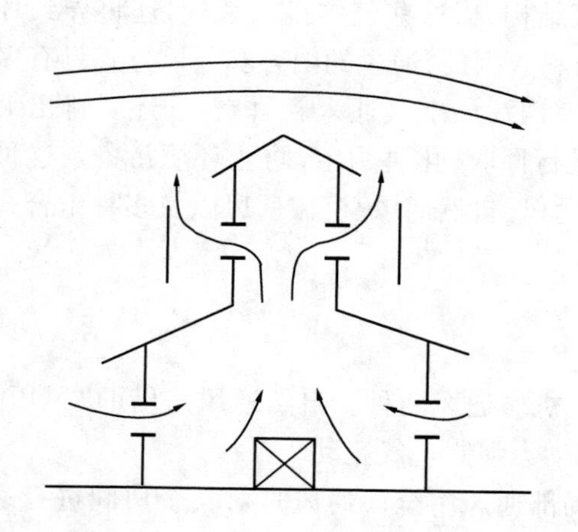

图6.3 利用风压和热压的自然通风

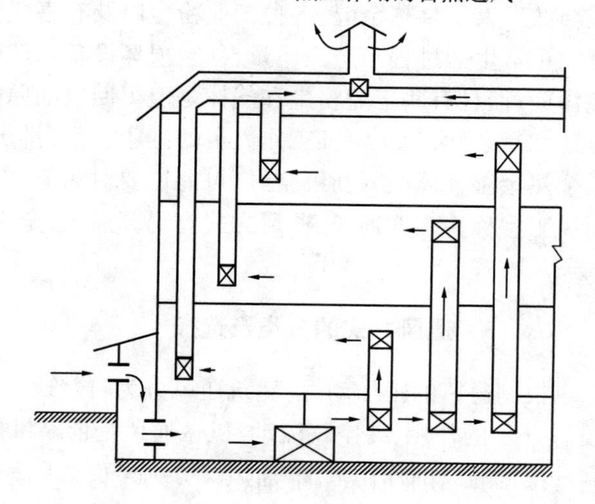

图6.4 管道式自然通风

渗透通风是一种无组织的辅助性通风,即室内、外空气受自然作用力驱动通过围护结构的缝隙进行交换。这种通风方法不宜作为唯一的通风措施使用。

自然通风具有经济、节能、简便易行、无须专人管理、无噪声等优点,在选择通风措施时应优先采用。但因自然通风作用压力有限,除管道式自然通风外,一般均不能进行任何预处理,故难以保证用户对进风温度、湿度等方面的要求,不能对排出的污浊空气进行净化处理。受自然条件的影响,通风量不宜控制,通风效果不稳定。

(2)**机械通风**

机械通风可根据需要来确定、调节通风量和组织气流,确定通风范围,并对进、排风进行有效处理,但消耗电能,风机和风道等设备占用一定的建筑空间。因此,初投资和运行费用比较高,安装和维护管理都比较复杂。

如图6.5所示为全面机械排风系统示意图,进风来自房间门、窗的孔洞和缝隙,排风机的抽吸作用使房间形成负压,可以防止有害气体窜出室外。若有害气体浓度超过大气规定的容许浓度时应处理后再排放。适用于污染严重的房间。

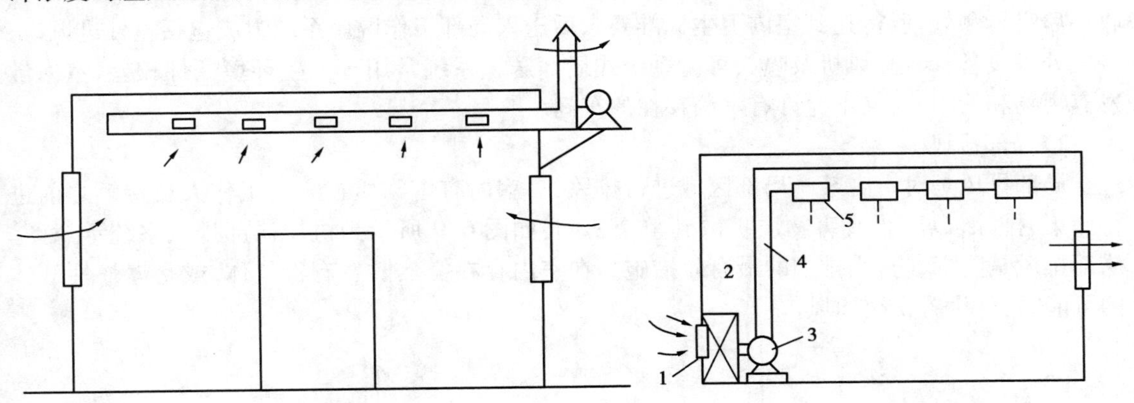

图6.5　全面机械排风(自然送风)

图6.6　全面机械送风(自然排风)
1—进风口;2—空气处理设备;
3—风机;4—风道;5—送风口

如图6.6所示为全面机械送风系统示意图,当不宜直接自然进风时,可采用机械送风系统。室外新风经过空气处理,达到室内卫生标准和工艺要求时,由送风机、送风道、送风口送入房间。此时室内处于正压状态,室内部分空气通过门、窗逸出室外。

如图6.7为全面送风和排风,即全面通风系统的示意图。全面通风房间的门、窗应密闭,根据送风量和排风量的大小差异,可保持房间处于正压或负压状态,不平衡的风量由围护结构缝隙的自然渗透通风补充。进风和排风均可按要求进行处理。这种方法多用在不宜自然通风的情况下。全面通风的使用效果与通风房间的气流组织形式有关。正确地选择送、排风口形式、数量及位置,使送、排风均能以最短的流程进入工作区或排至大气。

(3)**局部通风**

1)局部送风

局部送风是将符合要求的空气输送、分配给局部工作区,适用于产生有毒有害物质及高温的厂房,如图6.8所示。大面积,工作人员较少、工作地点固定、生产过程中有污染物的车间,全面通风方法是不经济的,采用局部送风只须向工作区输送所需的新鲜空气,给工作人员创造

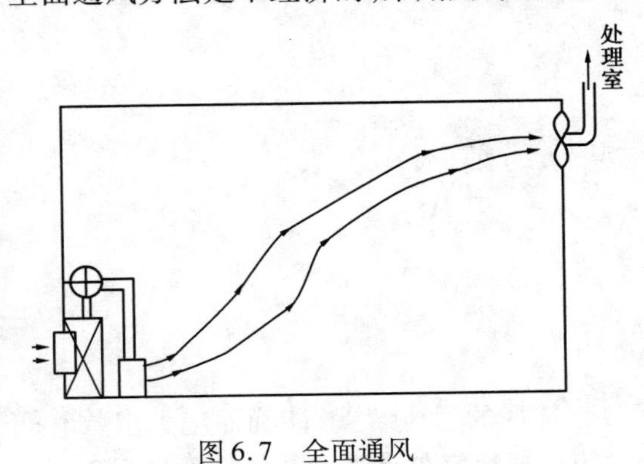

图6.7　全面通风

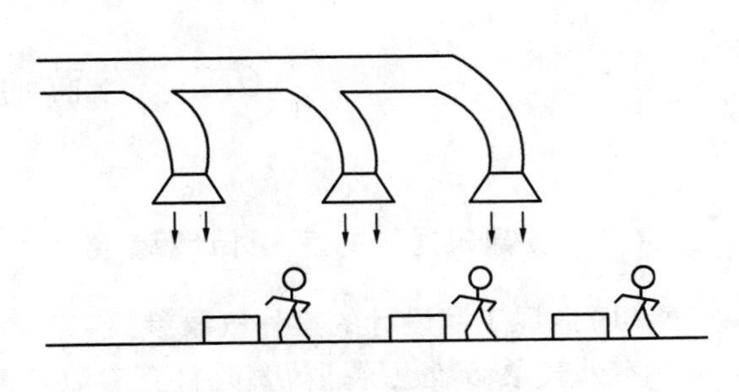

图6.8　局部送风系统示意图

适宜的工作环境条件即可。

局部送风系统又分为分散式送风和系统式送风两种。分散式局部送风通常是使用轴流风扇或喷雾风扇来增加工作地点的风速或降低局部空间的气温;系统式局部送风是将室外空气收集后进行预处理,待达到室内卫生标准要求后送入局部工作区。系统组成包括室外进风口、空气处理设备、风道、风机及喷头等。系统式局部送风系统常用于卫生环境条件较差、室内散发有害物和粉尘,而又不允许有水滴存在的车间。

2)局部排风

局部排风是对室内某一局部区域进行排风,对室内有害物质在未与工作人员接触之前进行捕集、排除,以防止有害物质扩散到整个房间,如图 6.9 所示为机械局部排风系统示意图。局部排风是防毒、防尘、排烟的最有效措施。在室内存在突然散发有毒气体,或是爆炸性气体的可能时,须设置事故通风。

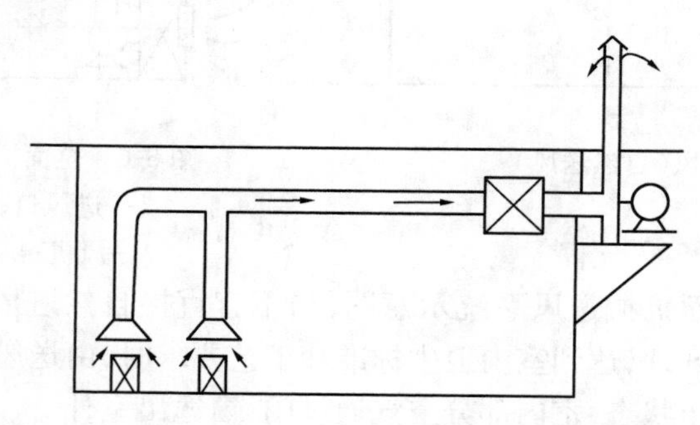

图 6.9 机械局部排风系统示意图

按照《工业建筑供暖通风与空气调节设计规范》(GB 50019—2015)规定:凡是在散发有害物的场合,以及作业地带有害物浓度超过最高容许值的情况下,必须结合生产工艺设置局部排风系统;可能突然散发大量有害气体或有爆炸危险气体的生产厂房,应设置事故排风系统。事故排风宜由正常使用的排风系统和事故排风系统共同保证,必须在发生事故时提供足够的排风量;在散发有害物的场所,可同时设置局部送风和局部排风,使工作空间形成一层"风幕",严格地控制有害气体的扩散。在设计局部排风系统时,应以较小的排风量最大限度地排除有害物,合理划分排风系统,正确选用排风设备,满足系统的经济技术要求。正确划分排风系统是设计局部排风系统的首要步骤,划分排风系统的原则是:两种或两种以上的有害物混合后具有爆炸或燃烧的危险时,或混合后的蒸汽将会凝结并聚集粉尘时,或有害物混合后可能形成更具毒性的物质时,均应分别设置排风系统。

6.2 全面通风和局部通风

6.2.1 建筑通风的室内外计算参数

(1)通风工程设计的室外气象参数

室外气象参数也称通风室外计算参数。根据参数选择的通风装置,能确保绝大多数时间使室内的空气参数符合卫生标准要求。我国一些城市的通风室外计算参数值见附录 6.2。

(2)通风房间内的空气设计参数

空气设计参数指温度、相对湿度、气流速度、洁净度、新风量。车间内作业区工作地点处地面以上2 m内空间的夏季空气温度与车间的散热量有关,应按表6.1选取;工作地点的夏季空气温度按表6.2选用。空气的其他参数应根据具体情况按卫生标准要求来确定。

表6.1 车间作业区的夏季空气温度 $t_{d \cdot x}$

车间的散热量/($W \cdot m^{-3}$)	<23	23~100	>100
夏季空气温度/℃	$t_{d \cdot x}=t_{w \cdot x}+3$	$t_{d \cdot x}=t_{w \cdot x}+5$	$t_{d \cdot x}=t_{w \cdot x}+7$

注:表中 $t_{w \cdot x}$ 为夏季通风室外计算温度。

表6.2 车间工作地点的夏季空气温度 $t_{g \cdot x}$

$t_{w \cdot x}$/℃	<23	23	24	25	26	27	28	23~100	>100
$t_{g \cdot x}$/℃	+10	+9	+8	+7	+6	+5	+4	+3	+2

6.2.2 全面通风量的设计计算

(1)通风量计算

无论是自然通风还是机械式全面通风,其通风量都是根据室内外空气参数以及要消除的室内产热量、产湿量和有害气体的产生量确定的。

消除余热所需的通风量:

$$L_r = \frac{Q}{c\rho(t_p - t_j)} \tag{6.1}$$

消除余湿所需的通风量:

$$L_s = \frac{W}{\rho(d_p - d_j)} \tag{6.2}$$

消除有害气体所需的通风量:

$$L_h = \frac{Z}{(y_p - y_j)} \tag{6.3}$$

式中 Q,W——室内余热量,kJ/s;余湿量,g/s;

Z——室内有害气体的散发量,mg/s;

t,d——空气温度,℃;空气含湿量,g/kg 干空气;

y——空气中有害气体的浓度,mg/m^3;

ρ,c——空气的密度,kg/m^3;空气的定压比热,kJ/(kg·℃);

j,p——进风、排风。

如果房间内同时散发余热、余湿和有害气体,通风量应分别计算,并按最大值作为所需全面通风量。按卫生标准规定,当有数种溶剂(苯及其同系物、醇类、醋酸酯类)的蒸汽,或数种刺激性气体(一氧化碳、二氧化碳、三氧化碳、氯化氢、氟化氢、氮氧化合物)同时散发于空气中,应按各种气体分别稀释到最高容许浓度所需空气量的总和计算。

例如,某车间同时散发苯蒸汽和甲醇蒸汽,稀释苯蒸汽所需通风量为10 200 m^3/h,稀释甲醇蒸汽所需通风量为7 350 m^3/h,则稀释有害气体所需全面通风量为17 550 m^3/h,消除余热所需全面通风量为25 150 m^3/h,最后确定该车间的全面通风量应为25 150 m^3/h。

对一般居住及公共建筑,当散入室内的有害气体量无法具体确定时,全面通风量可按房间的换气次数估算,即

$$L = nV \tag{6.4}$$

式中 V——房间的体积,m^3;

n——换气次数,次/h,见表6.3。

表6.3 居住及公共建筑的最小换气次数

房间名称	换气次数/(次·h^{-1})	房间名称	换气次数/(次·h^{-1})
住宅宿舍的居室	1.0	厨房的储藏室(米、面)	0.5
住宅宿舍盥洗室	0.5~1.0	托幼所的厕所	5.0
住宅宿舍的浴室	1.0~3.0	托幼所的浴室	1.5
住宅的厨房	3.0	托幼所的盥洗室	2.0
食堂的厨房	1.0	学校礼堂	1.5

(2)**空气质量平衡和热平衡**

通风房间中无论采用何种通风方法,都必须保证室内空气质量平衡,使单位时间室内进风与排风量相等,即

$$G_{zs} + G_{js} = G_{zp} + G_{jp} \tag{6.5}$$

式中 G_{zs}, G_{zp}——自然送风量和自然排风量,kg/s;

G_{js}, G_{jp}——机械送风量和机械排风量,kg/s。

为满足各类通风房间及邻室的卫生要求,常使洁净度要求较高的房间维持正压,机械送风量略大于机械排风量(5%~10%);使污染严重的房间维持负压,使机械送风量小于机械排风量(差10%~20%);而用自然渗透通风来补偿以上两种情况的不平衡部分。

为了保持室内温度恒定不变须使通风房间总的得热量等于总的失热量。各类建筑物其用途、生产设备、通风方式等因素的不同,热量的得、失差异较大。计算时应考虑:

①进、排风携带的热量;

②围护结构耗热和获热;

③设备和产品的产热及吸热等。

热平衡方程为:

$$\sum Q_h + CL_p\rho_n t_n = \sum Q_f + CL_{js}\rho_{js}t_{js} + CL_{zs}\rho_w t_w + CL_{hx}\rho_n(t_s - t_n) \tag{6.6}$$

式中 $\sum Q_h$——围护结构、材料吸热的热损失之和,kW;

$\sum Q_f$——生产设备、热物料、散热器等的放热量之和,kW;

L_p——局部和全面排风量,m^3/s;

L_{js}, L_{zs}——机械送风量和自然送风量,m^3/s;

L_{hx}——再循环空气量，m^3/s；

ρ_h,ρ_w——室内空气密度和室外空气密度，kg/m^3；

t_n,t_w——室内空气温度和室外空气计算温度，℃；

t_{js},t_s——机械送风温度和再循环送风温度，℃；

C——空气质量比热，取1.01 kJ/(kg·℃)。

设计计算时，将空气质量平衡与热量平衡两者统筹考虑。

【例6.1】 已知某产生有害污染物的车间，采用机械通风，其机械局部排风量 G_{jp} = 0.8 kg/s，室内工作地带的温度 t_n = 16 ℃，车间内需补偿的热量 Q = 4.3 kW，室外计算气温按 t_w = −23 ℃计，试确定机械送风系统的风量和温度。

【解】 为防止有害物向邻室散发，将车间设计为负压状态。取机械送风量为机械排风量的90%，即

$$G_{js} = 0.9G_{jp} = 0.9 \times 0.8\ \text{kg/s} = 0.72\ \text{kg/s}$$

由空气质量平衡方程：

$$G_{zs} + G_{js} = G_{zp} + G_{jp}$$

其中：G_{zp} = 0，补偿机械送风不足的自然送风量 G_{zs} 为：

$$G_{zs} = G_{jp} - G_{js} = 0.8 - 0.72\ \text{kg/s} = 0.08\ \text{kg/s}$$

由空气热平衡式：

$$G_{js}Ct_{js} + G_{zs}CG_{jp}t_w = G_{jp}Ct_{jp} + Q$$

代入已知条件：

$$0.72 \times 1.01 \times t_{js} + 0.08 \times 1.01(-23) = 0.8 \times 1.01 \times 16 + 4.3$$

得到：

$$t_{js} = 26.3\ ℃$$

(3)全面通风的气流组织

合理地组织室内通风气流对全面通风效果至关重要。而室内送、排风口的布置形式是决定室内空气流向的重要因素之一。通风房间气流组织的常用形式有：上送下排、下送上排、中间送上下排等，选用时应按照房间功能、污染物类型、有害源位置、有害物分布情况、工作地点的位置等因素来确定。图6.10为几种不同的全面通风气流组织示意图。

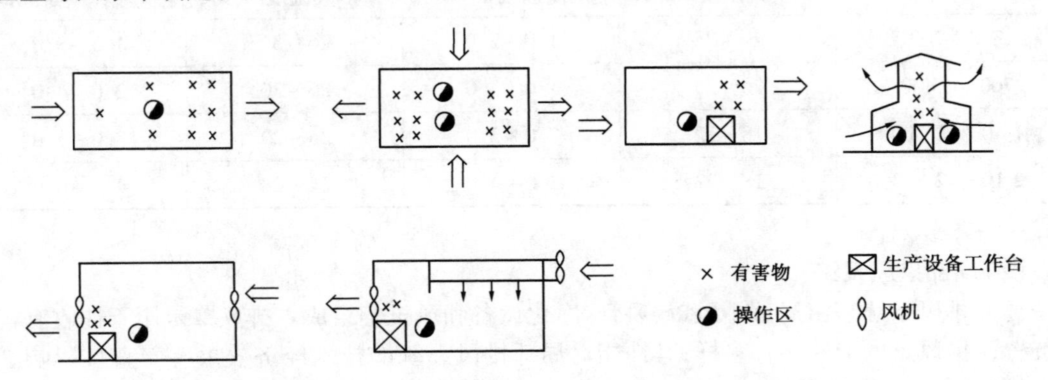

图6.10 全面通风气流组织示意图

送、排风口的任务是将各自的空气量按一定的方向、速度送入室内和排出室外。全面通风系统的送风口应靠近工作地点,使新鲜空气以最短距离到达作业地带,避免中途受污染;尽可能使气流分布均匀,减少涡流,避免有害物在局部空间积聚;送风口处最好设置流量、流向调节装置,使之能改变送风量和送风方向;送风口外形要美观、少占空间;有清洁度要求的房间送风应过滤净化。室内排风口原则是尽量使排风口靠近有害物产源地点或浓度高的区域;当房间有害气体温度高于周围环境气温时,或是车间内存在上升的热气流时,无论有害气体的密度如何,均应将排风口布置在房间的上部(送风口则在下部);如果室内气温接近环境温度,散发的有害气体不受热气流的影响,这时的气流组织形式需考虑有害气体密度大小:当有害气体密度小于空气密度时,排风口应布置在房间的上部(送风口则在下部),形成下送上排的气流状态;当有害气体密度大于空气密度时,排风口应同时在房间的上、下部布置,采用中间送风、上下排风的气流组织形式。

6.2.3 局部通风系统的组成与设计要求

(1)局部送风系统

车间的工作地点和岗位吹风,应控制操作岗位温度、风速,满足工作人员的健康和舒适要求。根据《采暖通风与空气调节设计规范》(GB 50019—2003)的规定,不得将有害物吹向人体,送风气流宜从人体前侧上方倾斜吹到头、颈和胸部,如图6.11所示,必要时也可从上向下垂直送风。吹到人体的有效气流宽度宜采用1.0 m;对于室内散热量小于23 W/m^{3}的轻作业,可采用0.6 m;当工作人员活动范围较大时,宜采用旋转送风口。表6.4是《采暖通风与空气调节设计规范》规定的岗位吹风的工作地点温度和平均风速控制标准。

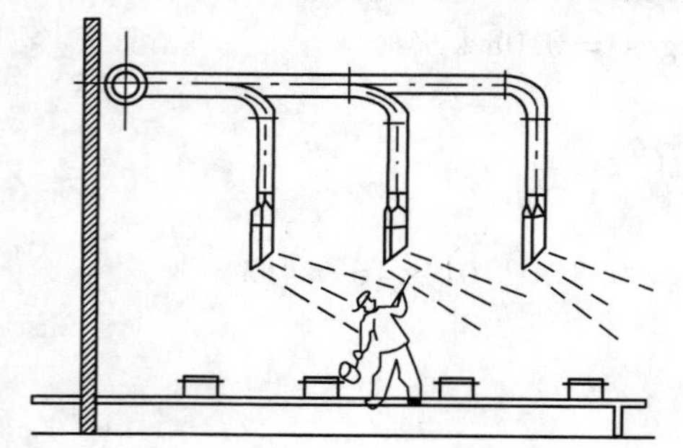

图6.11 局部机械吹风系统

表6.4 系统式局部送风的控制标准

热辐射照度/(W·m^{-2})	冬季		夏季	
	空气温度/℃	空气流速/(m·s^{-1})	空气温度/℃	空气流速/(m·s^{-1})
350~700	20~25	1.0~2.0	26~31	1.5~3.0
700~1 400	20~25	1.0~3.0	26~30	2.0~4.0
1 400~2 100	18~22	2.0~3.0	25~29	3.0~5.0
2 100~2 800	18~22	3.0~4.0	24~28	4.0~6.0

(2)局部排风系统

局部排风系统是由局部排风罩、风管、净化设备和风机等组成。排风罩是用于捕收有害物的装置。排风罩的形式多种多样,其性能对局部排风系统的技术经济效果有着直接影响。在确定排风罩的形式、形状之前,必须了解和掌握车间内有害物的特性及其散发规律,熟悉工艺设备的结构和操作情况。在不妨碍生产操作的前提下,排风罩应尽量靠近有害物源,并迎着有害物散发的方向。选用的排风罩应以最小的风量有效而迅速地排除工作地点产生的有害物。

局部排风罩按其作用原理有以下5种类型：

1）密闭式

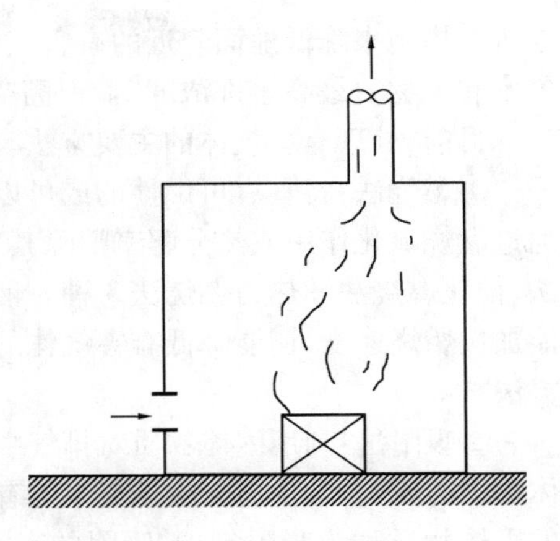
图6.12　密闭式排风罩

密闭式排风罩如图6.12所示。它是将工艺设备及其散发的有害污染物密闭起来，通过排风在罩内形成负压，防止有害物外逸。它是防止有害物向室内扩散的最有效措施。密闭罩的特点是不受周围气流的干扰，所需风量较小，排风效果好；但是检修不便，无观察孔的排风罩无法监视其工作过程。

2）柜式（通风柜）

柜式排风罩如图6.13所示。柜式排风罩实际上是密闭罩的特殊形式，柜的一侧设有可启闭的操作孔和观察孔。根据车间内散发有害气体的密度大小或室内空气温度高低，可将排风口布置在不同的位置，如上部排风、下部排风或是上、下部同时排风等。图6.13中所示为上部排风形式。

3）外部吸气式

外部吸气排风罩如图6.14所示。生产设备不能封闭的车间，一般把排风罩直接安置在有害物产生地点，借助于风机在排风罩吸入口处造成的负压作用，将有害物吸入排风系统。这类排风罩所需的风量较大，称为外部吸气罩。

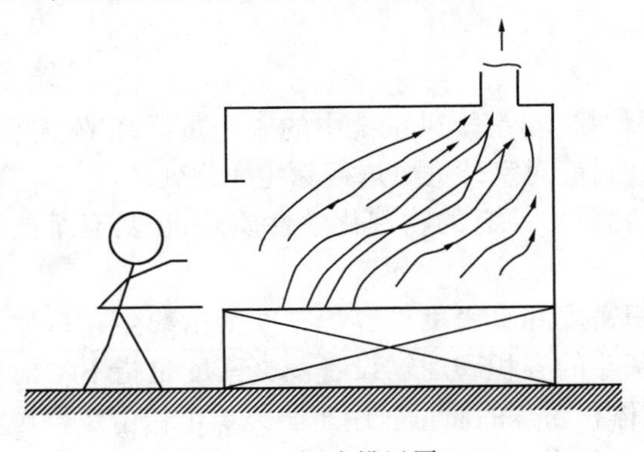
图6.13　柜式排风罩

图6.14　外部吸气排风罩

4）吹吸式

当工艺操作要求不允许在污染源上部或附近设置密闭罩或外部吸气排风罩时，采用吹吸式排风罩将是有效的方法。

5）接受式

当某些生产设备或机械本身能将污染物以一定方向排出或散发时，排风罩宜选用接受式。

(3) 局部排风的净化和除尘

为了防止大气被有害物污染，局部排风系统应按照有害物的毒性程度和污染物的浓度，以及周围环境的自然条件等因素考虑是否进行净化处理。

1）有害气体的净化处理

根据排放标准，车间内含有有害气体的空气在室外排风口排放之前应进行净化处理。目前由于对某些有害气体还无法进行经济有效的处理，只好利用解决局部地区的污染问题的高空排放措施来降低地面附近的有害气体含量,使其浓度不超过卫生标准中规定的"居住区大气中有害物质最高容许浓度"。但高空排放并没有从根本上消除掉有害气体的存在。

目前,处理有害气体的主要方法有燃烧法、吸附法、吸收法和冷凝法4种。

①燃烧法:将具有可燃性的或可以进行高温分解的有机溶剂蒸汽和碳氢化合物等污染物通过燃烧氧化作用或热分解来消除其有害成分,使之转化成无害物质。燃烧方式有直接燃烧法、催化燃烧法和热力燃烧法3种。催化燃烧是利用添加催化剂来加速燃烧过程,催化剂不仅能加快燃烧速度,还能降低有害气体的燃烧温度和减少燃料耗量,是一种较为经济的净化处理方法。

②吸附法:利用固体物质对排气中某种有害气体所具有的吸附能力,将有害成分吸附在固体物质的表面上,从而去除排气中的有害污染物。这个净化处理过程称为吸附,具有吸附能力的固体物质称为吸附剂,被吸附的有害物质称为吸附质。工业上常用的吸附剂有活性炭、硅胶、活性氧化铝等,吸附剂的选用应根据吸附质的种类、性质来确定。吸附剂在使用一定时间后,吸附量达到饱和,需要更换吸附剂。吸附法广泛应用于局部排风中低浓度有害气体的净化处理,净化效果良好,净化效率可高达100%。

③吸收法:用适量的某种液体与多种气体混合物相接触,利用各种气体在该溶液中不同的溶解性,可去除某种气体成分。这就是吸收法的工作原理。它不仅可以吸收某种有害气体还可除尘。尤其适用于有害气体净化和除尘同时进行的情况。

④冷凝法:对浓度高、冷凝温度高的有害蒸汽宜采用冷凝法处理。有害蒸汽可通过冷凝从空气中分离出来。

2)除尘

除尘是指净化悬浮在空气中的细小固体颗粒粉尘,是排风系统中的一个重要环节。对建筑空调系统进风的含尘浓度或洁净度有所要求时,应对室外进风进行除尘净化处理。

①粉尘的性质:细碎的粉尘,除了保持块状物料中原有的物理化学性质外,还具有某些特殊的性质。

粉尘的密度:按实验方法和用途不同有容积密度和真密度。容积密度是指粉尘在自然堆积状态下,单位体积内粉尘的质量。用于计算灰斗的容积和运输设备。真密度是指不考虑粉尘颗粒之间的缝隙,粉尘处于密实状态下,单位体积粉尘的质量。用于研究单个粉尘颗粒在空气中的运动,真密度的大小与沉降速度、磨损性和除尘效率有关。

粉尘的黏附性:粉尘由于分子间的互相作用,或由于表面水分的作用而具有黏附性,表现为粉尘之间的凝聚或在固体壁面上堆积。小粒径的粉尘颗粒互相凝聚形成大颗粒,这对除尘过程非常有利,但粉尘贴粘在风道内壁或设备内将会产生堵塞问题。

粉尘的粒径分布:粉尘的粒径分布是指粉尘中各种粒径的粉尘颗粒所占数量的百分比。作为除尘的主要对象其粒径一般为0.1~100 μm。再小的尘粒人体也可以呼进、呼出,所以对人体危害不大。

粉尘的爆炸性、异电性、可湿性等也对除尘有影响。

②除尘方法及设备。除尘系统包括粉尘捕集装置、输送管道、除尘设备、排放装置4个组成部分。

常用的湿法除尘有喷水加湿和喷蒸汽加湿两种方法。

除尘设备有很多种类,根据除尘机理可分为以下4类,即机械除尘器类、过滤除尘器类、湿式除尘器类、电除器类。

a. 机械除尘器类:按作用机理又分为重力沉降室、惯性除尘器和旋风除尘器。

重力沉降室:是完全依靠粉尘自身的重力作用从气流中分离出来的一种除尘设备,如图6.15所示,含尘空气以一定流速在风道中流动,进入重力沉降室后,由于断面突然扩大而使流速减慢,较大粒径受重力作用降落下来,空气因此得到净化。重力沉降室具有设备简单、制作容易、阻力损失小等优点;但是占用体积大,除尘效率低。仅能用于粗大尘粒的去除,使用范围有局限性。

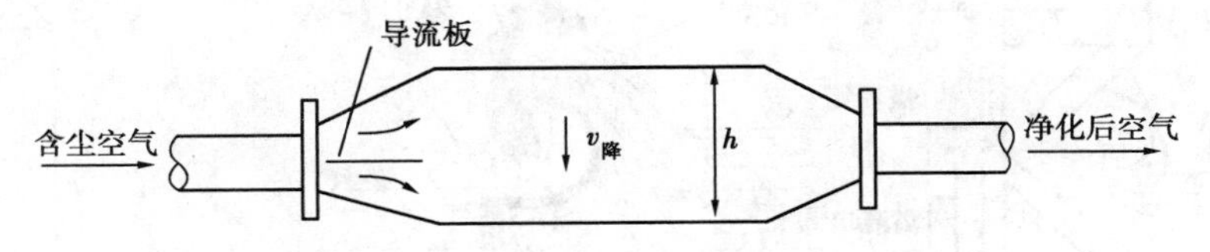

图6.15　重力沉降室

惯性除尘器:利用含尘气流在运动过程中遇到障碍物发生绕流而改变原有的流向,粗大质量的尘粒具有较大的惯性而保持自身的惯性运动与障碍物发生碰撞,惯性碰撞之后的尘粒损失掉部分动能而使流速减小导致粉尘沉降,如图6.16所示。

旋风除尘器:使含尘空气作圆周旋转运动,获得离心力使尘粒从气流中分离出来的除尘设备,如图6.17所示。旋风除尘器的构造简单、运转费用低、维护管理方便、应用较广。

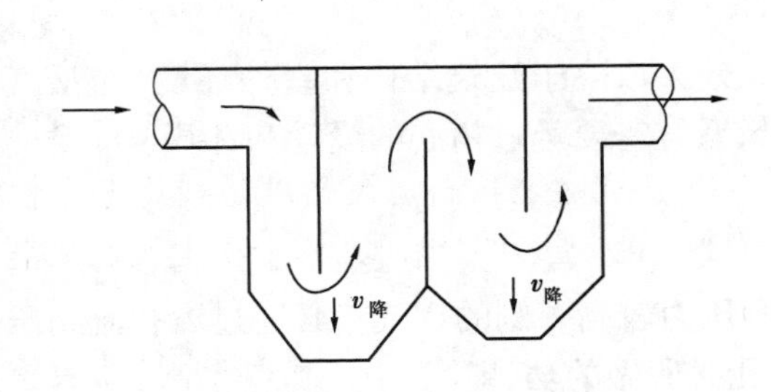

图6.16　惯性除尘器

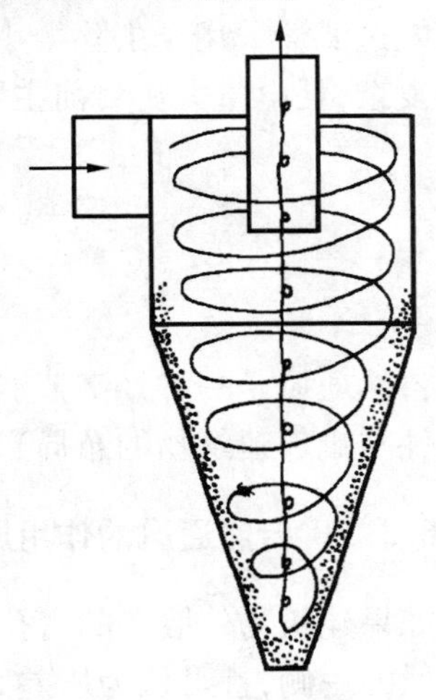

图6.17　旋风除尘器

b. 过滤除尘器:指含尘气流通过固体滤料时,粉尘借助于筛滤、惯性碰撞、接触阻留、扩散、静电等综合作用,从气流中分离的一种除尘设备。过滤方式有两种,即表面过滤和内部过滤。

滤料的种类很多,选用滤料时必须考虑含尘气体的特性和滤料本身的性能。如袋式除尘器(一种干式高效除尘器)常利用纤维织物的过滤作用除尘。用于室外进风净化处理的空气过滤器中,其滤料可采用金属丝网、玻璃丝、泡沫塑料、合成纤维等材料制作。

c. 湿式除尘器:使含尘气体通过与液滴和液膜的接触,使尘粒加湿、凝聚而增重从气体中分离的一种除尘设备。湿式除尘器与吸收净化处理的工作原理相同,可对含尘、有害气体同时进行除尘、净化处理。

湿式除尘器按气液接触方式分：其一，使含尘气体冲入液体，粗大尘粒加湿后直接沉降在池底，与水滴碰撞后的细小尘粒凝聚、增重而被液体捕集。如冲激式除尘器（见图6.18）、卧式旋风水膜除尘器。其二，用各种方式向气流中喷入水雾，使尘粒与液滴、液膜发生碰撞，如喷淋塔（见图6.19）。

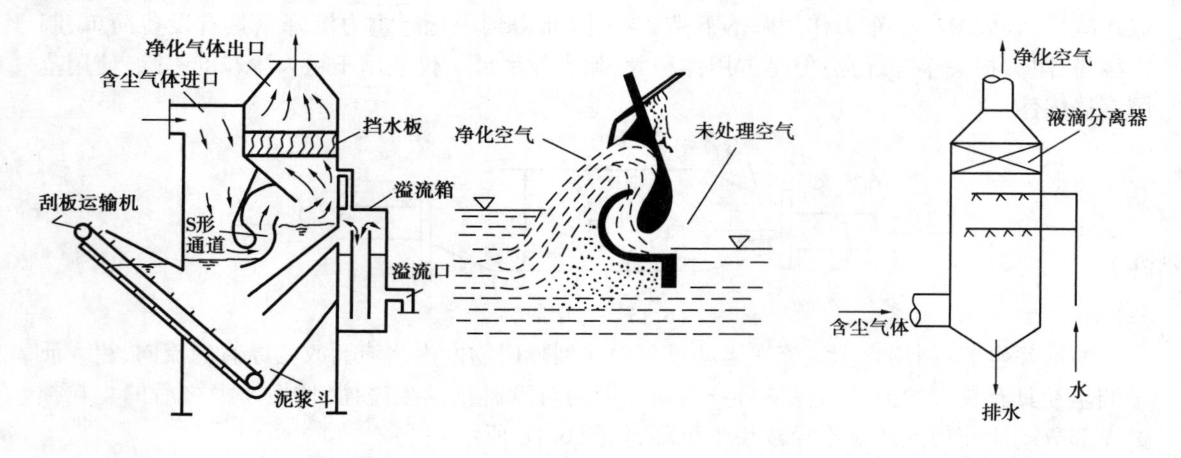

图6.18　冲激式除尘器　　图6.19　喷淋塔

d. 电除尘器：又称静电除尘器。利用电场产生的静电力使尘粒从气流中分离，是一种干式高效过滤器。用于去除微小尘粒，去除效率高，处理能力大。但电除尘器设备庞大，投资高，结构复杂，耗电量大。目前主要用于某些大型工程或是进风的除尘净化处理中。

6.3　自然通风

自然通风是一种经济节能的通风方式。但通风效果取决于建筑结构和室外环境（包括气象条件与毗邻建筑物的布局），因此有效的自然通风系统需要经过精心的设计和计算。

6.3.1　自然通风的作用原理

如果建筑物外墙上的窗孔两侧存在压差 ΔP，则压力较高一侧的空气势必通过窗孔流到压力较低的一侧，且可认为压差 ΔP 等于空气流过窗孔时所做的功，即

$$\Delta P = \frac{\zeta v^2 \rho}{2} \tag{6.7}$$

则有通过窗孔的空气体积流量 L 为：

$$L = vF = \mu F \sqrt{\frac{2\Delta P}{\rho}} \tag{6.8}$$

质量流量 G 为：

$$G = L \times \rho = F\sqrt{2\Delta P \times \rho} \tag{6.9}$$

式中　v——空气通过窗孔时的流速，m/s；

ρ——空气的密度，kg/m³；

ζ——窗孔的局部阻力系数，其值与窗的类型、构造有关，可参考有关设计手册；

F——窗孔的面积，m^2。

从以上公式可知，窗孔空气量主要由窗孔两侧的压差、窗孔的面积和构造决定。

(1)风压作用下的自然通风

室外气流与建筑物相遇时，将发生绕流，经过一段距离后才恢复平行流动，如图6.20所示。由于建筑物的阻挡，建筑物四周室外气流的压力发生变化，迎面气流受阻，动压降低，静压增高，与远处气流相比形成正压，而侧面和背风面由于产生局部涡流，静压降低，形成负压。

建筑物周围的风压分布与建筑物的几何形状和朝向有关。风向一定时，建筑物外围结构上各点的风压值可用式(6.10)表示：

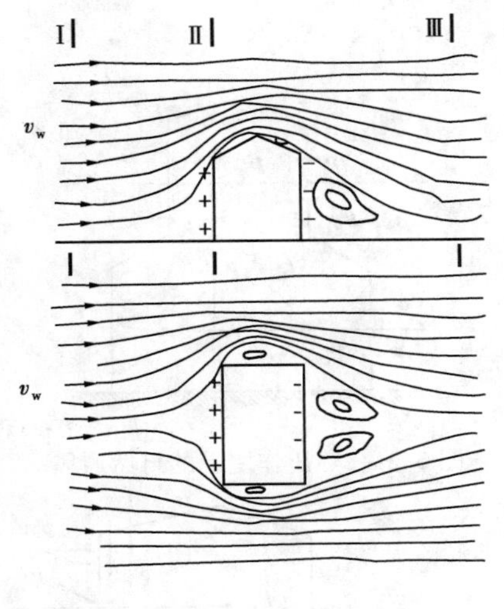

图6.20 建筑物四周的空气

$$P_f = K\frac{v_w^2}{2}\rho_w \tag{6.10}$$

式中 K——空气动力系数；K为正，既风压为正值；K为负，则风压为负值。空气动力系数分布与建筑物的形状、风向和风力有关，一般要通过模型实验求得；

v_w,ρ_w——室外空气流速，m/s；空气密度，kg/m^3。

若在建筑物外围结构风压值不同的两个部位开设窗孔，则K值大部位的窗孔将进风，而K值小部位的窗孔将排风。

(2)热压作用下的自然通风

图6.21所示建筑物的下部和上部开有窗孔a和b，两者高差h。假设窗孔外的静压力分别为P_a和P_b，室内、外的空气温度和密度分别是t_n,ρ_n和t_w,ρ_w。若$t_n > t_w$，则有$\rho_n < \rho_w$。

根据流体力学静力学原理，这时窗孔b的内外压力差为：

$$\Delta P_b = (P'_a - P_a) + gh(\rho_w - \rho_n) = \Delta P_a + gh(\rho_w - \rho_n) \tag{6.11}$$

式中 $\Delta P_a,\Delta P_b$——窗孔a和b的内外压差，Pa，或称余压。若$\Delta P > 0$，该窗孔排风，$\Delta P < 0$，该窗孔进风；

g——重力加速度，m/s^2。

由式(6.11)可知，即便在$\Delta P_a = 0$的情况下，只要$\rho_n < \rho_w$(即$t_n > t_w$)，则$\Delta P_b > 0$。如果窗孔a和b同时开启，空气将从窗孔b流出，使得室内静压降低，从而有$\Delta P_a < 0$，根据质量守恒原理，必定有室外空气由窗孔a流入室内。当a窗孔进风量等于b窗孔的排风量时，室内静压就保持稳定了。因此，热压作用下的作用压力是进风窗孔和排风窗孔两侧压差的绝对值之和，即$\Delta P_b - P_a = \Delta P_b + |-\Delta P_a|$。这种作用力的大小与两窗孔高差$h$以及室内外空气的密度差$(\rho_w - \rho_n)$有关，通常把$gh(\rho_w - \rho_n)$称为热压。

当室内外空气温度一定时，上下两个窗孔之间的余压差与两窗孔的高差成正比，因此，在热压作用下，余压沿房间的高度变化如图6.22所示。在0—0平面上，余压等于零，称作中和面。中和面以上余压为正，中和面以下余压为负。如果在中和面上再开一个窗孔，这个窗孔是没有空气流动的。若以中和面作基准，则有中和面余压$\Delta P_0 = 0$，各窗孔的余压为：

$$\Delta P_a = \Delta P_0 - gh_1(\rho_w - \rho_n) = -gh_1(\rho_w - \rho_n) \tag{6.12}$$

$$\Delta P_b = \Delta P_0 + gh_2(\rho_w - \rho_n) = +gh_2(\rho_w - \rho_n) \tag{6.13}$$

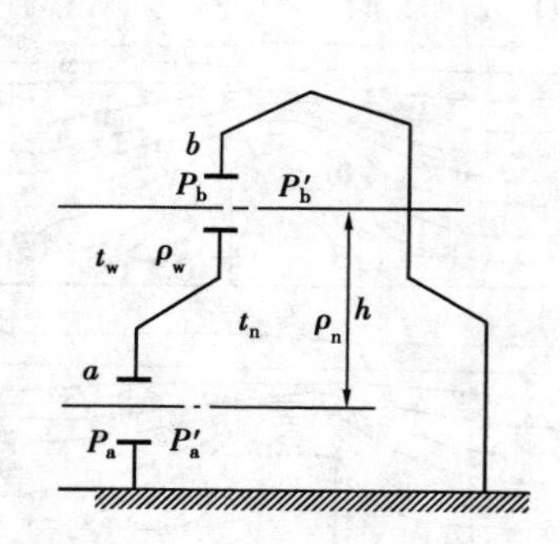

图 6.21　热压作用下的自然通风

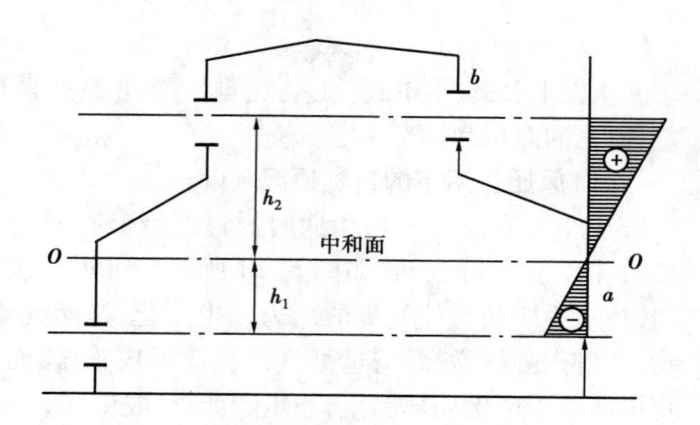

图 6.22　余压分布规律

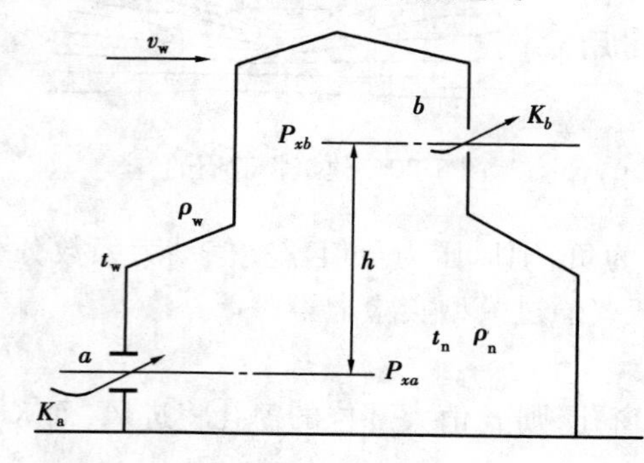

图 6.23　风压和热压同时作用下的自然通风

如果只有一个窗孔，只要存在室内外空气温差，则会出现窗孔的上部排风，窗孔的下部进风的现象，形成单窗孔的自然通风。其热压的大小随窗孔的高度增加而增加。

(3)热压和风压同时作用下的自然通风

热压和风压同时作用时，建筑物外围结构上各窗孔的内外压差就等于各窗孔的余压和室外风压之差。迎风面上的窗孔有利于进风而不利于排风，而背风面和侧面上的窗孔有利于排风不利于进风。

如图 6.23 所示，窗孔 a 的内外压差：

$$\Delta P_a = P_{xa} - \frac{K_a v_w^2 \rho_w}{2} \tag{6.14}$$

窗孔 b 的内外压差：

$$\Delta P_b = P_{xb} - \frac{K_b v_w^2 \rho_w}{2} = P_{xa} + hg(\rho_w - \rho_n) - \frac{K_b v_w^2 \rho_w}{2} \tag{6.15}$$

式中　P_{xa}——窗孔 a 的余压，Pa；

P_{xb}——窗孔 b 的余压，Pa；

K_a, K_b——窗孔 a 和 b 的空气动力系数；

h——窗孔之间的高差，m。

由于室外的风速及风向均是不稳定因素，且无法加以控制。因此，在进行自然通风的设计计算时，按设计规范规定，对于风压的作用以定性地考虑其对通风的影响不予定量计算；而对于热压的作用必须进行定量计算。

6.3.2　自然通风的计算

自然通风的计算包括两类：一是设计计算，即根据已确定的工艺条件和要求的工作区温度计算必需的全面通风换气量，确定进排风窗孔位置和窗孔面积；二是校核计算，即在工艺、土建、窗孔位置和面积已确定的条件下，计算能达到的最大自然通风量，校核工作区温度是否满足标准要求。

自然通风的计算涉及的因素很多。为使设计计算的算法简单可靠,则假定:通风过程是稳态过程,整个房间空气温度等于房间平均空气温度 t_n,等高面上静压均匀一致,不考虑室内物品对气流的障碍作用。

(1)计算室内所需的全面通风换气量

$$L = \frac{Q}{c\rho(t_p - t_j)\beta} = \frac{mQ}{c\rho(t_d - t_w)\beta} \tag{6.16}$$

式中　t_w——夏季通风室外计算温度,$t_w = t_j$,℃;

t_d——室内作业区温度,℃;

m——有效热量系数,即实际进入作业区的热量与房间总余热量的比值,$m = (t_d - t_w)/(t_p - t_w)$,查表6.5或根据有关资料来确定。

表6.5　根据热源占地面积估算 m 值

热源占地面积$\frac{f}{F}$/%	5	10	20	30	40
m	0.35	0.42	0.53	0.63	0.7

该式与式(6.1)的差别在于分母多了一个 β 系数。β 为进风口高度对通风效果影响的进风有效系数,可根据热源面积占地板面积的百分比及通风孔口的高度,查图6.24得。当通风孔口高度≤2 m时,$\beta = 1$。

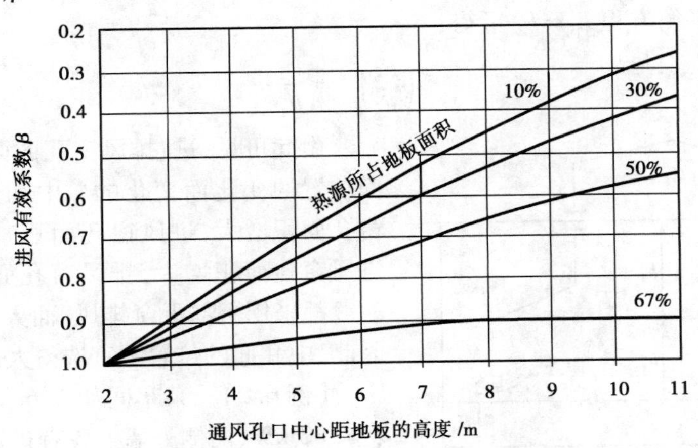

图6.24　进风有效系数 β 值

(2)确定进、排风窗孔的位置

分配各窗孔的进、排风量。

(3)计算各窗孔的内外压差和窗孔面积

计算各窗孔的内外压差时,可先假定某一窗孔的余压,或假定中和面的位置,然后根据式(6.8)、式(6.11)、式(6.12)、式(6.13)计算各窗孔的余压和窗孔面积。但应指出,最初假定的余压值和中和面的位置不同,最后计算出的各窗孔面积分配也是不同的。

以图6.23为例,在热压作用下,窗孔 a 和 b 的面积 F_a,F_b 分别为:

$$F_a = \frac{L_a}{\sqrt{\frac{2|\Delta P_a|}{\zeta_a \rho_w}}} = \frac{L_a}{\sqrt{\frac{2h_1 g(\rho_w - \rho_n)}{\zeta_a \rho_w}}} \tag{6.17}$$

$$F_b = \frac{L_b}{\sqrt{\frac{2|\Delta P_b|}{\zeta_b \rho_\gamma}}} = \frac{L_b}{\sqrt{\frac{2h_2 g(\rho_w - \rho_n)}{\zeta_b \rho_\gamma}}} \tag{6.18}$$

式中 L_a, L_b——窗孔 a 和 b 的空气流量，m^3/s；

ζ_a, ζ_b——窗孔 a 和 b 的阻力系数；

ρ_γ, ρ_w——排风温度下的空气密度和室外空气密度，kg/m^3；

ρ_n——室内平均温度下的空气密度，kg/m^3。

室内平均温度按式(6.19)确定：

$$t_n = \frac{t_d + t_p}{2} \tag{6.19}$$

式中 t_d, t_p——室内作业区空气温度和上部排风温度，℃。

若近似认为 $\zeta_a \approx \zeta_b, \rho_a \approx \rho_w$，对于有强热流的车间：$t_p = t_w + \frac{t_d - t_w}{m}$，当室内散热量均匀且热强度不大时：$t_p = t_n + \Delta t(H-2)$，其中 H 为厂房高度 m；Δt 为温度梯度；t_n 为室内工作区的空气温度，$t_n \approx t_d$。

根据空气量平衡方程 $L_a = L_b$ 可得：

$$\left(\frac{F_a}{F_b}\right)^2 = \frac{h_2}{h_1} \tag{6.20}$$

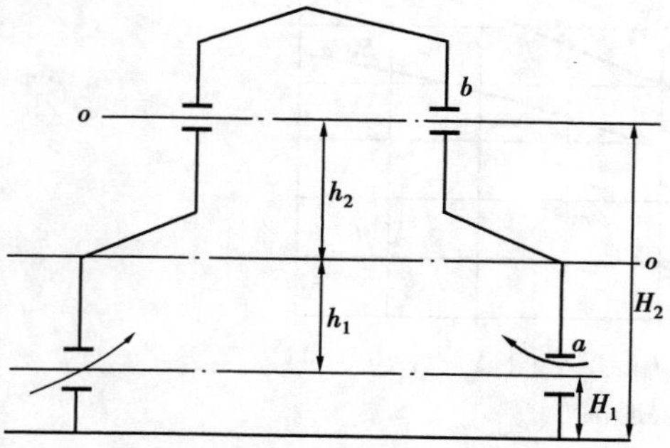

图 6.25　例题示意图

由此可见，进、排风窗孔的面积之比是随中和面位置的变化而变化的。中和面上移，上部排风窗孔面积增大，进风窗孔面积减小；中和面下移，进风窗孔面积增大，排风窗孔面积减小。热车间一般都采用上部天窗排风，而天窗造价比侧窗高，因此，中和面的位置不宜选得太高。

【例 6.2】　某车间如图 6.25 所示，总余热量 $Q = 582$ kW，两侧外墙上各有进、排风窗 1 和 2，窗中心高度分别为 3 m 和 16 m。已知窗孔的局部阻力系数 $\zeta_a = \zeta_b = 2.37$；夏季通风室外计算温度 $t_w = 30$ ℃，要求作业地带温度 $t_d \leqslant t_w + 3$ ℃；热源占地面积为 10%，试计算只考虑热压作用时所需进、排风窗孔的面积。

【解】　1) 计算全面通风量

作业地带温度取为 $t_d = t_w + 3\ ℃ = (30+3)\ ℃ = 33\ ℃$

上部排风温度 $t_p = t_w + \frac{t_d - t_w}{m} = 30\ ℃ + \frac{33-30}{0.45}\ ℃ = 36.7\ ℃$

车间平均空气温度 $t_n = \frac{t_d + t_p}{2} = \frac{33+36.7}{2}\ ℃ = 34.9\ ℃$

由以上计算出的空气温度可确定 $\rho_w=1.165\ \mathrm{kg/m^3}$；$\rho_p=1.140\ \mathrm{kg/m^3}$；$\rho_n=1.146\ \mathrm{kg/m^3}$；由表6.5查得 $m=0.42$，由图6.24查得 $\beta=0.89$。

全面通风量：

$$L_a=\frac{mQ}{c\rho(t_d-t_w)\beta}=\frac{0.42\times 582}{1.01\times 1.165\times(33-30)\times 0.89}\ \mathrm{m^3/s}=77.8\ \mathrm{m^3/s}$$

$$L_b=\frac{L_a\rho_w}{\rho_\gamma}=\frac{77.8\times 1.165}{1.140}\ \mathrm{m^3/s}=79.5\ \mathrm{m^3/s}$$

2）选取中和面的位置

由于只有上、下两排通风窗孔，故可按式（6.20）求中和面的位置。如取进、排窗孔面积之比 $F_a/F_b\approx 1.25$，可求得各窗孔中心至各中和面的距离为：$h_1\approx 5.5\ \mathrm{m}$；$h_2\approx 8.5\ \mathrm{m}$。

3）求进、排风窗孔面积

按式（6.17）和式（6.18）计算。

进风窗孔面积：

$$F_a=\frac{L_a}{\sqrt{\dfrac{2h_1g(\rho_w-\rho_n)}{\zeta_a\rho_w}}}=\frac{77.8}{\sqrt{\dfrac{2\times 5.5\times 9.81\times(1.165-1.146)}{2.37\times 1.165}}}\ \mathrm{m^2}=90.3\ \mathrm{m^2}$$

排风窗孔面积：

$$F_b=\frac{L_b}{\sqrt{\dfrac{2h_2g(\rho_w-\rho_n)}{\zeta_b\rho_w}}}=\frac{79.8}{\sqrt{\dfrac{2\times 8.5\times 9.81\times(1.165-1.146)}{2.37\times 1.140}}}\ \mathrm{m^2}=73.4\ \mathrm{m^2}$$

由于车间两侧外墙上的进、排风窗孔对称，则取的每侧外墙上进风窗孔面积为：

$$F'_a=\frac{F_a}{2}=45.1\ \mathrm{m^2}$$

每侧外墙上排风窗孔面积为：

$$F'_b=\frac{F_b}{2}=36.7\ \mathrm{m^2}$$

6.3.3　进风窗、避风天窗与风帽、通风屋顶

（1）进风窗的布置与选择

单跨厂房进风窗应设在外墙上，在集中供暖工地区最好设上、下两排。自然通风进风窗的标高应根据其使用的季节来确定：夏季通常使用房间下部的进风窗，其下缘距室内地坪的高度一般为0.3～1.2 m，这样可使室外新鲜空气直接进入工作区；冬季通常使用车间上部的进风窗，其下缘距地面不宜小于4.0 m，以防止冷风直接吹向工作区。夏季车间余热量大，下部进风窗面积应开设得大一些，宜用门、洞、平开窗或垂直转动窗板等；冬季使用的上部进风窗面积应小一些，宜采用下悬窗扇，向室内开启。

（2）避风天窗

在工业车间的自然通风中，往往依靠天窗（车间上部的排风窗）来排除室内的余热及烟尘等污染物。天窗应具有排风性能好、结构简单、造价低、维修方便等特点。为了稳定排风，避免普通天窗迎风面在风力下发生倒灌风，须在天窗外加设挡板，并采取措施保持挡风板与天窗的

空间内,在任何风向情况下均处于负压状态,这种天窗称为避风天窗。常见的避风天窗有矩形天窗(见图6.26)、下沉式天窗(见图6.27)、曲(折)线型天窗(见图6.28)等多种形式。

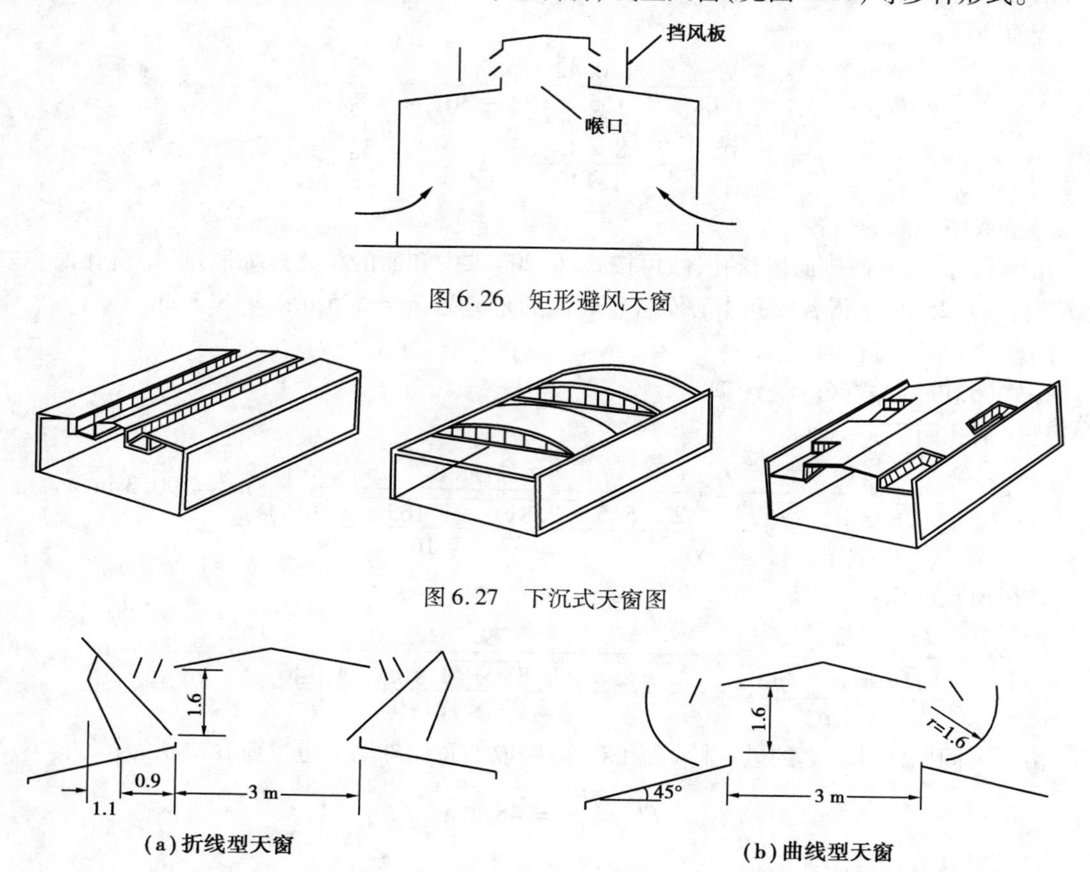

图6.26 矩形避风天窗

图6.27 下沉式天窗图

图6.28 曲、折线型天窗

(3)**避风风帽**

避风风帽就是在普通风帽的外围增设一周挡风圈。挡风圈的功能与挡风板相同。风帽多用于局部自然通风和设有排风天窗的全面自然通风系统中,一般安装在局部自然排风罩风道出口的末端和全面自然通风的建筑物屋顶上。风帽的作用在于使排风口处和风道内产生负压防止室外倒灌和防止雨水或污物进入风道或室内。

(4)**通风屋顶**

通风屋顶是在一般屋顶上架设通风间层而成的,通风间层的主高度一般为20~30 mm。通风屋顶有很好的隔热效果,其作用:一是隔热效果;二是通过间层内流动的空气把屋顶积蓄的太阳辐射热带走。在我国南方地区的一些民用或工业建筑采用了这种通风屋顶。实测表明,通风屋顶的内表面温度要比实体屋顶的内表面温度低4~6 ℃。

6.3.4 建筑设计与自然通风

工业和民用建筑物设计,应充分利用自然通风改善室内空气环境,尽量减少室内环境控制的能耗。当自然通风不能满足要求时,才考虑采用机械通风或空气调节。通风房间的建筑形式、总平面布置及车间内的工艺布置等对自然通风有着直接影响。在确定通风房间的设计方案时，建筑、工艺和通风各专业应密切配合、互相协调、综合考虑、统筹布置。

(1)**厂房的总平面布置**

确定厂房总平面的方位时，应避免大面积的围护结构受西晒的影响，尽量将厂房纵轴布置成东、西向，尤其是在炎热地区。以自然通风为主的厂房，进风面应与夏季主导风向成60°～90°，一般不宜小于45°。为了保证自然通风的效果，厂房周围特别是在迎风面一侧不宜布置过多的高大附属建筑物及构筑物。

当采用自然通风的低矮建筑物与较高建筑物相邻时，为了避免风压作用在高大建筑物周围形成的正、负压对低矮建筑正常通风的影响，各建筑物之间应保持适当的比例关系。例如，图6.29和图6.30所示的避风天窗和风帽，有关尺寸应符合表6.6中的要求。

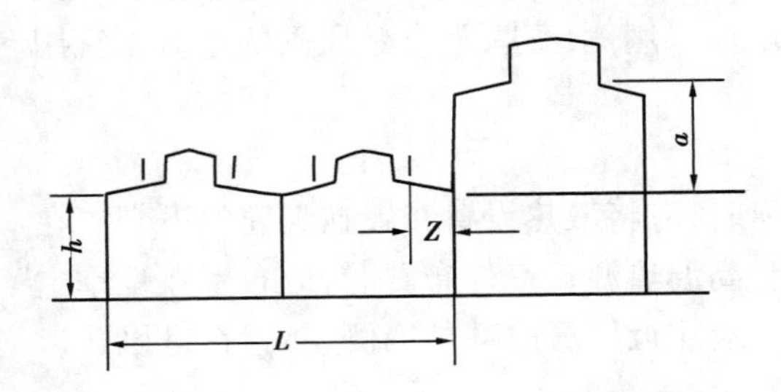

图6.29　各建筑物之间避风天窗的比例关系

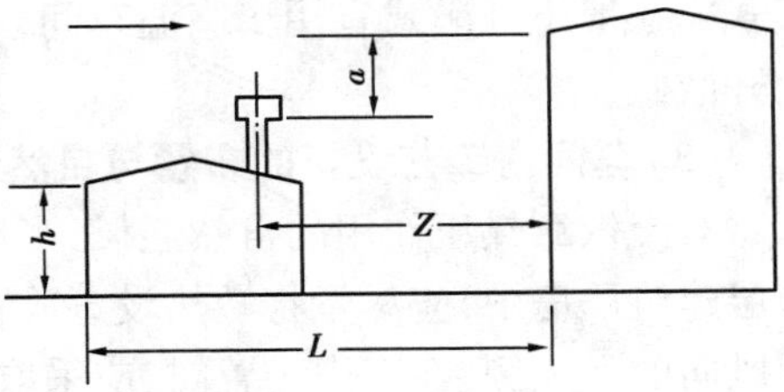

图6.30　各建筑物之间风帽的有关尺寸

表6.6　排风天窗或竖风管与相邻较高建筑物外墙的最小间距

Z/a	0.4	0.6	0.8	1.0	1.2	1.4	1.6	1.8	2.0	2.1	2.2	2.3
$L-Z/h$	1.3	1.4	1.45	1.5	1.65	1.8	2.1	2.5	2.9	3.7	4.6	5.6

注：$Z/a>2.3$时，厂房相关尺寸不受限制。

(2)**建筑形式的选择**

①热加工厂房的平面布置，应尽可能采用“L”型、“⊔”型或“⊔⊔”型等形式，不宜采用“□”型或“□□”型布置。开窗部分应位于夏季主导风向的迎风面，而各翼的纵轴与主导风向应成0～45°。

②对于“⊔”型或“⊔⊔”型建筑物各翼的间距，一般不小于相邻两翼高度之和的1/2，最好大于15 m。同时必须符合防火设计规范的规定。

③以自然通风为主的热车间，为增大进风面积，应尽量采用单跨厂房。余热量较大的厂房尽量采用单层建筑，不宜在其四周建筑坡屋；否则，宜建在夏季主导风向的迎风面。

④多跨厂房，应将冷、热跨间隔布置，避免热跨相邻，如图6.31所示，使冷跨位于热跨中间，冷跨天窗进风而热跨天窗排风。

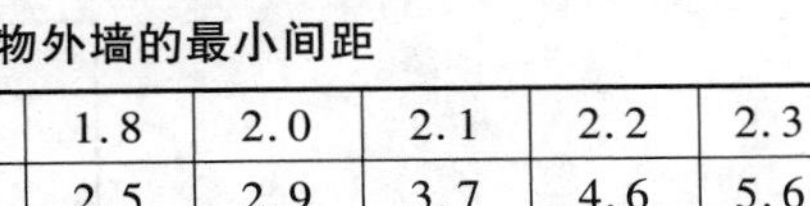

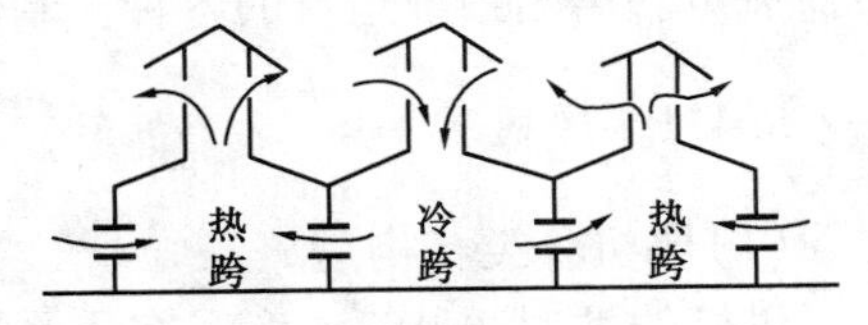

图6.31　多跨中间的自然通风

⑤若车间内无高大障碍物，也不放出大量的粉尘和有害气体，当迎风面和背风面的开孔面积占外墙面积的25%以上时，尽可能采用“穿堂风”的通风方式。这种形式广泛用于民用和工业建筑中，是经济有效的降温措施。图6.32所示的开敞式厂房是应用穿堂风的主要建筑形式之一。此外，还有图6.33所示的上开敞式、下开敞式和侧面式等

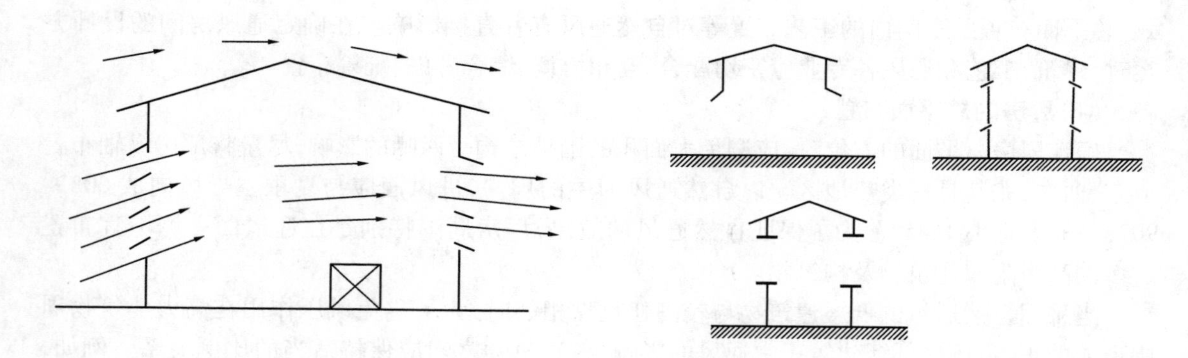

图 6.32　开敞式穿堂风　　　　图 6.33　上、下开敞式和侧窗式穿堂风

形式。一般下开敞式宜用于高温车间,冬季寒冷地区可采用侧窗式,常有暴风雨的地区不宜用全开敞式。

(3)车间内工艺设备的布置与自然通风

对于依靠热压作用的自然通风,当厂房设有天窗时,应将散热设备布置在天窗的下部。在多层建筑厂房中,应尽量将散热设备放置在最高层。高温热源在室外布置时,应布置在夏季主导风向的下风侧;在室内设置时,应采取隔热措施,并应靠近厂房的某外墙侧,布置在进风孔口的两边,如图 6.34 所示。

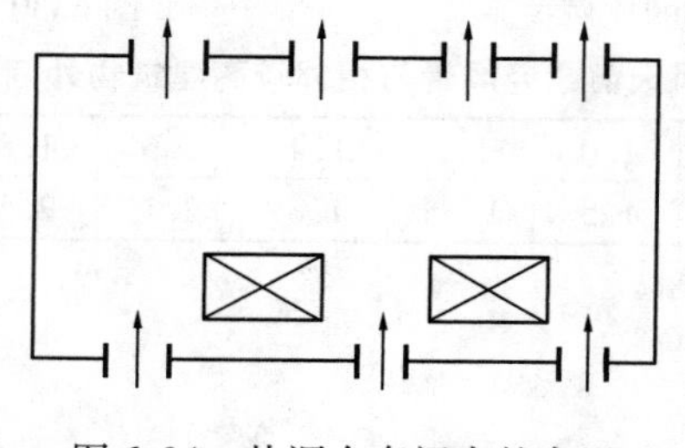

图 6.34　热源在车间内的布置

6.4　通风系统的主要设备和构件

机械送风系统一般由进风室、空气处理设备、风机、风道和送风口等组成;机械排风系统一般由排风口、排风罩、净化除尘设备、排风机、排风道和风帽等组成。此外,还应设置必要的调节通风量和启闭系统运行的各种控制部件,即各式阀门。

6.4.1　风机

(1)风机分类与构造

风机的类型详见第 4 章。在一些特殊场所使用的还有耐高温通风机、防爆通风机、防腐通风机和耐磨通风机等。随着科学技术和国民经济的发展,对节能和环保要求日益迫切,近年来,高效率、低噪声的各类风机也不断问世。

(2)通风机的选择

①根据被输送气体(空气)的成分和性质以及阻力损失大小,选择不同类型的风机。如输

送含有爆炸、腐蚀性气体的空气时,须选用防爆防腐型风机;输送含有强酸、碱类气体的空气时,选用塑料通风机;一般工厂、仓库和公共建筑的通风换气,可选用离心风机;通风量大、压力小的通风系统以及用于车间防暑散热的通风系统,多选用轴流风机。

②根据通风系统的通风量和风道系统的阻力损失,按照风机产品样本确定风机型号。以按计算值乘以安全系数作为选型值($L_{风机}$、$P_{风机}$),产品样本值应大于等于选型值。

风量的安全系数为1.05~1.10,即

$$L_{风机} = (1.05 \sim 1.10)L \tag{6.21}$$

风压的安全系数为1.10~1.15,即

$$P_{风机} = (1.10 \sim 1.15)P \tag{6.22}$$

式中　L,P——通风系统中计算所得的总风量和总阻力损失。

风机选型还应注意使所选用风机正常运行工况处于高效率范围;另外,样本中所提供的性能选择表或性能曲线,是指标准状态下的空气。因此,当实际通风系统中空气条件与标准状态相差较大时应进行换算。

6.4.2　室内送、排风口

室内送风口是送风系统中风道的末端装置。送风道输入的空气通过送风口以一定速度均匀地分配到指定的送风地点。室内排风口是排风系统的始端吸入装置,车间内被污染的空气经过排风口进入排风道内。室内送、排风口的位置决定了通风房间的气流组织形式。

室内送风口的形式有多种,如图6.35所示为直接在风道上开孔口送风形式,根据开孔位置有侧向送风口、下部送风口。如图(a)所示的送风口无调节装置,不能调节送风流量和方向;如图(b)所示的送风口设置了插板,可改变送风口截面积的大小,调节送风量,但不能改变气流的方向。常用的室内送风口还有百叶式送风口,如图6.36所示。布置在墙内或暗装的风道可采用这种送风口,将其安装在风道末端或墙壁上。百叶式送风口有单、双层和活动式、固定式。双层式不但可以调节风向,也可以控制送风速度。

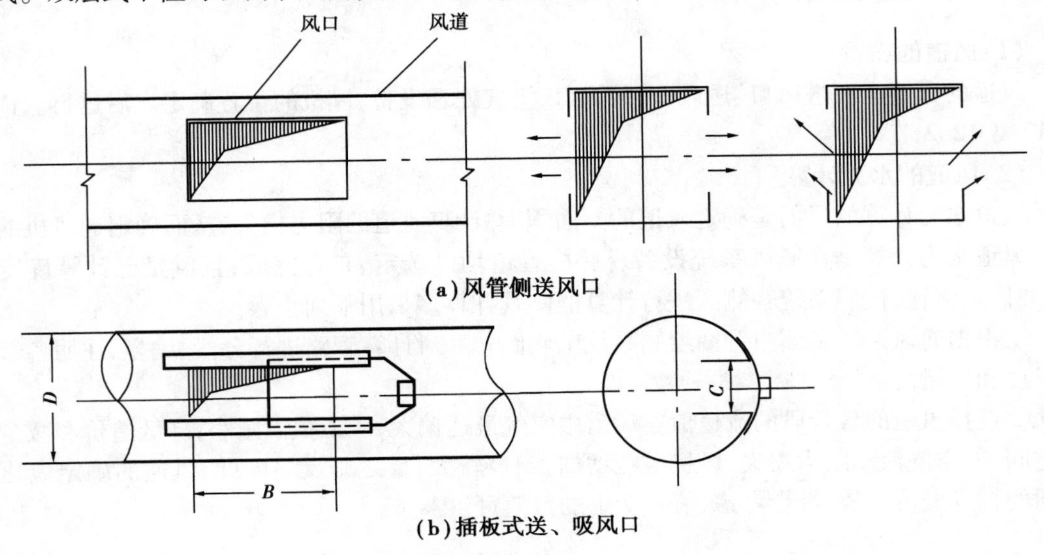

(a)风管侧送风口

(b)插板式送、吸风口

图6.35　两种最简单的送风口

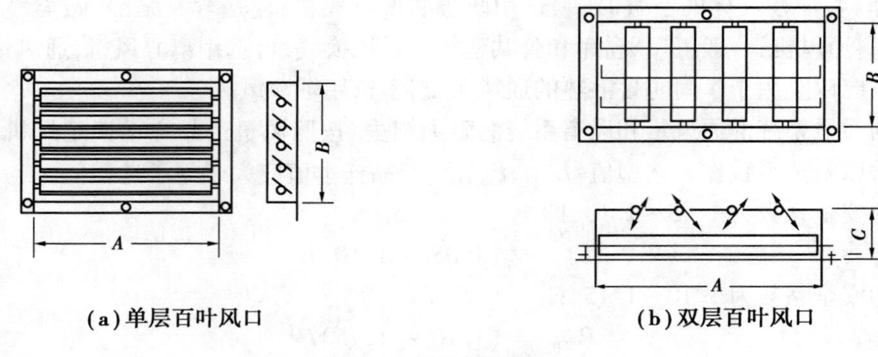

(a)单层百叶风口　　(b)双层百叶风口

图 6.36　百叶式送风口

在工业车间中往往需要大量的空气从较高的上部风道向工作区送风，而且为了避免工作地点有“吹风”的感觉，要求送风口附近的风速迅速降低。在这种情况下，常用的室内送风口形式是空气分布器，如图 6.37 所示。

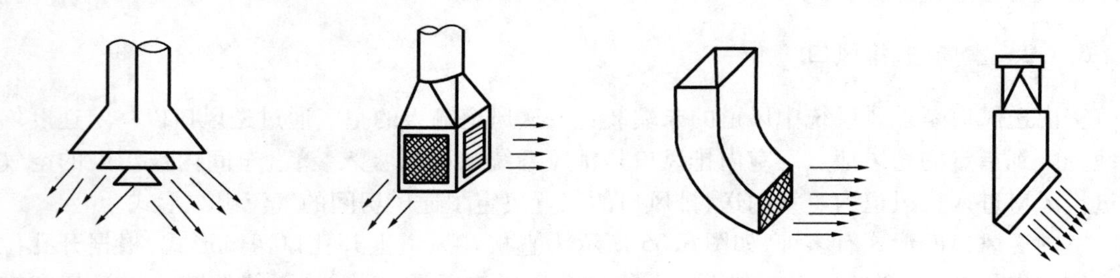

图 6.37　空气分布器

室内排风口一般没有特殊要求，其形式种类也很少。通常多采用单层百叶式排风口，有时也采用水平排风道上开孔的孔口排风形式。

6.4.3　风道及阀件

(1)风道的布置

风道的布置应在进风口、送风口、排风口、空气处理设备、风机的位置确定之后进行。详见第 12 章 12.2 节。

(2)风道的水力计算

风道水力计算的目的是确定风道的断面积，并计算风道的阻力损失，从而确定通风机的型号。风道水力计算是在通风系统设备、构件、管道均已选定、布置完成，且风量已计算确定之后，并假定流速，按照系统轴侧图进行计算的。其计算多采用下列步骤：

①根据通风系统平面布置图绘制系统轴侧图。并对计算管路进行分段、编号，注明各管段的长度和风量。

②选择风道的各管段的流速值。风道中空气流速偏大，风道截面减小，降低造价和减少占用空间，但空气流动阻力损失，风机电能增加，噪声较大；反之则反。因此，风速的确定应通过全面的技术经济比较，综合考虑，表 6.7 中的数值可供参考。

表6.7 风道中的流速 v

风道部位	钢板和塑料风道/(m·s⁻¹)	砖和混凝土风道/(m·s⁻¹)
干管	6~14	4~12
支管	2~8	2~6

③计算各管段的断面积 F。

风道断面积 F:

$$F = \frac{L}{3\,600v} \tag{6.23}$$

式中 L——风道内的通风量,m^3/h;

v——风道内的空气流动速度,m/s。

确定风道断面尺寸时应采用附录6.3、附录6.4中所列的通风管道统一规格。

④求出计算管路的阻力损失(按选择的风道断面实际流速值)。

沿程阻力损失为:

$$\Delta P_{\mathrm{f}} = \frac{\lambda L}{4R} \cdot \frac{v^2 \rho}{2} \tag{6.24}$$

局部阻力损失为:

$$\Delta P_{\mathrm{j}} = \frac{\xi v^2 \rho}{2} \tag{6.25}$$

式中 λ,ξ——风道的沿程、局部阻力系数;

L,R——风道的长度和水力半径,m;

ρ,v——空气密度,kg/m^3;风道内的风速,m/s;

为简化计算,也可直接查询通风管道计算表或计算图,详见《采暖通风设计手册》。

⑤对并联管路进行阻力平衡。各并联管路的阻力损失之差值,一般不宜相差15%以上;否则,应适当调整局部风道管段的断面尺寸,将各管路阻力损失之差限定在规定范围内。

⑥求出最不利计算管路的总阻力损失,并以此值来选择风机的型号和规格。

6.4.4 进、排风装置

进、排风装置按其使用的场合和作用的不同有室外进、排风装置和室内进、排风装置之分。

(1)室外进风装置

室外进风口是通风和空调系统采集新鲜空气的入口。根据进风室的位置不同,室外进风口可采用竖直风道塔式进风口,也可设在建筑物外围结构的墙壁上,壁式或屋顶式进风口如图6.38、图6.39所示。

室外进风口的位置应满足以下要求:

①设置在室外空气较为洁净的地点,在水平和垂直方向上都应远离污染源。

②室外进风口下缘居室外地坪的高度不宜小于2 m,并须装设百叶窗,以免吸入地面上的粉尘和污物,同时可避免雨、雪的侵入。

③用于降温的通风系统,其室外进风口宜设在背阴的外墙侧。

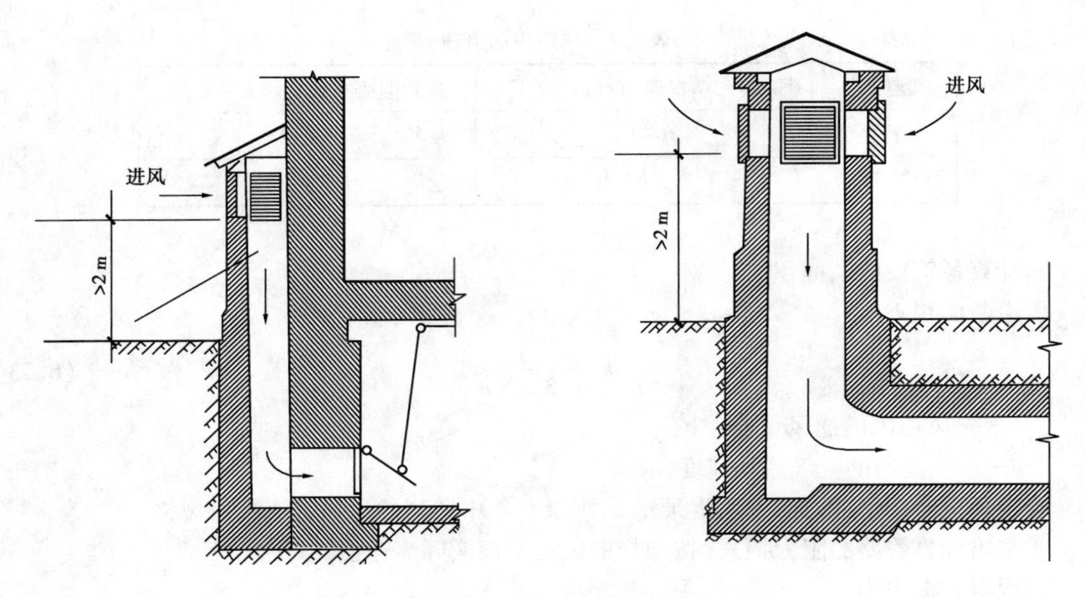

图 6.38　塔式室外进风装置

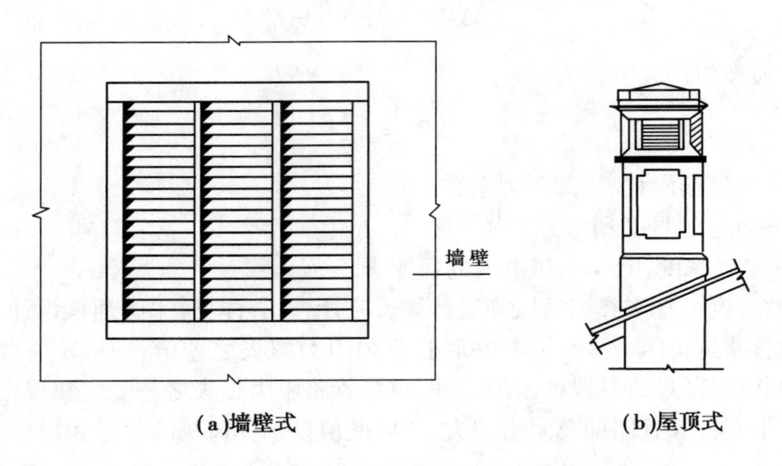

图 6.39　墙壁式和屋顶式进风装置

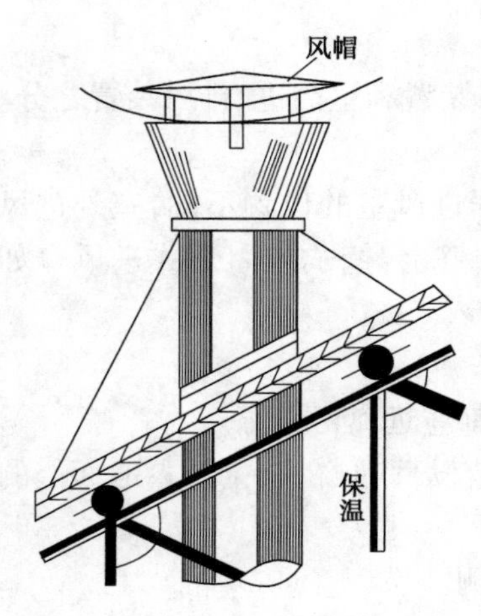

图 6.40　室外排风装置

④室外进风口的标高应低于周围的排风口，且宜设在排风口的上风侧，以防吸入排风口排出的污浊空气；当进、排风口的水平间距小于 20 m 时，进风口应比排风口至少低 6 m。

⑤屋顶式进风口应高出屋面 0.5～1.0 m，以免吸进屋面上的积灰和被积雪埋没。

室外新鲜空气由进风装置采集后直接送入室内通风房间或送入进风室，根据用户对送风的要求进行预处理。机械送风系统的进风室多设在建筑物的地下层或底层，也可设在室外进风口内侧的平台上。

(2)室外排风装置

室外排风装置的任务是将室内被污染的空气直接排到大气中去。管道式自然排风系统和机械排风系统的室外排风口通常是由屋面排出,如图6.40所示。也有由侧墙排出的,但排风口应高出屋面。一般地,室外排风口应设在屋面以上1 m的位置。出口处应设置风帽或百叶风格。

6.5 建筑的防火排烟

建筑物一旦发生火灾,往往造成财产损失和人员伤亡。尤其是高层建筑,一旦发生火灾,火势蔓延快,疏散困难,扑救难度大,产生的灾害更严重。火灾发生时,如何使楼内人员经过疏散通道疏散到安全地带,消防队员能通过消防通道迅速到达火灾地点,是防火排烟的主要任务,它涉及疏散通道布置、通道照明和防火排烟等设计。照明问题将在第9章讲述,在此仅介绍防火排烟方面的内容。合理地进行防火排烟设计,与建筑设计、通风和空调设计有着密切关系。

6.5.1 建筑设计的防火分区与防烟分区

建筑中防火分区设计的目的是,防止建筑物起火后火势蔓延和扩散,便于火灾扑救和人员疏散。防火分区设置是根据建筑物的功能、房间用途,把建筑从平面或空间上划分成若干个防火单元,使火势控制在起火单元内,避免火灾的扩散。

根据我国最新颁布的《建筑设计防火规范》(GB 50016—2014)规定,耐火等级为一、二级的高层民用建筑防火分区的最大允许面积为1 500 m^2;地下或半地下室为500 m^2。当高层建筑主体与其裙房之间设置防火墙等防火分隔设施时,裙房的防火分区的最大允许建筑面积不应大于2 500 m^2。

竖向防火分区,是以楼板作为分界的。有些大型公共建筑常在两层或两层以上之间设置各种开口,如电梯、自动扶梯等,以这部分连通空间作为一个整体划为一个竖向防火区,但连通各层面积之和不应大于允许值。另外,建筑内所有穿越楼板的竖井,如电缆井、排烟井、管道井等,都应单独设置,竖井内应每隔1 ~ 2层用耐火材料作防火分隔,竖井上的检修门应是防火门。

每个防火分区用防火墙、耐火楼板、防火门隔断。防火墙采用耐火极限3 h以上的不燃烧体,耐火楼板的耐火极限按一二级建筑分别取为1.5 h和1 h。

在建筑平面上为防止火灾发生后产生的烟气侵入疏散通道,建筑中的防烟可采用机械加压送风防烟方式或可开启外窗的自然排烟方式。机械排烟系统与通风、空气调节系统宜分开设置。当合用时,必须采取可靠的防火安全措施,并应符合机械排烟系统的有关要求。自然排烟的窗口应设置在房间外墙的上方或屋顶,并应有方便开启的装置。当不具备条件,以及不宜进行自然排烟的场所和部位应设置机械加压送风设施,且考虑设置机械排烟设施。

一般民用建筑设置防烟设施的部位:防烟楼梯间、消防电梯间前室或合用前室、避难层(间)、避难走道。当防烟楼梯间的前室、合用前室采用敞开的阳台、凹廊进行防烟,或前室、合用前室内有不同朝向且开口面积符合自然排烟要求的可开启外窗时,该防烟楼梯间竖井内可不设置机械防烟设施。高层建筑防烟分区是防火分区的细分化,防烟分区不应跨越防火分区。防烟分区的划分与防火分区的划分方法基本相同,即按每层楼面作为一个垂直防烟分区,每层楼面的防烟分区可在每个水平防火分区内划分出若干个,每个防烟分区的面积不宜大于

500 m²。

民用建筑设置排烟设施的部位：设置在一、二、三层且房间建筑面积大于 100 m² 或设置在四层及以上或地下、半地下的歌舞娱乐放映游艺场所、中庭；公共建筑中建筑面积大于 100 m² 且经常有人停留的地上房间和建筑面积大于 300 m²、可燃物较多的地上房间；建筑中长度大于 20 m 的疏散走道；总建筑面积大于 200 m² 或一个房间建筑面积大于 50 m²，且经常有人停留或可燃物较多的地下、半地下建筑或建筑的地下、半地下室。在设置排烟设施的走道、净高不超过 6.00 m 的房间进行防烟分区。

防烟分区一般用防火墙、挡烟垂壁或挡烟梁等措施分界，并在各防烟区内设置一个带有手动启动装置的排烟口。防烟墙采用非燃材料筑的隔墙。挡烟垂壁是用非燃材料(如钢板、夹丝玻璃、钢化玻璃等)制成的固定或活动的挡板。

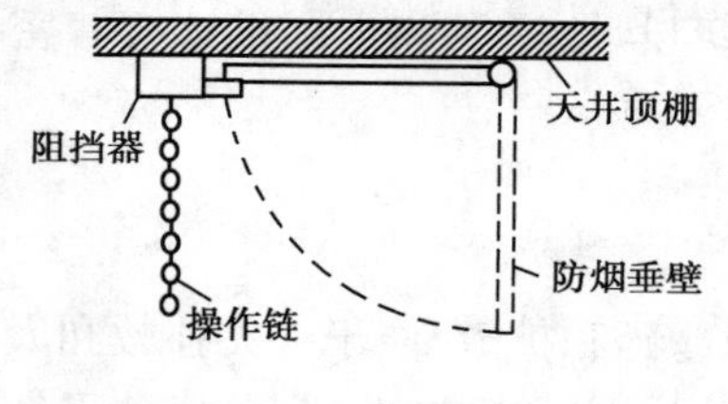

图 6.41　挡烟垂壁

如图 6.41 所示，挡烟垂壁垂直向下吊在顶棚上。因为火灾发生时，烟气受浮力作用聚集在顶棚处，为保证防烟效果，垂壁下垂高度超过烟气层，故垂壁高度不小于 0.5 m。活动式挡烟垂壁在火灾发生时落下，其下缘距地坪的间距应大于 1.8 m，且使在垂壁落下后仍留有人们通过的必要高度。活动式挡烟垂壁可由消防控制室或手动控制。挡烟梁为从顶棚下突出不小于 0.5 m 的梁。

图 6.42 是某百货大楼在设计时的防火防烟分区实例。

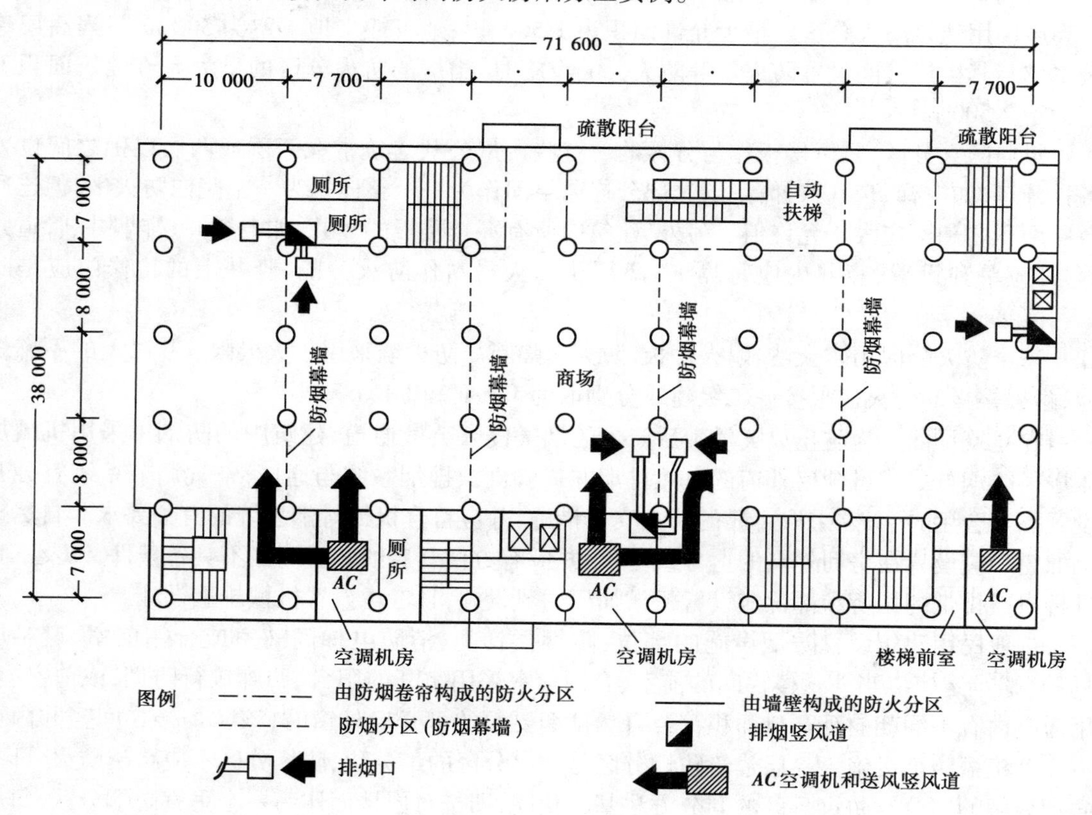

图 6.42　防火防烟分区实例

6.5.2　建筑物防火排烟的作用和原理

建筑一旦发生火灾,烟气热流很快就会充满起火房间,迅速蔓延至走廊、管道井、竖井,进入楼梯等,以致充满整个疏散通道(即走道、前室或合用前室、楼梯间)。再则,高层建筑中的楼梯间是由楼底通向楼顶的竖向通道(竖井),火灾发生时,建筑物内竖井所产生的"烟囱效应",使起火房间燃烧生成的高温烟气,沿着通道流向楼梯间,可能把楼梯间变成大楼的烟囱。在这烟、热的环境中空气稀少,烟熏、热烤,使得人流疏散困难。

为保证疏散通道的安全,须向楼梯间及其前室或与电梯间的合用前室采取机械送风,在楼梯间内造成一个大于前室的气体压力,在前室造成一个大于走道的气体压力。当疏散通道的门关闭的条件下,楼梯间通过门缝向前室漏风,前室通过门缝向走道漏风,使烟气不能沿走道进入前室;当疏散通道的门敞开时,由楼梯间向前室,前室向走道形成强劲的气流,阻止已进入走道的烟气进入前室。同时在走道内设置机械排烟系统,避免高温烟气进入前室,使楼梯间内始终保持无烟,成为人们在火灾时安全疏散的通道。

根据上述人流疏散路线和建筑防火排烟原理,建筑物中设置防火排烟系统主要有两个作用:

一是在疏散通道和人员密集的部位设置防火排烟设施,以利人员的安全疏散;二是将火灾现场及其较近处的烟和热及时排去,减弱火势和烟气的蔓延,便于消防人员灭火。

高层建筑的防火排烟按其作用原理和方式分为自然排烟、机械排烟和机械加压送风等。

6.5.3　自然排烟方式

利用房间内可开启的外窗或排烟口,屋顶的天窗、阳台,依靠火灾时所产生的热压、风压的作用,将室内所产生的烟气排出。这种排烟方式无须动力和特殊装置,结构简单,经济、方便,但受室外风力的制约,不稳定,并受建筑设计的影响。如当着火房间的开口处于迎风面时,室内的烟气便难以排除,甚至会扩散到其他房间或走廊里。

(1)自然排烟设置部位

建筑高度在100 m以下的居住建筑以及建筑高度在50 m以下的其他建筑,不小于2.0 m^2的防烟楼梯间的前室、消防电梯间的前室,不小于3.0 m^2 的合用前室,每5层内可开启排烟窗的总面积不小于2.0 m^2 的靠外墙的防烟楼梯间竖井,不小于其楼地面面积5%的中庭、剧场舞台,自然排烟的窗口应设置在房间的外墙上方或屋顶上,并应有方便开启的装置,任一点距自然排烟口的水平距离不应大于30 m的防烟分区内等处需考虑设置自然排烟。

(2)自然排烟口位置

自然排烟口的平面位置应使每一防烟区在允许面积的范围内,并使防烟区内任何一点到排烟口的水平图距离不超过30 m,如图6.43所示。

在多层建筑中,当外墙无法采用自然排烟时,可考虑竖井排烟的方法,即在封闭的前室设置具有抽吸力的竖井,依靠烟气温度产生的浮力,通过排烟口将侵入前室的烟气由竖井排烟道排出室外。采用这种竖井自然排烟时,必须同时设置竖井进风道,如图6.44所示。进风道是为了补给室内新鲜空气,进风口与排烟口的平面位置如图6.45所示,平时均保持严密关闭状态,着火时联动开启。需要说明的是,这种竖井自然排烟,由于竖井需要的截面很大,并且漏风现象严重,在高层民用建筑设计防火规范中不予推荐。

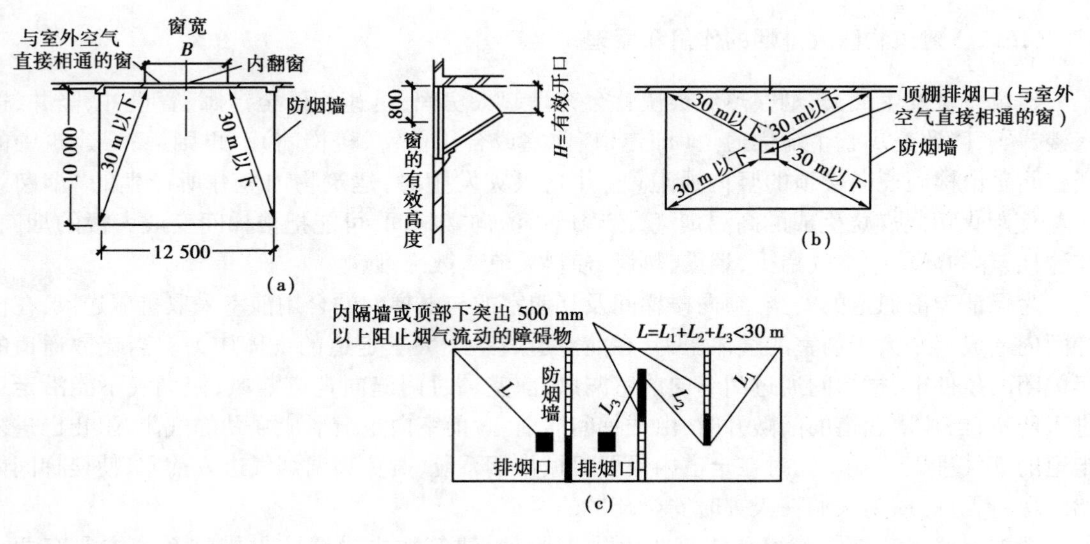

图 6.43　自然排烟口位置

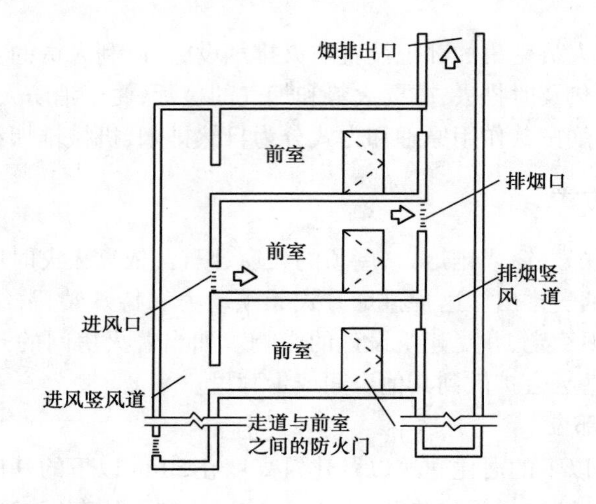

图 6.44　利用竖井排烟

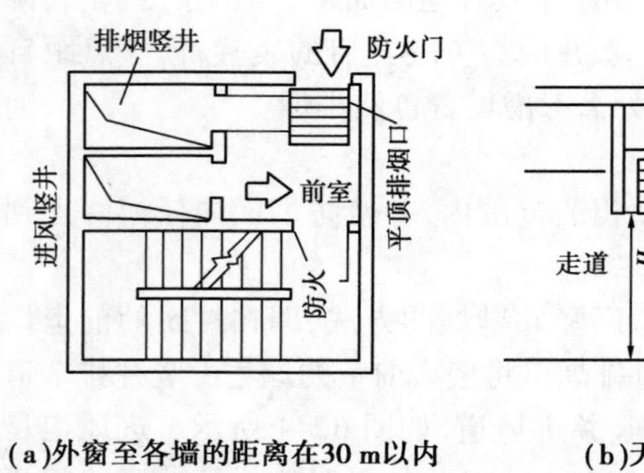

(a)外窗至各墙的距离在30 m以内

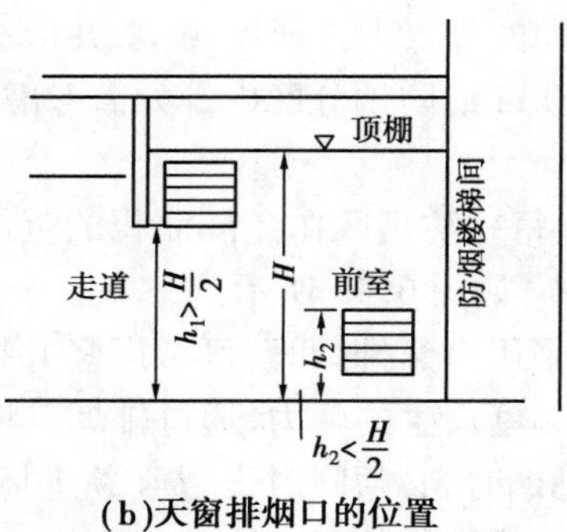

(b)天窗排烟口的位置

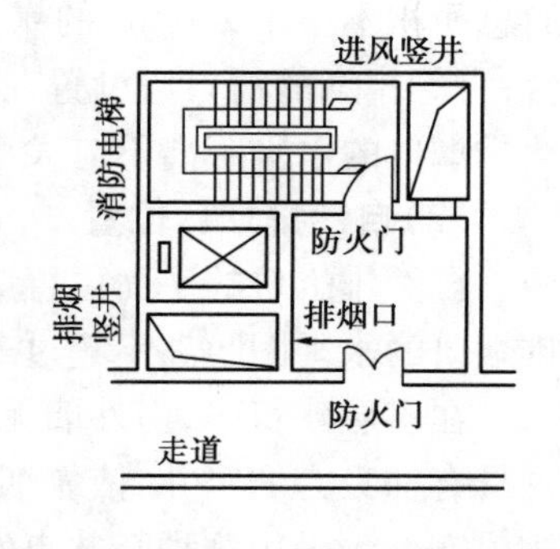

(c)防烟区内排烟口至最远点的距离

图 6.45　排烟口与进风口的位置

(3)自然排烟的开窗面积

采用自然排烟时开窗面积应符合下列规定：

①长度不超过60 m的内走道，可开启外窗或排烟口的面积不应小于走道面积的2%；

②靠外墙的防烟楼梯间前室或消防电梯前室，可开启外窗面积不应小于2.0 m^2；

③靠外墙的合用前室，可开启外窗面积不应小于3.0 m^2；

④靠外墙的防烟楼梯间，每五层内可开启外窗面积不应小于2.0 m^2；

⑤超过100 m^2 需排烟的房间，可开启外窗面积不应小于该房间面积的2%；

⑥净高小于12 m的中庭，可开启的天窗或高侧外窗面积不应小于该中庭面积的5%；

⑦对于竖井自然排烟方式：不靠外墙的防烟楼梯间前室或消防电梯前室，其进风口面积不应小于1.0 m^2，进风道面积不应小于2.0 m^2；排烟口面积不应小于4.0 m^2，排烟竖井面积不应小于6.0 m^2；不靠外墙的合用前室，其进风口面积不应小于1.5 m^2，进风道面积不应小于3.0 m^2；排烟口面积不应小于6.0 m^2，排烟竖井面积不应小于9.0 m^2。

6.5.4　防烟措施和机械排烟

(1)机械加压送风防烟设施

1)防烟设施的设置部位

不具备自然排烟条件的防烟楼梯间，设置自然排烟设施的防烟楼梯间，其不具备自然排烟条件的前室，不具备自然排烟条件的消防电梯间前室或合用前室，封闭的避难层(间)，避难走道的前室，不宜进行自然排烟的场所，高层民用建筑的防烟楼梯间，消防电梯间的前室或合用前室仅在其上部楼层具备自然排烟条件时，下部不具备自然排烟条件的部分应设置局部压送风系统，且考虑采用机械加压送风设施。

2)机械加压送风系统的组成

机械加压送风系统，如图6.46所示。该系统由加压送风机、送风道、加压送风口及其自控

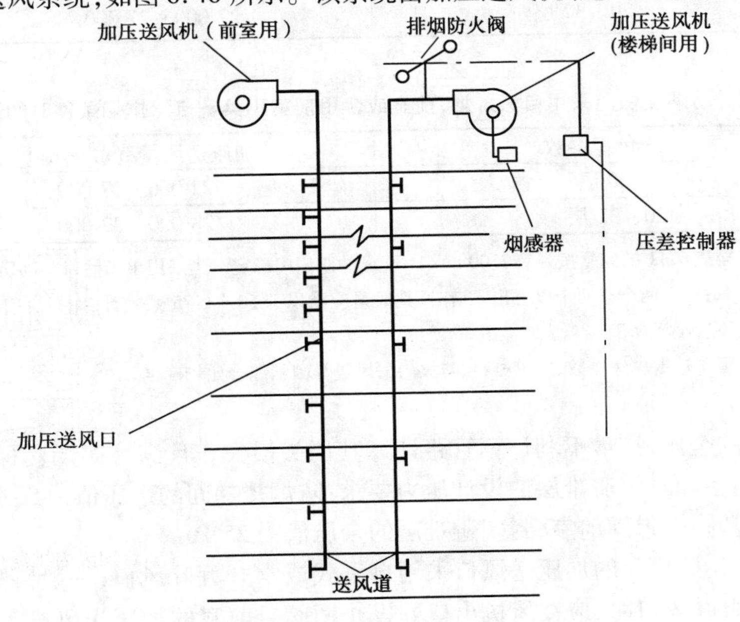

图6.46　机械加压送风系统

装置等部分组成。依靠加压送风机提供新鲜空气给建筑物内的被保护部位,并使其压力高于火灾压力,形成压力差,阻止烟气侵入,发生火灾时为人员疏散及消防扑救工作提供安全场所。

①加压送风机:加压送风机可采用轴流风机或中、低离心风机,其位置根据电源位置、室外新风入口条件、风量分配情况等因素来确定。

加压送风机的风量可查表6.8至表6.11确定。

表6.8　防烟楼梯间(不含前室)的加压送风量

系统负担层数	加压送风量/($m^3 \cdot h^{-1}$)
<20层	25 000~30 000
20~32层	35 000~40 000

表6.9　防烟楼梯间及其合用前室的分别加压送风量

系统负担层数	送风部位	加压送风量/($m^3 \cdot h^{-1}$)
<20层	防烟楼梯间	16 000~20 000
	合用前室	12 000~16 000
20~32层	防烟楼梯间	20 000~25 000
	合用前室	18 000~22 000

表6.10　消防电梯间前加压送风量

系统负担层数	加压送风量/($m^3 \cdot h^{-1}$)
<20层	15 000~20 000
20~32层	22 000~27 000

表6.11　防烟楼梯间采用自然排烟,前室或合用前室不具备自然排烟条件时的送风量

系统负担层数	加压送风量/($m^3 \cdot h^{-1}$)
<20层	22 000~27 000
20~32层	28 000~32 000

注:1.表6.8至表6.11的风量按开启2.00 m×1.60 m的双扇门确定。当采用单扇门时,其风量可×0.75系数计算;当有两个或两个以上出入口时,其风量应乘以1.50~1.75系数计算;开启门时,通过门的风速不宜小于0.7 m/s。

2.风量上下限选取应按层数、风道材料、防火门漏风量等因素综合比较确定。

加压送风机的全压,按最不利计算管路计算其压头损失。且满足防烟楼梯间、前室、消防电梯前室、合用前室和封闭避难层的设计压力要求:防烟楼梯间的余压值为50 Pa;防烟楼梯间前室、合用前室、消防电梯间前室、封闭避难层的余压值为25 Pa。

②加压送风口:楼梯间的加压送风口采用自垂式或常开百叶风口,一般每隔2~3层设置一个。设置常开百叶风口时,应在风机出口处设止回阀。前室的加压送风口为常开的双层百叶风口。应在每层均设一个。送风口的风速不宜大于7 m/s。

③加压送风道:加压送风道应采用密实不漏风的非燃烧材料。采用金属风道时,其风速不应大于 20 m/s;采用非金属风道时,其风速不应大于 15 m/s。

3)机械加压送风系统中的设计问题

①加压送风系统的划分:机械加压送风的防烟楼梯间和合用前室,机械加压送风的消防电梯间和合用前室,均按各自所需维持的设计余压设置独立送风系统。必须共用一个送风系统时,应在通向合用前室的支风管上设置压差自动调控装置。当送风系统层数大于 20 层,送风量过大时,可考虑在垂直方向上进行分区,由两个送风系统的风机分别送风。

②加压送风系统对新风的要求:加压送风机必须从室外吸气,采气口应远离排烟口,确保进气的清洁;采气口的位置应低于排烟口和其他排气口;其新风无须进行任何处理。

(2)密闭防烟设施

密闭防烟设施是指当火灾发生时,将着火房间封闭起来,使之因缺氧而缓解火势,同时达到防止烟气蔓延扩散的设施。多用于具有较好耐火性能的围护结构和防火门且面积较小的房间。

(3)机械排烟方式

机械排烟又分为局部排烟和集中排烟两种方式。每个房间内设置单独排烟风机为局部排烟,这种方式只适用于某些特殊的房间;集中排烟方式是把建筑物划分为若干个防烟区,由各区内设置在建筑物上层的排烟风机进行强制排烟。

1)机械排烟系统的组成

机械排烟系统包括防烟垂壁、排烟口、排烟道、防火排烟阀门、排烟风机和烟气排出口等。如图 6.47 所示为机械排烟系统图。

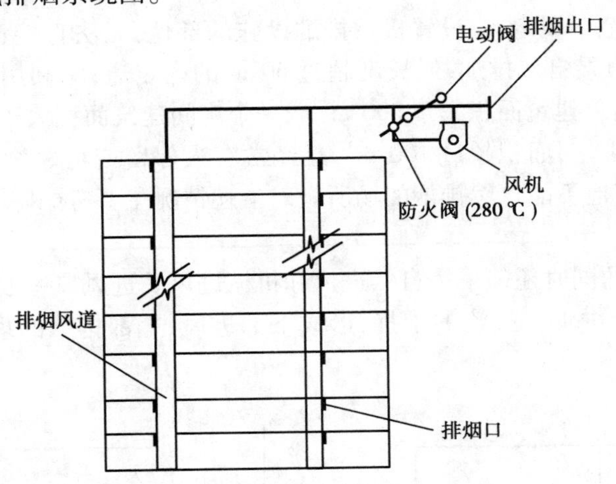

图 6.47 机械排烟系统

①排烟口:每个防烟分区应分别设置数个能同时启动的排烟口;排烟口应尽可能布置在防烟区中心,且至该区任一点的水平间距不应大于 30 m;排烟口设在顶棚或靠近顶棚的墙面上,且与附近安全出口沿走道方向相邻边缘之间的最小水平距离不应小于1.5 m;设置在顶棚上的排烟口距可燃构件或可燃物的距离不应小于 1.0 m;排烟口平时关闭,应设手动、远距离自动开启装置;排烟口的风速不宜大于 10 m/s。

②排烟道:排烟道材料宜选用镀锌钢板或冷轧钢板,也可选用混凝土或石棉制品,风道的

配件应采用钢板制作；不同材料排烟道的风速应有所区别，一般采用钢板制作时，烟道风速不应大于 20 m/s；非金属制作的烟道，风速应小于 15 m/s。此外，由于排烟道内静压较大，应具有一定的厚度以求牢固。

③排烟防火阀：排烟系统中，当烟气温度达到或超过 280 ℃时烟气中已带火，为避免这种带火烟气扩延到建筑内其他层，需在排烟系统中的排烟支管上和排烟风机房入口处设置具有自动关闭功能的排烟防火阀，以避免带火烟气蔓延造成的危害。

④排烟风机：排烟风机有离心式和轴流式两种类型。一般宜采用离心式风机。要求具有一定的耐热、隔热性，确保输送的烟气温度在 280 ℃时能正常运行 30 min 以上。

排烟风机设在该风机所处防火分区的排烟系统中最高排烟口的上部，防火分区的风机房内。风机外缘与机房墙壁或其他设备的间距应保持在 0.6 m 以上。排烟风机应有备用电源，并能自动切换。排烟风机的启动宜采用自动控制方式，启动装置与排烟系统中每个排风口连锁，即在该排烟系统中任何一个排烟口开启时，排烟风机都能自动启动。

⑤排烟风机的风量：承担一个防烟分区或净高大于 6.0 m 未进行防烟分区房间的排烟时，排烟风机的风量应不小于 60 m/(h·m^2)；两个或两个以上的防烟分区共用一组排烟风机时，风机的风量应按面积最大的防烟分区来计算，且不应小于 120 m^3/(h·m^2)，注意该排烟系统的最大排烟量为 60 000 m^3/h，最小排烟量为 7 200 m^3/h；中庭体积小于 17 000 m^3 时，排烟风机的风量按其体积的 6 次/h 换气计算；中庭体积大于 17 000 m^3 时，按其体积的 4 次/h 换气计算。但最小排烟量不应小于 102 000 m^3/h。排烟风机的全压应按排烟系统中最不利管路的进行计算。

2）机械排烟的设置部位

建筑设计防火规范中规定，应设置机械排烟设施的部位：无法直接自然排烟，且长度超过 20 m 的内走道；虽有直接自然排烟，但长度超过 60 m 的内走道；除利用窗井等开窗进行自然排烟的房间外，各房间总建筑面积大于 200 m^2 或一个房间建筑面积大于 50 m^2，且经常有人停留或可燃物较多的地下室；面积超过 100 m^2，且经常有人停留或可燃物较多的地上无窗或有固定窗的房间；以及其他不能自然排烟的场所。对上述情况主要考虑防止火势烟气蔓延，排除烟气，方便灭火。

在采用机械排烟的同时还须采用自然进风和机械进风。进风口一般设在靠近地面的墙壁上，以避免对排烟系统中烟气气流的干扰，形成下部进风、上部排烟的理想的气流组织，如图 6.48 所示。

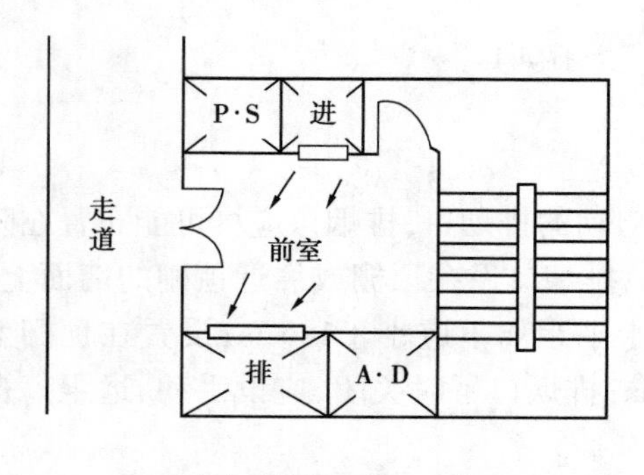

(a)排烟效果好，前室内烟气少

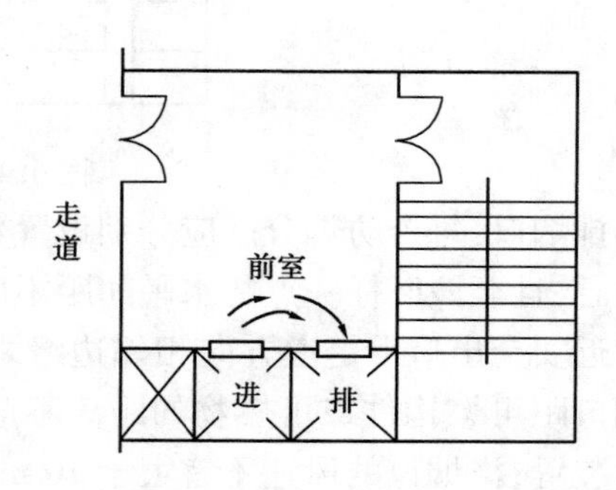

(b)排烟效果差，前室内烟气多

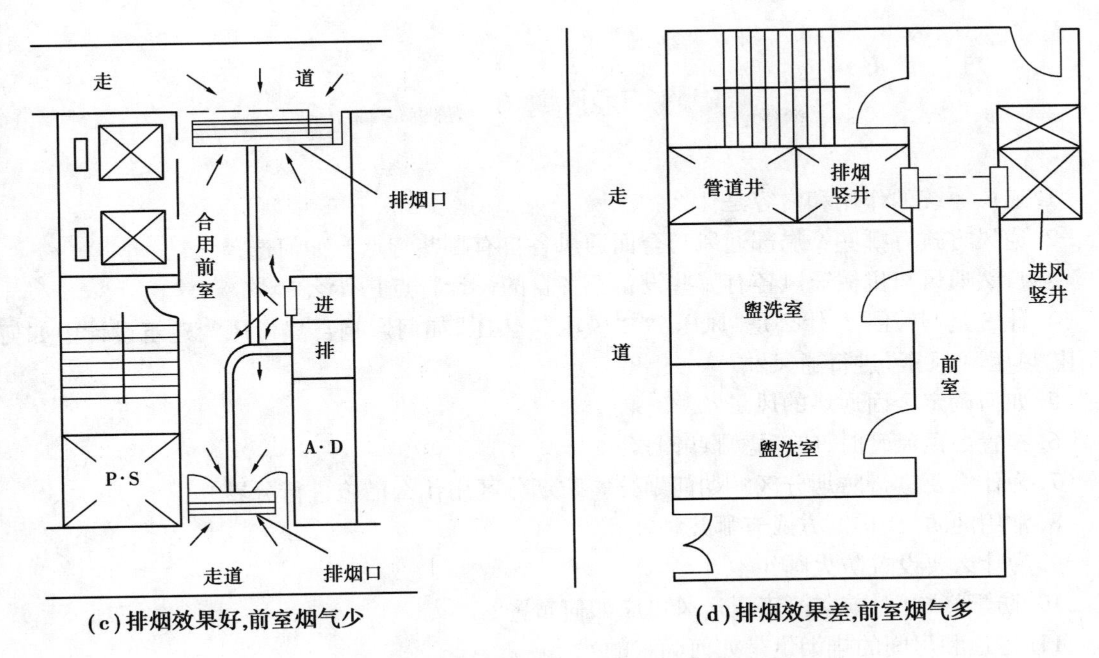

(c)排烟效果好,前室烟气少

(d)排烟效果差,前室烟气多

图6.48　排烟口与进风口、前室入口、楼梯间入口的相对位置

6.5.5　防火排烟的有关技术规定

在设计中首先应注意的是,防火分区和防烟分区的划分应尽可能地与通风、空调系统的划分统一起来,尽量不使风道穿越防火区和防烟区;否则,须在风道上设置防火阀。

通风和空调系统的风道,应采用非燃材料制作,保温和消声材料也应采用非燃或难燃材料;通风、空调系统的进风口应设在无火灾危险的安全地带。

通风、空气调节系统在管道穿越防火分区的隔墙孔处,风道穿越通风、空调机房及重要的或火灾危险性大的房间隔墙和楼板处,垂直风道与每层水平风道交接处的水平管段上,以及穿越变形缝处的风道两侧处均应设防火阀;另外,在厨房、浴室、厕所等垂直的排风管道上,应采取防止回流措施或在支管上设防火阀。

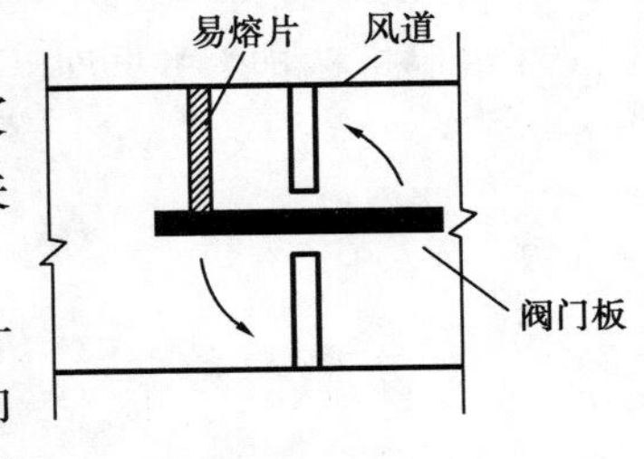

图6.49　防火阀

防火阀的构造如图6.49所示,其动作温度为70 ℃。当火灾发生、火焰侵入风道时,阀门依靠易熔金属的温度熔断器自动关闭,切断空气气流,防止火焰蔓延到另一区域。

另外,为了充分发挥通风系统、空调系统的作用,有些设计把通风系统、空调系统中的风道、风口与机械排烟系统共用,即把通风系统、空调房间的上部送风口兼作排烟口。在这种共用系统中必须特别注意要采取可靠的防火安全措施。

目前,机械排烟系统多数为独立设置。由于利用空气调节系统作排烟时,因烟气不允许通过空调器,需装设旁通管和自动切换阀,造成平时运行时增大了漏风量和阻力;另外,因通风、空气调节系统的各送风口是相连通的,所以当临时作为排烟口进行排烟时,只需着火房间或着火处防火分区的排烟口开启,其他都必须关闭。这就要求通风、空气调节系统中每个送风口上都要安装自动关闭装置。

习 题 6

1. 通风系统的作用和内容是什么?

2. 通风方式有哪些?局部通风与全面通风各自有哪些特点?如何选择?

3. 自然通风与机械通风各有哪些设备?各自的设计特点是什么?

4. 什么是“热压”?什么是“风压”?“风压”“热压”如何影响自然通风?建筑设计中如何利用“热压”“风压”进行通风?

5. 如何确定全面通风的风量?

6. 布置吊顶风管时,应考虑哪些因素?

7. 为什么要进行防烟分区?如何划分?防烟分区用什么措施进行分界?

8. 常用的防火、排烟方式有哪几种?

9. 为什么要设置防火阀?

10. 防烟楼梯间、前室的正压送风口应如何布置?

11. 走道和房间的排烟量是如何确定的?

第7章 空气调节

7.1 空气调节概述

7.1.1 空气调节的内容与基本参数

(1)空气调节的内容

空气调节即人为地对建筑物内的温度、湿度、气流速度、洁净度(四度)进行控制,为室内提供足够的室外新鲜空气。如此可创造和维持人们工作、生活所需要的环境或特殊生产工艺所要求的特定环境。简言之,空调就是对空气经过处理的通风。

根据其使用环境、服务对象可分为:

①舒适空调:以室内人员为服务对象、创造舒适环境为任务而设置的空调,如商场、办公楼、宾馆、饭店、公寓等建筑物。

②工业空调:以保护生产设备和益于产品精度或材料为主,以保证室内人员满足舒适要求为次而设置的空调,如车间、仓库等场所。

③超净空调或洁净室空调:对空气尘埃浓度有一定要求而设置的空调,如电子工业、生物医药研究室、计算机房等场所。

(2)空气调节的基本参数

大多数空调系统主要是控制空气的温度和相对湿度,常用空调基数和空调精度来表示空调房间对设计的要求。

①空调基数:也称空调基准温湿度,指根据生产工艺或人体舒适性要求所指定的空气温度(t)和相对湿度(Φ)。

②空调精度:指空调区域内生产工艺和人体舒适要求所允许的温度、湿度偏差值(∇t、$\nabla \Phi$)。例如,$t_n = (20 \pm 1)$ ℃,$\Phi_n = (60 + 5)\%$,表示空调区域内基准温度为 20 ℃,基准湿度为 60%,空调温度的允许波动范围为 ±1 ℃,湿度的允许波动范围为 ±5%。需要将温度和相对湿度严格控制在一定范围内的空调,称为恒温恒湿空调。当空调精度 $\nabla t \geq \pm 1$ ℃时称为一

般性空调;当空调精度 $\nabla t \leqslant 1$ ℃时称为高精度空调;按照恒湿精度的允许波动值:$\nabla \Phi \geqslant 10\%$、$\nabla \Phi = 5\% \sim 10\%$、$\nabla \Phi = 2\% \sim 5\%$、$\nabla \Phi \leqslant 2\%$,也可将空调系统分为几种等级。

7.1.2 空调系统的组成及分类

(1)空调系统的组成

对某一建筑物采用空调,必须由空气处理设备、空气输送管道、空气分配装置、电气控制部分及冷、热源等部分来共同实现。如图 7.1 所示,室外新鲜空气(新风)和来自空调房间的部分循环空气(回风)进入空气处理室,经混合后进行过滤除尘、冷却和减湿(夏季)或加热和加湿(冬季)等各种处理,以达到符合空调房间要求的送风状态,再由风机、风道、空气分配装置送入各空调房间。送入室内的空气经过吸热、吸湿或散热、散湿后再经风机、风道排至室外,或由回风道和风机吸收一部分回风循环使用,以节约能量。

空调的冷热源通常与空气处理设备各自单独设置。空调系统的热源有自然热源和人工热源两种。自然热源是指太阳能、地热,人工热源是指以油、煤、燃气作燃料的锅炉产生的蒸汽和热水。

(2)空调系统的分类

1)根据空调系统空气处理设备的设置位置来分

①集中式空调系统:将各种空气处理设备(冷却或加热器、功湿器、过滤器等)以及风机都集中设置在一个专用的空调机房里,以便集中管理。空气经集中处理后,再用风管分送给各个空调房间,如图 7.1 所示。

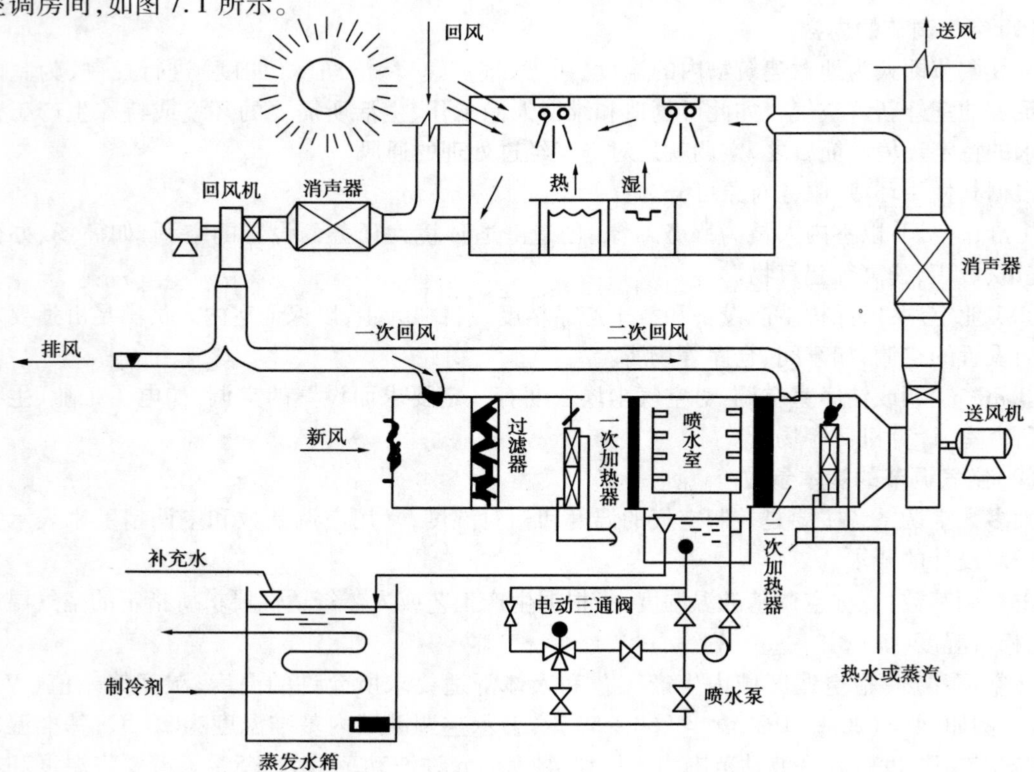

图 7.1 集中式空调系统

这种系统设备集中布置,集中调节和控制,水系统简单,使用寿命长,并可以严格地控制室内空气的温度和相对湿度,因此,适用于房间面积大或多层、多室,热、湿负荷变化情况类似、新风量变化大,以及空调房间温度、湿度、洁净度、噪声、振动等要求严格的建筑物空调。例如,商场、礼堂、舞厅等舒适性空调和恒温恒湿、净化等空调。集中式空调系统的主要缺点是系统送回风管复杂、截面大,占据的吊顶空间大。

②分散式空调系统:又称"局部式空调系统"或"房间空调机组"。它是利用空调机组直接在空调房间内或其邻近地点就地处理空气的一种局部空调的方式,如图7.2所示。

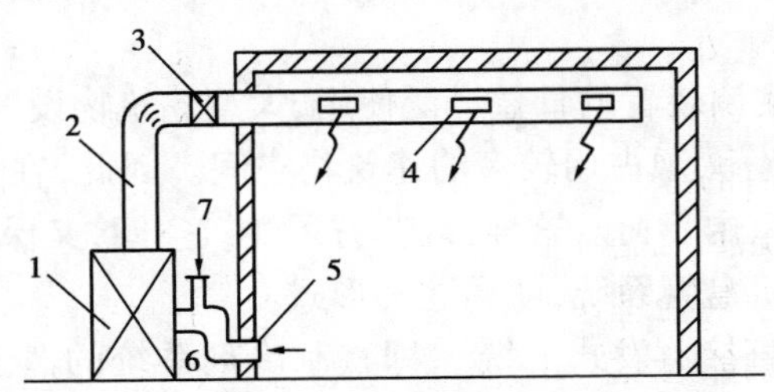

图7.2　分散式空调系统

1—空调机组;2—送风管道;3—电加热器;
4—送风口;5—回风口;6—回风管道;7—新风入口

空调机组是将冷源、热源、空气处理、风机和启动控制等设备组装在一个或两个箱体内的定型设备。这种系统一般不需要专门设置空调机房。由于具有机组结构紧凑、体积小、安装方便、使用灵活且不需要专人管理等特点,而广泛用于面积小、房间分散的中小型空调工程。例如,住宅、办公室、小型恒温、恒湿等空调。

③半集中式空调系统:又称"半分散式系统"。它除了有集中的空调机房外,还有分散在各空调房间内的二次处理设备(又称"末端设备")。其中也包括集中处理新风,经诱导器送入室内的系统,称为诱导式空调系统。还包括设置冷、热交换器(也称"二次盘管")的系统,称为风机盘管空调系统。

半集中式空调系统的工作原理,就是借助风机盘管机组不断地循环室内空气,使之通过盘管而被冷却或加热,以保持房间要求的温度和一定的相对湿度。盘管使用的冷水或热水,由集中冷源和热源供应。与此同时,由新风空调机房集中处理后的新风,通过专门的新风管道分别送入各空调房间,以满足空调房间的卫生要求。

这种系统与集中式系统相比,没有大风道,只有水管和较小的新风管,具有布置和安装方便、占用建筑空间小、单独调节好等优点;广泛用于温、湿度精度要求不高、房间数多、房间较小、需单独控制的舒适性空调中,如办公楼、宾馆、商住楼等。

2)根据负担室内热(冷)、湿负荷所用的介质来分(见图7.3)

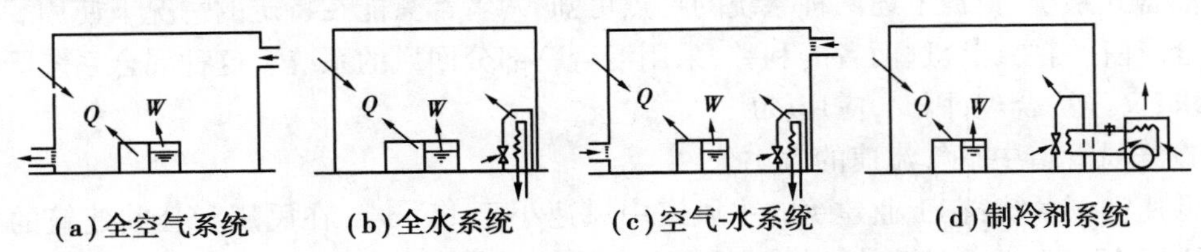

图7.3　负荷所用各种介质的空调系统

①全空气系统:空调房间的热(冷)、湿负荷全部由经过处理的空气来负担的空调系统。由于空气的比热较小,需要用较多的空气量才能达到消除余热、余湿的目的。因此,要求有较大断面的风道或较高的风速。定风量或变风量的单风道或双风道空调系统和全空气诱导空调系统均属于此。

②全水系统:空调房间的热(冷)、湿负荷由水作为冷热介质。由于水的比热比空气大得多,因此在相同条件下只需较小的水量,从而使管道所占的空间减小许多。用水能消除余热、余湿,但不能解决房间的通风换气问题,故通常不单独使用。不带新风供给的风机盘管系统属于这种系统。

③空气-水系统:随着空调装置的日益广泛使用,大型建筑物设置空调的场合越来越多,全靠空气来负担热(冷)、湿负荷,须占用较多的建筑物空间。因此,在全空气系统基础上发展使用空气和水来负担空调的室内负荷。这样,既节省了建筑空间,又保证了室内的通风换气。诱导空调系统和带新风的风机盘管系统,就属这种形式。

④制冷剂系统:又称"直接蒸发式系统",即将制冷剂系统的蒸发器直接放在室内吸收余热、余湿。这种方式通常用于分散安装的局部空调机组,但由于制冷剂管道不便于长距离输送,因此,这种系统不宜作为集中式空调系统来使用。

3)根据集中式空调系统处理的空气来源不同分(见图7.4)

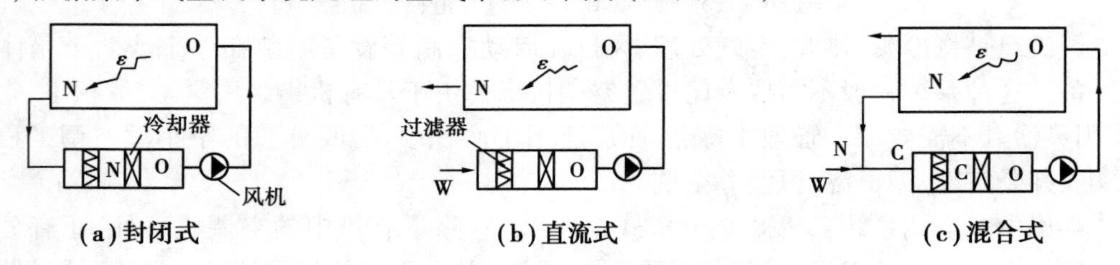

图7.4　按处理空气来源的不同区分的空调系统

(N表示室内空气,W表示室外空气,C表示混合空气,O表示冷却器空气状态)

①封闭式系统(全回风):封闭式系统所处理的空气,全部为空调房间的再循环空气。因此,房间和空气处理设备之间形成了一个封闭环路。封闭式系统用于密闭空间且无法或不需采用室外空气的场合。这种系统冷、热消耗最少,但卫生条件差。这种系统用于战时的地下蔽护所等战备工程,以及很少有人进出的仓库。

②直流式系统(全新风):直流式系统所处理的空气全部来自室外,室外空气经处理后进入室内,然后全部排出室外。与封闭系统相比,冷、热消耗量大,运转费用高。为了节能,可以考虑在排风系统设置热回收装置。这种系统适用于不允许采用回风的场合,如放射性实验以及散发大量有害物的车间等。

③混合式系统:根据上述两种系统的特点可知,两者都只能在特定的情况下使用。在绝大多数场合,往往需要综合这两者的利弊,采用混合一部分回风的系统。这种混合系统既能满足卫生要求,又经济合理,因此,应用较广。

4)按送风管道中空气流速的大小分

①低速空调系统:在工业建筑的主风道中风速小于15 m/s;在民用和公共建筑的主风道中风速小于10 m/s。低速集中式空调系统是一种应用最早的全空气系统,为了满足送风量的需求,须采用很大的风道截面积,占据较大的建筑空间,且需耗用较多的管材。

②高速空调系统:在工业建筑的主风道中风速大于15 m/s;在民用和公共建筑的主风道中风速大于12 m/s。从低速系统发展至高速系统,主要是克服了低速系统的弊端,但随之也带来了噪声较大的问题。

7.1.3　空调系统的选择

根据建筑物的用途、规模、使用特点、室外气候条件、负荷变化情况和参数要求等因素,通过技术经济比较来选择空调系统。

①建筑物内负荷特性相差较大的内区与周边区,以及同一时间内须分别进行加热和冷却的房间,宜分区设置空气调节系统。

②空气调节房间较多,且各房间要求单独调节的建筑物,条件许可时,宜采用风机盘管加新风系统。

③空气调节房间总面积不大或建筑物中仅个别或少数房间有空气调节要求时,宜采用集中式房间空调机组。

④空气调节单个房间面积较大,或虽然单个房间面积不大,但各房间的使用时间、参数要求、负荷条件相近,或空调房间温湿度要求较高、条件许可时,宜采用全空气集中式系统。

⑤要求全年空气调节的房间,当技术经济比较合理时,宜采用热泵式空气调节机组。

在满足工艺要求的条件下,应尽量减少空调房间的空调面积和散热、散湿设备。当采用局部空气调节或局部区域性空气调节能满足使用要求时,不应采用全室性空调。

根据空调房间的送风要求,需考虑不同的空气处理方案,见表7.1。

表7.1　空气处理方案

季节	空气处理方案
夏季	1.喷水室冷水或用表面冷却器冷却减湿→加热器再热
	2.固体吸湿剂减湿→表面冷却器冷却
	3.液体吸湿剂减湿
冬季	1.加热器预热→喷蒸器或水加湿→加热器再热
	2.加热器预热→喷蒸汽加湿
	3.喷热水加热加湿→加热器再热
	4.加热器预热→{一部分喷水加湿 另一部分未加湿}相混合

7.2　空气处理设备

7.2.1　空气冷却和加热设备

(1)空气冷却设备

使空气冷却特别是降温除湿冷却,是对夏季空调进风的基本处理过程。在空气冷却器中,通常只用冷媒(冷水或制冷剂)便可以实现空气的冷却过程。空气冷却设备主要有喷水室和表面式空气冷却器两种。在民用建筑的空调系统中,应用最多的是表面式空气冷却器。

1)喷水室

喷水室,又称"淋水室",它是由喷嘴、喷水管路、挡水板、集水池和外壳等组成的,如图 7.5 所示。在集中式空调工程中,喷水室的应用相当普遍。在喷水室中直接向空气喷淋大量不同温度的雾状水滴,当被处理的空气与之相接触时,两者产生热、湿交换的过程,使被处理的空气达到所要求的温、湿度。

①喷嘴:由喷嘴本体和顶盖两部分组成。具有一定压力的水沿着进水管的切线方向进入喷嘴内产生旋转运动,然后由顶盖中心的小孔喷射而出,得到细碎的水滴。喷嘴喷出水量的多少、水滴的大小、喷水的方向和射程与喷嘴的构造、喷嘴前的水压和喷嘴的规格有关。按喷嘴喷出水滴直径的范围有粗喷(0.2 ~0.5 mm)、中喷(0.15 ~0.25 mm)和细喷(0.05 ~0.2 mm)之分。喷出的水滴越细小,与空气的热、湿交换速度越快。一般来讲,细喷适用于空气加湿处理,但由于喷嘴孔径过小,容易发生堵塞现象,故对水质的要求较高;中喷和粗喷由于水滴直径较大不易蒸发,适用于空气冷却干燥处理。

喷嘴一般是由黄铜、尼龙、塑料或陶瓷制成。喷嘴的布置原则应为:尽量使喷出的水滴能均匀分布于整个喷水室的断面上。喷嘴的排数和喷水方向应根据计算来确定,可以布置成单排、双排和三排。如图 7.5 所示为最常见的双排对喷布置方式。

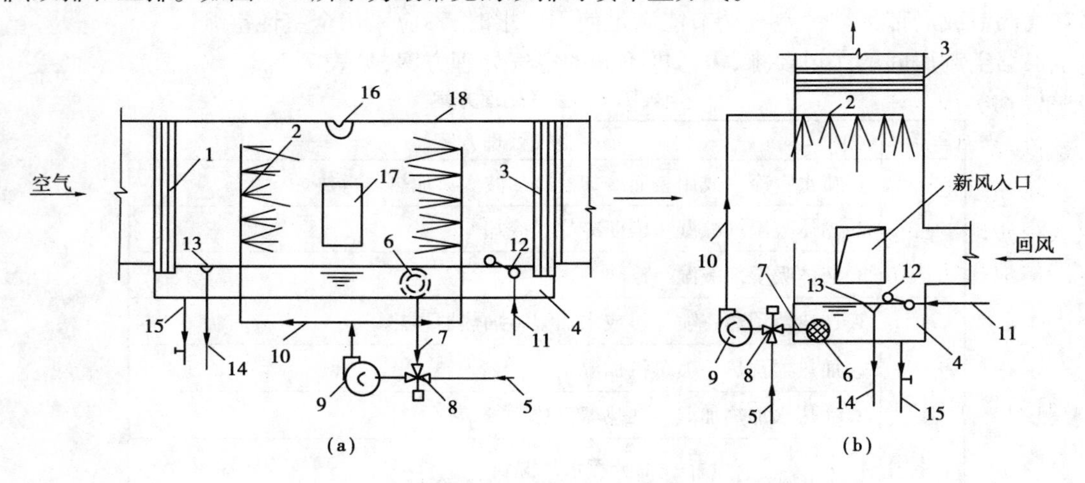

图 7.5　喷水室的构造

1—前挡水板;2—喷嘴与排管;3—后挡水板;4—底池;5—冷水管;6—滤水器;
7—回水管;8—三通混合阀;9—水泵;10—供水管;11—补水管;12—浮球阀;
13—溢水器;14—溢水管;15—泄水管;16—防水灯;17—检查门;18—外壳

②挡水板:其作用在于阻挡从喷水室中飞溅出来的水滴,并使进入喷水室的空气能够均匀地流过整个断面。挡水板一般用厚度为 0.75 mm 的镀锌钢板折成,也可用 5 ~7 mm 厚的玻璃条拼成,并有前后之分,其断面形状如图 7.6 所示。被处理的空气经前挡水板进入喷水室与喷嘴喷出的水滴直接接触进行热、湿交换之后,再从后挡水板流出。当夹带着水滴的空气流经后挡水板的曲折通道时,由于水滴的惯性作用,会与挡水板表面发生碰撞,结果水滴被截留在挡水板上最终滑落入集水池内。

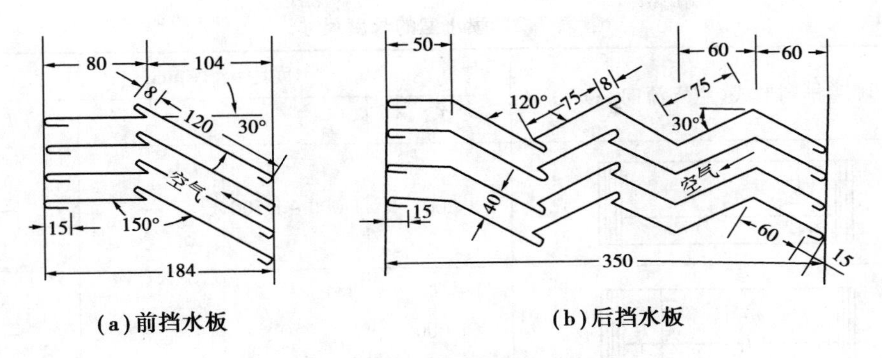

图7.6　挡水板的断面形状

挡水板的构造(如折数、夹角、板间的距离)都会影响挡水效果和空气流动状态。在实际工程中,前挡水板一般为2~3折,夹角为90~135 ℃;后挡水板一般为4~6折,夹角为90~120 ℃。板的间距为25~40 mm。挡水板的安装应与喷水室内壁严密结合。

③集水池:位于喷水室的底端,其容积一般按容纳2~3 min的喷水量来考虑,池深多为0.5~0.6 m。水泵从集水池中吸水,加压后由供水管输送到喷水管网和喷嘴处向喷水室喷射。集水池内设有回水、溢水、补水和泄水4种管路和附属部件,如图7.5所示。

回水管是用来抽吸回落于集水池中的水,在其始端装有滤水器以去除水中杂质,防止喷嘴被堵塞;溢水管和溢水器设在集水池最高水位处,用于排除集水池中多余的水量,维持水面固定的高度;设自动补水管是为了使集水池水面不至于低于溢水器,补充冬季用循环水加湿空气时蒸发损失掉的水量,补水量一般按喷水量的2% ~4%来考虑;泄空管设在池底最低点,是为了检修、清洗集水池,排出池内废水至排水系统,并在管口设闸板阀门。

④喷水室的外壳:一般采用厚1.5~2.0 mm的钢板或厚80~100 mm的钢筋混凝土现制成或由砖砌成,断面通常做成矩形。断面积应根据通过的风量和推荐的风速2~3 m/s来确定。但应作防火处理。钢板和混凝土的喷水室外壁应考虑保温措施。喷水室断面的高宽比可取(1.1 ~ 1.3):1。喷水室的长度应根据喷嘴排数、排管间距、排管与挡水板的间距,以及喷水方向来确定,具体尺寸可见表7.2。喷嘴排管与供水干管的连接方式通常用上分式或下分式,有时也采用中分式,如图7.7所示。

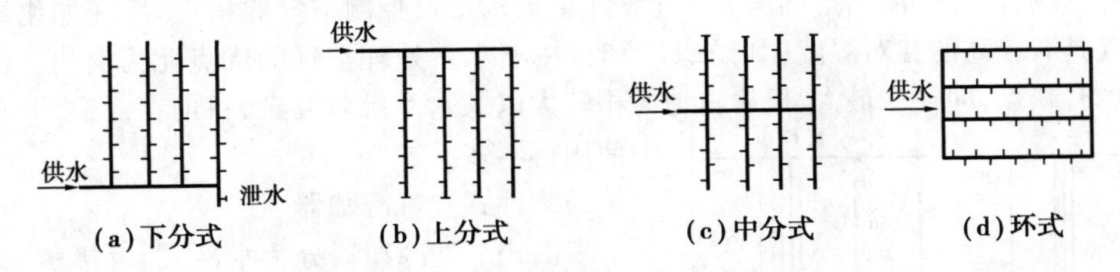

图7.7　喷嘴排管的连接方式

喷水室有立式和卧式两种。如图7.5(b)所示为立式喷水室,其空气自下而上流动,与自上而下的喷水相接触,热、湿交换效果较好。这种喷水室占地面积较小,适用于风量不大的情况。

表 7.2 喷水室的长度尺寸

喷嘴排列形式(空气流向→)	间距尺寸/mm			
	l_1	l_2	l_3	l_4
l_1 l_2	200	1 000 ~ 1 500	—	—
l_1 l_2	1 000	250	—	—
l_1 l_2 l_3	200	600	1 200	—
l_1 l_2 l_3	1 000	600	250	—
l_1 l_2 l_3	200	600 ~ 1 000	250	—
l_1 l_2 l_3 l_4	200	600 ~ 1 000	600	250

用喷水室处理空气的主要优点:能够实现多种空气处理过程,并且具有一定的净化空气能力,便于加工,节省金属耗量等;但占地面积大,水系统复杂,对水质有一定要求,消耗电能较多。

使用喷水室几乎可以实现空气处理的各种过程,特别是在有条件利用地下水或山涧水等天然冷源的场合。此外,当空调房间的生产工艺要求严格控制空气的相对湿度(如化纤厂)或要求空气具有较高的相对湿度(如纺织厂)时,用喷水室处理空气的优点尤为突出。但是,这种方法也有缺点,即耗水最大、机房占地面积较大以及水系统较复杂,目前在舒适性空调工程中使用得不多。

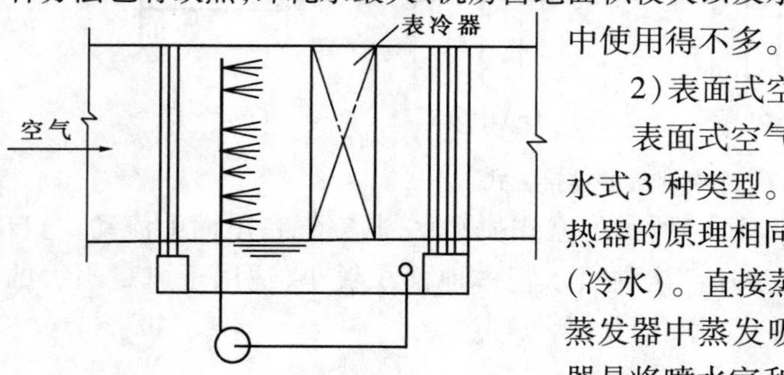

图 7.8 喷水式表面冷却器

2)表面式空气冷却器

表面式空气冷却器分为水冷式、直接蒸发式和喷水式 3 种类型。水冷式表面空气冷却器与表面空气加热器的原理相同,只是将热媒(热水或蒸汽)换成冷媒(冷水)。直接蒸发式表面空气冷却器,依靠制冷剂在蒸发器中蒸发吸热而使空气降温冷却。喷水式冷却器是将喷水室和表面冷却器相结合的一种组合体,如图 7.8 所示。这种冷却器可以克服表面冷却器无净化空气能力和不能加湿空气的缺点,还可以提高热交换能力。只是水系统复杂和耗电量大,限制了它的推广使用。

使用表面式空气冷却器,能对空气进行干式冷却(使空气的温度降低但含湿量不变)或减湿、冷却两种处理过程,这决定于冷却器表面的温度是高于或低于空气的露点温度。

与喷水室相比较,用表面式空气冷却器处理空气,具有设备结构紧凑、机房占地面积小、水系统简单,以及操作管理方便等优点,因此,其应用非常广泛。但对于水冷式、直接蒸发式两种空气处理,因其不能对空气进行加湿处理,不便于严格控制调节空气的相对湿度。

(2)**空气加热设备**

在空调工程中,经常需要对送风进行加热处理。例如,冬季用空调来取暖等。目前,广泛使用的空气加热设备主要有表面式空气加热器和电加热器两种。前者主要用于各集中式空调系统的空气处理室和半集中式空调系统的末端装置中,后者主要用于各空调房间的送风支管上,作为精调设备,以及用于空调机组中。

1)表面式空气加热器

在空调系统中,管内流通热媒(热水或蒸汽)、管外加热空气,空气与热媒之间通过金属表面换热的设备,就是"表面式空气加热器"。图7.9是用于集中加热空气的一种表面式空气加热器的外形图。不同型号的加热器,按其构造有管式和肋片式,其材料和构造形式多种多样。根据肋、管加工的不同做法,可以制成穿片式、螺旋翅片管式、镶片管式、轧片管式等几种不同的空气加热器。

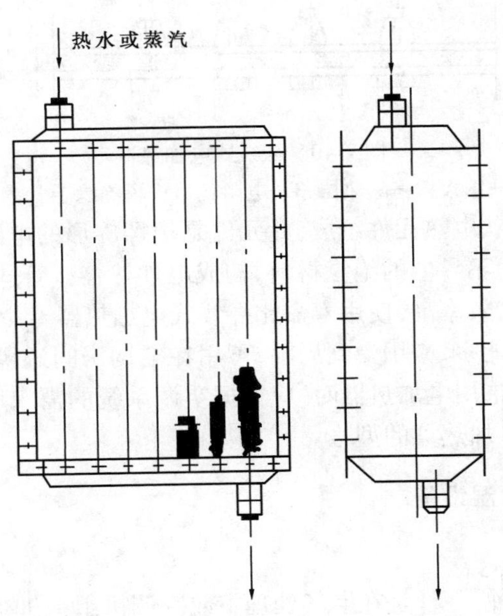

图7.9　表面空气加热器

管式换热器构造简单,易于加工,但热、湿交换表面积较小,占用空间大,金属耗量较大,适宜于空气处理量不大的场合。肋片式换热器强化了外侧的换热,热、湿交换面积较大,换热效果好,处理空气量增大,在空调系统中应用较普遍。

用于半集中式空调系统末端装置中的加热器,通常称为"二次盘管",有的专为加热空气用,也有的属于冷、热两用型,即冬季作为加热器,夏季作为冷却器。其构造原理与上述大型的加热器相同,只是容量小、体积小,并使用有色金属来制作(如铜管铝肋片等)。

2)电加热器

电加热器是利用电流通过电阻丝时发出的热量来加热空气的设备。电加热器有裸线式和管式两种,如图7.10所示为裸线式电加热器,由裸电阻丝构成。根据需要可以使电阻丝多排组合,其外壳是由中间填充有绝缘材料的双层钢板组成。裸线式电热器具有热惰性小、加热迅速、结构简单等优点,但是由于容易断丝、漏电而使用安全性能较差,因此,采用这种加热器时;必须有可靠的安全措施。

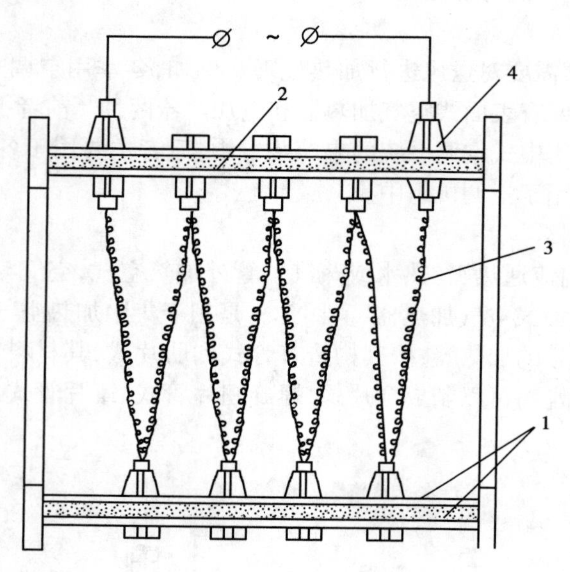

图7.10 裸线式电加热器

1—钢板;2—隔热层;3—电阻丝;4—瓷绝缘子

管式电加热器是由管状电热元件组成,此元件是把螺旋形的电阻丝装在特制的金属套在管中,空隙部分填入导热而不导电的绝缘材料,构成电加热器。管式电加热器加热均匀,热量稳定,安全可靠,结构紧凑,效率高,使用寿命比裸线式电加热器寿命长,但是热惰性大,构造复杂。电加热器由于消耗电能多,应用受到局限,可用在空调房间送风支管上作为精调设备,或用于局部空调机组中。在选用电加热器时,应根据空调系统的需求和特点确定电加热器的类型,然后按所需功率选择电加热器的型号。

7.2.2 空气加湿和除湿设备

(1)空气加湿设备

空气加湿的方式有两种:一种是在空气处理室或空调机组中进行,称为"集中加湿";另一种是在房间内直接加湿空气,称为"局部补充加湿"。用喷水室加湿空气,是一种常用的集中加湿法。对于全年运行的空调系统,如夏季用喷水室对空气进行减湿冷却处理,而其他季节需要对空气进行加湿处理时,仍使用该喷水室。只需相应地改变喷水温度或喷淋循环水,而不必变更喷水室的结构。喷蒸汽加湿和水蒸发加湿也是常用的集中加湿法。

喷蒸汽加湿是用普通喷管(多孔管)或干式蒸汽加湿器将来自锅炉房的水蒸气喷入空气中。如夏季使用表面式冷却器处理空气的集中式空调系统,冬季就可采用这种加湿方式。

水蒸发加湿是用电加湿器加热水以产生蒸汽，使其在常压下蒸发到空气中，如图7.11所示。这种方式主要用于空调机组中。

(2)空气除湿设备

对空气湿度比较大的场合，往往需对空气进行减湿处理，可用空气除湿设备降低湿度，使空气干燥。空气的减湿方法有多种，如加热通风法、冷却减湿法、液体吸湿剂减湿和固体吸湿剂减湿等。民用建筑中的空气除湿设备，主要是制冷除湿机。

制冷除湿机由制冷系统和风机等组成，如图7.12所示。待处理的潮湿空气通过制冷系统的蒸发器时，由于蒸发器表面的温度低于空气的露点温度，于是不仅使空气降温，而且能析出部分凝结水，达到空气除湿的目的。已经冷却除湿的空气通过制冷系统的冷凝器时，又被加热升温，从而降低了空气的相对湿度。

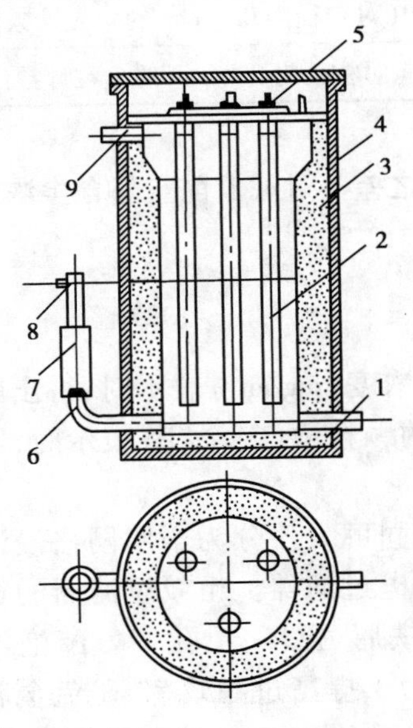

图7.11 电极式加湿器

1—进水管；2—电极；3—保温层；
4—外壳；5—接线柱；6—溢水管；
7—橡皮短管；8—溢水嘴；9—蒸汽出口

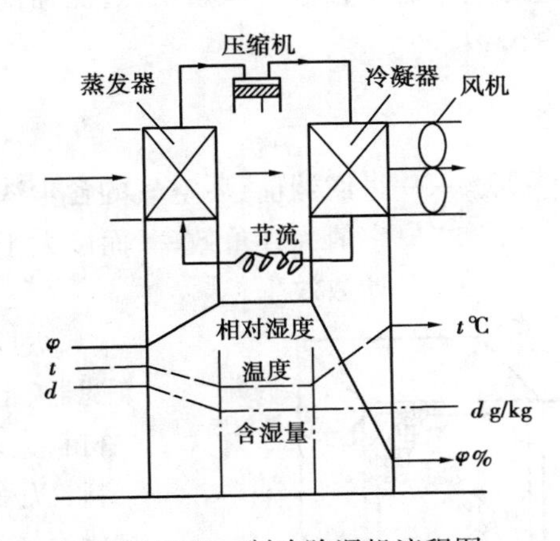

图7.12 制冷除湿机流程图

7.2.3 空气净化

室外新风和室内循环回风是空调系统中空气的来源，由于室外环境中的尘埃或空调房间内环境的影响均会有不同程度的污染。净化处理的目的主要是除去空气中的悬浮尘埃；另外，还包括消毒、除臭以及离子化等。净化处理技术除了应用于一般的工业和民用建筑空调工程中外，多用于满足电子、精密仪器，以及生物医学科学等方面的洁净要求。从空气净化标准来看，可以把空气净化分为一般净化、中等净化和超净净化3种等级。大多数空调工程属于一般净化，采用粗效过滤器即可满足要求；所谓中等净化是对室内空气含尘量有某种程度的要求，需要在一般净化之后再采用中效过滤器作补充处理；对室内空气含尘浓度有严格要求的精工生产工艺或是要求无菌操作的特殊场所，应采用超净净化。

(1)**除尘**

对送风的除尘处理,通常使用空气过滤器。空气过滤器是用来清除微小尘粒,对空气进行清洁处理的一种设备。根据过滤效率的高低,可将空气过滤器分为粗效、中效、亚高效和高效4种类型,见表7.3。

表7.3 空气过滤器的分类

类别	有效的捕集尘粒直径/μm	适应的含尘浓度/(mg·m^{-3})	过滤效率/%(测定方法)
粗效	>5	<10	<60(大气尘计重法)
中效	>1	<1	60~90(大气尘计重法)
亚高效	<1	<0.3	90~99.9(对粒径为0.3 μm的尘粒计数法)
高效	<1	<0.3	≥99.91(对粒径为0.3 μm的尘粒计数法)

过滤效率是指在额定风量下,过滤器前、后空气含尘浓度之差与过滤器前空气含尘浓度之比的百分数,即

$$\eta = \frac{c_1 - c_2}{c_1} \times 100\%$$

式中 c_1, c_2——过滤器前、后空气的含尘浓度,当它们以质量浓度(mg/m^3)表示时,得出的效率值为计重效率;而以大于和等于某一粒径的颗粒浓度(个/L)表示时,则为计数效率。

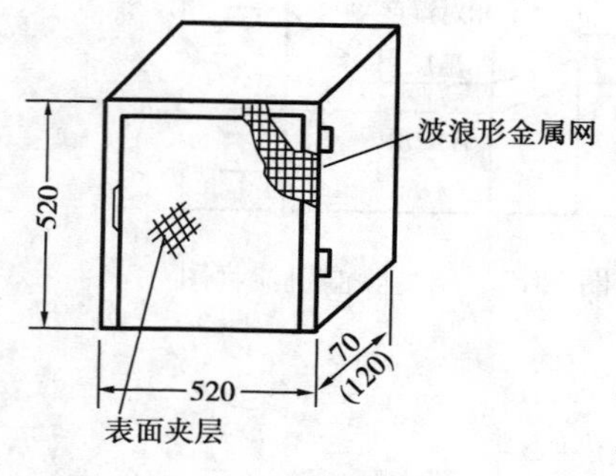

图7.13 金属网格浸油过滤器

过滤器按作用原理不同可大致分为金属网格浸油过滤器、干式纤维过滤器、静电过滤器。粗效过滤器的过滤材料大多采用金属丝网、铁屑、瓷环、粗孔聚氨酯泡沫塑料,以及各种人造化纤。为了提高过滤效率,避免金属滤材生锈和清洗方便,往往把用金属网格、铁屑、玻璃丝等材料制成的过滤器浸油后使用,并可安装成"人"字形或倾斜状,以减少占用空间,如图7.13所示为金属网格浸油过滤器的外形,它是由18层或12层金属网格叠置而成的,网格孔径沿着空气的流向而逐渐减小,当含尘空气在惯性力作用下依次流经各层网格的过程中,尘粒便会被浸过机油的金属网格粘住,从而达到滤尘的目的。过滤器使用一段时期后,需清洗、晾干、浸油处理后再继续使用。这种过滤器的过滤效率低,清洗工作量大;但由于其处理能力大,占用空间小,常作为空气净化处理的预过滤之用。

对空气过滤器的选用,应主要根据空调房间的净化要求和室外空气的污染情况而定。一般的空调系统,通常只设一级粗效过滤器;有较高净化要求的空调系统,可设粗效和中效两级过滤器,其中,第二级中效过滤器应集中设在系统的正压段(即风机的出口段);有高度净化要求的空调工程,一般用粗效和中效两级过滤器作预过滤,再根据要求洁净度级别的高低,使用亚高效过滤器或高效过滤器(见图7.14)进行第三级过滤。亚高效过滤器和高效过滤器,应尽量靠近送风口安装。

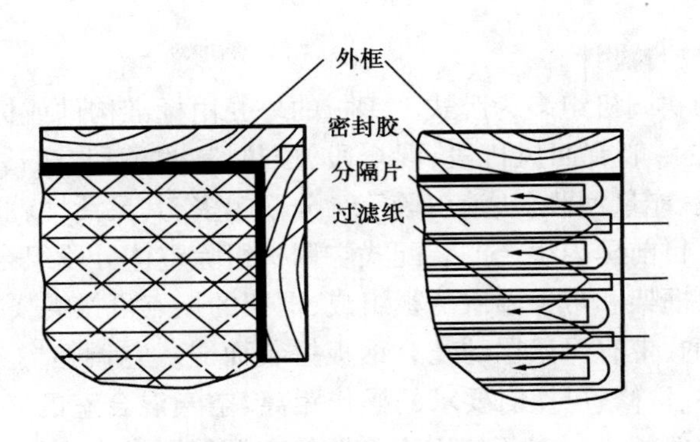

图7.14　高效过滤器构造示意图

对于商场空调，建议用粗、中效两级过滤，这样可以大大改善商场内的空气质量。

当净化可能有爆炸危险的粉尘、碎屑时，过滤器应设置泄爆装置，且宜布置在生产厂房之外的独立建筑内，并与所属厂房的防火间距不小于10 m。对于有连续清灰设备或风量不超过15 000 m^3/h，且集尘斗的储尘量小于60 kg的定期清灰的过滤器，也可考虑布置在生产厂房的独立间内。

(2)**除臭、消毒和离子化**

除去空气中某些有味、有毒的气体可以采用活性炭过滤器。活性炭具有对有害气体的吸附性能和内部孔隙中形成较大表面面积的特点。当污浊空气通过活性炭过滤器时，可将污浊气体去掉。但活性炭的吸附量达到饱和程度时，则需要更换滤料。

近年来，在空气净化的技术领域内，空气的离子化也逐渐受到人们的重视。大气中的离子分为轻离子、中离子和重离子3类。轻离子带有一个电荷，带负电荷的称为负离子，带正电荷的称为正离子。由于工业农业各方面的迅速发展，城市中空气污染现象日益严重，造成了大气中轻离子的缺乏。近代医学研究结果表明：空气中的轻离子对人体健康有一定的影响，尤其是负离子对人体有良好的生理作用，具有抑制哮喘、稳定血压、镇静神经系统和消除疲劳的作用。为了改善室内卫生条件，一般要求室内空气具有适当数量的轻离子。产生空气离子的方法有电晕放电法、紫外线照射法和空气电离法。

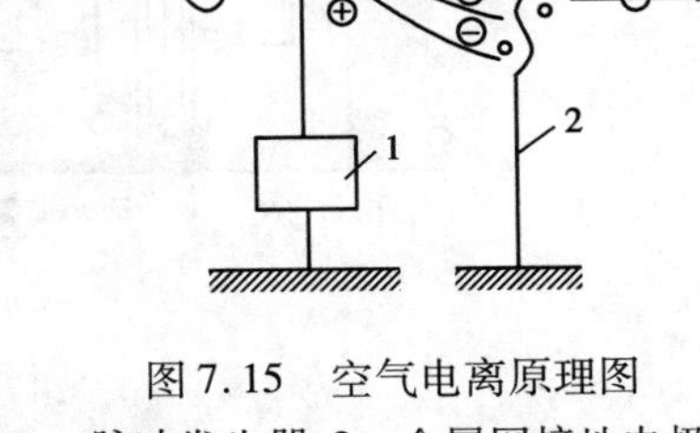

图7.15　空气电离原理图
1—脉冲发生器；2—金属网接地电极

较为实用的是电晕放电法，其工作原理如图7.15所示，图中左侧的细线与右侧的金属网组成一对电极。细线上接入负的高电压脉冲发生器，其附近空气离子化后产生的正离子被吸收在细线上，而负离子则向金属网电极侧移动，并在风力作用下送出该装置。

7.2.4　空调机组(空调箱)

空调机组是由各种空气处理功能段组装而成的不带冷、热源的一种空气处理设备，称为“空气处理室”，也称“空调箱”，包括风机在内的空气处理室也称“空调机组”。空调机组的基本功能段包括空气混合、空气均流、粗效过滤、中效过滤、高中效或亚高效过滤、空气冷却、空气一次和二次加热、空气加湿、送风机、回风机、中间、喷水、消声段等。空调机组可采用定型产品，也可根据具体要求自行设计。

①根据定型生产的空调机组多为卧式。钢板的外壳由标准构件或标准段组合而成。这种装配式空调机组的分段一般有回风机段、混合段、预热段、过滤段、表冷段、喷水段、蒸汽加湿段、再加热段、送风机段、能量回收段、消声段等。分段越多，其灵活性就越大。图 7.16 所示为装配式空调箱示意图。目前国内生产的装配式空调机组除整体分段组合式外，还有框架式、全板式。框架式空调箱由框架和带保温层的板组成，框架的接点可按需要拆卸；全板式空调箱没有框架，是由不同规格的、带有保温层的复合钢板拼装而成。空调箱内各种处理设备的间距，主要考虑各种设备安装、检修、更换时要求的操作距离、空气混合室的必要空间（新、回风的混合）、表冷器的落水距离等因素。对于使用表冷器的空调箱可参考图 7.17 和如表 7.4 所示的尺寸。

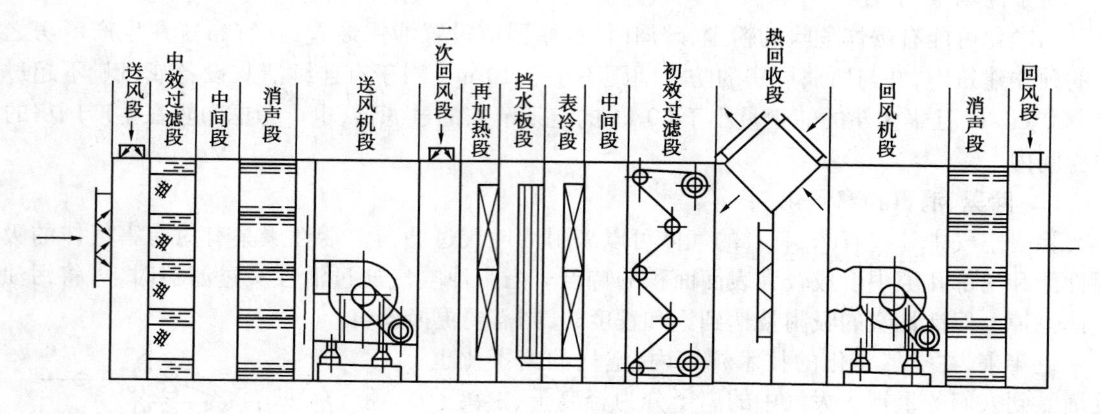

图 7.16　装配式空调箱示意图

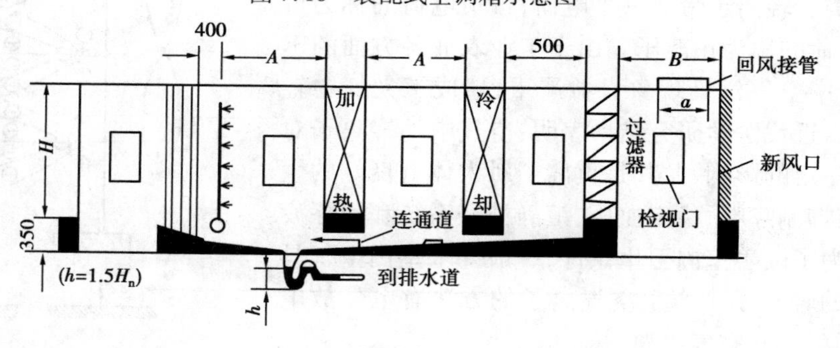

图 7.17　使用表冷器的空调箱参考尺寸

表 7.4　使用表冷器的空调箱各设备的间距

空调箱横截面面积 /m^2	箱内设备的间隔尺寸/mm	
	A	B
<0.25	H	$a+300$
0.2~1.0	500	$a+300$
1.0~3.0	600	$a+300$
3.0~6.0	700	$a+300$

续表

空调箱横截面面积/m^2	箱内设备的间隔尺寸/mm	
	A	B
6.0~9.0	800	$a+300$
>9.0	$0.3H$ 或 900	$a+300$

注：当混合室内须进行操作时，$B=A$。

装配式空调机组的规格一般是以单位时间内处理空气量的能力来标定。小型机组处理空气量为几百 m^3/h，大型机组处理的空气量为几万甚至几十万 m^3/h。选用时，应以实际计算所得的通风量或需要处理的空气量，参照空调箱的处理量来确定型号。

②根据制造箱体的材料不同，空调机组可分为金属机组和非金属机组（尺寸可参考图7.18和表7.5）。非金属机组的钢筋混凝土或砖砌制成，其最大缺点是安装位置无法变动，使用的局限性较大。金属以及非金属的玻璃钢机组，占用空间少、质量轻、造型美观，安装使用方便，故应用普遍，常做成装配式或小型整体式。

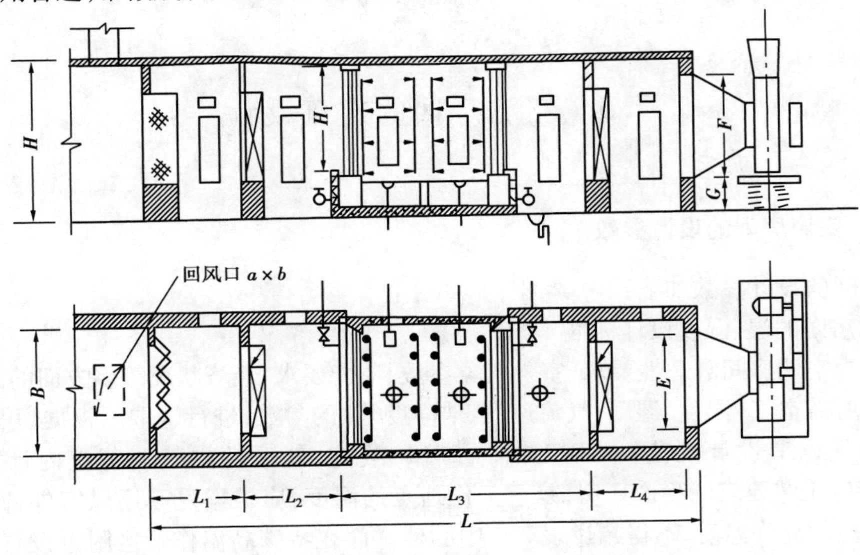

图7.18　非金属空调机组示意图

③根据结构形式的不同，空调机组可分为卧式、立式、吊挂式和混合式。卧式机组处理风量较大，安装检修方便，但占地面积较大；吊挂式可利用房间吊顶空间。小型机组可不需要专门的空调机房。

④根据用途特征的不同，空调机组可分为通用机组、新风机组、变风量机组、净化机组和其他机组。

⑤注意在有可燃气体、可燃液体物质的场所布置空气调节设备时，应采用防爆型设备。

表 7.5　非金属空调机组尺寸

组合段代号	甲	乙	丙		丁	L	
尺寸/mm 名称 组合型号	空气过滤段	一次加热段	喷水段		二次加热段	组合总长度	
			双级	单级		双级	单级
Ⅰ	1 200	1 200	5 080	3 480	1 200	8 920	7 320
Ⅱ	1 200	1 200	5 080	3 480	—	7 720	6 120
Ⅲ	1 200	—	5 080	3 480	1 200	7 720	6 120
Ⅳ	1 200	—	5 080	3 480	—	6 520	4 920

注:表中的尺寸是根据如下条件制订:

1. 空气过滤器(低效)的外形尺寸为520 mm×520 mm×70 mm,并采用人字形安排;
2. 空气加热器为“通惠Ⅰ型”钢制加热器或“SYA 型”加热器;
3. 喷水段适合于单级双排、单级三排及双级(每两排对喷)等形式。

7.3　空调房间的建筑设计

7.3.1　空调房间的设计参数

空调房间的设计参数如下:

1)空调房间的温、湿度设计标准

综合考虑空调房间舒适性要求、室外气象参数、节能要求、经济状况等多方面的因素,计算空调房间内所需空气(温度、湿度、气流速度、洁净度等)的参数,进行选取。根据《民用建筑采暖通风与空气调节设计规范》(GB 50019—2012)规定,舒适性空气调节室内计算参数见表7.6;无特殊工艺要求的生产厂房,夏季工作地点的温度,应根据夏季通风室外计算温度以及与工作地点的允许温度,不得超过表7.7 中的值。而在特殊高温作业区附近设置工人休息室,夏季休息室的温度采用26~30 ℃,设计时可以以附录7.1(民用建筑空调室内设计参数推荐值)为设计参数参考值。

表 7.6　舒适性空气调节室内计算参数

参数	Ⅰ级	Ⅱ级
温度/℃	24~26	26~28
风速/(m·s^{-1})	≤0.25	≤0.3
相对湿度/%	40~60	≤70

注:Ⅰ级热舒适度较高,Ⅱ级热舒适度一般。

表7.7　夏季工作地点温度

夏季通风室外计算温度/℃	≤22	23	24	25	26	27	28	29～32	≥33
允许温差/℃	10	9	8	7	6	5	4	3	2
工作地点温度/℃	≤32	32						32～35	35

2)新风量

舒适性空调系统新风量：当前世界各国对确定新风量的原则以及取值的认知和规定已趋于接近。概括起来，确定新风量的方法主要有以下3种：一是根据CO_2浓度确定新风量；二是根据每人所占空调房间的容积大小确定新风量；三是根据室内吸烟程度的轻重确定新风量。

新风量多，有利于人体健康，但新风量越大，将造成冷、热负荷消耗量越多，能量消耗越大。如果新风量偏小，又会使人们感到气闷、头晕等现象。新风量的大小应取决于人体对有害物质的允许浓度、空调房间的使用功能等。根据《民用建筑采暖通风与空气调节设计规范》(GB 50019—2012)规定，公共建筑主要房间每人所需最小新风量应符合表7.8的规定；设置新风系统的居住建筑和医院建筑，所需最小新风量宜按换气次数法确定。居住建筑设计换气次数和医院建筑设计换气次数宜符合表7.8的规定。

表7.8　民用建筑主要房间人员所需的最小新风量和换气次数

公共建筑主要房间所需的最小新风量	建筑房间类型	新风量/[$m^3 \cdot (人 \cdot h)^{-1}$]	建筑房间类型	新风量/[$m^3 \cdot (人 \cdot h)^{-1}$]
	办公室	30	客房	30
	大堂、四季厅	10		
居住建筑设计最小换气次数	人均居住面积F_p	每小时换气次数	人均居住面积F_p	每小时换气次数
	$F_p \leq 10\ m^2$	0.70	$10\ m^2 < F_p \leq 20\ m^2$	0.60
	$20\ m^2 < F_p \leq 50\ m^2$	0.50	$F_p > 50\ m^2$	0.45
医院建筑设计最小换气次数	功能房间	每小时换气次数	功能房间	每小时换气次数
	门诊室	2	急诊室	2
	配药室	5	放射室	2
	病房	2		

7.3.2　空调房间的建筑布置和热工要求

建筑布置和措施的周密与合理，对保证空调系统的运行效果和提高系统的经济性起着重大作用。在布置空调房间和确定房间围护结构的热工性能时，应尽量满足以下要求。

(1)空调房间布置要求

①空调建筑或空调房间的建筑平面与体型设计应力求方正，避免狭长、细高和过多的凹凸。建筑物外表宜作浅色处理，且尽量避免东西朝向布置。

②空调房间的建筑高度应考虑建筑、生产使用、气流组织和管道布置等方面的要求，在满

足使用要求的前提下尽量降低。空调水管、风管所占吊顶内净空高度为：

空调面积(类型)　　　　　　　　管道所占净空高度

<1 000 m^2　　　　　　　　　　500 mm

大面积空调　　　　　　　　　　600～800 mm

客房、办公等空调(风机盘管加新风)　　400～600 mm

③空调房间不宜布置在顶层，否则，屋顶必须有良好的隔热措施。对于洁净度和美观都有严格要求的空调房间，可采用设置技术阁楼或技术层的方法来处理。

④空调房间应尽量集中布置。当建筑物内空调房间的使用功能不相同时，应尽量把室内温湿度基数、使用班次和消声要求等相近的空调房间布置成上下对齐或是在平面上相邻的形式。对噪声和振动有严格要求的空调房间，应远离振源和声源。

⑤空调房间应尽量被非空调房间所包围，但不宜与高温、高湿房间相毗邻。不宜与有产生大量粉尘或污染程度严重的气体房间邻近，否则，应布置在污染房间的风上侧。

⑥空调房间不宜布置在外墙面较多的转角处和有伸缩缝、沉降缝的地方，如果设在转角处，不宜在转角的两面外墙上均开设外窗，以减少室内外之间的传热和渗透。

(2)建筑热工要求

①空调房间的外墙、外墙朝向及所在层次，均应符合表7.9中的要求。

表7.9　空调房间的外墙、外墙朝向及所在层次

室温允许波动范围/℃	外　墙	外墙朝向	层　次
≥±1.0	宜减少外墙	宜北向	宜避免在顶层
±0.5	不宜有外墙	如有外墙，宜北向	宜底层
±(0.1～0.2)	不应有外墙	—	宜底层

注：1. 室温允许波动范围小于或等于±0.5 ℃的空调房间，宜布置在室温允许波动范围较大的各空调房间之中，当在单层建筑物内时，宜设通风屋顶。

2. 本表以及下表中的“北向”，适用于北纬23.5°以北的地区；对于北纬23.5°以南的地区，可相应地采用“南向”。

②空调房间的外窗、外窗和内窗的层数，宜按表7.10中的数据采用。

表7.10　空调房间的外窗、外窗和内窗的层数

室温允许波动范围/℃	外　窗	外墙层数		内窗层数	
		t_w-t_n/℃		t_w-t_n/℃	
		≥7	<7	≥5	<5
≥±1	尽量北向并能部分开启，±1 ℃时不应有东、西向外窗	三层或双层(天然冷源双层)	双层(天然冷源可单层)	双层(天然冷源单层)	单层
±0.5	不宜有，如有应北向	三层或双层(天然冷源双层)	双层	双层	单层
±(0.1～0.2)	不应有	—	—	可有小面积的双层窗	双层

注：t_n为空调房间的夏季室温基数，℃；t_w为夏季空调室外计算干球温度，℃；t_{ls}为夏季空调房间的邻室温度，$t_{ls}=t_{wp}+\Delta t_{ls}$；$t_{wp}$为夏季空调室外计算日平均温度（参见附录6.2），℃；Δt_{ls}为邻室温度与夏季空调室外计算日平均温度的差值，若邻室的散热量很少（如办公室、走廊等），可取$\Delta t_{ls}=-2\sim2$ ℃；邻室的散热量较大时，可取$\Delta t_{ls}=3\sim5$ ℃。

③空调房间的门、门斗的设置应符合表7.11中的要求。

表7.11　空调房间门和门斗的设置要求

室温允许波动范围/℃	外门和门斗	内门和门斗
≥±1.0	不宜有外门，如有常开的外门，应设门斗	门两侧温差大于7 ℃时，宜设门斗
±0.5	不应有外门，必须设外门时，必须设门斗	门两侧温差大于3 ℃时，宜设门斗
±(0.1~0.2)	不应设外门	内门不宜通向室温基数不同或室温允许波动范围大于±1 ℃的邻室

注：外门门缝应严密，当门两侧温差大于7 ℃时，应采用保温门。

④空调房间各种围护结构的传热系数和热惰性指标应符合表7.12中的要求。

表7.12　空调房间围护结构的传热系数和热惰性指标

室温允许波动范围/℃	围护结构的传热系数 $k/[\mathrm{W}\cdot(\mathrm{m}\cdot℃)^{-1}]$	围护结构的热惰性指标 D
±(0.1~0.2)	顶棚取0.5；内墙和楼板取0.7	顶棚取4
±0.5	顶棚和外墙取0.8；内墙和楼板取0.9	外墙4；屋顶和顶棚3
≥±1.0	屋顶0.8；顶棚取0.9；外墙1.0；内墙和楼板取1.2	无特殊要求

注：表中经济要求是指空调房间的墙、屋盖、楼板等围护结构的经济传热系数。

7.3.3　空调房间的气流组织与送回风方式

空调房间的气流组织是通过合理地布置送风和排风位置，组织室内的气流流动，实现某种特定的气流流型，为保证空调效果和提高空调系统的经济性而采取的一些技术措施。不同用途的空调工程，对气流组织有着不同的要求。主要根据建筑物的用途，由温湿度参数、允许风速、噪声标准、空气质量、室内温度梯度及空气分布特性指标（ADPD）的要求，结合建筑物特点、内部装修、工艺（和设备散热因素）或家具布置等进行设计、计算。如恒温恒湿空调系统，是使工作区内保持均匀而又稳定的温、湿度，并且满足区域温差、基准温湿度及其允许波动范围的要求。区域温差指工作区内无局部热源，由气流引起不同地点的温差；对于有高度净化要求的空调系统，主要是使工作区内保持应有的洁净度和室内正压。对空气流速有严格要求的空调系统，则应主要保证工作区内的气流速度符合要求。

根据对气流的组织形式，目前国内常采用的送排风方式可归纳如下：

①侧向送风方式：向空调房间横向送出气流，常采用贴附射流，使送风射流贴附于顶棚表面流动，增大射流流程，避免射流中途下落。如图7.19所示的几种布置形式。

侧送方式用于一般空调，根据空调精度的要求可采用单层、双层和三层百叶送风口。其中

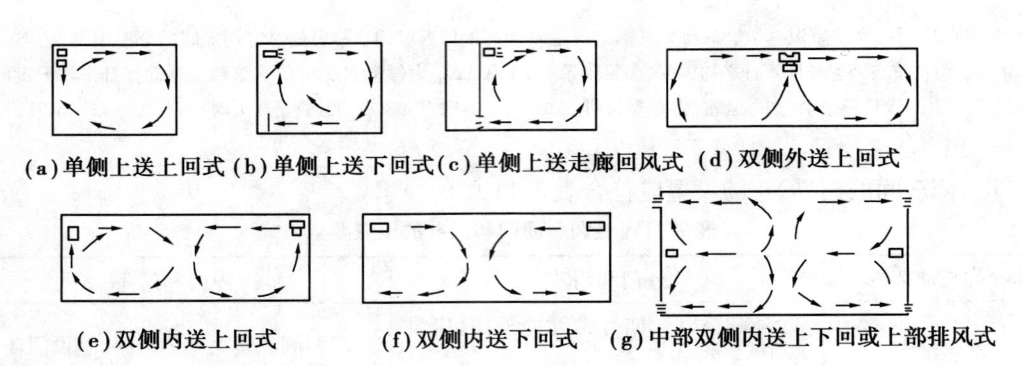

图 7.19　侧送方式

单侧送风形式适合于小面积空调房间;双侧送风形式适合于空调区跨度不小于 18 m 的空调房间;中部双侧送风回风适用于高大建筑物的空调。

②孔板送风方式:空调送风送入顶棚上面的稳压层中,在静压的作用下再通过顶棚上的大量小孔均匀地送进空调间。稳压层的净高不应小于 0.2 m,孔距为 40 ~ 100 mm,风速为 3 ~ 5 m/s。如图 7.20 所示。孔板送风的射流的扩散和混合较好,射流的混合过程很短,温度和风速衰减得快,故工作区温度和速度分布均匀。

孔板送风方式适用于对区域温差和工作区风速要求严格、有高度净化要求、单位面积风量较大、房间层高较低(小于 5 m)有吊顶的空调房间。

③散流器送风方式:散流器是装设在顶棚上的一种送风口,可以与顶棚下表面齐平(即平送),也可安装在顶棚下表面以下(即下送)。散流器送风具有诱导室内空气迅速与送风射流混合的特性。如图 7.21 所示为散流器下送的气流流型,这种送风方式使房间中的气流分成混合层和工作区域层两段,下段的工作区域层处于比较稳定的平行气流之中,这种气流组织形式适用于有高度净化要求的空调房间,房间的高度以 3.5 ~4.0 m 为宜,散流器间距不大于 3 m。

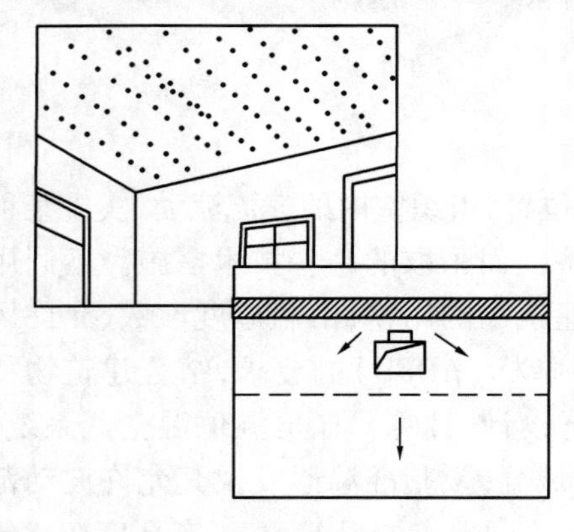

图 7.20　孔板送风方式

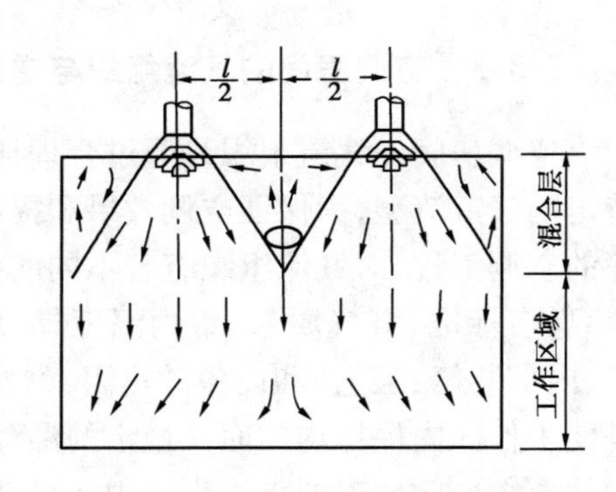

图 7.21　散流器下送的气流流型

④喷口送风方式:也称为集中送风,将送、回风口布置在空调房间的同侧,由喷口高速地送出大量的空气射流带动室内空气进行强烈混合,使射流流量增至送风量的 3 ~5 倍。射流行至一定路程后返回,使工作区处于气流的回流之中,保证了大面积工作区中新鲜空气、温度场和速度场的均匀,如图 7.22 所示。这种送风方式射程远、系统简单、投资节省,可以满足一般舒适性要求。适用于大型体育馆、礼堂、影剧院等高大空间的公共建筑和工业建筑的空调。

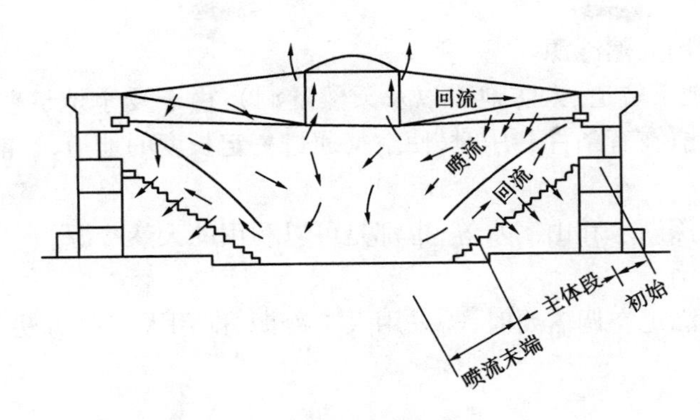

图7.22　喷口送风流型

⑤条缝形送风方式:即扁平射流,如图7.23所示。与喷口送风方式相比,射程较短,温度和速度衰减较快。这种送风方式适用于某些只需降温的或是产热量较大的工业或民用建筑的空调。

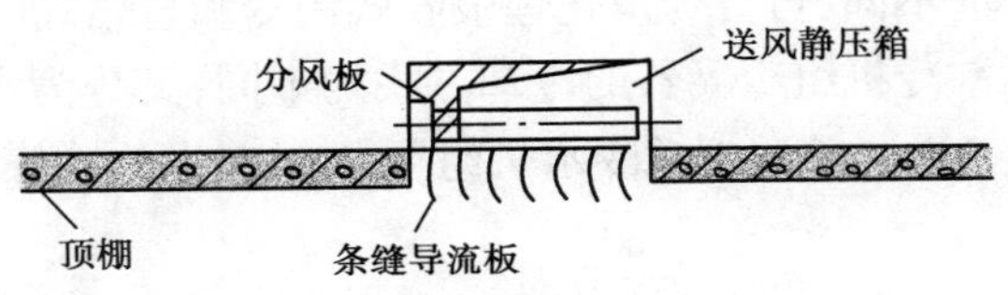

图7.23　条缝形送风口

⑥回风方式:空调房间回风口处的气流速度衰减得很快,回风对室内气流组织的影响较小。因此,回风口可以设在空调房间的下部或上部,形成上送下回、下送下回、上送上回、下送上回、中送上回、中送下回等气流组织形式。一般来讲,侧送风时回风口宜布置在送风口的同侧;其他送风时回风口不应设在射流区域内或人员长时间停留的地点。对于侧送方式、孔板和散流器送风方式,回风口应设在房间的下侧。

对于美观要求较高的建筑,可在空调房间设置吊顶,将风道暗敷于其内,采用上送上回的气流组织形式。对于高大的厂房,若上部有一定的余热量,也可在上侧设回风或是用排风口排除余热,条件允许时也可采用集中回风或走廊回风方式。

总之,选用空调工程的气流组织方式,应根据舒适要求、建筑条件和生产工艺特点,综合考虑后确定。

7.4　空调冷源与制冷设备

7.4.1　空调冷源

空调制冷就是降低和维持空间温度或物质温度,使之低于环境温度。完成这一过程,空调系统所能提供的冷源是至关重要的。按使用的冷源可分为:

(1)天然冷源

①地下水:在我国大部分地区,用地下水喷淋空气都具有一定的降温效果,特别是在北方地区,由于地下水的温度较低(如东北地区的北部和中部为4~12 ℃),可满足恒温恒湿空调

工程的需要。一种常用天然冷源。

②地道风(包括地下隧道、人防地道以及天然隧洞):由于夏季地道壁面的温度比外界空气的温度低得多,因此,在有条件利用时,使空气通过一定长度的地道,也能实现冷却或减湿冷却的处理过程。

③其他:天然冰、深湖水和山涧水等,也都是可以利用的天然冷源。

(2)**人工冷源**

当天然冷源不能满足空调需要时,需采用人工冷源,即用人工的方法,利用制冷剂和制冷机制取冷源。

1)制冷机

按工作原理的不同可分为:

①压缩式:根据压缩机类型的不同,压缩式制冷机可分为活塞式、螺杆式、离心式3种。当前压缩式制冷机的应用最为广泛。

②吸收式:根据热源的不同,可分为溴化锂吸收式制冷和直燃式冷温水两种。

③蒸汽喷射式:根据制冷机组冷凝器的冷却方式的不同,又分为水冷式和风(空气)冷式。当机组生产的冷媒为冷(冻)水,就称为"冷水机组";机组产生的冷媒为冷空气,则称为"直接蒸发式机组"。

2)制冷剂

制冷循环内的工作物质即工质,称为"制冷剂"。目前,常用的制冷剂有氨和卤代烃(又名氟利昂)。

①氨:单位容积制冷能力强,蒸发压力和冷凝适中,吸水性好,不溶于油,且价格低廉,来源广泛;但氨的毒性较大,且有强烈的刺激气味和爆炸的危险,因此使用受到限制。氨作为制冷剂仅用于工业生产中,不宜在空调系统中应用。

②氟利昂:饱和碳氢化合物的卤族衍生物的总称,种类很多,可以满足各种制冷要求,目前国内常用的是R_{12}(CF_2Cl_2)和R_{22}(CHF_2Cl)。与氨相比,氟利昂无毒无味,不燃烧,使用安全,对金属无腐蚀作用,所以一直广泛应用于空调制冷系统中。缺点是价格较高,渗透性强且不易被发现。但是,由于某些氟利昂类制冷剂对大气臭氧层有破坏作用,根据1990年6月在伦敦召开的《蒙特利尔议定书》第二次缔约国会议的要求,对多种氟利昂制冷剂要逐渐被取代,进而禁止使用。所以研制和应用新的制冷剂已势在必行。

③水和溴化锂组合的溶液:吸收式制冷机的制冷剂。

④蓄冷介质:这是国内外最新的制冷技术,分为水蓄冷、冰蓄冷和共晶盐蓄冷,目前最常用的是冰蓄冷,原理是利用廉价的夜间低谷电力制冰(冰浆),将冷能用冰储存起来,白天用电高峰将冷能释放出来,满足空调制冷的需要。

7.4.2 制冷设备

(1)**制冷系统的工作原理与制冷设备**

1)压缩式制冷

压缩式制冷机是利用"液体汽化时要吸收热量"的物理特性,通过制冷剂的热力循环,以消耗一定量的机械能作为补偿条件来达到制冷的目的。

由制冷压缩机、冷凝器、膨胀阀和蒸发器4个主要部件所组成,并用管道连接,构成一个封闭的循环系统，如图7.24所示。

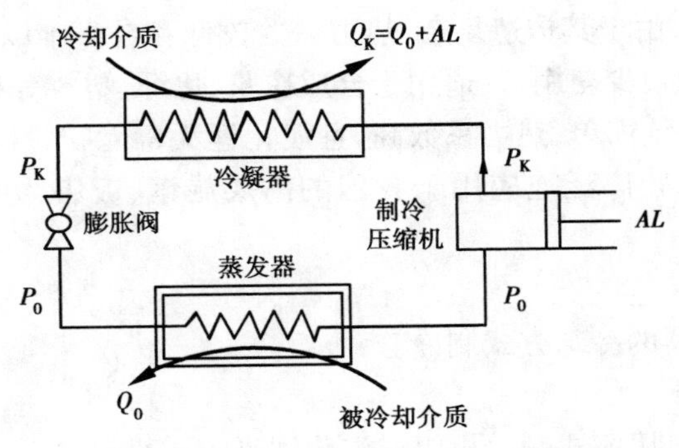

图7.24　压缩式制冷循环原理图

制冷剂在压缩式制冷机中历经蒸发、压缩、冷凝和节流4个热力过程。

在蒸发器中，低压低温的制冷剂液体吸取其中被冷却介质（如冷水）的热量，蒸发成为低压低温的制冷剂蒸气（每小时吸收的热量Q_0，即制冷量）；低压低温的制冷剂蒸气被压缩机吸入，并压缩成为高压高温气体（压缩机消耗机械功AL）；接着进入冷凝器中被冷却水冷却，成为高压液体［放出热量Q_K（$Q_K=Q_0+AL$）］；再经膨胀阀减压后，成为低温低压的液体；最终在蒸发器中吸收被冷却介质（冷冻水）的热量而汽化。如此不断地经过压缩、冷凝、膨胀、蒸发4个过程，液态制冷剂不断从蒸发器中吸热而获得冷冻水，作为空调系统的冷源。

由于冷凝器中所使用的冷却介质（水或空气）的温度比被冷却介质（水或空气）的温度高得多，因此，上述制冷过程实际上就是从低温物质夺取热量而传递给高温物质的过程。由于热量不可能自发地从低温物体转移到高温物体，故必须消耗一定量的机械能AL作为补偿条件，正如要使水从低处流向高处时，需要通过水泵消耗电能才能实现一样。

2）吸收式制冷

吸收式制冷和压缩式制冷的机理相同，都是利用液态制冷剂在一定压力下和低温状态下，吸热汽化而制冷。但在吸收式制冷机组中促使制冷剂循环的方法与前者有所不同。压缩式制冷是以消耗机械能（即电能）作为补偿；吸收式制冷是以消耗热能作为补偿，它是利用二元溶液在不同压力和温度下能够释放和吸收制冷剂的原理来进行循环的。

如图7.25所示为吸收式制冷系统工作原理示意图。在该系统中需要有两种工质：制冷剂和吸收剂。这对工质之间应具备两个基本条件：一是在相同压力下，制冷剂的沸点应低于吸收剂；二是在相同温度条件下，吸收剂应能强烈吸收制冷剂。

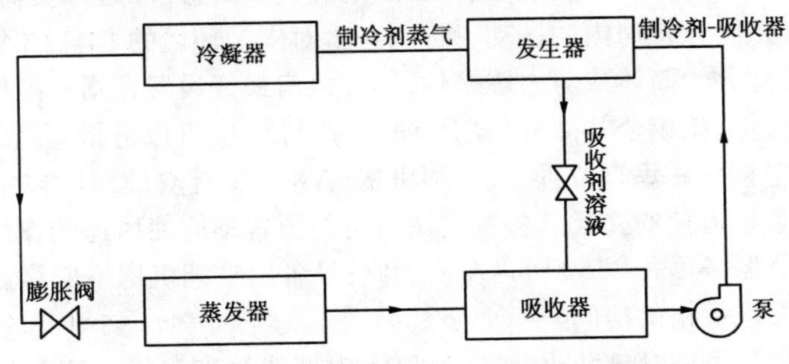

图7.25　吸收式制冷工作原理示意图

目前,实际应用的工质主要有两种:氨(制冷剂)—水(吸收剂)和水(制冷剂)—溴化锂(吸收剂)。氨制冷机组,由于其构造复杂,热力系数较低和自身难以克服的物理、化学性质的因素,在空调制冷系统中很少使用,仅适用于合成橡胶、化纤、塑料等有机化学工业中。溴化锂吸收式制冷机组,由于系统简单,热力系数高,且溴化锂无毒无味、性质稳定,在大气中不会变质、分解和挥发,近年来,较广泛地应用于我国的高层旅馆、饭店、办公等建筑的空调制冷系统中。

3)蒸汽喷射式制冷

按照制冷机组冷凝器的冷却方式制冷。

(2)制冷机组的选择

①民用建筑应采用氨压缩式制冷机组或溴化锂吸收式机组。

②生产厂房及辅助建筑物,宜采用氨压缩式制冷机组,也可采用溴化锂吸收式或蒸汽喷射式制冷机组。由于大气环境保护方面的要求和电力紧张等方面的原因,各使用单位和环保部门要求尽量少用氟利昂压缩式机组。

③集中空调系统,宜选用结构紧凑,占地面积小,压缩机、冷凝器、蒸发器、电动机和自控元件都装在同一框架上的冷水机组。

④小型全空气空调系统,宜采用直接蒸发式压缩冷凝机组;对有合适热源特别是有余热或废热的场所或电力缺乏的场所,宜采用吸收式制冷机组。

选择空调制冷机组时,台数不宜过多,一般不考虑备用,应与空气调节负荷变化情况及运行调节要求相适应;对于制冷量为 580 ~ 1 750 kW(50 万 ~ 150 万 kcal/h)的制冷机房,当选用活塞式或螺杆式制冷机时,其台数不宜少于 2 台,且同类型机组不宜超过 4 台;大型制冷机房,当选用制冷量大于或等于 1 160(100 万 kcal/h)的 1 台或多台离心式制冷机组时,宜同时设 1 台或 2 台制冷量较小的离心式、活塞式或螺杆式等压缩式制冷机组。技术经济比较合理时,制冷机组可按热泵循环工况使用。

7.4.3 空调机房与制冷机房

制冷机房又称"冷冻机房"或"冷冻站",机房布置时,除了考虑本专业的要求外,还必须与建筑设计相配合。

(1)机房的位置

①机房一般应充分利用建筑物的地下室,但必须解决好设备和管道的隔振防噪问题。制冷机房的位置宜与低压配电间或电梯靠近,且制冷机房应尽可能靠近冷负荷中心,以缩短输送空气管路的长度,并须防止机房内的振动、噪声、灰尘对周围环境的影响;如果是带有裙房的大型高层建筑,且塔楼部分为筒体或剪力墙结构,制冷机房最好设置在裙房的地下层内。

②对于高层办公楼、旅馆公共部分(裙房)的空调机房也可以分散设置在各层,且各层的空调机房最好能布置在同一垂直位置上,空调机房应尽量靠近空调房间或主风道,以缩短冷、热水管的长度和减少管道间的交叉。各层空调机房的位置不应使风道的作用半径太大。一般以 30 ~40 m 为宜,其服务面积以 500 m^2 左右为宜;且各层空调机房不应靠近贵宾室、会议室、报告厅等室内声音要求严格的房间。

③空调机房的划分不应穿越防火分区,所以大中型建筑应在每个防火分区内单独设置自身的空调机房;对制冷机房的防火要求应按现行的《建筑设计防火规范》(GB 50016—2014)

执行。

④当选用氨制冷机房时，需采用安全性、密闭性能良好的整体式氨制冷机组；且单独修建的氨制冷机房，机房应远离建筑群；氨冷水机排氨口排水管，其出口应高于周围50 m范围内最高建筑物屋脊5 m；设置紧急泄氨装置，当发生事故时，能将机组氨液排入水池或下水道。氨制冷机房及管路系统设计应符合国家现行标准《冷库设计规范》(GB 50072—2010)的规定。

⑤根据机房面积的大小、系统复杂程度和工作人员的多少，可在机房内设值班间、维修间、贮藏间、卫生间等生活辅助设施。

⑥高层建筑中制冷机房的位置可以有以下几种布置方案，如图7.26所示。

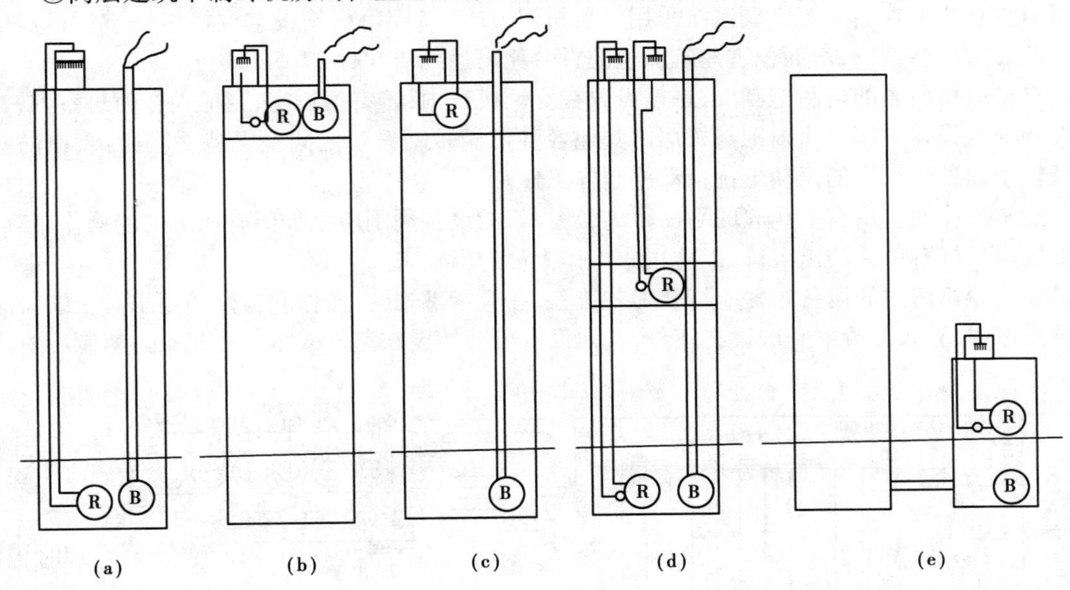

图7.26　高层建筑机房配置的方案

R—制冷机；B—锅炉

a.冷热源同布置在地下室，如图7.26(a)所示：特点是设备集中，对管理、维修和噪声、振动的处理较为有利，但是层数多于15～16层时，地下设备(蒸发器、冷凝器、水泵等)将承受压力过大。

b.冷热源同时设置在顶层，如图7.26(b)所示：特点是冷却塔与冷冻机之间距离很近，锅炉烟囱短，占空间少，但设备搬运和安装不便，且设备产生的振动、噪声不易解决。

c.热源位于地下室，冷源位于顶层，如图7.26(c)所示：它兼有上两种布置方式的特点。

d.在a的基础上增设了中间层的冷冻机，如图7.26(d)所示：适用于层数较高的建筑。中间层冷冻机宜用吸收式，以避免噪声振动的影响，若高层建筑由集中供热系统供热时，可以取消室内锅炉，仅需在建筑物地下层设热力引入口，如图7.26(e)所示。

(2)机房的内部布置

①空调机房的面积和高度应根据所选用的空调设备、风机型号、风道及其他附属设备的具体布置位置和尺寸大小，以及各种设备、仪表的操作距离和管理、检修所要求的空间等因素来确定。表7.13为空调机房面积和层高的估算值。

表 7.13　空调机房的面积和层高

建筑面积/m^2	机房面积占建筑面积的百分比/%	层高/m
<10 000	7.0～4.5	4.0～4.5
10 000～25 000	4.5～3.7	5.0～6.0
30 000～50 000	3.6～3.0	6.5

表 7.15 中的空调机房层高估算值是按空调机房内设有冷水机组考虑的，若不设冷水机组则可减少 0.9 m 左右。当空调系统采用各层机组方式时（即每层均设空调机房），空调机房面积一般要大一些，其机房面积占建筑面积的百分比可达到 4.6%～7.5%。

空调机房所需的自动控制屏，一般设置在空调机房内，若有值班室，则应设在值班室内，自动控制屏若设在空调机房内则与机房内其他各种机械转动设备之间应保持适当距离，以防止机械转动设备所产生的振动干扰自动控制屏工作。

经常操作面应留有 1.0 m 的平面距离，需检修的设备周围应至少留有 0.7 m 的操作距离。空调机房最好有单独的出入口，以防止非工作人员的影响。

②制冷机房内的设备布置应符合工艺流程，并应考虑安装、操作和检修的要求。压缩机必须设在室内，立式冷凝器一般设在室外，其他设备可酌情设在室外或露天建筑中。氨制冷机房

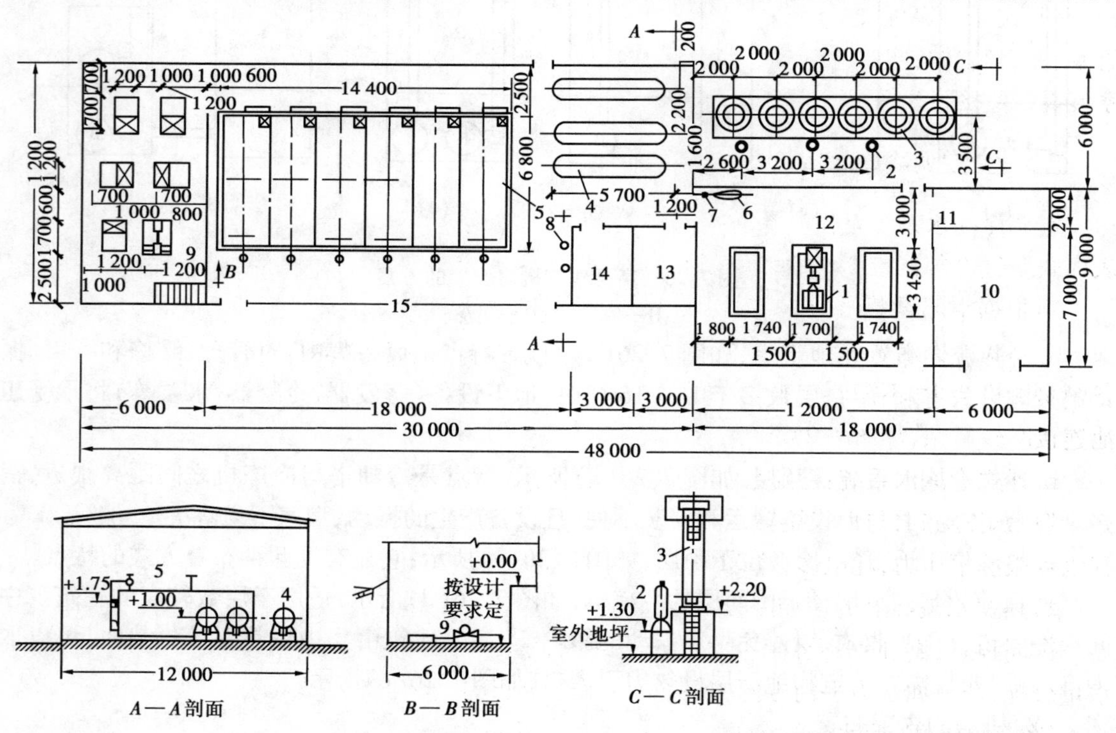

图 7.27　单独建筑的氨制冷机房布置图

1—8AS_{17}压缩机；2—氨油分离器 YF-125；3—立式冷凝器 LN-150；4—氨贮液器 ZA-5.0；5—立式蒸发器 LZ-240；6—空气分离器 KF-32；7—水封；8—集油器 JY-300；9—冷冻水泵；10—变电站；11—贮存室；12—机器间；13—值班室；14—维修室；15—设备间

的压缩机间和设备间内应设置有每小时不少于7次换气的事故通风设备。

制冷机房面积占空调机房面积的1/4～1/3。制冷机房的最小净高：

a. 氨压缩式制冷不小于4.8 m；

b. 溴化锂吸收式制冷，设备顶部距屋顶或楼板的距离不小于1.2 m。

③空调机房和制冷机房的操作面应有充足的光线，最好采用自然采光，需要检修的地点应设置人工照明。

④机房的门和装拆设备的通道，应按机房内最大构件所需的尺寸来考虑；若构件不能由门搬入，则需预留安装孔洞和通道。

如图7.27所示为单独的氨制冷机房布置实例。

7.5　空调水系统

空调水系统是以水为介质，在同一建筑物内或建筑物之间传递冷量（冷冻水或冷却水）或热量（热水）。正确合理地设计空调水系统是保证整个空调系统正常、节能运行的重要条件。

空调水系统的类型有多种。按使用水的特点分，有冷冻水和冷却水系统；按水的循环方式分，有开式、闭式两种；按管路布置形式分，有同程式、异程式两种；按供、回水管道数目分，有两管制、三管制、四管制3种；按空调水系统中水泵设置形式分，有单泵式、复泵式两种；按空调水系统是否分区供水分，则有不分区式和分区式两种。

7.5.1　空调冷冻水系统

空调冷冻水系统是供应冷量的系统，通常由制冷机组的蒸发器、冷冻水泵、供回水管道和表面式空气冷却器或喷水室以及分水器、集水器、除污器等组成。

1）根据空调设备的构造、蒸发器的形式不同分

①闭式冷冻水系统：管路系统不与大气相接触，仅在系统最高点设置膨胀水箱。管道与设备的腐蚀机会少，不需要克服静水压力，因此，水泵的功率耗低，系统简单。但与蓄冷（热）水池连接时较复杂，如图7.28所示。

②开式冷冻水系统：管路系统与大气相通，与蓄冷（热）水池连接较简单，系统运行稳定性好。但由于冷冻水与大气接触，所以水中含氧量高，管路与设备的腐蚀机会多，水泵需要高扬程以克服静水压力，耗电多，输送能耗大，如图7.29所示。

2）根据水流经过的途径路程是否相同分

①同程式：供、回水干管中的水流方向相同，水流经各空调用户的途径路程均相同。系统水量分配、调节和水力平衡方便。但需设回程管，管道长度增加，初投资稍高，如图7.30所示。

②异程式：供、回水干管中的水流方向相反，每一环路的管路长度不相等。系统不需回程管，管道长度较短，管路简单，初投资稍低。但水量分配、调节较难，水力平衡较麻烦，如图7.31所示。

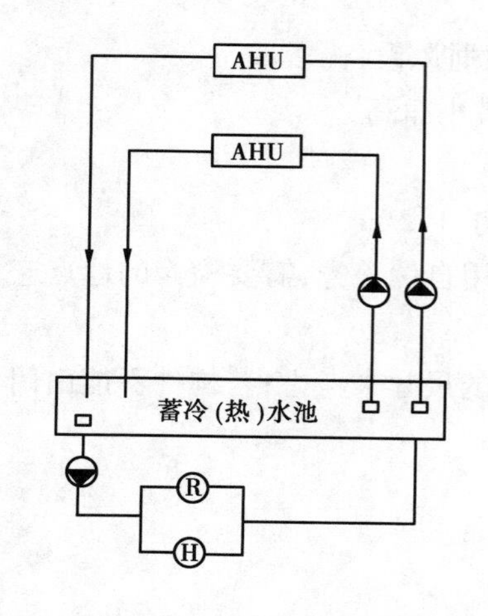

图 7.28　闭式冷冻水系统

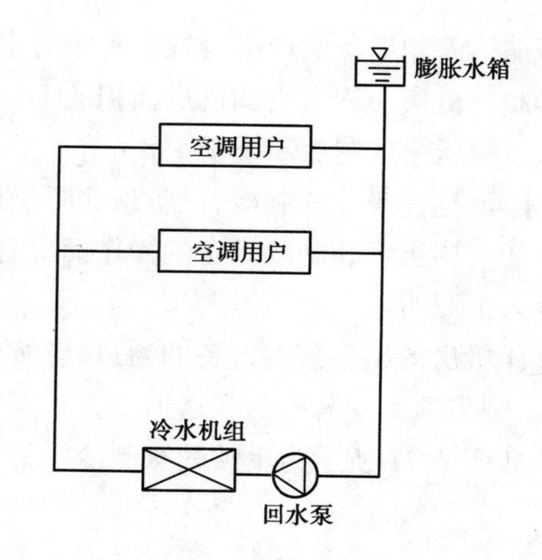

图 7.29　单池开式冷冻水系统

③混合式:当层数多,需要划分为竖向两个或 3 个水系统,有时中间层不设技术夹层或设备层时,可采用同程和异程相结合的混合水系统方式,如图 7.32 所示。易于高层建筑的布置。在上区系统同一立管上的各盘管之间阻力稍有不平衡时,可用盘管前流量调节阀门加以平衡。

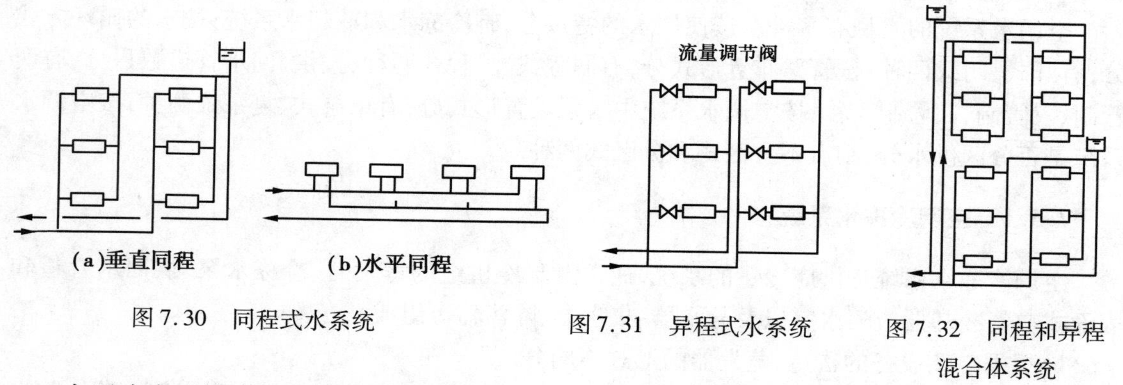

(a)垂直同程　(b)水平同程

图 7.30　同程式水系统

图 7.31　异程式水系统

图 7.32　同程和异程混合体系统

在开式水系统中,由于回水最终进入蓄冷(热)水箱,到达相同的大气压力,因此不需要采用同程式布置。

3)根据系统供、回水管路根数不同分

①双管制:双水管系统的冬季供应热水、夏季供应冷水,都是在相同的管路中进行。其进入风机盘管只有一根供水管和一根回水管,系统管路简单,初投资较节省,但无法同时满足供冷、供热的要求。在全年空调的过渡季,会出现朝阳房间需要供冷而背阳房间则需加热的情况,这种系统不能全部满足各房间的要求。图 7.33 是双水管系统的基本图式。

②三管制:进入盘管处设有程序控制的三通阀,由室内恒温器控制,根据需要使用冷水或热水进入(不同时进入),分别设置供冷、供热管路与换热器、冷水机组相连,但回水管共用一根。系统能满足同时供冷、供热的要求,管路系统较四管制简单,但有冷、热量混合损失,投资高于双管制,管路布置较复杂,如图 7.34 所示。

③四管制:供冷、供热的供、回水管均分开设置,具有冷、热两套独立的系统,能灵活实现同时供冷和供热,但管路系统复杂,初投资高,占用建筑空间较多,如图 7.35 所示。

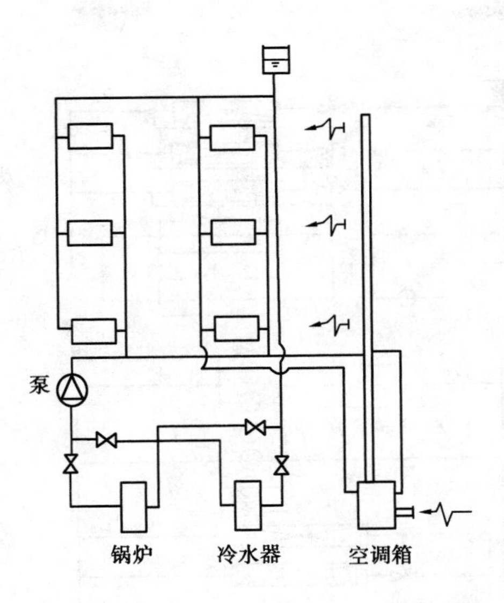

图7.33 双水管系统

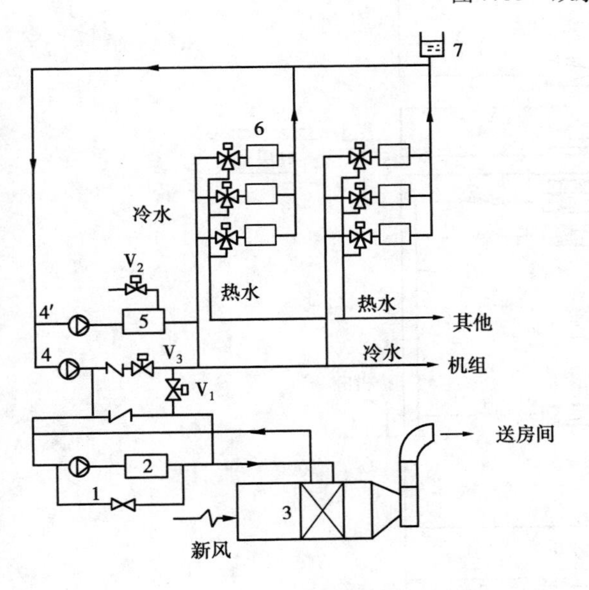

图7.34 三水管风机盘管系统(独立新风)
1—冷却水泵;2—制冷水器;3—次新风盘管;
4,4′—二次水泵;5—水加热器;6—风机盘管;7—膨胀水箱

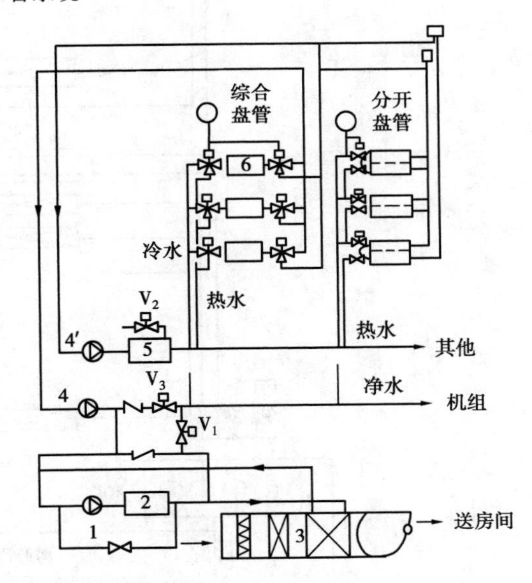

图7.35 四水管风机盘管系统(独立新风)
1—冷却水泵;2—制冷水器;3—次新风盘管;
4,4′—二次水泵;5—水加热器;6—风机盘管

如图7.36所示为冷水机组设备在系统最低点时,同程式系统;如图7.37所示为深圳国际贸易中心大厦的水系统竖向分区情况。

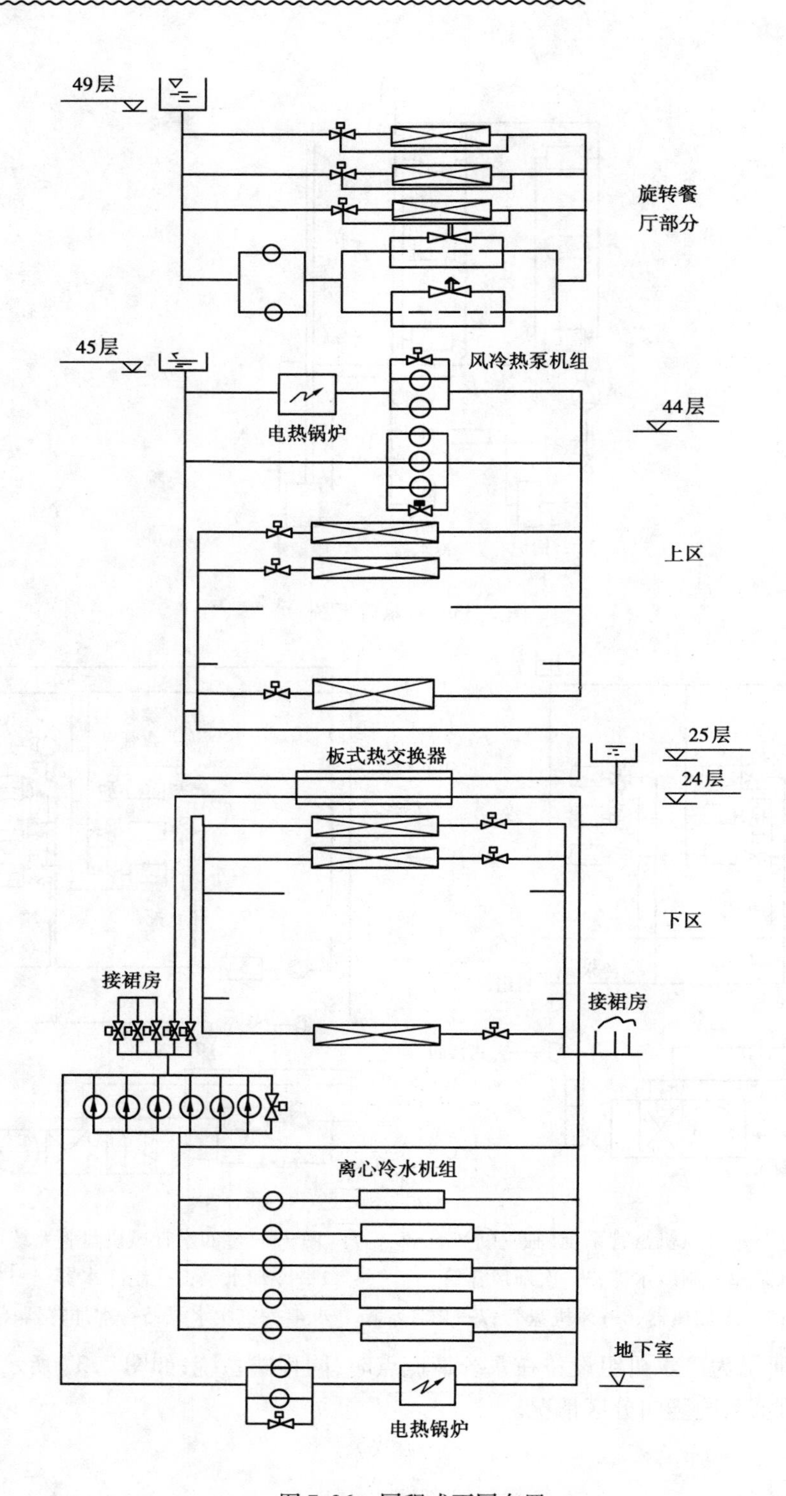

图 7.36　同程式不同布置

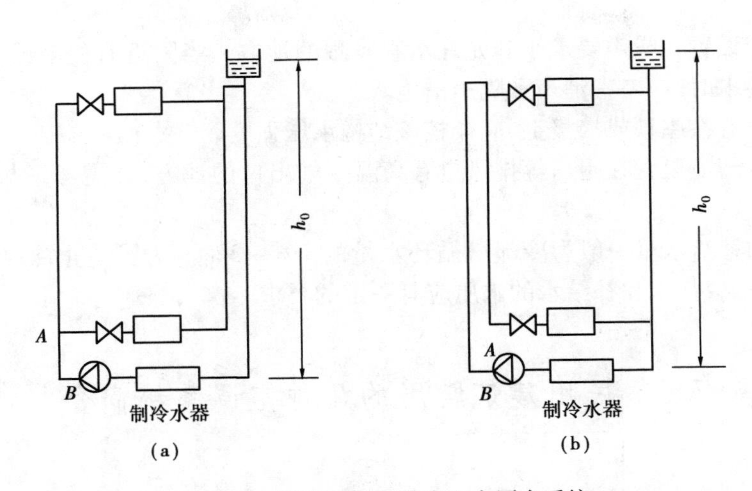

图7.37　深圳国际贸易中心大厦水系统

7.5.2　空调冷却水系统

空调冷却水系统供应空调制冷机组冷凝器、压缩机的冷却用水。在正常工作时,用后仅水温升高,水质不受污染。按水的重复利用情况,可分为直流供水系统和循环供水系统。

直流供水系统简单,冷却水经过冷凝器等用水设备后,直接就地排放,但耗水量大。循环水系统一般由冷却塔、冷却水泵、补水系统和循环管道组成。如图7.38所示为冷却水系统图式。

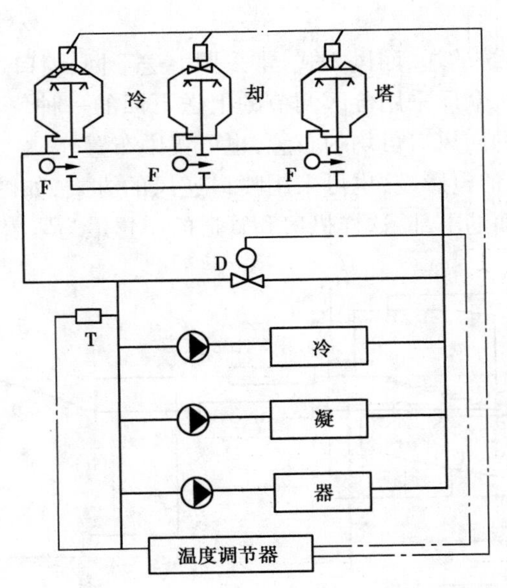

图7.38　冷却水系统图

F—电动蝶阀;D—二通调节阀;T—测温元件

在布置冷却水系统时,应注意冷却塔的设置。

①冷却塔应设置在空气流畅、风机出口处无障碍物的地方。如建筑的外观需要冷却塔用百叶窗围挡时,则百叶窗净孔面积处的风速应小于2 m/s,以保证有足够的开口面积。

②冷却塔应设置在噪声要求小和允许水滴飞溅的地方。当附近有住宅或其他建筑物,且有一定的噪声要求时,应考虑消声和隔声措施。

③冷却塔设置在屋顶或接板上,应校核该结构承压强度。

④不应把冷却塔设置在厨房等排风口有高温空气出口的地方,并需考虑与烟囱的位置应有足够的距离。

⑤冷却塔的补给水量一般为冷却塔循环水量的1% ~3%。为了防止冷凝器和冷却水管路系统的腐蚀,对冷却水和补给水的水质应有一定的要求。

7.6 民用建筑常用的几种空调系统简介

7.6.1 大型公共建筑的空调系统

大型公共建筑中的空调属于舒适性空调。由于人们在这类建筑中停留的时间不会很长,因此为减轻空气处理设备的负荷,可适当减少新风量,通常按吸烟或不吸烟的情况采用8 ~20 $m^3/(h \cdot 人)$。可参考表7.8所列的数据选择。

舒适性空调由于在温湿度精度方面无严格要求,故为减少送风量,常采用较大的送风温差Δt,并相应地采用一次回风式系统。使用人工冷源时,$\Delta t \leqslant 15$ ℃;使用天然冷源时,采取可能的最大送风温差,即在夏季将经过减湿冷却处理后达到机器露点状态的空气直接送入室内,而不必进行第二次加热。

大型公共建筑空调系统的送、回风方式,常采用上送下回、喷口送风或二者相结合的形式。

图7.39是影剧院的观众厅采用分区调节的上送下回的一种气流组织方案。送风口应在顶棚上均匀布置,而下部的回风口可均匀布置,也可集中布置。

对于噪声要求不严格的电影院,也可采用喷口逆风的方式,如图7.40所示。通常从后部送风,回风口设在同一墙面的下部,这样机房和管道的布置最为紧凑,较经济。

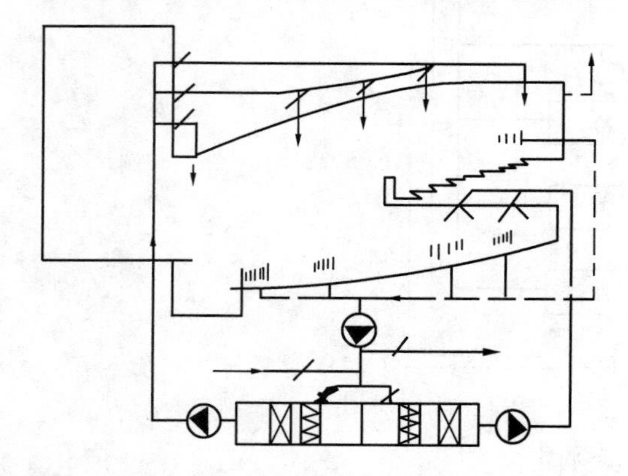

图7.39 观众厅采用上送下回的气流组织方式

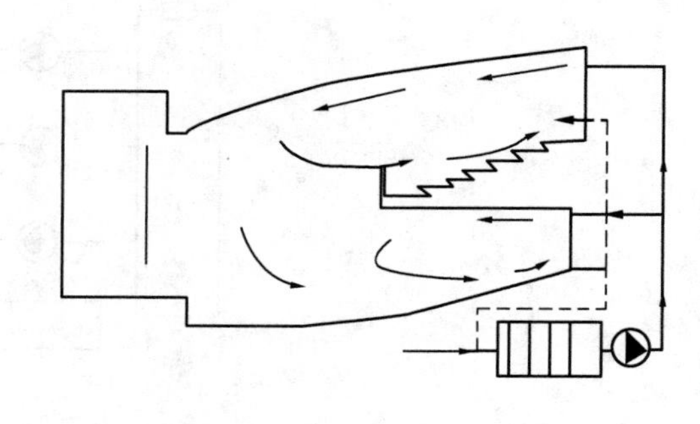

图7.40 观众厅采用喷口送风的气流组织方式

图7.41为某体育馆采用喷口送风与顶部下送相结合的送、回风方式示意图。该馆的比赛大厅是个圆形建筑,直径为110 m。喷口沿大厅周围布置,共64个,直径为580 mm;此外,在顶棚处装置静压箱,下有条缝型风口向下送风。回风口布置在四周座位台阶的直面上。

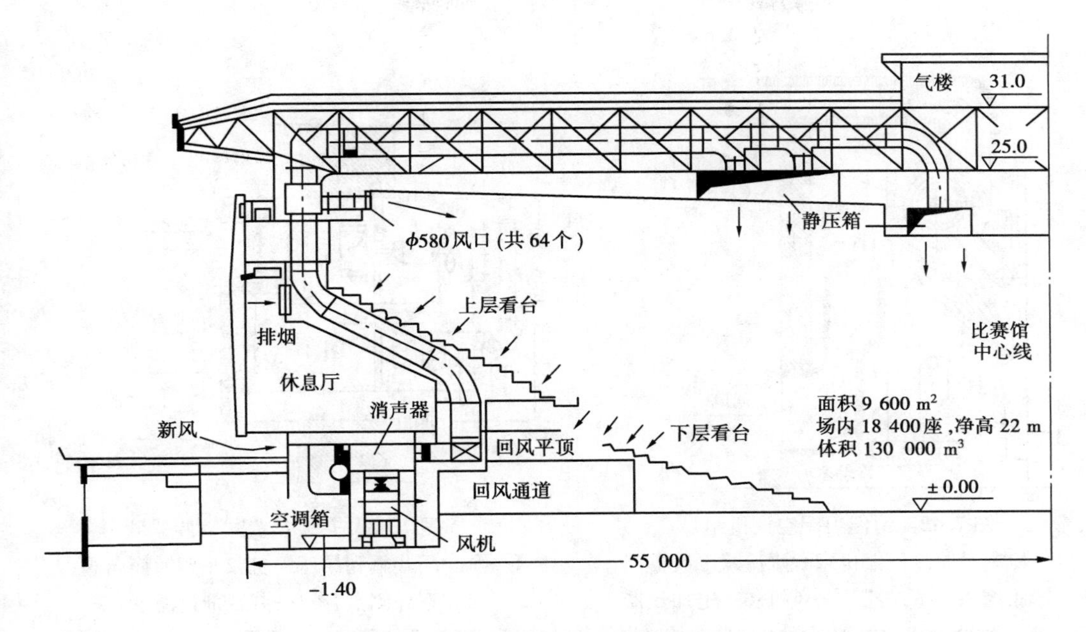

图7.41　某体育馆空调系统的送、回风方式

7.6.2　分散式空调系统——空调机组

空调机组是将一个空调系统连同相匹配的制冷系统中的全部设备或部分设备配套组装，形成整体，而由工厂定型生产的一种空气调节设备。将空调和制冷系统中的全部主要设备都组装在同一个箱体内的，称为“整体式空调机组”；而将空调器和压缩冷凝机组分作两个组成部分的，则称为“分离式空调机组”。

空调机组由于具有结构紧凑，体积较小、安装方便、使用灵活以及不需要专人管理等特点，因此，在中、小型空调工程中应用较广泛。

空调机组的种类很多，大致可进行以下分类：

①按容量大小，可分为立柜式、窗式和分体式3种。

②按制冷设备冷凝器的冷却方式，可分为水冷式和风冷式。

③按用途不同，可分为恒温恒湿机组和冷风机组。

④按供热方式不同，可分为普通式和热泵式。

(1)立柜式恒温恒湿机组

图7.42是一种整体立柜式恒温恒湿空调机组的构造简图，该机组是将空气处理、制冷和电气控制3个系统全部组装在一个箱体内，此外，在风管中还有电加热器。这类机组能自动调节房间内空气的温度和相对湿度，以满足房间在全年内的恒温恒湿要求。室温一般控制在(20～25)±1 ℃，相对湿度控制在(50%～80%)±10%。不同型号的产冷量和送风量大小不等，目前国内产品的冷量为7～116 kW(6 000～100 000 kcal/h)，风量为1 700～18 000 m³/h。

不同型号的立柜式恒温恒湿空调机组，在构造上有整体式和分离式两种。此外，根据供热方式的不同，又分为普通式和热泵式两种形式：前者制冷系统只在夏季运行，冬季用电加热器供热(见图7.42)；而后者则是制冷系统全年运行，夏季制冷，冬季供热(其工作原理可参阅图7.43)。

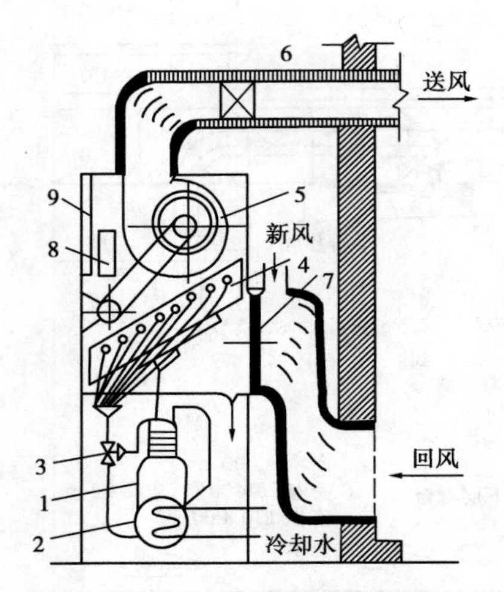

图7.42　恒温恒湿空调机组

1—氟利昂制冷压缩机;2—水冷式冷凝器;
3—膨胀阀;4—蒸发器;5—风机;6—电加热器;
7—空气过滤器;8—电加湿器;9—自动控制屏

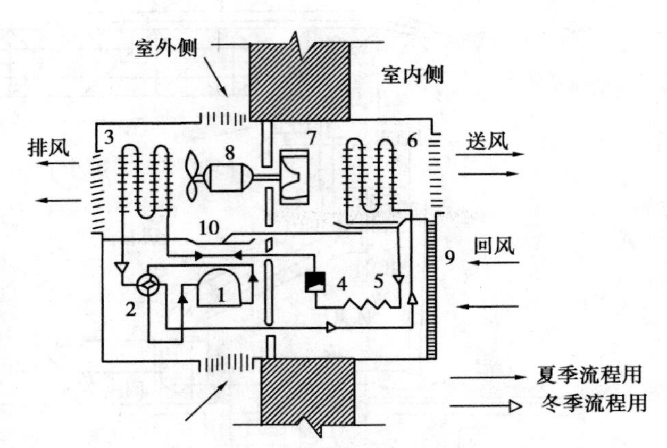

图7.43　热泵型窗式空调器

1—全封闭式氟利昂压缩机;2—四通换向阀;
3—室外侧盘管;4—制冷剂过滤器;
5—节流毛细管;6—室内侧盘管;7—风机;
8—电动机;9—空气过滤器;10—凝结水盘

(2)立柜式冷风机组

立柜式冷风机组设有加热器和电加湿器,一般也无自动控制设备,只能供一般空调房间夏季降温减湿用。各种型号的产冷量为3.5~210 kW(3 000~180 000 kcal/h)。

冷风机组的组装形式也有整体立柜式和分组组装式之分。但除此之外,还有些冷风降温设备是属于散装式,即厂家供应配套设备——包括压缩机、冷凝器、蒸发器以及相应的各种配件,而由用户自行组装成系统。

(3)窗式空调器

窗式空调器是可以装在窗上或窗台下预留孔洞内的一种小型空调机组。

根据组成结构的不同,窗式空调器有降温、供暖和恒温等多种功能。恒温机组,又分为常年恒温(制冷——热泵系统或制冷系统另配电加热器)和仅用于室内降温情况下的恒温(制冷系统不配置电加热器)。目前国产窗式恒温空调器,一般可控制室温范围为(20~28)±(1~2)℃,产冷量为3.5 kW(3 000 kcal/h),产热量为3.5~4 kW(3 000~3 500 kcal/h),循环风量为500~800 m^3/h。

图7.43是一种热泵型窗式恒温空调器的结构示意图。制冷系统中采用风冷式冷凝器(即图中的室外侧盘管),借助风机用室外空气冷却冷凝器;此外,并增设一个四通电磁换向阀(四通阀)部件。冬季制冷系统运行时,将四通阀转向,使制冷剂逆向循环,把原蒸发器作为冷凝器(原冷凝器作为蒸发器),这样,空气通过时便被加热,以作供暖使用。

7.6.3　空调工程新技术——蓄冷空调

蓄冷空调系统,就是尽可能地利用非峰值电力,使制冷机在满负荷条件下运行,将空调所需的制冷量以显热或潜热的形式部分或全部储存于蓄冷介质中,一旦出现空调负荷,便释放出来,满足空调系统的需要。其系统最大的优点在于"移峰填谷"解决昼夜电力需求差,以及解决常规空调经常出现的大马拉小车的问题。蓄冷介质常用水、冰和共晶盐。冰蓄冷因其系统占地少、管网和空气分配系统体积小等优点,目前在国内外应用较为广泛。

冰蓄冷中央空调系统流程示意图,如图7.44所示。

蓄冰和低温送风系统相结合已成为建筑空调技术发展的一个方向。

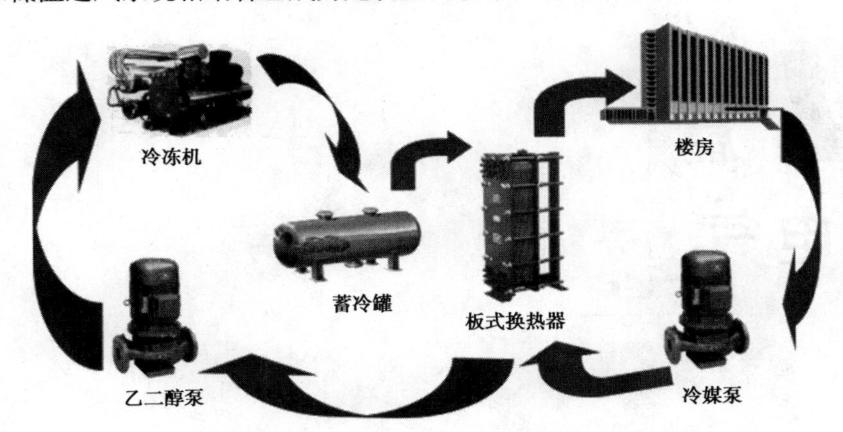

图7.44　冰蓄冷中央空调系统流程示意图

习 题 7

1. 什么是空调系统？空调系统有哪些基本组成部分？
2. 什么是空调精度？什么是空调基数？
3. 空调系统有哪几种类型？
4. 简述集中式空调系统和半集中式空调系统的区别以及各自的特点。
5. 什么是空调房间的气流组织？影响气流组织的主要因素有哪些？
6. 常用的气流组织方式有哪些？它们各有哪些特点？
7. 空调系统中的空气处理设备有哪些？
8. 空调的冷源有哪些？简述压缩式制冷机的工作原理。
9. 常用的空调制冷方式有哪些？
10. 简述空调机房和制冷机房布置的要求。
11. 空调水系统如何布置？
12. 分析说明空调风管为何要保温。
13. 空调与通风的联系与区别是什么？

第4篇 建筑电气

8.1 城市供电

8.1.1 城市供电系统

(1)概述

发电厂将燃料的热能、水流的位能、核能等转换为电能,经过升压、送电、降压、供电、配电到各用电场所。由于电力不能大量储存,其生产、输送、分配和消费都在同一时间内完成。将发电厂、电力网、变电所等有机地联结成一个整体,即"电力系统",如图8.1所示。提高效率、降低成本、合理分配和提高供电的可靠性是电力系统设计的主要目标。随着用电量的不断增长,电力系统的规模也不断地扩大,已由分散的、孤立的合并成为“区域性电力系统”,使之集中管理、统一调度和安全经济运行。

“电力网”是电力系统的重要组成部分,由各种不同电压的电力线路和变电所、配电所(开闭所)组成。其任务是将发电厂生产的电能输送给用户。大中城市的电力网有 500 kV 超高压线路;220,110 kV 高压线路;35 kV 或 10 kV 中压网和 380 V 低压网。其中 35 kV,10 kV,380 V 这三级电力网是直接向用户供电的,与建筑工程的关系较为密切,是我们所关注的。

电力网中常见的变配电所主要有以下几种类型(见图 8.1):

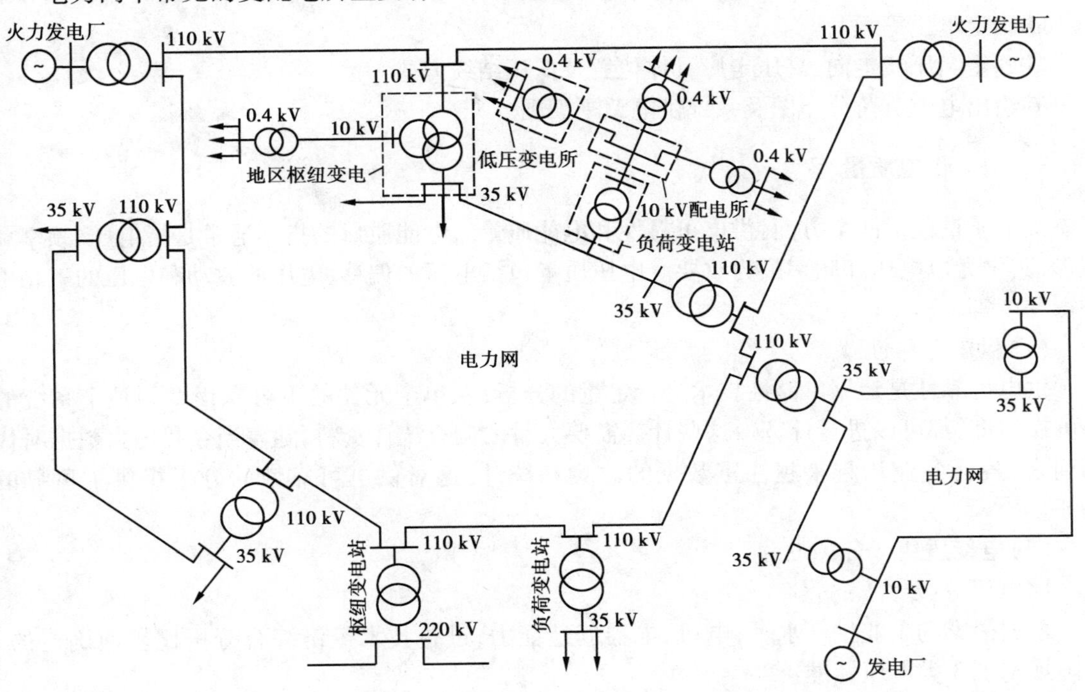

图 8.1　电力系统示意图

①枢纽变电站:与电网联系的 220/110 kV 变电站。

②地区枢纽变电站:与电网联系并供给地区 35 kV 或 10 kV 负荷的 220/110/35 kV 或 110/35/10 kV 变电站。

③负荷变电站:供给 10 kV 负荷的 110/10 kV 或 35/10 kV 变电站。

④区域性负荷变电站:其规模较一般负荷变电站为大。

⑤配电所(开闭所):对 35 kV 或 10 kV 负荷配电。

⑥低压变电所或杆上配电变压器:对低压用户供电的 35/0.4 kV 或 10/0.4 kV 变电所。

由于枢纽变电站一般接在高压环上,其电源至少是来自两个方向的发电厂。建筑工程的双路电源溯其原端是引自枢纽变电站,一般是接自不同电源的母线段,因此,可认为是可靠性很高的两个独立电源。

城市的负荷变电站,一般设有两台中变压器,其高压侧通常为双路电源,低压侧为两段母线(每台变压器的低压侧为一段),因此,对于高压用户如引自负荷变电站的不同母线段,可以认为是可靠性较高的双路电源。同理,高压用户如引自 10 kV 配电所的不同母线段,也是可靠性较高的双路电源。

当低压变电所具有两台变压器，且其高压为引自 10 kV 配电所的不同母线段，则由两台变压器引出的双路低压电源，是可靠性较高的双路电源。

(2)城市电力系统规划要点

进行城市电力系统规划的内容，主要有以下几点：

①选择电源：根据当地动力资源情况和技术、经济比较后，选择火力、水力、原子能发电。

②制订好当前、近期和远期用电负荷和相应的电力平衡方案。

③选定发电厂，变、配电站(所)的位置及数量。

④确定电压等级。

⑤确定高压线走向、高压走廊具体位置及低压结线方式。

⑥绘出电力负荷分布图及系统供电总平面图。

8.1.2 供电质量

供电质量包括两个方面：供电可靠性和电能质量。电能质量的指标通常是指电压、频率和波形，其中尤以电压和频率最为重要。电压质量包括电压的偏移、电压的波动和电压的三相不平衡程度等。

(1)供电可靠性

供电可靠性是运用可靠性技术进行定量的分析，从单个元件的不可靠程度到整个系统的不可靠程度，都可以进行计算。这些计算需要大量的调查统计资料，随着当今我国大数据时代的到来，各行各业均越来越注重数据的收集和统计，这对供电可靠性的分析提供了可靠的保证。

(2)电能质量

1)电压等级

根据国家的工业生产水平，电机、电器制造能力，进行技术经济综合分析比较而确定的。我国规定了 3 类电压标准：

第一类，额定电压值在 100 V 以下，主要用于安全照明、蓄电池、断路器及其他开关设备的操作电源。

第二类，额定电压值在 100 V 以上，1 000 V 以下，主要用于低压动力和照明。用电设备的额定电压，直流分 110，220，440 V 3 等，交流分 380/220 V 和 220/127 V 两等。建筑用电的电压主要属于这一范围。

第三类，额定电压值在 1 000 V 以上，主要作为高压用电设备及发电、输电的额定电压。

用电设备容量在 250 kW 以上或需用变压器容量在 160 kV · A 以上者，宜以 10 kV 供电；当用电设备容量较大时，可由 35 kV 供电；用电设备容量在 250 kW 及以下或需用变压器容量在 160 kV · A 及以上者，可以低压方式供电；供电电压等级尚应满足供电部门的具体规定。

当供电电压为 35 kV 时，用电单位的一级配电电压宜采用 10 kV；低压配电电压应采用 230/400 V。

2)电压质量指标

①电压偏移：指供电电压偏离(高于或低于)用电设备额定电压的数值占用电设备额定电压值的百分数。不小于 3 kV 的供电，不超过 ±5%；不大于 10 kV 的高压供电，低压电力网为 ±7%。

②电压波动:用设备接线端电压时高时低的变化。对常用设备电压波动的范围有所规定,如连续运转的电动机为 ±5% ,室内主要场所的照明灯为 -2.5% ~ +5% 。

③电压频率:我国电力工业的标准频率为 50 Hz,其波动一般不得超过 ±0.5% 。

④电压的波形:电压的波形图理论上为 50 Hz 的正弦波,但由于大量可控硅整流和变频装置的应用等原因,使电压波形为各种高次谐波与基波复合而成的非正弦波。高次谐波大大改变电气设备的阻抗值,造成发热、短路,使设备损坏,电子设备的工作受到干扰影响。目前对高次谐波量的限制尚未作出规定。一般采取的措施是尽量限制谐波的产生量,将产生高次的设备与供配电系统屏蔽开。

⑤电压的不平衡:应保证三相电压平衡,以维持供配电系统安全和经济运行。三相电压不平衡程度不应超过 ±2% 。

电源的供电质量直接影响用电设备的工作状况,如电压偏低使电动机转数下降、灯光昏暗,电压偏高使电动机转数增大、灯泡寿命缩短;电压波动导致灯光闪烁、电动机运转不稳定;频率变化使电动机转数变化,更为严重的是可引起电力系统的不稳定运行,三相电压不平衡可造成电动机转子过热、影响照明和各种电子设备的正常工作。故需对供电质量进行必要的监测。

用电设备的不合理布置和运行,也对供电质量造成不良影响。如单相负载在各相内;若不是均匀分配,将造成三相电压不平衡。

8.1.3　供电系统的结线方式

城镇中各类建筑或建筑群的用电,取自电力系统,该系统设于该城镇附近枢纽变电站或专设的总变电站,即为该城镇的电源。枢纽变电站或总变电站供电到用电户不但距离有远有近,

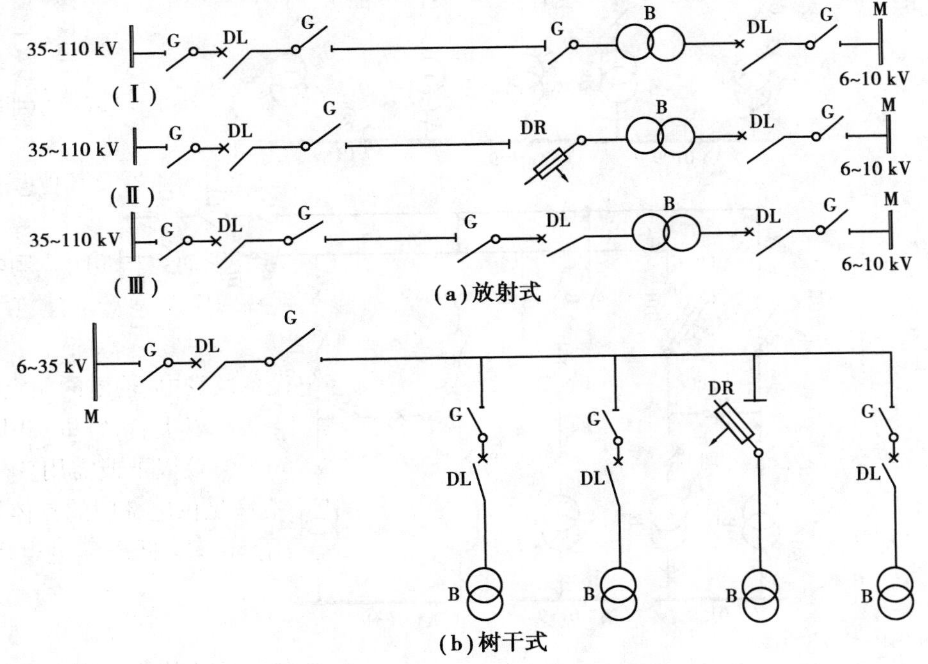

图 8.2　放射式及树干式供配电结线方式

G—隔离开关;DL—断路器;DR—跌落式熔断器;B—电力变压器

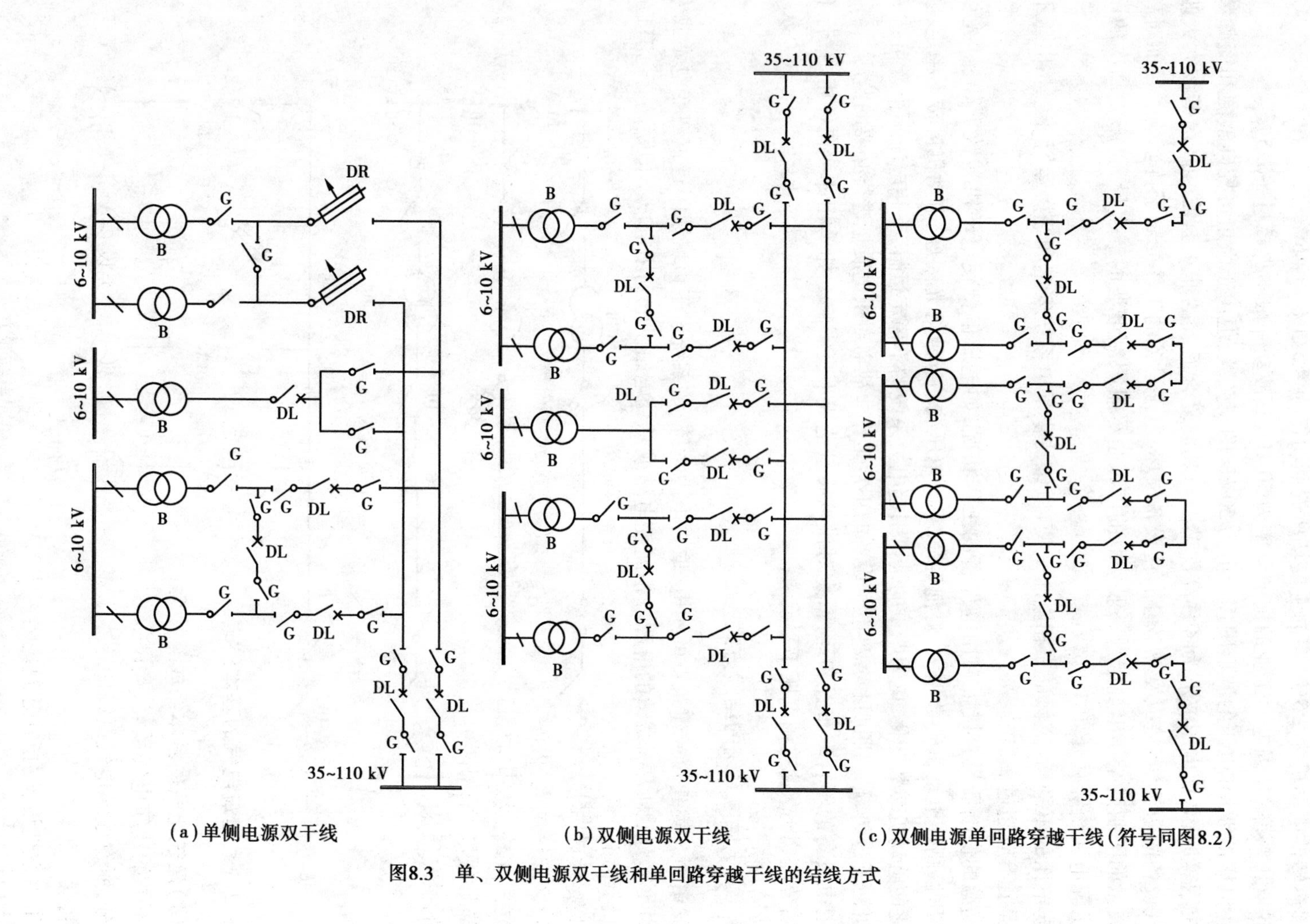

(a)单侧电源双干线

(b)双侧电源双干线

(c)双侧电源单回路穿越干线(符号同图8.2)

图8.3　单、双侧电源双干线和单回路穿越干线的结线方式

而且所需电压因设备而异。因此,若均从枢纽变电站或总变电站敷、架输电线路供电到用户虽然是很不经济的。为此,当城镇用电的电源为电力系统的枢纽变电站式总变电站时,可采用高压网路、中压网路和低压网路3种不同电压供电网路。电压由高到低的变换,均由设于枢纽变电站或总变电站中降压变压器完成。高压网路是指电压等级220 kV及以上供电网和标准电压为35,63,110 kV高压配电网;中压网路是指标准中层级别的3,6,10 kV的电力网路;低压网路一般指电压为380/220 V配电网路。

高、中、低压网路供电到用户分界开关,有以下几种结线方式:

①放射式结线方式如图8.2(a)所示。这种结线方式的特点是以供电电源的母线;用一个回路向一个用电的小区供电,各回路之间故障、通、断互不影响,供电安全可靠。图8.2(a)中(Ⅰ)是在变压器高压侧未设断电保护装置,适用于供电距离不大的情况;图8.2(a)中(Ⅱ)则设有跌落式熔断器,适用于变压器容量不大,供电距离较远;图8.2(a)中(Ⅲ)设有断路器,供电容量大、距离远。

②树干式结线方式如图8.2(b)所示。这种结线方式的特点:由电源引出的一个回路作为干线,然后在干线上再引出支线向用电户供电,这种结线方式当干线发生故障,停电范围大,但因供电设备少投资省。

③单侧电源双干线、双侧电源双干线或双侧电源单回路穿越干线结线方式,如图8.3(a)、(b)、(c)所示,均可以提高供电可靠性。

④环形式供配电结线如图8.4所示。结线由一个变电所(单电源)引出两条干线,构成一个环网,其间设3个断路器,在正常运行断路器DL_3断开,但当环路中任一台变压器或线路发生故障,可用开关将故障部位断开,闭合环路断路器,则可在非故障区继续供电,供电可靠较之前述各种结线方式要高。此外,大、中城市可采用多个电源供电,供电可靠性更高,采用网格式供配电还可提高供配电系统的供电质量。

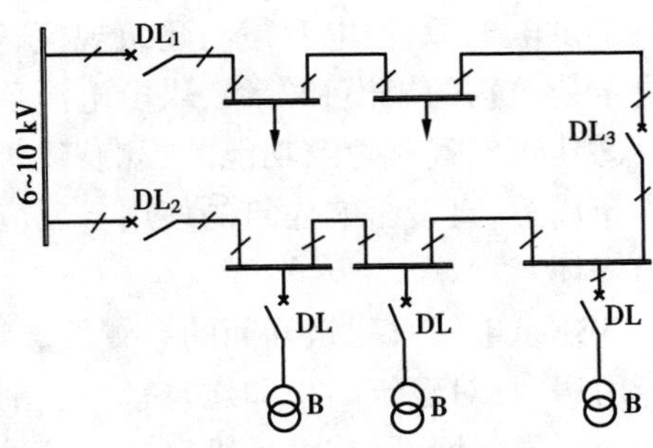

图8.4 环形网供配电结线方式

8.2 建筑电气设计概况

8.2.1 建筑电气的基本组成与设计的有关问题

(1)建筑电气的基本组成与特点

不同的建筑电气系统,其设备的类型、数量各不相同,但以各类设备在建筑内的空间效果来区分,所有建筑电气系统的基本组成都包括具有不同特点的两类设备,即占空性设备和广延性设备。

①占空性设备:指在建筑内需要占据一定建筑空间的各种电气设备的统称,如用电、控制、保护、计量设备等,以及将这些设备成套组装在一起的配电盘、配电柜等。这些设备的特点是占空性、功能性强、外露性和动作频繁等。

②广延性设备:指在整个建筑内穿越各个房间,随意延伸的电气设备,如绝缘导线、电缆线等各种导线。这些设备特点,具有广延性、隐蔽性、故障概率高和易于更换性等。

(2)建筑电气设计的有关问题

在进行建筑电气设计前,首先必须了解建设单位的需求,收集和调查了解电气使用情况以及相关设计资料。拟订多个方案进行设计论证比较,选出技术、经济合理的最佳方案,即既满足使用要求、方便维护管理、降低运行费用,又达到减少总投资的方案。

建筑电气设计时,应与相关部门(如供电网络)取得业务联系,确定设计的可行性。设计中要考虑安全用电问题,保证建筑电气设计的内容除符合国家的或有关部门的规程、规范外,还需符合地区的规程及规定。尤其是当地有关部门根据当地环境经验所规定的各项技术要求。且建筑电气设计与安装的关键部位须经有关部门的审查方能施工与验收。

建筑电气的设计者应掌握电气施工工艺,了解各种安装过程。使设计图纸便于施工单位安装。

8.2.2 建筑电气设计与建筑的关系

建筑电气是建筑工程中的一部分,它与建筑设备中的其他各部分纵横交错,息息相关。因此,一个完善的建筑设计绝不是一个专业所能决定的,只能是各专业密切协调下的产物。建筑电气的设计必须与建筑协调一致,按照建筑的格局进行布置。建筑电气与建筑的关系主要表现在:

①供电电源、供电容量与建筑规模、等级以及建筑项目审批的关系:电源的数目和可靠程度决定建筑物的规模和等级,供电电源落实方进行建筑项目的审批。

②建筑电气对建筑功能的影响:建筑电气设备的供电可靠性,设备的现代化程度,供电规模和布局等,直接影响建筑的使用。反应为人对建筑的感官认识,人在建筑内的工作、生活条件的好坏。

③建筑电气对建筑开间的布置的影响:由于建筑电气设备的占空性,需设置不同的建筑电气专用房,且对建筑面积和建筑平、立、剖面布置的要求各不同。如变、配电室应布置在首层或地下一层靠外墙部位,电梯机房却要求设在顶层等。

④对建筑艺术体现的影响:建筑电气设备的占空性和外露性对实现建筑造型带来很大的问题,如架空进户线,对外墙造型的影响;但适当的照明配置,可美化建筑造型。

⑤对建筑使用安全的影响:由于电气设备具有故障概率高和隐蔽性等特点,因而安全用电的意识非常重要。无论在设计、施工、使用、维护等各环节都必须严格按规程规范执行。确保安全用电,避免隐患诱发灾难。

⑥对建筑管理的影响:电气自动控制和自动调节系统,为建筑物的管理提供了很大的方便。

⑦对建筑维修的影响:建筑设备的使用年限较建筑物的使用年限短,因此,需定期对建筑设备进行维修,供配电系统能为维修提供动力。因此,在建筑设计中应认真采取有利于电气设备更换的技术措施,提高整个建筑的维修方便性。

由此可见,建筑电气与建筑的关系十分密切。一个建筑师必须熟悉和掌握一定的电气基本知识、理论技术,将建筑电气作为整个建筑物的必要和重要的组成部分加以统筹考虑和合理安排,使相互之间有机配合,才可以在设计和改造的建筑物内真正创造出一个理想的环境并合理地加以保持。

8.2.3　建筑电气设计的原则与步骤

建筑电气设计所遵循的设计原则是技术先进、经济合理、安全可靠、安装维护方便，并在设计中要留有余地以适应将来的发展。

建筑电气设计一般可分为初步设计和施工设计两个阶段，各自的要求与步骤为：

初步设计阶段：了解和确定建设单位的用电要求，落实供电电源及配电方案，确定工程项目及安装方式；估算各项技术与经济指标。配电系统所必需的土建条件也必须在初步设计中解决，以免造成被动，影响设计质量。

施工图阶段：具体设计布置和计算，各种电器设备的选型以及确定具体安装工艺。这一阶段需要注意的是与各专业的配合，尤其是对建筑空间、建筑构造、采暖通风上下水管道的布置要有所了解，以免盲目布置电气设施而造成返工。

对于较复杂或大型的工程建筑则分为：方案设计阶段、初步设计阶段、施工图设计阶段。而方案设计主要是提出设计方案进行技术经济比较论证以选取切实可行的优化系统方案。

8.2.4　建筑电气设计的图纸与说明

建筑电气的图纸与说明，按工程的规模与设计阶段的不同有不同的要求。

1）初步设计阶段

中、小型工程一般以设计说明为主，以图纸为辅。设计说明要点为：

①工程设计范围，建筑中电气设备内容与供电要求。

②主要照明及动力设计方案。

③电力负荷级别及计算设备容量。

④供电电源落实情况以及备用电源。

⑤安全保护措施（防雷、防火、防爆级别，接零、接地保护等）。

⑥主要设备及线路安装方式及选材。

对一些典型房间的电气布置可在建筑平面图中示意或在设计说明中用文字叙述。

大型建筑工程的初步设计宜按工程设计范围逐项说明，并绘出必要的布置图、系统主结线图或各系统方框图。每个系统均应简要说明其主要结构、设备选型、管路走向等。

初步设计还应提交设计计算书，以供待审和建筑电气工程的概算。

2）建筑电气的施工图一般包括平面图、系统图、安装详图及设计说明。

安装详图一般可引用通用的施工安装图集。对于特殊的做法以及用 1/100 平面难以示出的配电室、配电竖井、敷缆沟道等，需绘制 1/50 以上比例的详图。

施工图中的说明主要是图纸上不易表达或可以统一说明的问题。内容一般为：

电气对土建的要求；工程设计技术等级（防火、防爆、防雷及负荷级别等）；电源具体接法；照明灯具、开头插座选型；配电盘、箱、柜选型；电气管线敷设方式；保安接地方式；施工安装具体规范。

8.3　建筑供配电系统

8.3.1　建筑用电负荷类别、等级及电压选择

用电负荷是建筑物内动力用电与照明用电的统称。

(1)电源引入方式

建筑用电属于动力系统的一部分,常以引入线(通常为高压断路器)和电力网分界。

电源向建筑物内的引入方式应根据建筑物内的用电量大小和用电设备的额定电压数值等因素确定。一般有以下几种方式:

①建筑物较小或用电设备负荷量较小,而且均为单相。低压用电设备时,可由电力系统的柱上变压器引入单相220 V的电源。

②建筑物较大或用电设备的容量较大。但全部为单相和三相低压用电设备时,可由电力系统的柱上变压器引入三相380/220 V的电源。

③建筑物很大或用电设备的容量很大,虽全部为单相和三相低压用电设备,但综合考虑技术和经济因素,应由变电所引入三相高压6 kV或10 kV的电源经降压后供用电设备使用。并且,在建筑物内设置变压器,布置变电室。若建筑物内有高压用电设备时,应引入高压电源供其使用。同时装置变压器,满足低压用电设备的电压要求。

(2)负荷类别

负荷类别主要根据行业和核收电费的"电价规定"来区分。不同的负荷类别其供电的要求、供电负荷、电价规定不同。

①照明和划入照明电价的非工业负荷有:公用、非工业用户和工业用户的生活、生产照明用电。这类范围较广,详细内容可参阅有关电工手册。

②非工业负荷:商业用电,高层建筑内电梯用电,民用建筑中采暖风机、生活上煤机和水泵等动力用电。

③普通工业负荷:指总容量不足320 kV·A的工业负荷,如纺织合线设备用电、食品加工设备用电等。

(3)负荷容量

负荷容量以设备容量(或称装机容量)、计算容量(接近于实际使用容量)或装表容量(电度表的容量)来衡量。

所谓设备容量,是建筑工程中所有安装的用电设备的额定功率之总和。在向供电部门申请用电时,这个数据是必须提供的。

在设备容量的基础上,通过负荷计算,可求出接近于实际使用的计算容量。对于直接由市电供电的系统,需根据计算容量选择计量用的电度表,用户限定在这个装表容量下使用电力。

在装表容量为20 A及以下时,允许采取单相供电。而一般情况下均采用三相供电,这样利于三相负荷平衡和减少电压损失,同时对使用三相电器设备也预留容量。

(4)负荷等级

电力负荷分级是根据建筑的重要性和对其短时中断供电在政治和经济上所造成的影响和

损失来分等级的，对于工业和民用建筑的供电负荷可分为3级：

1）一级负荷

因发生供电中断将造成人身伤亡或将在政治上产生重大影响，经济上造成重大损失的用电户称一级负荷。如重要通信枢纽、重要交通枢纽建筑、重要的经济信息中心、特级或甲级体育建筑、国宾馆；承担重大国事活动的会堂、宾馆，经常用于重要国际活动的有大量人员集中的公共场所等；中断供电将发生爆炸、火灾或严重中毒；不允许中断供电的特别重要场所（如计算机网络中心）。

对于一级负荷应由两个独立电源供电。即指双路独立电源中任一个电源发生故障或停电检修时，都不至于影响另一电源的供电。一级负荷容量较大或有10 kV用电设备时，应采用两路10 kV或35 kV电源。如一级负荷容量不大时，应优先采用从电力系统或临近单位取得第二低压电源或采用应急发电机组。如一级负荷仅为照明或电信负荷时，宜采用不间断电源UPS或EPS作为备用电源。对于一级负荷中特别重要负荷，尚应增设应急电源，根据用电负荷对停电时间的要求确定应急电源接入方式，严禁将其他负荷接入应急供电系统。快速自动启动的应急发电机组，适用于允许中断供电时间为15 s以内的供电。带有自动投入装置的独立于正常电源的专用馈电线路，适用于允许中断时间为1.5 s以内的供电。

2）二级负荷

对于供电中断将造成政治和经济上产生较大损失的建筑用电，称为二级负荷。

对于二级负荷，一般应由上一级变电所的两段母线上引来双回路进行供电，保证变压器或线路发生常见故障而中断供电时，能迅速恢复供电。也可由一路6 kV以上专用的架空线路或电缆供电。

3）三级负荷

凡不属于一、二级负荷者称为三级负荷。对于三级负荷可由单电源供电。

各类民用建筑负荷级别可查看《民用建筑电气设计规范》（JGJ 16—2015）。

（5）供电系统的方案

供电系统应根据负荷等级，按照供电安全可靠、投资费用较少、维护运行方便。系统简单显明等原则进行选择。可选方案如下：

1）单电源供电方案

单电源供电方案如图8.5所示。

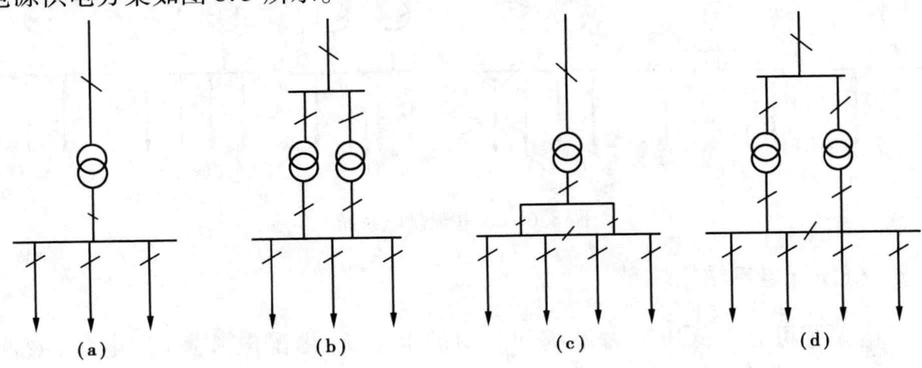

图8.5　单电源供电系统

①单电源、单变压器,低压母线不分段系统:如图 8.5(a)所示,该系统供电可靠性较低,系统中电源、变压器、开关及母线中,任一环节发生故障或检修时,均不能保证供电。但接线简单、造价低,可适用于三级负荷。

②单电源、双变压器,低压母线不分段系统:如图 8.5(b)所示,该系统中除变压器有备用外,其余环节均无备用。一般情况下,变压器发生故障的可能性比其他元件少得多,与该方案和方案①相比,可靠性增加不多,而投资却大为增加,故不宜选用。

③单电源、单变压器,低压母线分段系统:如图 8.5(c)所示,仅在低压母线上增加一个分段开关,投资增加不多,但可靠性却比方案①大大提高。可适用于一、二级负荷。

④单电源、双变压器,低压母线分段系统:如图 8.5(d)所示,该方案的优点是低压分两段,并可过渡到双电源接线(见图 8.6(f)),投资较大,也可先上一台变压器,待接双电源时再增一台变压器。此接线方式具有灵活性和发展余地,也可用于一、二类负荷上。

2)双电源供电方案

①双电源、单变压器,母线不分段系统:如图 8.6(a)所示,因变压器远比电源故障和检修次数要少,故此方案投资较省,较可靠性,可适用于二级负荷。

②双电源、单变压器,低压母线分段系统:如图 8.6(b)所示,此方案比上方案设备增加不多,可靠性明显提高,可适用于二级负荷。

③双电源、双变压器,低压母线不分段系统:如图 8.6(c)所示,此方案不分段的低压母线,限制两变压器合用作用的发挥,故不宜选用。

④双电源、双变压器,低压母线分段系统:如图 8.6(d)所示,该系统中各基本设备均有备用,供电可靠性大为提高,可适用于一、二级负荷。

⑤双电源、双变压器,高压母线分段系统,如图 8.6(e)所示。因高压设备价格贵,故该方案比方案④投资大,并且存在方案③的缺点;故一般不宜采用。

⑥双电源、双变压器、高压母线、低压母线均分段系统:如图 8.6(f)所示,该方案的投资虽高。但供电可靠性提高更大,适合一级负荷。

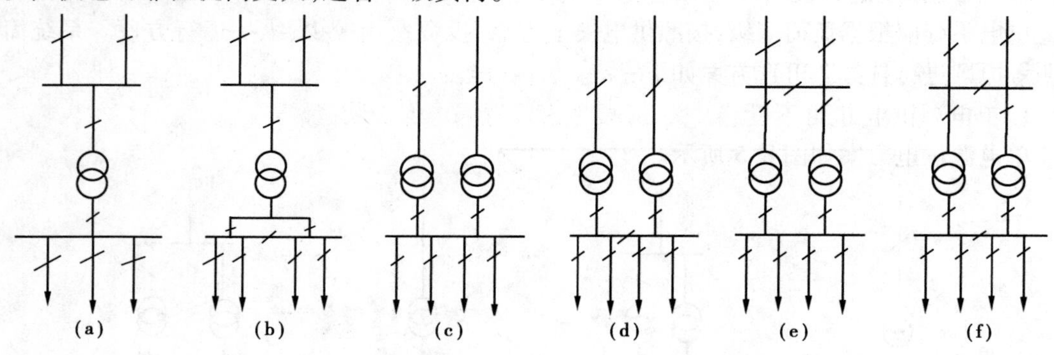

图 8.6　双电源供电系统

8.3.2　低压配电系统

低压配电系统可分为低压动力系统和照明配电系统,由配电装置(配电盘)及配电线路(干线及分支线)组成。配电方式有放射式、树干式及混合式等数种,如图 8.7 所示。

放射式的优点是各个负荷独立受电,因而故障范围一般仅限于本回路,线路发生故障需要检修时,只切断本回路即可。同时回路中电动机启动引起的电压波动,对其他回路的影响也较小。缺点是所需开关和线路较多,因而建设费用较高。因此,一般放射式配用电多用于较重要的负荷。

树干式的特点是建设费用低和故障影响的范围较大,如果干线上所接用的配电盘不多时,仍然比较可靠。在多数情况下一个大系统都采用树干与放射相混合的配电方式。

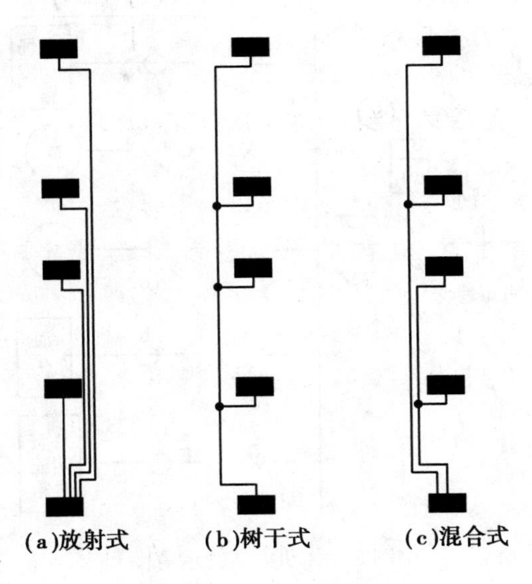

图 8.7　配电方式

从低压电源引入的总配电装置(第一级配电点)开始,至末端照明支路配电盘为止,配电组数一般不宜多于三级,每一级配电线路的长度不宜大于 30 m。如从变电所的低压配电装置算起,则配电级数一般不多于四级,总配电长度一般不宜超过 200 m。

(1)照明配电系统

照明配电系统的特点是按建筑的布局选择若干配电点,一般情况下,在建筑物形式的每个沉降与伸缩区内设 1 ~2 个配电点,其位置应使照明支路线的长度不超过 40 m,如条件允许最好将配电点选在负荷中心。

当建筑物为平房,一般按所选的配电点联结成树干式配电系统。

多层建筑物的楼房,如图 8.8 所示。可在底层设进线电源配电箱或总配电室,其内设能切断整个建筑照明供电的总开关和 3 只单相电度表,作为紧急事故或维护干线时切断总电源和计量建筑用电用。建筑的每层均设置照明分配电箱,分配电箱时要做到三相负荷基本平衡。分配电箱内设照明支路开关及便切断各支路电源的总开关,考虑短路和过流保护均采用断路器或熔断器。每个支路开关应注明负荷容量、计算电流、相别及照明负荷的所在区域。当支路开关不多于 3 个时,也可不设总开关,并要考虑设置漏电保护装置。

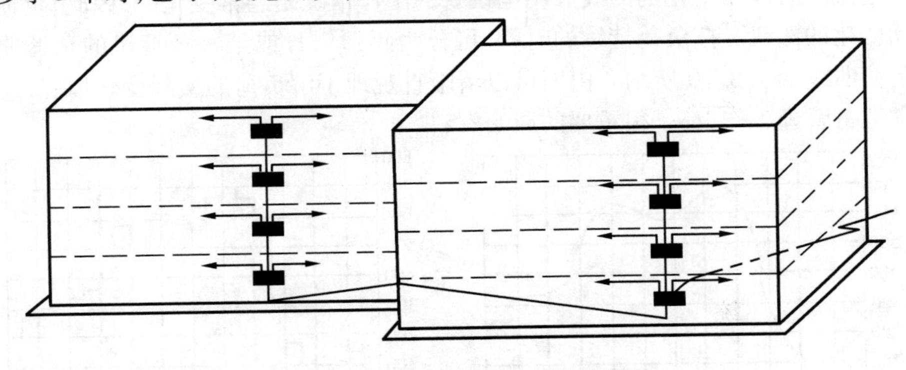

图 8.8　多层建筑配电系统示意图

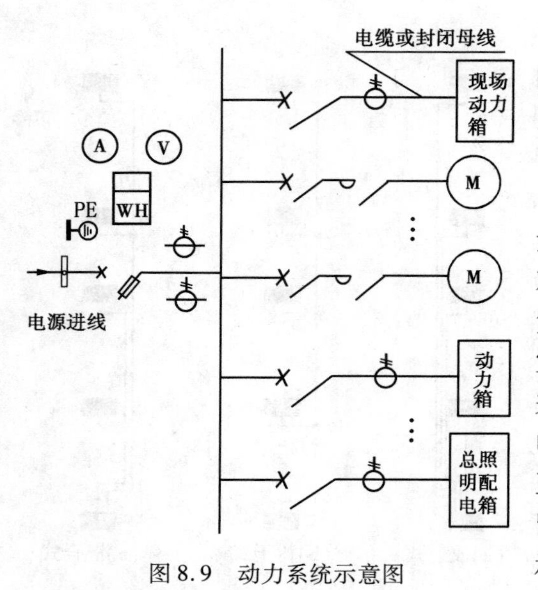

图 8.9　动力系统示意图

以上所述为一般照明配电系统，当有事故照明时，需与一般照明的配电分开，另按消防要求自成系统。

(2)**动力配电系统**

动力负荷的配电系统需按使用性质归类，按容量及方位分路。对集中负荷采取放射式配电干线。对分散的负荷采取树干式配电，依次联结各个动力负荷配电盘。多层建筑物当各层均有动力负荷时，宜在每个伸缩沉降区的中心每层设置动力配电点，并设分总开关作为检修或紧急事故切断电源用。电梯设备的配电，一般采取直接由总配电装置引上至屋顶机房。若多层建筑的各层无动力负荷，宜预留一根立管，每层设一空分线箱备用。如图 8.9 所示为动力控制中心，或中心配电室，或楼层配电间的动力系统。

8.4　用电负荷的计算及电气设备的选择

8.4.1　用电负荷的计算

用电负荷的计算是指用电设备用电量的计算。为方便供电计算，按不同负荷性质分为照明(包括普通和保安照明)和动力两类负荷进行。用电负荷的计算实际是指用电设备功率、电流的计算。

(1)负荷曲线和负荷的种类

1)负荷曲线

功率或电流随时间而变化的曲线。用电设备的工作情况是经常变化的，因此，负荷曲线是随时间波动变化的曲线。按负荷持续的时间，可分为年、月、日或某一负荷班的负荷曲线。某建筑的日负荷曲线如图 8.10 所示。由图可以清晰直观地了解负荷的实际变化情况，这对进行供电设计和运行管理工作，都是很重要的原始资料。

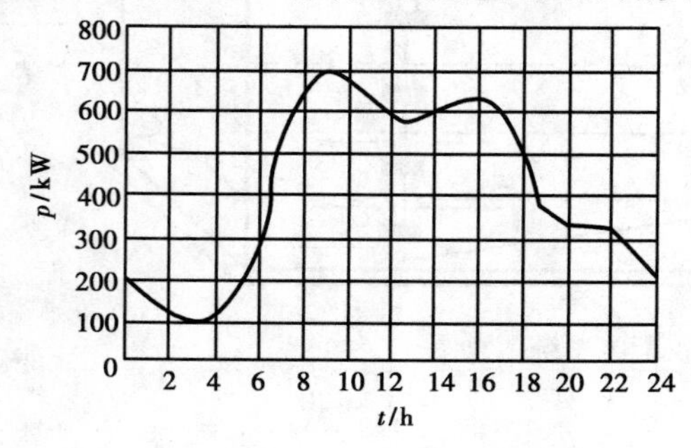

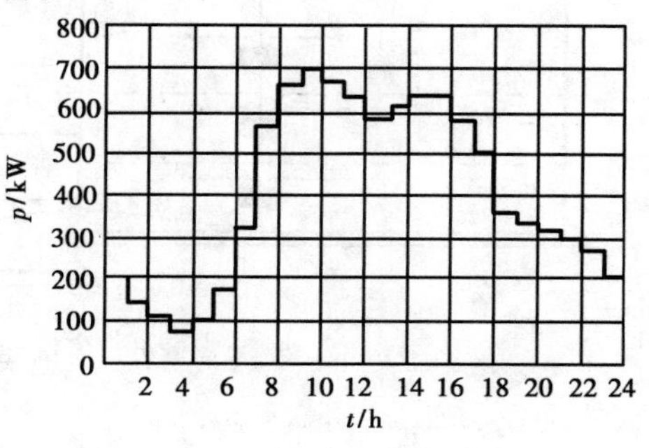

图 8.10　日负荷曲线

2)负荷计算的主要内容

①最大负荷即计算负荷:指消耗电能最多的半小时的平均功率,亦即连续30 min的最大平均负荷用P_{30},Q_{30},S_{30}表示。可依此作为按发热条件选择电气设备的依据,故又称计算负荷,常用P_{js}(有功功率)、Q_{js}(无功功率)和S_{js}(视在功率)表示。

②尖峰负荷:指电动机启动时,1~2 s内最大负荷电流,可看作短时冲击负荷。可依此校核电路中的电压损失和电压波动,选择保护元件(如熔断器、自动开关和整定继电保护装置等)的依据和检验电动机自启动条件,常用P_{jf},Q_{jf}和S_{jf}表示。

③平均负荷:指用电设备在某段时间内所消耗的电能除以该段时间所得的平均动能,即

$$P_p = \frac{W_t}{t} \tag{8.1}$$

式中　P_p——平均有功负荷,kW;

W_t——用电设备在时间t内所消耗的电能,kW·h;

t——实际用电时间,h,对于年平均负荷,常取t=8 760 h。

平均负荷可用于计算某段时间内的用电量和确定补偿电容的大小。常以P_p,Q_p和S_p表示。平均负荷与最大负荷之比称负荷系数。对于有功和无动负荷系数分别用α和β表示为:

$$\alpha = \frac{P_p}{P_{js}};\ \beta = \frac{Q_p}{Q_{js}} \tag{8.2}$$

负荷系数又称负荷率,也可称为负荷曲线填充系数,用以反映负荷曲线的不平坦程度,即表示负荷波动的程度。

(2)负荷计算的方法

负荷值大小的选定关系到配电设计合理与否。如负荷确定过大,将使导线和设备选得过粗过大。造成材料和投资的浪费,如负荷确定过小,将使供配电系统在运行中电压损失过大,电能损耗增加、发热严重、引起绝缘老化以致烧坏,以及造成短路等故障,从而带来更大的损失。负荷计算的方法有单位指标法和需要系数法。在建筑电气设计中,在方案设计阶段可采用单位指标法,而在初步设计和施工图设计阶段宜采用需要系数法。

1)单位指标法

单位指标法是指建筑物单位建筑面积的安装功率方法,该方法与建筑物的种类(办公楼或宾馆)、等级(普通的或高级的)、附属设备情况(有无空调等)和房间用途(卧室成绘图室)等条件有关,而且随着生活和生产水平的提高,其标准逐渐提高。

下面推荐表可供参考选用,见表8.1。

表8.1　各类建筑物单位建筑面积用电指标表

建筑物名称	用电指标/(W·m^{-2})	变压器容量指标/(VA·m^{-2})	建筑物名称	用电指标/(W·m^{-2})	变压器容量指标/(VA·m^{-2})
公寓	30~50	40~70	医院	30~70	50~100
宾馆	40~70	60~100	高等院校	20~40	30~60
办公楼	30~70	50~100	中小学	12~20	20~30
商业	一般40~80	60~120	展览馆	50~80	80~120
建筑	大中型60~120	90~180	博物馆	50~80	80~120
体育场、馆	40~70	60~100	演播厅	250~500	500~800

查取相应表中数值,乘以总建筑面积,即得建筑物的总用电负荷,进而可估算出供配电系统的规模、主要设备和投资费用,从而可满足方案或初步设计的要求。

2)需要系数法

需要系数 K_x 是用电设备组所需要的计算负荷(最大负荷)P_{js} 与其设备装置容量 P_s 的比值,即

$$K_x = \frac{P_{js}}{P_s} \tag{8.3}$$

根据需要,系数 K_x 求总安装容量为 P_s 的用电设备组所需计算负荷 P_s 的方法称需要系数法。

①需要系数的确定:用电设备组的供配电系统,如图 8.11 所示。

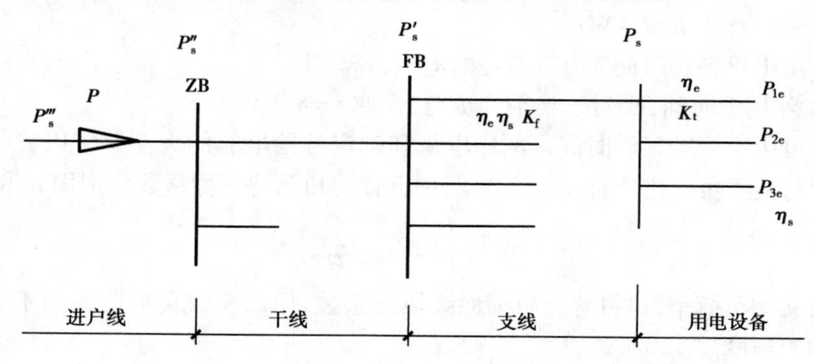

图 8.11　建筑供配电系统

一组用电设备接入一条支线,若干条支线接入一条干线,若干条干线接入一条总进户线。汇集支线接入干线的配电设备称分配电盘。汇集干线接入总进户线的配电设备称总配电盘(分盘 FB,总盘 ZB)。

每个用电设备的安装容量是指其铭牌额定容量 P_e,即指其在额定条件下的最大输出功率。用电设备组的设备容量,是指所接全部设备在额定条件下最大输出功率之和,即 $P_S = \sum P_e$。若设备组的平均效率记以 η_S,则向该设备组输入的功率应为 $P'_s = P_s/\eta_s$。若考虑在线路传输中的能量损失计入线路的平均效率为 η_e,则在线路始端输入的功率应为 $P''_s = P_s/(\eta_s\eta_e)$。若考虑全部设备并不同时运行,计入同时运行系数 K_x(是运行的设备容量与总设备容量之比值),则输入线路的功率应为 $P''_s = K_t P_s/(\eta_s\eta_e)$。最后考虑参加运行的设备也不见得都是在额定条件下满负荷运行,计入负荷系数 K_f(设备实际输出功率与铭牌功率的比值),则由电源输向用电设备组的计算功率 $P_{js} = K_f K_t P_s/(\eta_s\eta_e)$。将该式整理可得:

$$\frac{P_{js}}{P_s} = \frac{K_f}{\eta_s}\frac{K_t}{\eta_e} \tag{8.4}$$

将式(8.4)代入式(8.3),可得:

$$K_x = \frac{K_f}{\eta_s}\frac{K_t}{\eta_e} \tag{8.5}$$

由式(8.5)理解需要系数的物理意义,并可由此式参照实际运行资料确定需要系数 K_x 的大小。一般情况下 $\eta_s<1$、$\eta_e<1$,$K_f<1$、$K_t<1$,K_x 值也总是小于 1。

实际上,需要系数不仅与设备的效率、台数、工作情况及线路损耗有关,而且与维护管理水

平等因素也有关。根据不同类型的建筑和不同类型的用电设备，整理出有相应的需要系数表，可供设计中查用。各类建筑的照明需要系数表见表 8.2。据查得的 K_x 值可按下式求出计算负荷：

$$P_{js} = K_x P_s = K_x P_e \tag{8.6}$$

表 8.2　需要系数及功率因子表

负荷名称	规模/台数	需要系数 K_x	功率因子 $\cos\varphi$	备　注
照明	$S<500\ \text{m}^2$	1～0.9	0.9～1	含插座容量、荧光灯就地补偿或采用电子镇流器
	$500\ \text{m}^2<S<3\ 000\ \text{m}^2$	0.9～0.7	0.9	
	$3\ 000\ \text{m}^2<S<15\ 000\ \text{m}^2$	0.75～0.55		
	$S>15\ 000\ \text{m}^2$	0.7～0.4		
冷冻机锅炉房	1～3	0.9～0.7	0.8～0.85	—
	>3	0.7～0.6		
热力站、水泵房、通风机	1～5	0.95～0.8		
	>5	0.8～0.6		
电梯	—	0.5～0.2	—	用于配电变压器总容量选择计算
洗衣房 厨房	$P_e\leqslant 100$ kW	0.5～0.4	0.8～0.9	—
	$P_e>100$ kW	0.4～0.3		
窗式空调	4～10	0.8～0.6	0.8	—
	11～50	0.6～0.4		
	50 台以上	0.4～0.3		
舞台照明	<200 kW	1～0.6	0.9～1	—
	>200 kW	0.6～0.4		

②基本公式。根据建筑物性质，按表 8.2 查出 K_x 值，按公式(8.6)求出有功计算负荷 P_{js} 之后，可按式(8.7)求出无功计算负荷：

$$Q_{js} = P_{js}\tan\varphi \tag{8.7}$$

可按式(8.8)求出视在计算负荷：

$$S_{js} = \sqrt{P_{js}^2 + Q_{js}^2} \text{ 或 } S_{js} = \frac{P_{js}}{\cos\varphi} \tag{8.8}$$

根据所求出的计算功率，可进一步求出线路中的计算电流 I_{js}。若为单相负载，可按式(8.9)计算：

$$I_{js} = P_{js} \times \frac{1\ 000}{V_{ex} \times \cos\varphi}$$

或

$$I_{js} = S_{js} \times \frac{1\ 000}{V_{ex}} \tag{8.9}$$

若为三相负载，可按下式计算：

$$I_{js} = P_{js} \times \frac{1\ 000}{\sqrt{3} \times V_{eL} \times \cos\varphi}$$

或

$$I_{js} = S_{js} \times \frac{1\ 000}{\sqrt{3} \times V_{eL}} \tag{8.10}$$

式中　cos φ,tan φ——用电设备组的平均功率因数及其对应的正切值(有关设计手册有表可查);

V_{ex}——配电线路的相电压(数值等于单相用电设备的额定电压,一般为220 V);

V_{eL}——配电线路的线电压(数值等于三相用电设备的额定电压,一般为380 V)。

单相负荷接入三相电路时,单相负荷应均衡分配到三相电路中,当单相负荷的总计算容量小于计算范围内三相对称负荷总计算量的15%时,全部按三相对称负荷计算;当超过15%时,应将单相负荷换算为等效三相负荷,再与三相负荷相加。等效三相负荷的计算方法:①等效三相负荷取最大相负荷的3倍;②只有线间负荷时,单台时等效三相负荷取线间负荷的$\sqrt{3}$倍,多台时等效三相负荷取最大线间负荷的$\sqrt{3}$倍加上次大线间负荷的$(3-\sqrt{3})$倍;③既有线间负荷又有相负荷时,应先将线间负荷换算为相负荷,然后各相负荷分别相加,取最大相负荷乘3倍作为等效三相负荷。

8.4.2　电气设备的选择

(1)设备容量 P_s 的确定

①动力设备容量 P_{s1}:只考虑工作设备不包括备用设备,其值与用电设备组的工作制有关,应按工作制分组分别确定。

长期工作制用电设备的设备容量,就是其铭牌额定容量:$P_s = P_e$;短期和反复短期的设备容量,是将其在某一工作状态下的铭牌额定容量换算到标准工作状态下的功率。多组动力设备的计算负荷,考虑接于同一干线的各组用电设备的最大负荷并不是同时出现的情况,在确定干线总负荷时,引入一个同时系数 K_t 计算。

②照明设备容量 P_1:对于白炽灯等热辐射光源可取其铭牌额定功率。对于荧光灯和高压水银灯等气体放电光源,还应计入镇流器的功率损耗,即此灯管的额定功率有所增加,前者应增加20%,后者应增加8%。

(2)导线和电缆的选择

1)导线截面选择条件

照明线路导线截面的选择条件为:机械强度要求;导线允许温升;线路允许电压损失。通常按上述3个条件选择导线截面并取其中最大的数值。在设计中,按照允许温升进行导线截面的选择,按允许电压损失进行校核,并应满足机械强度的要求。

2)线路的工作电流

线路的工作电流是影响导线温升的重要因素,所以有关导线截面选择的计算首先是确定线路的工作电流。

3)根据允许温升选择导线截面

电流在导线中流通时,由于产生焦耳热而使导线的温度升高。导致绝缘加速老化或损坏。为使导线的绝缘具有一定的使用寿命,各种电线电缆根据其绝缘材料的情况规定最高允许工作温度。导线在持续工作电流的作用下,其温升(或工作温度)不能超过最高允许值。而导线的温升与电流大小、导线材料性质、截面、散热条件等因素有关，当其他因素一定时，温升与导线的截面有关，截面小温升大。为使导线在工作时的温度不超过允许值，对其截面的大小必须有一定的要求。

供配电工程中，一般使用已标准化的计算和试验结果，即导线的载流量数据。导线载流量是在使用条件下导线温度不超过允许值时导线允许的长期持续电流，按照导线材料、最高允许工作温度（与绝缘材料有关）、散热条件、导线截面等不同情况列出的，可查有关手册获得。由导线载流量数据，可根据导线允许温升选择导线截面，$I \geqslant I_L$。导线载流量数据是在一定的环境温度和敷设条件下给出的，当环境温度和敷设条件不同时，载流量数据需要乘以校正系数。导线截面选择见表8.3、表8.4。

表8.3　绝缘导体的最小允许截面

序号	用途及敷设方式	线芯的最小截面/mm²		
		铜芯软线	铜线	铝线
1	照明用灯头线			
	（1）室内	0.4	1.0	2.5
	（2）室外	1.0	1.0	2.5
2	移动式用电设备			
	（1）生活用	0.75	—	—
	（2）生产用	1.0	—	—
3	架设在绝缘支持件上的绝缘导线其支持点间距			
	（1）2 m及以下，室内	—	1.0	2.5
	（2）2 m及以下，室外	—	1.5	2.5
	（3）6 m及以下	—	2.5	4
	（4）15 m及以下	—	4	6
	（5）25 m及以下	—	6	10
4	穿管敷设的绝缘导线	1.0	1.0	2.5
5	塑料护套线沿墙明敷设	—	1.0	2.5

表8.4　保护导体的最小截面

相导体的截面 S/mm²	相应保护导体的最小截面 S/mm²
$S \leqslant 16$	S
$16 < S \leqslant 35$	16
$S \geqslant 35$	$\frac{S}{2}$

（3）开关设备

根据生产工艺要求，产生相应的动作使电路接通或断开的设备。

1）照明器控制开关

用于对单个或数个照明器的控制，工作电压为250 V，额定电流有1，2.5，4，6，10 A等几种，如图8.12所示。

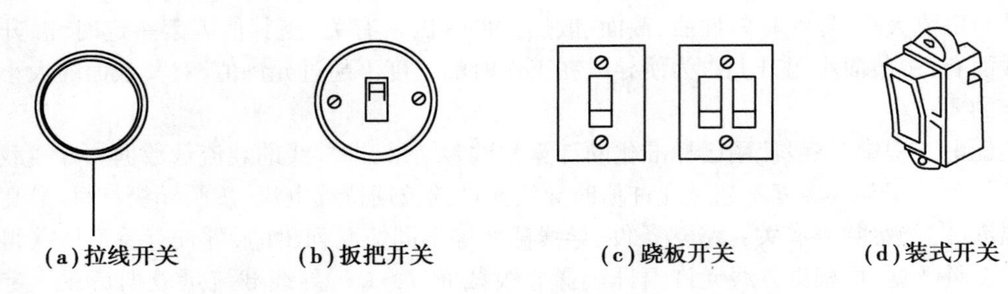

图 8.12　照明器控制开关

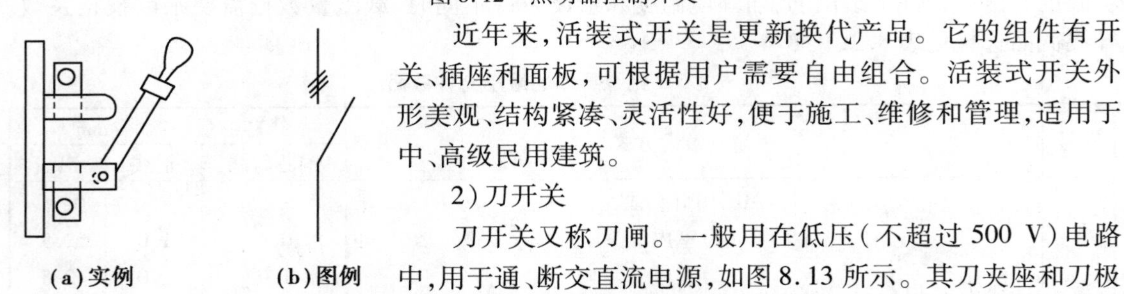

图 8.13　刀开关结构示意图

近年来,活装式开关是更新换代产品。它的组件有开关、插座和面板,可根据用户需要自由组合。活装式开关外形美观、结构紧凑、灵活性好,便于施工、维修和管理,适用于中、高级民用建筑。

2)刀开关

刀开关又称刀闸。一般用在低压(不超过 500 V)电路中,用于通、断交直流电源,如图 8.13 所示。其刀夹座和刀极通常用紫铜或黄铜制作。刀开关分单极、双极和多极几种。一般刀开关由于触头分断速度慢,灭弧困难,只用于切断小电流。为使刀闸断弧快,切断电流大,制成附有消弧快断刀极的刀开关。当刀开关合闸时,快断刀极先接通电路。当分闸时,主刀极先离开刀夹座。而快断刀极在弹簧拉力作用下迅速切断电路。快断刀极保护了主刀极不被电弧灼伤。快断刀极被电弧灼伤后可以单独更换。600 A 以上的刀开关,附装有断弧触头或灭弧罩。

刀开关一般用于切断交流 380 V 及以下的额定负载,对于容量≤380 V 的额定负载,为小容量工作的操作开关。国产刀开关有 HD11,HS11 等系列。照明配电多采用 HKI 型胶盖开关。

小容量异步电动机不频繁启动和停车时,常采用由带有速断刀极的刀开关与熔断器组合而成的负荷开关,又称铁壳开关。

刀开关通常按 $I_e \geqslant I_j$ 选择;I_e 为刀开关的额定电流;I_j 为线路中的计算电流。

3)自动空气开关

①基本构造和工作原理:如图 8.14 所示为自动空气开关的基本构造。电路中电流正常时,电磁铁 5 中的吸力小,不能将搭扣 4 吸上,使动接触刀片 1 保持在闭合位置。当过载或短路,电流增大到一定数值,电磁铁 5 的吸力增大到能吸动搭扣 4 上的衔铁 6,使搭扣脱扣,在弹簧 2 的作用下,接触刀片 1 跳开,将电路切断,完成过载成短路保护。

图 8.15 为欠压(失压)自动空气开关的构造图。电磁线圈接在线电压上。电压正常时,电磁吸力可以将搭扣吸住,使线路保持接通。当欠压(或失压)时,电磁吸力变小,在弹簧 6 的作用下。搭扣被拉开,在弹簧 2 的作用下。接触刀片迅速被拉开,切断电路。欠压自动空气开关可装在事故供电线路中,实现工作电源与事故电源的自动切换。

②按照自动空气开关的工作条件及性质、线路的额定参数,以及计算对脱扣器的动作电流来选择所需要的型号和类型。

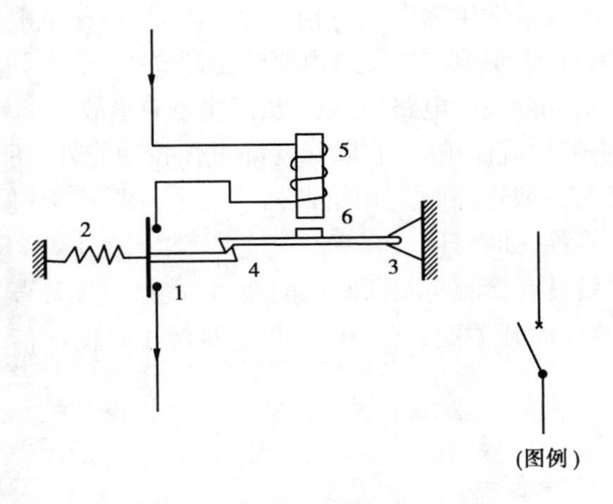

图8.14 过载自动空气开关
1—接触刀片;2—弹簧;3—搭扣支点;
4—搭扣;5—电磁铁;6—衔铁

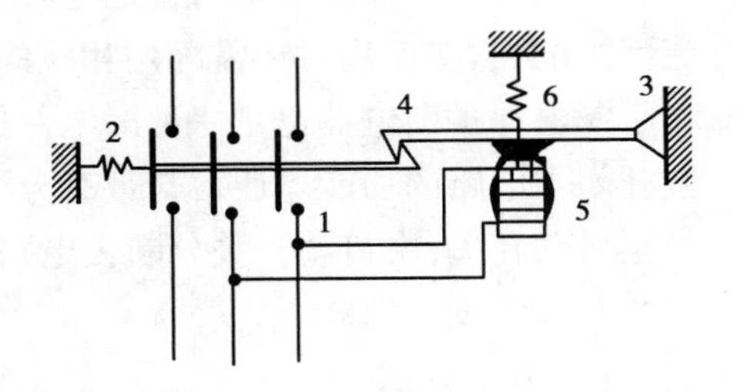

图8.15 欠压自动空气开关
1—接触刀片;2—弹簧;3—搭扣支点;
4—搭扣;5—电磁铁;6—弹簧

(4)保护设备

1)熔断器

熔断器俗称保险丝,串接于被保护的电路中。当电路发生短路或严重过载时,自动熔断,从而切断电路,使线路和设备不致损坏。

熔断器按结构形式可分为插入式、旋塞式和管式3种。插入式为RC1A型,旋塞式为RL1型,管式分普通管式为RM10型和具有强灭弧性能的RTO型。RTO型为有填料的管式熔断器。熔断器中起主要作用的熔体部分,都是由熔点低、导电性能好的合金材料制成,在小电流电路中常用铅铝合金作熔体材料,在大电流电路中常用铜作熔体材料。熔断器既可保护短路,又可保护较大的过载。电路过载越大,则熔断时间越短。

一般根据供电对象和线路的特性、线路负线电流以及熔断器额定值进行选择。如低压配电柜因所带负载多,要求切断能力较大,宜选用RTO型熔断器。用于照明、中小容量电动机的供电线路或控制电路等电流不大的电路中,可采用RL1型旋塞式或RC1A型瓷插式熔断器。对于中小型异步电动机,若短路电流不大且短路机会也不多时,宜选用RM10型熔断器。对要求快速动作的场合,宜选用RS型快速熔断器。

2)热继电器

热继电器以被控对象发热状态为动作信号的一种保护电器,常用于电动机的过载保护。

3)漏电保护开关

漏电保护开关是在检测与判断到触电或漏电故障时,能自动切断故障电路的保护装置。如图8.16所示为目前通用的电流动作型漏电保护开关的工作原理图。它由零序互感器TAN、放大器A和主回路断路器QF(内含脱扣器YR)3个主要部件组成。其工作原理是:设备正常运行时,主电路电流的相量和为零,零序

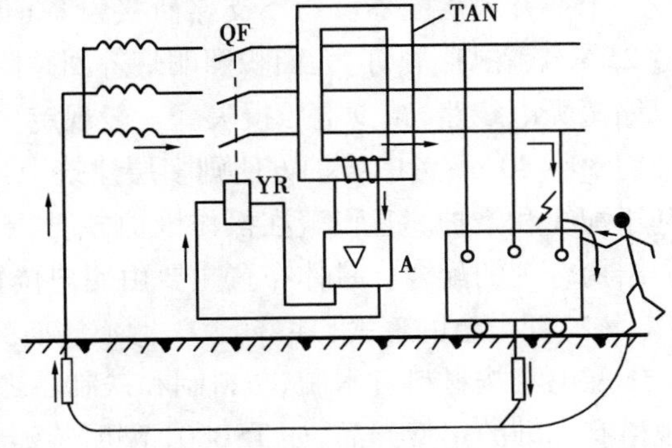

图8.16 电流动作型漏电保护开关工作原理图
TAN—零序互感器;A—放大器;
YR—脱扣器;QF—低压断路器

互感器的铁芯无磁通，其二次侧设有电压输出。若设备发生漏电或单相接地故障时，由于主电路电流的相量和不再为零，零序互感器的铁芯有零序磁通，其二次侧有电压输出，经放大器 A 判断、放大后，输入脱扣器 YR，令断路器 QF 跳闸，从而切除故障电路，避免人员发生触电事故。

按保护功能分，漏电保护开关有两种：一种是带过流保护的，它除具备漏电保护功能外，还兼有过载和短路保护功能。使用这种开关，电路上一般不需再配用熔断器。另一种是不带过流保护的，它在使用时还需配用相应的过流保护装置（如空开）。

漏电保护断电器也是一种漏电保护装置，它只具有检测与判断漏电的能力，本身不具备直接开闭主电路的功能。通常与带有分励脱扣器的自动开关配合使用，当断电器动作时输出信号至自动开关，由自动开关分断去电路。

8.5 配电盘、柜和变配电室

建筑内所用低压和高压设备，均应安装在配电盘、控制台或配电柜上。而所有盘（箱），台、柜均应在建筑内占据一定的空间位置或放置在专门的电气房间中。这些空间位置和专用房间都是整个建筑设计中不可缺少的组成部分之一。在进行设计时，不仅要考虑建筑布局方便和美观，也要考虑电气运行上的合理性和安全要求。

8.5.1 配电盘（箱）

在整个建筑内部的公共场所和房间内大量设置有配电盘。其内装有所管范围内的全部用电设备的控制和保护设备。其作用是接受和分配电能。一般安装有开关、保护和计量设备。有的还安装有信号指示设备，如信号灯、铃等。

（1）配电盘在建筑平面的布置

配电盘的布置从技术性上应保证在每个分配箱的供电各相负荷平衡，若不均匀那么不均匀程度≤30%，对总盘的供电范围内，各相负荷的不均匀程度≤10%；从可靠性考虑供电总干线中的电流，一般≤60～100 A。每个配电盘的单相分支线，不应超过 6～9 路。每路分支线上设一个空开或熔断器。每条支路所接设备（如灯具和插座等）总数不宜超过 20 个（最多不超过 25 个），花灯、彩灯、大面积照明灯等回路除外；从经济性考虑应设置位于用电负荷的中心，以缩短配电线路，减少电压损失。一般规定，单相配电盘供电半径为 30 m，三相配电盘供电半径为 60～80 m；考虑维护方便则多层建筑中，各层配电盘的位置应在相同的平面位置处，以有利于配线和维护。且设置在操作维护方便、干燥通风、采光良好处，并注意不要影响建筑美观和结构合理的配合。具体布置主要由用户位置决定。

（2）配电盘的形式

配电盘按材料有木制、塑料制和铁制品之分，考虑防火要求，一般不采用木制配电盘。按规格有标准的定型产品，如 TSB801 型明装塑料电度表板、JX4 型嵌入式照明控制箱等；也有非标准的现场加工产品。盘内设备和接线有推荐的方案，也可自行安排设计。按负荷类型分照明盘和动力盘。在照明或动力平面图上表示时，若为明装，则画在墙外；若为暗装，则画在墙内。均应注明盘的编号。

(3)盘面布置及尺寸

根据盘内设备的类型、型号和尺寸,结合供电工艺情况对设备作合理布置,按照设计手册的相应规定,确定各设备之间的距离,则可确定盘面的布置和尺寸。为方便设计和施工,应尽量采用设计手册中所推荐的典型盘面布置方案。

8.5.2　配电柜

配电柜又称开关柜,是用于安装高低压变配电设备和电动机控制保护设备的定型柜。安装高压设备的称为高压开关柜,安装低压设备的称为低压开关柜。

(1)高压开关柜

高压开关柜按结构形式分固定式、活动式和手车式 3 种。固定式是柜内设备均固定安装,需到柜内进行安装维护,典型产品如 GG-1A 型开关柜,如图 8.17 所示。而手车式则是断路器等主要电器设备均可随手车拉出柜外检修,既方便又安全,推入同类手车可继续供电,缩短停电时间,如北京开关厂生产的 GFC-3 型手车式开关柜。活动式为从固定式到手车式的一种过渡形式,如 GH-1 型活动式高压开关柜的主要设备断路器及操作机构是活动的,需要检修时,可将公用检修小车推到柜前,先将断路器等从柜内拉到检修小车上,然后推到检修场地进行检修,但电压互感器、避雷器等不是活动的,仍需在柜内进行检修。

配电柜的布置方式有靠墙式和离墙式两种。手车式可靠墙布置从而节省房间面积,但为便于维修及检查,对手车式开关柜,制造厂也希望离墙安装。

各开关柜均有厂家推荐的标准接线方案,供设计中选用。各开关柜均有固定的外形尺寸,如 GG-1A 型固定式高压开关柜的外形及安装尺寸如图 8.17 所示。

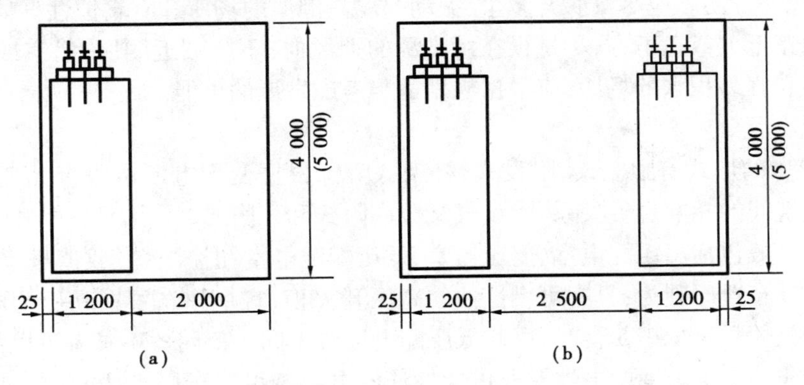

图 8.17　高压开关柜

(2)低压配电柜

低压配电柜按结构形式分为离墙式、靠墙式和抽屉式 3 种类型。离墙式为双面维护,有利检修,但占地面积大。靠墙式不利检修,但适于场地较小处或扩建改建工程。抽屉式优点很多,可用备用抽屉迅速替换发生故障的单元回路而立即恢复供电,而且回路多,占地少。但因结构复杂、加工困难、价格较高,故目前国内应用尚不普遍。各低压柜均有标准接线方案供选用,并有固定的外形尺寸,如 BSL-1 型低压配电柜的外形及安装尺寸如图 8.18 所示。

高低压配电柜的型号均有很多种。但高压柜除 GG-1A 型外,低压柜除 BSL-1 型和 BDL-1 型外,其余型号均为各地厂家自行设计、试制和生产的产品,型号也是厂定的。特别是一次线

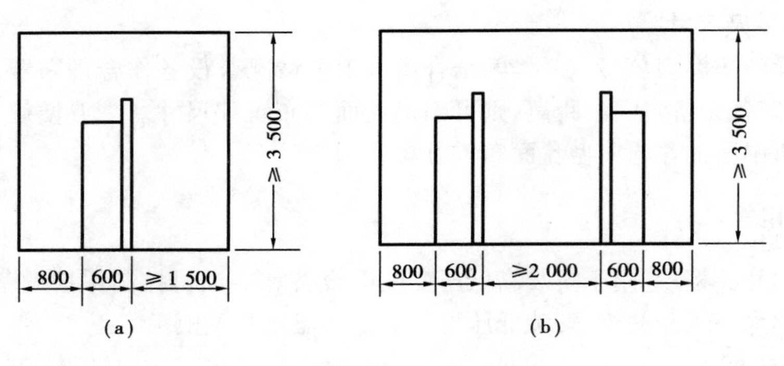

图 8.18　低压配电柜

路方案各厂不统一,给设计、订货、维护、互换带来很多不便。有关部门正着手进行开关柜类产品统一归口的组织工作,这种不协调的现象今后会有所好转。

8.5.3　变配电所(室)

变配电所(室)是安装和布置高、低压配电柜和变压器的专门房间和场地,由高压配电室、变压器室和低压配电室 3 部分组成。因建筑中引用的高压电为 6 ~ 10 kV,故为 6 ~ 10 kV 变配电所(室)。

(1)1.6 ~ 10 kV 变配电室的位置和形式

1)位置

变配电室的位置应尽量接近电源侧,并靠近用电负荷的中心。应考虑进出线方便、顺直且短,交通运输检修方便。应尽量躲开多尘、振动、高温、潮湿的场所和有腐蚀性气体、爆炸、火灾危险等场所的正上方或正下方,尽量设在污染源的上风向;不应贴近厕所、浴室或生产过程中地面经常潮湿和容易积水的场所,应根据规划适当考虑发展的可能。

2)形式及布置

变电所(室)的形式有独立式、附设式、杆架式等。根据变配电所本身有无建筑物以及该建筑与用电建筑间的相互位置关系,附设式又分内附式和外附式。

变配电所一般包括高压配电室、变压器室、低压配配电室和控制室(或值班室),有时需设置电容器室。其布置原则为:具有可燃性油的高压开关柜,宜单独布置在高压配电装置室内,但当高压开关柜的数量少于 5 台时,可和低压配电屏置于同一房间。不具有可燃性油的高、低压配电装置和非油浸电力变配电器及非可燃性油浸电容器可置于同一房间内;有人值班的变配电所(室)应单独有值班室,只具有低压配电室时,值班室可与低压配电室合并,但应保证值班人员工作的一面或一端,低压配电装置到墙的距离不应小于 3.0 m;单独值班室与高压配电室应直通或走廊相通,但值班室要有门直通户外或通向走廊;独立变配电所宜为单层布置,当采用二层布置时,变压器应设在首层,二层配电室应有吊装设备和吊装平台式吊装孔。各室之间及各室内部内应合理布置。布置应紧凑合理,便于设备的操作、巡视、搬运、检修和试验,并应考虑发展的可能性。

3)对建筑的要求

①可燃油油浸电力变配电器室应按一级耐火等级建筑设计,而非燃或难燃介质的电力变压器室、高压配电室、高压电容器室的耐火等级应等于二级及二级以上耐火等级,低压配电装

置室和低压电容器室的建筑耐火等级不应低于三级。

②变压器室的门窗应具有防火耐燃性能，门一般采用防火门。通风窗应采用非燃材料。变压器室及配电室门宽宜大于设备的不可拆卸宽度的 0.3 m，高度应高于设备不可拆卸高度 0.8 m。变压器室、配电室、电容器室的门应外开并装弹簧锁，对相邻设置电气设备房间，若设

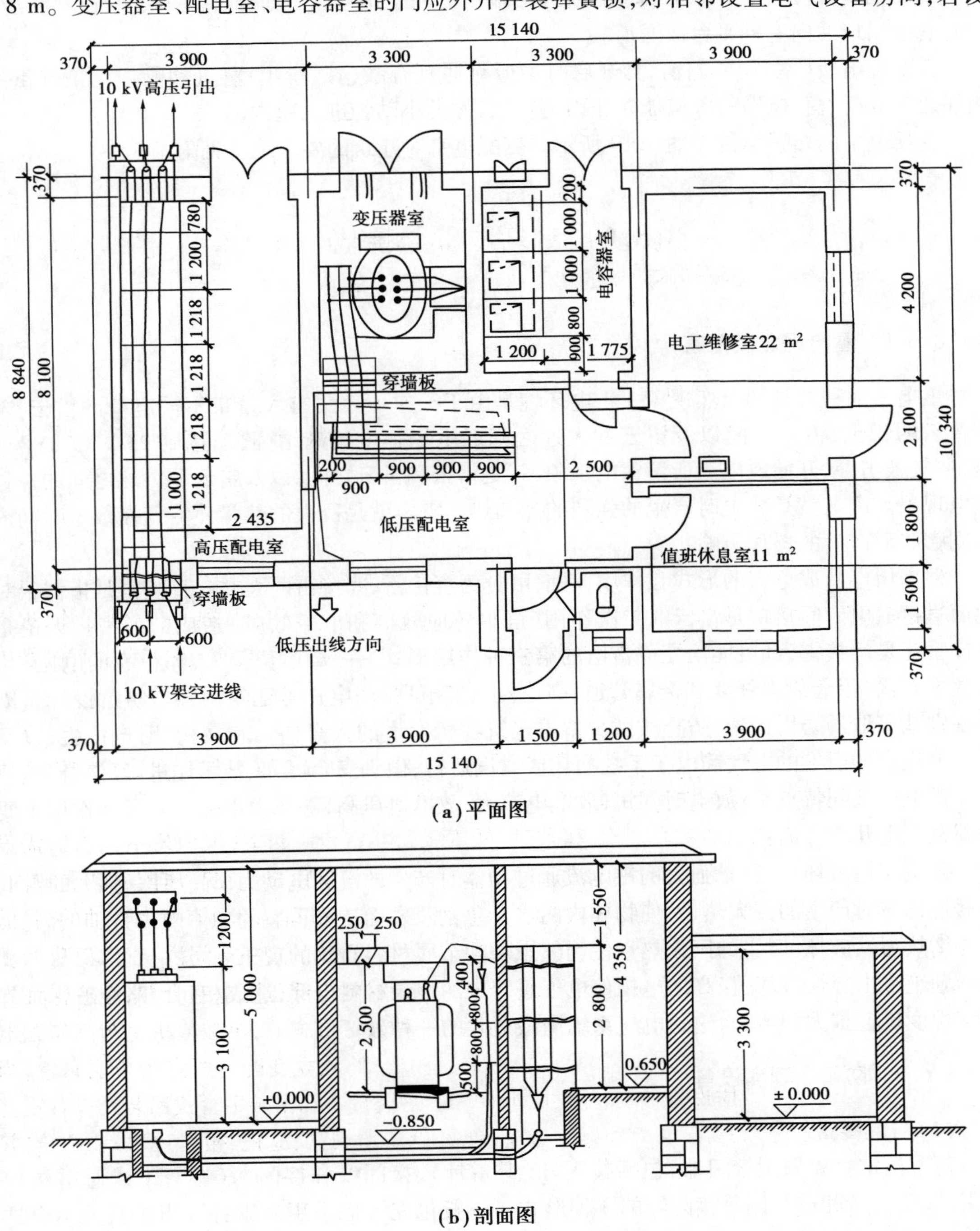

(a) 平面图

(b) 剖面图

图 8.19　变配电室布置示例图

门时应装双向开启门或门向低压方向开。

③高压配电室和电容室窗户下沿距室外地面高度宜大于或等于 1.8 m,其临街面不宜开窗。所有自然采光窗不能开启。

④配电室长度大于 8.0 m 时应在房间两端设有两个出口,二层配电室的楼上配电室至少应有一个出口通向室外平台或通道。

⑤变配电所(室)所有门窗,当开启时不应直通具有酸、碱、粉尘、蒸汽和噪声污染严重的相邻建筑。门、窗、电缆沟等应能防止雨、雪、鼠、蛇类小动物进入屋内。

变配电室的布置示例如图 8.19 所示。变配电室对建筑的要求综合见附录 8.1。

8.6 建筑防雷与接地

8.6.1 雷电现象及危害

雷电是一种常见的自然现象。雷电环境是由于天空中聚集有大量带不同电荷的雷云,随着雷云的积聚,雷云之间以及雷云和大地之间的电场强度逐渐增强,当达到 25 ~ 30 kV/cm 时,空气被击穿,开始放电。所谓雷电现象,就是雷云和雷云之间,以及雷云和大地之间的一种放电现象。闪电就是放电时产生的强烈的光和热。雷声就是巨大的热量使空气在极短时间内急剧膨胀而产生的爆炸声响。

根据雷电造成危害的形式和作用,一般可分为直接雷、间接雷两大类。直接雷是指雷云对地面直接放电。间接雷是雷云的二次作用(静电感应效应和电磁效应)造成的危害。无论是直接雷还是间接雷,都可能演变成雷电的第三种作用形式——高电位侵入,即很高的电压(可达数十万伏)沿着供电线路和金属管道,高速侵入变电所、用电户等建筑内部。防雷设计是因地制宜地采取的防雷措施,防止或减少雷击建筑物所发生的人身伤亡和文物、财产损失,以及雷击电磁脉冲引发的电气和电子系统损坏或错误运行,做到安全可靠、技术先进、经济合理。

雷电的共同特点是:放电时间短,放电电流大,放电电压高,破坏力很强。其破坏作用主要表现在以下几个方面:

①机械性破坏:一种是强大的雷电流通过物体时产生的巨大电动力;另一种是强大的雷电流通过物体时产生的巨大热量,使物体内的水分急剧蒸发而造成劈裂的物体内压力。

②热力性破坏:产生的巨大热量使物体燃烧和金属材料熔化的现象。

③绝缘击穿性破坏:极高的电压使电气系统中的绝缘材料击穿,造成相间短路使破坏的范围和程度迅速扩大和增长,这是电气系统中最危险的一种破坏形式。

8.6.2 防雷原理和设备

(1)防直接雷

防直接雷主要采用接闪器,包括接闪杆(避雷针)、接闪线和接闪网(避雷带或避雷网)。避雷针、避雷带和避雷网是接闪器的 3 种形式。一般化先考虑采用避雷针。当建筑上不允许装设高出屋顶的避雷针,同时屋顶面积不大时,可采用避雷带;若屋顶面积较大时,宜采用避雷网。

接闪器防直接雷的作用原理是接受雷电,即由接闪器引来雷电流,通过引下线和接地把雷电流安全地引导入地下。使接闪器下面保护范围内的建筑物免遭直接雷击。

对于防雷装置,只有正确设计、合理安装和适时维护才能起到应有的作用。否则,不仅不能保护建筑物,以致会招来更多的雷击事故。

(2)防间接(感应)雷

雷云通过静电感应效应在建筑物产生很高的感应电压,可通过将建筑物的金属屋顶、房屋中的大型金属物品,全部加以良好的接地处理来消除。雷电流通过电磁效应在周围空间产生的强大电磁场,使金属间隙因感应电动势而产生的火花放电,使金属回路因感应电流而产生的发热,可将相互靠近的金属物体全部可靠地连成一体并加以接地的办法来消除。

雷云对输电线路感应产生的高电压,通常转化成高电位侵入的形式,对建筑物和电气设备造成危险。

(3)防高电位(雷电波)侵入

雷电波可能沿着各种金属导体、管路,特别是沿着天线或架空线引入室内,对人身和设备造成严重危害。对这些高电位的侵入,特别是对沿架空线引入雷电波的防护问题比较复杂。通常采用:

①配电线路全部采用地下电缆。

②进户线采用50~100 m长的一段电缆。

③在架空线进户之处,加装避雷器或放电保护间隙。

第1种方法最安全可靠,但费用高,故只适用于特殊重要的民用建筑和易燃易爆的大型工业建筑。后两种方法不能完全避免雷电波的引入,但可将引入的高电位限制在安全范围之内,放在实际中得到广泛采用。

8.6.3 防雷设计

(1)建筑防雷保护范围

①保护建筑物内部的人身安全。

②保护建筑物不遭到破坏和烧毁。

③保护建筑物内部存放的危险物品不会损坏、烧毁和爆炸。

④保护建筑物内部的电气设备和系统不受损坏。

应根据以上要求,确定防雷保护措施。

(2)防雷等级及防雷要求

根据当地的雷电活动情况,建筑物本身的重要性和周围环境特点,综合考虑确定是否安装防雷装置及安装何种类型的防雷装置。

根据政治影响、重要性、人员多少以应国民经济、科学文化或建筑艺术上的价值,将建筑物的防雷等级分为3类,民用建筑物的防雷等级在第二类和第三类,具体查《建筑物防雷设计规范》(GB 50057—2010)。各类防雷建筑物应设防直接雷的外部防雷装置并应采取放闪电电涌侵入的措施。建筑物防雷保护措施总的来说:一、二级应有防直接雷、感应雷和雷电波侵入措施;三级应有防直接雷和雷电波侵入措施。在雷电活动频繁地区或强雷区可适当提高建筑物防雷等级。

(3)环境影响

建筑周围环境对雷击的影响因素有：

①地质条件：影响雷击的主要因素。土壤电阻率小的地点易落雷。土壤电阻率突变的地区，在局部电阻率较小的地点易遭雷击。在山坡与稻田的交界处、岩石与土壤的交界处，雷击多落于稻田和土壤中。地下水面积大和地下金属管道多的地点也易遭雷击。

②地形和地物条件：建筑群中的高耸建筑和空旷区的孤立建筑易遭雷击。山口或风口等雷暴走廊处易遭雷击。铁路枢纽和架空线路转角处易遭雷击。

③建筑物的构造及其附属构件条件：建筑物本身所能积蓄的电荷越多，越容易接闪雷电。如建筑物的梁、板、柱和基础内的钢筋；金属屋顶、电梯间、水箱间；楼顶的突出部位电线、旗杆、烟道、透气管等处都容易接闪。

④建筑物内外设备的条件：金属管道设备越多，越容易遭雷击。

(4)建筑物防雷的主要装置

建筑物防雷主要采用接闪器系统，由接闪器、引下线和接地装置3部分组成，如图8.20所示。

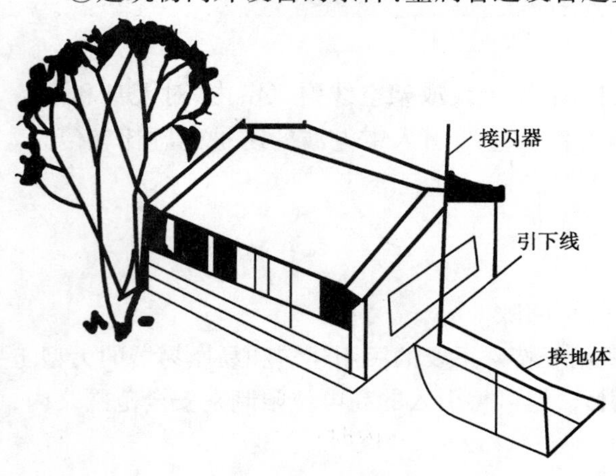

图8.20　接闪器防雷系统的组成

1)接闪器

①接闪杆(也称避雷针)。

a.接闪杆是人为设立的最突出的良导体。在雷云感应下，针的顶端形成的电场强度最大，因此最容易把雷电流吸引过来，完成避雷针的接闪作用。

b.避雷针结构一般用镀锌圆钢或焊接钢管制成，圆钢截面不得小于100 mm^2，钢管厚度不得小于3 mm。避雷针的直径，在针长1 m以下时圆钢不得小于12 mm，钢管不得小于20 mm；对针长1～2 m时圆钢不得小于16 mm，钢管不得小于25 mm；烟囱顶上的圆钢针不小于20 mm。

避雷针顶端形状可做成尖形、圆形式扇形。对于砖木结构房屋，可把避雷针敷设于山墙顶部瓦屋脊上。可利用木杆做避雷撑杆，针尖需高出木杆30 cm。避雷针应考虑防腐蚀，除应镀锌或涂漆外，在腐蚀性较强的场所，还应适当加大截面或采取其他防腐措施。

c.保护范围：单支避雷针的保护范围如图8.21所示。图中所用各符号的意义如下(单位均为m)：

h——避雷针的高度(由地面算起)；

h_s——被保护建筑物的高度；

h_a——避雷针在建筑物以上的高度；

r_x——在高度h的水平面上的保护半径；

r——在地面上的保护半径。

则避雷针在地面上的保护半径为：

$$r = 1.5h$$

即避雷针在高度h水平面上的保护半径，当$h_x < \frac{h}{2}$时，$r_s = (1.5h - 2h_s)p$；当$h_a \geq \frac{h}{2}$时，

$r_x=(h-h_s)\cdot p=h_a\cdot p$ (式中:p 为高度影响系数。当 $h\leqslant30$ m 时,$p=1$;当 $30<h\leqslant120$ m 时,$p=\frac{5.5}{\sqrt{h}}$)。

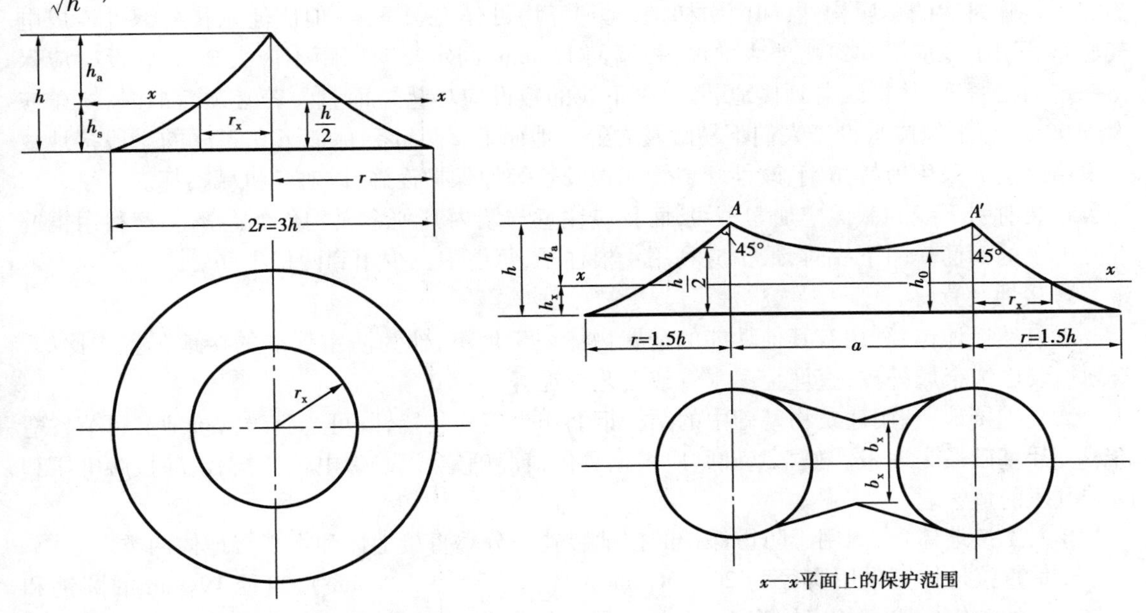

图8.21　单支避雷针的保护范围　　　　图8.22　双支等高避雷针的保护范围

双支等高避雷针的保护范围如图8.22所示。

避雷针下部的固定部分一般应为针长的1/3,若插入水泥墙内时可为针长的1/5~1/4。

②接闪线或网(也称避雷带和避雷网)。

a.避雷带:通过试验发现,不论屋顶坡度多大,都是屋角和檐角的雷击率最高。屋顶坡度越大,则屋脊的雷击率也大。避雷带就是对建筑物雷击率高的部位,进行重点保护的一种接闪装置。

b.避雷网:通过对不同屋顶坡度建筑物的雷击分布情况调查发现,对于屋顶平整,又没有突出结构(如烟囱等)的建筑物,雷击部位是有一定规律性的。屋面保护当建筑物较高,屋顶面积较大但坡度不大时,可采用避雷网作为局面保护的接闪装置。

c.结构避雷网(带)分明装和暗装两种。明装避雷网(带)一般可用直径8 mm的圆钢或截面 12×4 mm^2 的扁钢做成,架空接闪网的网格尺寸不应大于 5 m $\times5$ m 或 6 m $\times4$ m。为避免接闪部位的振动力,宜将网(带)支起10~20 cm,支起点间距取0.8~1.0 m,应注意美观和伸缩问题。暗装时可利用建筑内不小于 $\phi3$ mm 的钢筋。

专门敷设的接闪器,其布置应符合表8.5。

表8.5　接闪器布置

建筑物防雷类别	滚球半径 r/m	接闪网网格尺寸/m
第一类防雷建筑物	30	$\leqslant5\times5$ 或 6×4
第二类防雷建筑物	45	$\leqslant10\times10$ 或 12×8
第三类防雷建筑物	60	$\leqslant20\times20$ 或 24×16

2)引下线

引下线可分明装和暗装两种。

明装时一般采用直径 10 mm 的圆钢或截面 80 mm^2 的扁钢。在易受腐蚀部位,截面应适当加大。建筑物的金属构件,如消防梯、铁爬梯等均可作为引下线,但应注意将各部件连成电气通路。引下线应沿建筑物外墙敷设,距墙面 15 mm,固定支架间距不应大 2 m,敷设时应保持一定的松紧度,从接闪器到接地装置,引下线的敷设应尽量短而直。若必须弯曲时,弯角应大于 90°。引下线应敷设于人们不易触及之处。地面上 1.7 m 到地面下 0.3 m 的一段接地线应采用暗敷或采用镀锌角钢、改性塑料管或橡胶管等加保护设施,以避免机械损坏。

暗装时引下线的截面应加大一级,而且应注意与墙内其他金属构件的距离。若利用钢筋混凝土中的钢筋作引下线时,最少应利用 4 根柱子,每柱中至少用到两根主筋。

3)接地装置

①自然接地体:利用有其他功能的金属物体埋于地下,作为防雷保护的接地装置。比如,直埋铠装电缆金属外皮,直埋金属水管或工艺管道等。

②基础接地:利用建筑物基础中的结构钢筋作为接地装置,既可达到防雷接地又可节省造价。筏片基础最为理想。独立基础则应根据具体情况确定,以确保电位均衡,消除接触电压和跨步电压的危害。

③人工接地体:专门用于防雷保护的接地装置。分垂直接地体和水平接地体两类。

a. 垂直接地体可采用直径为 20 ~ 50 mm 的钢管(壁厚 3.5 mm)、直径 19 mm 的圆钢和∟ 50 ×5 的角钢做成。长度均为 2 ~3 m 一段。间隔 5 m 埋一根。顶端理深为 0.5 ~1.0 m,用接地连接条或水平接地体将其连成一体。

b. 水平接地体和接地连接条可采用截面为(25 ~40) ×4 mm^2 的扁钢、截面为 10 ×10 mm^2 的方钢或直径为 8 ~14 mm 的圆钢做成。埋深一般为 0.5 ~1.0 m。

埋接地时,应将周围填土夯实,不得回填砖石、灰渣各类杂土。通常,接地体均应采用镀锌钢材,土壤有腐蚀性时,应适当加大接地体和连接条截面,并加厚镀锌层,各焊点必须刷樟丹油或沥青油,以加强防腐。接地电阻的数值应符合规范要求。

民用建筑的防雷建筑物的防雷措施:接闪器宜采用避雷带(网)或避雷针或其他混合组成,避雷带应安装设在建筑物易受雷击部位,所有避雷针应采用避雷带相互连接。屋面接闪器保护范围之内的物体可不装接闪器,但引出屋面的金属体应和屋面防雷装置相连。屋面接闪器保护范围之外的非金属体应装设接闪器,并和屋面防雷装置相连。防直击类的引下线优先利用建筑物钢筋混凝土中的钢筋或钢柱、引下线的数量和间距规定要求。

8.6.4 接地

(1)接地的分类

所谓接地,简单说来是各种设备与大地的电气连接。要求接地有各式各样的设备,如电力设备、通信设备、电子设备、防雷装置等。接地的目的是为了使设备正常安全运行,以及确保建筑物和人员的安全。常用的接地有:

1)工作接地

在电力系统中将其某一适当点与大地连接,称为系统接地或工作接地。例如,变压器中性点接地、零线重复接地等。

2)设备的保护接地

各种电气设备的金属外壳、线路的金属管、电缆的金属保护层、安装电气设备的金属支架等,由于导体的绝缘损坏可能带电,为了防止这些不带电金属部分发生过大的对地电压危及人身安全而设置的接地,称为保护接地。若将电气设备的金属外壳与供配电系统的零线连接称为保护接零。俗称的保护接地包括保护接地和保护接零。

3)防雷接地

保护被击建筑物或电力设备而采取的接地,称为防雷接地。

4)屏蔽接地

屏蔽接地一方面是为了防止外来电磁波的干扰和侵入,造成电子设备的误动作或通信质量的下降;另一方面是为了防止电子设备产生的高频能向外部泄放,需将线路的滤波器、耦合变压器的静电屏蔽层、电缆的屏蔽层、屏蔽室的屏蔽网等进行接地,称为屏蔽接地。高层建筑为减少竖井内垂直管道受雷电流感应产生的感应电势,将竖井混凝土壁内的钢筋予以接地,也属于屏蔽接地。

5)防静电接地

由于流动介质等原因而产生的积蓄电荷,要防止静电放电产生事故或影响电子设备的工作,就需要有使静电荷迅速向大地泄放的接地,称为防静电接地。

6)等电位接地

医院的某些特殊的检查和治疗室、手术室和病房中,病人所能接触到的金属部分(如床架、床灯、医疗电器等),不应发生有危险的电位差,因此,要把这些金属部分相互连接起来成为等电位体并予以接地,称为等电位接地。高层建筑中为了减少雷电流造成的电位差,将每层的钢筋网及大型金属物体连接成一体并接地,也是等电位接地。

7)电子设备的信号接地及功率接地

电子设备的信号接地(或称逻辑接地)是信号回路中放大器、混频器、扫描电路、逻辑电路等的统一基准电位接地,目的是不致引起信号量的误差。功率接地是所有继电器、电动机、电源装置、大电流装置、指示灯等电路的统一接地,以保证在这些电路中的干扰信号泄漏到地中,不至于干扰灵敏的信号电路。

(2)变压器的中性点工作接地及零线的重复接地

1)变压器的中性点接地

如图8.23所示为一高低混合制的10/0.4 kV电力变压器的中性点工作接地。接地的意义是当某一相发生碰地,而有人又接触到另一相时,加于人体的电压U_r将大于相电压和小于线电压。U_r大于相电压多少则取决于U_0的大小,即R_0的大小。设法使R_0比R_d小得多,则U_r越接近于相电压。若图8.23为10/0.4 kV电力变压器不接地系统,当某一相发生碰地,而有人接触到另一相时,由于碰地电阻R_d与人体及人足接地电阻$R_r + R_j$相比是极小的,因此,人体将处于线电压之下。

选取变压器中性点接地电阻R_0的大小,取决于两个条件:

①低压电网的一相碰地时,另一相对地电压不超过250 V。

②高压窜入低压侧时,低压侧的对地电压不超过125 V。

如图8.23所示,当一相发生碰地时,碰地点的电压:

$$U_d = I_d \cdot R_d$$

并有 $U_1 = U_d + U_0$

而变压器中性的电压：

$$U_0 = I_d \cdot R_0$$

通过以上两式的换算可得中性点接地电阻：

$$R_0 = \frac{U_0}{U_1 - U_0} R_d$$

又从图 8.23 的相量图有

$$\dot{U}_r = \dot{U}_2 - \dot{U}_0$$

得到

$$U_r = \sqrt{U_0^2 + U_2^2 - 2U_0 U_2 \cos 120°}$$

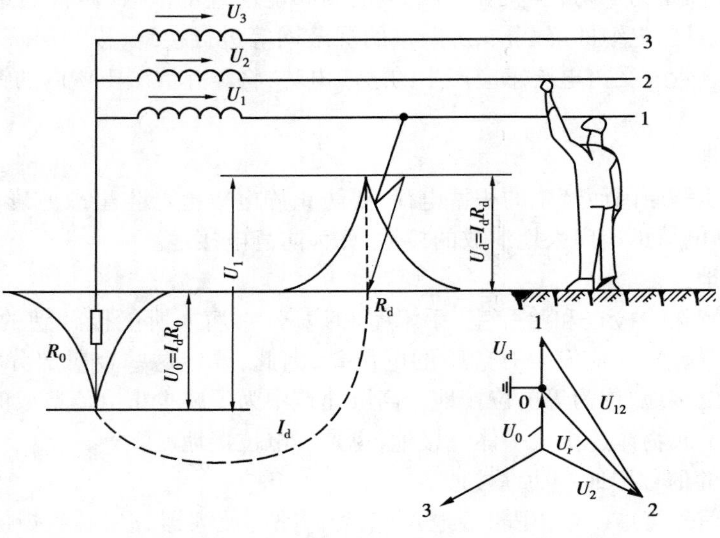

图 8.23　10/0.4 kV 变压器中性点接地的电网的碰地

如欲使加于人体的电压 U_r（即另一相对地升高的电压）不大于 250 V，则由上式可得出需使 U_0 不大于 62.5 V，如再取碰地电阻 R_d 为 10 Ω，于是得：

$$R_0 \leqslant \frac{62.5}{220 - 62.5} \times 10 \approx 4\ \Omega$$

由于变压器线圈绝缘的损坏，高电压可能窜入低压侧，又因 10 kV 侧为不接地系统，将长期造成低压侧的对地电压。按规定要求对地电压不超过 125 V 时低压侧中性点的接地电阻为

$$R_0 \leqslant \frac{125}{I_d}$$

式中　I_d——高压侧单相碰地电容电流，A。一般不大于 30 A。故 R_0 可取不大于 4 Ω。

变压器中性点的接地线扁钢截面，可按变压器容量选取：小于 400 kV · A 的变压器采用 $40 \times 4\ mm^2$，400 kV · A 变压器采用 $50 \times 4\ mm^2$；630 kV · A 变压器采用 $80 \times 6\ mm^2$；800 kV · A 变压器可用 $100 \times 6\ mm^2$；1 000 kV · A 变压器，采用 $100 \times 8\ mm^2$。

2）工作零线的多点重复接地

变压器中性点接地后，由中性点引出的接地的中性线称为工作零线。当三相四线电力线路的工作零线由于某种原因断线而负载又不平衡时，将造成零线断点以后的三相电压不平衡。

如图 8.24 所示为零线断线后最恶劣的情况，即 $R_1=\infty$（无负载），$R_2 \gg R_3$（负载 3≫负载 2），此时线电压几乎完全加于负载 2 之上，而使负载 2 过电压造成设备烧毁。若将工作零线进行重复接地，区中性点的对地电位将大为减小，将改变上述情况，故工作零线应实行多点重复接地，其每点重复接地电阻值取 10 Ω。

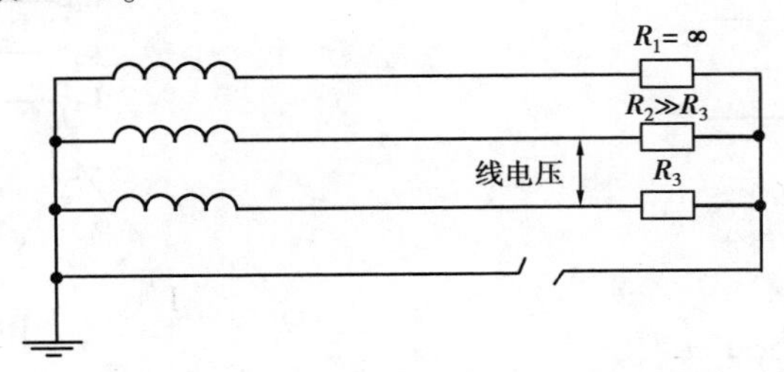

图 8.24 工作零线断线的最恶劣的情况

(2)低压配电的接地

低压配电系统接地形式有 3 种：

1)TN 系统

电力系统有一点直接接地，受电设备的外露可导电部分通过保护线与接地点连接。在 TN 系统的接地形式中，所有受电设备的外露可导电部分必须用保护（或共用中性线即 PE 线）与电力系统的接地点相连接，且必须将能同时触及的外露可导电部分接至同一接地装置上。按照中性线与保护线组合情况，该系统可分为：

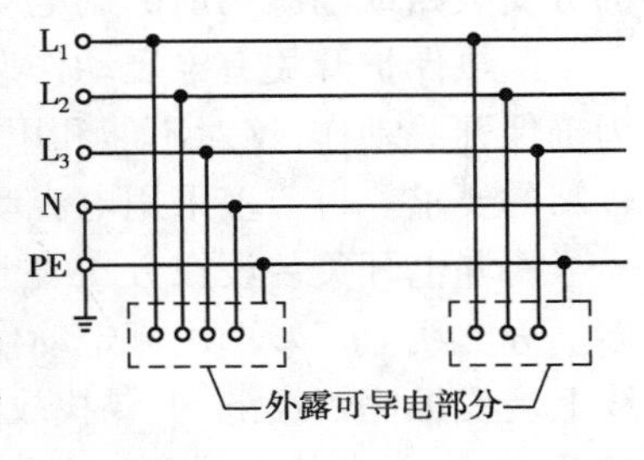

图 8.25 TN-S 系统

①TN-S 系统：即整个系统的中性线（N）与保护线（PE）是分开的，如图 8.25 所示。

②TN-C 系统：该系统的中性线（N）与保护线（PE）是合一的，如图 8.26 所示。

③TN-C-S 系统：该系统前一部分线路的中性线与保护线是合一的，如图 8.27 所示。此系统当保护线与中性线从某点（一般为进户线）分开后就不能再合并，且中性线绝缘水平应与相线相同。

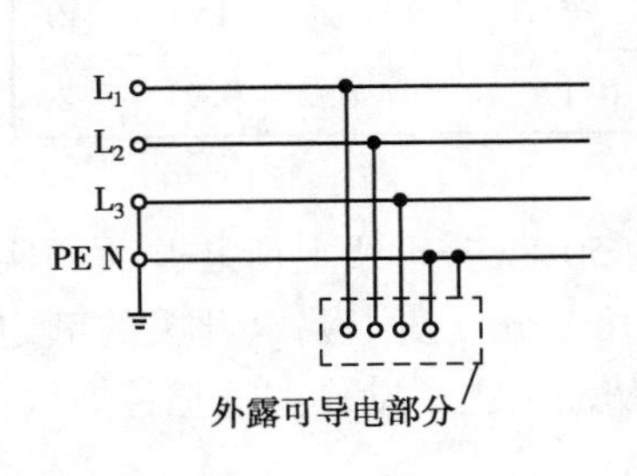

图 8.26 TN-C 系统

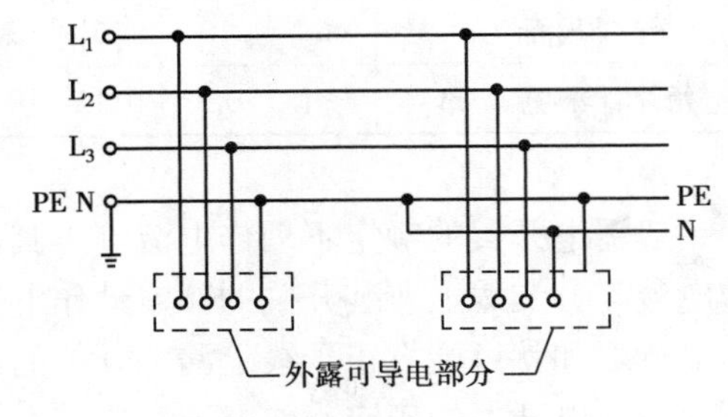

图 8.27 TN-C-S 系统

2)TT 系统

电力系统有一点直接接地，受电设备的外露可导电部分通过保护线接至与电力系统接地点无直接关联的接地极，如图 8.28 所示。

3)IT 系统

电力系统的带电部分与大地间无直接连线(或有一点经足够大的阻抗接地),受电设备的外露可导电部分通过保护线接至接地极,如图 8.29 所示。

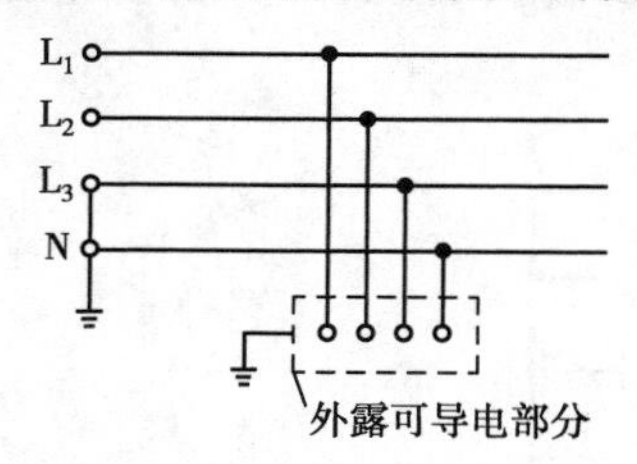

图 8.28　TT 系统

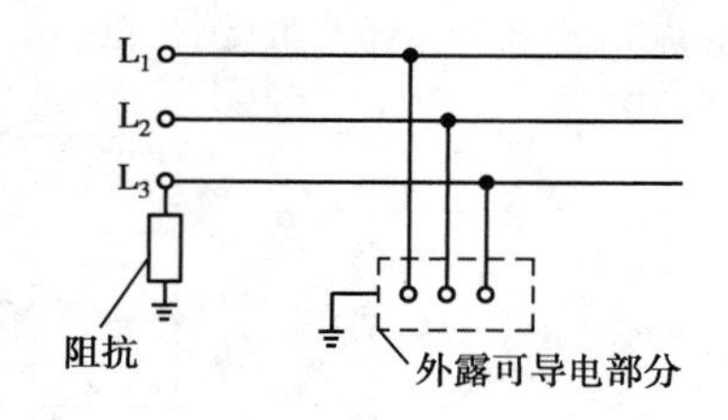

图 8.29　IT 系统

(3)**漏电保护装置**

当用电设备"相—零"回路发生短路电流,一般是能够迅速使保护装置动作的。但由于某种原因,短路电流不足以使保护装置迅速动作,为确保线路上用电安全,需对于接有家用电器的分支线路或潮湿场所的用电线路装设漏电保护开关与接零保护。

漏电保护开关有电压动作型和电流动作型。电压动作型的开关必须敷设专用的接地线,为确保开关动作,绝对不能和用电设备外壳原有的接地线混用,且对专用接地线的接地电阻有较高的要求。目前多采用电流动作型漏电开关。

将漏电开关装设在分支线上,动作停电影响范围小,容易寻找故障,但需要装设的数量较多。分支线上一般选用额定动作电流为 30 mA 以下、0.1 s 以内动作的高速型漏电开关。在干线上装设虽比较经济,但寻找故障范围大且较困难。另一种为干线及分支线上都安装漏电保护开关,分支线上装设 30 mA 高速型漏电保护开关,干线上装设动作电流较大(如 500 mA)并具有延时的漏电保护开关,对于防止火灾、电弧烧毁设备是行之有效的。

选择漏电开关的动作电流时,应避开被保护设备和线路的正常漏泄电流以及电动机启动的零序电流同时出现。下面表 8.6—表 8.9 中分别给出,塑料绝缘导线穿钢管敷设时泄漏电流的简化计算参考值;荧光灯泄漏电流的简化计算参考值;电动机泄漏电流的简化计算参考值;电子计算机电容漏电流的简化计算参考值。

表 8.6　塑料绝缘导线穿钢管敷设的泄漏电流的简化计算参考值

导线截面/cm^2	6	10	16	25	35	50	70	95	120	150	240
每米泄漏电流/mA	0.1	0.1	0.12	0.13	0.14	0.15	0.17	0.19	0.2	0.21	0.24

一般漏电开关的额定不动作电流等于其额定动作电流的 50%,若干线上所装开关的额定动作电流与分支线上所装开关的额定动作电流过于接近,则几个分支线上漏电开关的额定不动作电流之和就可能大于干线上漏电开关的额定动作电流,从而失去了动作的选择性。因此,上下两级漏电开关的额定动作电流之比宜在 2.5 倍以上。

表 8.7　荧光灯泄漏电流的简化计算参考值

安装条件	每盏灯的泄漏电流/mA
直接安装在钢结构上	0.1
直接安装在混凝土构筑物上	0.002

表 8.8　电动机泄漏电流的简化计算参考值

电动机功率/kW		0.2	0.4	0.75	1.5	2.2	3.7	5.5	7.5	11	15	18.5	22	30	37	45	55	75	90	120
每台电动机的泄露电流/mA	运行时	0.04	0.06	0.08	0.11	0.13	0.18	0.2	0.27	0.35	0.4	0.46	0.5	0.6	0.7	0.8	0.9	1	1.2	1.4
	启动时	0.1	0.16	0.25	0.4	0.55	0.9	1.1	1.4	1.7	1.8	2.1	2.4	3.2	3.9	4.6	5.6	7.4	8.7	10.8

注：电动机为 *Y* 接线。

表 8.9　电子计算机电容漏电流的简化计算参考值

电子计算机形式	移动式	装置式	组合式
电容漏电流/mA	<1	<3.5	<15

习 题 8

1. 建筑电气设备有哪些基本系统？它们在建筑中的作用是什么？
2. 电力负荷的定义是什么？划分为哪几类，对供电可靠性的要求是什么？
3. 常用的配电系统有哪几种？其优缺点有哪些？
4. 建筑物防雷等级有哪些？各级如何考虑防雷要求。
5. 简述防雷装置的组成。
6. 什么是接地？常见的接地有哪些？什么是重复接地？
7. 试分析如图 8.30 所示电路的动作过程。

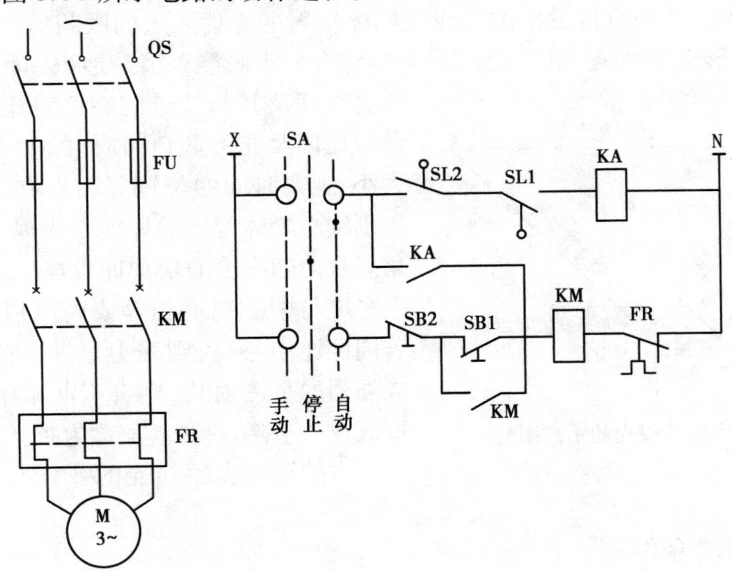

图 8.30　水位控制电路图

第 9 章 建筑电气照明

9.1 照明的基础知识

9.1.1 照明系统的概念

建筑电气照明对建筑物的功能以及建筑艺术效果的影响较大。室内照明系统由照明装置和电气部分组成。照明装置主要是灯具,其基本功能是创造一个良好的人工视觉环境。而照明装置的电气部分则包括照明开关、照明线路及照明配电盘等。

(1)光与视觉

如图 9.1 所示,光源直接发出的光或被物体反射的光射入人的眼睛后产生的视知觉,是“光觉”“色觉”“形觉”“动觉”和“立体觉”等的综合。人眼能否清楚地识别物体,应与物体的明亮程度及其与背景的亮度对比,物体的颜色和色对比以及光的颜色,物体的大小和视距的视角大小,观察时间的长短等因素有关。表明眼睛能识别细小物体程度的尺度称为视力。其倒数为视角。视力随亮度的增加而提高。当观察对象的周围亮度与中心亮度相等或周围稍暗时视力最好。若周围比中心亮,则视力显著下降。过高的亮度或强烈的亮度对比,则会引起眼睛的不舒适感而造成视力下降,这种现象称为眩光。

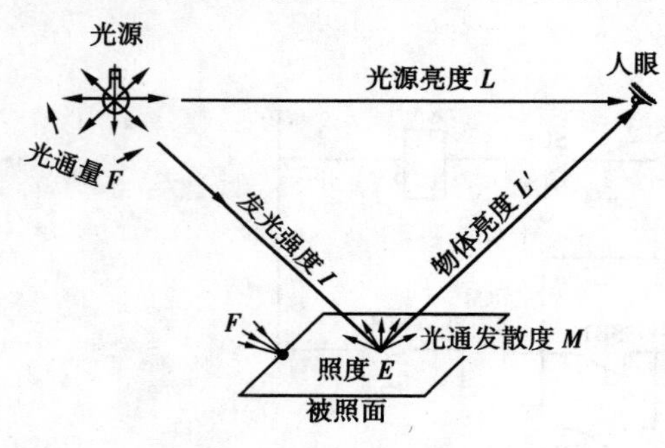

图 9.1　人眼接收光的示意图

人的视觉光感与光的波长有关,称为光感的光谱灵敏度。

(2)照明的基本条件

良好的光环境使人具有舒适感;反之,在恶劣的照明条件下会使人感到不适,长时间后还会引起视觉疲劳和全身疲劳。据以上概括的视功能现象,良好的照明需具备以下几个方面:

1)照度

决定物体明亮程度的间接指标(直接指标为亮度),用它来评价工作面上的光线是否充足比用亮度要方便得多。因此,一般场合以照度水平作为照明质量最基本的技术指标之一。由于在影响视力的因素方面,最重要的是被识别物体的尺寸和它同背景亮度的对比程度,所以按照这两个指标把视觉工作分成若干等级,即视觉工作的粗糙、中等、精密、高度精密、极精密、特别精密等,亮度对比分为大、中、小等,规定出每个等级的照度要求。详见我国现行《工业企业照明设计标准》和《建筑电气设计技术规程》中推荐的一般照明照度水平(注:前者规定的是最低照度值,后者规定的是平均照度值)。照明设计首先应符合规定的照度标准,否则不能满足建筑的使用要求。

为了减轻眼睛对于照明条件的频繁适应所造成的视觉疲劳,室内照度的分布应具有一定的均匀度(最低照度/平均照度)。普通工作区的照度均匀度不宜低于0.7;局部与一般照明共用时,工作区的照度均匀度不宜低于工作面总照度的1/5～1/3,且不宜低于50 lx。

2)亮度的分布

要创造一个良好、舒适的光环境,室内的亮度就需要有适宜的分布。在现代舒适照明设计中,以亮度的分布作为照明质量优劣的首要指标,但这需要较烦琐的计算工作量,需利用计算机来完成。对于一般的照明,通常是以适宜的亮度对比和正确选择墙面与顶棚的反射系数,作为设计应达到的要求。一般推荐视觉作业亮度与视觉作业相邻环境的亮度比为3∶1;顶棚上的照度为水平照度的0.3～0.9,墙面照度为水平照度的0.5～0.8;一般高度的房间以及采用嵌入式灯具时,顶棚的反射系数应大于70%;照度很高的房间,墙面的反射系数为40%～60%,地面的反射系数为20%～30%。

3)显色

在视觉作业时,应根据辨别颜色的不同要求,合理地选择光源的显色性。光源的显色性是光源的光色特性之一,其另一特性是光源发光的颜色,称为光源的色表。也可用“色温”等表示。物体的颜色是物体对所照射的光源光谱有选择地吸收、反射和透射的结果。光源的显色性是其光谱特性在被照物体上所产生的颜色效果。人眼的光色感觉是没有分析光谱能力的。优劣主要取决于光谱分布,所以长期以来使用基于被测光源与基准光源的光谱分布相比较的方法。民用建筑中一般要求宴会厅、展览厅等场所需选用显色指数Ra大于80的照明光源,显色指数Ra为60～80的光源可用于办公室、教室、餐厅及一般商店的营业厅;显色指数Ra为40～60的光源只能应用在那些不需特别识别色彩的库房等建筑物内;对于室外庭院。可采用显色指数Ra低于40的光源。

4)眩光

眩光分直射眩光和反射眩光。高亮度光源的光线直接射入眼内所引起的眩光,称为直接眩光,通过光泽表面反射引起的眩光称为反射眩光。产生眩光的主要因素:一是周围暗,眼睛能适应的亮度很低;二是光源的亮度高;三是光源靠近视线;四是光源的表观面积和数量。反射眩光产生于光源同眼睛的位置刚好保持正反射关系。眩光的程度使人产生不舒适感时,称为不舒适眩光。能降低人眼视力的眩光,称为得视暗光。在某些情况下,也可利用眩光来创造某种必要的气氛。照明设计的任务是限制那些不舒适的眩光和影响视力的眩光。室内照明中眩光的评价和计算方法,目前尚无统一的标准。有些采用眩光指数来表明眩光的程度,难以观察的、可以接受的、不舒适的、难以忍受的等;实用方法是:限制光源的亮度和表观面积,限制的范围与人眼、灯具间的相对位置有关,灯下45°区内不受限制,如图9.2、图9.3、图9.4所示。适当地提高环境亮度,减低亮度对比以及采用无光泽的材料消除反射眩光等。比较简单的办法是限制灯具的安装高度,但这仅是粗略地控制眩光而已。

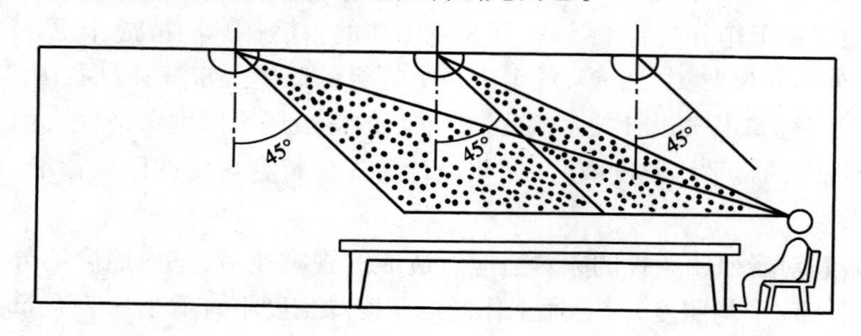

图9.2　限制灯具亮度范围的示意图

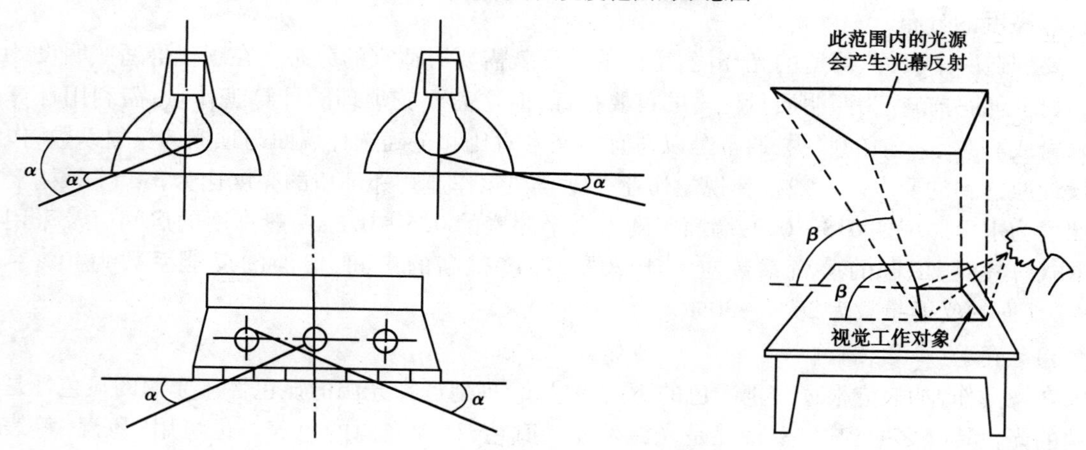

图9.3　截光型灯具的保护角

图9.4　产生光幕反射的光源位置区域(约45°)

在照明一般设计时,用根据工作环境特点和眩光程度,合理的确定直接眩光限制的质量等级UGR(统一眩光值)。

除了照度、亮度、显色、眩光诸方面的因素外,适当地选择光源的光色能达到不同的光气氛,正确地选择光源的位置能减少阴影或增加物体的立体感(如当最亮与最暗之间的亮度比为3∶1时最具有立体感)。

(3)建筑照明的种类

照明种类是按照明的功能来划分的。

①正常照明:在正常情况下的室内外照明。《民用建筑电气设计规范》(JGJ 16—2015)规定:"所有使用房间和供工作、运输、人行的屋顶、室外庭院和场地,皆应设置正常照明。"

②备用照明或事故应急照明:在正常照明因故障熄灭的情况下,供继续工作或人员疏散用的照明。应急照明应采用能瞬时点燃的电光源(一段采用白炽灯或卤钨灯)。不允许使用高压汞灯、金属卤化物灯、高低压钠灯作为应急照明的电光源。当应急照明为正常照明的一部分需经常使用,且发生故障不需切换电源的情况下,可采用荧光灯作为应急照明。

③警卫值班照明:在非工作时间内供值班用的照明。值班照明可利用正常照明中能单独控制的一部分或利用应急照明的一部分甚至全部来作为值班照明。按警卫任务的需要,在厂区、仓库区域其他设施警卫范围内装设的照明,称为警卫照明。

④障碍照明:在建筑上装设的作为障碍标志的照明。如在飞机场周围较高的建筑物上或在有船舶通行的航道两侧,应按民航和航运部门的有关规定装设障碍灯。

9.1.2　照明技术常用参数

(1)光通量

光源在单位时间内,向空间发射出的、使人产生光感觉的能量称为光通量,以字母“F”表示,单位是光瓦。光能在数量上的差异,取决于光源的辐射能力和人眼的主观感觉两个因素。人眼对各种波长光线的感觉是不一样的,当波长为555 μm的黄绿光时看起来最亮。因此以1 W黄绿光为标准,其光通量方为1光瓦。光瓦的单位太大,通常以流明(lm)作为光通量的实用单位。它们的关系是:1流[明](lm)=0.001 46光瓦,1光瓦=683流[明]。

(2)发光强度

发光强度是光通量的空间密度,即单位立体角内的光通量,符号为I,单位为坎[德拉](cd),如图9.5所示。光强的定义式为:

$$I = \frac{F}{\omega} \tag{9.1}$$

式中　I——光强,cd即坎[德拉];

F——光通量,lm即流[明];

ω——立体角,或称球面角,它等于半径为r的球体上的表面积r^2与球心相对应的立体角,即$\omega = S/r^2$。

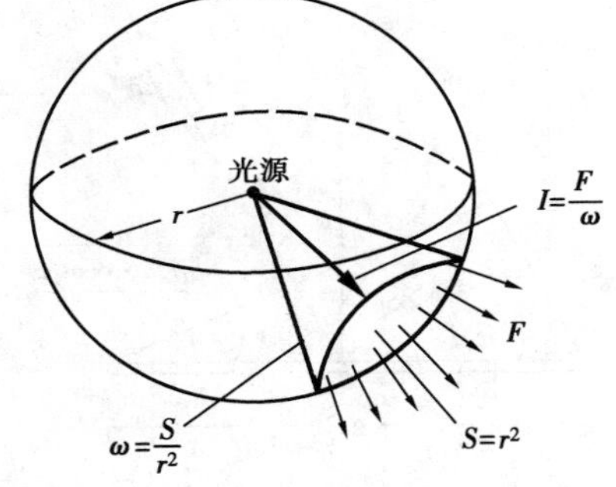

图9.5　发光强度示意图

由于点光源在各个方向的立体角总和为4 π球面度,故总光通量为F(均匀分布)的点光源的发光强度为$F/4\pi$。

光强通常用来表示光源和灯具光通量在各个方向上分布的情况。

(3)照度

照度是受光表面上光通量的面密度,用E表示,单位为勒[克斯](lx),其定义为:

$$E = \frac{F}{S} \tag{9.2}$$

式中　S——受光面积,m^2;

F——光通量,lm。

式(9.2)表明:点光源所产生的照度和它到受照面的距离的平方成反比(见图9.6),与入射角的余弦成正比。实际上,所谓点光源是相对于光温至受照面的距离而言,当光源尺寸小于它到受照面的距高的1/10时即可视为点光源。

照度是用来表达被照面上光的强弱的,判别被照物上的照明情况。

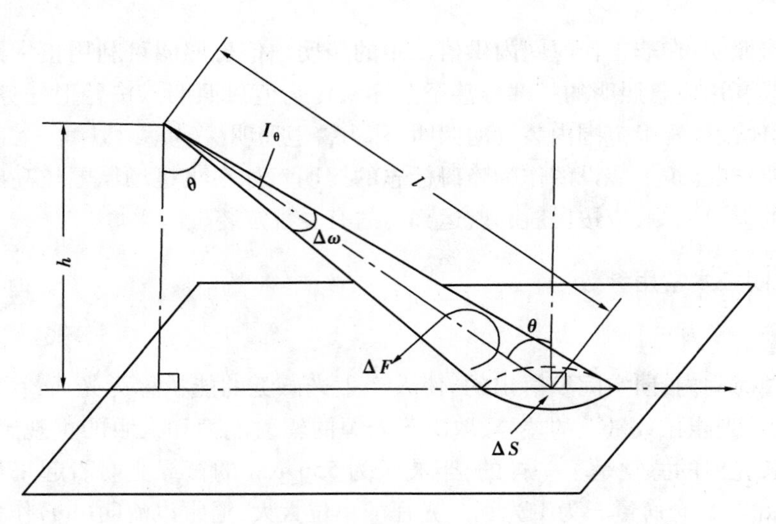

图 9.6　点光源产生的照度

(4)亮度

亮度在给定方向单位投影面积上的发光强度,称为光源在该方向上的亮度。它等于该方向上的发光强度和此表面在该方向上的投影面积之比,即 $B_\theta=\dfrac{I_\theta}{\Delta S\cdot\cos\theta}$,如图 9.7 所示。亮度往往是各个方向相异的,所以必须指明其方向即见。当在面积 S 上沿 θ 方向的发光强度相等时,得出亮度的定义式为:

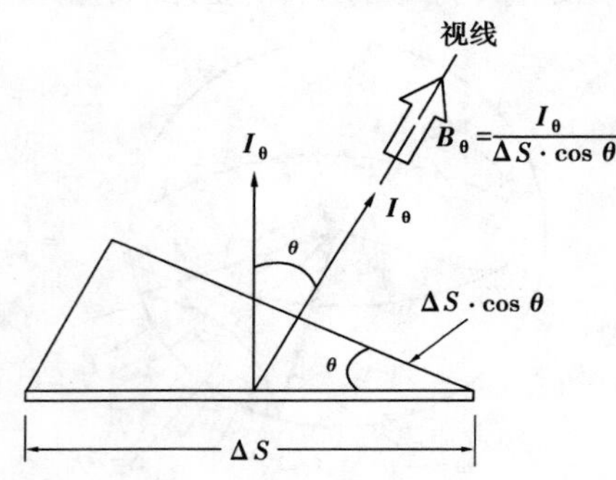

图 9.7　发光表面的亮度

$$B_\theta=\frac{I_\theta}{S\cdot\cos\theta}(\text{cd/m}^2\ \text{即坎德拉/米}^2)\tag{9.3}$$

式中　I_θ——发光表面沿 θ 方向的光强;

$S\cdot\cos\theta$——发光表面的投影面积。

晴天天空的亮度为$(0.5\sim2)\times10^4$ cd/m²,白炽灯丝的亮度为$(300\sim1\ 400)\times10^4$ cd/m²,荧光灯的表面亮度仅为$(0.6\sim0.9)\times10^4$ cd/m²。

在均匀布灯的一般照明作业房间中,为了限制眩光还规定了灯具的极限亮度(一般在 500 cd/m²)。灯具亮度的极限值按照明质量等级、灯具形式及视角等有不同的要求。由于灯具造型较复杂等原因,计算灯具的亮度有困难时,目前一般可采取控制其保护角及安装高度来解决。

(5)光通发散度

光通发散度或称光出射度,是用来表示物体表面被光源照射后反射或透射出光的量,其定义式为:

$$M=\frac{F}{S}(\text{lx 即辐射勒克司})\tag{9.4}$$

式中　F——反射或透射的光通量,lm;

S——反射或透射的发光面积,m²。

(6)材料的光学性质

光线在传播过程中遇介质时,一部分光通量被介质反射,一部分透过介质,还有一部分被吸收。各种材料的反光和透光能力对照明设计是很重要的。在光滑的材料表面上可看到定向反射和定向透射,如玻璃镜面和磨光的金属表面。半透明或表面粗糙的材料,可使入射光线发生扩散,扩散的程度与材料性质有关。乳白玻璃对入射光线有较好的均匀扩散能力,在外观上亮度很均匀。磨砂玻璃的特点是具有走向扩散能力,其外观上的最大亮度方向随入射光的方向而变化。

均匀扩散时,光强与亮度的分布如图 9.8 所示。定向扩散时,如图 9.9 所示。按图 9.8 所示均匀扩散时,因各方向的亮度是一常数,它的反射光(或透视光)的光强分布是切于入射光线和表面交点的一个圆球,而与入射光的光向无关。它的最大发光强度在垂直于表面的法线方向,而其他方向的光强和最大光强有以下关系:$I_\theta = I_{\max} \cdot \cos\theta$,此关系式称为余弦定律。由余弦定律可导出均匀扩散材料表面亮度和照度关系式:

$$B = \frac{\rho E}{\pi}(\mathrm{cd/m^2})(\text{反光材料});B = \frac{\tau \cdot E}{\pi}(\mathrm{cd/m^2})(\text{透光材料}) \tag{9.5}$$

式中　ρ——材料的反射系数,可查有关资料获得。

τ——材料的透射系数,可查有关资料获得。

E——材料受光表面的照度,lx。

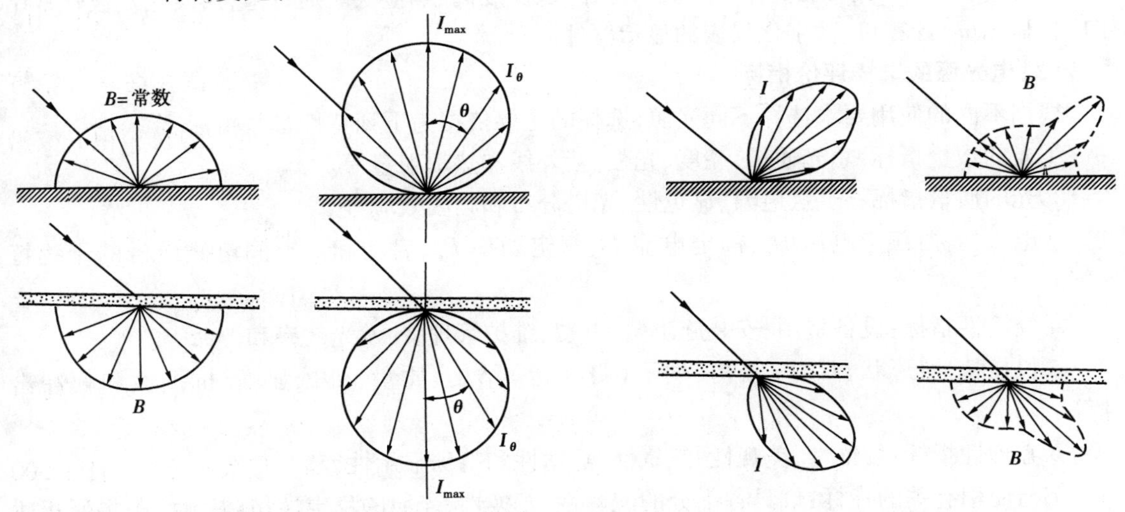

图 9.8　均匀扩散亮度分布　　　　图 9.9　定向扩散亮度分布

9.2　光源、灯具及布置

9.2.1　电光源的分类及主要技术指标

凡可以将其他形式的能量转换为光能,提供光通量的器具、设备统称为光源。将电能转换为光能,提供光通量的器具和设备称电光源。当前建筑内使用的光源基本为电光源。

(1)电光源的分类

自 1879 年 12 月 21 日爱迪生发明的以碳化棉线为灯丝的白炽灯问世,百余年来,电光源的种类不断增多。但对于建筑中用到的电光源,按工作原理可分为以下两大类。

1)热辐射光源

热辐射光源主要是利用电流的热效应,将具有耐高温、低挥发性的灯丝加热到白炽程度而产生部分可见光,如白炽灯、卤钨灯等。

2)气体放电光源

气体放电光源主要是利用电流通过气体(或蒸汽)时,激发气体(或蒸汽)电离、放电而产生的可见光。根据放电时在灯管(泡)内造成的蒸汽压的高低,可分为以下两类:

①按放电介质分:气体放电灯(氙、氖灯)、金属蒸气灯(汞、钠灯)。

②按放电形式分:辉光放电灯(霓虹灯)、弧光放电灯(荧光灯、钠灯)。

3)其他电光源

场致发光(又称电致发光)是指由于某种适当固体与电场相互作用而发光的现象。目前在照明上应用的有两种:一种是场致发光屏(膜)(EL);另一种是发光二极管(LED)。

场致发光屏可通过分割做成各种图案与文字,因此,场致发光灯可用在指示照明、广告、电脑显示屏、飞机、轮船仪表的夜间显示器(仪)。

发光二极管体积小、质量轻、耗电省、寿命长、亮度高、响应快。通过组合,发光二极管常用于广告显示屏、计算机、数字化仪表的显示器件。

(2)电光源的选择评价指标

根据不同的使用要求选择不同光源,选择的主要依据为下列特性参数指标。

①光的数量指标:总光通量、亮度、光强、紫外线和热辐射量等。

②光的质量指标:光色、色温、显色性、光谱分布和频闪效应等。

③电气指标:额定电压 U_e、额定电流 I_e、额定功率 P_e、启动和对空间电磁讯号的干扰特性等。

④经济性指标:设备费用、安装施工费、电费、维护管理费、发光效率和寿命等。

⑤机械特性:形状、尺寸、结构、端子(灯头等)结构、质量、机械强度、抗振性和耐冲击性等。

⑥心理性指标:装饰性、美观性、气氛性、舒适性和特殊显示性等。

⑦与使用有关的指标:灯具各部分的配套性、互换性,光照的稳定性与调光性,与场所相适应的配光特性,对环境温湿度的敏感性,操作维护的方便性和可移动性等。

对于照明用光源,额定电压 U_e、额定电流 I_e、额定功率 P_e、总光通量 F、显色性、发光效率、使用寿命、频闪效应等指标是最基本和最主要的。

有些指标之间是相互影响的,不可能一味地追求各项指标全面最佳,见表 9.1。

表 9.1　白炽灯的电压、光通量和使用寿命之间的关系表

灯端电压占额定电压的百分数	110	105	100	95	90
灯泡光通量占额定电压时光通量的百分数	135	120	110	82	68
灯泡寿命占额定电压时寿命的百分数	30	55	100	150	360

(3)**常用电光源**

1)白炽灯

一种热辐射光源。白炽灯具有随处可用、价格便宜、启动迅速、便于调光、显色性能良好、功率可以很小等特点,具有广阔的应用前途。其构造由灯头、灯丝和玻璃壳等部分组成,如图9.10所示。

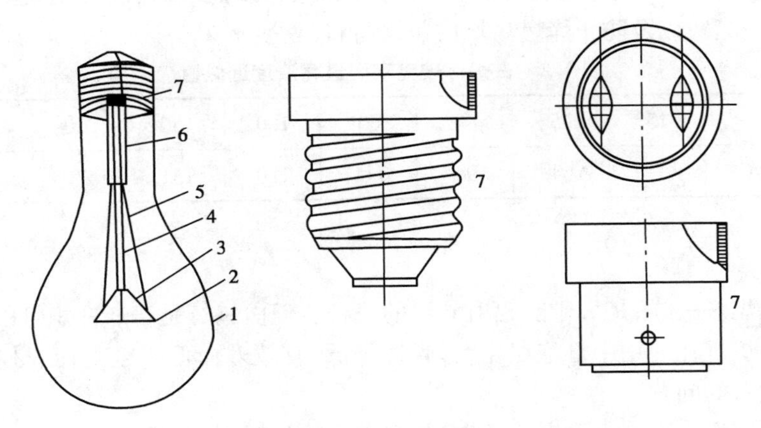

图9.10　白炽灯构造

1—玻璃壳;2—灯丝;3—钼丝钩支架;5—内导丝;6—外导丝;7—灯头

①灯头:用于固定灯泡和引入电流。有螺口和卡口两种灯头。

②灯丝:用高熔点、高温下蒸发率低的钨丝做成螺旋状或双螺旋状。当由灯头经引线引入电流后,发热使灯丝温度升高到白炽(2 400~3 000 K)程度而发光。

③玻璃壳:用普通玻璃做成。为降低其表面亮度,可采用磨砂玻璃,或罩上白色涂料,或蒸镀一层反光铝膜等。

白炽灯根据是否充气分为两类:一类为真空灯泡即玻璃壳中抽成真空,避免钨丝高温氧化,但钨丝蒸发率大,目前只用于40 W以下;另一类为充气灯泡即充入惰性气体(多用氩和氮混合气)抑制钨丝的蒸发,提高灯丝的工作温度,提高发光效率,保持玻璃壳的透光性,充气后会因对流造成附加热损耗。适于60 W以上较大功率的灯泡。

白炽灯是当前在建筑照明中应用最广泛的电光源之一。在豪华夺目的大花灯中,以及在潮湿多尘环境中工作的防水防尘灯中,多采用白炽灯。为保证和提高电气照明的合理性、经济性和安全性,必须进一步了解白炽灯的有关性能特点及使用中应注意的问题。

灯丝具有正电阻特性,冷电阻小。启动冲击电流可达额定电流的12~16倍,持续时间为0.05~0.23 s(与灯泡功率成正比)。一个开关控制的白炽灯不宜过多。当采用热容量小的速熔熔丝保护时,可能使熔丝烧断。在使用过程中,灯丝随蒸发而逐渐变细,电阻增大。当电压不变时,电流减小,功率逐渐减少,辐射的光通量也随之逐渐减少。灯丝加热很快,故可迅速起燃。因灯丝有热惰性,故随电流交变光通量变化不大,闪烁指数为2%~13%(40~500 W)。电压大幅度下降时也不至于猝然熄灭,而保持照明的连续性。故适宜在重要场合选用。

白炽灯可看成是纯电阻负载,认为 $\cos\varphi=1$。

白炽灯应严格按额定电压选用,否则明显影响灯泡的寿命(如电压超5%,寿命减半)或辐射光通量。电压偏移值小于等于2.5%的额定电压。

白炽灯泡发光效率随灯丝温度的升高而提高。在钨丝熔点温度为3 663 K,钨的理论发光效率为 54 lm/W。故应在降低灯泡成本和电费的条件下,提高灯泡的发光效率。

白炽灯的寿命虽长(平均寿命一般为 1 000 h),但随着使用,沉积在玻璃壳上的挥发钨加厚,使灯泡变黑,发光效率大大下降。故有效寿命短,造成维护管理上的困难。

白炽灯的光色以长波(红光)强,短波(蓝和紫光)弱。宜用于肉店,可使肉色有新鲜感。不宜用于布店,将使红布变紫,造成色感偏差。白炽灯点燃时玻璃壳表面温度很高,使用时应防止溅上水造成炸裂,以及防止烤燃烤坏内装饰材料,见表 9.2。

表 9.2　白炽灯玻壳表面最高温度近似值

灯泡功率/W	15	25	40	60	100	150	200	300	500
玻壳最高温度/℃	—	64	94	111	120	151	147.5	131	178

2)卤钨灯

卤钨灯和白炽灯一样,是属于热辐射光源的一种。但卤钨灯是普通白炽灯的重大改进,彻底克服了普通白炽灯在使用中灯泡黑化,透光性降低,有效寿命低于全寿命、材料效能不能充分发挥而造成浪费的问题。

卤钨灯是在灯泡内充入少量卤族元素,其基本构造如图 9.11 所示。

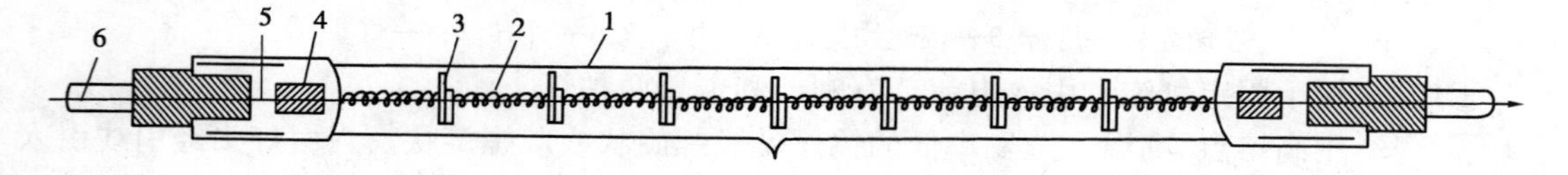

图 9.11　管状卤钨灯构造简图

1—石英玻璃管;2—螺旋状钨丝;3—石英支架;4—钼箔;5—导丝;6—电极

卤钨灯由灯头、灯丝和灯管 3 部分组成。灯头采用耐高温的陶瓷和镀白金的铝箔等做成。灯丝为很长的单螺旋或双螺旋形钨丝用石英支架托住。灯管由耐高温的石英玻璃或高硅酸玻璃制成,内充少量氮、氩和卤素(碘或溴)。由于在一定温度下建立的卤钨再生循环作用,使由钨丝挥发出来的钨粒重新返回钨丝(但并不在原处),使灯管在使用中保持透光性不变,使卤钨灯的有效寿命等于全寿命。

卤钨灯的结构和工作特性与一般白炽灯相似,但有其他特点需在使用中注意:

①光效高达 22 lm/W 以上,功率集中,体积小,故便于实现光的控制,宜用于摄影和建筑物投光照明等。

②显色性好,适用于电视演播室和绘画展览厅等处的照明。

③灯管尺寸小,温度可高达 600 ℃,故不适于有易燃易爆物的环境及灰尘较多的场所;

④灯丝细而长,耐振性差,安装要求比较严格。应保持水平,倾角不得超过 4°。

⑤表面积小、亮度大。故表面不洁将大大削弱光通量的输出,应定期用酒精成丙酮擦洗灯管,以保持良好的透光性。由于卤钨循环保持了灯管内壁的清洁,在寿命终了时辐射光通量仍有初始值的 95% ~98% 。

3)荧光灯

荧光灯在建筑照明中的应用最为普遍。其基本构造由灯管和附件(镇流器和启辉器)两部分组成。灯管由灯头、热阴极和玻璃管 3 部分组成。热阴极上涂有一层具有产生热电子能力的氧化物——三元碳酸盐。灯管内壁涂有一层荧光质，管内抽成真空后充有少量汞和惰性气体（氩、氖、氪等）、镇流器是线圈绕在铁芯上构成。启辉器可看成自动开关，由一个U形双金属片动触点和金属片静触点与一个小电容器并联，装在一个充有惰性气体的小玻璃池内。灯管、镇流器和启辉器的基本构造和荧光灯的常用接线如图9.12所示。

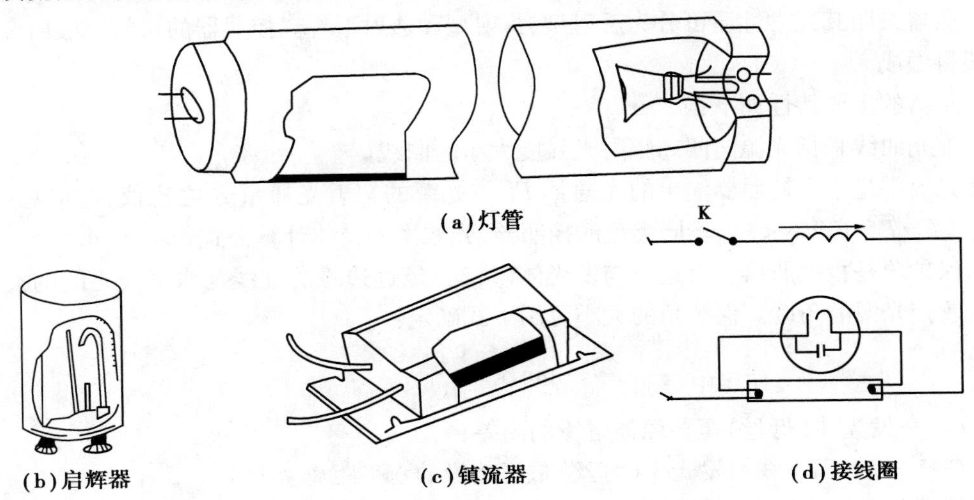

图9.12　荧光灯的基本构造和常用接线图

荧光灯的工作过程为：合上开关K，电压加到启辉器动静触点上，启辉器产生辉光放电，U形双金属片动触点受热弯曲，与静触点接触，使电路接通。电流流经镇流器、灯丝和启辉器。灯丝温度升高到800～1 000 ℃，产生大量热电子。辉光放电消失，U形动触点冷却复原，突然切断电路，在镇流器中产生很大的自感电动势，使灯丝附近的热电子高速运动，汞蒸汽电离，灯管击穿而导电。电离的汞产生出紫外线，紫外线激发荧光粉产生出可见光。电源电压分别加在镇流器和灯管上，灯管工作电压较低，不足以使启辉器产生辉光放电，荧光灯进入正常工作。

荧光灯的特点和使用注意事项：

荧光灯发光效率高（达85 lm/W，这是它应用广泛的重要原因）、光色好、不同的荧光粉可产生不同颜色的光（如白色和日光色荧光灯发的光接近太阳光，故适用于对辨色要求高的场所）以及寿命长的特点。因寿命与连续点燃的时间长短成正比，与开关的次数成反比。故在使用中应注意减少开关灯的次数。

灯管和附件应配套使用，以免损坏。因配有镇流器，故用电功率因数偏低，在采用大量荧光灯照明的场所，应考虑采用改善功率因数的措施。

对使用条件有较高要求时，电压偏移不宜超过 $\pm 5\% U_e$；环境湿度应低于75%～80%，最适宜的环境温度为18～25 ℃。

有频闪效应，不宜在有旋转部件的房间内使用，且应防止灯管破损造成汞污染。

9.2.2　灯具

灯具由控照器（灯罩）和光源配套组成。

(1)控照器

光源的附件，它可改变光源的光学指标，可适应不同安装方式的要求，可做成不同的形式、尺寸，可用不同性质和色彩的材料制造，可以将几个到几十个光源集中在一起组成建筑花灯。控照器虽为光源的附件，也有自身的重要作用。即重新分配光源产生的光通量；限制光源的眩光作用；减少和防止光源的污染；保护光源免遭机械破坏；安装和固定光源、和光源配合起一定的装饰作用。

控照器按照其光学性质可分为反射型、折射型和透射型等。控照器的材料一般由金属、玻璃或塑料做成。

控照器的主要特性如下：

①配光曲线是指光源向四周辐射光强度大小的曲线。

②光效率是指由控照器输出的光通量 F_1 与光源的辐射光通量 F 之比值，此值总是小于1，即 $\eta = F_1/F \times 100\% < 1$。不同类型的控照器，光效率的具体计算公式各不相同。

③保护角是指控照器开口边缘与发光体（灯丝）最远边缘的连线与水平线之间的夹角，即控照器遮挡光源的角度。保护角的大小可用下式确定：

$$\tan \gamma = \frac{h}{C} \tag{9.6}$$

式中 h——发光体（灯丝）至控照器下缘的高差；

C——控照器下线与发光作（灯丝）最远边缘的水平距离。

控照器的3个特性之间紧密相关，相互制约，如为改善配光需加罩，为减弱照光需增大保护角，但都造成光效率降低。为此，需研制一种可建立任意大小的保护角，但不增加尺寸的新型控照器，遮光格栅（可任意调节格板的角度）就是其中的一种。

（2）发光装置

一种与土建工程同时设计、同时施工，形成统一整体的照明设施。它把照明装置与室内建筑或装饰组成一个整体。

发光装置常将光源安装于建筑的顶棚或装置物（如吊顶）之中，吊顶材料可以是磨破玻璃、乳白玻璃、有色玻璃、有机玻璃、棱镜或格栅。整个顶棚均匀发光者称发光顶棚，发光顶棚在宽度方向缩小形成细而长的均匀发光长条称光带。为避免光带照明在顶棚上形成的明暗相间、不均匀的现象；将光带突出顶棚面形成梁状，三面发光，可消除阴影，则称为光梁。将光带或光梁分割成等距相隔的短形发光小块，即称为光盘。发光顶（天）棚如图9.13所示。若灯距 L 与灯的吊高 h 的比值 L/h 适当，可使整个顶棚亮度均匀。光带和光梁如图9.14所示。

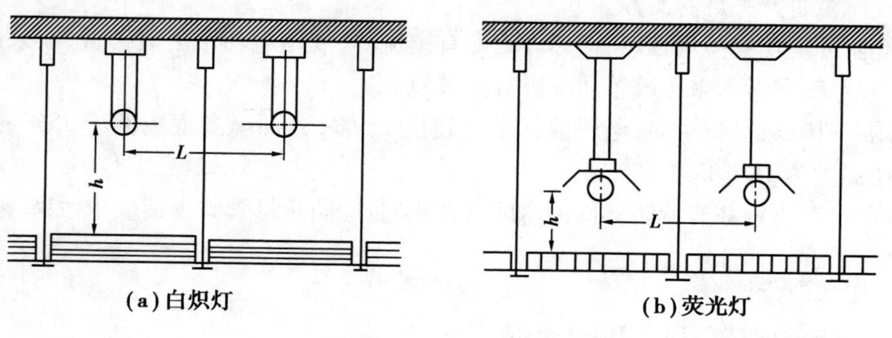

(a) 白炽灯　　(b) 荧光灯

图9.13 发光顶（天）棚

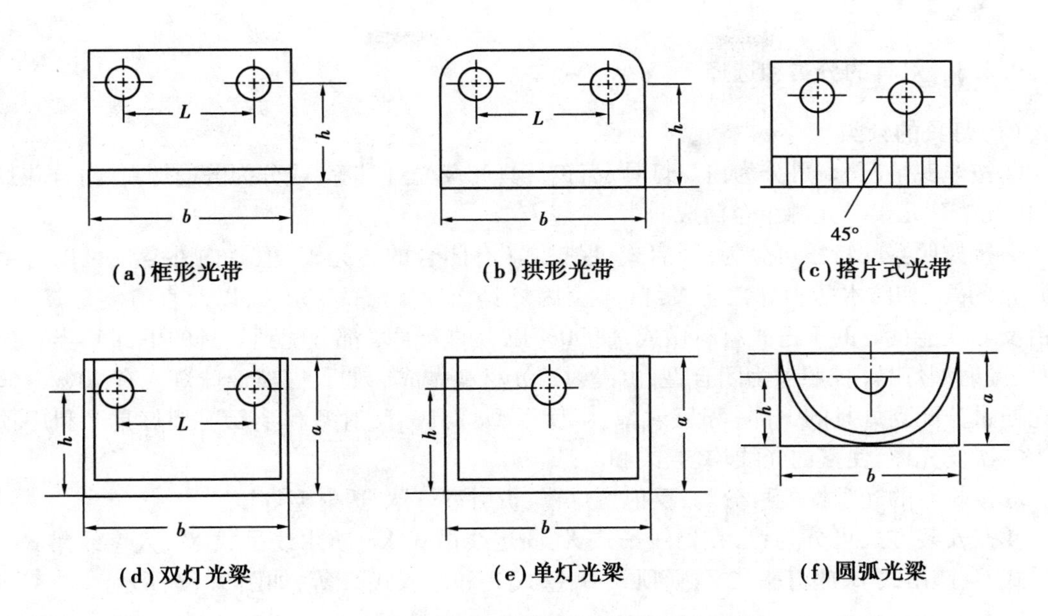

图9.14　光带和光梁

在保证亮度均匀的条件下，透射系数为50%的乳白玻璃光带和光梁的结构尺寸和光效率见表9.3。另有一种与土建工程合成一体的发光装置是光檐和光龛，分别如图9.15和图9.16所示。

表9.3　光带和光梁的推荐尺寸和光效率

图9.14编号	白炽灯			荧光灯			光效率/%
	h/L	h/b	a/b	h/L	h/b	a/b	
(a)	0.4	0.25	—	0.5	0.3	—	54
(b)							55
(c)							63
(d)			0.33			0.41	60
(e)	—	0.37	0.49	—	0.46	0.63	50
(f)							62

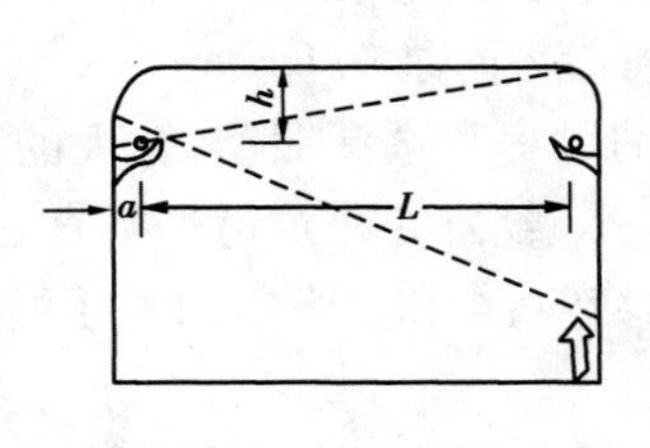

图9.15　光檐

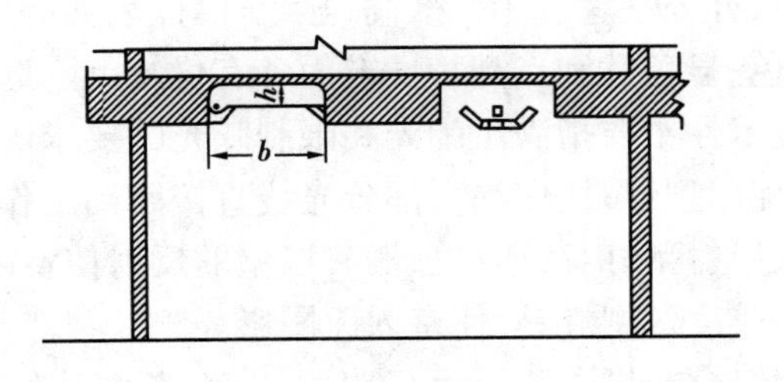

图9.16　光龛

9.2.3 灯具的分类和选择

(1)灯具的分类

①按光源情况分:可分为白炽灯具、卤钨灯具和荧光灯具等,或分为普通灯具、组合花灯灯具(由几个到几十个光源组合而成)。

②按控照器的特性可分为:开启式、保护式(有闭合的透光罩,但罩内外空气可以自由流通)、密闭式(如防水防尘灯)、防爆灯(不会因灯具而导致爆炸)光源,以及直射型灯具(控照器由反光性能良好的不透光材料做成,使90%以上的光通量都分配到灯具的下部)、半直射型灯具、漫射型灯具(控照器为闭合型,由漫射透光材料做成。如乳白玻璃球灯。有40%~60%的光通量分配到灯具的下部)和反射型、半反射型灯具。反射型和半反射型灯具。利用顶棚作为二次发光体,使室内光线均匀、柔和。

③按材料的光学性能可分为:反射型灯罩、折射型灯罩、透射型灯罩。

④按安装方式可分为:自在器线吊式 X、固定线吊式 X_1、防水线吊式 X_2、人字线吊式 X_3、杆吊式 G、链吊式 L、座灯头式 Z、吸顶式 D、壁式 B 和嵌入式 R 等,如图 9.17 所示。

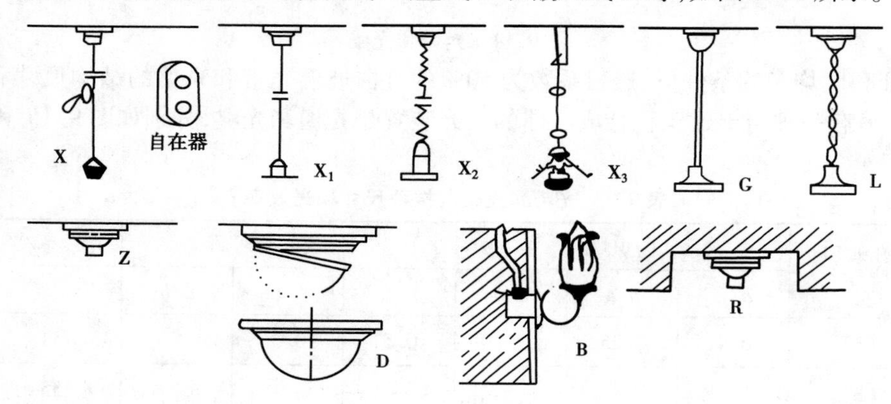

图 9.17 灯具的安装方式图

(2)灯具的选择

①首先应根据建筑物各房间的不同照度标准、对光色和显色性的要求、环境条件(温度、湿度等)、建筑特点、对照明可靠性的要求,根据基建投资情况结合考虑长年运行费用(包括电费、更换光源费、维护管理费和折旧费等),根据电源电压等因素,确定光源的类型、功率、电压和数量。如可靠性要求高的场所,需选用便于启动的白炽灯,高大的房间宜选用寿命长、效率高的光源,办公室宜选用光效高、显色性好、表面亮度低的荧光灯作光源等。各种光源在发光效率、光色、显色性和点亮特性方面各有优缺点。选择时可参考附录 9.1。

②技术性主要指满足配光和限制眩光的要求。高大的厂房宜选深照型,宽大的车间宜选广照型、配用型灯具,使绝大部分光线直接照到工作面上。一般公共建筑可选半直射型,较高级的可选漫射型灯具,通过顶棚和墙壁的反射使室内光线均匀、柔和。豪华的大厅可考虑选用半反射型或反射型灯具,使室内无阴影。

③应综合初投资和年运行费用,全面考虑其经济性。满足照度要求、耗电最少即为最经济,故应选光效高、寿命长的灯具为宜。若考虑灯具与建筑定形的配合情况,可根据利用系数的大小判断经济性的好坏。

④应结合环境条件、建筑结构情况等安装使用中的各种因素加以考虑其使用性。如环境条件干燥、清洁房间尽量选开启式灯具,潮湿处(如厕所、卫生间)可选防水灯头保护式;特别潮湿处(如厨房、浴室)可选密闭式(防水防尘灯),有易燃易爆物场所(如化学车间)应选防爆灯,室外应选防雨灯具,易发生碰撞处应选带保护网的灯具;振动处应选卡口灯具。对于安装条件,应结合建筑结构情况和使用要求,确定灯具的安装方式,选用相应的灯具。如一般房间为线吊、门厅等处为杆吊、门口处壁装、走廊为吸顶安装等。

⑤不同建筑有不同的特点,不同房间有不同的功能,灯具的选择应和建筑特点和功能相适应。特别是临街建筑的灯光,应和周围的环境相协调,以便创造一个美丽和谐的城市夜景。根据不同功能要求选择灯具,是比较复杂的,但对从事建筑设计的人员来说又是十分重要的一项工作。由于建筑的多样性、环境的差异性和功能的复杂性,决定了满足这些要求的灯具选型很难确定一个统一的标准。但一般说来应考虑到,恰当确定灯具的光、色、型、体和布置,合理运用光照的方向性、光色的多样性、照度的层次性和光点的连续性等技术手段,可起到渲染建筑、烘托环境和满足各种不同需要的作用。如大阅览室中采用三相均匀布置的荧光灯,创造明亮、均匀而无闪烁的光照条件,以形成安静的读书环境;宴会厅采用以组合花灯或大吊灯为中心,配上高亮度的无影白炽灯具,产生温暖而明朗的光照条件,形成一种欢快热烈的气氛,有些建筑提出推荐灯具可供照明设计中选择。

⑥符合《公共建筑节能设计标准》(GB 50189—2015)的相关规定:

a. 一般照明在满足照度均匀度条件下,宜选择单灯功率较大、光效较高的光源,不宜选用荧光高压汞灯,不应选用自镇流荧光高压汞灯。

b. 气体放电灯用镇流器应选用谐波含量低的产品。

c. 高大空间及室外作业场所宜选用金属卤化物灯、高压钠灯。

d. 除需满足特殊工艺要求的场所外,不应选用白炽灯。

e. 走道、楼梯间、卫生间、车库等无人长期逗留的场所,宜选用发光二极管(LED)灯。

f. 疏散指示灯、出口标志灯、室内指向性装饰照明等,宜选用发光二极管(LED)灯。

g. 室外景观、道路照明应选择安全、高效、寿命长、稳定的光源,避免光污染。

9.2.4　灯具布置

(1)灯具的高度(竖向)布置

灯具的竖向布置如图 9.18 所示。图中 h_c 称垂度;h 称计算高度;h_p 称工作面的高度;h_s 称悬吊高度,单位均为 m。

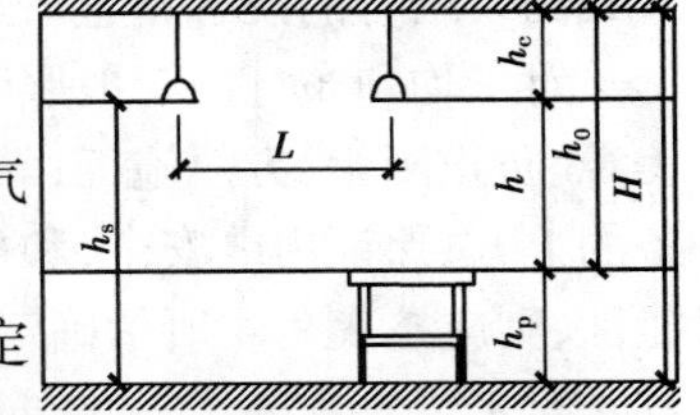

图 9.18　灯具的竖向布置图

确定灯具的悬吊高度应考虑以下因素:

①保证电气安全:对工厂的一般车间不宜低于 2.4 m,对电气车间可降至 2 m。对民用建筑一般无此项限制。

②限制直接眩光:与光源种类、瓦数及灯具形式相对应,规定出最低悬吊高度见附录 9.2。对不考虑限制直接眩光的普通住房,悬吊高度可降至 2 m。

③便于维护管理:用梯子维护时不超过 6 ~ 7 m。用升降机维护时,高度由升降机的升降高度定。有行车时多装于屋架的下弦。

④提高经济性:即应符合表 9.4 所规定的合理距高比 L/h 值。对于直射型灯具,查表 9.4

即可。对于半直射型和漫射型灯具。除满足表9.5的要求外,尚应考虑光源通过顶棚二次配光的均匀性。分别应满足:半直射型 $L/H<5\sim6$;漫射型 $h_c/h_0\approx0.25$。

表9.4 合理距高比 L/h 值

灯具类型	L/h		单行布置时房间最大宽度
	多行布置	单行布置	
配照型、广照型	1.8~2.5	1.8~2	1.2 h
深照型、镜面深照型、乳白玻璃罩灯	1.6~1.8	1.5~1.8	h
防爆灯、圆球灯、吸顶灯、防水防尘灯	2.3~3.2	1.9~2.5	1.3 h
荧光灯	1.4~1.5		

⑤相关因数:和建筑尺寸配合,如吸顶灯的安装高度即为建筑的层高。为防止晃动,垂度 h_c 一般为0.3~1.5 m,多取为0.7 m。

⑥常用参考数据:一般灯具的悬挂高度为2.4~4.0 m;配照型灯具的悬挂高度为3.0~6.0 m;搪瓷探照型灯具悬挂高度为1.0~5.0 m;镜面探照型灯具悬挂高度为8.0~20 m;其他灯具的适宜悬吊高度见表9.5。而最低悬吊高度参见附录9.2。

表9.5 灯具适宜悬吊高度

灯具类型	灯具距地高度/m	灯具类型	灯具距地高度/m
防水防尘灯	2.5~5	软线吊灯	2以上
防爆灯	2.5~5,个别处带罩可低于2.5 m	荧光灯	2以上
双照型配照灯	2.5~5	碘钨灯	7~15,特殊情况可低于7 m
隔爆型、安全型灯	2.5~5	镜面磨砂灯泡	200 W以下,吊高2.5 m以上
圆球灯、吸顶灯	2.5~5	裸磨砂灯泡	200 W以上,吊高4 m以上
乳白玻璃吊灯	2.5~5	路灯	5.5以上

(2)灯具的平面布置

灯具的平面对照明的质量有重要的影响,主要反映在光的投射方向、工作面的照度、照明的均匀性、反射眩光和直射眩光以及视野内各平面的亮度分布、阴影、照明装置的安装功率和初次投资、用电的安全性、维修的方便性等方面。灯具的平面布置方式分为均匀布置和选择布置或两者结合的混合布置。选择布置易造成强烈阴影,常不单独采用。

对于均匀布灯的一般照明系统,灯具的平面布置应考虑与建筑结构配合,考虑功能、照顾美观、防止阴影、方便施工;与室内设备布置情况相配合,尽量靠近工作面,但不应装在大型设备的上方;保证用电安全,和裸露导电部分应保持规定的距离;考虑经济性,若无单行布置的可能性,则应按表9.4所示确定灯的间距。

对于荧光灯,横向和纵向合理距高比的数值不同,在相应照明手册中有表可查。当灯距的平面布置不是矩形时,应当按照如图9.19所示的方法求当量灯距 L。

当实际布灯距离比等于或略小于相应合理距离比时,即认为布灯合理。灯具离墙的距离,一般取(1/3~1/2)L,当靠墙有工作面时取(1/4~1/3)L。灯具的平面布置确定后,房间内灯具的数目就可确定。

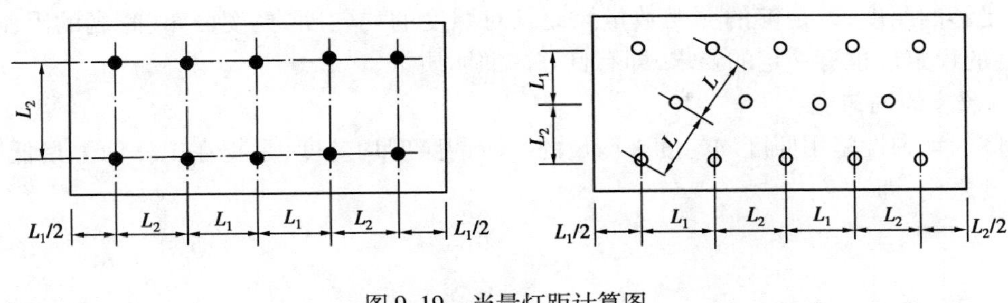

图9.19　当量灯距计算图

9.3　人工照明标准和照明设计

照明工程的设想应通过照明设计实现，照明设计的质量应以照明标准来衡量。

9.3.1　人工照明标准

根据国家的经济和电力发展水平，由国家有关部门颁布，使建筑的照明能满足一定的视力条件的数据。制定人工照明标准的基本依据应充分满足产生和影响视觉的各种因素。照度标准是我国执行的最低照度标准，即保证工作面上照度最低的地方、视觉工作条件最差的地方应达到的照度标准。这种标准有利于保护劳动者的视力和提高劳动生产率。

照度标准值应按0.5，1，3，5，10，15，20，30，50，75，100，150，200，300，500，750，1 000，1 500，2 000，3 000，5 000 lx分级。

应急照明的照度标准值宜符合下列规定：

①备用照明的照度值除另有规定外，不低于该场所一般照明照度值的10%。

②安全照明的照度值不低于该场所一般照明照度值的5%。

③疏散通道的疏散照明照度值不低于0.5 lx。

我国现行的照度标准分工业建筑照度标准和民用建筑照度标准两大类。

(1)工业建筑照度标准

我国在20世纪50年代就正式颁布了工业建筑的照度标准，其照度标准可查有关设计手册。

(2)民用建筑照度标准

民用建筑的照度要求随类别和功能的不同而不同，随等级和各种条件的不同而相差悬殊。故须按我国颁布的民用建筑照度标准进行设计。在照度标准中按照视力条件将各类民用建筑归纳为居住建筑、科教办公建筑、医疗建筑、影剧院礼堂建筑、汽车库、室外设施、体育建筑、商业建筑、宾馆(饭店)建筑、机电用房和火车站11大类，每类中按房间的功能不同分别定出相应的照度标准，见附录9.3—附录9.7。

9.3.2　照明质量

照明设计的要求是根据具体场合的要求，确定合理的照明方式和布置方案；在节约能源和资金的条件下，获得一个良好的、舒适愉快的工作学习和生活的环境。良好的照明环境，不仅要最有足够的照度,即足够的照明数量。而且对照度的均匀度、亮度分布、眩光的限制、显色性、照度的稳定性也有一定的要求,即有良好的照明质量。

(1)**照度的均匀度**

照度的均匀性是用照度均匀度来衡量的。所谓照度均匀度,是指在工作面上最低照度与平均照度之比,即

$$D_E = \frac{E_{min}}{E_{av}} \tag{9.7}$$

式中 D_E——照度均匀度;

E_{min}——工作面上最低照度,lx;

E_{av}——工作面上平均照度,lx。

我国照明标准,照度最低均匀度不小于0.7。

(2)**亮度分布**

照明环境不但应使人能清楚地观看,而且要给人以舒适的感觉。在视野内有合适的亮度分布是舒适视觉的必要条件。室内的亮度分布具有一定的要求。表9.6为亮度比的推荐值。

表9.6 亮度比的推荐值表

室内表面	推荐值
观察对象与工作面之间(如书与桌子之间)	3:1
观察对象与周围环境之间(如书、物与墙壁之间)	10:1
光源(照明器)与背景(环境)之间	20:1
视野内最大亮度差	40:1

室内各个表面(墙面、地面、顶棚)的反射系数对亮度分布也有一定的影响。室内顶棚的反射系数一般为80%,墙面的反射系数为40%~60%,地面反射系数为20%~40%。

(3)**眩光的限制**

1)直射眩光的限制

一般照明的直射眩光的限制应从光源亮度、光源表现面积的大小、背景亮度以及照明器的安装位置来考虑,通常采取的措施有下列几项:

①采用具有一定保护角的灯具:如图9.2所示,眩光的强弱与视线角度密切相关。光源在视线角度30°以内,眩光很强烈,在45°以上就逐渐减弱了。光源悬挂过低,直射眩光强烈。但光源悬挂过高,虽然会减弱直射眩光,但受房间高度的限制,且对照度也不利。采用具有一定保护角的截光型灯具,配合适当的悬挂高度,既能有效地限制直射眩光,也能保证工作面上有足够的照度和适当的均匀度。

局部照明用的照明器,应采用不透明材料或漫反射材料制成的反射罩。当照明器的位置高于水平视线时,其保护角应大于30°;若低于水平视线,则保护角不得小于10°。

②限制光源的亮度:对于非截光型照明器,应限制水平视线以上高度角为45°~90°的光源亮度。大面积的发光顶棚,在水平视线以上高度角为45°~90°的亮度限制为500 cd/m²。详细可查有关设计手册。

③减少会形成眩光的光源面积:减少在水平视线以上高度角为45°~90°的光源表观面

积。通常的做法是采用扁平形、椭圆形灯具。

④增加眩光源的背景亮度:减少光源与背景的亮度对比。要注意,在眩光源亮度很大的情况下,增加背景亮度可能会使背景也成为眩光源。

2)反射眩光的限制

反射眩光是由视野内的定向反射造成的。视野很难避开这种眩光,它往往比直射眩光更难处理。根据引起反射眩光的原因,有针对性地将反射眩光减少到最低限度的措施:

①尽量采用低亮度的光源或灯具,使反射影像的亮度随之降低。

②在选择布灯方案时,力求光源处在优选的位置上,使视觉工作不处于任何光源同眼睛形成的镜面反射角内。在照明器位置已固定的情况下,可通过改变工作面位置来避开反射眩光。如图9.20所示,位置A不会受到反射眩光的影响,而位置B则处在反射眩光的作用范围内。

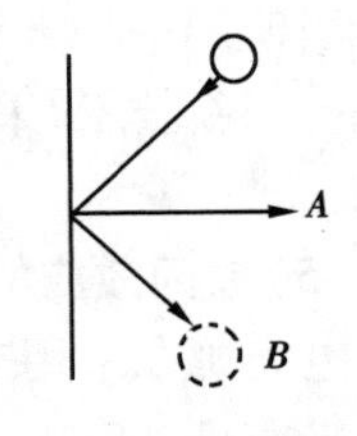

图9.20　避免反射眩光影响的办法

③工作房间内采用无光泽的表面,以减弱镜面反射和它所形成的反射眩光。

④增加光源数量,使引起反射的光源在工作面上形成的照度在总照度中所占的比例减小,从而使反射眩光的影响减弱。

3)减弱光幕反射

光幕反射是在一个物体的漫反射上叠加定向反射而形成的。减弱光幕反射的措施有:

①尽可能地使用无光纸和不闪光的墨水。

②光源不要布置在会产生光幕反射的区域内。

③采用的照明器应具有合理的配光曲线。如图9.21所示是3种灯具配光对光幕反射的影响示意图,其中:图9.21(a)采用特深照型,光线集中向下,易形成严重的光幕反射;图9.21(b)采用配照型,光幕反射较轻;图9.21(c)采用广照型,它垂直向下的光强最小,故光幕反射最小。

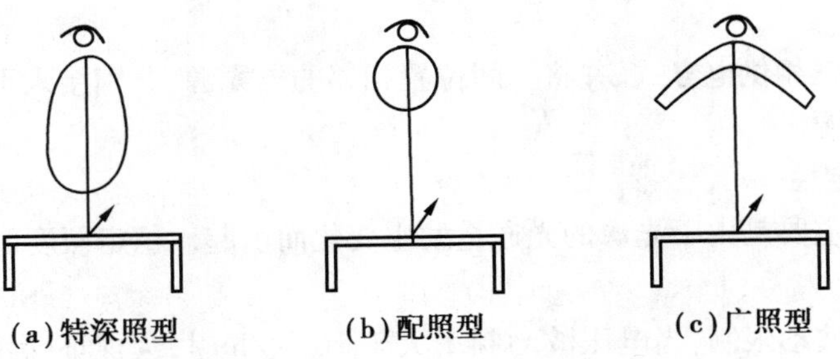

图9.21　灯具配光对光幕反射的影响

(4)光源的显色性

照明设计时,应根据照明场所对颜色辨别的要求合理地选择光源的显色性。在需要正确辨色的场所,应选用显色指数高的光源,如白炽灯、日光色荧光灯等,参见表9.7。

表9.7　光源的显色分组值

组别	一般显色指数(R_a)范围	适用建筑类别
1[①]	$R_a \geqslant 80$	大会堂、宴会厅、展览厅
2	$60 \leqslant R_a < 80$	教室、办公室、餐厅、一般商店营业厅

续表

组别	一般显色指数(R_a)范围	适用建筑类别
3	$40 \leqslant R_a < 60$	仓库
4	$R_a < 40$	室外

注:①此类建筑厅室内的照明光源的色表宜选用暖光或中间光。

当使用一种光源不能满足光色要求时,可采用两种或两种以上光源混光的办法。混光照明是一门新技术,采用混光照明可以创造一个具有高照度、光色和显色性良好、节能的照明环境。

(5)**频闪效应的消除**

电光源在采用交流电源时,光源发出的光通量也随之作周期性变化。其变化程度用波动深度来衡量,即

$$\delta = \frac{\Phi_{max} - \Phi_{min}}{2\Phi_{av}} \tag{9.8}$$

式中 δ——光通量的波动深度;

Φ_{max}——光通量的最大值;

Φ_{min}——光通量的最小值;

Φ_{av}——光通量的平均值。

光通量的波动深度与光源接入电路的方式有关,几种光源的光通量波动深度见附录9.4。由实验得知,当光通量波动深度在25%以下时,就可避免发生频闪效应。因此,消除频闪效应的办法有:

①两支并列的荧光灯,可用移相法接入电路。即一支荧光灯按正常方式接入,另一支荧光灯经电容器移相。

②采用两相或三相供电方式,并将空间位置相邻的电光源,分别接入不同的相序。

③采用直流电源。

(6)**照度的稳定性**

照度的不稳定主要是由于光源的光通量发生变化而引起。稳定照度的措施有:

①照度补偿。

②电源的电压波动限制,当电压波动频率大于10次/h时,为保证照度的稳定性,规定的允许电压波动不大于额定电压的±5%。

③光源固定,光源周期性的大幅度摆动,不但使照度发生变化,而且会在工作面上形成运动的影子,严重地影响视觉和损害光源的寿命。故需牢固的管吊或采用吸顶安装方式。

9.3.3 照明计算

照明计算是使空间获得符合视觉要求的亮度分配,使工作面上达到适宜的亮度标准。照明计算的实质是进行亮度的计算。因亮度计算相当困难,故直接计算与亮度成正比的照度值,以间接反映亮度值,使计算简化。因此照明计算,实际上是进行照度计算。

照明计算的方法很多,但从计算工作的内容和程序上可分为:

①已知照明系统和照度标准,求所需光源的功率和总功率。

②已知照明系统和光源的功率与总功率,求在某点产生的照度。无论哪一种方法,都很难做到完全符合照度标准。一般认为,工作面上任何一点的照度,不低于最低照度(照度标准值),且不超出20%就算正确,认为布灯和灯具选择合理,满足要求。

目前国内在一般照明工程中常用的照明计算方法,大体分为以下两大类:

(1)点照度计算

该方法可求出工作面任何一点的照度,或其上的亮度分布,这种方法是以照明的平方反比定律为基础,多用以进行照明的验算。

(2)平均照度计算

平均照度计算适合于进行一般均匀照明的水平照度计算,即

$$E = \frac{F}{S}$$

计算照度可采用单位功率法和利用系数法。

1)单位功率法

单位功率法又称为单位容量法,可进一步分为估算法和单位功率法。

①估算法:建筑总用电量的估算为:

$$P = \omega \times S \times 10^3 \tag{9.9}$$

式中　P——建筑物(该功能相同的所有房间)的总用电量,kW;

ω——单位建筑面积安装功率,W/m^2,其值查表9.8确定;

S——建筑物(或功能相同的所有房间)的总面积,m^2。

则每盏灯泡的瓦数(灯数为n盏)为:

$$p = \frac{P}{n} \tag{9.9a}$$

表9.8仅为根据过去调查得出的估算值,近年来随着家电的普及,生活用电量明显增加,有些地区提出住宅用电估算值提高到5~8 W/m^2,故应注意选用实际调查资料。

表9.8　综合建筑物单位面积安装功率(LPD)估算指标

序号	建筑物名称	单位功率/($W \cdot m^{-2}$)	序号	建筑物名称	单位功率/($W \cdot m^{-2}$)
1	学校	5	7	实验室	10
2	办公室	5	8	各种仓库(平均)	5
3	住宅	4	9	汽车库	8
4	托儿所	5	10	锅炉房	4
5	商店	5	11	水泵房	5
6	食堂	4	12	煤气站	7

②单位功率法:根据灯具类型和计算高度、房间面积和照度编制出单位容量表,可根据确定的灯具类型和计算高度查表得到单位建筑面积的安装功率ω值,进而可采用与估算法相同的公式和步骤,就可求出建筑总用电量和每盏灯泡的瓦数。单位面积安装功率一般按照灯具类型分别编制,见表9.9。其他情况可查有关设计手册。

表 9.9　乳白玻璃罩灯单位面积安装功率(LPD)　　单位:W/m²

灯具类别	计算高度/m	房间面积/m²	白炽灯照度/lx							
			10	15	20	25	30	40	50	75
乳白玻璃罩的球形灯和吸顶灯	2~3	10~15	6.3	8.4	11.2	13.0	15.4	20.5	24.8	35.3
		15~25	5.3	7.4	9.8	11.2	13.3	17.7	21.0	30.0
		25~50	4.4	6.0	8.3	9.6	11.2	14.9	17.3	24.8
		50~150	3.6	5.0	6.7	7.7	9.1	12.1	13.5	19.5
		150~300	3.0	4.1	5.6	6.5	7.7	10.2	11.3	16.5
		300 以上	2.6	3.5	4.9	5.7	7.0	9.3	10.1	15.0
	3~4	10~15	7.2	9.9	12.8	14.6	18.2	24.2	31.5	45.0
		15~20	6.1	8.5	10.5	12.2	15.4	20.6	27.0	37.5
		20~30	5.2	7.2	9.5	11.0	13.3	17.8	21.8	32.2
		30~50	4.4	6.1	8.1	9.4	11.2	15.0	18.0	26.3
		50~120	3.6	5.0	6.7	7.7	9.1	12.1	14.3	21.0
		120~300	2.9	4.0	5.6	6.5	7.6	10.1	11.3	17.3
		300 以上	2.4	3.2	4.6	5.3	6.3	8.4	9.4	14.3

2)利用系数法

利用系数法是指投射到被照面上的光通量 F 与房内全部灯具辐射的总光通量 nF_0 之比值(n 为房内灯具数,F_0 为每盏灯具的辐射光通量)$\eta = F/nF_0$。F 值中包括直射光通量和反射光通量两部分。反射光通量在多次反射过程中,总要被控照器和建筑内表面吸收一部分,故被照面实际利用的光通量必然少于全部光源辐射的总光通量,即利用系数 $\eta < 1$,见表 9.10。

表 9.10　乳白色玻璃圆白罩灯的发光强度和利用系数

发光强度/cd		利用系数 η						
a/℃	I_a	ρ_t	50			70		
		ρ_q	30	50		30	50	
0	100	ρ_a	10	10	30	10	10	30
10	98	i	η/%					
20	90							
30	85	0.6	17	21	22	18	23	23
40	80	0.7	19	24	25	21	26	27
50	76	0.8	22	27	28	24	29	31
60	72	0.9	24	29	30	26	31	32

续表

发光强度/cd		利用系数 η						
70	65	1.0	25	30	31	27	32	35
80	53	1.1	27	31	33	29	34	37
90	45	1.25	28	33	35	31	36	39
100	40	1.5	31	36	38	34	39	42
110	40	1.75	33	38	40	36	42	45
120	45	2.0	35	40	42	36	44	49
130	48	2.25	38	41	44	42	46	51
140	50	2.5	39	43	46	43	48	53
150	55	3.0	41	45	48	46	50	56
160	60	3.5	44	46	50	49	52	58
170	63	4.0	46	49	52	51	55	62
180	0	5.0	47	50	54	53	56	64

影响利用系数的因素有灯具的效率（η 值与灯具效率成正比）；灯具的配光曲线（向下部分配的直射光通量比例越大则 η 值越大）；建筑内装饰的颜色（墙面和顶棚等颜色越淡，反射系数越大，η 值越大）；房间的建筑尺寸和构造特点可用室形系数 RI 表示，即

$$RI = \frac{ab}{h(a+b)} = \frac{s}{h(a+b)} \tag{9.10}$$

式中　a,b,S——房间的长、宽，m 及面积，m^2；h——灯具的计算高度，m。

当其他条件相同时，RI 值越大，则 η 值越大。

利用系数法的计算：

在公式 $\eta = \frac{F}{nF_0}$ 中，F 是受照面上实际接受的光通量，该光通量应保证受照面积 S 达到规定的照度 E 值，故 $F = E \times S$。考虑使用过程中灯具和建筑内表面污染，受照面实际接受的光通量有所下降的情况，以及考虑被照面上照度分布不均匀的情况，上式应加以修正，得出式 $F = E \times S \times Z/K$。$K$ 为照度维护系数，见表 9.11，Z 为最小照度系数（$Z = E_0/E < 1$），E_0 是受照面上的平均照度，E 为受照面上的最低照度，即按照度标准查出的数值。当距高比 L/h 值接近合理值时，可取 $Z = 1.2$，分别按表 9.11、表 9.12、表 9.13 选取。则有：$\eta = \frac{F}{nF_0} = \frac{ESZ}{nF_0K}$，$F_0 = \frac{ESZ}{n\eta K}$。由该式可求出每个光源所需的辐射光通量 F_0 值，由 F_0 值查相应的光源样本即可确定每盏灯的功率，进而确定房间内的总功率，完成照明计算。

表 9.11　照度维护系数 K

环境维护特征	工作房间或场所	灯具最少擦洗次数/(次·年$^{-1}$)	维护系数 K	
			白炽灯、荧光灯、金属卤化物灯	卤钨灯
清洁	住宅、卧室、办公室、餐厅、阅览室、绘图室	2	0.8	0.8
一般	商店、营业厅、候车室、影剧院观众厅	2	0.7	0.75
污染严重	厨房	3	0.6	0.62

表 9.12　较佳 L/h 值布置时的最小照度系数 Z

灯具类型	L/h			
	0.8	1.2	1.6	2.0
双罩型工厂灯	1.27	1.22	1.33	1.55
散照型防水防尘灯	1.20	1.15	1.25	1.50
深照型灯	1.15	1.0	1.18	1.44
乳白玻璃罩吊灯	1.00	1.0	1.18	1.18

表 9.13　部分灯具的最小照度系数 Z

灯具类型		探照型	防水防尘型	圆球形
Z 值	采用最经济的布置方式(L/h 为较佳值时)	1.2	1.2	1.18
	采用使照度最均匀的布置方式	1.11	1.18	1.15
使照度最均匀所采用的 L/h 值		1.5	1.65	2.1

【例 9.1】　某图书馆休息室，房间的面积为 $6\times10.5\ m^2$，净高 3.8 m，顶棚、墙壁和地面的反射系数分别为 $\rho_t=0.7$，$\rho_q=0.5$ 和 $\rho_d=0.3$。现采用乳白玻璃圆球罩灯作一般照明，照明器的悬挂高度为 3 m，工作面高度为 0.8 m。试确定照明器的数量、灯泡功率和位置。

【解】　(1)根据房间的类型查附录 9.3—附录 9.7 的照度标准 $E=50$ lx。

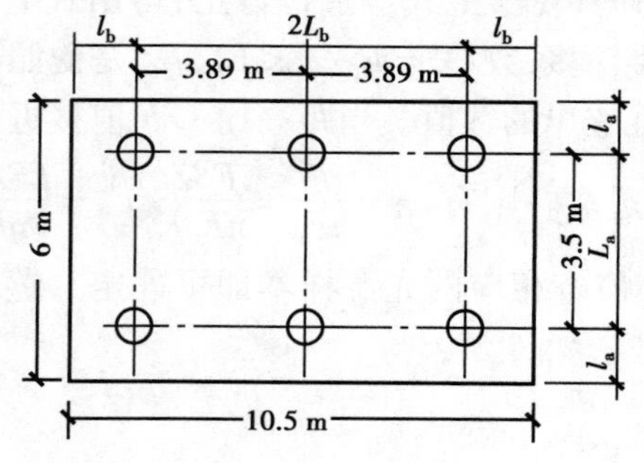

图 9.22　平面布置图

(2)灯具平面布置(见图 9.22)：灯具计算高度为 $h=h_s-h_p=3.0-0.8\ m=2.20\ m$。

查表 9.4 得单行布置时房间最大宽度 $L_m=h=2.20\ m<6.0\ m$，故不可能单行布置。对于多行布置的合理间距比：$L/h=1.6$，则合理间距为 $L=1.6\times2.20\ m=3.52\ m$，取 3.5 m。

宽向布置：6.0/3.5 = 1.71，故布置两行，即房间宽度 $=L_a+2l_a=L_a+2\times0.35L_a=1.7L_a$，布灯间距取 $L_a=3.5\ m$，$l_a=1.25\ m$。

长向布置：10.5/3.5 = 3，故布置成三列，即房间长度 $=2L_b+2l_b=2L_b+2\times0.35L_b=2.7L_b$，布灯间距取 $L_b=3.89$ m，$l_b=1.36$ m。

布置共6盏灯。

(3)房间的室形系数(公式9.10)：

$$RI=\frac{ab}{h(a+b)}=\frac{6\times10.5}{2.2\times(6+10.5)}=1.74$$

(4)确定利用系数：根据室形系数，顶棚、地面及墙的反射系数 ρ_t,ρ_q,ρ_d，所选的照明器型号。查表9.10并用插值法计算得利用系数 $\eta=0.45$。

(5)总光通量：查表9.11、表9.12的维护系数 K 为0.8，取最低照度系数 Z 为1.18。由附录9.3—附录9.7，得 $E=50$ lx，接公式计算所需的总光通量：

$$nF_0=\frac{SE_0}{\eta K}=\frac{SZE}{\eta K}=\frac{6\times10.5\times1.18\times50}{0.45\times0.8}\text{lm}=10\ 325\ \text{lm}$$

(6)每盏灯具所需的光通量：$F_0=\frac{10\ 325}{6}=1\ 720.83$ lm。查表，选用PZ220-150型的白炽灯泡，150 W其光通量为 $F'_0=2\ 090$ lm。

(7)校核：灯具的当量距高比 $L/h=\frac{\sqrt{3.89\times3.5}}{2.2}=1.68$，一般为1.5～1.8，平面布置合理。

$$E'=\frac{F'_0n\eta K}{a\times b\times Z}=\frac{2\ 090\times6\times0.45\times0.8}{6\times10.5\times1.3}\text{lx}=55.12\ \text{lx}$$

则 $\frac{55.12-50}{50}\times100\%=10.24<20\%$ 满足要求。

【例9.2】　某房间，长20 m，宽10 m，顶高3.5，照度标准500 lx，显色指数 $R_a\geqslant80$，维护系数0.8，选用三基色细直径直管荧光灯，格栅灯具，利用系数 $\eta=0.58$，请作两种光源方案设计比较。

(1)选用T5灯管，28 W，$T_{cp}=4\ 000$ K，显色指数 $R_a=85$，$F_0=2\ 660$ lm，需要灯管数？

(2)选用T8灯管，36 W，$T_{cp}=4\ 000$ K，显色指数 $R_a=85$，$F_0=3\ 350$ lm，求需要灯管数？

(3)以上方案(1)T5配电子镇流器，输入功率32 W，实际LPD值？

(4)以上方案(2)T8配电子镇流器，输入功率37 W，实际LPD值？

(5)选用T5灯管和T8灯管之LPD百分比？

【解】　(1)由 $E_{av}=\frac{nF_0\eta}{\text{SK}}$，则 $n=\frac{E_{av}\text{SK}}{F_0\eta}=\frac{500\times20\times10\times1.25}{2\ 660\times0.58}=81$，取81支。

(2)同上，$n=\frac{E_{av}\text{SK}}{F_0\eta}=\frac{500\times20\times10\times1.25}{3\ 350\times0.58}=64.3$，取64支。

(3)按《建筑照明设计标准》(GB 50034—2013)第2.0.46条

$$\text{LPD}=\frac{\sum P}{S}=\frac{32\times81}{20\times10}\text{W/m}^2=13\ \text{W/m}^2;$$

(4)按《建筑照明设计标准》(GB 50034—2013)第2.0.46条

$$\text{LPD}=\frac{\sum P}{S}=\frac{37\times64}{20\times10}\text{W/m}^2=11.8\ \text{W/m}^2;$$

(5) $\frac{13}{11.8}=110\%$。

9.3.4 照明配电系统

(1)电源电压

一般照明光源的电源电压应采用220 V、1 500 W及以上的高强度气体,放电灯的电源电压宜采用380 V。

应急照明的电源,应根据应急照明类别、场所使用要求和该建筑电源条件,采用下列方式之一:

①接自电力网有效地独立于正常照明电源的线路。

②蓄电池组,包括灯内自带蓄电池、集中设置或分区集中设置的蓄电池装置。

③应急发电机组。

④以上任意两种方式的组合。

疏散照明的出口标志灯和指向标志灯宜用蓄电池电源。安全照明的电源应和该场所的电力线路分别接自不同变压器或不同馈电干线。备用照明电源宜采用独立于正常照明电源的线路或应急发电机组方式。

(2)配电系统

①照明配电宜采用放射式和树干式结合的系统。

②照明配电箱宜设置在靠近照明负荷中心便于操作维护的位置。

③每一照明单相分支回路的电流不宜超过16 A,所接光源数不宜超过25个;连接建筑组合灯具时,回路电流不宜超过25 A,光源数不宜超过60个;连接高强度气体放电灯的单相分支回路的电流不应超过30 A。

④插座不宜和照明灯接在同一分支回路。

⑤照明配电干线和分支线,应采用铜芯绝缘电线或电缆,分支线截面不应小于1.5 mm^2。

(3)控制系统

①照明控制应结合建筑使用情况及天然采光状况,进行分区、分组控制。

②旅馆客房应设置节电控制型总开关。

③除单一灯具的房间,每个房间的灯具控制开关不宜少于2个,且每个开关所控的光源数不宜多于6盏。

④走廊、楼梯间、门厅、电梯厅、卫生间、停车库等公共场所的照明,宜采用集中开关控制或就地感应控制。

⑤大空间、多功能、多场景场所的照明,宜采用智能照明控制系统。

⑥当设置电动遮阳装置时,照度控制宜与其联动。

⑦建筑景观照明应设置平时、一般节日、重大节日等多种模式自动控制装置。

9.3.5 照明设计的步骤

(1)电气照明设计的原始资料

首先根据设计任务了解设计内容,收集必要的设计基础资料,收集的原始资料如下:

1)电源条件

当地供电系统的情况,本工程供电方式,供电的电压等级,对功率因数的要求,电费的收费分类和标准。电源进户线的进线方位、标高,进户装置的形式。

2)图纸资料

建筑物的平、立、剖面图。建筑功能、建筑结构状况、设备布置和室内设施布置装饰材料情况,各层的标高、各房间的用途、顶棚、窗及楼梯间等情况,以便考虑照明供电的方案,线路的走向、敷设方式和照明器的安装方法等。

3)其他资料

了解建筑设计标准,各房间使用功能对电气工程的要求,工作场所对光源的要求等;了解其他专业的要求,电气照明设计与建筑协调一致,按建筑的格局进行布置,不影响结构的安全。建筑设备的管道很多,应注意相互协调,约定各类管道的敷设部位,尽可能地避免发生矛盾;了解工程建设地点的气象、地质资料,以供防雷和接地装置设计之用。

原始资料的收集视工程的具体情况及工程的规模大小来确定,最好能在着手设计前全部收集齐备,必要时也可在设计过程中继续收集。

(2)照明设计

以利用系数法说明照明设计的步骤和方法。

①根据建筑的功能要求、房间的照度标准,选择合理的照明方式,并根据房间对配光、光色、显色性及环境条件来选择光源和灯型(参看附录9.8)。

②根据各个房间对视觉工作的要求和室内环境的清洁情况,确定各房间的照度和维护系数。

③根据房间的照应标准进行灯具布置,并确定灯数 n 及实际的距高比 L/h。

④根据灯具的计算高度 h 及房间面积 S 和平面尺寸 $a \times b$,计算确定室形系数 RI 值,或查表得到 RI 值。

⑤根据灯具型号,墙壁、顶棚和地面的反射系数,以及 RI 值,求光通量利用系数 η 值。并由灯具类型和 L/h,查表确定最小照度系数。根据公式计算每盏灯具所必需的光通量 F_0,由此确定灯具的功率。

⑥验算受照面上的最低照度 E 是否满足照度标准。

9.4　建筑电照设计成果

9.4.1　电照平面图

将照明设计的有关成果画在照明平面图上,也可将电气设计和照明设计的成果统一表示在一张图上,成为电照平面图。图中电气部分包括配电盘的编号、安装方式、个数和平面布置,室内布线的导线型号、截面、根数、敷设方式和平面布置等,照明部分包括灯具的型号、瓦数、数量、平面和高度、安装方式设计照度等。如图9.23所示为某住宅(一梯三户)的电气照明平面。

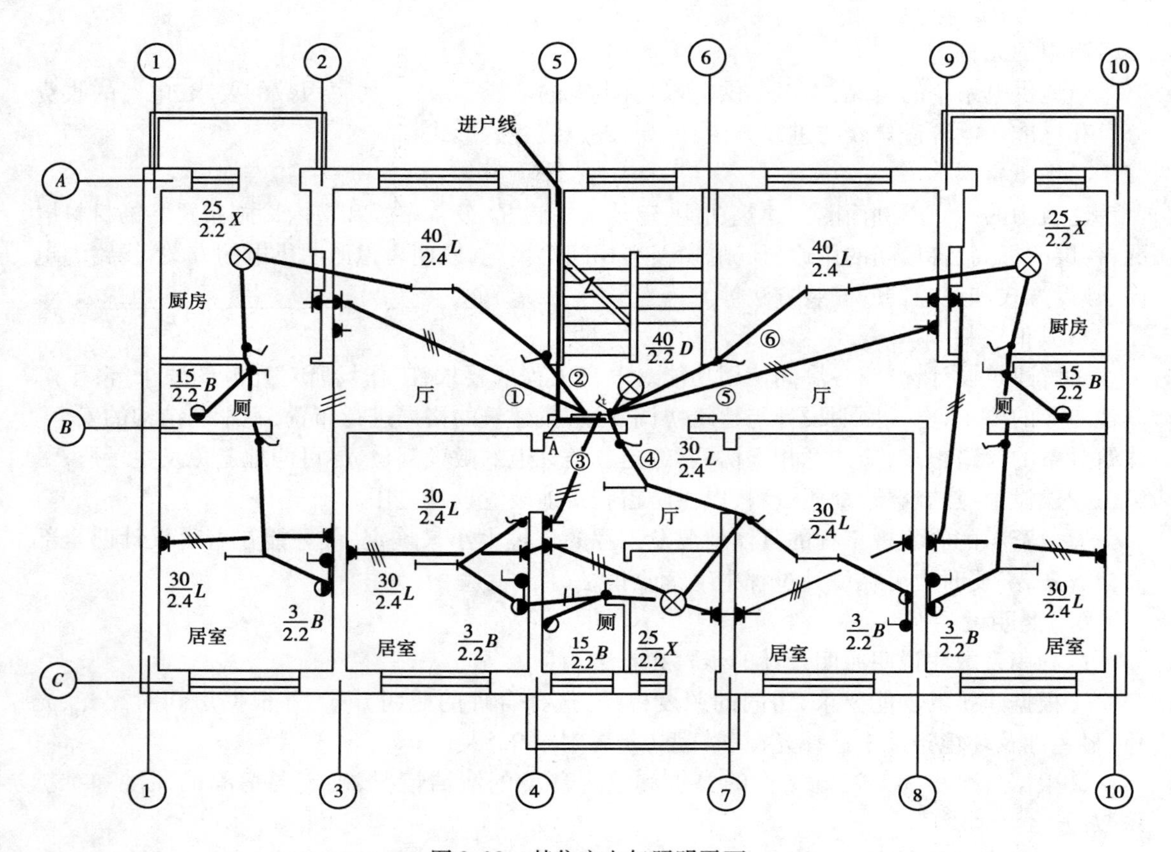

图 9.23　某住宅电气照明平面

照明系统的设计成果集中体现在照明平面图上，图中灯具的图示见附录 9.9。灯具图形符号上加注灯具说明，照明灯具的表达格式如下：

$$a - b\,\frac{c \times d \times L}{e}f$$

式中　a——同一类型灯具的数目；

b——灯具型号或编号，查设计手册。

c——每盏灯具的灯泡数或灯管数；

d——每个光源的功率，W；

e——灯具的安装高度 h_s 值，m；

f——灯具的安装方式，查设计手册。

L——房间的照度值，lx。

9.4.2　照明系统图

在电照平面图的基础上，可进一步完成电照设计的另一张主要图纸——照明供电系统图。图中主要内容包括接户线、进户线的数目、型号规格、敷设方式、配电支路的编号、负荷量、导线的型号规格、敷设方式等。上述图 9.23 中某住宅（一梯三户）的照明供电系统情况，如图 9.24 所示。

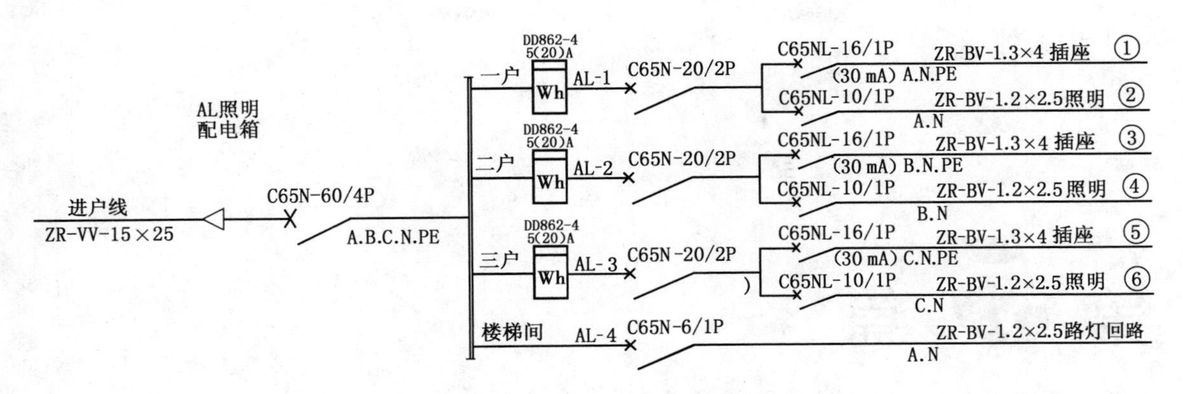

图9.24　照明供电系统图

电照系统图是在照明平面图完成后，在电源数目和位置、灯具等用电设备的型号规格和平面布置均确定后，通过确定配电盘位置和盘间接线方式、划分配电范围和设备组、确定每个配电盘中配电支路的编号和负荷状况、进行负荷计算、选择确定系统中全部电气设备的型号规格等步骤完成。电照电气设计的照明负荷采用需用系数法计算，即

$$P_j = K_x \times P_s \tag{9.11}$$

式中　P_j——照明计算负荷，kW；

P_s——灯具的总装置容量，kW；

K_x——需用系数，查有关设计手册。

习 题 9

1. 什么是光通量、光强度、照度和亮度？

2. 什么是灯具的配光曲线？按配光曲线可将灯具分成哪几类以及各类的特点和适用场所？

3. 常用的电光源有哪些？各有什么特点和适用场所？

4. 简述灯具布置应考虑的因素。

5. 灯具选择的原则是什么？

6. 灯具布置时常采用的限制眩光的措施有哪些？

7. 根据什么原则来评价建筑照明的质量？

8. 某房间，长8.2 m，宽8 m，顶高3.2 m，照度标准200 lx，显色指数$R_a \geq 80$，维护系数0.8，选用两种不同荧光灯，作能效比较。

(1)选用T8三基色细直径直管荧光灯36 W，T_{cp}=4 000 K，R_a=85，F_0=3 350 lm，格栅灯具，利用系数η=0.55，需要灯管数为多少支？

(2)选用单端三基色荧光灯26 W，T_{cp}=4 000 K，R_a=85，F_0=1 800 lm，配嵌入式筒灯，利用系数η=0.55，需要灯管数为多少支？

(3)以上方案(1)8配电子镇流器，输入功率37 W，实际LPD值为多少？

(4)以上方案(2)配电子镇流器，输入功率27 W，实际LPD值为多少？

(5)方案(1)和方案(2)之LPD百分比为多少？

第5篇 建筑智能化系统

第10章 智能建筑及综合布线工程概述

10.1 智能建筑的基本概念

10.1.1 智能建筑的兴起

早在20世纪80年代,美国的跨国公司为了提高国际竞争能力和应变能力,适应信息时代的要求,纷纷以高科技装备大楼,对办公的环境积极进行创新和改进,以提高工作效率。于是世界上第一幢智能大厦在1984年1月,由美国联合技术公司在美国康涅狄格州哈特福德市,将一座旧金融大厦进行改建。改建后的大厦称为都市大厦(City Palace Building)。都市大厦的建成可以说是完成了传统建筑与新兴信息技术相结合的尝试。楼内主要增添了计算机、数字程控交换机等先进的办公设备以及高速通信线路等基础设施。大楼的客户不必购置设备便可获得语音通信;文字处理、电子邮件传递、市场行情查询、情报资料检索、科学计算等服务。此外,大楼内的暖通、给排水、消防、保安、供配电、照明、交通等系统均由计算机控制,实现了自动化综合管理,使用户感到更加舒适、方便和安全,引起了世人的关注。"智能建筑"这一名称从此出现。

智能建筑蓬勃兴起,已形成在世界建筑业中智能建筑一枝独秀的局面。智能建筑或智能大厦(Intelligent Building,IB)是信息时代的必然产物,是计算机技术、通信技术、控制技术与建筑技术密切结合的结晶。随着全球社会信息化与经济国际化的深入发展,智能建筑已成为各国综合经济实力的具体象征,各大跨国企业集团国际竞争实力的形象标志。可见兴建智能型建筑仍是当今的发展目标。

在步入信息社会和国内外正加速建设"信息高速公路"的今天。智能建筑越来越受到我国政府和企业的重视。智能建筑的建设已成为一个迅速成长的新兴产业。近几年,国内建造的智能建筑有北京的京广中心、浦东上海证券交易大厦、广东国际大厦、深圳深房广场等。

10.1.2　智能建筑的概念

智能建筑系统功能设计以建设绿色建筑为目标,其核心是系统集成设计。智能建筑物内信息通信网络的实现,是智能建筑系统功能上系统集成的关键。智能化建筑的发展历史较短,智能建筑定义为:以建筑物为平台,基于对各类智能化信息的综合应用,集架构、系统、应用、管理及优化组合为一体,具有感知、传输、记忆、推理、判断和决策的综合智慧能力,形成以人、建筑、环境互为协调的整合体,为人们提供安全、高效、便利及可持续发展功能环境的建筑。

智能建筑是社会信息化与经济国际化的必然产物,是多学科、高新技术的有机集成。大量高新技术竞相在此应用,可视电话、多媒体技术已不陌生;国际信息高速公路、能量无管线传输等最尖端的高科技也会首先在这片沃土上扎根成长。因此,为保持定义的严谨,不宜对技术与设备限制得太具体。

智能建筑的智能系统所用的主要设备通常放置在智能化建筑环境内集成系统中心(Intelligented Integration System,IIS),它通过建筑综合布线(Generic Cabling,GC)与各种终端设备,如通信终端(电话机、传真机等)和传感器(如烟雾、压力、温度、湿度等传感器)连接,"感知"建筑内各个空间的"信息",并通过计算机处理给出相应的对策,再通过通信终端或控制终端(各种阀门、电子锁、开关等)给出相应反应,使大楼具有某种"智能"。由此也可对大楼的供配电、空调、给排水、照明、消防、保安、交通、数据通信等全套设施实施按需服务控制,并构建综合技术防范或安全保障体系的综合功能系统。这样,大楼的管理和使用效率将大大提高,能耗也会降低,同时具有应对危害社会安全的各类突发事件的能力。

智能建筑的智能化系统工程设计宜由智能化集成系统(IIS)、信息设施系统(Information Technology System Infrastructure,ITSI)、信息化应用系统(Information Technology Application System,ITAS)、建筑设备管理系统(Building Management System,BMS)、公共安全系统(Public Security System,PSS)、机房工程(Engineering of Electronic Equipment Plant,EEEP)和建筑环境(Building Environment,BE)等设计要素构成。智能化系统工程设计,应按照智能化系统工程的设计等级、架构规划及系统配置等工程架构确定。

综上所述,智能化建筑通常具有8大主要特征,即智能化集成系统(IIS)、信息设施系统

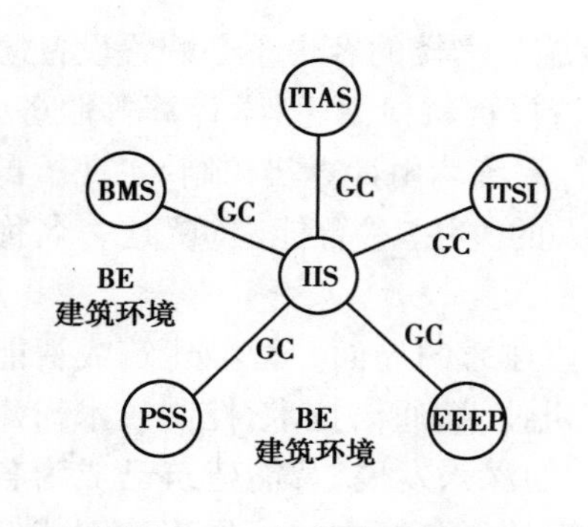

图 10.1 智能建筑结构

(ITSI)、信息化应用系统(ITAS)、建筑设备管理系统(BMS)、公共安全系统(PSS)、机房工程(EEEP)、建筑环境(BE)以及实现这7个系统目标的综合布线(GC)。

由图10.1智能建筑结构可知,智能建筑是由智能化集成系统利用综合布线连接其他系统组成的。建筑环境是智能化建筑赖以存在的基础,离开了建筑这个平台,也无从谈起智能建筑,故所谓智能建筑应该是指智能化地满足一些特殊功能要求的建筑。前面已经谈到,智能化建筑是建筑技术和现代高新技术发展的结晶。因此,智能化建筑应该是一座反映当今高科技成果的建筑物。而且智能化建筑的功能是随着科学技术的不断发展而不断改进和完善的。

10.1.3 智能建筑的组成和功能

智能建筑设计参见《智能建筑设计标准》(GB/T 50314—2015),它依据一定的建筑环境基础,由IIS,ITSI,ITAS,BMS,PSS,EEEP系统体现其智能功能,该系统组成和功能的示意图如图10.2所示。下面简要地介绍这几个部分的作用。

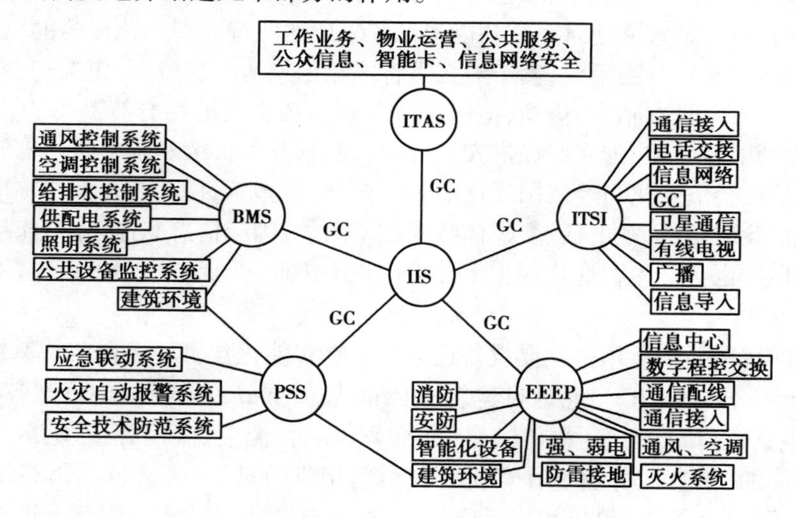

图 10.2 智能建筑的系统功能

(1)智能化集成系统(IIS)

智能化集成系统以建设绿色建筑为目标,满足建筑业务功能、物业运营和管理模式等应用需求,在智能化信息资源共享和协同运行的架构形式下,采用实用、规范和高效的监管体系,并适应信息化综合应用功能的延伸和增强。

智能化集成系统配置信息集成(平台)系统和集成信息应用系统。信息集成(平台)系统具有操作系统、数据库、集成系统平台应用程序,纳入集成管理的智能化设施系统与集成互为关联的各类信息通信接口等;集成信息应用系统具有通用业务基础功能模块和专业业务运营功能模块等。

当今的智能化集成系统具有虚拟化、分布式应用、统一安全管理等整体平台的支撑能力和顺应物联网、云计算、大数据、智慧城市等信息交互多元化和新应用的发展。

(2)**信息化应用系统**(ITAS)

信息化应用系统的功能是为建筑物提供快捷、有效的运行和管理的信息化需要及完善的建筑业务运营的支撑和保障。

信息化应用系统包括专业和通用业务应用系统、物业管理系统、公共服务系统、信息设施运行管理、智能卡应用系统和信息安全管理系统等。

(3)**信息设施系统**(ITSI)

信息设施系统是为建筑物的使用者及管理者创造良好的信息应用环境而设置的。根据需要对建筑物内外的各类信息,予以接收、交换、传输、存储、检索和显示等综合处理,并提供符合信息化应用功能所需的各种类信息设备系统组合的设施条件。该系统包括通信接入系统、电话交换系统、信息网络系统、综合布线系统、室内移动通信覆盖系统、卫星通信系统、有线电视及卫星电视接收系统、广播系统、会议系统、信息导引及发布系统、时钟系统和其他相关的信息通信系统。

信息设施系统的设置:

①根据建筑的运营模式、业务性质、应用功能、环境安全条件及使用需求,进行系统组网的架构规划。

②建立各类用户完整的公用和专用的信息通信链路,支撑建筑内多种类智能化信息的端到端传递,成为建筑内各类信息通信的完全传递通道。

③保证建筑内信息传递与交换的高速、稳定和安全;适应数字化技术发展和网络化传输趋向。

④按信息类别的功能性区分、信息承载的负载量分析、应用架构形式优化等要求,对智能化系统的信息传输进行处理,并满足建筑智能化信息网络实现的统一性要求。

⑤根据建筑使用功能的构成状况、业务需求及信息传输的要求,设置网络拓扑架构;按信息接入方式和网络子网划分等配置路由设备。并根据用户工作业务特征、运行信息流量、服务质量要求和网络拓扑架构形式等,配置服务器、网络交换设备、信息通信链路、信息端口及信息网络系统等。

⑥配置相应的信息安全保障设备和网络管理系统,建筑物内信息网络系统与建筑物外部的相关信息网互联时,应设置有效抵御干扰和入侵的防火墙等安全措施。采用专业化、模块化、结构化的系统架构形式;具有灵活性、可扩展性和可管理性。

(4)**建筑设备管理系统**(BMS)

建筑设备管理系统具有对建筑设备运行监视信息互为关联和共享、建筑设备能耗监测和实现对节约资源、优化环境质量管理的功能;并与公共安全系统等其他关联构建建筑设备综合管理模式。

建筑设备管理系统中监控的设备范围:冷热源、供暖通风和空气调节、给水排水、供配电电梯、照明等并包括以自成控制体系方式纳入管理的专项设备监控系统。采集的信息有温度、湿度、流量、压力、压差、液位、照明、气体浓度、电量、冷热量等建筑设备运行基础状态信息;监控模式应与建筑设备的运行工艺相适应,并应满足对实时状况监控、管理方式及管理策略等进行优化的要求;适应相关的管理需求与公共安全系统信息关联;具有向建筑内相关集成系统提供建筑设备运行、维护管理状态等信息的条件。

(5)**公共安全系统**(PSS)

公共安全系统应对火灾、非法侵入、自然灾害、重大安全事故和公共卫生事故等危害人们生命财产安全的各种突发事件,建立的应急及长效的技术防范保障体系。以人为本、主动防范、应急响应和严实可靠。公共安全系统宜包括火灾自动报警系统、安全技术防范系统和应急响应系统等。

①火灾自动报警系统:应安全适用、运行可靠、维护便利;具有与建筑设备管理系统互联的信息通信接口;宜与安全技术防范系统实现互联,作为应急响应系统的基础系统之一,纳入智能化集成系统;系统符合现行《火灾自动报警系统设计规范》(GB 50116—2013)和《建筑设计防火规范》(GB 50016—2014)的有关规定。

②安全技术防范系统:根据防护对象的防护等级、安全防范管理等要求,以建筑物自身物理防护为基础,运用电子信息技术、信息网络技术和安全防范技术等进行构建。系统包括安全防范综合管理(平台)和入侵报警、视频安防监控、出入口控制、电子巡查、访客对讲、停车库(场)管理系统等,以及各类建筑物业务功能所需的其他相关安全技术防范系统。系统应适应数字化、网络化、平台化的发展,建立结构化架构及网络化体系,拓展和优化公共安全管理的应用功能,应作为应急响应系统的基础系统之一,纳入智能化集成系统,设计应符合《安全防范工程技术规范》(GB 50348—2014)、《入侵报警系统工程设计规范》(GB 50394—2007)、《视频安防监控系统工程设计》(GB 50395—2007)和《出入口控制系统工程设计规范》(GB 50396—2007)的有关规定。

③应急响应系统:以火灾自动报警系统、安全技术防范系统为基础。对各类危及公共安全的事件进行就地实时报警;采用多种通信对自然灾害、重大安全事故、公共卫生事件和社会安全事件实现就地报警和异地报警;管辖范围内的应急指挥调度,紧急疏散与逃生紧急呼叫和引导,事故现场应急处置等。总建筑面积大于20 000 m^2 的公共建筑或建筑高度超过100 m 的建筑必须设置一级应急响应系统,并配置相应的通信接口。

(6)**机房工程**(EEEP)

智能化系统机房工程范围包括信息接入机房、有线电视前端机房、信息设施系统总配线机房、消防制室、安防监控中心、智能化总控室、信息网络机房、用户电话交换机房、智能化设备间(弱电间、电信间)等,并可根据工程具体情况独立配置或组合配置。

机房工程建筑设计应符合下列要求:

①通信接入交接设备机房应设置在便于外部信息管线引入建筑屋内的位置。信息设施系统总配线机房宜设置在建筑的中心区域位置,火灾自动报警系统、安全技术防范系统、建筑设备管理系统、公共广播系统等的中央控制设备集中放在智能化总控室内饰,各系统应由独立的工作区;智能化设备间宜独立设置,在满足信息传输要求的情况下,设备间宜设置在工作区域相对中部位置,对于以建筑楼层为区域划分的智能化设备间,上下位置宜垂直对齐。

②机房面积应满足设备机柜(架)的布局要求,预留发展空间,不宜在水泵房、厕所和浴室等潮湿场所相邻布置;信息设施系统总配线机房、智能化总控室、信息网络机房及用户电话交换机房等不宜与变配电室及电梯机房相邻布置;设备机房不宜贴邻建筑物外墙。

③与机房无关的管线不应从机房内穿越,机房应采用防水、降噪、隔音、抗震等措施;且各功能区净空高度及地面承重力应满足设备安装要求和国家现行有关标准。

④信息设施系统总配线机房与信息接入机房、智能化总控室、信息网络机房及用户电话交

换机房等同步设计和建设；智能化总控室、信息网络机房及用户电话交换机房等应按智能化设施的机房设计等级及设备的工艺要求进行设计。

(7) **建筑环境**(BE)

建筑物的整体环境应能提供高效、便利的工作和生活环境，适应人们对舒适度的要求，应满足人们对建筑的环保、节能和健康的需求，符合现行国家标准《公共建筑节能设计标准》(GB 50189—2015)有关的规定。应符合建筑物的物理环境、光环境、电磁环境、空气质量要求。

(8) **综合布线**(GC)

综合布线是建筑智能化必备的基础设施。综合布线系统设计应满足建筑物信息通信网络的基础传输通道，能支持语音、数据、图像和多媒体等各种业务信息的传输；根据建筑物的业务性质、使用功能、环境安全条件和其他使用的需求，进行合理的系统布局和管线设计；根据线缆敷设方式和其所传输信息，符合相关涉密信息保密管理规定的要求，选择相应类型的线缆，满足对防火的要求，选择相应防护方式的线缆；具有灵活性、可扩展性、实用性和可管理性；符合现行国家标准《建筑与建筑群综合布线系统工程设计规范》(GB/T 50311—2007)的有关规定。

综合布线系统可划分为建筑群主干布线子系统、建筑物主干布线子系统、水平布线子系统、工作区布线(一般属非永久性的)。

智能建筑是利用综合布线与国内外信息网连接而进行信息交流。智能建筑的信息处理功能主要包括3个部分：

①建设高速、大容量、宽频带的信息传输平台。

②建立信息处理平台。

③建立信息资源共享原则，形成信息咨询产业。

由此可知，信息高速公路着重于信息快速通道的建设，它是智能建筑与外界联系的通道。智能建筑也必须与信息高速公路对接；否则，它就成了“智能孤岛”。

本章重点介绍智能建筑中的综合布线。

10.2　综合布线的概念以及与智能建筑的关系

10.2.1　信息通信网络系统

智能建筑离不开信息通信网络系统，它应能对来自建筑物或建筑群内外的各种信息予以接收、存贮、处理、交换、传输并提供决策支持的能力。信息通信网络系统实现高速的对智能建筑内各种图像、文字、语音及数据之间的通信，并与外部信息网相连、交流信息。信息通信网络系统分为语音通信、图文通信及数据通信3个子系统。

①语音通信：可给用户提供预约呼叫、等待呼叫、自动重拨、快速拨号、转移呼叫、直接拨入，能接收和传递信息的小屏幕显示、用户账单报告、屋顶远程端口卫星通信、语音邮件等上百种不同特色的通信服务。

②图文通信：可实现传真通信、可视数据检索等图像通信、文字邮件、电视会议通信业务等。由于数字传送和分组交换技术的发展及采用大容量高速数字专用通信线路实现多种通信

方式,使得根据需要选定经济而高效的通信线路成为可能。

③数据通信:可供用户建立计算机网络,连接其办公区内的计算机及其他外部设备,完成电子数据交换业务。多功能自动交换系统可使不同用户的计算机相互之间进行通信。

通信传输线路既可以是有线线路,也可以是无线线路。在无线传输线路中,除微波、红外线外,主要是利用通信卫星,实现了"相距万里近在眼前"的国际信息交往联系。这样的信息通信网络系统提供了强有力的缩短空间和时间的手段,起到了零距离、零时差交换信息的重要作用。实现这样的通信系统的另一手段就是信息高速公路。"信息高速公路"是由电缆或光缆构成的高速通道,将其延伸到每个基层单位、每个家庭,形成四通八达、畅通无阻的信息"交通网",文字、图像、语音都以数字流的形式在这个"交通网"上快速传递。

10.2.2 综合布线的概念

综合布线是采用高质量的标准线缆及相关连接硬件,在建筑物内外组成标准、灵活、开放的信息传输通道,是智能建筑的"信息高速公路"。它既能使语音、数据、图像设备和交换设备与其他信息管理系统彼此相连,也能使这些设备与外部通信网相连。综合布线包括建筑物外部信息通信网络(或电信线路)的连线点、应用系统设备之间的所有信息通信线缆以及相关的连接部件。综合布线由同系列和规格的部件组成,包括传输介质、相关连接硬件(如配线架、连接器、插座、插头、适配器)以及电气保护设备等,具有各自的具体用途。子系统则由这些部件来构建,它们不仅易于实施,而且能随需求的变化而平稳升级。一个设计良好的综合布线对其服务的设备应具有一定的独立性,并能互连许多不同应用系统的设备,如模拟式或数字式机的公共系统设备,也能支持图像(电视会议、监视电视)等设备。

综合布线一般采用分层星形拓扑结构。结构下的每个分支子系统都是相对独立的单元,对一分支子系统的改动都不影响其他子系统,只要改变结点连接方式就可使综合布线在星形、总线形、环形、树状形等结构之间进行转换。

综合布线采用模块化结构,按每个模块的作用,可把综合布线划分成6个部分,如图10.3所示。这6个部分可以概括为"一间、二区、三个子系统",即设备间、工作区、管理区、水平子系统、干线子系统、建筑群干线子系统。

从图10.3中可以看出,这6个部分中的每一部分都相互独立,可单独设计、单独施工。

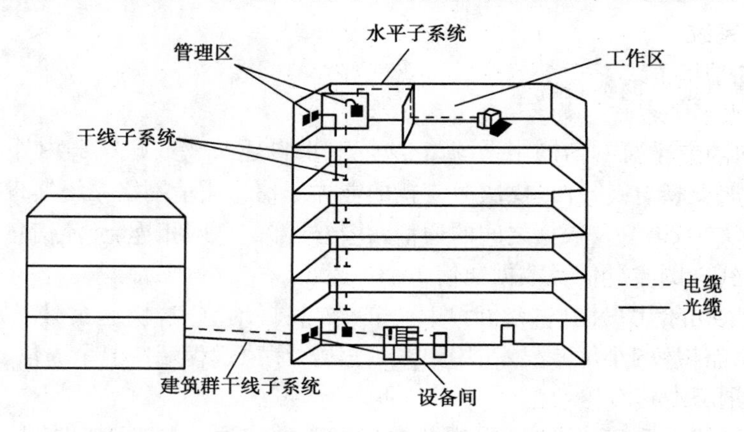

图10.3 建筑物与建筑群综合布线结构

（1）**设备间**

设备间是建筑内放置综合布线线缆和相关连接硬件及其应用系统的设备场所。为便于设备搬运，节省投资，一般公共设备间设在建筑物内底层或地下一层（建筑物有地下多层时）。可把公共系统用的各种设备（电信部门的中继线和公共系统设备，如 PBX）互连起来。设备间还包含建筑物的入口区的设备或电气保护装置及其连接到符合要求的建筑物接地点。它相当于电话系统中站内的配线设备及电缆、导线连接部分。

（2）**工作区**

工作区是放置应用系统终端设备的地方。由终端设备连接到信息插座的连线（或接插软线）组成，如图 10.4 所示。它用接插软线在终端设备和信息插座之间搭接。相当于电话系统中的连接电话机的用户线及电话机终端部分。

在进行终端设备和信息插座连接时，可能需要某种电气转换装置。如适配器，可用不同尺寸和类型的插头与信息插座相匹配，提供引线的重新排列，允许多对电缆分成较小的几股，使终端设备与信息插座相连接。但是，按《国际布线标准》（ISO/IEC 11801）规定，这种装置并不是工作区的一部分。

（3）**管理区**

管理区在配线间或设备间的配线区域，它采用交连和互连等方式，管理干线子系统和水平子系统的线缆。单通道管理如图 10.5 所示。管理区为连通各个子系统提供连接手段，它相当于电话系统中每层配线箱或电话分线盒部分。

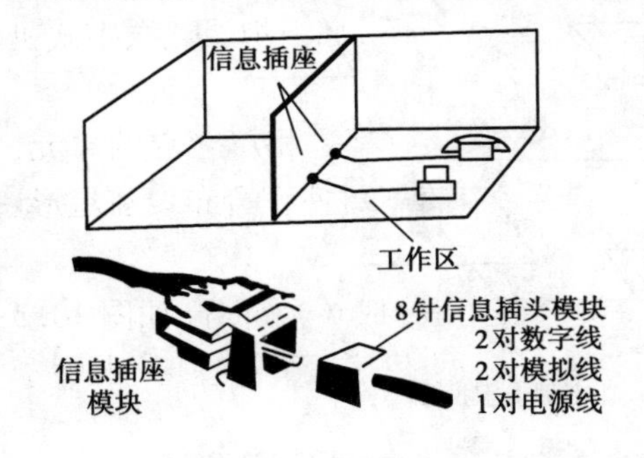

图 10.4　工作区

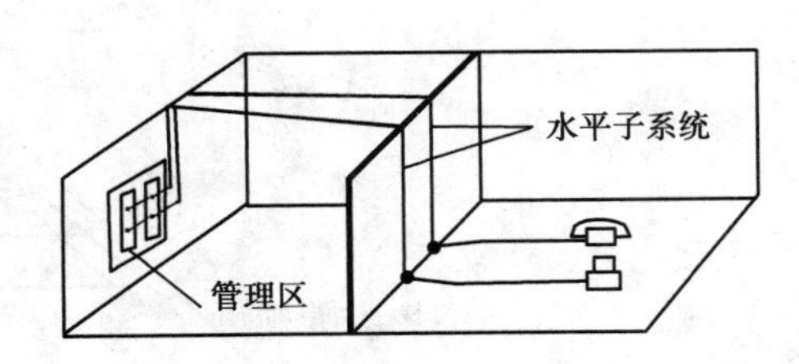

图 10.5　水平子系统

（4）**水平子系统**

水平子系统是将干线子系统经楼层配线间的管理区连接并延伸到工作区的信息插座，如图 10.5 所示。水平子系统与干线子系统的区别在于：水平子系统总是处在同一楼层上，线缆一端接在配线间的配线架上，另一端接在信息插座上。在建筑物内，干线子系统总是位于垂直的弱电间，并采用大对数双绞电缆或光缆，而水平子系统多采用 4 对 100 Ω UTP 5 类（或 150 Ω STP）双绞电缆。这些双绞电缆能支持大多数终端设备。在需要较高宽带应用时，水平子系统也可采用“光纤到桌面”的方案。但楼层配线架与信息插座之间水平对绞电缆或水平光缆的长度不应超过 90 m。若能保证链路性能时，水平光缆可适当延长。

当水平工作面积较大时，可在区域内设置二级交接间。这时干线线缆、水平线缆连接方式可采用：①干线线缆端接在楼层配线间的配线架上，水平线缆一端接在楼层配线间的配线架上，另一端通过二级交接间配线架连接后，再端接到信息插座上；②干线线缆直接接到二级交接间的配线架上，水平线缆一端接在二级交接间的配线架上，另一端接在信息插座上。

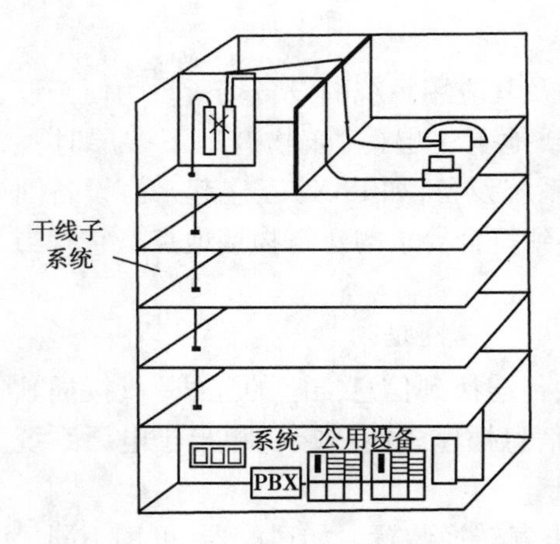

图 10.6　干线子系统

(5)**干线子系统**

干线子系统即设备间和楼层配线间之间的连接线缆;采用大对数双绞电缆或光缆,两端分别端接在设备间和楼层配线间的配线架上,如图 10.6 所示。它相当于电话系统中的干线电缆。

(6)**建筑群干线子系统**

建筑群由两个及两个以上建筑物组成。这些建筑物彼此之间要进行信息交流。综合布线的建筑群干线子系统由连接各建筑物之内的线缆组成,如图 10.3 所示。

建筑群综合布线所需的硬件,包括电缆、光缆和防止电缆的浪涌电压进入建筑物的电气保护设备。它相当于电话系统中的电缆保护箱及各建筑物之间的干线电缆。

综合布线的各子系统与应用系统的连接关系,可用图 10.7 描述。

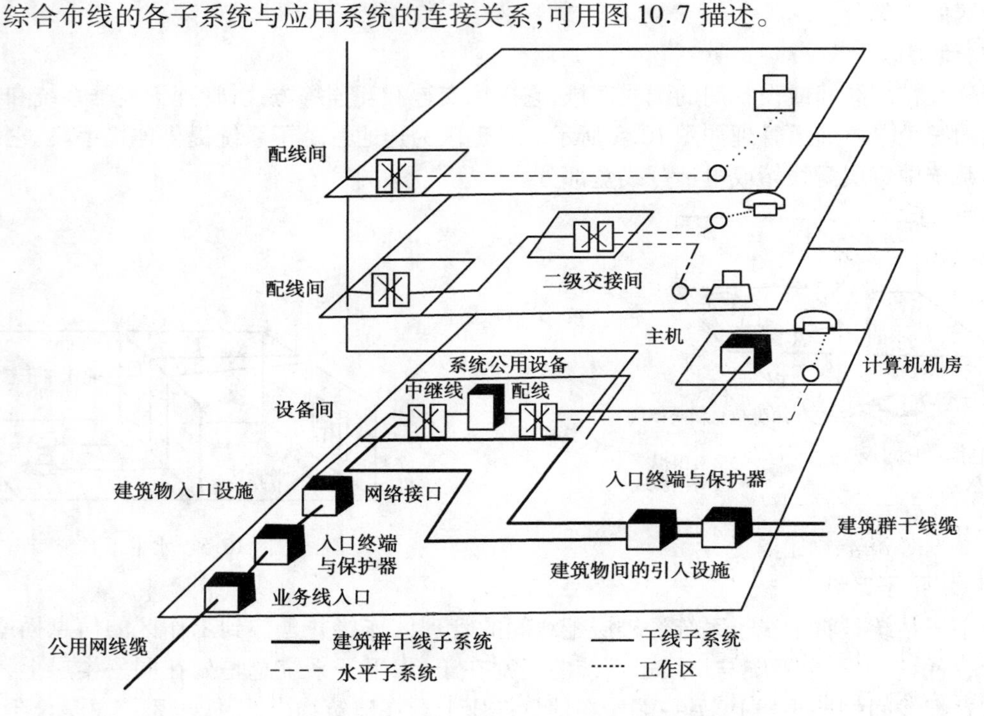

图 10.7　综合布线的各子系统与应用系统的连接关系

10.2.3　智能建筑与综合布线的关系

土木建筑,百年大计,一次性的投资很大。若在资金不能到位的情况下,全面实现建筑智能化是有难度的,但时间和机遇是不能等的。这是目前高层建筑普遍存在的一个比较突出的矛盾,然而综合布线是解决这一矛盾的最佳途径。

综合布线只是智能建筑的一部分,它犹如智能建筑内的一条高速公路,可统一规划、统一设计,在建筑物建设阶段投入整个建筑物资金的 3% ~5%,将连接缆线综合布在建筑物内。

至于楼内安装或增设什么应用系统，这就完全可以根据时间和需要、发展与可能来决定了。只要有了综合布线这条信息高速公路，想用什么应用系统，那就变得非常简单了。

10.2.4　综合布线的特点与适用范围

(1)综合布线的特点

综合布线与传统布线相比较，有许多优越性。其特点主要表现为：

①兼容性。综合布线的首要特点是它的兼容性。所谓兼容性是指它是完全独立的，与应用系统相对无关，可以适用于多种应用系统。

过去对一座大楼或一个建筑群内的语音和数据线路布线时，往往根据不同的设备使用不同的配线材料，连接这些不同配线的接头、插座及端子板也各不相同，且互不相容。一旦需要改变终端机或电话机位置时，就必须敷设新的线缆，以及安装新的插座和接头。

综合布线将语音、数据与监控设备的信号线经过统一的规划和设计，采用相同的传输介质、信息插座、交连设备、适配器等，把这些不同的信号综合到一套标准的布线中。由此可见，这个布线比传统布线大为简化，这样可节约大量的物资、时间和空间。在使用时无须定义各工作区信息插座的具体应用，只要把某种终端设备(如个人计算机、电话、视频设备等)插入这个信息插座，然后在管理间和设备间的交连设备上做相应的接线操作，这个终端设备就被接入各自的系统中了。

②开放性。过去，只要用户选定了某种设备，也就选定了与之相适应的布线方式和传输介质。如果更换另一设备，那么原来的布线就要全部更换。对于一个已经完工的建筑物，一旦发生这种变化，将要增加很多投资。

综合布线由于采用开放式体系结构，符合多种国际上现行的标准，因此它几乎对所有著名厂商的产品都是开放的，如计算机设备、交换机设备等，并对所有通信协议也是支持的，如ISO/IEC 8802—3，ISO/IEC 8802—5 等。

③灵活性。传统的布线方式是封闭的，其体系结构是固定的，若要迁移设备或增加设备会相当困难且麻烦，甚至是不可能的。综合布线采用标准的传输线缆和相关连接硬件，模块化设计，因此所有通道都是通用的。每条通道可支持终端，如以太网工作站及令牌网工作站。所有设备的开通及更改均不需改变布线，只需增减相应的应用设备以及在配线架上进行必要的跳线管理即可。另外，组网也可灵活多样，甚至在同一房间可有多台用户终端，如以太网工作站和令牌网工作站并存，为用户组织信息流提供了必要条件。

④可靠性。传统的布线方式由于各个应用系统互不兼容，因而在一个建筑物中往往要有多种布线方案。因此，各类信息传输的可靠性要由所选用的布线可靠性来保证，各应用系统布线不当会造成交叉干扰。

综合布线采用高品质的材料和组合压接的方式构成一套高标准信息传输通道。所有线缆和相关连接件均通过 ISO 认证，每条通道都要采用专用仪器测试链路阻抗及衰减，以保证其电气性能。应用系统布线全部采用点到点端接，任何一条链路故障均不影响其他链路的运行，为链路的运行维护及故障检修提供了方便，从而保障了应用系统的可靠运行。各应用系统采用相同传输介质，因而可互为备用，提高了备用冗余。值得注意的是，由于国际国内数据传输通道的光纤、电缆以及连接等的发展日新月异，因此，选择时尽可能符合时代技术条件。

⑤先进性。当今社会信息产业飞速发展，特别是多媒体技术使信息和语音传输界限被打

破,因此,现在建筑物只有采用综合布线方能满足目前信息技术的需要,适应未来信息技术的发展。

综合布线采用光纤与双绞电缆混合的布线方式,较为合理地构成一套完整的布线。所有布线均采用世界上最新通信标准,链路按设计要求选用多芯双绞电缆配置。目前主干线系统选用的线缆能支持3 Gb/s以上的数据传输速率。2010年7月,英特尔公司开发了一种连接技术,利用光电信号将计算机内部数据传输速率提高到50 Gb/s。为了满足特殊用户的需求,可把光纤引到桌面。干线语音部分用电缆、数据部分用光缆,为同时传输多路实时多媒体信息提供足够的裕量。

⑥经济性。综合布线在经济性方面具有比传统的布线系统明显的优越性,在此不再赘述。

综上所述,综合布线较好地解决了传统布线方法存在的许多问题,且在设计、施工和维护方面也给人们带来了许多方便。随着科学技术的迅猛发展,人们对信息资源共享的要求越来越迫切,尤其以电话业务为主的通信网逐渐向综合业务数字网(ISDN)过渡,越来越重视能够同时提供语音、数据和视频传输的集成通信网。因此,综合布线取代单一、昂贵、繁杂的传统布线,是信息时代的要求,是历史发展的必然趋势。

(2)综合布线适用范围

综合布线采用模块化设计和分层星形拓扑结构。它能适应任何建筑物的布线,但建筑物的跨距不得超过3 000 m,面积不超过100万 m^2。综合布线可以支持语音、数据和视频等各种应用。综合布线按应用场合分,除建筑与建筑群信息网络系统的综合布线外,还有建筑监控管理系统和工业自动化系统两种综合布线。它们的原理和设计方法基本相同,差别在于建筑与建筑群信息网络系统的综合布线是以商务和办公自动化环境为主;建筑监控管理系统的综合布线以大楼环境控制和管理为主;工业自动化系统综合布线则以传输各类特殊信息和适应快速变化的工业通信为主。为了便于理解综合布线原理,掌握其设计方法,本章仅讨论建筑与建筑群信息网络系统和建筑监控管理系统的综合布线,统一简称为综合布线(GC)。

10.3 综合布线的设计要领与结构

10.3.1 综合布线的设计要领

(1)总体规划

一般来说,国际信息通信技术标准是随着科学技术的发展而逐步修订完善的。综合布线也是随着新技术的发展和新产品的问世而逐步完善并趋向成熟。在设计智能化建筑物的综合布线期间,研究近期和长远的需求是非常必要的。目前,国际上各种综合布线产品都只提出多少年质量保证体系,并没有提出多少年投资保证。为了保护建筑物投资者的利益,我们可以采取"总体规划,分步实施,水平布线尽量到位"的设计原则。从图10.6可知,干线大多数都设置在建筑物的弱电间内,更换或扩充比较省事;水平布线是在建筑物的吊顶内、天花板或管道里,施工费比初始投资的材料费高。如果更换水平布线,会损坏建筑结构,影响整体美观。因此,在设计水平布线时,要尽量选用档次较高的线缆及相关连接硬件(如选用 100 Ω UTP5 类的双绞电缆),缩短布线周期。

但在设计综合布线时,一定要从实际出发,不可脱离实际,盲目追求过高的标准,以免造成浪费。因为科学技术日新月异,以计算机芯片的摩尔定律为例,它指出计算机芯片上集成的晶体管数每 18 个月会增加 1 倍。按照这个发展速度,我们很难预料今后科学技术发展的水平。不过,只要管道、线槽设计合理,更换线缆就比较容易。

(2)**系统设计**

综合布线是一项新兴的产业。它不完全是建筑工程中的“弱电”工程。智能化建筑是由智能化建筑环境内系统集成中心利用综合布线连接和控制各系统部分。综合布线设计是否合理,将直接影响各系统的功能。

设计一个合理的综合布线系统一般有以下 7 个步骤:

①分析用户需求;

②获取建筑物平面图;

③系统结构设计;

④布线线路设计;

⑤可行性论证;

⑥绘制综合布线施工图;

⑦编制综合布线用料清单。

综合布线的设计过程,可用如图 10.8 所示的流程图来描述。

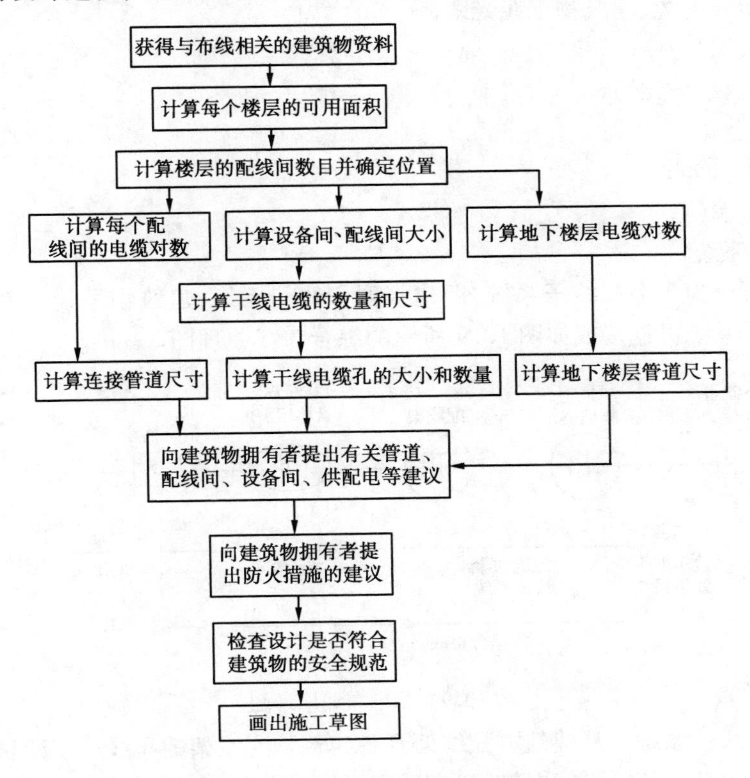

图 10.8　综合布线设计流程图

一个完善而又合理的综合布线是指在既定时间内,允许在有新需求的集成过程中不必再去进行水平布线,以免损坏建筑装饰而影响美观。

(3)综合管理

一个设计合理的综合布线能把智能化建筑物内、外的所有设备互连起来。为了充分而又合理地利用这些线缆及相关连接硬件,可将综合布线的设计、施工、测试及验收资料采用数据库技术管理起来。从一开始就应当全面利用计算机辅助建筑设计(CAAD)技术来进行建筑物的需求分析、系统结构设计、布线线路设计,以及线缆和相关连接硬件的参数、位置编码等一系列的数据登录入库,使配线管理成为建筑集成化总管理数据库系统的一个子系统。同时,让本单位的技术人员组织并参与综合布线系统的规划、设计以及验收,这对今后管理维护综合布线将大有益处。

10.3.2　综合布线结构

综合布线的结构由各个相对独立的部件组成,改变、增加或重组其中一个布线部件并不会影响其他子系统。将应用系统的终端设备与信息插座或配线架相连可支持多种应用,但完成这些连接所用设备(装置)不属于综合布线部分。

(1)综合布线部件

综合布线采用的主要布线部件有以下 9 种:

①建筑群配线架(CD);

②建筑群干线电缆、建筑群干线光缆;

③建筑物配线架(BD);

④建筑物干线电缆、建筑物干线光缆;

⑤楼层配线架(FD);

⑥水平电缆、水平光缆;

⑦转接点(选用)(TP);

⑧信息插座(IO);

⑨通信引出端(TO)。

(2)布线子系统

综合布线可分为 3 个布线子系统,即建筑群干线子系统、建筑物干线子系统和水平子系统。各个布线子系统可连接成如图 10.9 所示的综合布线原理图。

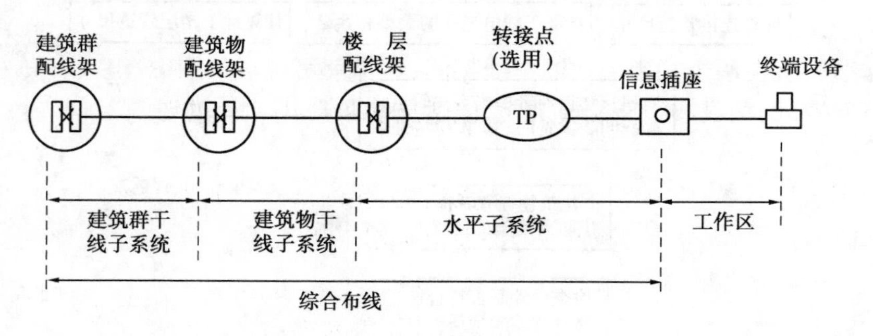

图 10.9　综合布线原理图

①建筑群干线子系统。从建筑群配线架到各建筑物配线架的布线属于建筑群干线布线子系统。该子系统包括建筑群干线电缆、建筑群干线光缆及其在建筑群配线架及建筑物配线架

上的机械终端和建筑群配线架上的接插软线和跳接线。

一般情况下，建筑群干线子系统宜采用光缆。建筑群干线电缆、建筑群干线光缆也可用来直接连接两个建筑物配线架。与外部通信网连接时，应遵循相应的接口标准，并预留安装相应接入设备的位置。

②建筑物干线子系统。从建筑物配线架到各楼层配线架的布线属于建筑物干线布线子系统。该子系统包括建筑物干线电缆、建筑物干线光缆及其在建筑物配线架及楼层配线架上的机械终端和建筑物配线架上的接插软线和跳接线。

建筑物干线电缆、建筑物干线光缆应直接端接到有关的楼层配线架，中间不应有转接点或接头。线缆不应布放在电梯、供水、供气、供暖、强点等竖井中。

③水平子系统。从楼层配线架到各信息插座的布线属于水平布线子系统。该子系统包括水平电缆、水平光缆及其在楼层配线架上的机械终端、接插软线和跳接线。

水平电缆、水平光缆一般直接连接到信息插座。必要时，楼层配线架和每个信息插座之间允许有一个转接点。进入与接出转接点的电缆线对或光纤应按 1∶1 连接以保持对应关系。转接点处的所有电缆、光缆应作为机械终端。转接点处只包括无源连接硬件，应用设备不应在这里连接。用电缆进行转接时，所用的电缆应符合多单元电缆的附加串扰要求。

转接点处宜为永久性连接，不应作配线用。对于包含多个工作区的较大区域，且工作区划分有可能调整时，允许在较大区域的适当部位设置非永久性连接的转接点。这种转接点最多为 12 个工作区配线。干线子系统与水平子系统应远离电气设备，以避免电磁干扰。非屏蔽布线系统的线路应与有线电视系统等线路有一定距离，免同频干扰。

④工作区布线。工作区布线是用接插软线把终端设备连接到工作区的信息插座上。工作区布线随着应用系统的终端设备不同而改变，因此它是非永久性的。

工作区电缆、工作区光缆的长度及传输特性有一定的要求。若不符合这些要求，可能影响某些系统的应用。

(3)拓扑结构

综合布线是一种分层星形拓扑结构。对一个具体的综合布线，其子系统的种类和数量由建筑群或建筑物的相对位置、区域大小及信息插座的密度而定。例如，一个综合布线区域只含一座建筑物，其主配线点就在建筑物配线架上，这时就不需要建筑群干线布线子系统。然而，一座大型建筑物也可被看成一个建筑群，可以具有一个建筑群干线子系统和多个建筑物干线子系统。

电缆、光缆安装在两个相邻层次的配线架间，这样就可组成如图 10.10 所示的分层星形拓扑结构。这种拓扑结构具有很高的灵活性，能适应多种应用系统的要求。这些拓扑结构是在配线架上对电缆、光缆及应用设备进行适当连接构成的。

必要时，为了提高综合布线的可靠性和灵活性，允许在楼层配线架间或建筑物配线架间增加直通连接线缆。建筑物干线电缆、干线光缆也可用于两个楼层配线架间的互连。

(4)综合布线部件的典型设置

综合布线部件的典型设置如图 10.11 所示。配线架可以设置在设备间或配线间。

根据安装条件，电缆、光缆敷设在管道电缆沟、电缆托架、线槽、暗管等通道中，其设计和安装应符合国家电气有关标准的规定。

综合布线允许将不同配线架的功能组合在一个配线架中，如图 10.12 所示。前面建筑物

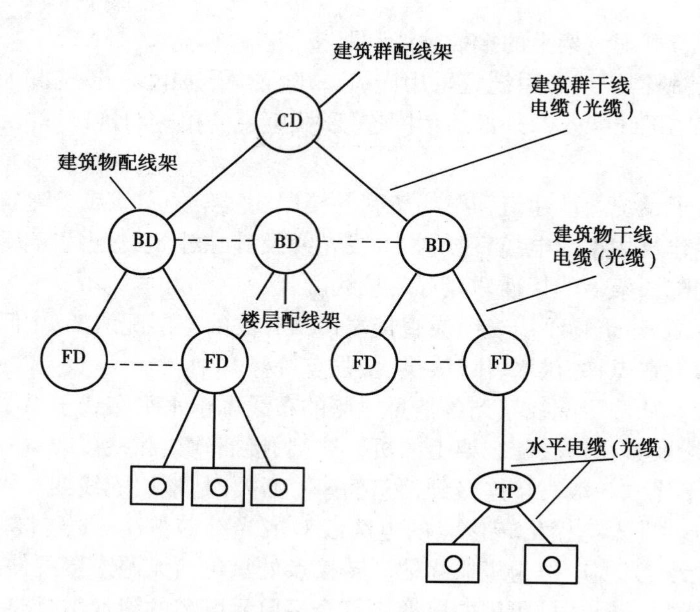

图 10.10　综合布线分层星形拓扑结构

－－－电缆、光缆(选用);TP 转换点(选用)

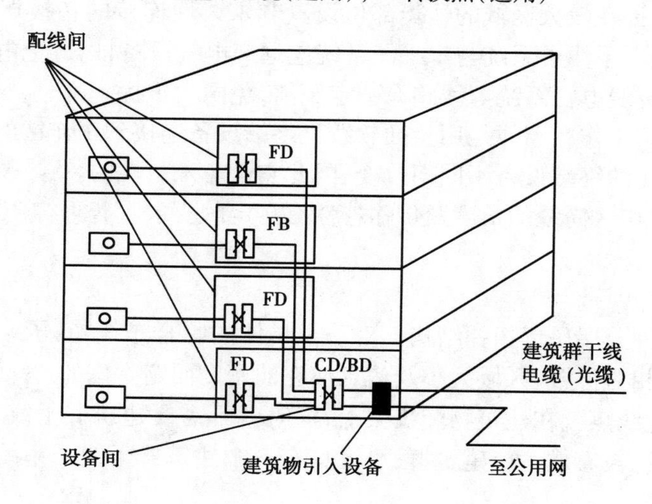

图 10.11　综合布线部件的典型设置

中的配线架是分开设置的,而后面建筑物中的建筑物配线架和楼层配线架的功能就组合在一个配线架中。

(5)**接口**

①综合布线的接口。综合布线每个子系统的端部都有相应的接口,用以连接有关设备。各配线架和信息插座处可能具有的接口如图 10.13 所示。配线架上的接口可以与外部业务电缆、光缆相连,其连接方式既可用互连也可用交接。

外部业务引入点到建筑物配线架的距离与设备间或用户程控交换机放置的位置有关。在应用系统设计时宜将这段电缆、光缆的特性考虑在内。

②公用网接口。综合布线应与公用网接口相连接。公用网接口的设备及其放置的位置应

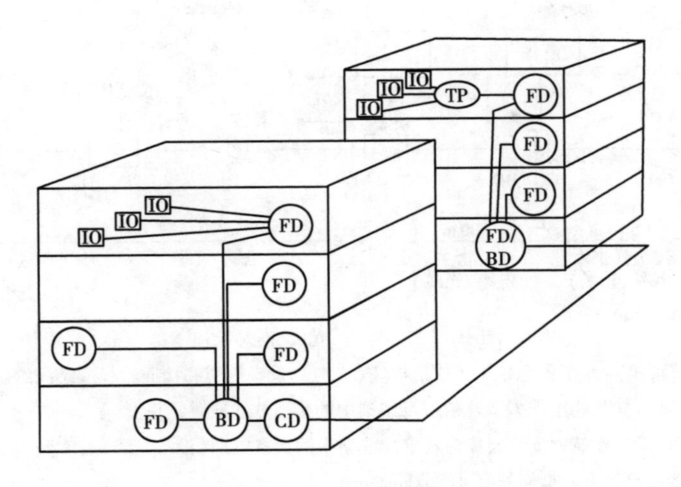

图 10.12　配线架功能的组合

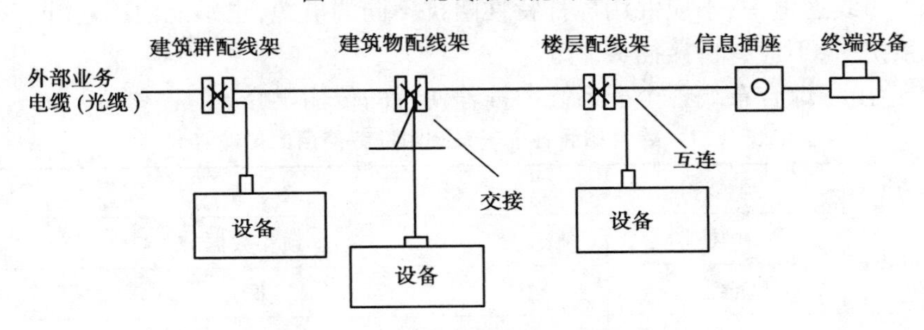

图 10.13　综合布线的接口

由有关主管部门确认。如果公用网的接口未直接连到综合布线的接口，则在设计时应把这段中继线的性能考虑在内。

用户程控交换机或远端模块与公用网的接口，以及 DDN 专线、ISDN 或分组交换与公用网的接口，应符合有关标准的规定。

(6) **具体配置**

1) 布线子系统线缆长度

①水平子系统和干线子系统的电缆、光缆最大长度，如图 10.14 所示。

②综合布线用的电缆、光缆应符合有关产品标准的要求；布线用连接硬件除应符合各自的产品标准外，还应使构成的通道符合设计指标的有关要求。

③工作区光缆、设备光缆的传输特性应符合水平光缆的传输特性；接插软线、设备电缆、工作区电缆应符合设计指标的有关要求，并且衰减允许比水平电缆的衰减大 50%。

④对采用铜芯对绞电缆及连接硬件，其布线链路的类别支持不同等级传输频率。

a. 3 类对绞布线链路，其传输性能支持 C 级(17 MHz)；

b. 5 类对绞布线链路，其传输性能支持 D 级(100 MHz)；

c. 5e 类对绞布线链路，其传输性能支持 D^+ 级(100 MHz)；

d. 6 类对绞布线链路，其传输性能支持 E 级(250 MHz)。

⑤在同一布线通道中使用不同类别器件，该通道的传输性能由最低类别的器件决定。

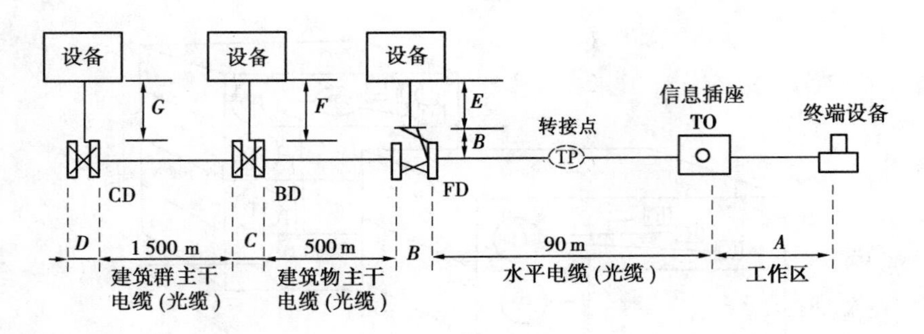

图 10.14　电缆、光缆最大长度

注:①$A+B+E\leqslant10$ m 水平子系统中工作区电缆(光缆)、设备线缆和接插软线或跳线的总长度。

②$C+D\leqslant20$ m 建筑物配线架或建筑群配线架中的接插软线或跳线长度。

③$F+G\leqslant30$ m 在建筑物配线架或建筑群配线架中的设备电缆(设备光缆)长度。

④接插软线应符合设计指标的有关要求。

⑥在一个布线通道中,不应混用标称特性阻抗不同的电缆,也不能混用光纤芯径不同的光缆。在布线系统中,不应有桥接插头。

表 10.1 给出了综合布线各个子系统中推荐使用的传输媒介。

表 10.1　综合布线各个子系统中推荐使用的传输媒介

子系统	传输媒介	说　明
水平布线	电缆	音频和数据
	光缆	数据
建筑物干线布线	电缆	中高速数据
	光缆	主要用于单频和中低速数据
建筑群干线布线	电缆	多数情况下采用光缆
	光缆	不需要宽带特性时(如用户交换机线路)可用平衡电缆

注:①在特定条件下(如环境条件、保密等原因)在水平子系统中应考虑使用光缆。

②采用光缆还可以克服地电位差和其他干扰的影响。

2)配线架

通常建筑物的每层楼设一个楼层配线架。当楼层的面积超过 1 000 m^2 时,可增加配线架。当某一层楼的信息插座很少时(如大厅),可不单独设置楼层配线架,由其他楼层配线架提供服务。

3)信息插座

每个工作区宜设两个或两个以上信息插座。若需要提高综合布线的灵活性,可增加工作区内信息插座的个数。

信息插座可安装在工作区的墙壁、地板或其他地方,其安装位置要便于使用。信息插座可单个安装或成组安装。有多个较小的工作区同在一个较大房间内时,允许将这些工作区的信息插座安装在一起。

每个工作区至少有一个信息插座应连接到 100 Ω UTP 平衡电缆(指具有特殊交叉方式及材料结构、能够传输高速率信号的电缆,非一般市话电缆);另一个信息插座可连接到平衡电缆或光缆。每个信息插座可连接4对或2对的平衡电缆。所接平衡电缆为4对线时，具有较大的通用性。所接平衡电缆线对为2对线时，其线对的连接位置可能会与某些应用系统的实际使用线对不一致，因此，可能影响布线的通用性。

每个信息插座都要有明显的永久性标牌，其线对分配及以后的所有变化都应详细填入记录中、信息插座所接的电缆少于4对线时，应专门加以标记。

对某些需要使用平衡/非平衡转换器和阻抗匹配器等器件的应用系统，应将这类器件放在信息插座外。在信息插座外，还允许使用带分支的接插软线进行线对的再分配。

4）配线间和设备间

配线间内安装有配线架、必要的有源部件和设备，并提供相应的条件。配线间宜尽量靠近建筑物弱电间的电缆孔、电缆井或管道等。

设备间是在建筑物内放置电信设备和应用设备的地方。设备间内也可以安装配线架。设备间的面积通常应大于配线间的面积，设计设备间时应考虑电信设备和应用设备的特点及使用要求。

5）引入设备

建筑群干线电缆、干线光缆以及公用网的电缆、光缆（包括天线馈线）进入建筑物时，都应引入保护设备或装置。这些电缆、光缆在引入保护设备或装置后。转换为室内的电缆、光缆。引入设备的设计与施工应符合邮电、建筑等部门的有关标准。

6）电磁兼容性

国际电工技术委员会（IEC）给出的电磁兼容性的定义为：电磁兼容是设备的一种功能，它在应用环境中不至于产生不能容忍的电磁干扰。我国军用标准（GJB 72）中给出的定义为：设备（分系统、系统）在共同的电磁环境中能执行各自功能的共存状态。故从电磁兼容的观点出发，除要求设备（分系统、系统）能按设计要求完成其功能外还有两点要求：一是有一定的抗干扰能力；二是不产生超过限度的电磁干扰。

综合布线本身为无源系统，不能单独进行电磁兼容性试验。对于特定的应用系统，应符合规范以及与该系统有关的标准。

平衡电缆布线与附近可能产生高电平电磁干扰的电气设备（如电动机、电力变压器、复印机等）之间，应保持一定的间距。当布线区域存在严重的电磁干扰影响时，宜采用光缆进行布线；当用户对电磁兼容性有较高要求时，也可采用光缆进行布线；在信息传输率比较低时，可采用带屏蔽的平衡电缆进行布线。

7）接地及其连接

接地及其连接应符合邮电部工业企业通信接地设计规范和国家标准要求。在应用系统有特殊要求时，还应符合有关设备生产厂商的要求。

10.3.3　综合布线设计等级

（1）建筑物的类型

建筑物的功能各异，但是归纳起来有：专用办公楼（如政府机关、跨国公司、金融、科教等办公楼）；写字楼（楼内的公用设施一次建成，而房间则根据使用者各自的需要进行二次装修）；综合型建筑物；多层、高层建筑物的住宅楼。

为了使综合布线工程设计系列化、具体化，可将上述几种建筑物内的综合布线分为基本型、增强型和综合型3个设计等级。设计时,根据用户需求,选择适当的设计等级。

(2)综合布线设计等级

1)基本型

基本型适用于综合布线中配置标准较低的场合,使用双绞电缆。其配置如下:

①每个工作区有一个信息插座;

②每个工作区的配线电缆为1条4对双绞电缆;

③采用夹接式交接硬件;

④每个工作区的干线电缆至少有2对双绞线。

2)增强型

增强型适用于综合布线的中等配置标准的场合,使用双绞电缆。其配置如下:

①每个工作区有2个或以上信息插座;

②每个工作区的配线电缆为2条4对双绞电缆;

③采用夹接式或插接交接硬件;

④每个工作区的干线电缆至少有3对双绞线。

3)综合型

综合型适用于综合布线中配置标准较高的场合,使用光缆和双绞电缆或混合电缆。综合布线配置应在基本型和增强型综合布线的基础上增设光缆及相关连接硬件。

(3)综合布线设计等级的特点

所有基本型、增强型、综合型综合布线都能支持语音/数据服务等,能随着工程的需要转向更高功能的布线。它们之间的主要区别在于:支持语音和数据服务所采用的方式;在移动和重新布局时实施链路管理的灵活性。

1)基本型综合布线

基本型综合布线大多数能支持语/音数据服务。其特点如下:

①具有价格竞争力的综合布线方案,能支持所有语音和数据的应用;

②应用于语音、语音/数据或低速数据;

③便于技术人员管理;

④采用半导体放电管式过压保护和能自动恢复的过流保护。

2)增强型综合布线

增强型综合布线不仅具有增强功能,而且还有发展余地。它支持语音和数据应用,并可按需要利用配线盘进行管理。其特点如下:

①每个工作区有两个信息插座,不仅机动灵活,而且功能齐全;

②任何一个信息插座都要提供语音和数据应用;

③可统一色标,按需要可利用配线架进行管理;

④一个能为多个应用设备创造部门环境服务的经济有效的综合布线方案;

⑤采用半导体放电管式过压保护和能够自动恢复的过流保护。

3)综合型综合布线

引入光缆,可适用于规模较大的智能建筑,其余特点与基本型或增强型相同。

综合布线连接硬件能满足所支持的语音、数据、视频信号的传输要求。设计时,按照近期和远期通信业务、计算机网络等需要,选用合适的综合布线线缆及有关连接硬件设施,选用的各项指标应高于综合布线设计指标，才能保证系统指标得以满足。但不一定越高越好，因为选得太高会增加工程造价，太低则不能满足工程需要，所以应当恰如其分。若选用 5 类标准，则线缆、连接硬件、跳线、连接线等全都必须为 5 类，才能保证通道为 5 类。如果采用屏蔽措施，则全通道所有部件都应选用带屏蔽的硬件，而且应按设计要求做良好的接地，才能保证屏蔽效果。还应根据其传输速率，选用相应等级的线缆和连接硬件。

10.4　建筑设备管理系统综合布线

综合布线不仅要传输建筑物的语音、数据和图像信息，还要传输传感器与探测器等建筑设备管理系统的信号。

建筑设备管理系统是以建筑物环境控制和管理为主的信息处理系统。它包含智能化建筑中各系统对建筑物的监测和控制管理部分的综合布线，其结构如图 10.15 所示。

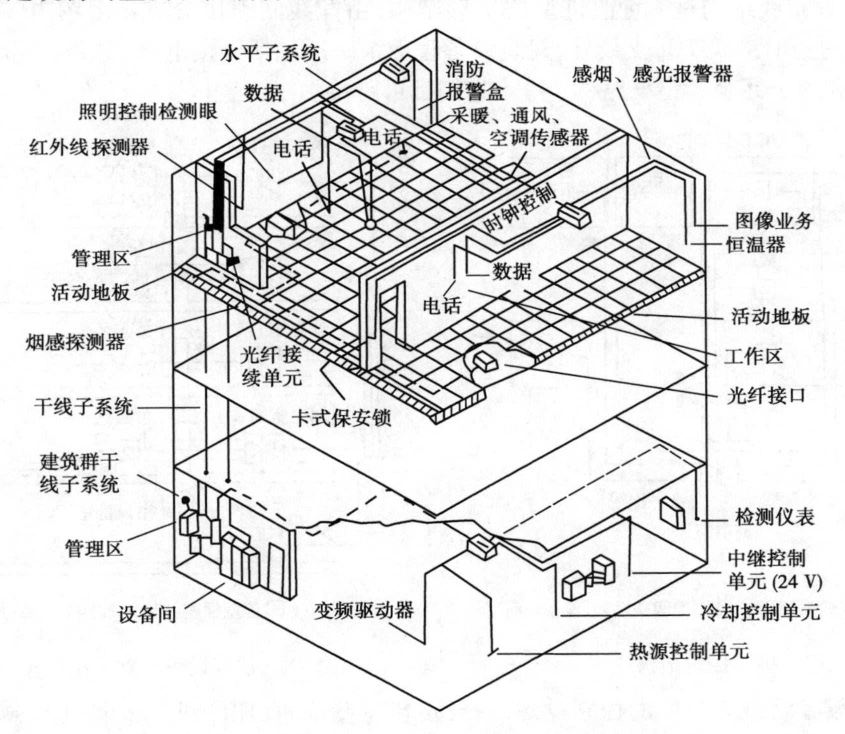

图 10.15　建筑物设备管理系统的综合布线结构

10.4.1　综合布线拓扑结构

在建筑物设备的管理系统中，工作区称为覆盖区。其覆盖区是指一种信息点所服务的区域，一般由大楼的结构、通向覆盖区的通道和覆盖区的逻辑用途来确定。一般覆盖区的面积为 15 m^2，且建筑设备管理系统综合布线水平距离大于 100 m。

建筑设备管理系统的终端设备和信息插座一般都安装在不同的物理地点，如建筑物的吊顶、墙壁、门框或其他结构上。图 10.16 表明建筑设备管理系统中水平子系统与工作区终端的

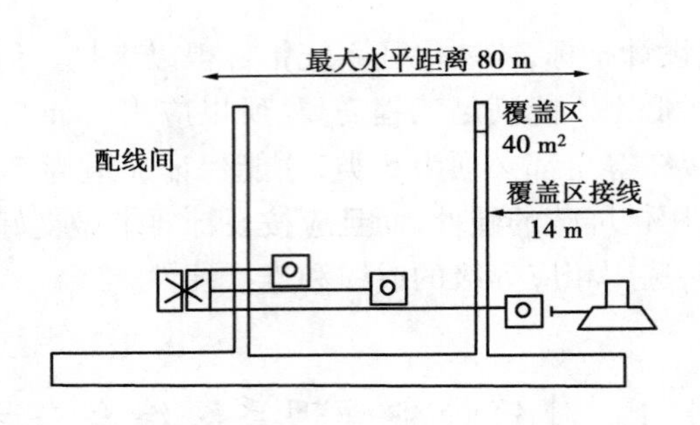

图 10.16　建筑设备管理系统的水平
子系统与工作区终端的连接关系

连接关系。由图中可见，配线间的配线架到终端设备的最大推荐距离为 80 m。

星形接线结构如图 10.17 所示。而建筑设备管理系统的综合布线多采用拓扑结构，如图 10.18 所示，该布线结构是一种改进型的星形结构，由配线间引出分支。由图 10.18 可知，除了集中管理的星形接线 TCI 支线外，建筑设备管理系统还包括链接电路（TCZ）、冗余路径容错电路（TC3）和一个冗余容错电路（TC4）。它们都可跨接多个覆盖区。

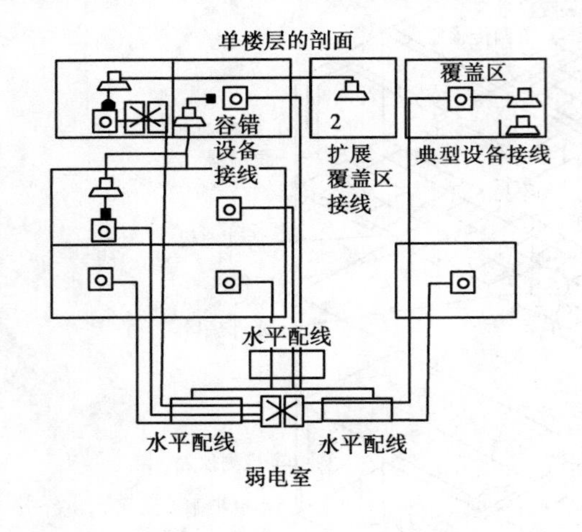

图 10.17　星形接线结构

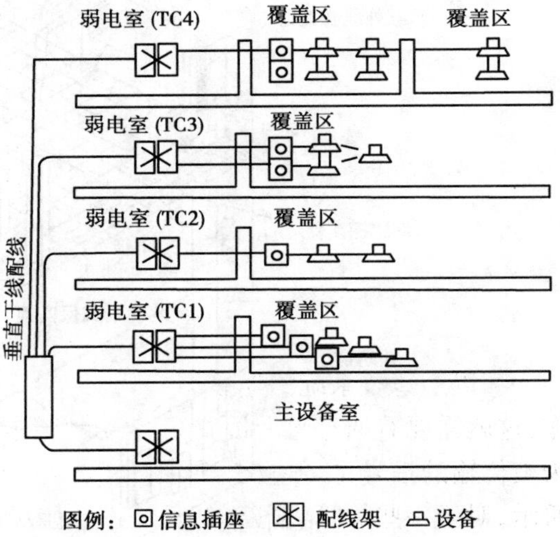

图 10.18　建筑设备管理系统的拓扑结构

①建筑设备管理系统中的控制设备，一般安装在设备间（ER）或某个弱电室中，集中管理的星形电路（TSI）要提供从电子设备到一个信息插座的通道。接到信息插座上的装置，可在配线间按桥式电路连接或链式电路（TCZ）连接。

从一个点经距离 L 接到另一个点的链路称为分支。支路（$1,\cdots,N-1,N$）可从一个星形连接的中心连接到一个信息插座上。而把星形连接节点连接到另一个地点，该节点称为远程桥，而该连接电路称为桥式中继线，如图 10.19 所示。各条支路通过桥连接到一条链路上去，支路的最大个数由实际应用确定，支路可通过使用适配器在其信息出口处产生。

②设备连接：各支路连接在一个序列上，后一个设备通过一段支路接在前面的设备上。这些支路的作用就像一条总线，每个设备都直接连到支路上，如图 10.20 所示。从设备到配线间

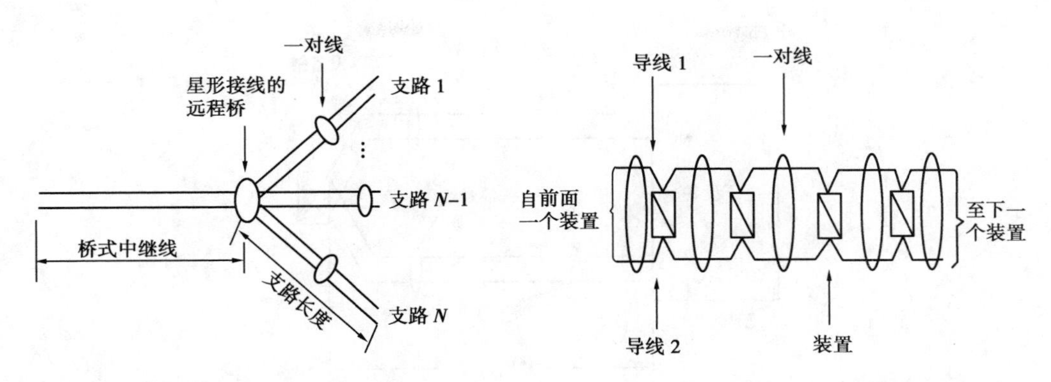

图 10.19　建筑设备管理系统星形布线连接　　　图 10.20　建筑设备管理系统设备连接

没有线缆,由桥接过渡。

③T 形头连接:把几台设备连接到 1 根总线上的方法,如图 10.21 所示。星形连接是 T 形头连接的特殊方式。

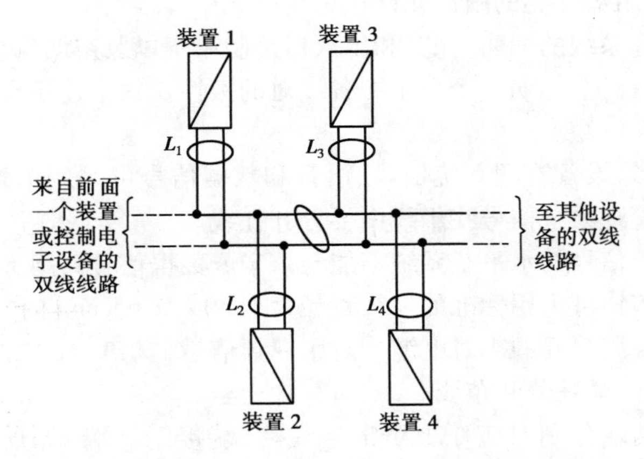

图 10.21　建筑设备管理系统 T 形头连接

④以上这些系统的连接需要具有较高的可靠性。如果在布线被毁坏的情况下仍要保持工作,这就需要有通过每台设备端点的冗余路径,通过两条不同的物理路径连接到传感器上。因为被传输的信号是低速信号,因此这样做是可行的。这种接法称为 4 线容错电路,如图 10.22 所示,对于一些故障(开路或断路)系统仍可工作。冗余容错电路是通过把一连串的设备连接到两个信息出口而构成的。这两个信息出口是按星形布线结构连接的,并且提供作为冗余路径布线的一部分的水平链路,并把这两条水平链路连接到配线间。容错链路上的设备和信息出口可以在一个或多个覆盖区内,这取决于设备密度。

冗余路径容错链路可以跨越几个配线间。如果设备集中在设备间里,那么冗余路径接线可以从设备间延伸到一个或一个以上的配线间。干线中的冗余路径要求有分开的垂直干线电缆。设备除了在配线间处可桥接外,也可在信息出口处进行桥接。

10.4.2　布线方法

由于进口的建筑设备管理系统的设备一般都是按导线直径为 1 mm 的双绞电缆设计的,所以如果采用导线直径为 0.5 mm 的双绞电缆,就必须经过转接装置才能连接到建筑设备管理系统控制器和其他设备上。现场制作的铲形接线片用来端接直径为 0.5 mm 的双绞电缆的

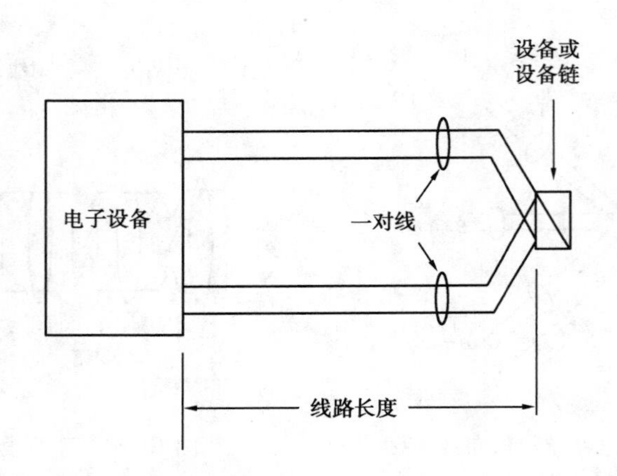

图 10.22　建筑设备管理系统 4 线容错电路

端头，并采用螺丝钉将其连到建筑设备管理系统控制器的接头上。某些情况下，作为桥接配置连接线时，需要有如电阻器一类的附加元件作为连接之用。

对于建筑设备管理系统的消防、保安和出入口控制系统以及空调自动控制系统，应把 4 对双绞电缆分组，并做上标记，标明一个分组中各线对的极性。每个建筑设备管理系统的设备至少应使用一条 4 对双绞电缆。

在干线系统中，建筑设备管理系统信号、语音和数据信号可共用 1 条电缆，但不能共用 1 个扎线组。建筑设备管理系统信号在干线中要分开扎线。

建筑设备管理系统信号的水平子系统不能与语音或数据信号共用 1 条水平电缆。所有建筑设备管理系统信号传输可采用标准的导线直径为 0.40 ~ 0.65 mm 的双绞线，每一建筑设备管理系统的信号传输应用分开的 4 对电缆。对于视频信号（扬声器、电话）和一些模拟输入输出电话都需用护套隔开，最好分开布线。

采用双绞线将其两端分别对应压上铲形接线片，端接于终端（如烟尘探测器）的螺丝钉上。如果需要采用一种线端电阻器（EOLR），则把它放在通道中最后一台终端设备的螺丝钉接头上，如图 10.23 所示。

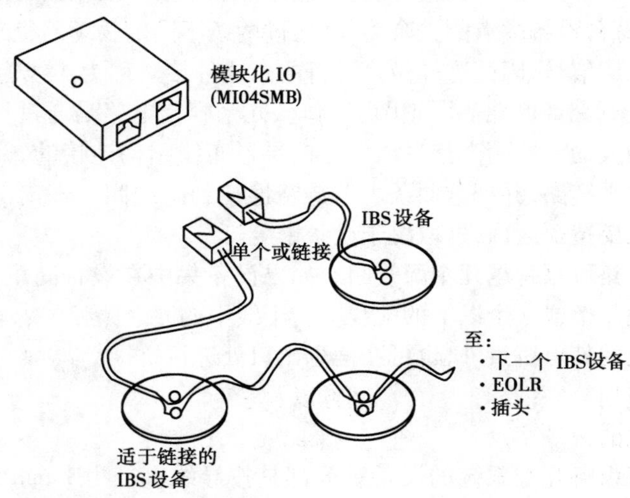

图 10.23　典型的建筑设备管理系统设备连接

水平子系统用3类或5类双绞电缆由4对线组成。每条链路上的电流值可以相同,对于导线直径为0.5 mm的4对双绞电缆上的允许值是很重要的一个指标:

①温度为60 ℃时,导线直径为0.5 mm的4对双绞电缆的任一导线上最大电流必须≤1 A;

②温度为60 ℃时,导线直径为0.5 mm的4对双绞电缆的8根导线的电流总和必须≤3.3 A;

③温度为20 ℃时,导线直径为0.5 mm,长为305 m的4对双绞电缆,每对线电阻≤28.6 Ω;

④视频信号的电压和电流有效值分别为70 V和1 A。

10.4.3　布线长度的限制

综合布线用的双绞电缆,其截面积一般为0.40~0.65 mm^2,与之相配的配线架、信息插座和连接插头等只能适用于截面积为0.40~0.65 mm^2的双绞电缆卡接。因此,当综合布线支持建筑设备管理系统的有些设备时,将受功率、信号衰减和时间延迟的限制。

建筑设备管理系统有两种结构类型。

①两层结构型:主控机至直接数字控制器(DDC)、直接数字控制器至现场执行元件两层结构,采用一级总线通信。

②三层结构型:主控机(站)至分控机(站)、分控机(站)至直接数字控制机、直控数字控制机至现场执行元件,采用二级总线通信。

在这两种结构中,主控机至直接数字控制机之间的信号传输线可纳入综合布线。直接数字控制机至现场执行元件之间的信号控制线,可利用线径较粗的双绞电缆。

建筑设备管理系统设备工作时,所跨越的电缆长度受功率、信号衰减和时间延迟的限制。为了确定导线直径为0.40~0.65 mm的电缆长度指标,必须对建筑设备管理系统的设备加以分析和测试。仅受功率要求限制的链路,传输距离可换算成导线直径为0.5 mm双绞电缆与1 mm双绞电缆阻值之比;受信号衰减或时间延迟限制的链路需要进行传输测量。在大多数情况下,最大的电缆长度会比用导线直径为1 mm双绞电缆短一些。

习 题 10

1. 智能建筑的主要特征是什么?
2. 为什么说系统集成是智能建筑的核心?
3. 简述智能建筑与综合布线的关系。
4. 简述综合布线的特点以及适用范围。
5. 综合布线如何划分? 划分为哪几个部分以及它们之间的关系?
6. 简述综合布线的设计要点,并绘出综合布线的拓扑结构图。
7. 综合布线主要由哪几个部件组成?
8. 简述建筑设备管理系统的综合布线特点。

第 11 章
建筑监控管理系统

现代建筑高度地追求经济效益与社会效益的统一，为人类创造理想的生存空间。往往一幢楼就相当于一个小城市，其内设置了大量的设备，如供热空调、给水排水、变配电与自备紧急发电、照明、电梯与电动扶梯、电视与广播通信、保安监视、火灾报警与自动灭火、停车库管理系统等。为了保证建筑物的功能实现，设备必须能长期安全可靠地运行，而且一些设备的运行方式常会受到其他设备运行状态的影响(如空调设备与电梯的运行在发生火灾时要进入特殊方式)，因此，需对所有设备的运行状态加以严密的监视与控制。20 世纪 80 年代初，发达国家开始利用计算机技术完成对建筑设备的监控和协调工作，从而开发了建筑物自动控制系统(Building Automation System，BAS)。

供电照明、空调和冷热水供应的设施是建筑物中主要耗能设备，据一些发达国家的资料统计，这些设备的能耗占国家能源总耗的 35% ~40%。如果对这些设备采用节能控制并加强管理可实现节能 28% 左右。而且，建筑设备还有大量的日常维护和管理事务，为保养设备需积累平时的运行数据。因此，在 BAS 的基础上加强各子系统设备的监控、管理以及建筑公共安全事件处理的管理；实现各子系统运行数据资料自动处理的功能，加强各子系统的集成化控制与管理，即集散型控制系统在建筑设备监测与控制管理中的应用，同时更强调建筑各子系统之间的网络互联与数据共享。

根据当代智能建筑的结构，上述功能要求主要通过公共安全系统(PSS)和建筑设备管理系统(BMS)来实现。PSS 24 小时监测建筑情况，采集各处现场资料自动加以处理，以提供设备管理的依据。BMS 则日夜不停地对各种建筑设备的运行情况进行监控和采集其运行数据自动加以处理，同时接受程序和随机指令对设备进行控制管理。

本章主要介绍建筑中常见的设备监控管理系统，其主要采用集散型控制系统(即集散型监测、控制管理设备系统)，该系统具有如下优点：

①集中统一地进行监控和管理，既可节省大量人力，又可提高管理水平。

②可建立完整的设备运行档案，加强设备管理，制订检修计划，确保建筑设备的运行安全。

③可实时监测电力用量(Power Demand)、最优开关运行(Optimum Start/Stop)和工作循环最优运行(Duty Cycle)等多种能量监管，节约能源，提高经济效益。

11.1　现场监控站与管理中心

11.1.1　集散型控制系统

现代建筑内部不仅设备数量多,并且往往布置比较分散。为了合理利用设备、节省能源和人力,确保设备的安全运行,可采用先进的集散型控制系统,即分散式直接控制与中央集中监控相结合的分层控制形式,控制功能由分散的直接数字控制器(DDC)完成,而数据资料由中央计算机集中管理,这样可增强各子系统的独立性和可靠性,减少中央机的工作量,从根本上保证了建筑设备自动控制系统的实时性和可靠性,这就是建筑设备监控的集散型控制系统。

集散型控制系统主要由现场监控站、管理中心(或称为中央控制站)以及将两者连接起来的通信网络3部分组成。

11.1.2　现场监控站

现场监控站的任务是对各种设备的运行状况进行监测和控制,它安装在被监控设备的附近,且直接与所有被监控的设备(如风机、室内照明控制器,以及生活水泵等)相连接。

微处理器是现场监控站的核心,由CPU、ROM、RAM、输入输出接口、时钟等基本部件构成。现场控制器中CPU部件采用冗余技术,输入输出通道采用高抗干扰措施与带电插拔技术,大量使用门阵列(GAL)器件以减少焊点与器件数,器件的平均无故障工作时间(MTBF)高达60年。硬件与软件都以一定的标准制成多种类型的模块,现场监控站在硬件上和各类传感器、执行器直接接口,软件中配备各类设备控制模式的程序,可以按建筑物的规模与不同设备类型任意组合、扩展系统。微机内丰富的自控软件可对建筑设备进行分区控制、最佳启停控制、PID自适应控制、参数趋势记录、报警处理、逻辑及时序控制等。所有这些监控功能均由各类传感器、电动执行装置、阀门等配合微机共同完成。

11.1.3　管理中心

各现场监控站所采集的数据信息经首次处理后,将必要、有限的数据资料传送到管理中心的中央计算机进行数据交换,实现集中管理和优化控制,因此,集散型控制系统对大楼内的电力、空调、卫生、照明、电梯等各种设备的控制,并不是分别单独处理,而是把所有的设备视为有机的整体而予以系统化的控制与管理,在使设备机器能获得高效率、可靠的运转控制的同时,还能以经济性的方法来维持建筑环境的舒适性与安全性,而充当集中管理这一角色的就是管理中心。

管理中心内设有以PC机或小型机为基础的控制台,此外还有一些辅助设备,如打印机、硬拷贝、磁盘驱动器、警报显示盘等,用以集中监控、对现场作远程操作、决定最优化控制方案、系统生成、系统故障诊断、节省能源效果的评估和能源消耗的预测等。在管理中心内,中央计算机通过通信网络与各现场监控站之间直接交换信息,对电力、空调、卫生、照明、防盗和防火等系统进行集中管理,以达到节省能源、人力和提高管理水平的目的,同时实现环境的最舒适化。管理监控中心随时了解下属的所有设备运行状况,根据大数据进行分析,作出智能决策,在必要时,也可发出调整工作状态的指令。对消防保安等特殊设备,需要尽量缩短查询的周期,以保证监控中心具有最快的响应速度。管理监控中心以图像方式显示下属对象的系统构成和各部件的状态,并以菜单方式供值班人员选择。各下属监控系统送来的数据在管理监控中心进行处理,而后存盘、制表、打印和绘成趋势图,以使值班人员了解设备运行状况、能量消耗情况、分析事故原因。随着集散型控制系统的兴起,管理监控中心的数据与事务处理功能进一步加强,设备故障诊断、维修安排、能源消耗的分户结算、房产管理等工作都能在管理监控中心完成。管理人员通过 CRT 上所提供的大量信息,可有效地把握全局,协调管理整座大楼的所有设备。除此之外,管理中心的功能不仅仅限于一座大楼的管理,它同时还可以实现将多幢大楼集中于一处管理的建筑群设备管理系统。

11.1.4 信息通信网络

管理中心通过信息通信网络与各现场监控站连接起来,整个系统的结构如图 11.1 所示。信息通信网络的布线已在 10.4 节中介绍。

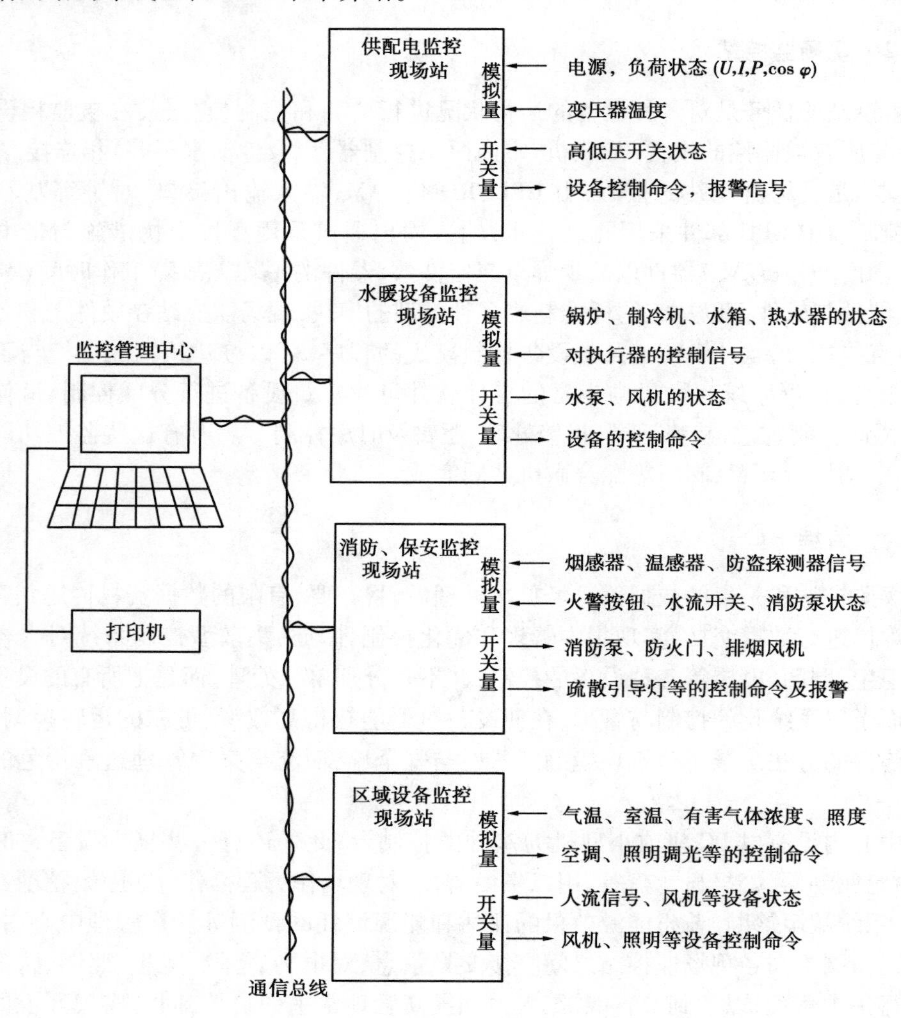

图 11.1 集散型控制系统结构示意图

11.2　火灾自动报警与控制系统

对于现代建筑,无论是高层建筑或一般大中型规模的公共建筑,建筑管理的一个重要环节就是公共安全系统,而火灾自动报警控制系统与自动灭火系统是该系统中必不可少的部分。公共安全系统的运行与监控都处于较强的自动化状态,是建筑监控管理系统中不可缺少的一部分。

11.2.1　建筑防火概述

(1)火灾的形成

1)火灾发展过程

失去控制并造成财产或人身损失的燃烧现象统称为火灾。除自然界的火灾之外,所谓财产损害总离不开建筑。建筑本身既是财产,也是存放其他财产的场所。在建筑空间内可燃性物质自阴性着火起至全部燃烧结束,其室内温度 Q 随时间 T 的变化曲线,如图 11.2 所示。图中将这一过程划分为 4 个阶段。

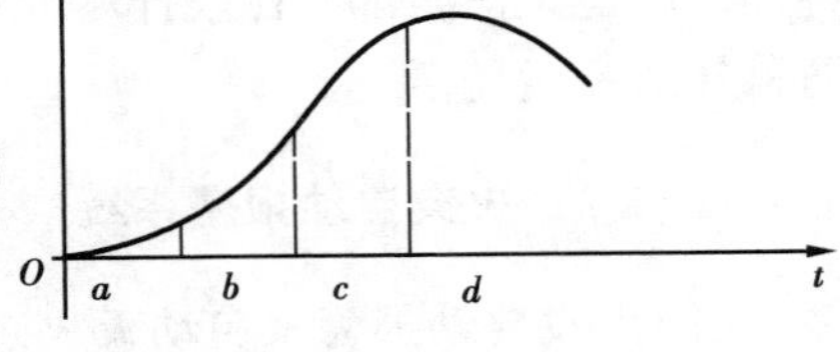

图 11.2　火灾时室温随时间的变化

①阴燃阶段(a 区):又称火源的潜伏期。火源对可燃性物质已构成威胁,逐步产生大量的烟和雾,尚未形成明火,室内温度有所升高,然而变化不大,财产损失不大。

②初期阶段(b 区):阴燃面积逐渐加大,局部产生明火,但火势不稳,室内温度已明显升高,对财产也已构成了一定的损失。

③全部着火,猛烈燃烧阶段(c 区):明火蔓延到整个可燃性物质所处空间或建筑平面空间。火势稳定,室内温度急剧上升,对建筑物已构成威胁,对室内财产已造成重大损失。本阶段持续到可燃性物质全部参与燃烧反应为止。

④火势衰减阶段(d 区):可燃性物质已全部烧尽,燃烧反应的余热使室内温度升高到最大值后逐渐衰减,对建筑已造成破坏或严重破坏。

不同的可燃性物质在各个发展阶段中有不同的表现。如木材、布匹、纸张或其他天然或合成纤维的阴燃阶段较长,烟雾浓重。某些化学物品、轻金属粉末等物质阴燃阶段极短或不存在。若图中的 4 个阶段在密闭空间内瞬间完成,便形成了爆炸。

根据“以防为主,防消结合”的消防方针,在阴燃阶段应发出可靠的报警信息,在初期阶段将火灾扑灭。消防设施的选择和配置与火灾的 4 个阶段的不同特征有关。

2)火灾烟雾

烟雾是燃烧反应析出物的气态成分、固态微粒尘埃与被抽过“血”的空气的混合物。所谓“抽过血”是指空气因参与燃烧而损失了大量氧气与其他成分。

烟雾中除因氧气成分相对减少而对现场人员不利外,更重要的是,其中含有一定量的有毒成分。如含单质碳成分的各种可燃性物品(如木材、纸张等)燃烧不充分必然产生 CO。有资料指出,CO 与人体内红血球的结合能力为 CO_2 的 200 ~ 300 倍,使人体血液中因得不到充足的 O_2 而 CO_2 又不能迅速排出,很快便窒息死亡。

不同物质燃烧时还有可能产生其他有害成分。如木材燃烧时除产生 CO 外还能产生 SO_2,现代建筑的内装潢、室内摆设及用品大部分为高分子化合物,燃烧时产生有毒气体就在所难免了。因此,烟雾是火灾现场人员的大敌。有准备的消防人员应戴上防毒面具操作。

据统计,火灾死亡人员中被火活活烧死者只是少数,因烟雾窒息而死亡者占 70% ~80%。因此,现代建筑,特别是高层建筑,无论在建筑结构或设备配制上,防烟排烟设施已成为消防系统设计的重要内容。

(2)消防系统的意义与作用

直观上看,火灾是指建筑着火,对财产或人身的损害程度。与建筑的规模、着火点的火灾负荷、消防设施的完善程度等因素密切相关,因此消防系统的设置是非常必要的。

当今建筑的发展,对消防工作在组织、管理、技术、装备上提出了更高的要求。而科学技术的发展又使之不断地得到充实、完善和提高。因此,现代消防科学是多专业、多学科、多学术领域相互交叉、渗透并有机结合的一种特殊领域。

我国现行的《建筑设计防火规范》(GB 50016—2014)对工业、农业、商业、娱乐、旅游等各种用途的建筑消防都有比较详尽的规定和一些强制性规定;智能大楼的消防系统,则是现代消防科技的高度概括。

11.2.2 火灾自动报警系统

(1)火灾自动报警及自动灭火系统的构成

《建筑设计防火规范》规定,任一层建筑面积大于 1 000 m^2 的建筑或场所均应设置火灾自动报警系统;建筑高度大于 100 m 的住宅建筑,其他高层住宅建筑的公共部位应设置火灾自动报警系统。把火灾自动报警装置和消防设备设施,按照实际需要合理地组合起来,就构成了火灾自动报警及自动灭火系统,图 11.3 是典型的现代建筑的火灾自动报警及自动灭火连接示意图,它由 4 个子系统组成。

1)火灾自动报警系统

火灾自动报警系统包括各式探测器,报警控制器、声光报警显示器,并具有火灾自动检测、自动报警和联动有关消防设备的功能。

2)减灾防火系统

控制火灾范围,防止火灾蔓延,把火灾损失减少到最低限度的系统。减灾防火系统主要设备包括:

①防排烟设备:由电动防火门、电动卷帘门、电动防火阀排烟阀、排烟风机、正压送风机等组成。

②消防机电设备:主要由消防水泵、喷淋泵、消防电梯、应急事故电源等组成。

③应急控制装置:发生火灾时,为了避免由于电气线路短路而使火灾范围进一步扩大,应对部分供电电源、备用电源和电梯、空调装置、通风机、照明灯具等用电设备进行应急控制,如将电梯迫降至底层、切断局部或全部供电电源等,应急控制一般采用手动控制,也可由报警控制器联动控制。

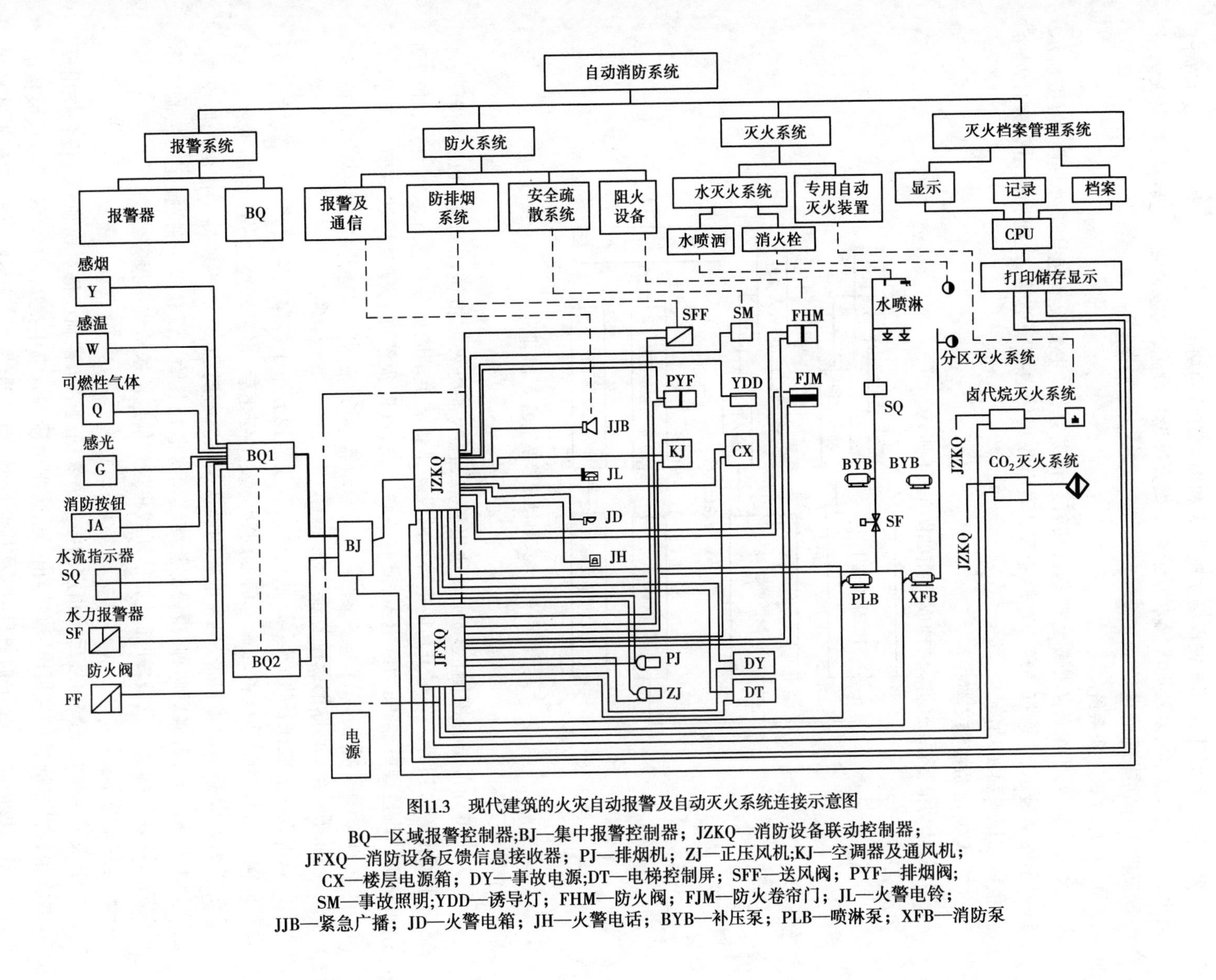

图11.3 现代建筑的火灾自动报警及自动灭火系统连接示意图

BQ—区域报警控制器;BJ—集中报警控制器；JZKQ—消防设备联动控制器；
JFXQ—消防设备反馈信息接收器；PJ—排烟机；ZJ—正压风机;KJ—空调器及通风机；
CX—楼层电源箱；DY—事故电源;DT—电梯控制屏；SFF—送风阀；PYF—排烟阀；
SM—事故照明;YDD—诱导灯；FHM—防火阀；FJM—防火卷帘门；JL—火警电铃；
JJB—紧急广播；JD—火警电箱；JH—火警电话；BYB—补压泵；PLB—喷淋泵；XFB—消防泵

3)灭火执行系统

灭火执行系统具有对火灾现场实施灭火和控制火情的功能。此系统主要包括自动水喷淋灭火、气体自动灭火,以及消火栓水龙带人工灭火等设备设施,这些装置一旦启动,将向灭火报警器反馈工作状态的信息。

4)火灾档案管理系统

火灾档案管理系统应用微处理器自动管理消防系统,主要设备包括微处理器、模拟显示盘、屏幕图文显示、快速打印机和存储器等。具有收集传送报警信号、处理和输出灭火控制命令、报警和记录显示功能。

(2)火灾自动报警系统

火灾自动报警系统的简化构成框图如图 11.4 所示。

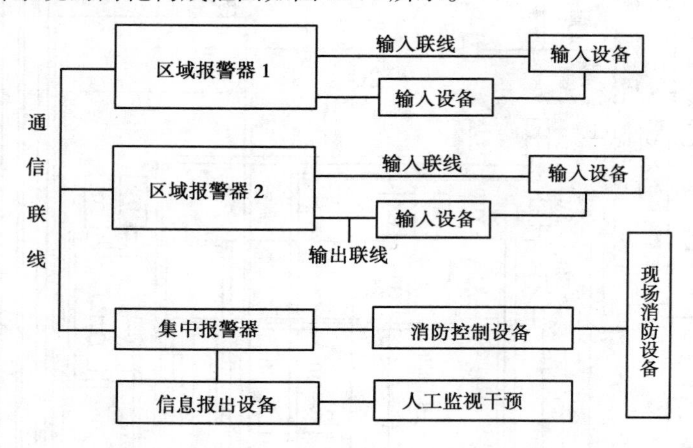

图 11.4　火灾自动报警系统的简化框图

1)输入设备

输入设备分布于各探测区域或其他报警点,包括各类火灾报警探测器(以下简称探测器)、手动报警按钮等。分布于其他报警点的设备是指有关消防设备的工作状态触点,如消防给水系统的流量继电器、压力继电器,或有关联动设备(防火线、防火门、排烟防烟风门等)被操作后的应答信号触点。

2)区域报警器(或称报警控制器)

区域报警器安放在各报警区域,通过输入联线监视分布于各探测区或其他报警点的输入设备的输入信号。当某设备的输入信号的状态发生变化后,报警器经过一个判断过程,作出"正常""火灾报警""故障报警"三者取一的确认结论。若属"正常",报警器不作出任何反应,继续处于监视状态;若属后两种,报警器除继续依次监视各输入设备外,将按指定的控制方案通过输出联线控制输出设备,并通过通信联线将报警信息传送给集中报警器。

3)集中报警器

集中报警器接收报警信号后按指定的控制方案通过消防控制设备对现场消防设备作出反应,并将报警信息通过信息报出设备输出。信息报出设备属集中报警器的配套设备或装置的一体化组件,包括键盘、显示器、打印机及其他控制、操作器件。不管系统处于正常或报警状态,岗位值班人员均可通过对信息报出设备的操作索取系统的实时资料与历史资料;图中的

“人工监视干预”属岗位值班人员或事业人员的操作行为，不属设备。

4）输出设备

输出设备是指用以防止火灾蔓延、保护疏散人流的各种现场自救设备或告诫设备；消防控制设备是指规模较大、设施齐全的系统在消防控制室内对现场设备集中控制的总称，其中也包括集中报警器。

输出设备与受到控制的现场消防设备就其功能可分为两类：

①告诫设备：警铃、警笛、火警电话、火灾事故广播、疏散引导指示、重复显示屏或其他火警信号指示等。

②联动设备：指专用消防设备及其他关联设备的本身或其控制环节与执行环节，如消防泵、喷淋泵及其控制装置、排烟风机、正压送风风机及其阀门、风门，空调风道的防火线、防火门、卷帘门、客梯迫降控制环节、火灾事故照明等。

输出设备按指定的控制方案投入运行后，均有表示“正常运行”的应答信号返回报警器。这一应答信号的产生环节（多为电气触点的状态改变）应归入输入设备之列。若返回信号不正常，则作为设备故障予以报警处理。

除输入、输出设备外，各种产品还可能配置一定量的附加设备。图11.4中未予列举。

（3）**火灾自动报警系统分类**

1）按系统的电气连线分类

火灾自动报警系统的输入连线、输出连线、通信连线是系统分类的依据。以下仅以探测器的输入连线为例予以说明（其他连线基本雷同）。

①多线制或辐射式：如图11.5所示，$D_1,D_2,\cdots,D_n$ 为分布于 n 个探测区的 n 个探测器，每个探测器除接向 +、-、×3 根公共线外，各有一根单独的 $J_1,J_2,\cdots,J_n$，共 n 根联线接向报警器。这样，接向报警器的联线总数为 $n+3$ 根，这样的联线方式称为多线制。

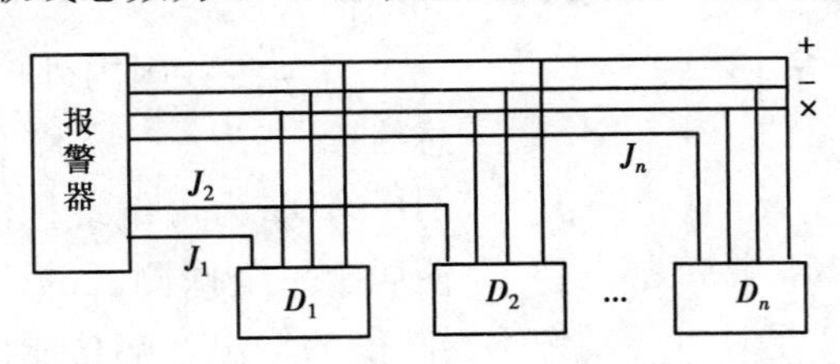

图11.5　多线制火灾自动报警系统

国内外早期产品均属多线制。与后述总线制相比，具有连线多、系统设计复杂、施工费用高、运行可靠性差、维修不方便等缺点。多线制目前虽未全部淘汰，但已很少采用。

②总线制：“总线”指所有外接设备均通过2～4根公共导线接向报警器，如图11.6(a)、(b)所示。为提高系统运行的可靠性，有的二总线制产品可接成如图11.6(c)所示的环形接线方式，当任一处发生断线故障时，均不影响系统正常工作。

总线上每一探测区的探测器均有一个单独的、不与其他设备重复的地址。与此相应，每一探测区的探测器均有一个设定地址的电路环节，称为“编码模块”，使用编码模块上的二进制开关可随时定义或更改该设备的地址码。

多线制系统的每一个输入设备的不同地址的区分完全由硬件实现，如图11.5中所示的 $J_1,J_2,\cdots,J_n$ 线。而总线制中，地址识别属软件行为。

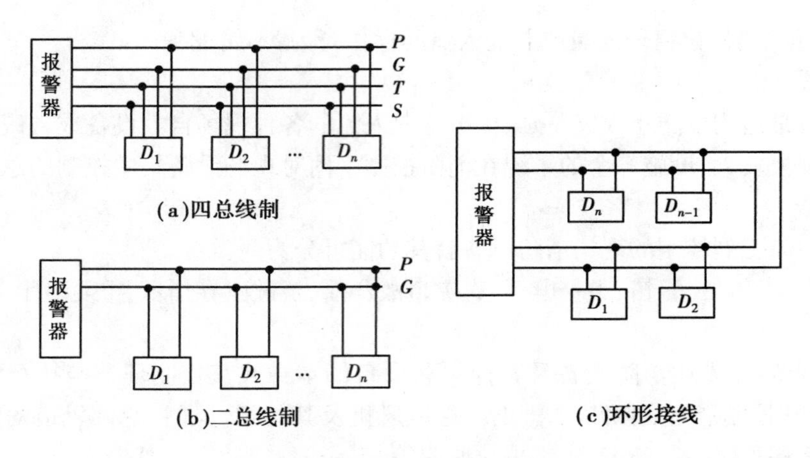

图 11.6　总线制自动火灾报警系统

总线制系统除避开了多线制系统的上述缺点外，还有如下优点：

a. 采用多回路连线方式，扩大了单台报警器的容量。早期的多线制产品的单台外接设备地址数一般为数十个，而总线制产品的容量，一个回路就有数十甚至 100 个以上，多个回路的产品，一般为数百甚至数千个。

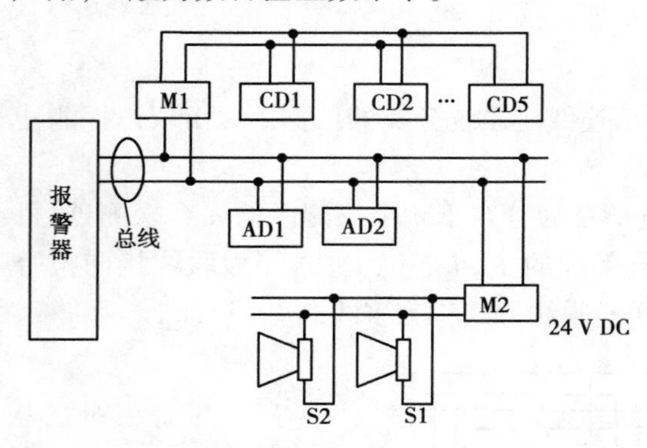

图 11.7　输入总线与输出总线合二为一的火灾自动报警系统

b. 功能模块化，大大提高了总线对输入输出设备的操作能力及系统设计的灵活性。多线制产品的输出连线对外仅提供几对控制触点，而总线制产品可通过接在输出总线上的各种输出模块操作外接设备。通过不同功能的模块，可操作不同类型的设备。类似地，输入总线也可接入不同的输入模块。

当今多数国内外产品已将输入总线与输出总线合二为一，统称总线。如图 11.7 所示，AD1，AD2 为可编址探测器，M1 为输入模块，它使居于一个探测区的普通探测器 CD1—CD5 合用一个属于 M1 的地址；M2 是具有驱动音响器功能的输出音响功能模块。因 M2 也被分配到一个地址，报警器可通过总线及 M2 有选择性地使音响器 S1 和 S2 同时发出报警音响信号。其他功能模块见后面的示范系统。

2）按系统的规模分类

我国有关技术法规对各种建筑的消防要求都有详尽的规定，故也直接决定了火灾自动报警系统的设备配置规模。按其规模，可选用下列 3 种基本形式：

①区域报警系统：宜用于高度不超过 100 m 的高层民用建筑（二类建筑）、中型公共建筑、工业建筑、地下建筑和高级住宅等二级的保护对象。

②集中报警系统：宜用于大型高层建筑、公共建筑、工业建筑和地下民用建筑等一级和二级的保护对象。

③控制中心报警系统：宜用于一类高层建筑、多层民用建筑、大型公共建筑、地下民用建筑等为特级和一级的保护对象。

建筑内仅有 1 ~3 台区域报警器而无集中管理要求的系统称为区域报警系统;仅由一台集中报警器及两台以上区域报警器构成的系统称为集中报警系统;如图 11.4 所示的系统称为控制中心报警系统。

现行规范按系统规模所划分的 3 种基本形式对系统设计并无严格的约束。总线制产品问世后,单台报警器的容量大幅度提高,足以满足集中报警系统的所需容量。可以这样理解,凡需设置消防控制室的系统,属"控制中心报警系统",否则为一般报警系统。现行规范规定的报警区域,可由一个总线回路予以覆盖。国外产品有容量大小之分,并无区域、集中之分。我国的总线制产品正处于区域、集中、通用产品的并存时期。

3)按探测器交送信号的类型分类

探测器将所处环境的某个物理量(烟雾浓度、环境温度、火焰光通量等)所变换成的电量称为变送信号。根据选择不同的变送信号,系统可分为开关量报警系统与模拟量报警系统。两种系统在结构形式、设备配置、电气连线、信息报出等上并无明显差异,其主要差异在报警器对火警信号的确认依据上。

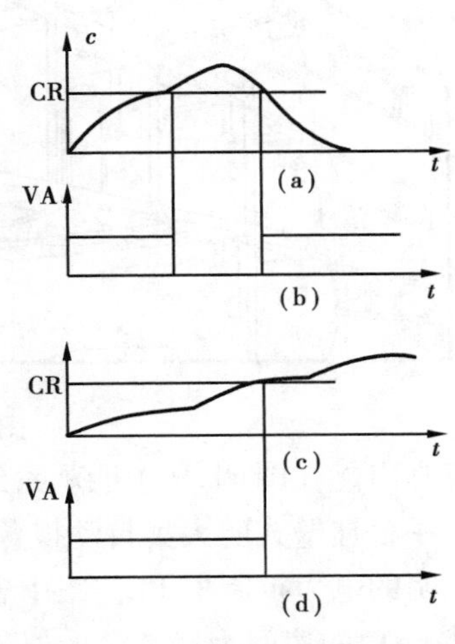

图 11.8　开关量报警系统原理图

①开关量报警系统:当环境物理量随时间单调增或减,只在通过某个基准值(或阈值)时变送信号才呈现高低电平的改变,该变送信号称为开关量。如图 11.8(a)、(c)两种物理量(如烟雾浓度 c)随时间变化规律的情况,其中 CR 为基准值,与此对应的两种电平信号 VA 如图 11.8(b)、(d)所示。报警器将图 11.8(b)所示较短暂的电平信号处理成环境干扰,而将图 11.8(d)所示信号处理成火警信号,因为它超过某个认定火灾的持续时间(或称为确认时间)后依然存在。一般产品中,VA 信号在探测器内形成,而 VA 持续时间由报警器判断。探测器在产生 VA 信号的电路环节中已滤除了更短暂的干扰信号,故一旦 VA 出现,报警器即作为预报警处理。CR 的选择,决定了探测器的灵敏度。

②模拟量报警系统:若变送信号的大小正比于环境物理量,则该变送信号称为模拟量;报警器自探测器不断采集随时间变化的变送信号,并按其变化规律综合分析对火灾的真实性作出判断。例如,可按变送信号的强度,随时间的积累值、随时间的变化率等因素分析,并作出确切结论。该种确认方式除能降低误报率外,还可按正常情况下变送信号的历史统计值自动修正阈值,以防探测器因长期使用受环境污染而对其灵敏度的影响,并免去定期维护的费用。

由此可见,模拟量报警系统对火灾的真实性判别依据比开关量系统更科学,且对环境污染有自适应能力,这在探测技术上无疑是一重大进展。

(4)示范系统

根据分析示范系统能以较简单的系统结构形式、最少的设备配置说明系统的构成要点及基本原理。

1)电气布线的透视图与电气原理图

图 11.9 与图 11.10 分别为透视图与原理图。该系统采用二总线制报警系统的环形连接,并有 A,B 两个回路。其中 A 回路警戒底层,B 回路警戒二、三层及设备层。图 11.10 中 A 回

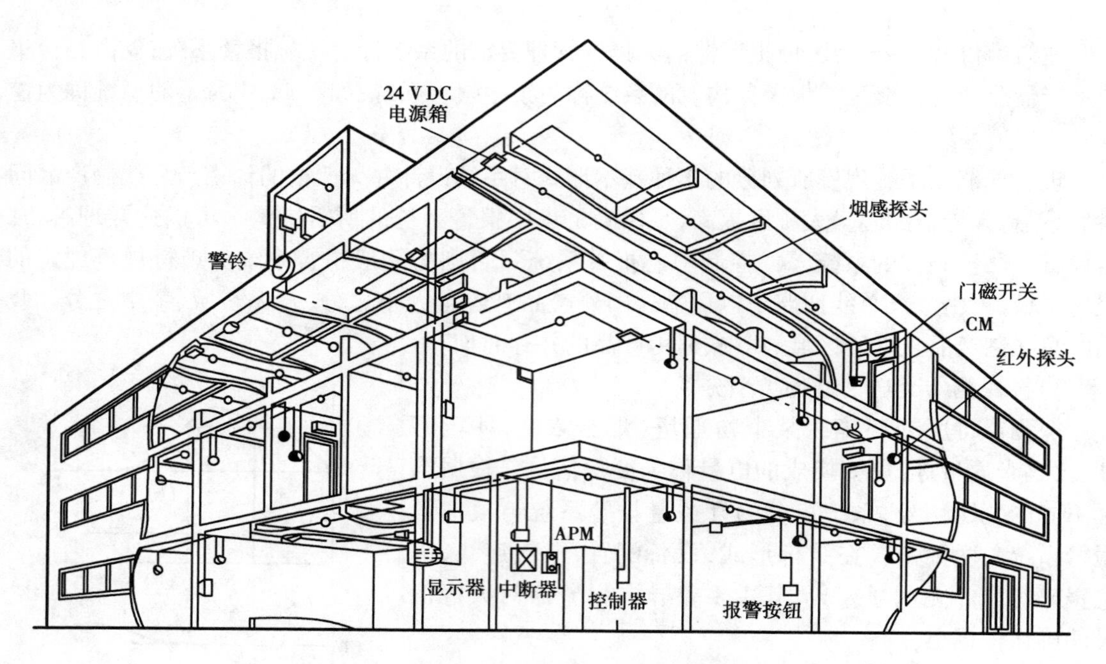

图 11.9　火灾报警的示范系统透视图

路仅画出能在图 11.9 中能观察到的一部分,B 回路仅画出二、三层能观察到的右半部分。

一台挂壁式的火灾自动报警控制器 FAC 安装在底层的中间部位,右边房间有一台未作其他说明的电力控制柜 PL。图中省略了强电布线及部分可编址设备的 +24 V 直流电源线等。安装 FAC 的房间为经常有人值班的兼用房,无消防控制设备。因此,可将该系统视作具有两个报警区域的集中报警系统。本系统的两个回路不区分输入总线与输出总线。所有的输入设备与输出设备均直接或通过多种功能模块接在指定回路的两根总线上。

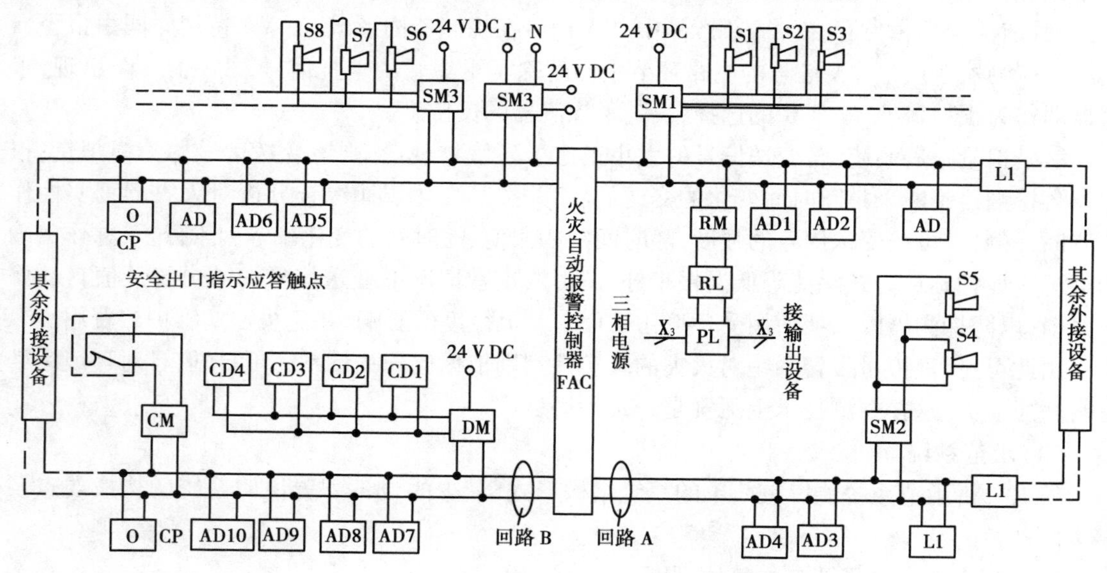

图 11.10　示范系统的电气原理图

2)设备配备

①输入设备:AD1,AD2,…为可编址探测器,每一个AD各占有一个地址;CD1—CD4为属于一个探测区的一组普通探测器;DM属一种输入模块,其功能是使CD1—CD4合用一个属于DM的地址;CP为手动报警按钮,各占一个地址;三层右端的CM为监控触点模块,火警时,通过它向FAC提供该处疏散诱导指示(此处为安全出口指示)是否已接通的应答信号;L1为线路隔离器,一般安装在总线的分叉支线处或将不分叉而又较长的总线分隔成若干个区域,一旦某个区段的设备或连线发生短路或其他故障时,L1能自动将该区段切除,以保证其余部分仍能正常工作。

②输出设备:本系统的联动设备由继电器模块RM通过继电器RL对电力设备PL进行控制。如图11.9底层中部及设备层。图中未说明控制对象。本系统的告诫设备仅列出警笛S1,S2,…各组警笛均由相应的警笛模块SM1～SM3驱动。

③附加设备:图11.9中能观察到的附加设备是一层中间部位的电源模块APM。APM的作用是通过总线操作,有选择地将交流消防电源变换成直流,为临近几处的各种功能模块提供直流24 V的工作电源。

3)对示范系统的说明

①该示范系统旨在从感性上粗略地阐明系统的构成要点及工作原理,对设备的定量配置未作解释,并回避了系统设计中大量的细节问题,实际产品的功能模块的种类也不止这些。

②总线制系统中,通过总线上各种功能模块实现对各种外接设备的不同的操作功能,属当今产品的一大特点。针对不同的产品,各种功能模块在模块名称上、功能上、电气连线上及其他与系统设计有关的细节方面并无一固定模式。例如,不少产品不用APM,而直接将功能模块用的直流电源线布线到位;有的产品将本系统中的监控触点模块CM与有关联动模块做成一体;有的产品的手动报警按钮与火警电话装在一起。因此,在实际的工程应用中,应以所选定产品的产品应用资料或系统设计资料为准。

11.2.3　探测器

(1)概述

1)探测器分类

①按探测对象分:

a.感烟式探测器(烟感探测器):根据火灾早期阶段产生烟雾的特点,利用烟雾检测元件检测并发出火警信号,分为离子感烟探测器和光电式感烟探测器等。

b.感温式探测器(温感探测器):根据火灾的温度升高特点,利用温度检测元件检测并发出火警信号,有定温式、差动式、分布式和定温差动式等。

c.光电式探测器(或光感探测器,也称火焰探测器):根据火灾时发出的红外线或紫外线,利用光电检测元件,将光信号转换为电信号,发出火警信号,有红外线探测器和紫外线探测器等。

d.可燃气体探测器:可燃气体探测器利用气敏半导体元件,检测空气中可燃气体的浓度并发出警报信号。

以上探测器可直接按其名称看出探测对象的物理属性。

②按被保护区域的几何特征分：

a. 点型探测器：有效保护区是近似以探测器为中心的圆形区域；点型探测器的使用面广、量大、品种多、价格相对比较低。

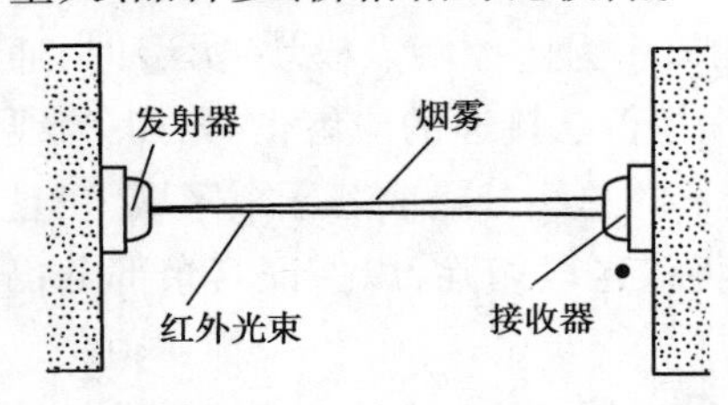

图 11.11　红外光束感烟探测器

b. 线型探测器：有效保护区为一带形或线形区域；线型探测器适合于被保护区的长度远大于其宽度或高度的场合。例如，红外光束感烟探测器的最大保护范围为宽 × 长 = 14 m × 200 m，被保护场所长度方向的两端各安装发射器与接收器，发射器发射的光束被烟雾吸收 10% ~ 50% 时，按不同的灵敏度所划定的范围，通过接收器将发出报警信号，如图 11.11 所示。有缆式线型温感探测器，利用缆芯导线的热敏绝缘材料通过温度升高熔化而使导线短路从而发出报警信号，按被保护区的长度选取缆线长度，一般范围为 100 ~ 500 m。

以下所称的“探测器”均指点型探测器，不另作说明。

③按被保护场所的环境条件分：可分为陆用型、船用型、耐寒型、耐酸型、耐碱型、防爆型等。

2）基本结构

图 11.12 与图 11.13 所示为离子式感烟探测器的安装简化结构图及感温探测器的外形图。探测器一般由底座与探头两组件组成。安装时，底座与安装部位的预埋接线盒用紧固件连接。接线完毕后，将探头插入底座，并利用探头底部的接触簧片接通探测线路。

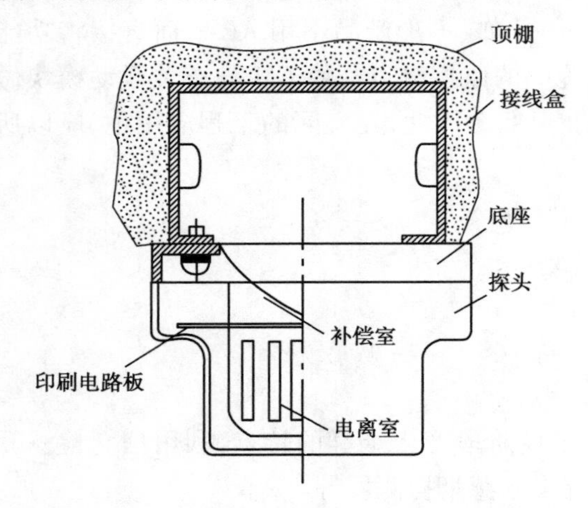

图 11.12　离子感烟火灾探测器的安装简化结构图

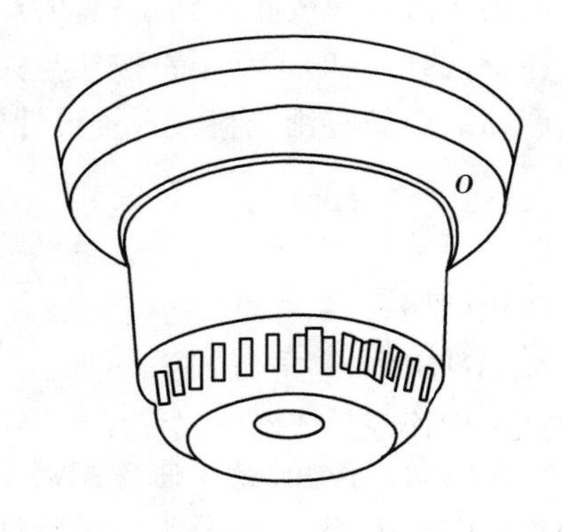

图 11.13　离子感烟火灾探测器的外形图

探头内有敏感元件及相应的电路环节。有的总线制产品将编码电路与上述探头电路环节安装在同一块印刷电路板上，有的则将编码电路安装在底座中。底座的电气连接等效电路如图 11.14 所示。设底座 A 为一段回路的最末一个，则将该回路上的所有探头旋上后，探头上的接触瓷片将整个回路联通并通过终端电阻构成一闭合回路，同时，通过接触簧片将探头电路并联在该回路上。若该回路上的任何一个探头自底座上脱落，则终端电阻及其他探头将自回路上断开，报警由此断定回路上有断线故障。

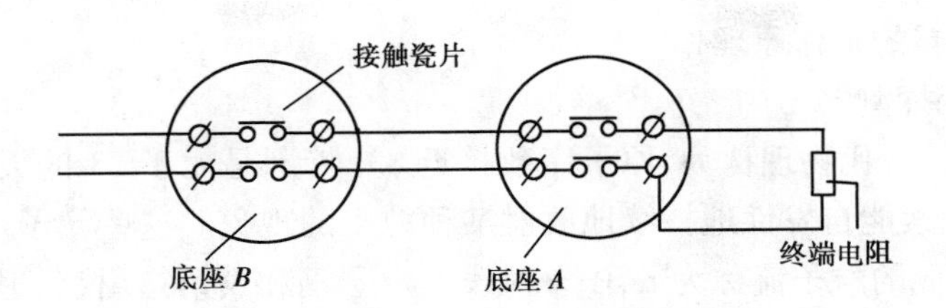

图 11.14　底座的电气连接等效电路

对各种不同的产品，其底座大致如此。对开关量报警系统，由探头内敏感元件所形成的模拟信号改变到一定数值后，需由一整形电路将其变换成开关量，而整形电路可由多种不同的电路环节予以实现。图 11.15 所示为某国外产品的探测器开关整形电路。探头 HD 旋上后将后级的"+"端电源线及自身电源接通。正常情况下，设 HD 中的灵敏元件呈现高阻状态，流过的电流经 R_4 旁路，电容 C 的电压 VC 不足以致使二极管 ZD_2 击穿，晶闸管 THR 不导通。报警状态下，流过 HD 的电流逐渐增大，除被 R_4 分路一部分外，仍通过 R_5 对 C 充电，当 VC 增大到使 ZD_2 击穿时，VC 通过 ZD_2 的放电电流使 R_3 上的压降突然增大，从而使 THR 导通，R_1 上的电压降接近于电源电压。该电压除使探测器外露发光二极管 LED 发光以示报警外，还通过二极管 VD 在 S 端输出一正电平的报警信号。

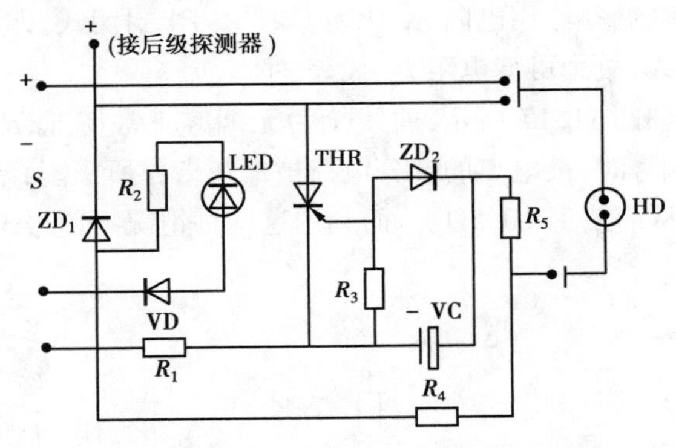

图 11.15　探测器开关整形电路

由图 11.15 可见，该电路的特点是：

①THR 一旦导通，S 端输出的是一个阶跃信号且不会中断，除非探头断电。因此 S 端输出的是一确认信号，确认过程由电路实现。

②若所处环境遇有短暂的干扰，只要电压 VC 不超过 ZD_2 的击穿电压，干扰排除后，VC 仍能通过 R_1，R_4，R_5 放电到正常值，因此干扰信号无法积累。

③有火警时，HD 的电流持续增大，VC 电压不断升高才有可能触发 THR，这实际是一确认过程。

3）探测器的一般电参数

探测器的线路电压均为 24 V 直流或脉冲，由报警器供给。内部工作电压一般取线路电压的稳定值，一般为 15 V。这是因探测线路较长而有一定的线路压降。按国家标准，电网断电后报警器需靠备用电池连续运行 24 h。为减少备用电池的容量，探测器的工作电流应越小越好。一般探测器的正常监视电流为 1 ~ 2 mA，甚至在 1 mA 以下；报警时，除消耗一部分信号电流外，还要推动外露发光管，故一般在 5 mA 左右。

(2)常用探测器的工作原理

1)离子式感烟探测器

①放射性元素:现代物理认为,原子序数接近83,特别是大于83的天然元素均具有放射性。放射性是指元素能自发性地持续地放射某种粒子的现象。这些粒子可分为α,β,γ 3种,3种粒子的放射形成的粒子流称为α,β,γ射线。卢瑟福和索第指出,放射性现象的本质是放射性元素的原子核自发转变成另一种原子核的过程,该过程称为衰变。对一定质量的放射性元素,单位时间内发生衰变的原子核数称为放射性强度,简称"源强"。源强的单位为居里或居,1居是指每秒有1个原子核发生衰变。实用上常用单位是毫居、微居。

α粒子实质上是氦原子核,带有+2e电荷($e=1.602\ 2\times10^{-19}$ C——电子电荷或基本电荷),其质量为4 μ($\mu=1.660\ 6\times10^{-19}$ kg——原子质量单位),α射线的速度为光速的1/10,射程很短,仅数厘米,贯穿能力很弱,仅用一张薄纸片便可阻止。但α射线具有很强的电离作用,能使空气电离。

②α射线在探测器中的应用:离子式烟感探测器敏感元件是在α射线作用下,因受电离作用而具有导电性能的局部空气区间,称为电离室。如图11.16(a)所示。由放射源2与屏蔽罩1和4所形成的两个互不连通的BA导电区的等值电路,如图11.16(b)所示。其中罩1全密封,该空间不受外界烟雾的影响,用电阻R_b代表。罩4为半封闭式,即对α射线有屏蔽作用而不能阻止外界烟雾的侵入,故用可变电阻R_a代表。

电离室的伏安特性如图11.17所示,曲线①为无烟雾正常情况,$R_a=R_b$,$V=0.5\ V_s$;曲线②为有烟雾情况,当有烟雾时,被电离的部分电荷被烟灰微粒所吸附,电离电流受阻,相当于图11.16(b)中的$R_a>R_b$,从而使$V<0.5\ V_s$。而利用这两种情况下信号V的变化再经处理后,产生报警信号。

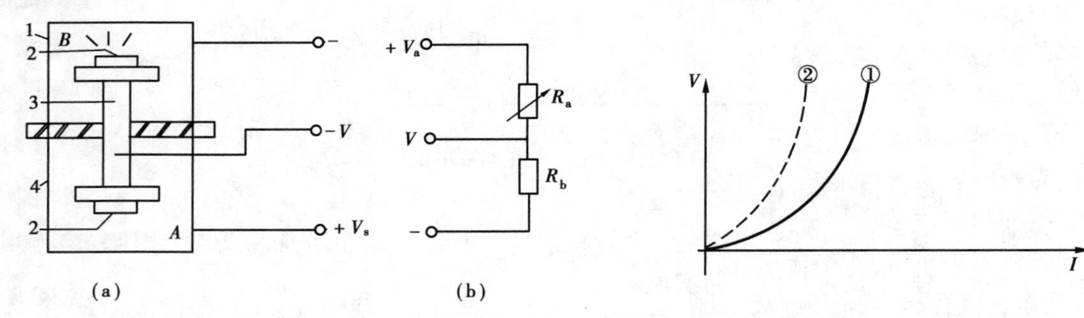

图11.16　离子式烟感探测器　　　　图11.17　电离室的伏安特性

图11.18为一种报警信号的形成电路。因电离室的电离电流一般在数μA的数量级,故本电路的第一级放大管Q_1采用了场效应管。正常情况$V=0.5\ V_s$,由R_2,R_3的偏置使Q_1导通,从而使Q_2也导通,报警信号V_a为高电平;报警时因R_a增大使V降低,Q_1截止从而使Q_2也截止,报警信号V_a变为低电平。该电路中,短暂的干扰由R_4的并联电容C予以吸收。

图11.16(a)中的放射源一般产品采用241 Am,单片源强为1~2微居,241 Am的半衰期为458年。α射线在探测器中能得以应用的理由是:

a.放射性元素的放射性能几乎与环境因素无任何关系,如温度、电磁干扰等。

b.α射线的射程短、易于屏蔽,产品使用对人体是安全的。

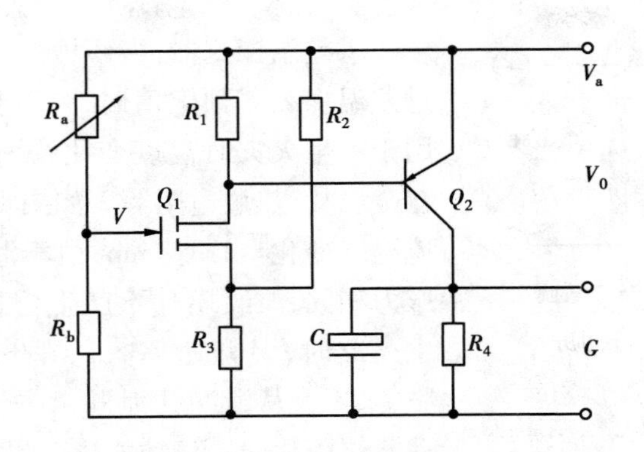

图 11.18　报警信号的形成电路

c. 因 241 Am 的半衰期长,这决定了它的使用寿命也长。

对废弃的离子式烟感探测器必须统一处理,严禁自行拆除丢弃。

2)光电感烟探测器

光电感烟探测器是基于烟雾粒子对光线产生散射、吸收(或遮挡)原理的感烟探测器。目前国内外生产和应用的大多数为散射式光电感烟探测器,利用烟尘粒子使光散射的作用而动作。它的检测室是一暗箱,其中有发光源和受光器件。发光源(红外发光二极管)每隔数秒发光一次,平时受遮光曲折垫的阻碍,这种光不能进入受光器件。如有烟雾进入探测区域,光束便发生漫散射,受光器件收到散射光。烟雾的浓度增加,受光量也增加;当探测器确认烟雾超过规定水平时,光电感烟探测器向火灾报警控制器发出报警信息,火灾报警控制器确认一次;若火灾报警控制器连续确认两次以上,则火灾报警控制器发出火灾报警信号。

光电感烟探测器由探测头、外壳及电路组成。探测头如图 11.19 所示由发光源、受光器件和探测区域组成。发光源由光源和透镜组成;目前的光源普遍采用红外发光二极管作发光管,它功耗低、寿命长、可靠性高,透镜采用的是凸透镜。透镜将光源发出的光线汇聚成平行光束来提高效率。受光器是由光敏器件和透镜组成,光敏器件通常采用其峰值波长与光源发射的光的峰值波长相适应的光敏二极管、光敏三极管、光电阻或硅光电池。目前采用最多的是硅光电池,光电接收器中的透镜也是凸透镜,作用是把烟雾粒子散射的光线聚焦照射在光敏器件上,由接收器转换成电信号。如图 11.19 所示的光敏室遮光曲折垫使烟雾粒子能顺利进入探测区域,而外界光线则不能射入。

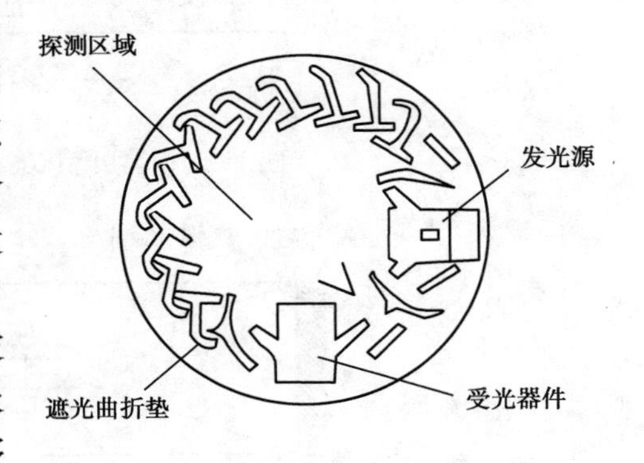

图 11.19　光电感烟探测器及其原理

3)感温探测器

感温探测器是一种对警戒范围中某一点周围的温度达到或超过预定值时发生响应的火灾探测器。其特点是结构简单,可靠性高,但灵敏度略低。感温探测器分点型、线型两大类。点型感温探测器有定温、差温、差定温 3 种,线型感温探测器主要有缆式线型定温探测器和空气管差温探测器。常用的有双金属定温、易熔合金定温、水银接点定温、热敏电阻及半导体 PN 结定温探测器等。

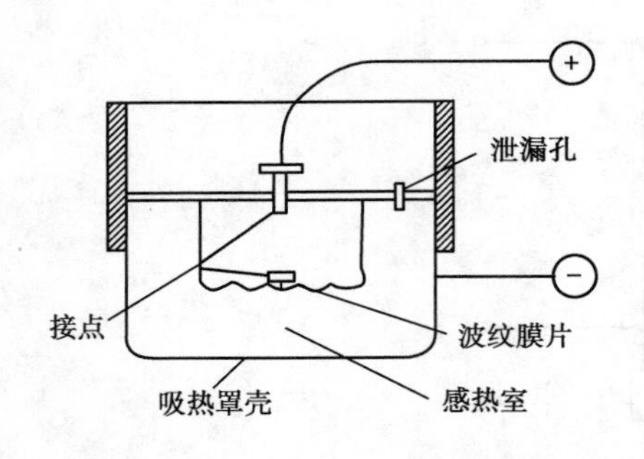

图 11.20　膜盒差温火灾探测器结构图

①差温探测器:当环境温度变化≥1 ℃/min,且超过差温探测器预定值时,差温探测器报警响应。它适用于产生火灾时温度变化快的场所。主要有股金式、双金属片、热敏电阻等。如图 11.20 所示探测器,在环境温度变化≤1 ℃/min,由于泄漏孔的作用,气室内外压力相同,波纹模片不产生位移,接点不会闭合,当发生火灾时,温升速率>1 ℃/min,感热室的空气热膨胀,来不及从泄漏孔泄漏出去,感热室的气压增大,推动波纹模片向上移动使接点闭合,发出报警信号。

②双金属定温探测器:以热膨胀性不同的双金属片为敏感元件的定温火灾探测器,常用结构形式有圆筒状和圆盘状两种。

图 11.21 与图 11.22 为常开型和常闭型结构双金属定温火灾探测器圆筒状结构示意图。外筒用热膨胀系数大的不锈钢制成,内部金属片采用热膨胀系数小的铜合金属片。当温度升高时,不锈钢外传的伸长大于钢合金片,因此对常开型结构,则铜合金片被拉直,两结点闭合即发出报警信号;而对于常闭型结构,铜合片被拉直,两结点打开发出报警信号。

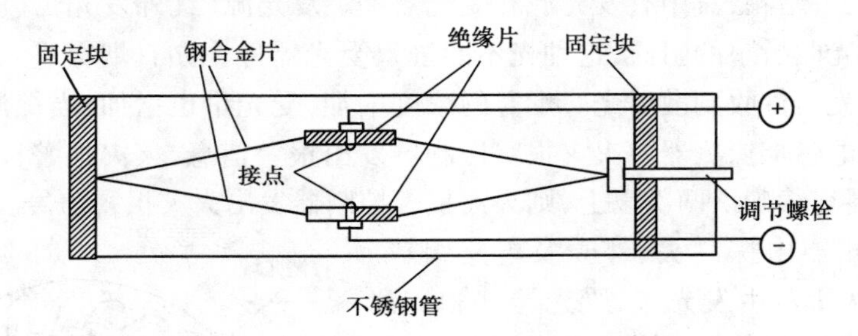

图 11.21　常开型双金属定温探测器圆筒状结构示意图

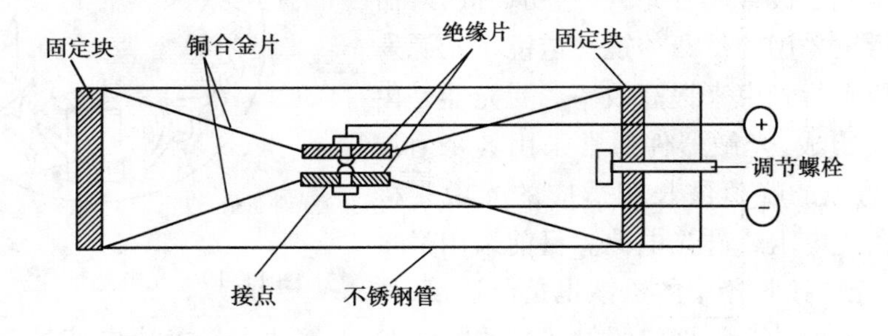

图 11.22　常闭型双金属定温探测器圆筒状结构示意图

(3)**探测器的选择与布置**

1)探测点的确定

探测点应是火灾参数(烟、热等)容易到达的地方,宜便于检验,不造成人为干扰,且考虑施工布线的可能性和美观性。

①天花板上探测点位置:平顶天花板上,探测点宜选在天花板中央,偏离时距墙壁不小于 1.5 m。室内有不同高度的天花板时,探测点应选在较高的天花板上。天花板上有过梁等隔离物时,若隔离物突出天花板 0.4 m(差温、定温式点型探测器)或 0.6 m(差温分布型探测器、烟

探测器)以上,则以其划分探测区域;若突出物在0.4 m或0.6 m以下时,则可不考虑其影响,且可在梁上安装探测器。在斜面天花板上,探测器安装角度(与地面垂直线的夹角)不应大于45°,否则应采取措施,使探测器呈水平安装。

②气流空间探测点确定:在空调房间内,探测点应距送风口1.5 m以上。经常开窗的房间,应考虑开窗情况下烟的流通情况。

③浴室房间门口不应安装感烟探测器。

④走廊通道内的探测点间距不应大于30 m,一般为15~20 m。楼梯在垂直距离15 m以内应有探测点,且应避开倾斜部位。电梯井、管道井和通风井等的探测点应选在顶部。

2)探测器类型的选择

①根据火灾特点选择:对火灾初期有阴燃阶段,即有大量的烟仅有少量的热产生、很少或没有火焰辐射的火灾,如棉、麻织品物的阴燃等,应选用感烟探测器。对蔓延迅速、有大量的烟和热产生、有火焰辐射的火灾,如油品燃烧等,宜选用感温、感烟、火焰探测器或其组合。对有强烈的火焰辐射而仅有少量烟和热产生的火灾,如轻金属及其化合物的火灾,应选用火焰探测器。对情况复杂或火灾形成特点不可预料的火灾,应在燃烧试验室进行模拟试验,根据试验结果选用合适的探测器。在散发可燃气体和可燃蒸汽的场所,宜选用可燃气体探测器。

②根据房间高度选择:各种探测器在高度方面适宜的范围,如图11.23所示。

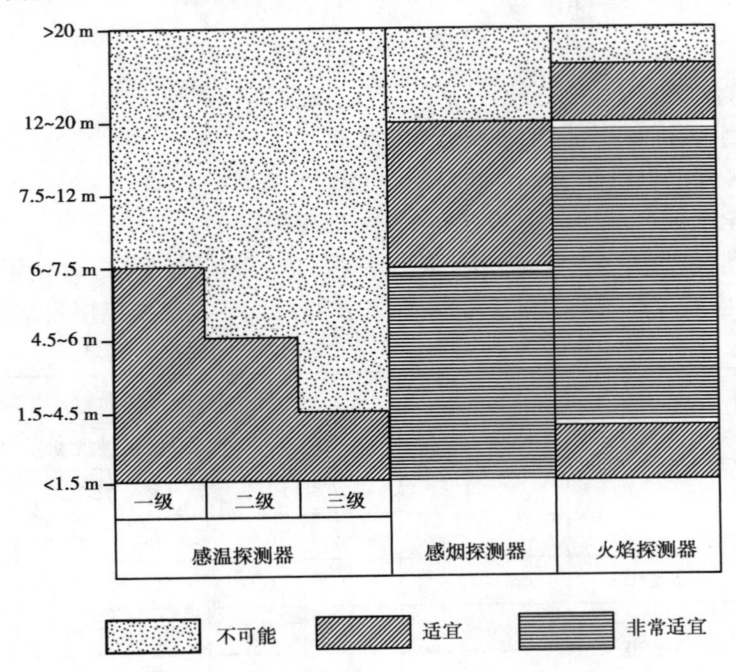

图11.23　各种探测器在高度方面适宜的范围

③根据环境条件选择:

a.感烟探测器的适用场所:饭店、旅馆、教学楼、办公楼的厅堂、卧室、办公室等;电子计算机房、通信机房、电影或电视放映室等;楼梯、走道、电梯机房等;书库、档案库等;以及有电器火灾危险的场所。但离子感烟探测器不宜布置在相对湿度长期大于95%,气流速度大于5 m/s,

有大量粉尘、水雾滞留,可能产生腐蚀性气体,在正常情况下烟滞留,产生醇类、酚类、酮类等有机物的场所;而对于光电感烟探测器则不宜布置在可能产生黑烟,有大量积聚粉尘,可能产生蒸汽和烟雾,在正常情况下有烟滞留,存在高频电磁干扰等的场所。

b. 感温探测器的适用场所:相对湿度经常高于95%以上,可能发生无烟火灾,有大量粉尘,在正常情况下有烟和蒸汽滞留,厨房、锅炉房、发电机房、茶炉房、烘干车间等,汽车库,吸烟室,其他不宜安装感烟探测器的厅堂和公共场所等。但对于可能产生阴燃火或者如发生火灾不及早报警将造成重大损失的场所,不宜选用感温探测器;而温度在0 ℃以下的场所,不宜选用定温探测器;正常情况下温度变化较大的场所,不宜选用差温探测器。

c. 火焰探测器的适用场所:火灾时有强烈的火焰辐射、无阴燃阶段的火灾、需要对火焰作出快速反应的场所。但对于可能发生无焰火灾,在火灾出现前有浓烟扩散,探测器的镜头易被污染,探测器的"视线"易被遮挡;探测器易受阳光或其他光源直接或间接照射,或在正常情况下有明火作业以及X射线、弧光等影响的场所不宜选用火焰探测器。

d. 当有自动联动装置或自动灭火系统时,宜选用感烟、感温、火焰探测器(同类型或不同类型)的组合。

3)探测器的数量确定及布置

一个探测区域内探测器的基本数量为:

$$N \geqslant \frac{S}{KA}$$

式中 N——探测器数量;

S——探测区域面积,m^2,一般不大于500 m^2;

A——探测器的保护面积,m^2,见表11.1;

K——安全系数,重点保护取0.7~0.8,一般保护取0.9~1.0。

探测器以矩形布置居多。此时,应使安装间距a,b不超过如图11.24所示的极限值,并且实际保护半径不应超过探测器的保护半径R(见表11.1),否则应增设探测器。

表11.1 感烟、感温探测器的保护面积和保护半径

火灾探测器的种类	地面面积S/m^2	房间高度h/m	一只探测器的保护面积A和保护半径R					
			屋顶坡度θ					
			$\theta \leqslant 15°$		$15° < \theta \leqslant 30°$		$\theta > 30°$	
			A/m^2	R/m	A/m^2	R/m	A/m^2	R/m
感烟探测器	$S \leqslant 80$	$h \leqslant 12$	80	6.7	80	7.2	80	8.0
	$S > 80$	$6 < h \leqslant 12$	80	6.7	100	8.0	120	9.9
		$h \leqslant 6$	60	5.8	80	7.2	100	9.0
感温探测器	$S \leqslant 30$	$h \leqslant 8$	30	4.4	30	4.9	30	5.5
	$S > 30$	$h \leqslant 8$	20	3.6	30	4.9	40	6.3

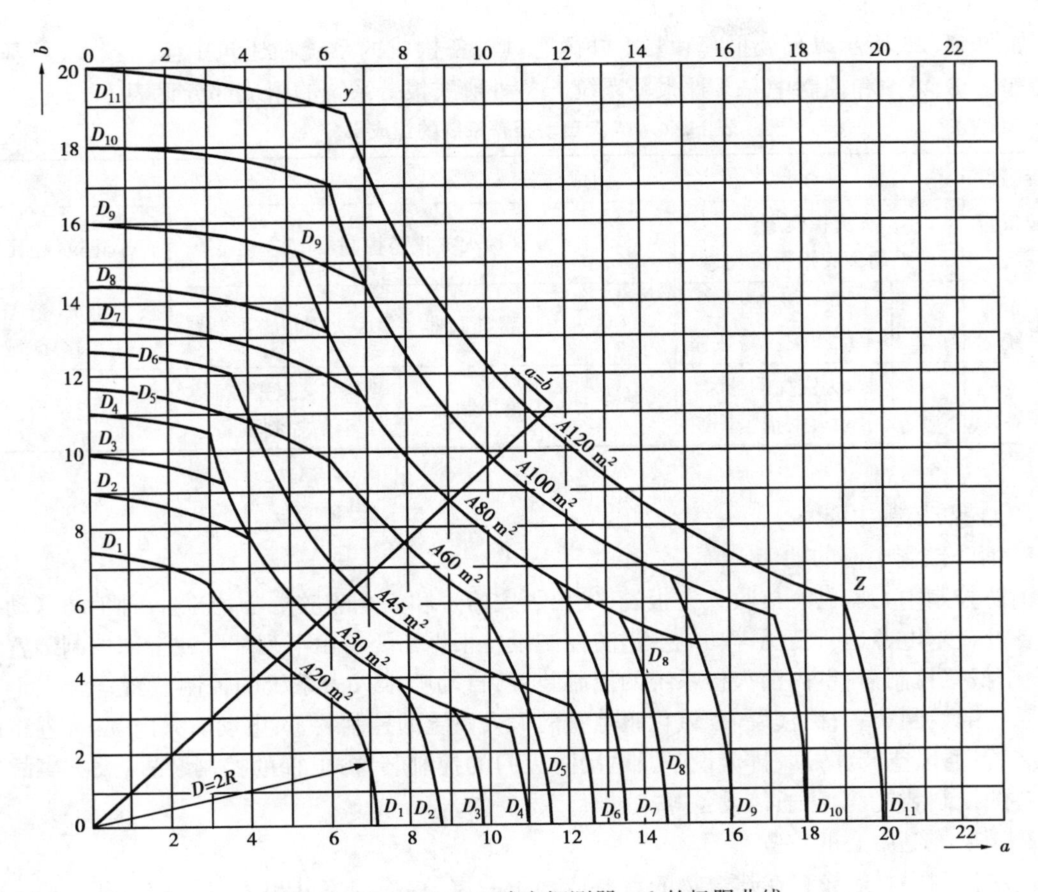

图 11.24 由 A 和 R 确定探测器 a,b 的极限曲线

11.2.4 消防控制中心以及消防联动控制系统

(1)火灾报警控制系统的主要设备

如图11.25所示,图中实线表示系统中必须具备的设备和元件,而虚线则表示当要求完善程度高时可以设置的设备和元件。

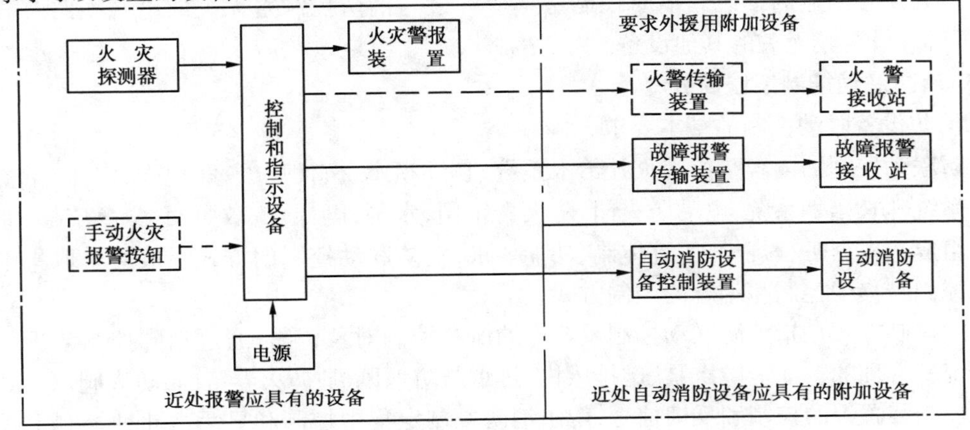

图 11.25 火灾自动报警系统

如图11.25所示以近处报警和要求外援所具设备构成的系统在建筑中应用较多,其基本形式有区域、集中和控制中心3种报警系统。各种形式报警系统的组成部分见表11.2。

表11.2　火灾自动报警系统的组成部分

<table>
<tr><td>系统名称</td><td colspan="4">组成部分</td><td>适用范围</td></tr>
<tr><td>区域报警系统</td><td colspan="2">火灾探测器
手动火灾报警按钮</td><td colspan="2">区域火灾报警控制器</td><td>较小建筑(范围)</td></tr>
<tr><td>集中报警系统</td><td>多个</td><td>火灾探测器
手动火灾报警按钮</td><td colspan="2">→区域火灾报警控制器→集中火灾报警控制器</td><td>较大建筑(范围)内的多个区域</td></tr>
<tr><td>控制中心报警系统</td><td>多个</td><td>火灾探测器
手动火灾报警按钮</td><td>→区域火灾报警控制器→</td><td>集中火灾报警控制器
消防控制设备</td><td>大型建筑保护</td></tr>
</table>

(2)消防控制中心

1)消防控制中心的功能

消防控制中心应具有接收火灾报警、发出火灾信号和安全疏散指令、控制各种消防联动控制设备及显示电源运行情况等功能。消防控制设备根据需要可由下列部分或全部控制装置组成:集中报警控制器;室内消火栓系统的控制装置,自动喷水灭火系统的控制装置;泡沫、干粉灭火系统的控制装置;卤代烷、二氧化碳等管网灭火系统的控制装置;电动防火门、防火卷帘的控制装置;通风空调、防烟、排烟设备及电动防火门的控制装置;电梯的控制装置;火灾事故广播设备的控制装置;消防通信设备等。

2)消防控制中心的位置

消防控制中心应设置在建筑物的首层或地下一层,距通往室外出入口不应大于20 m,内部和外部的消防人员应能容易找到、可以接近,并应设在交通方便和发生火灾时不易延燃的部位。应设耐火极限不小于3.00 h 的隔墙和不小于2.00 h 耐火极限的楼板与其邻间隔开不应将消防控制室设于厕所、锅炉房、浴室、汽车库、变压器室等的隔壁和上、下层相对应的房间。有条件时,宜与防盗监控、广播通信设施等用房相邻近。应适当考虑长期值班人员房间的朝向。消防控制中心的最小建筑面积应大于30 m^2。消防控制室的门应向疏散方向开启,且控制室入口处设置明显的标志。消防控制室不应穿过与消防控制室无关的电气线路及其他管道,也不可装设与其无关的其他设备。

(3)消防联动控制系统简介

1)消防设备联动控制的基本要求

消防联动控制的内容是由消火栓给水系统,自动喷水、卤代烷、二氧化碳、泡沫、干粉等固定灭火系统,防、排烟系统,电动防火门、防火卷帘门、水幕,电梯,疏散照明、紧急广播、非消防电源等组成。根据工程规模、管理体制、功能要求,消防联动控制的方式一般可采取集中控制或分散控制与集中控制相结合的控制方式。

集中控制方式是指消防联动控制系统中的所有控制对象,都是通过消防控制室进行集中控制和统一管理的。如消防水泵、送排风机、排烟与防烟风机、防火卷帘门、防火阀以及其他自动灭火控制装置等的控制和反馈信号,均由消防控制定集中控制和显示。此种控制方式特别适用于采用计算机控制的楼宇自动化管理系统。

分散与集中控制相结合的消防联动控制方式，是指在一部分消防联动控制系统中，有时控制对象特别多且控制位置也很分散，如有大量的防排烟阀、防火门释放器、水流指示器、安全信号阀（自动喷水灭火管网主、支管上的阀门开闭有电信号的装置）等，为了使控制系统简单，减少控制信号的部位显录编码数和控制传输导线数量，故将控制对象部分集中控制、部分分散控制（反馈信号集中显示）。这种控制方式主要是对建筑物中的消防水泵、送排风机、排烟、防烟风机、部分防火卷帘门和自动灭火控制装置等，在消防控制室进行集中控制、统一管理。对大量而又分散的控制对象，如防排烟阀、防火门释放器等，采用现场分散控制，控制反馈信号进消防控制室集中显示、统一管理。若条件允许，也可考虑集中设置手动应急控制装置。

2）消防控制设备的功能

火灾报警控制器的功能是为火灾探测器提供稳定的工作电源；接收、转换和处理火灾探测器输出的报警信号；指示报警位置、时间；声、光报警；监视探测器及系统本身状况；执行相应的辅助控制等。在建筑物内是用于探测火灾初起并发出警报以便及时疏散人员、启动灭火系统、操作防火卷帘、防火门、防排烟系统、向消防队报警等。

消防控制设备的主要工作内容：

①对室内消火栓系统应有的控制，显示功能：控制系统的启、停；显示消火栓按钮启动的位置；显示消防水泵的工作与故障状态。

②对自动喷水灭火系统应有的控制、显示功能：控制系统的启、停；显示报警阀、闸阀及水流指示器的工作状态；显示消防水泵的工作、故障状态。

③对泡沫、干粉灭火系统应有的控制、显示功能：控制系统的启、停；显示系统的工作状态。

④对有管网的卤代烷、二氧化碳等灭火系统应有的控制、显示功能；控制系统的紧急启动和切断装置；由火灾探测器联动的控制设备具有延迟时间为30 s可调的延时机构；显示手动、自动工作状态；在报警、喷淋各阶段，控制室应有相应的声、光报警信号，并能手动切除声响信号；在延时阶段，应能自动关闭防火门、窗，停止通风、空气调节系统。

火灾报警后，消防控制设备对联动控制对象应有的功能是，停止有关部位的风机，关闭防火阀，并接收其反馈信号；启动有关的防排烟风机（包括正压送风机）、排烟阀，并接收其反馈信号。

火灾确认后，消防控制设备对联动控制对象应有的功能为，关闭有关部位的防火门、防火卷帘，并接收其反馈信号；发出控制信号，强制电梯全部停位于首层，并接收其反馈信号；接通火灾事故照明灯和疏散指示灯；切断有关部位的非消防电源。

消防控制设备应按疏散顺序接通火灾报警装置和火灾事故广播。当确认火灾后，警报装置的控制程序如下：二层及二层以上楼层发生火灾，宜先接通着火层及其相邻的上、下层；首层发生火灾，宜先接通本层、上层及地下层；地下层发生火灾，宜先接通地下各层及首层。

消防控制室的消防通信设备应符合下列要求：消防控制室与值班室、消防水泵、配电室、通风空调机房、电梯机房、区域报警控制器及卤代烷固定灭火现场控制装置处之间设置固定的对讲电话；手动报警按钮处宜设置对讲电话插孔；消防控制室内应设置向当地公安消防部门直接报警的外线电话。

11.2.5 消防供电与通信

(1)消防系统供电

消防用电是指设有消防控制室、消防水泵、消防电梯、防烟排烟设施、火灾自动报警、自动灭火装置、火灾应急照明、疏散指示标志、电动防火门窗、卷帘、阀门等高层建筑内用电。按我国有关规定,属一类建筑应按一级负荷的两路电源要求供电,二类建筑应按二级负荷的两回路供电。消防用电设备的两个独立电源(或两回线路),用于消防控制室、消防水泵房、防烟和排烟风机房的消防用电设备及消防电梯等的供电,应在其配电线路的最末一级配电箱处设置自动切换装置,消防配电设备应有明显标志。

消防用电设备应采用专用的供电回路。消防配电线路的支线和控制回路宜按防火分区划分。对容量较大或较集中的消防用电设施(如消防电梯、消防水泵等)应自配电室采用放射式供电。当建筑内生产、生活用电被切断时,消防用电设备的电源应采取在变压器的低压出线端设置单独主断路器等方式确保消防用电。备用消防电源的供电时间和容量,应满足各消防用电设备设计火灾延续时间最长者的要求。

消防用电的自备应急发电设备,应设有自动启动装置,并能在15 s内供电,当由市电转换到柴油发电机电源时,自动装置应执行先停后送程序,并应保证一定时间间隔。消防用电设备的电源不应装设漏电保护开关。

火灾报警器采用蓄电池作备用电源时,电池容量应可供火灾报警器在监视状态下工作24 h以上,能在报警器不超过4路时处于最大负荷条件,以及容量超过4路时处于1/3最大负载(但不少于4回路同时报警)下工作0.5 h。对火灾应急照明、消防联动控制设备、报警控制器等设施,若采用分散供电时,在各层(或最多不超过3~4层)应设置专用消防配电箱。消防联动控制装置的直流操作电压,应采用24 V。

火灾应急照明和疏散指示标志也可用电池作备用电源,建筑高度大于100 m的民用建筑,其消防应急照明和疏散指示标志的备用电源的连续供电时间不应小于1.5 h;医疗建筑、老年人建筑、总建筑面积大于100 000 m^2的公共建筑,不应少于1.0 h;其他建筑不应少于0.5 h。

(2)应急照明与疏散指示

火灾应急照明与疏散指示标志,要保证在火灾发生之际,重要房间(或部位)能继续正常工作,指明出入口的位置和方向,便于有秩序地进行疏散。

1)应急照明

火灾应急照明分火灾备用(工作)照明和火灾疏散照明。对大楼发生火灾时仍需坚持工作的重要机房或房间,必须设置火灾备用照明,并保证继续工作所需的照度。《建筑设计防火规范》(GB 50016—2014)中对设置火灾疏散照明的规定:疏散走道的地面最低水平照度不应低于1.0 lx;人员密集场所内的地面最低水平照度不应低于3.0 lx;楼梯间内的地面最低水平照度不应低于10.0 lx。要求在停电时应瞬时点亮,地面照度不应低于0.5 lx。疏散照明灯具应设置在出口的顶部、顶棚上或墙面的上部;备用照明灯具应设置在顶棚上或墙面的上部,详见表11.3。

表11.3　应急照明的设计要求

应急照明类型		标志颜色	设计要求	设置场所示例
疏散照明	安全出口标志灯	按国家标准《消防应急灯具》(GB 17045—2010)执行	正常时:在30 m远处能识别标志。其亮度不应低于15 cd/m^2,不高于300 cd/m^2;持续工作时间:≥30 min	观众厅、多功能厅、候车(机)大厅、医院病房的楼道安全出口;多层建筑中层面积>1 500 m^2 的展厅、营业厅及面积>200 m^2 的演播厅的安全出口;人员密集且面积>200 m^2 的地下室的安全出口;防烟楼梯间及其前室的安全出口;消防电梯间及其前室的安全出口
	疏散指示标志灯		正常时:在20 m远处能识别标志。其亮度不应低于15 cd/m^2,不高于300 cd/m^2;持续工作时间:≥30 min	医院病房的疏散走道、楼梯间; 高层公共建筑中的疏散走道和长度>20 m的内走道
备用照明	环境照明灯	宜选专用照明灯具	与正常照明协调布置布灯距高比≤4;不低于正常照明照度10%,但最低不小于5 lx;持续工作时间:≥30 min	详见注5
	工作照明灯		保持正常照明的照度水平	消防控制室、消防泵房、防排烟风机房、发电机房、配电室、电话总机房、中央监控室等

注:1. 应急照明灯具靠近可燃物时,应采取隔热、散热等防火措施。当采用白炽灯、卤钨灯、荧光高压汞灯(包括镇流器)等光源时,不应直接安装在可燃装修或可燃构件上。

2. 安全出口标志和疏散指示灯应装设玻璃或非燃材料的保护罩,其面板亮度均匀度宜为1∶10(最低∶最高)。

3. 楼梯间内的疏散照明灯应装有白色保护罩,并在保护罩两端标明踏步方向的上、下层的层号。

4. 备用照明、安全照明用灯具,宜装设在顶棚上,并可利用正常照明的一部分,但通常宜选用专用的照明灯具。

5. 备用照明中环境照明场所:a. 高层建筑:疏散走道、观众厅、多功能厅、餐厅、会议厅、歌舞娱乐游艺场所、避难层(间)、展厅、营业厅、出租办公用房、封闭楼梯间等;b. 多层建筑:面积大于1 500 m^2 的展厅、营业厅;c. 国际候车(机)厅;d. 地下建筑:商场、医院、旅馆、展厅、影剧院、礼堂、地铁车站,使用面积超过200 m^2 的歌舞娱乐游艺场所等;e. 防烟楼梯间及其前室,消防电梯间及其前室。

2)疏散指示

疏散指示标志分通道疏散指示灯和出入口标志灯。通道疏散指示灯安装在走廊、楼梯、通道及其转角等处,每10~20 m步行距离至少安装一个,安装高度在1 m以下。在通往楼梯或通向室外的出入口处,应设置出入口标志灯,并采用绿色标志,安装在出口的顶部。公共建筑及其他一类高层民用建筑,应沿疏散走道和在安全出口、人员密集场所的疏散门正上方设置灯光疏散指示标志,并应符合下列规定:①安全出口和疏散门的正上方应采用“安全出口”作为指示标志。②沿疏散走道设置的灯光疏散指示标志,应设置在疏散走道及其转角处距地面高度1.0 m以下的墙面上,且灯光疏散指示标志间距不应大于20 m;对于袋形走道,不应大于

10 m;在走道转角区,不应大于1.0 m。③走道上疏散指示标志灯,在其正下方的半径为0.5 m范围内的水平照度不应低于0.5 lx(人防工程为1 lx),楼梯间可按踏步和缓步台中心线计算,观众席通道地面上的水平照度为0.2 lx。

总建筑面积大于8 000 m^2 的展览建筑;总建筑面积大于5 000 m^2 的地上商店;总建筑面积大于500 m^2 的地下、半地下商店;歌舞娱乐放映游艺场所;座位数超过1 500个的电影院、剧场,座位数超过3 000个的体育馆、会堂或礼堂,在其疏散走道和主要疏散路径的地面上应增设可调光型安全出口标志灯,设置可保持视觉连续的灯光疏散指示标志,并能在正常情况下减光使用。

建筑内设置的消防疏散指示标志和消防应急照明灯具,除应符合《建筑设计防火规范》(GB 50016—2014)外,还应符合现行国家标准《消防安全标志》(GB 13495.1—2015)和《消防应急照明和疏散指示系统》(GB 17945—2010)的有关规定。

(3)消防广播与消防电话

1)消防广播

消防广播系统由扩音机、控制设备和扬声器等组成。扩音机专用,设置于消防中心控制室或其他广播系统的机房内(在消防控制定能对其遥控启动),能在消防中心直接用话筒播音。扬声器按防火分区设置和分路,每个防火分区中的任何部位到最近一个扬声器的步行距离应不超过25 m。公共场所及走廊内扬声器功率不小于3 W。火灾时仅向着火层及相关层广播;二层及以上失火时,仅启动失火层和其上一层的紧急广播;一层失火时,仅启动失火层和上一层及全部地下层的紧急广播,地下任一层失火时,启动一层及全部地下层的紧急广播。火灾紧急广播线路,应单独敷设,并有耐热保护措施。当某一层的扬声器或配线短路、开路时,仅该路广播中断而不影响其他任何一路的广播。

2)消防通信

消防专用电话应为独立的消防通信网络系统,与普通电话和网络分开,用于消防中心与火灾报警器设置点及消防设备机房等处的紧急通话,通常采用集中式对讲电话等,主机在消防中心,分机在各部位。消防专用电话通信设施设置情况,见表11.4。

表11.4　消防专用电话设置要求和位置

要　求	设置位置
对消防控制室、值班室或消防站应设“119”专用城市电话线	民用建筑内宜在下列部位设电话分机: 消防水泵房,电梯机房,变、配电室,值班室,自备柴油发电机房,排烟机房,通风、空调机房,电话站话务员室,超高层建筑中各避难层主要出入口,火灾报警控制器、消火栓按钮及手动按钮装设处,卤代烷灭火系统的操作系统装置室及钢瓶室、控制室
消防控制室应设消防专用电话总机和计算机	

11.3　给排水系统的监控与管理

给排水系统的监控和管理也是由现场监控站和管理中心来实现的,其目的是实现对管网的合理调度,实现泵房的最佳运行。监视大楼给排水系统,并自动储水及排水;当系统出现异常情况或需要维护时,计算机将产生信号,通知人员处理。

11.3.1 给水系统

建筑内常见的给水系统自动供水方式主要有:

(1)高位水箱的供水方式

在建筑物的顶部设一高位水箱或在一个小区中设一水塔,借助水塔或水箱的高度提供给用户水压,向建筑内供水,这种供水系统是建筑给水中最常见的传统方式。该系统在建筑底部(一般在地下室)设有低位水箱(水池)与城市管网连接充水,给水泵自低位水箱(水池)抽水加压供给水塔(水箱)。供水系统示意图见第 3 章中图 3.14。给水泵是间歇工作的。一般按水塔(水箱)中的储水情况及低水箱的水位情况决定水泵的开停,时刻保证用户的用水要求。水泵的开停控制可采用典型的双位逻辑控制系统实现。

现场监控站内的控制器按照预先编制的软件程序来达到自动控制的要求,如图 11.26 所示。

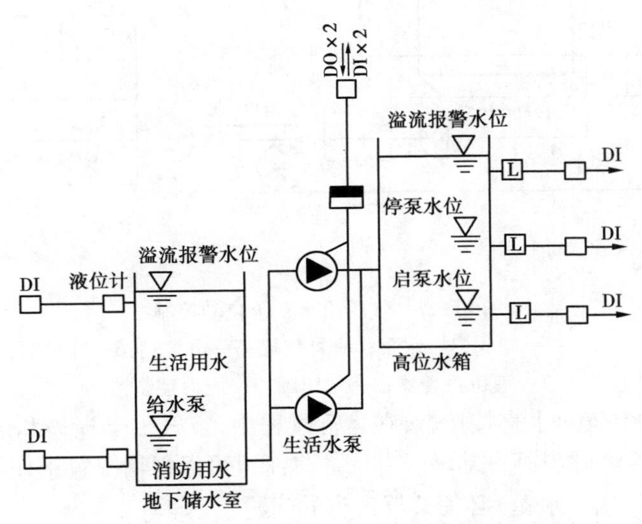

图 11.26 给水系统控制原理图

①地下水池的水量情况,可通过设置在池内的高、低水位信号控制进水阀的开、关,并且进行溢水和枯水的报警。

②根据高位水塔(水箱)的高、低水位信号来控制水泵的启、停,并且进行溢水和枯水的预警等。当有水泵出现故障时,备用水泵则自动投入工作,同时发出报警。这种控制也可达到节能的效果,并通过程序控制进行用水量的计测和实施节水措施。

由上可知,水塔(水箱)等给水系统的控制设备中,水压(水位)检测是关键性的问题。

常见的适合于自动化监控用的压力计有:电气式压力计和霍尔片式压力计;而水位检测则用装有各种液位计和通断式水位开关的液位检测仪表,如浮球磁性开关、浮子式磁性开关(或称干簧式水位开关)、电极式水位开关、晶体管液位继电器、静压式液位计、电容式液位计、激光式液位计等,具体选用时应根据检测精度、工作条件、测量范围和刻度选择等方面进行考虑。

(2)气压给水系统的控制

气压给水是近十余年来出现的新供水方式。它以密闭的气压水罐取代高位水箱,安装位置灵活。这种供水方式的自动控制原理与水塔(高位水箱)自动供水系统相近。

气压给水设备是一种局部升压设备,由气压罐、补气系统、管路阀门系统、加压系统和电控系统所组成,如图 11.27 所示。它利用密闭的钢罐,由水泵将水压入罐内,靠罐内被压缩的空气压力将贮存的水送入给水管网。但随着水量的减少,水位下降,罐内的空气比容增大,压力逐渐减小。当压力下降到设定的最小工作压力时,水泵便在压力继电器作用下启动,将水压入罐内。当罐内压力上升到设定的最大工作压力时,水泵停止工作,如此循环工作。

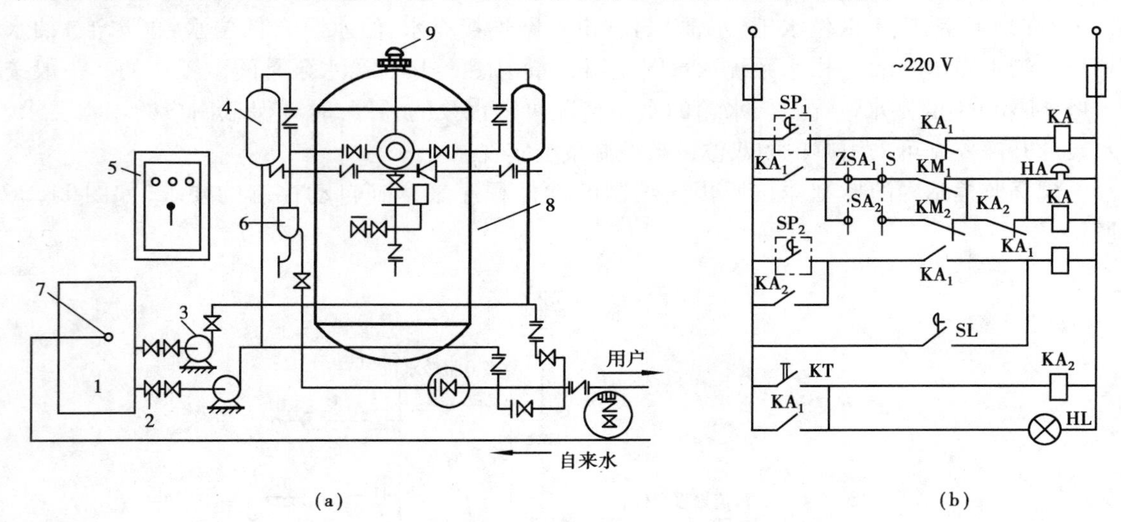

图 11.27 气压给水系统自动控制

1—水池;2—闸阀;3—水泵;4—补气罐;5—电控箱;6—呼吸阀;

7—液位报警器;8—气压罐;9—压力控制器

气压给水罐内的空气与水直接接触,在运行过程中,空气由于损失和溶解于水而减少,当罐内空气压力不足时,经呼吸阀自动增压补气。气压罐可以视情况置于任何方便的位置,从而在一定程度上避免了水塔(水箱)必须架设很高的问题。

气压给水设备的控制系统在原理上同水塔(水箱)设备是一致的。只是以气压罐中的两个气液界面代替了水塔(水箱)中的两个自由液位。

气压给水系统设计的一个问题是气压罐的安装位置,它实际上是控制系统的压力控制点(气压罐内的水位检测装置)的位置选择问题。安装位置不同,会影响系统的工作特性。从稳定用户水压出发,以将气压罐与水泵分设,气压罐置于靠近用户处为好,且位置尽可能高,这样既可稳定用户水压,还有利于减小罐容积并降低罐内承压。

以图 11.27(b)的系统自动控制为例。以 1 号为工作泵,2 号为备用泵,将转换开关 SA 置于“Z”位,当水位小于低水位时,气压罐内压力小于设定的最低压力值,电接点压力表下限接点 SP_1 闭合,低水位继电器 KA_1 线圈通电并自锁,使接触器 KM_1 线圈通电,1 号泵电动机启动运转;当水位增加到高水位时,压力达最大设定压力,电接点压力表上限接点 SP_2 闭合,高水位继电器 KA 线圈通电,其触头将 KA_1 断开,于是 KM_1 断电释放,1 号泵电动机停止。就这样保持罐内有足够的压力,以对用户供水。SL 为浮球继电器触点,当水位大于高水位时,SL 闭合,也可将 KA 接通，使水泵停止。

(3)无高位水箱的变频调速供水方式

变频调速恒压给水是近年兴起的建筑给水新技术，它取代了水塔（高位水箱）或气压罐，通过改变水泵电机转速的方式对水量和压力进行调节，可以实现对供水工况的较精确控制。

现场监控站或管理中心对水泵房的两处进行控制。

①水池的控制与高位水箱相同。

②水泵启动后，压力传感器获得的管网供水压力信号，传递给主控机，控制器根据获得的压力值 H 与控制器设定的压力值 H_0（H_0 按用户的水压要求设定）进行比较。当 $H < H_0$ 时，控制器向变频调速器发送提高水泵转速的控制信号；当 $H > H_0$ 时，则发送降低水泵转速的控制信号。变频调速器则依此调节水泵工作电源的频率，改变水泵的转速，由此构成以设定压力值为参数的恒压供水自动调节闭环控制系统。

图 11.28 给出了由 3 台水泵组成的典型恒压给水系统。这 3 台水泵可交替循环工作。将这 3 台水泵分别编号为 1 号、2 号、3 号泵，其工作循环过程如图 11.29 所示。

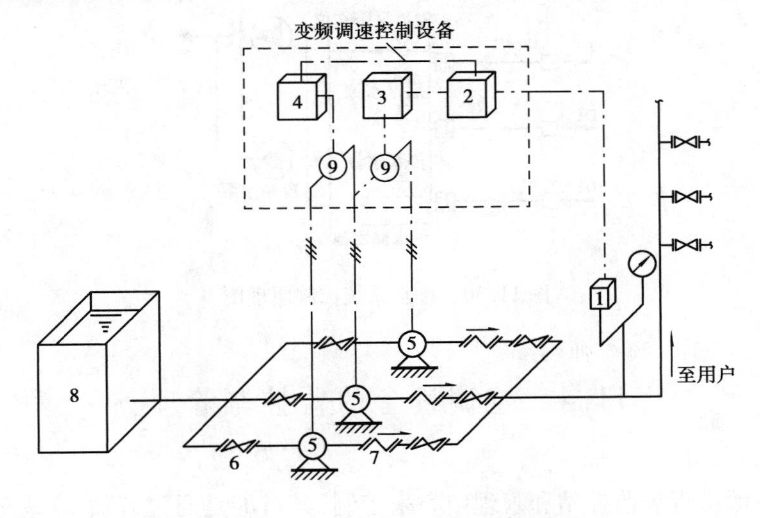

图 11.28　恒压给水设备系统原理图

1—压力传感器；2—控制器；3—变频调速器；4—恒速泵控制器；
5—水泵机组；6—闸阀；7—单向阀；8—储水池，9—自动切换装置

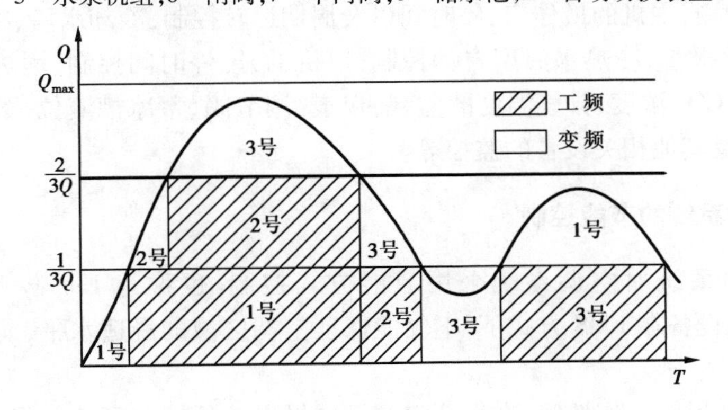

图 11.29　水泵工作循环过程示意图

控制设备通过预先编制的软件程序能够控制水泵的自动启停，调节管网所需的流量和压力，以达到节约供水能量，并通过程序控制进行用水量的计测和实施节水措施。

11.3.2 排水系统

现场监控站或管理中心主要对污水处理设备运转的监视、控制，水质检测，并对泵房集水井的水位进行控制，根据集水井的高、低水位控制排污泵的自动启停，并对超高水位进行报警。按预设程序计测排水量、记录故障及异常状况等，如图 11.30 所示。

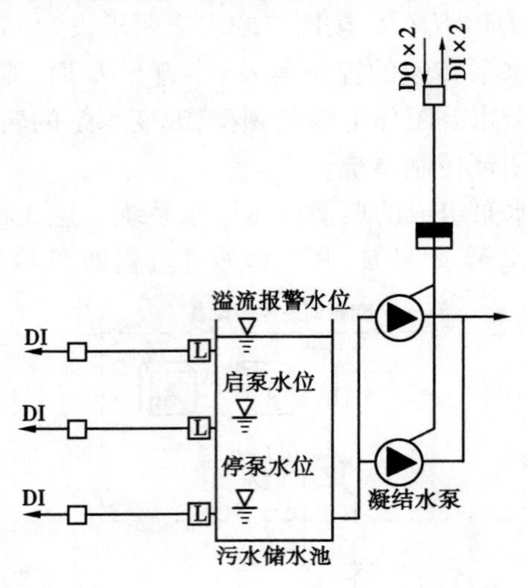

图 11.30 排水系统控制原理图

11.4 空调设备的监控与管理

空调设备一般由现场监控站和管理中心来控制，其目的是通过有效、合理的监控和管理，使其达到最佳状况，确保以最低的能量消耗，获得最舒适、便利的工作和居住环境。

监控和管理的内容包括冷热源设备、通风设备、空调主机设备和环境监视设备等的运行情况。如室内环境检测，主机的最佳启、停时间以及周期运转控制，冷却水塔、冷水与冷却水泵等的运转监视及异常报警，冷热水温度自动控制，风机的开、停时间控制，锅炉的发动或停止控制，炉内气流压力、CO_2 浓度、排气温度的监视，仪表、调节阀、蓄冰槽液位、蓄热槽进出口水温等的监测控制，以及其他相关设备的监控等。

11.4.1 空调系统的节能控制

建筑监控管理系统对空调系统采用节能方式控制，也称为 Energy Managment System (EMS)方式。空调设备在 EMS 方式下，不仅能保证空调区域的舒适水平，而且能节省运行的能源消耗。

①间歇工作：在风机工作期间、在保证空调区域舒适的环境温度的前提下，利用间歇启停风机来节省能源。由于周期工作的时间少于全负荷工作的时间，故可节约能量。周期的时间

间隔、最大和最小的停机时间,可根据负荷情况进行选择。由程序根据室内外温度状态进行控制,基本的停机时间可自动地增加到最大或最小。

②焓值控制:通常在供冷情况下,由室外新风热焓、回风温度与湿度确定新风与回风混合的比例,维持最低的总热量(显热与游热)即空气焓值,使得冷水机组的负荷最低。

③最佳启停控制:最佳启动控制是通过室外气温、室内气温与负荷估计等参量来计算出确保空调区域开始有人使用时的舒适感而需提前开启空调机的最短时间 T_0,然后在使用时刻前几小时开机。最佳停机控制则是在要保证空调区域结束使用时仍然保证舒适环境的前提下,计算出可提前停止空调机的最长时间 T_1,在停止使用空调区域前的 T_1 小时控制该区域空调机关闭。最佳启停控制对于非连续使用的空调设备具有显著的节能效果。

④夜间净化:在夏季工况下,利用室外气温在夜间达到最低点(接近或低于日间空调室温值),开启新风机对全楼空气进行全新风换气、净化,当室外气温回升到不利于预冷的数值时,即自动停止夜间净化运行。这一方式既可实现改善大楼内空气的品质,又减少了预冷的能量消耗。

⑤夜间循环:在冬季工况下,当夜间空调系统不工作时,自动开启空调水系统的加热循环装置,控制加热水温的上限以使能量消耗为最低,控制加热水温的下限以保护水系统中的设备不致被冻坏。

⑥零能带/负荷再设定方式:所谓零能带方式是提供了一个加热、通风与冷却的顺序控制,可以对空调系统的负荷进行自动设定。对于舒适性空调来说,在过渡季(春、秋季)时,采用零能带方式控制,可以不需要加热或制冷,仅利用室外新风即可维持空调区域的环境处于舒适范围内,以利节能。

11.4.2　空调系统的工作状态监控

①如图 11.31 所示,现场监控站监测新风机组的工作状态项目有:过滤器阻力(ΔP)、冷热水阀门的开度、风机启停、风阀开度、新风温湿度(T,H)与送风温湿度(T,H)。根据设定的新

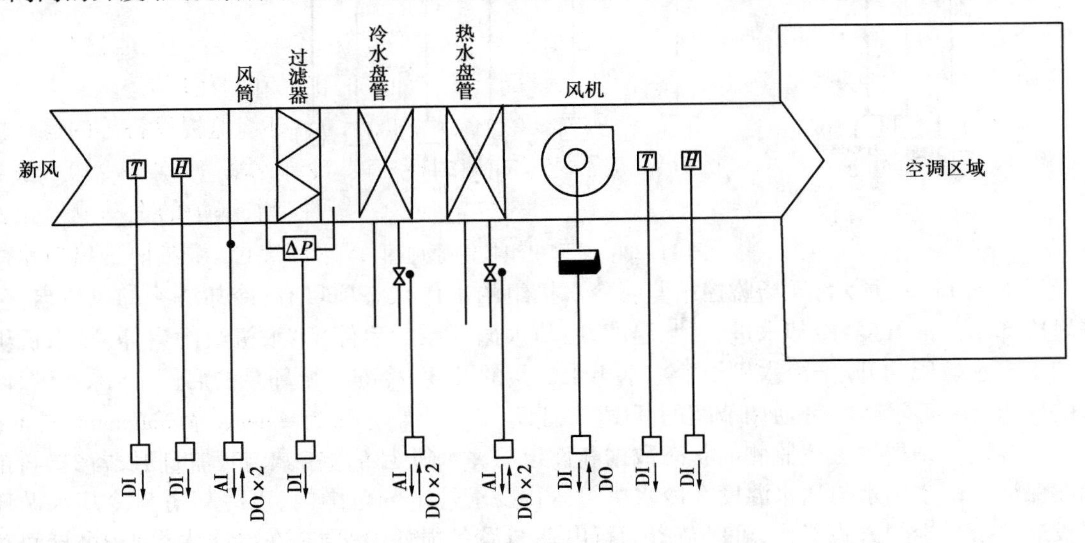

图 11.31　新风机组控制原理图

风机组工作参数与上述监测的状态数据，由现场监控站控制风机的启停、盘管冷热水流量与风阀的开启度。图中 AI 表示监控站的模拟量输入，AO 为模拟量输出，DO 为开关或数字量输出，DI 为开关或数字量输入。

②如图 11.32 所示，现场监控站监测空调机组的工作状态项目有：过滤器阻力(ΔP)，冷热水阀门的开度，送风机与回风机启停，新风、回风与排风阀的开度，淋水阀的开度，新风、回风与送风的温度及湿度。根据设定的空调机组工作参数与上述监测的状态数据，由现场控制站控制送、回风机的启停(在控制与节能要求高的场合，可用交流变频装置对风机的转速进行控制，实现风量无级调节)，新风与回风的比例调节，盘管冷热水的流量，水喷淋装置的加湿量，以保证空调区域空气的温度与湿度既能在设定范围内满足舒适要求，同时空调机组也能以最低的能量消耗方式运行。

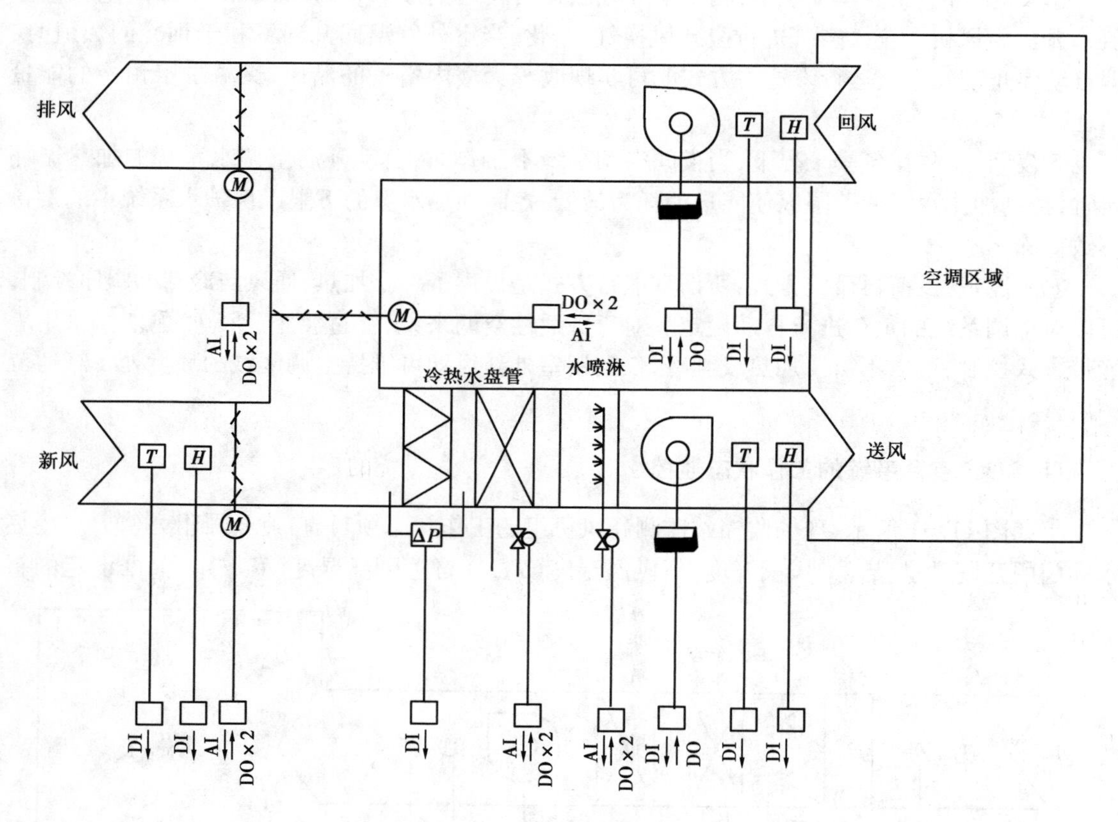

图 11.32　空调机组控制原理图

③如图 11.33 所示，现场监控站监测冷水机组的工作状态项目有：冷却塔冷却风机启停，进塔冷却水阀的开度，冷却水进、回水温度，冷却水循环泵的启停，冷水机组的启停，冷水机组冷却水出水蝶阀的开度，冷水机组冷冻水出水蝶阀的开度，冷冻水循环泵的启停，冷冻水供、回水的压力、温度及流量，旁通调节间的开度。

现场监控站根据上述监测的状态数据和设定的冷水机组工作参数，自动控制设备的运行，如在保证冷却水回水与送水温度在冷水机组运行要求规定的范围内，以冷却塔与冷却水循环泵投运数量最少的方式工作，可以节省运行电耗与设备损耗。又如，在冷冻水出、回水管间并联一旁通阀，当冷冻水供水量减少供水压力升高时，在一定范围内可由旁通阀调节以使压差稳

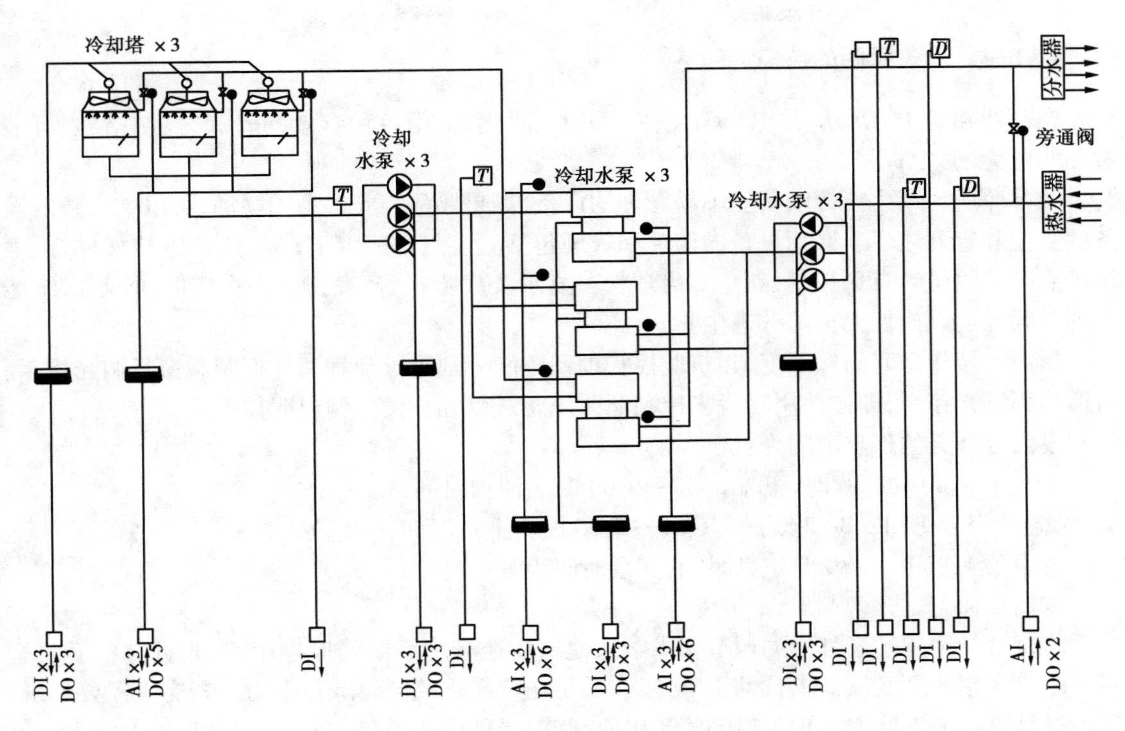

图11.33　冷水机组控制原理图

定,若旁通流量超过单台冷冻水循环泵流量时则自动关闭一台冷冻水循环泵。现场监控站根据冷冻水供回水的温度与流量,参考当时的室外温度,计算出空调系统的实际负荷。将计算结果与当时冷水机组投运台数下的总供冷量作比较,若空调系统的实际负荷小于单台冷水机组供冷量,则自动停止一台冷水机组的运行。通过对冷却水塔、冷却水泵、冷水机组、冷冻水泵的台数控制,可有效地、大幅度地降低冷源设备的能量消耗。由于对整个系统的运行状态进行连续的监视与控制,还可自动进行能耗计量、故障诊断分析与运行负荷均衡分配等多种方面的管理操作。

11.5　电力系统的监控与管理

11.5.1　供配电系统的监控

供配电系统是智能大楼的命脉,因此,电力设备的监控和管理是至关重要的。由监控系统对配电设备的运行状况进行监视,对各电量进行测量,如电流、电压、频率、有功功率、功率因数、用电量、开关动作状态、变压器的油温等。管理中心根据测量所得的数据进行统计分析,查找供电异常情况、通告维护保养,并进行用电负荷控制及自动计费管理。随时监视电网的供电状况,一旦发生电网全部断电的情况,控制系统作出相应的停电控制措施,应急电机则自动投入运行,确保消防、安保、电梯及各通道照明的用电,而类似空调、非消防照明、洗衣房等非必要用电负荷可暂时切断。同样,复电时控制系统也将有相应的复电控制措施。

11.5.2 建筑照明的监控

在商业建筑中有45%的电力消耗在照明上,因此,采用各种有效的管理、控制措施,可节省照明电力的25%~35%。

公共照明易产生能源浪费。不易管理的设备,如果要配合安保系统联动,可以纳入建筑设备的监控和管理之下。照明设备的监控和管理包括庭院灯、各楼门厅电灯、走廊与楼梯灯、停车场照明等的定时点灭控制,航空障碍灯状态显示及故障报警。另外,在火警时,控制系统能启动公共照明以确保人员疏散逃生。

依照大楼作息时间和照度,建筑监控管理系统能分别进行预程调光控制和窗际调光控制。所谓预程调光控制,即按使用时段来控制照明设备。以办公楼为例说明如下;

设大楼一天的作息时间为:

①上午8:00—8:30时,下午5:30—6:00时为清扫时间;

②上午8:30—12:30时,下午1:30—5:30时为上班时间;

③中午12:30—1:30为作息时间,其余时间为下班时间;

④周日休息。

将每日的预程配合灯光的调节要求输入建筑监控管理系统的监控中心,则计算机会将全年中整幢大楼的灯光按要求自动调节,以在满足用户需求的同时节省电力。若有人需要加班,则通过计算机的连网方式预先通知管理中心,临时局部改变控制方式,以保证用户的需求。

所谓窗际调光控制,是由于大空间的楼层中白天沿窗侧的工作面照度受日光影响,远远大于核心筒侧的工作面照度,因此,在窗际工作面照度高于工作要求标准时,通过照度传感器将窗际照度反馈到照度现场控制器,以关闭区域的照明电气设备,达到保护用户视力与节省过度照明的电力消耗。

习 题 11

1. 简述建筑监控管理系统的作用及特点。
2. 简述现场监控站的任务、组成内容以及工作特点。
3. 管理中心的职能是什么?
4. 探测器有哪几种类型?它们分别适用于什么场合?
5. 确定疏散指示标志应考虑哪些因素?
6. 消防控制中心的功能是什么?
7. 火灾报警系统的线路敷设有什么要求?
8. 给排水系统监控管理的内容是什么?
9. 什么是节能控制?节能控制是根据什么进行工作的?

第6篇 建筑设备管道综合布置与敷设

第12章 建筑设备管道综合布置与敷设

现代建筑中由于设备较多，每一系统的设备都有其自己的管道布置原则、敷设方法。为保证设备的管道布置不仅满足自己的要求，同时协调相互之间的关系，保证各系统的管道布置合理，使之不影响建筑造型的美观、建筑的功能使用。因此，考虑建筑设备管道的综合布置与敷设是很有必要的。

12.1 建筑给水排水管道的布置、敷设与安装

12.1.1 管道的布置与敷设

(1)给水管道的布置与敷设

管线布置主要有两种形式:由上向下供水的称上行下给式;由下往上供水的称下行上给式;或一栋建筑兼有以上两种的布置形式。建筑给水管道的布置受建筑结构、用水要求、配水点和室外给水管道的位置以及其他设备工程管线位置的影响。进行管道布置时,不但要处理和协调好与各种相关因素的关系,还应符合以下基本要求。

①确保供水安全和良好的水力条件,力求经济合理。管道尽可能与墙、梁、柱平行,呈直线走向,宜采用枝状布置力求管线简短,以降低造价。不允许间断供水的建筑,应从室外环状管网不同管段设2条或2条以上引入管,在室内将管道连成环状或贯通树枝状进行双向供水,如图12.1所示,若无可能,可采取设储水池或增设第二水源等安全供水措施。

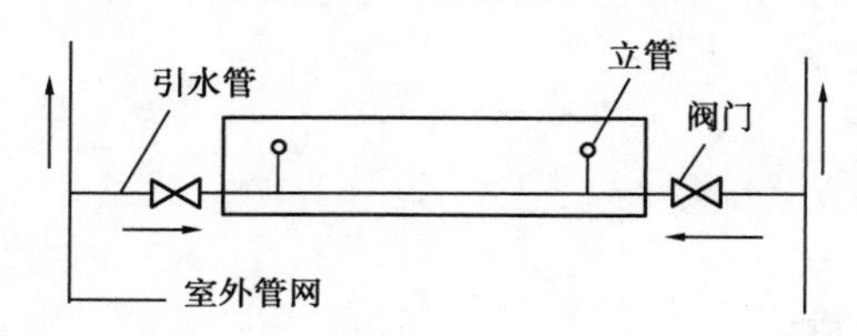

图12.1 引入管从建筑物不同侧引入

②保护管道不受损坏。给水埋地管应避免布置在可能受重物压坏处。若特殊情况必须穿越时,应采取保护措施。给水管布置不宜穿伸缩缝、沉降缝、变形缝。若必须穿过时,应设置补偿管道伸缩和剪切变形的装置。且不允许穿大、小便槽,当干管位于小便槽端部≤0.5 m时,在小便槽端部应有建筑隔断措施。工业建筑和公共建筑中管道直线长度大于20 m时,应采取补偿管道胀缩的措施。当给水管与其他管道交叉敷设时,需采取保护措施,如金属套管保护。

③不影响生产安全和建筑物的使用。管道不要布置在妨碍生产操作和交通运输处,也不得布置在遇水易引起燃烧、爆炸或损坏的原料、设备和产品之上,不得穿过配电间、卧室、储藏室,不允许敷设在烟道、风道、电梯井内、排水沟内,不宜穿过橱窗、壁柜、吊柜等设施以及从机械设备上通过,以免影响各种设施的功能和设备的起吊维修。

④利于安装、维修。管道周围应留有一定的空间,给水管道与其他管道和建筑结构的最小净距见表12.1。主立管一般布置在管道井内,管道井的通道不宜小于0.6 m,维修门应开向走廊。

表 12.1　给水管与其他管道和建筑结构之间的最小净距

给水管道名称		室内墙面 /mm	地沟壁和其他管道 /mm	梁、柱、设备 /mm	排水管道		热源设备	备注
					水平净距 /mm	垂直净距 /mm		
引水管					1 000	150 在排水管上方	远离，不得因热辐射使管外壁温度高于 40 ℃	在热水或蒸汽管的下方，且平面位置错开
横干管		100	100	50 此处无接缝	500	150 在排水管上方	远离，不得因热辐射使管外壁温度高于 40 ℃	在热水或蒸汽管的下方，且平面位置错开
立管	管径/mm	25					距灶边净距≥400 mm；距供热管道净距≥200 mm；且不得因热辐射使管外壁温度高于 40 ℃	
	< 32							
	32 ~ 50	35						
	75 ~ 100	50						
	125 ~ 150	60						

⑤建筑给水管道一般为明装即管道外露。但在管道可能受到碰撞的场所，宜暗设或采取保护措施，但不得直接敷设在建筑结构层内。敷设在找平层或管槽内的支管外径不大于 25 mm，而管材宜采用塑料、金属与塑料复合管材或耐腐蚀的金属管材，这时若采用卡套式或卡环式接口配件，宜采用分水器向各卫生器具配水，中途不得有连接配件，两端接口应明露，且地面宜有管道位置的临时标志；明敷立管宜布置在给水量大的卫生器具或设备附近的墙边。当其敷设于室外明露和寒冷地区室内不采暖的房间时，在有可能冰冻或阳光照射处应采用轻质材料隔热保温。水箱（池）的进水管、出水管、排污管、从水箱至阀门间的管道应采用金属管。

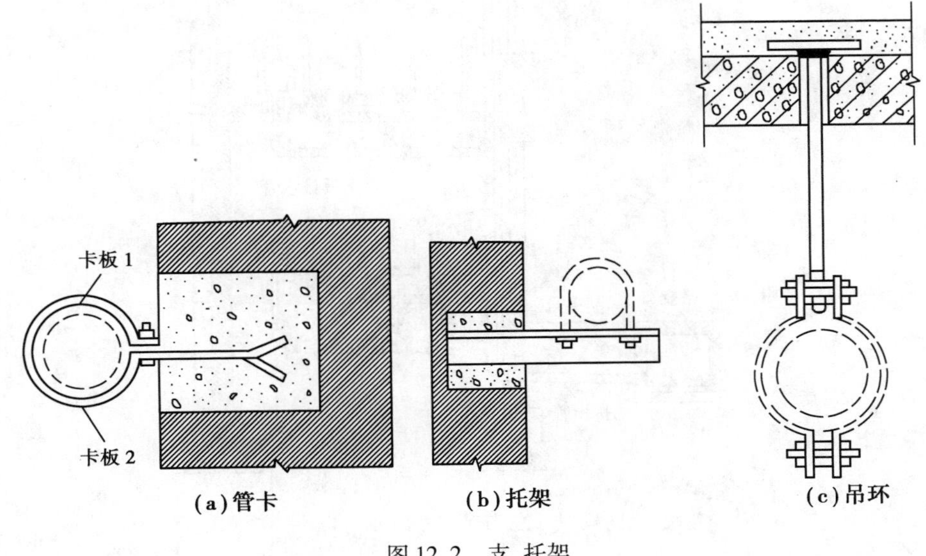

图 12.2　支、托架

⑥支管与干管、支管与设备容器的连接应利用管道折角自然补偿管道的伸缩。管道敷设还应采用支、托架等支承结构,以固定管道并承受管道、管内水流和管外保温层等质量。常用的支、托架,如图12.2所示。高层建筑中,为适应建筑物任一方向的摆动,防止管道破坏,可采用图12.3的敷设方法。室内给水管道上的各种阀门,宜装设在便于检修和操作的位置。

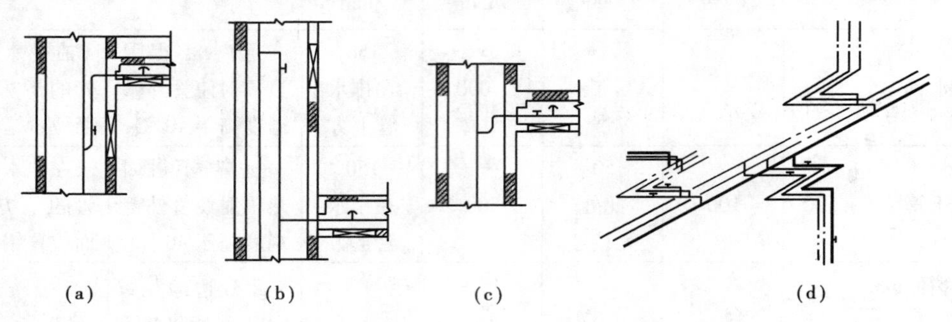

图12.3　管道防位移破坏的敷设方法

(2)排水管道的布置与敷设

室内污、废水当前主要靠自流排出,对于非满流自流排放管道的布置和敷设,必须要有助于充分发挥排水管道的泄水能力,避免淤积和冲刷。室内排水系统如图12.4所示。

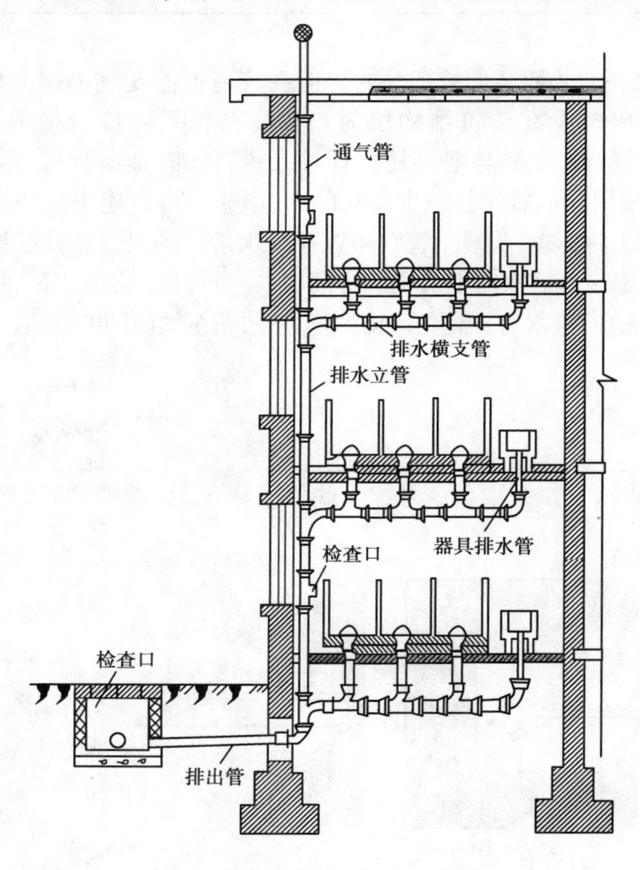

图12.4　室内排水系统示意图

排水管道的布置应符合以下基本要求：

①满足管道工作时的最佳水力条件。排水立管应设在污水水质最差、排水量大的器具附近,管道要尽量减少不必要的转角,作直线布置,并以最短的距离排出室外。为防止底层与排水管道直接连接的卫生器具、用水设备出现污水喷、冒现象,只设伸顶通气管的排水立管最低一根排水横支管与立管连接处,距排水横干管的中心距(见图12.5的A值)不得小于表12.2的规定。排水支管直接连在排出管或横干管或立管上时,其连接点与立管底部或横管端部的距离(见图12.5的B,C值)分别不宜小于1.5 m和0.6 m。若不能满足以上要求,排水支管应单独排至室外。

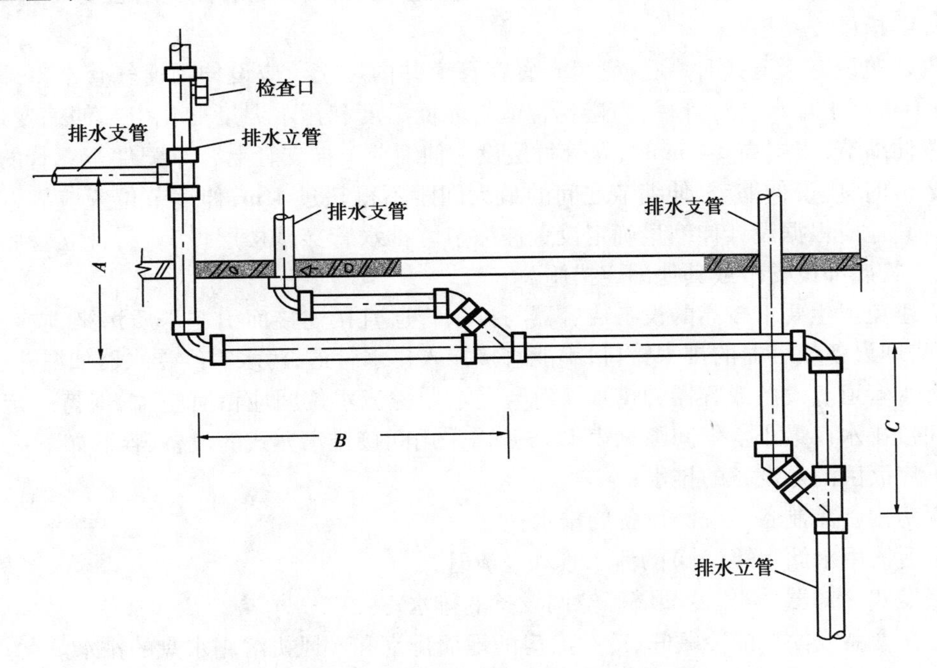

图12.5　立管转弯时排水支管接入示意图

表12.2　最低横支管与立管连接处至立管管底的垂直距离

立管连接卫生器具的层数/层	垂直距离/m
< 4	0.45
5—6	0.75
7—12	1.2
13—19	3.0

注:如果立管底部放大一级管径时,可将表中垂直距离缩小一档。

②保护管道不受损坏。排水管道不得穿过建筑物的沉降缝、烟道和风道,并避免穿过伸缩缝,否则要采取保护措施。埋地管不要布置在可能受重物压坏处或穿越生产设备基础,遇到特殊情况无法避免时,应与有关专业协商采取技术措施进行处理。

③不得影响生产安全和建筑物的使用。排水管道不得布置在遇水能引起燃烧、爆炸或损

坏的原料、产品和设备的上面。架空管道不得设在食品和贵重商品仓库、通风小室、配电间以及生产工艺或卫生有特殊要求的生产厂房内，并尽量避免布置在食堂、饮食业的主副食操作烹调上方和通过公共建筑的大厅等建筑艺术和美观要求较高的场所。生活污水立管沿墙、柱布置，不应穿越对卫生、安静要求较高的房间，如卧室、病房等，并要避免靠近与卧室相邻的内墙，以免噪声干扰。

④便于安装、维修，排水管与建筑结构和其他管道应保持一定的间距，一般立管与墙、柱的净距为25～35 mm，排水横管与其他管道共同埋设时的最小净距水平向为1～3 m，竖向为0.15～0.20 m。管道应避免布置在热源附近，不能避免时，当管道表面受热温度大于60 ℃时，应采取隔热措施。

⑤当建筑设有管道井时，主立管可布置在管道井内。立管应设伸顶通气管至室外连通大气，管径不得小于排水立管管径；为避免管道受环境温度和污水温度变化引起伸缩变形，管道上应设置伸缩节；当层高≤4 m时，立管每层设一伸缩节。横支管上合流配件至立管的直线管段超过2 m时，应设伸缩节，伸缩节之间的最大间距不得超过4 m，伸缩节位置应靠近水流汇合配件。其他应根据设计伸缩量确定设置伸缩节。排水管穿越楼层设套管，且立管底部架空时，应在立管底部设支墩或其他固定措施。

⑥为避免卫生要求较高的设备或容器与排水管道直接连接而引起水质污染，应采用间接排水方式，即设备或容器的排水管口，不能直接接入排水管道，污水需经受水器如漏斗、洗涤盆等流入排水管道。设备或容器的排水管口与受水器溢流水位间应留有空隙，保持一定的空气隔断。间接排水口最小空气间隙见表12.3。需采用间接排水方式的设备、容器如下：

a. 医疗灭菌消毒设备的排水；

b. 厨房内食品制备及洗涤设备的排水；

c. 生活饮用水储水箱（池）的泄水管和溢流管；

d. 蒸发式冷却器、空气冷却塔等空调设备的排水；

e. 贮存食品或饮料的冷藏间、冷藏库房的地面排水和冷风机溶霜水盘的排水。

表12.3　间接排水口最小空气间隙

间接排水管管径/mm	排水口最小空气间歇/mm
≤25	50
32～50	100
>50	150

注：1. 空气间隙为间接排水口与受水器溢流水位的垂直空间距离。

2. 饮料用储水箱的间接排水口最小空气间隙，不得小于150 mm。

⑦排出管与室外排水管道在检查井内，一般采用管顶平接法相连，水流转角不得小于90°，如有大于0.3 m的跌落差时，可不受角度限制。室内排水管道与室外排水沟连接处，应设水封装置。排水管穿过地下室外墙或地下构筑物的墙壁处，应采取防水措施，且采取防倒坡措施。地下室立管与排水管转弯处也应设置支墩或固定措施。

⑧为了便于检查清通，排水管上应设置清扫口或检查口等清通配件，检查口的位置和朝向应便于检修，周围应留有操作空间，排水横管端点的弯向地面清扫口与其垂直墙面的净距不应

小于0.15 m,若横管端点设置堵头代替清扫口,则墙头与墙面的净距不应小于0.4 m。外径小于110 mm的排水管道上设置的清扫口,其尺寸应与管道同径;外径等于或大于110 mm的排水管上设置的清扫口,其尺寸应采用110 mm。立管的底层应设检查口,检查口中心一般距地面1 m;在最冷月平均气温低于-10 ℃的地区,还应在最高层设检查口;立管在楼层转弯处也应设置检查口或清扫口。在水流转角小于135°的横支管上,应设清扫口。公共建筑内在连接4个及4个以上的大便器的污水横支管上,宜设置清扫口。直线管段上每隔适当距离,也应设置检查口或清扫口。其间距见表12.4。

表12.4　横管的直线管段上检查口或清扫口之间的最大距离

外径/mm	50	75	110	160
距离/m	10	12	15	20

由于排水管件均为定型产品,规格尺寸都已确定,所以管道布置时,宜按建筑尺寸组合管件,以免施工时安装困难。

12.1.2　给排水管道安装

当前室内给排水管道主要考虑采用塑料管、硬聚氯乙烯管。因此,安装人员施工前必须熟悉塑料管管材的一般性能,掌握基本的操作要点,严禁盲目施工,防止油漆、沥青等与管材、管件接触。

管道安装前,施工人员必须熟悉设计图纸,了解设计意图,并按要求做好管件和附件等的备料、质量检查以及管件的加工制作等工作。管道的安装一般在主体工程完成后进行,但在土建施工时,安装人员就应积极配合,按图纸要求预留管道穿越建筑基础、楼板和墙的孔洞、暗装管道的墙槽和预埋固定管道的支架、吊环等,以保证土建工程和管道施工的质量。管道预留孔洞尺寸和连接方式以及支架间距,若图纸未注明,可按表12.5、表12.6、表12.7、表12.8、表12.9采用。管道安装时其接口均不得置于楼板或墙内,否则漏水时难于维修。

表12.5　预留孔洞尺寸

项次	管道名称		明管　留孔尺寸	暗管　墙槽尺寸
			长×宽/mm	宽×深/mm
1	采暖或给水立管	(管径小于或等于25 mm) (管径32~50 mm) (管径75~110 mm)	100×100 150×150 200×200	130×130 150×130 200×200
2	一根排水立管	(管径小于或等于50 mm) (管径70~100 mm)	150×150 200×200	—
3	两根采暖或给水立管	(管径小于或等于32 mm)	150×100	200×130
4	一根给水立管和一根排水立管在一起	(管径小于或等于50 mm) (管径75~110 mm)	200×150 320×200	—

续表

项次	管道名称		明管 留孔尺寸 长×宽/mm	暗管 墙槽尺寸 宽×深/mm
5	两根给水立管和一根排水立管在一起	(管径小于或等于 50 mm) (管径 75 ~ 110 mm)	250×150 400×200	—
6	给水立管或散热器支管	(管径小于或等于 25 mm) (管径 32 ~ 40 mm)	100×100 150×130	60×60 150×100
7	排水支管	(管径小于或等于 90 mm) (管径 110 mm)	190×190 200×200	—
8	排水主干管	(管径小于或等于 90 mm) (管径 110 mm)	190×190 200×200	—
9	给水引入管	(管径小于或等于 110 mm)	300×200	—
10	排水排出管穿基础	(管径小于或等于 90 mm) (管径 110 ~ 160 mm)	300×300 300×(管径+200) 300×(管径+200)	—

表 12.6 室内给水管道管材及连接方式

管 材	连接对象	连接方式
塑料管	外径为 20 ~ 160 mm 的管道	热熔、电熔承插口、涂抹胶黏剂粘接
	小于 63 mm 的管径与金属管配件	螺纹连接
	外径为 63 ~ 315 mm 的管道	橡胶圈连接
铸铁管等其他管材		法兰连接

表 12.7 聚乙烯给水管道支架的最大间距

公称外径 *DN*/mm		20	25	32	40	50	63	75	90	110	125	160
冷水管	横管	600	700	800	900	1 000	1 100	1 200	1 350	1 550	1 700	1 900
	立管	850	980	1 100	1 300	1 600	1 800	2 000	2 200	2 400	2 600	2 800
热水管	横管	300	350	400	500	600	700	800	950	1 100	1 250	1 500
	立管	780	900	1 050	1 180	1 300	1 490	1 600	1 750	1 950	2 050	2 200

表 12.8 室内排水管材及连接方式

系统类别	管 材	连接方式
生活排水	排水用硬聚氯乙烯管	承插连接
雨水	塑料管	承插口、涂抹胶黏剂粘接
	稀土排水铸铁管	承插连接、石棉水泥接口、胶圈接口
工业废水	由工艺要求确定	

表 12.9　排水用 UPVC 管道支架的最大间距

公称直径 DN/mm		40	50	75	110	160
支架最大间距 /m	横管	0.4	0.5	0.75	1.1	1.6
	立管	—	1.5	2.0	2.0	2.0

(1)室内给水管道的安装

室内给水管道的安装一般按引入管、水平干管、立管、横支管、支管的顺序进行。管道安装前,宜按要求先设置管卡。位置应准确,埋设应平整、牢固;管卡与管道接触应紧密,但不得损伤管道表面。若采用金属管卡时,管卡与管道间应采用塑料带或橡胶物隔垫。

引入管尽可能垂直外墙,使穿基础或外墙的厚度最小。为便于维修时泄空室内管网存水,引入管应有 3‰的坡度,坡向室外。穿过预留洞时管顶上部净空不得小于建筑物的沉降量,一般大于等于 0.1 m,管道固定后,洞口空隙应用黏土或沥青油麻填实,外抹防水水泥砂浆,以免雨水渗入。地下水位高的地区,引入管穿基础或外墙时,应采取防水措施,如加防水套管如图 12.6 所示。地沟内敷设的给水管道,应布置在热水管道的下边;当与排水管道平行铺设时,两管间的最小水平净距不得小于 1 m。给水管与煤气引入管的水平距离不应小于 1 m。

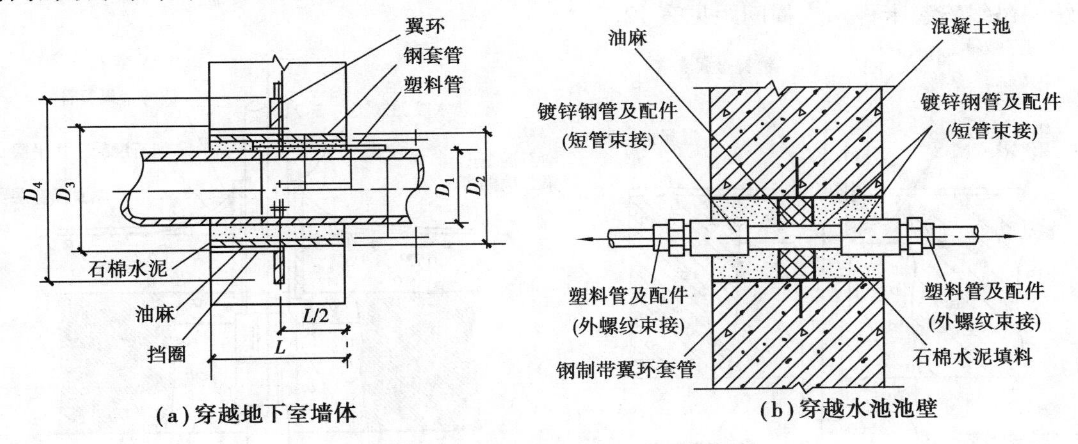

图 12.6　管道穿墙防水处理图

水平干管安装前一般根据其位置、标高、坡度和管径等,按事先固定的支架,在地面将管段、管件组装后,把各分支接口堵严,以防泥砂进入,然后再吊至支架,用 U 形卡固定并拨正调直,如图 12.7、图 12.8 所示。管道支撑间距见表 12.7。室内给水与排水管道平行铺设时,给水管道应铺设在排水管上面。必须铺设在排水管下边时,应加其直径不小于排水管径 3 倍的套管。塑料管与其他金属管道并行时,应留有一定保护距离。若设计无规定时,净距不宜小于 100 mm。并行时塑料管宜在金属管道的内侧。

木螺丝
塑料管
管道支架

图 12.7　UPVC 支架

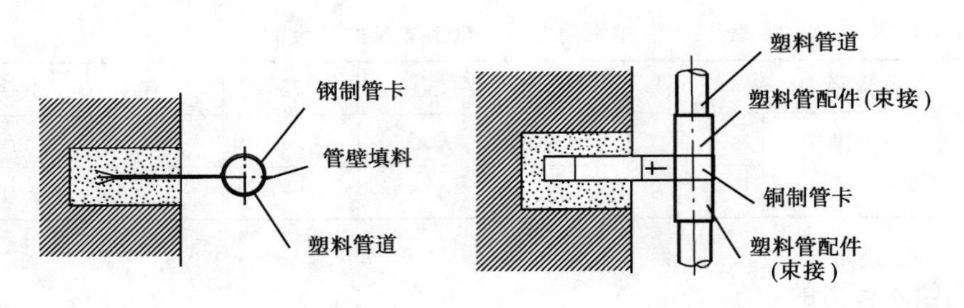

图 12.8　管道固定支架

立管安装前应根据其设计位置,自顶层向下吊线坠,用“粉囊”在墙面上弹画出垂直线作为立管现场安装的基准线,并按要求预埋好管长。立管可按图分段集中预制,检查调直后再进行安装。安装墙内的立管,在预留的管槽基础上,立管安装后吊直找正,用卡件固定。立管距地 1.20 ~ 1.40 m 应设支架。立管在穿过楼板处应加套管,套管可采用塑料管也可采用金属管,且穿越部位宜设置固定支承。穿屋面时必须采用金属套管。套管高出地面、屋面不小于 100 mm。底部与楼板平,套管与管道间应用石棉绳或沥青油麻封填,在下层楼板封堵完后,再进行上一层立管安装,如图 12.9(a)、(b)所示。如遇墙体变薄或上、下层墙体错位,造成立管距墙太远时,可采用弯头调整立管位置。对于竖井内的立管安装,应在管井口设置型钢,以上下统一吊线安装卡件。支撑间距见表 12.7。

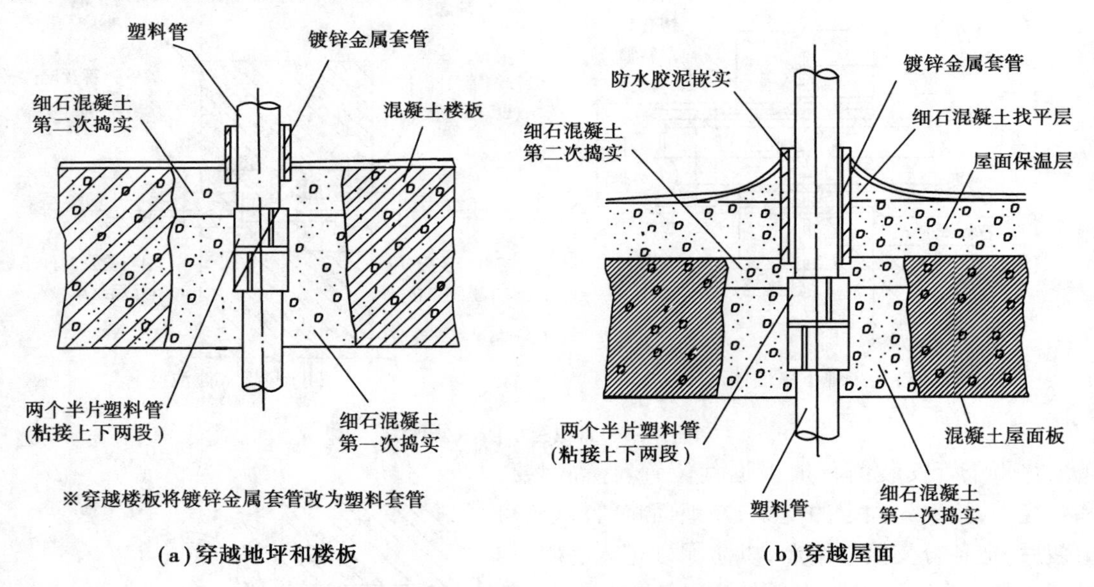

图 12.9　管道穿越地坪、楼板和屋面安装图

管道应采用表面经过耐腐蚀处理的金属支承件,支承件应设在管件或管道附件 50 ~ 100 mm处,分流处应在干管一侧设置。固定支承件应采用专用管件或利用管件固定,管卡与管道表面应为面接触且采用橡胶垫隔离。收紧管卡时不得损坏管材壁。滑动支承件的管卡允许管道纵向滑动,但不得产生横向位移。

横支管也是先在墙面上弹画出基准线,预埋管长,然后预制管段,如连接多个卫生器具的给水横支管,可根据标准图确定管段长度后,用比量法进行下料预制,连成整体支管后再调直安装。给水支管的安装一般先做到卫生器具的进水阀处,待卫生器具安装好后,再进行管道连接。支管暗装时，在确定其位置后，剔出管槽，将预制好的支管放入槽内，找平找正后用勾钉固定，如图 12.10(a)、(b)所示。冷、热水管上下平行安装时，热水管道应在冷水管上边。支管如装有水表先装上连接管，试压后在交工前拆下连接管，安装水表。为便于维修时放水，给水横支管应有≥2‰的坡度，坡向立管。

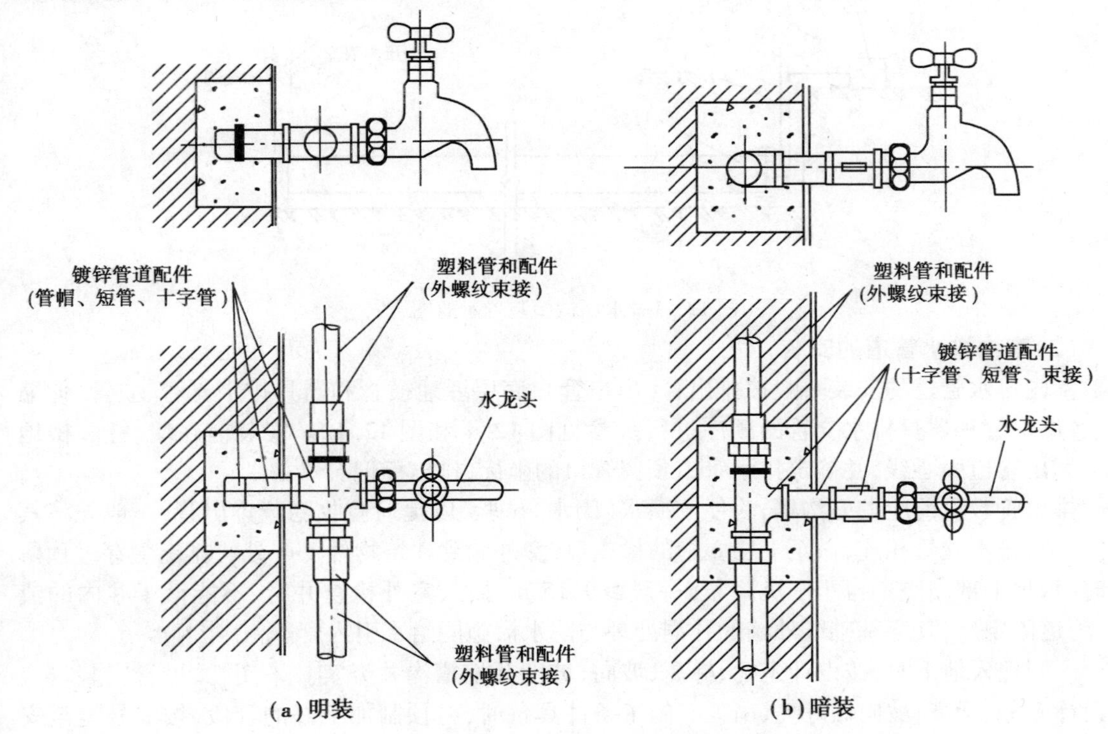

图 12.10　管道沿程用水器安装

连接卫生器具及各类用水设备的短支管，安装时要严格控制短管的坐标与标高，使其满足安装卫生器具给水配件的需要。固定好短管卡，封堵临时敞口处。在卫生器具上安装冷、热水龙头支管时，热水龙头应安装在面向的左侧。

给水管道安装时勿将阀门、活接头等埋在墙内，否则无法操作。阀门选择：如设计无要求，管径≤50 mm 时，宜采用截止阀；大于 50 mm 时，宜采用闸阀。管道中的水表、球形阀和止回阀的进出水方向应与水流方向一致，以使以上附件正常工作。并在附件两端设固定支承件。

塑料管由于温度变化引起的胀缩会使管道弯曲变形，故采取设置伸缩节补偿伸缩的措施。伸缩长度在 25 mm 之内时，管段直线长度为 20 m。注意对管段的隔热保温。室外应埋设在不小于冰冻线以下 0.15 m 深处，当穿过小区道路时，埋深不小于 0.70 m，绿化地带覆土深度不小于 0.25 m；明敷热水管的保温层最小厚度不应小于 20 mm。

给水管道安装完毕后，应进行压力试验(简称试压)，以检查管道、附件和接口的强度及严密性。小型给水系统可整体试压，大型管道系统可分段或分区进行。暗装或埋地管应在隐蔽和覆土前试压。试压装置如图 12.11 所示。试压前应将管道系统中的设备、仪表与试压管道隔离。打开试压管道中的阀门，堵住试压管道上的接口，在管道末端设加压泵，充水时打开管道最高处的龙头或排气阀，至管道充满水后关闭龙头或排气阀，然后采用手动泵缓慢升压至试验压力值。升压时间不得小于 10 min，管道的试验压力 P 为其工作压力的 1.5 倍，并不得小于

0.6 MPa。加压至试验压力后,稳压 1 h,压力降不得超过 0.05 MPa。在工作压力的 1.15 倍状态下稳压 2 h,压力降不得超过 0.03 Mpa,观察接头部位是否有漏水现象。若均满足要求,则水压试验合格。

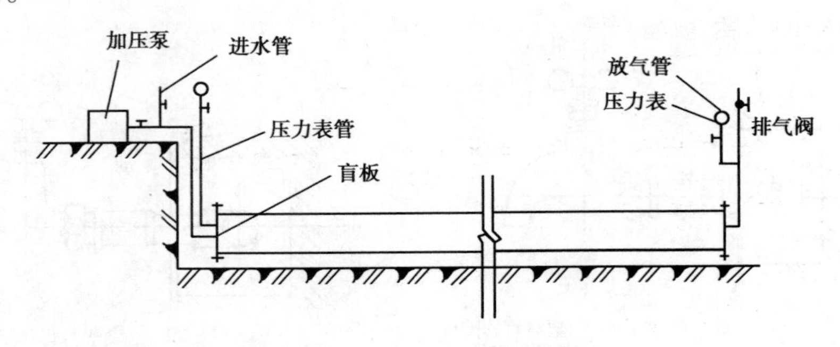

图 12.11　水压试验装置示意图

(2)室内排水管道的安装

室内排水管道的安装一般按排出管(出户管)、底层埋地横管和器具排水支管、立管、伸缩节、各层横管和器具排水支管的顺序进行。参见图 12.4 和图 12.12。安装前在墙、柱和楼地面上划出管道中心线,并确定排水管道预留管口的坐标,作出标记。

排出管敷设前应挖好沟槽,为便于灌水(闭水)试验,以提前验收隐蔽排出管,一般先将其在室内与排水立管相连,做至 1 层立管的检查口,室外做到建筑物外 1 m 处。排出管穿过预留洞时,管顶上部净空不得小于沉降量,一般≥0.15 m,接入室外检查井时,不能低于井内的流槽,管道固定后,其穿基础或外墙的孔洞处理与防水措施同给水引入管。

干管埋入地下时,按设计坐标、标高、坡向、坡度开挖槽沟并夯实。采用托、吊管安装时应按设计坐标、标高,坡向做好托、吊架。施工条件具备时,将预制加工好的管段,按编号运至安装部位进行安装。各管段粘连时也必须按粘接工艺依次进行。全部粘连后,管道要直,坡度均匀,各预留口位置准确。

为了消除管道因温度所产生的伸缩对排水系统的影响,应根据要求在排水管上每隔适当距离设置伸缩节。伸缩节承口应逆水流方向,伸缩节上沿距地坪或蹲便台的距离为 70 ~ 100 mm。但螺纹连接及胶圈连接的管道系统,可不设伸缩节。

干管安装完后应做闭水试验,用充气橡胶堵住出口,达到不渗漏、水位不下降为合格。

立管穿越楼层处固定支承时,伸缩节不得固定。立管的安装,一般先将管段吊正,再安装伸缩节。将管端插口平直插入伸缩节承口胶圈中,用力应均衡,不可摇挤,避免橡胶圈顶歪。伸缩节必须按设计要求的位置和数量进行安装,安装完毕后,随即将立管固定。管道的最大支承间距,应按表 12.9 确定;立管底部宜采取牢固的支承或固定措施。

安装立管在检查口处应装检查门。立管安装完毕后,应由土建支模浇筑不低与楼板标号的细石混凝土堵洞。室内管道安装完成后,随即进行伸顶通气管安装。通气管穿过屋面的措施应按设计规定执行。设计无要求时应采取有效的防水措施,如图 12.9(b)所示。伸顶通气管施工完毕后,应立即安装通气帽。

横管的安装,一般应先将预制好的管段用铁丝临时吊挂,直看无误后再进行粘接。粘接后,应迅速摆正位置,按规定校正坡度。用木楔卡牢接口,紧住铁丝,临时加以固定,待粘接固化后,再紧固支承件,但不宜卡箍过紧。支承间距见表 12.9。拆除临时铁丝,将接口临时封

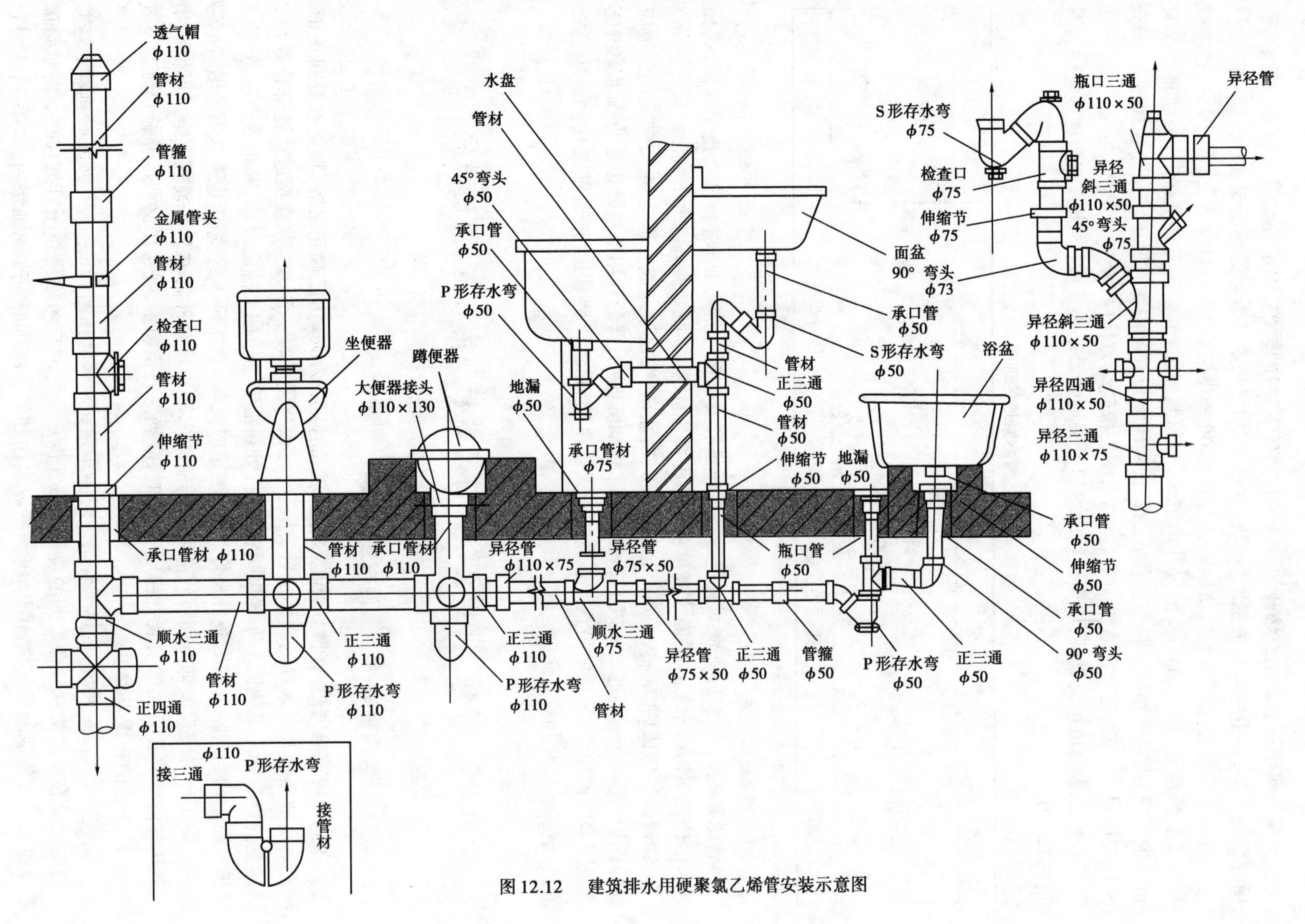

图 12.12　建筑排水用硬聚氯乙烯管安装示意图

严。支模浇筑细石混凝土封堵孔洞。临时封闭各卫生器具设备预留排水管管口和立管管口。横管安装完毕,各卫生器具的受水管口和立管口,均应采取妥善可靠的固定措施。

器具支管安装应核查建筑物地面、墙面的厚度和做法,找预留口坐标、标高。然后按准确尺寸修整预留洞口。分部位实测尺寸做记录,并预制加工、编号。安装粘接时,必须将预留管口清理干净,再进行粘接。粘牢后找正、找直,封闭管口和堵洞。打开下一层立管扫除口,用充气橡胶堵封闭上部,进行闭水试验。合格后,撤去橡胶堵,封好扫除口。

为使排水管道水流畅通,管道连接时应尽量采用阻力小的管件,各类管道的连接管件可参照表 12.10。

表 12.10 排水管道的连接

管道名称	器具排水管	横　管	立　管	排出管
立　管		45°三通 45°四通 90°斜三通 90°斜四通	不能直接连时,宜采用乙字管或 2 个 45°弯头	2 个 45°弯头、弯曲半径不少于 4 倍管径的 90°弯头
横管	90°斜三通	同左	同左	

注:横管包括横干管和横支管。

管道系统安装完毕后,应对管道的外观质量和安装尺寸进行复核检查,复查无误后,再做通水试验。室内雨水管道的灌水高度应至每根雨水立管顶部的雨水斗。

管道安装完成后,应将所有管口封闭严密,防止杂物进入,造成管道堵塞;安装完的管道应加强保护,尤其立管距地 2 m 以下部位应用木板捆绑保护;严禁利用塑料管道作为脚手架的支点或安全带的拉点、吊顶的吊点。不允许明火烘烤塑料管,以防管道变形;油漆粉刷前应将管道用纸包裹,以免污染管道。

12.2 采暖、供热、供气、通风等管网的布置、敷设与安装

12.2.1 室内采暖、供热管网布置与敷设

在锅炉房或热网热力进口的位置及采暖系统类型和形式均已确定之后,即可在建筑平面图上确定散热器和引入口的具体位置,然后便可以布置采暖干管、立管、连接散热器支管等,并绘出室内供暖管网系统图。布置供暖管网时,管路沿墙、梁、柱平行敷设,力求布置合理,安装、维护方便,有利于排气,水力条件良好,不影响室内美观。室内采暖管路敷设方式有明装、暗装两种。除了在对美观装饰方面有较高要求的房间内采用暗装外,一般均采用明装。明装有利于散热器的传热和管路的安装、检修。暗装时,应确保施工质量,并考虑必要的检修措施。

(1)干管的布置与敷设

对于上供式供暖系统,供热干管暗装时应布置在建筑物顶部的设备层中或吊顶内;明装时可沿墙敷设在窗过梁和顶棚之间的位置。布置供热干管时应考虑供热干管的坡度、集气罐的设置要求。有闷顶的建筑物,供热干管、膨胀水箱和集气罐都应设在闷顶层内,如图 12.13 所

示。回水或凝水干管一般敷设在地下室顶板之下或底层地面以下的暖沟内。

对于下供式供暖系统，供热干管和回水或凝水干管均应敷设在建筑物地下室顶板之下或底层地板之下的管沟内，如图12.14所示；也可沿墙明装在底层地面上，但当干管必须穿越门洞时，应局部暗装在沟槽内，如图12.15所示；无论是明装还是暗装，回水干管均应保证设计坡度的要求。暖沟断面的尺寸应由沟内敷设的管道数量、管径、坡度及安装、检修的要求确定，其净尺寸不应小于800 mm×1 000 mm×1 200 mm。沟底应有3‰的坡向供暖系统引入口的坡度用以排水。暖沟上应设有活动盖板或检修入孔。

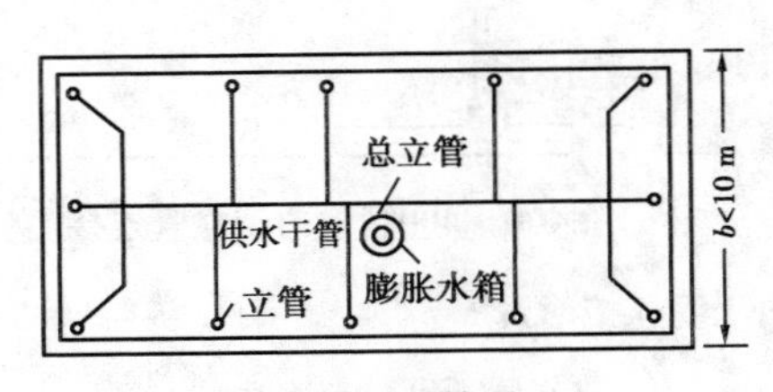

(a)自然循环情况

(b)机械循环情况

图12.13　在闷顶内敷设干管等设备

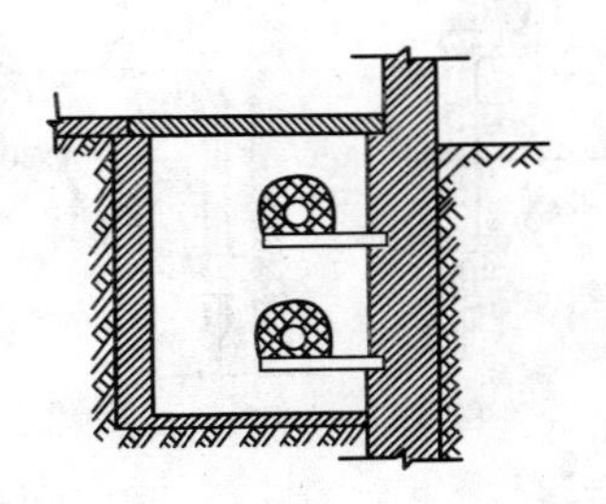

图12.14　供暖管道在管沟中敷设

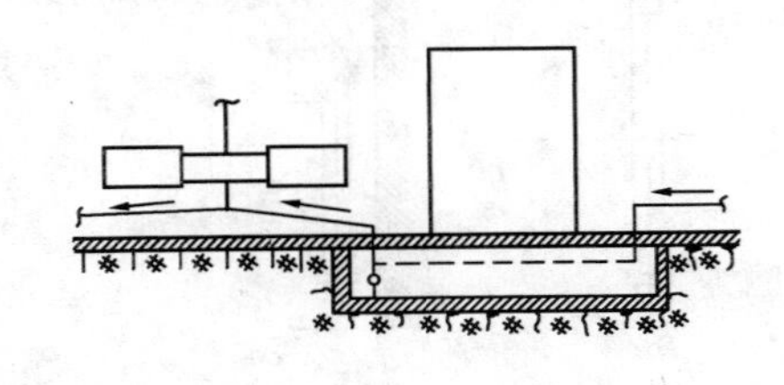

图12.15　热水供暖干管过门敷设

在蒸汽供暖系统中，当供气干管较长，使暖沟的高度不能够满足干管所需要的坡度时，处理方法是：每隔30～40 m设抬高管及泄水装置，如图12.16所示，供气、回水干管连接管上的疏水器将供气干管的沿途凝水排至回水干管。供暖立管墙槽如图12.17所示。

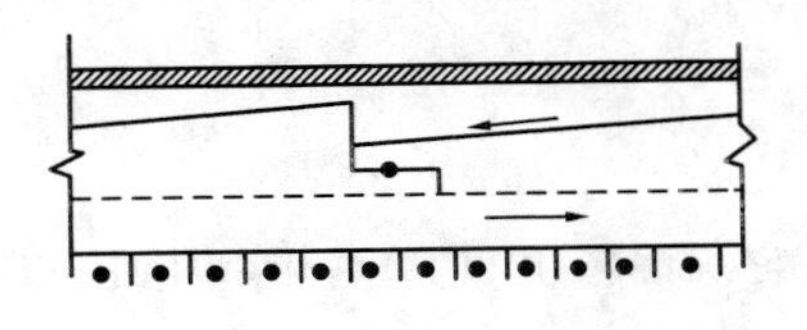

图12.16　蒸汽干管抬高的处理方法

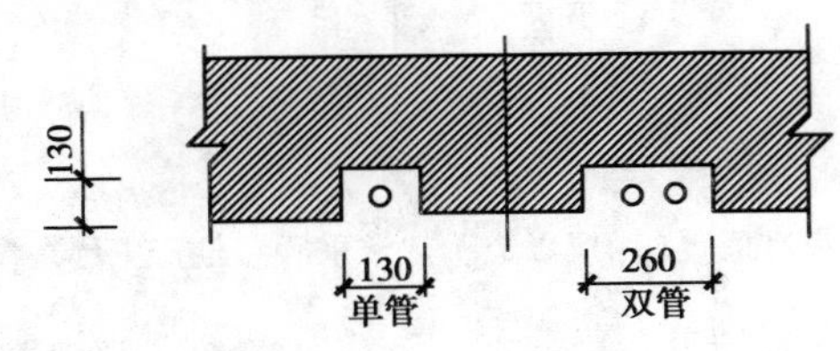

图12.17　供暖立管墙槽

(2)**立管的布置与敷设**

立管应垂直地面安装，穿越楼板时应设套管加以保护，以保证管道自由伸缩且不损坏建筑结构，但套管内应用柔性材料堵塞。立管和干管连接形式以及阀门的安装，如图12.18、图12.19、图12.20所示。

(3)**支管的布置与敷设**

支管的布置与散热器的位置、进水和出水口的位置有关。支管与散热器的连接方式有3种：上进下出式、下进上出式和下进下出式，如图12.21所示。散热器支管进水、出水口可以布

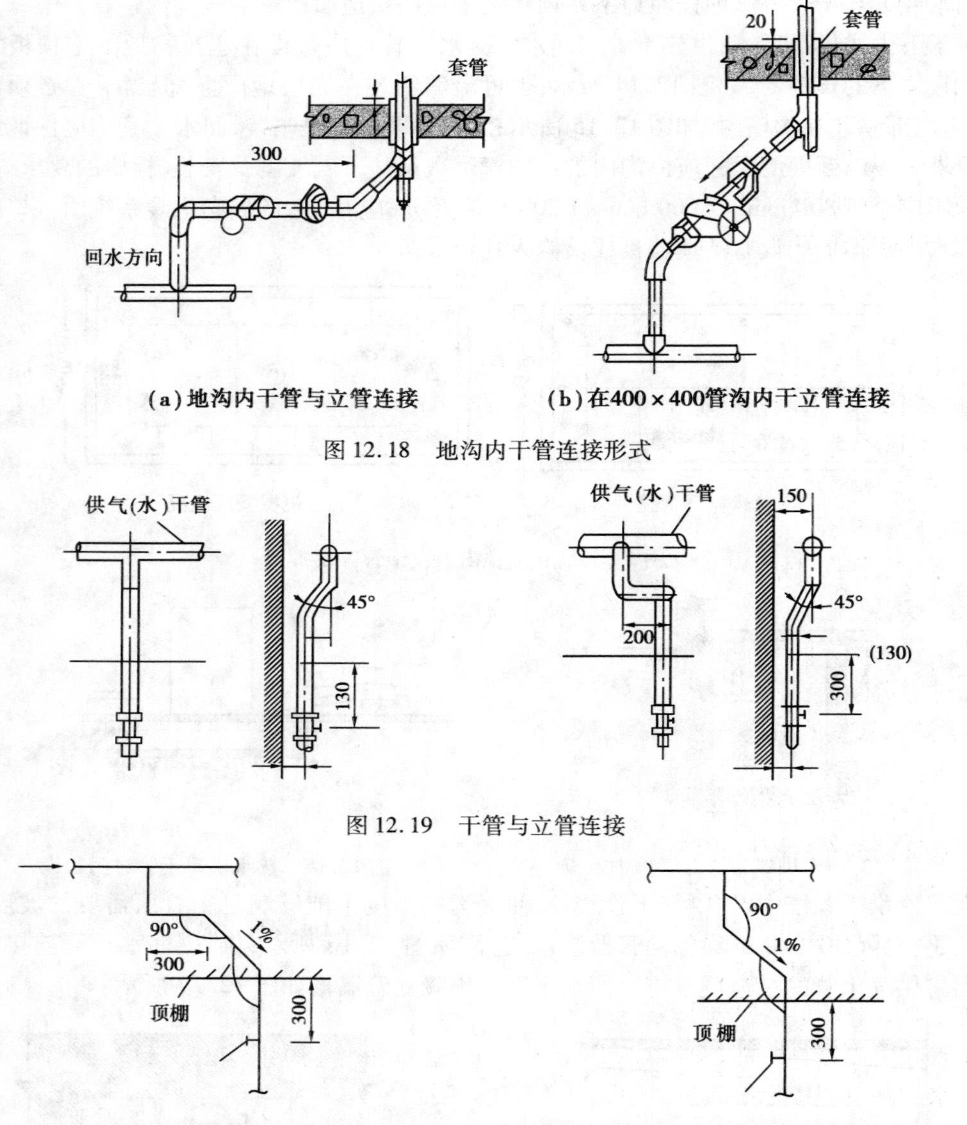

(a)地沟内干管与立管连接　　(b)在400×400管沟内干立管连接

图 12.18　地沟内干管连接形式

图 12.19　干管与立管连接

(a)蒸汽采暖(四层以上)热水采暖(五层以上)　　(b)蒸汽采暖(三层以下)热水采暖(四层以下)

图 12.20　顶棚内立管与干管连接图

置在同侧,也可以在异侧。设计时应尽量采用上进下出、同侧连接方式,这种连接方式具有传热系数大、管路最短、美观的优点。安装散热器支管时,应有坡度以利排气,坡度一般采用1%。支管与干管的连接如图 12.22 所示。

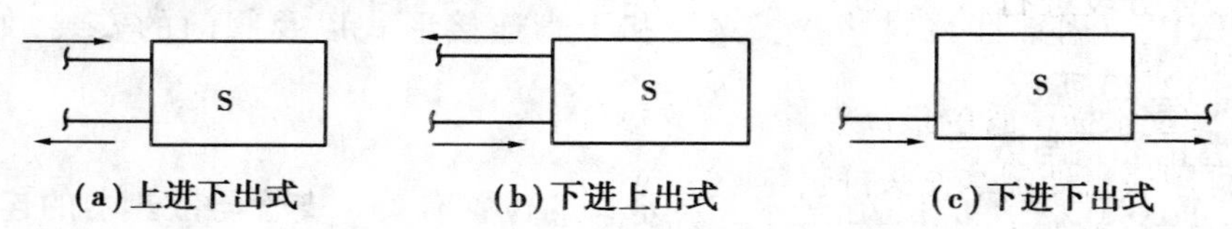

(a)上进下出式　　(b)下进上出式　　(c)下进下出式

图 12.21　支管与散热器的连接

支管在过楼板处均应加套管，以保证管道在自由伸缩和检修时便于抽出。

在供暖系统中应设置必要的阀门。通常在供暖系统引入口的供、回热管上，各分支干管的始端，供、回热立管的两端，双管式供暖系统各散热器支管等处设置阀门，至于单管式系统支管上是否设置阀门由具体情况而定。供暖管道与其他管道交叉时。供暖管道应敷设在煤气、氧气等管道之下，与其他管道的避让应符合设计要求。

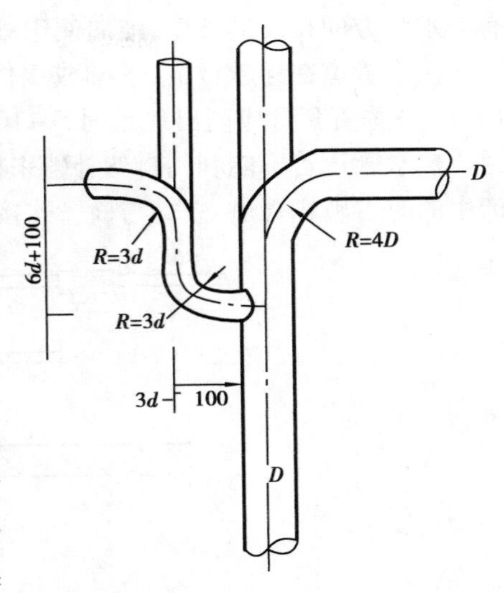

图12.22　主干管与分支干管连接

采暖管道支架安装：根据管道坡度放线，按照支架间距，在墙上或柱上画出支架的位置。固定支架应严格按设计要求安装，并设在伸缩器预拉伸前。在无补偿装置、有位移的直线管上不得安装固定支架。吊架应设在热位移相反方向，按位移值的一半倾斜安装。两根位移方向相反，或位移值不等的管道，除设计有明确规定外不得使用同一根吊杆。导向或滑动支架的滑动面应洁净平整，安装位置应从承面中心向热位移值反方向偏移位移的一半。弹簧支、吊架的弹簧安装高度，应按设计要求调整。弹簧的临时固定件，应待试压绝热保温完毕后拆除。

(4)热水管道的布置与敷设

热水供应系统的布置与敷设应在供应方式选定之后进行，内容包括输配水管网的布置，各种设备、装置的定位、管网及设备的防腐和保温处理等。

热水管网的布置原则和敷设要求与室内冷水系统中基本相同，但仍有其特殊性。

室内热水横干管根据所选定的方式，可以敷设在地沟内或在有供暖地沟时尽量与供暖管道同沟(暖沟)敷设，也可以敷设在地下室顶板之下或建筑物最高层顶板之下、专用设备技术层内等。热水管可以沿墙、柱、梁明装，但明装管道不得损坏建筑功能和美观要求，且应尽量避免穿越走廊、门厅和居住房间等；热水管也可以布置在管道竖井或预留沟槽内，暗装管槽应尽可能布置在卫生器具下部，使暴露墙面管槽最少，但要考虑检修、更换管件时操作方便。

热水循环有三级标准。定时供应热水系统，当设置循环管道时，应保证平管中的热水循环；全日供应热水的建筑物或定时供应热水的高层建筑，当设置循环管道，应保证干管和立管中的热水循环；有特殊要求的建筑物，应保证干管、立管和支管中的热水循环。

热水管网中立管的始端、回水立管末端应设阀门；另外，当横支管上接纳的配水龙头数目多于5个时也应在始端设置阀门，以免局部管段检修时中断其他管路的供水；为防止热水在输送过程中发生倒流或窜流，应在水加热器、储水罐的进、出口处设置闸阀、截止阀或是止回阀。安装阀门后，应分段进行水压试验，试验压力为工作压力的1.25倍，如10 min内压降小于0.05 MPa为合格。

在上行式配水横干管的最高点处应设置排气装置；对下行下回全循环管网则不必设置专门排气阀，可用最高处配水龙头替代排气阀的作用。为使配水立管顶部中分离出的空气被循环管网携带返回，应当使回水立管接于配水立管最高配水点以下0.5 m处。

为了检修时泄空管网，所有热水管网最低点处都应设置泄水管和泄水阀门。所有横管应有与水流方向相反的坡度,坡向便于排气方向,坡度不应小于3‰。

热水管道在穿越楼板、基础或墙体时应设套管加以保护,套管直径通常大于热水管直径1~2号;垂直套管应高出地板面5~10 cm;套管与管道之间用水泥砂浆或柔性材料填充或密封。热水管道若不能利用自然补偿来补偿热伸长变形时,应设置伸缩器。为了避免热伸长所产生的应力破坏管道,立管与横管连接应作成乙字弯或按如图12.23所示敷设。

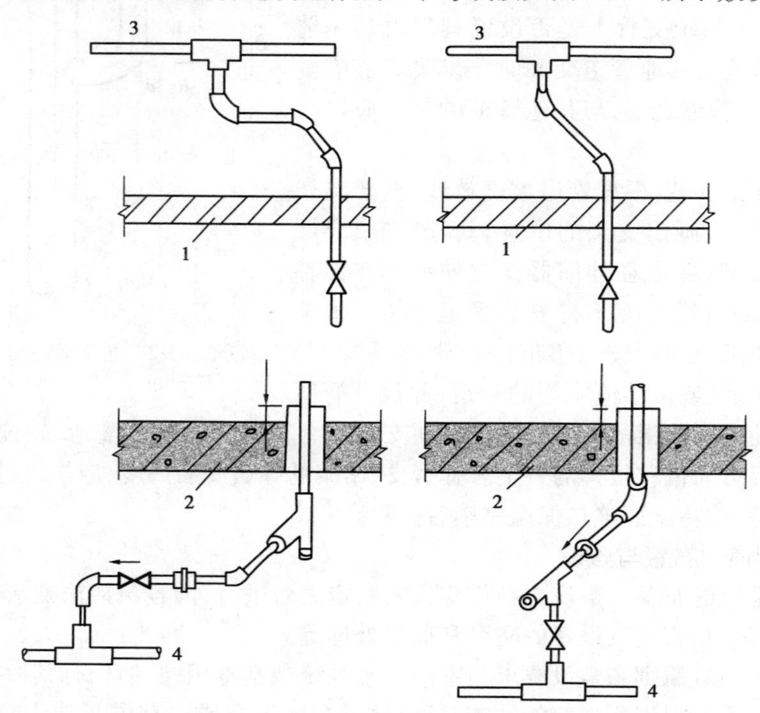

图12.23 热水立管与水平平管的连接

1—吊顶;2—地板或沟盖板;3—配水横管;4—回水管

热水供应的水管应采用耐高温的管材及配件,标准较高的建筑应采用钢管。为了减少散热损失,热水供应系统的配水平管、水加热器、储水罐等均应有保温技术措施。为防止设备和管道腐蚀,应在金属设备和管道外壁涂刷防腐材料,在金属设备内壁、管内壁加耐腐蚀衬里或涂防腐涂料等。

12.2.2 燃气管道的布置与敷设

(1)庭院燃气管道的布置与敷设

庭院燃气供应系统是指进气管、庭院燃气管网两部分。进气管从城市低压燃气管网接管,引到庭院燃气管总阀门井,如图12.24所示,总阀井之后至室内燃气引入管之间的管段为庭院燃气管网。进气管段的位置应根据庭院或小区附近低压燃气管网位置、庭院建筑布置,经市政管理部门批准后确定。庭院燃气管网一般与建筑物平行布置,与建筑物、构筑物或其他管道相邻的水平和垂直距离应符合有关规定。庭院燃气管网直埋地敷设,不得埋于沥青地面下或其他不透气路面下,以避免燃气管漏气而渗入室内。庭院燃气管道不宜与其他管道或电缆同沟敷设,特殊情况需要同沟敷设时,应采取加设套管等防护措施。为避免燃气管道中凝结水结冻而堵塞管道，庭院地下燃气管管顶应低于当地冻土深度线，其管顶覆土厚度应满足地面荷载的要求；当埋设在车行道以下时，应大于 0.8 m；在非车行大道以下时，应大于 0.6 m。此外，燃气管道还应具有不小于 3‰的敷设坡度，坡向管网上的凝水排水器。在进气管的起点、管径大于 100 mm 的分支管道起点、重要建筑物的分支管道起点等均应设置阀门井，其规格应便于阀门的检修和安装。

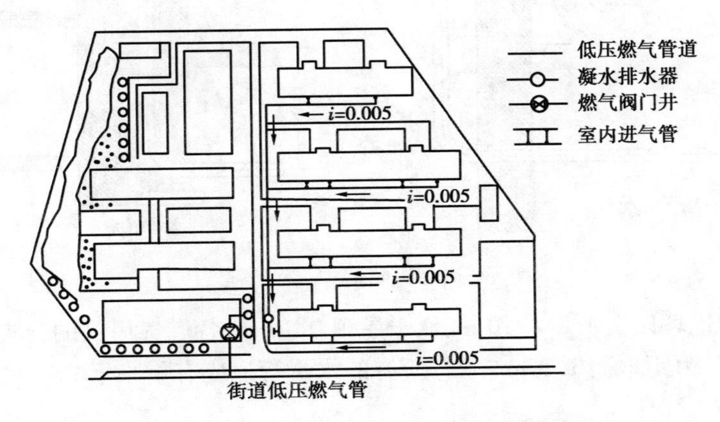

图 12.24　低压庭院燃气管网平面布置

庭院埋地燃气管道应采用钢管，一律焊接；只有非埋地的控制附件处采用丝扣或法兰连接。埋地钢管一般采用沥青玻璃布加强防腐层；当土壤具有腐蚀性质或有特殊要求时，可根据具体情况选用相应的防腐技术措施。

(2)室内燃气管道的布置和安装

室内燃气供应系统是由用户引入管、室内燃气管网(包括水平干管、立管、水平支管、下垂管、接灶管等)、燃气计量表、燃气用具等组成，图 12.25 为室内燃气管道系统示意图。

从室外庭院或街道低压燃气管网接至建筑物内燃气阀门之间的管段称为用户引入管。引入管一般从建筑物底层楼梯间或厨房靠近燃气用具处进入，引入管可穿越建筑物基础，也可以从地面以上穿墙引入室内，但裸露在地面以上的管段必须有保温防冻措施，如图 12.26 中所示。引入管应具有不小于 3‰坡度；在引入管室外部分距建筑物外围结构 2 m 以内的管段内不应有焊接头，采用煨弯，以保证安全；引入管上的总阀门可设在总立管上或是水平干管上；引入管管径应须计算确定，但不能小于 *DN* 25。

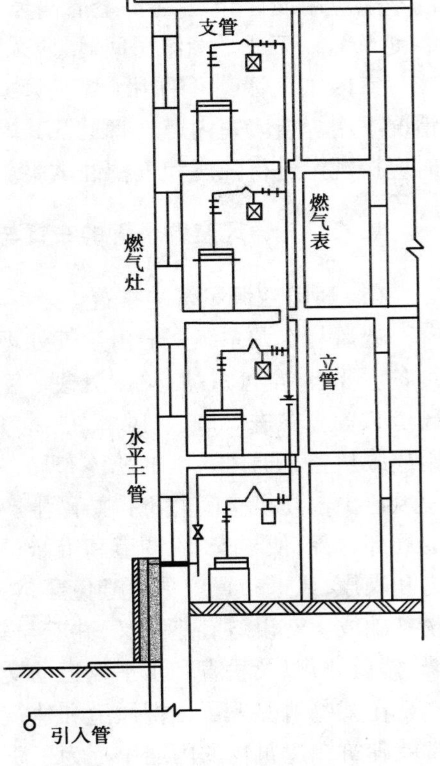

图 12.25　室内燃气管道系统

一根引入管可以接一根立管，也可以用水平干管连接若干根立管。横干管多敷设在楼梯间、走廊或辅助房间内。燃气立管一般布置在用气房间、楼梯间或走廊内，可以明装或暗装；在超过 100 m 的高层建筑中的燃气立管上应设置伸缩器。立管上引出的水平

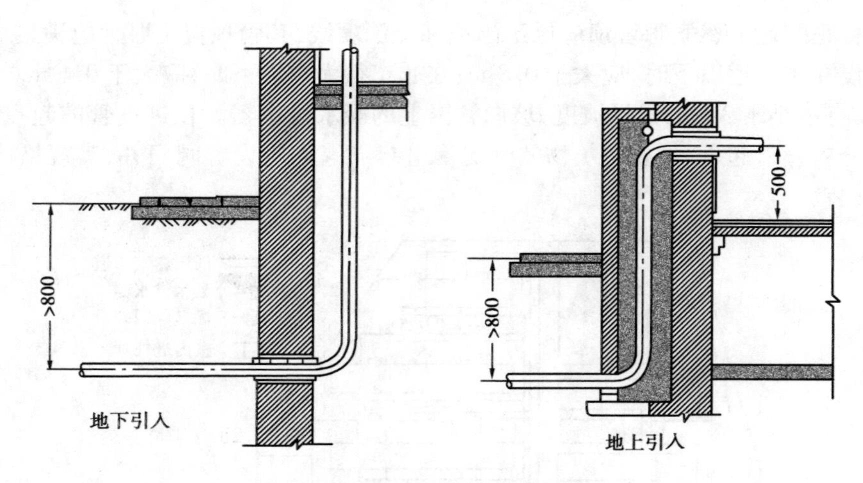

图 12.26　引入管敷设法

支管一般距室内地坪以上 1.8 ~ 2.0 m,低于屋顶 0.15 m;各燃气用具的分支立管上应设置启闭阀门,安装高度为距地面 1.5 m 左右;所有的水平管道应有不小于 2‰ ~ 5‰的坡度坡向立管、下垂管或引入管。

所有室内燃气管道不得布置在居室、浴室、地下室、配电室、设备用房、烟道、风道和易燃、易爆的场所,否则必须设套管保护。燃气管在穿越建筑物基础、楼板、地板、隔墙时也应设套管。垂直套管一般应高出地坪 5 cm。所有套管内的燃气管不能有接头。套管与燃气管之间的空隙应用沥青麻刀堵严;套管与墙、楼板之间用水泥砂浆堵实;当室内燃气管道敷设在环境温度 5 ℃以下或是潮湿房间时,应采取防冻措施。

室内燃气管道可采用水煤气管或镀锌钢管,用丝扣连接,只有当管径大于 65 mm 或特殊情况下用焊接。室内燃气管道及其附件应在安装前先刷防锈漆,并在安装后刷银粉防腐;验收时应按规定进行强度和气密性试验。

12.2.3　通风空调风管的布置与安装

(1)通风空调风管的布置

通风与空调系统一般由空气处理设备、输送管道及空气分配装置 3 部分组成。空气处理设备主要有:空气过滤、热湿处理、冷热源制作设备。风道和通风机是空气输送的组成部分。风道布置应在进风口、送风口、排风口、空气处理设备、风机的位置确定之后进行。风道布置原则应服从整个通风系统的总体布局,并与土建、生产工艺和给排水等各专业互相协调、配合;应使风道少占建筑空间并不得妨碍生产操作;风道布置还应尽量缩短管线、减少分支、避免复杂的局部管件;便于安装、调节和维修;风道之间或风道与其他设备、管件之间合理连接以减少阻力和噪声;风道布置应尽量避免穿越沉降缝、伸缩缝和防火墙等;对于埋地风道应避免与建筑物基础或生产设备底座交叉,并应与其他管线综合考虑;风道在穿越火灾危险性较大房间的隔墙、楼板处,以及垂直和水平风道的交接处,均应符合防火设计规范的规定。

在某些情况下可以把风道和建筑物本身构造密切结合在一起。如民用建筑的竖直风道通常就砌筑在建筑物的内墙里。为了防止结露和影响自然通风的作用压力,竖直风道一般不允许设在外墙中,否则应设空气隔离层。相邻的两个排风道或进风道,其间距不应小于 1/2 砖;

相邻的进风道和排风道，其间距不应小于1砖。风道的断面尺寸应按砖的尺寸取整数倍，其最小尺寸为1/2×1/2砖，如图12.27所示。如果内墙墙壁小于1.5砖时，应设贴附风道，如图12.28所示，当贴附风道沿外墙内侧布设时，应在风道外壁和外墙内壁之间留有40 mm厚的空气保温层。

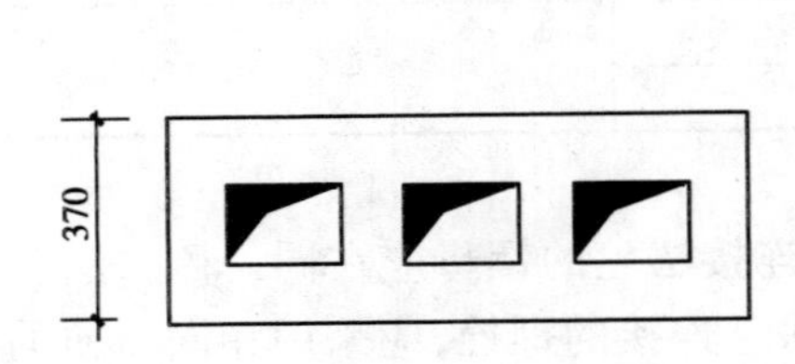

图12.27　内墙风道

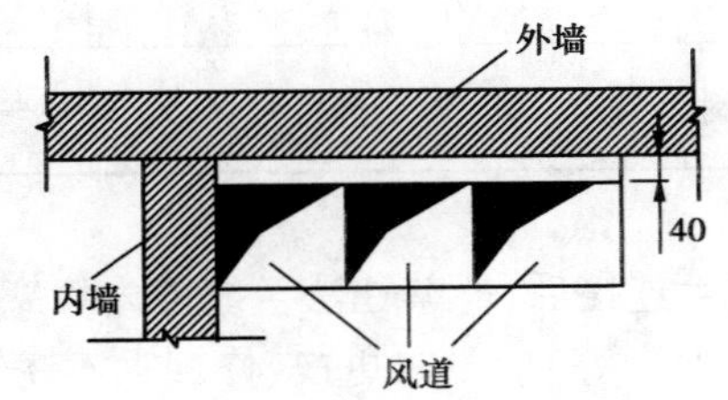

图12.28　贴附风道

工业通风管道常用明装。风管用支架支承沿墙壁敷设，或用吊架固定在楼板、桁架之下。在满足使用要求的前提下尽可能布置得完美。

(2)**风管安装**

安装工序如下：

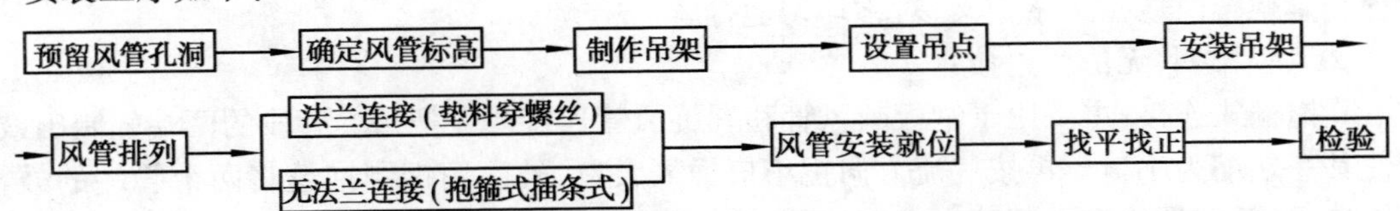

施工现场已具备安装条件时，应将预制加工好的风管运至现场，复核无误后即可连接和安装。

1)风管连接

风管连接分为风管排列法兰连接、风管排列无法兰连接两种连接方法。

①风管排列法兰连接：

a.风管的连接长度，应由风管的壁厚、法兰与风管的连接方法、安装的结构部位和吊装方法等因素决定。为了安装方便，尽量在地面上进行连接。一般可接至10~12 m长。在风管连接时，不允许将可拆卸的接口装设在墙内或楼板内。

b.为了保证法兰接口的严密性，法兰间应有垫料。法兰垫料按设计要求而选择。在无特殊要求情况下，法兰垫料按表12.11选择。装设垫料前应先清除掉法兰表面的异物和积水，装设的法兰垫料不得挤入或凸入风管内。

表12.11　法兰垫料选择

应用系统	输送介质	垫料材质及厚度/mm		
一般空调系统及送、排风系统	温度<70 ℃的洁净空气或含尘湿气体	8501密封胶带	软橡胶板	闭孔海绵橡胶板
		3	2.5~3	4~5
高温系统	温度高于70 ℃的空气或烟气	石棉绳	石棉橡胶板	
		φ8	3	
化工系统	含有腐蚀性介质的气体	耐酸橡胶板	软聚氯乙烯板	
		2.5~3	2.5~3	

续表

应用系统	输送介质	垫料材质及厚度/mm		
洁净系统	有净化等级要求的洁净空气	橡胶板	闭孔海绵橡胶板	
		5	5	
塑料风道	含腐蚀性气体	软聚氯乙烯板		
		3~6		

c. 法兰连接后，严禁往法兰缝隙内填塞垫料。连接法兰的螺母应在同一侧。法兰若有破损(开焊、变形等)应及时更换、修理。不锈钢风管法兰连接的螺栓，应采用相同材质的不锈钢制成，如选用普通碳素标准件，应按设计要求喷涂料。铝板风管法兰连接应采用镀锌螺栓，而且法兰两侧应垫镀锌垫圈。聚氯乙烯风管法兰连接，应采用镀锌螺栓或增强尼龙螺栓，螺栓与法兰接触处应加镀锌垫圈。

d. 法兰连接时，按设计要求垫上垫料后，把两个法兰对正，穿上螺栓并戴上螺母。暂时不紧固。然后用尖头圆钢塞进穿不上螺栓的螺孔中，把两个螺孔撬正，所有螺栓都穿上后才拧紧螺栓。紧螺栓时应按十字交叉，对称均匀地拧紧。

②风管排列、无法兰连接：

a. 抱箍式连接：主要用于钢板圆风管和螺旋风管连接。先把每一管段的两端轧制出鼓筋，并使其一端缩为小口。再按气流方向把小口插入大口，外面用钢制抱箍将两个管端的鼓箍抱紧连接，最后用螺栓穿在耳环中固定拧紧。示意图如图 12.29 所示。

b. 承插连接：主要用于短形或圆形风管连接。先制作好连接管，再将连接管插入两侧风管，用自攻螺丝或拉铆钉紧固。示意图如图 12.30 所示。

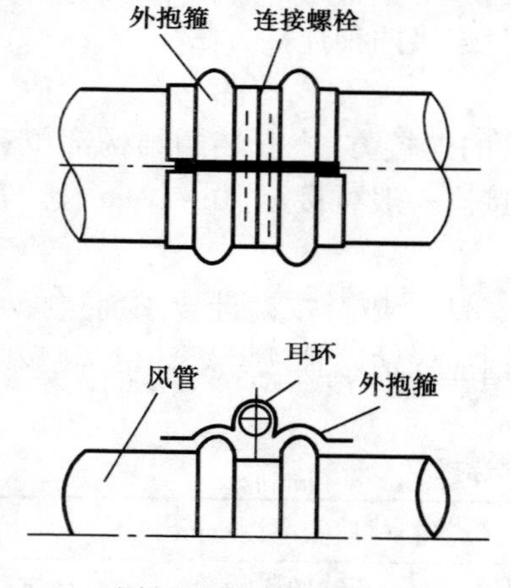

图 12.29　风管抱箍连接

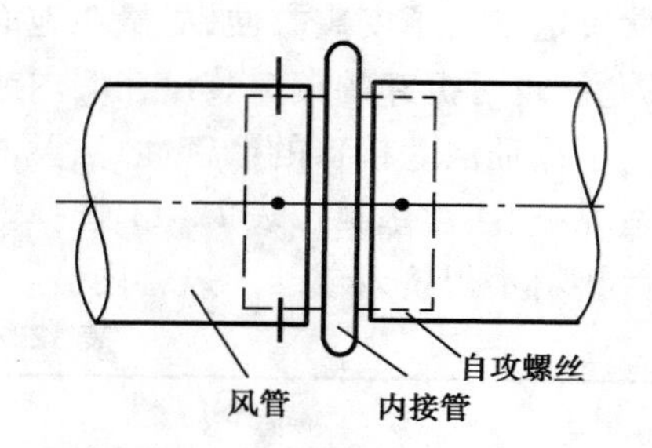

图 12.30　风管承插连接

c. 插条式连接：主要用于短形风管连接。先将不同形状的插条插入风管两端，然后压实。示意图如图 12.31 所示。

2)风管安装

根据施工现场情况，可以在地面连成一定的长度，采用吊装的方法就位，也可把风管一节一节地放在支架上逐节连接。但应以先干管后支管或竖风管由下至上的顺序安装。

①风管接上吊装：将各段风管在地面上连接好，连接长度为 10~20 m，再用倒链或滑轮将

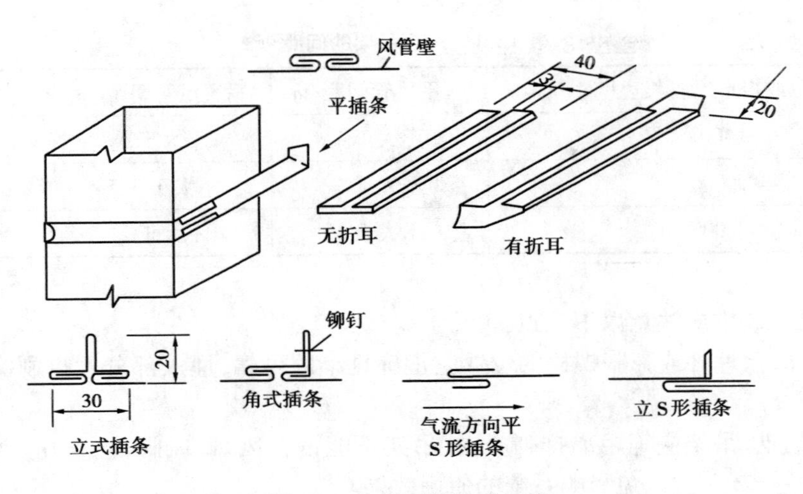

图12.31　风管插条式连接

风管升到吊架上的方法。风管吊装步骤为：

a. 应根据现场实际情况，在梁柱上选择两个牢固可靠的吊点，然后挂好倒链或滑轮。

b. 将风管用绳索捆绑结实。塑料风管或玻璃钢风管需整体吊装的，应垫长木板托起风管的底部。四周应有软性材料做垫层，方可吊起。注意，绳束不能捆绑在风管上。

c. 当风管起吊距地200～300 mm时，应停止起吊，再仔细检查下倒链或滑轮受力点和捆绑风管的绳索、绳扣牢靠否、风管重心正确否。若不合要求，则应调整绳索使绳扣牢靠、风管重心正确后，再继续起吊。

d. 风管放在支、吊架上后，将所有托盘和吊杆连接好，确认风管稳固后，解开绳扣。

②风管分节安装：对于不便于悬挂滑轮或因受场地限制，不能吊装的风管，可将风管分节用绳索拉至脚手架上，然后抬到支架上，对正法兰逐节安装。

3）风管支、吊架安装

支、吊架安装是风管系统安装的第一道工序。

①支、吊架的形式应根据风管截面的大小及工程的具体情况选择，而且应符合设计图纸或国家标准图集的要求。

②支、吊架的敷设位置，以风管的中心线为依据。单吊杆应在中心线上；双吊杆可按托板的螺栓孔间距或风管的中心线对称安装。但必须考虑其保温厚度。应当指出，吊架不能直接吊在风管法兰上。

③支、吊架的标高必须正确。如果圆形风管管径由大变小，支架型钢上表面标高应作相应提高。如果风管安装有坡度要求，托架的标高也应按风管的坡度要求来安装。安装在托架上的圆形风管应设托座（方木）。

④吊杆根据吊件形式可以焊接在吊件上，也可挂在吊件上，焊接后应涂防腐漆。

⑤安装立管卡环时，应先以卡环半圆弧的中心画线。然后根据风管位置及埋场深度，固定好最上面的一个管件。再用线坠在中心处吊线、下面管卡在保证垂直度情况下固定。

⑥风管较长时，需安装一排支吊架。可先安装好两端的支、吊架。再以两端的支、吊架为基准，用拉线确定中间支、吊架。支、吊架的间距参见表12.12。螺旋风管的支、吊架间距可适当增大。若风管管路较长，应在适当位置加设固定支、吊架，以防运行中风管摆动。

表 12.12　支、吊架的间距

圆形风管直径或矩形风管长边尺寸/mm	水平风管间距/m	垂直风管间距/m	最小吊架数/副
≤400	不大于 4	不大于 4	2
≤1 000	不大于 3	不大于 3.5	2
>1 000	不大于 2	不大于 2	2

⑦支、吊架安装中应注意以下几点：

a. 支、吊架的预埋件或膨胀螺栓的位置应正确且牢固可靠，埋入部分不得刷涂油漆，而且应除去油污。

b. 同管径的支、吊架应等距离排列。支、吊架不能设在风口、风阀、检查孔及测定孔等部位处，还应错开一定距离，以免影响系统的使用效果。

c. 矩形保温风管不能直接与支、吊架接触，应垫坚固的隔热垫料，垫料厚度与保温厚度相同。

12.3　建筑电气及电子技术中的管线敷设

12.3.1　高层建筑中的电缆敷设

电力电缆在高层建筑电力传输中广泛采用，室外电缆一般敷设于电缆沟内。当其与铁路、公路交叉，电缆进入建筑物隧道，穿过楼板、墙壁，以及可能受到机械损伤的地方，应事先埋好电缆保护管，然后将电缆穿入管内。电缆与铁路、公路交叉时，其保护管顶面距轨道底或公路面的深度不小于 1 m，管内径应比电缆的直径大 1.5 倍，管内应无积水或杂物，如用钢管，管口应加工成喇叭形，在电缆穿管时，应防止管口割伤电缆。

室内电缆通常敷设在地沟内、电气竖井内和固定在墙上或悬吊在梁下等的电缆支架或电缆桥架内。电缆支架应安装牢固、横平竖直。各支架的同层横挡应在同一水平上，其高低偏差控制在 5 mm 以内，在有坡度的电缆沟内或建筑物上安装的电缆支架，应有与电缆沟或建筑物相同的坡度。电缆桥架可架空敷设、吊装，也可沿建筑侧壁安装。桥架固定在结构上。室内桥架支架一般小于 3 m，室外一般不应超过 6 m。

电缆支架层间最小允许净距，电缆支架横挡至沟顶、楼板或沟底的距离见表 12.13(1)、表 12.13(2)和表 12.14(1)、表 12.14(2)。

表 12.13(1)　电缆支架层间垂直距离的最小允许值

电缆电压等级和类型、敷设特征		普通支架、吊架/mm	桥架/mm
控制电缆明敷		120	200
电力电缆明敷	≤10 kV，但 6～10 kV 交联聚乙烯电缆除外	150～200	250
	6～10 kV 交联聚乙烯电缆	200～250	300
电缆敷设在槽盒中		$h+80$	$h+100$

表12.13(2) 电缆沟、隧道中通道净宽允许最小值

电缆支架配置及其通道特征	电缆沟沟深/mm			电缆隧道/mm
	<600	600~1 000	>1 000	
两侧支架间净通道	300	500	700	1 000
单列支架与壁间通道	300	450	600	900

表12.14(1) 电缆支架间或固定点间的最大距离

电缆特征	敷设方式	
	水平	垂直
未含金属套、铠装的金属小截面电缆/mm	400*	1 000
除上述情况外的10 kV以下电缆/mm	800	1 500
控制电缆/mm	800	1 000

注:*能维持电缆平直时,该值可增加1倍。

表12.14(2) 电缆与电缆或其他设施相互间的容许最小净距离

电缆直埋敷设时的配置情况		平行/m	交叉/m
控制电缆之间		—	0.50(0.25)
电力电缆之间或与控制电缆之间	10 kV及以下电力电缆	0.10	0.50(0.25)
	10 kV及以上电力电缆	0.25(0.10)	0.50(0.25)
不同部门使用的电缆		0.50(0.10)	0.50(0.25)
电缆与地下管沟	热力管沟	2.00	0.50(0.25)
	油管或易燃气管道	1.00	0.50(0.25)
	其他管道	0.50	0.50(0.25)
电缆与建筑物基础		0.60(0.30)	—
电缆与公路边		1.00(0.50)	—
电缆与排水沟		1.00(0.50)	—
电缆与树木的主干		0.70	—
电缆与1 kV以下架空线电杆		1.00(0.50)	—
电缆与1 kV以上架空线杆塔基础		4.00(2.00)	—

注:1. 表中所列为净距,应自各种设施(包括防护外层)的外缘算起。

2. 路灯电缆与道路灌木丛平行距离不限。

3. 表中括号内数值是指局部地段电缆穿管,加隔板保护或加隔热层保护后允许的最小净距。

12.3.2 电气竖井布置

电气竖井是高层建筑各种电气管线及配电线路的竖向通道,有强电竖井,弱电竖井,强、弱电共用竖井之分。高层住宅或每层面积不多,弱电线路也较简单的办公楼,则常采用合用竖井。电气竖井起着将电能分别送向不同楼层,将各种信息载体传输到不同地方的作用,在高层建筑有机运转中,起着举足轻重的作用,是高层建筑电气安装的关键部位之一。

高层建筑中部的"筒体"的部位,是人流交通集散地带,是各种管线汇集分布的适中区域。在这个区域内,通常布置电梯、走道、楼梯及过厅、前室及各专业的竖井。电气竖井的断面最好是扁而宽的矩形,即在宽面开门便于安装和维修。窄而深的竖井则利用率不高。竖井内按楼层各层均应封闭,以满足防火要求。电气竖井中主要设置母线槽、电缆桥架、电缆和管线,甚至设计成配电小间,安装一些小型的配电箱、插接箱、分线箱、端子箱等电器装置。箱体前留有不少于0.8 mm的操作维护距离。竖井的门应向外开启,竖井内的箱体前的操作维护位置,与箱体的布置关系较大,在电气竖井安装时,应根据电气装置的实际尺寸,经过合理布局,充分利用竖井空间,使所设计的电气竖井内的各种导线及箱体排列有序。

如图12.32所示是某办公楼建筑工程,强电与弱电合用一个竖井,它是利用楼梯与电梯厅之间的一个夹墙作为电气竖井,井的进深仅0.6 m左右,宽的方向则有3 m,电气管线和设备均靠内墙排成一列,动力、照明干线和配电箱靠左侧布置;电话、广播、电视、报警等弱电的管线、器件、接线箱、分线箱等靠右边布置。《民用建筑电气设计规范》(JGJ/T 16—2015)要求:弱电电缆与电力电缆之间不应小于0.5 m,如有屏蔽盖板可减少到0.3 m。竖井正面的门是几乎整个宽度都可开启的铝合金滑拉门,检修人员可站在竖井外操作,比较方便,门扇是镜面玻璃装饰,对电梯厅又能起到扩大视野空间的作用。

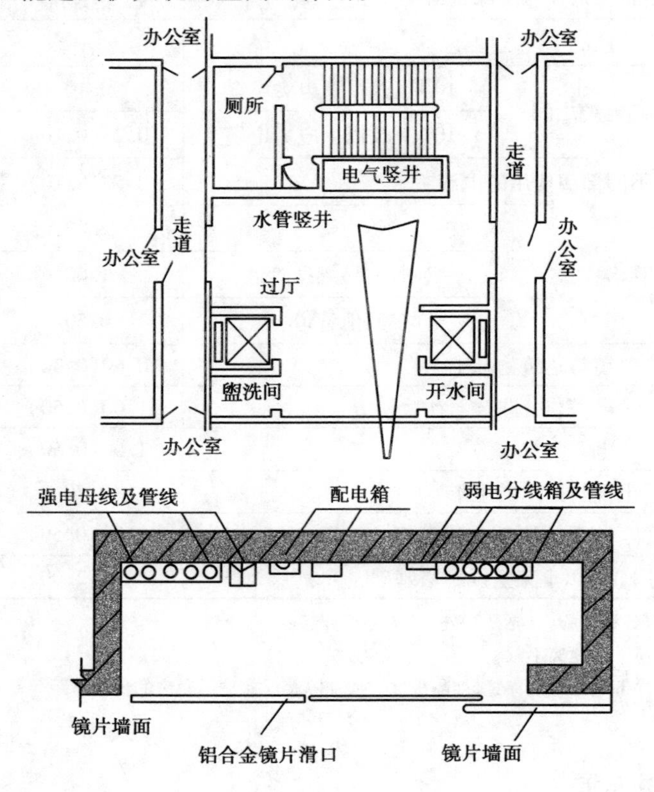

图12.32　某办公楼电气竖井

对于圆形建筑,可利用核心筒布置电梯、楼梯后的弧形和切角部分作电气竖井,可考虑强电与弱电分设为两个竖井,检修门向外开,把不需检修的母线或管线尽量安排在侧边、角落,而把配电箱、端子箱等需要操作维修的设备安设在靠近检修门,前面空间较宽的地方。

竖井内地坪通常高于该楼层地坪 5 cm,竖井构造可为砖、混凝土和钢筋混凝土等。高层建筑土建施工中,安装人员应密切配合土建施工作好竖井内的安装部分的预埋件预埋、预留孔洞的预留,一旦电气竖井土建施工结束,即可进行电气竖井的安装。

12.3.3　消防配电线路与传输导线的敷设

(1)消防配电线路

消防配电线路应满足火灾时连续供电的需要,其敷设应符合下列规定:

①明敷时(包括敷设在吊顶内),应穿金属管或封闭式金属线槽,并应采取防火保护措施。暗敷时,应穿管并应敷设在不燃烧体结构内且保护层厚度不应小于 30 mm。

②当采用阻燃或耐火电缆时,敷设在电缆井、电缆沟内可不采取防火保护措施。

③当采用矿物绝缘类不燃性电缆时,可直接明敷。

④应与其他配电线路分开敷设;当敷设在同一井沟内时,应分别布置在井沟的两侧。

(2)传输导线敷设

火灾自动报警系统的传输导线采用铜芯绝缘导线或铜芯电缆,其电压等级不应低于 250 V(AC)。线芯截面的最小值为 1 mm^2(穿管敷设的绝缘导线)、0.75 mm^2(线槽敷设的绝缘导线)和 0.5 mm^2(多芯电缆)。

绝缘导线应采用穿金属管、硬质塑料管、半硬质塑料管或封闭式线槽保护式布线。穿管或线槽布线,其填充系数分别为 40% 和 50%。管路可以是干线分支或逐个串接,或干线分支与逐个串接相结合使用。

消防控制、通信和报警线路应穿金属管保护暗敷在非燃烧体结构内,其保护层厚度不小于 3 cm。必须明敷时,金属管上应采取防火保护措施。

不同系统、不同电压、不同电源类别的线路,不得共管敷设。

弱电线路和强电线路的竖井宜分别设置。当条件不许可时,也应分置在竖井两侧。

通信管道的布置详见表 12.15。

表 12.15　通信管道和其他地下管道及建筑物的最小间距

其他地下管道及建筑物名称		平行净距/m	交叉净距/m
给水管	300 mm 以下	0.5	
	300 ~ 500 mm	1.0	
	500 mm 以上	1.5	
排水管		1.0①	0.15②
热力管		1.0	0.25
煤气管	压力≤300 kPa	1.0	③
	300 kPa < 压力≤800 kPa	2.0	
电力电缆	35 kV 及以下	0.5	④
	35 kV 及以上	2.0	
其他通信电缆		0.75	0.25

续表

其他地下管道及建筑物名称		平行净距/m	交叉净距/m
绿化	乔木(中心)	1.5	—
	灌木	1.0	—
地下杆柱		0.50～1.0	—
房屋建筑红线(或基础)		1.5	—

注:①主干排水管后敷设时,其施工沟边与通信管道间的水平净距不宜小于1.5 m。

②当通信管道在排水管下部穿越时,净距不宜小于0.64 m。电信管道应做包封,包封长度至排水管的两端各加长2.0 m。

③与煤气管道交越处2.0 m范围内,煤气管不应作结合装置和附属设备。如上述情况不能避免时,通信管道应做包封2.0 m。

④如电力电缆加保护管时,净距可减至0.15 m。

12.3.4 管线敷设

(1)钢管配线

把绝缘导线、电缆线穿在钢管内敷设,称为钢管配线,可避免导线受外界的侵蚀和机械损伤,且维修更换导线比较方便。钢管配线有明配管线和暗配管线。

1)钢管明敷

钢管明敷要求横平竖直、平行墙面地面、工整美观、讲究工艺。管路长度在2 m以内允许偏差控制在3 mm以内,管线长度很长时,总的偏差要控制在内径的1/2以内。即水平度和垂直度一般视觉不易看出。管子固定的支架或吊架位置应符合表12.16钢管中间管卡最大间距的限度,距离分布均匀,管架、管卡与终端、转弯中点、电器箱盒边缘距离为150～500 mm。管架管卡固定可用膨胀螺栓或预埋铁件直接固定在墙上。支架形式可根据现场情况选择。当管路遇到建筑物伸缩缝、沉降缝时,必须相应作伸缩沉降处理,如图12.33所示。

表12.16 钢管中间管卡最大距离

敷设方法	钢管名称	钢管直径/mm			
		15～20	25～30	40～50	65～100
		最大允许距离 /m			
吊架、支架或沿墙敷设	厚壁钢管	1.5	2.0	2.5	3.5
	薄壁钢管	1.0	1.5	2.0	—
支、吊架允许偏差/mm		30	40	50	60

2)钢管暗敷

高层建筑管线敷设广泛采用暗敷,管线可敷设与墙内、柱内、地板内或天棚内,暗敷管应按施工平面图示意的位置,并沿最短的线路,最少的转弯次数,埋入建筑物的深度不少于15 mm,消防管线不小于30 mm。砖墙体在土建时,按配管要求在墙体预留槽孔;混凝土墙、板内配管,则随土建施工中钢筋绑扎一次配管到位。管线上的配电箱和接线盒体,可一次到位也可按要求预留孔洞,待以后安装。管线敷设遇变形缝时,需作处理,如图12.33所示。

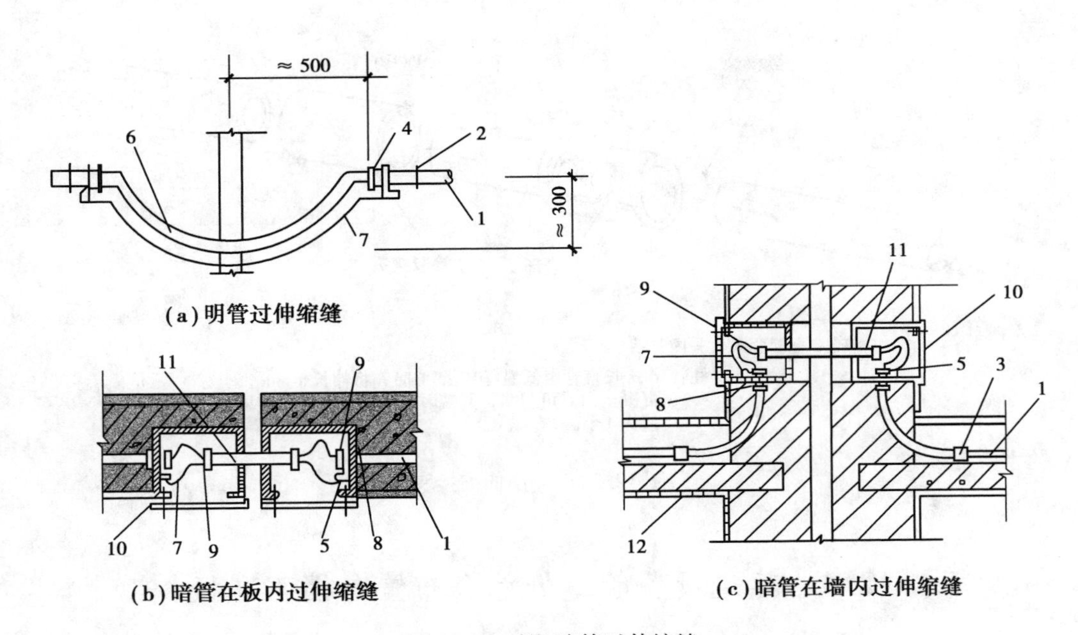

图12.33　明、暗管过伸缩缝

1—管线;2—明管固定卡;3—管接头;4—内螺纹软管;5—接地环;6—软管;
7—接地线;8—锁定螺母;9—管帽;10—转线盒;11—穿越短管;12—标准弯管

(2)PVC 线管配线

无增塑 PVC 塑料管能代替钢管用于电力与照明系统的管配线,因为它具有质量轻(仅为同规格钢管质量的1/6)、运输方便、安装工艺易于掌握、节省安装工时、便于交叉配合、防腐难燃等许多优点,所以在高层建筑电气照明管线中广泛采用。在建筑物的顶棚内,可考虑采用金属管、金属线槽布线。

PVC 管的敷设应根据设计施工图和规范要求,按照用电设备、开关设备定位、管路放线、固定管卡、管路敷设的顺序进行。暗敷管路可不设管卡,而是在固定管卡位置作捆绑固定,例如,在钢筋混凝土内,在管路敷设时,绑扎在钢筋上。楼板内不宜考虑 PVC 管暗敷,以避免影响楼板的刚度和强度,导致楼板开裂。

明敷设 PVC 管路时,应按照所放线路走向的标志线布置,控制管路横平竖直、排列整齐,固定点的距离均匀。管卡与终端或转弯点,与电气器具或接线盒边缘的距离控制在 150 ~ 500 mm,中间管卡最大距离应符合表 12.17 的要求。管卡固定的方法,在高层建筑安装中通常采用塑料胀管固定安装或用胶合剂黏结固定两种方法。

表12.17　PVC 塑料管中间管卡最大距离

管径/mm	最大允许间距/m	允许偏差/mm
20 以下	1	30
25 ~ 40	1.5	40
50	2	50

PVC 管路沿建筑物表面明敷设时,如果直线段较长,每隔 6 m 应装设补偿装置即伸缩接头,安装方法如图 12.34 所示。

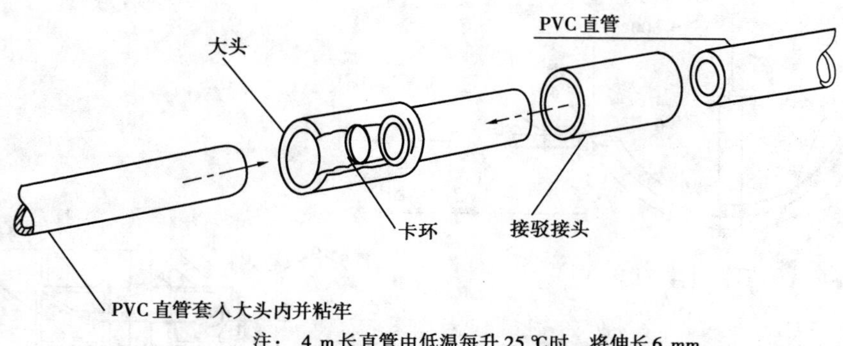

图12.34　补偿伸缩接头

12.4　建筑设备管道的综合布置与消声减振

12.4.1　室内管道综合布置

当室内给水、排水管，采暖、燃气管，通风、空调风道，电气、电话、闭路电视等的管线都敷设于建筑房间内，它们彼此之间按其各自工艺布置都有自己的要求，往往会产生相互交叉、挤占同一位置的状况。为了使众多功能不同的管道合理布置，充分发挥其功能效果。因此，无论在设计、施工和使用阶段，都必须有一个统筹布置的原则要求和便于维修的标志。

设计和施工阶段管道综合布置相互避让原则可参考表12.18。

表12.18　管道布置与敷设避让原则

不宜避让	宜避让	说明
大管	小管	易施工、造价低
重力流管	压力流管	重力流改变坡度遇到问题多
热水管	冷水管	冷水管比热水管造价低
冷冻水管	热水管	冷冻管短、直，则工艺造价均有利
排水管	给水管	排水管宜短而直地排水到室外不易堵
有毒水管	无毒水管	有毒水管造价高于无毒水管
工业消防水管	生产用水管	消防管要求供水保证率高
非金属管	金属管	金属管易弯曲、切割和连接
高压管	低压管	高压管造价高
水管	气管	水管宜短而且直水管造价高
阀件多的管	阀件少的管	易安装和维修

此外,几种功能不同的管道同在一处布置时,宜首先尽可能直线、互相平行、不交错、留有检查、操作距离、支托吊架设置容易、便于阀门安装、留有热膨胀补偿余地,以及便于支管安装等。在施工方面,根据具体情况,安装先后次序一般应先敷地下管,后敷地上管,先装大管后装支管,先装支托吊架后装管道。

在便于维修、检查和管理方面,室内明装管道和地沟内、竖井中各种管道的防腐表层色漆应采用不同颜色或底漆或用色环区分。表 12.19 为色环的本身宽度及色环间距,可参照执行。表 12.20 为管道及色环涂漆颜色,在设计方面无规范规定时,宜参照执行。

表 12.19　色环宽度及间距

DN /mm	色环宽 /mm	色环间距 /mm	*DN* /mm	色环宽 /mm	色环间距 /mm	*DN* /mm	色环宽 /mm	色环间距 /mm
<150	30	1.5~2.0	150~30	50	2~2.5	>300	适当加大	适当加大

表 12.20　管道涂漆及色环颜色

管道名称	颜色		管道名称	颜色	
	基本色	色环		基本色	色环
过热蒸汽管	红	黄	低热值燃气管	灰	黄
饱和蒸汽管	红	—	天然气管	灰	白
废蒸汽管	红	绿	液化石油气管	灰	红
凝结水管	绿	红	压缩空气管	浅蓝	黄
余压凝结水管	绿	白	净化压缩空气管	浅蓝	白
热水供水管	绿	黄	工业用水管	绿	—
热水回水管	绿	褐	消防用水管	绿	红蓝
疏水管	绿	黑	排水管	黑	—
高热值燃气管	灰	—			

12.4.2　消声和减振

建筑设备工程中噪声源于各工种管道中的流体流速过大,如给水管道,当其阀门突然开启(关闭)时,管道将产生水锤而较大的振动和噪声。水泵、风机和压缩机等运转设备产生的振动,通过管道和设备基础沿建筑结构传到各房间。噪声过大(40~100 dB)和传播时间过久,对人体无论听觉、心血管、神经系统和肠胃功能都会产生损伤。因此,除了建筑本身合理设计、施工中预防噪声和运行中加强维护管理减少噪声外,就建筑设备工程本身也应采取一定的技术措施控制降低噪声,使之达到允许的噪声标准。简述如下:

(1)设计上预防噪声产生

①建筑设计上:把设备房与其他人流相对集中的功能房隔离开来;把产生噪声的管道尽可能地布置在远离需安静的房间;建筑上采用隔音措施。

②管道设计上:选择低噪声设备和器具;控制管道流体流速,管线尽可能布置成直线,以利

于降低噪声;在水流速度加大处设水锤消除器以降低噪声;同时应注意使穿过机房围护结构处的管道周边缝隙填实密闭。

(2)**振动与减振措施**

1)振动与减振标准

众所周知,设备振动是产生噪声原因之一,所以减振就可以降低噪声。衡量减振效果是以振动干扰力通过减振装置有多少传给设备支承结构,即振动传递率 T 表示为:

$$T=\frac{1}{\frac{f^2}{f_0}-1} \tag{12.1}$$

式中 f——振源振动频率,Hz;$f=\frac{n}{60}$,n 为设备转数,r/min;

f_0——抗阻和弹性减振支座所构成系统的固有频率,Hz。

当 $f=f_0$ 时,表示振源干扰力与减振系统发生共振,具有极大破坏力,设计工作应避免出现这种工况。

当 $\frac{f}{f_0}\leqslant\sqrt{2}$ 时,$T\geqslant1$ 工况,表明减振系统对干扰力起助长作用,产生噪声大。

当 $\frac{f}{f_0}>\sqrt{2}$ 时,$T<1$ 工况,减振装置起到减振作用。表 12.21 为减振参考标准。

表 12.21 减振参考标准

建筑物	示 例	允许 T 值	隔振效率/%	推荐频率比 f/f_0	隔振评价
要特别注意场所	设备装在播音室、录音室、音乐厅的楼板、高层建筑上层	0.01~0.05	99~95	15~5	极好
需注意场所	设备装在楼层、其下层为办公室、图书馆、会议室及病房和要求严格隔振的房间	0.05~0.1	95~90	5~3.5	很好

在工程中一般常选用 $f/f_0=1.5\sim5.0$ 值。

减振设计首先根据工程性质确定减振标准 T 值,然后经过一定计算即可选定减振设施。

2)减振设施

①减振设施之一是在设备(振源)与支承之间加装减振装置,以减弱根源向外传递。常用减振器种类很多,它是由软木、海绵橡胶、橡胶、金属弹簧等材料制成。图 12.35 为一种橡胶、金属减振器。图 12.36 为设备基础和减振器的安装示例。

②减振措施之二是由设备接出管道的防振源传递的技术措施,如图 12.37 所示。

对本身不带有减振装置的设备,当其转速≤1 500 r/min 时,宜选用弹簧减振器;而当转速大于 1 500 r/min 时,根据环境需求和设备振动的大小,也可选用橡胶等弹性材料的减振垫块或橡胶减振器。受设备振动影响的管道,应采用弹性支吊架。

冷(热)水机组、空调机组、通风机以及水泵等设备的进口、出口管道,宜采用软管连接;水泵出口设止回阀时,宜选用消锤式止回阀。

(3)**消声技术措施**

①防噪声:管道中水流速度过大,不仅会产生水流噪声,而且还易发生水锤,引起管道、附

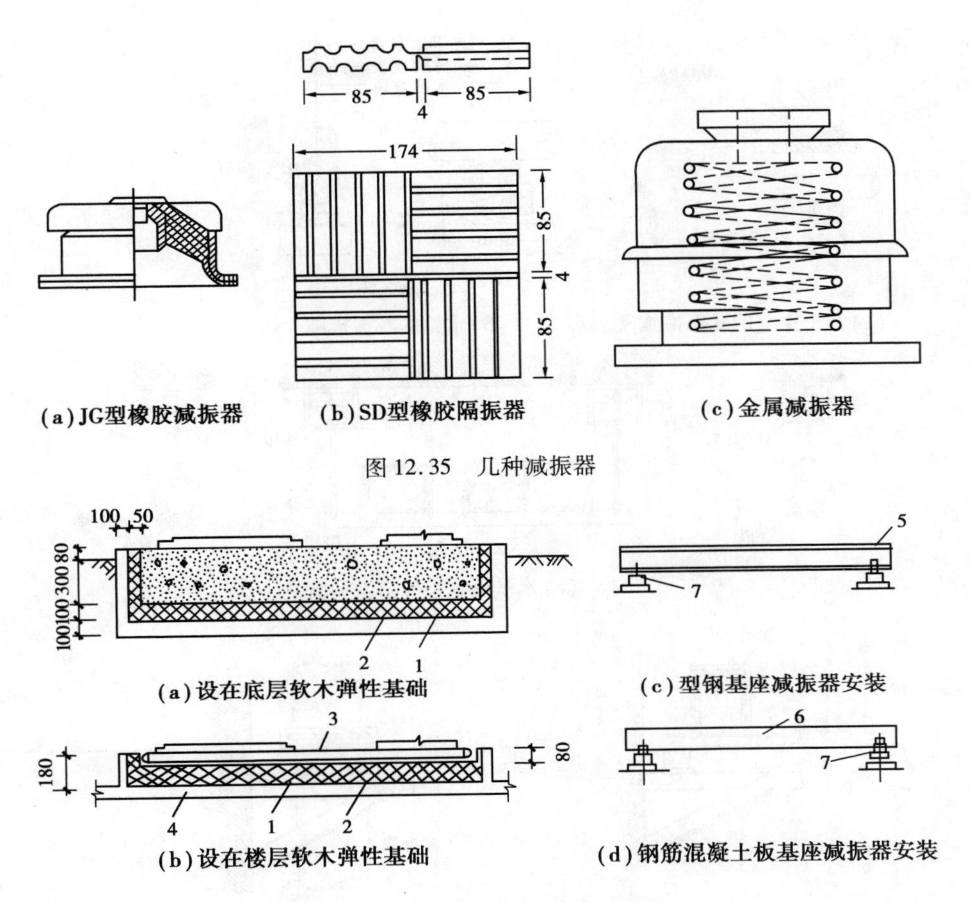

(a)JG型橡胶减振器　(b)SD型橡胶隔振器　(c)金属减振器

图12.35　几种减振器

(a)设在底层软木弹性基础　(c)型钢基座减振器安装

(b)设在楼层软木弹性基础　(d)钢筋混凝土板基座减振器安装

图12.36　软木减振基础及减振器安装

1—软木;2—油毡;3—钢筋;4—楼板;5—型钢;6—钢筋混凝土板;7—减振器

件振动而产生噪声。为防止噪声对室内的污染,应控制管道中的水流速度(生活、生产给水管道中的水流速度,一般建筑不宜大于2 m/s,高层建筑不宜大于1.2 m/s),并在系统中尽量减少使用电磁阀或速闭水栓,还可在管道支、吊架内衬垫减振材料,如图12.38所示。

②设备尽量采用低噪声的产品,各种设备与电机传动应尽可能采用联轴器连接,避免采用皮带传动,此外设备基础应尽量独立设置,不与建筑基础或结构相接。

③通风与空调系统风道宜采用吸声材料制造,并在靠近声源处设置消声器等。如图12.39为几种消声器的示意图。图(a)所示为消声器外形,其内部应衬吸声材料,其有效过流断面,不能小于连接管道的过流断面。图(b)管式消声器适用在较小断面的直管段上(直径或边长不大于400 mm),这种消声器吸收中、高频率噪声效果较好。图(c)、(d)、(e)均为吸收声波面积增多,可提高消声能力。

消声器除上述几种外,尚有共振式、膨胀式和复合式等,详细内容可参阅有关空气调节手册。

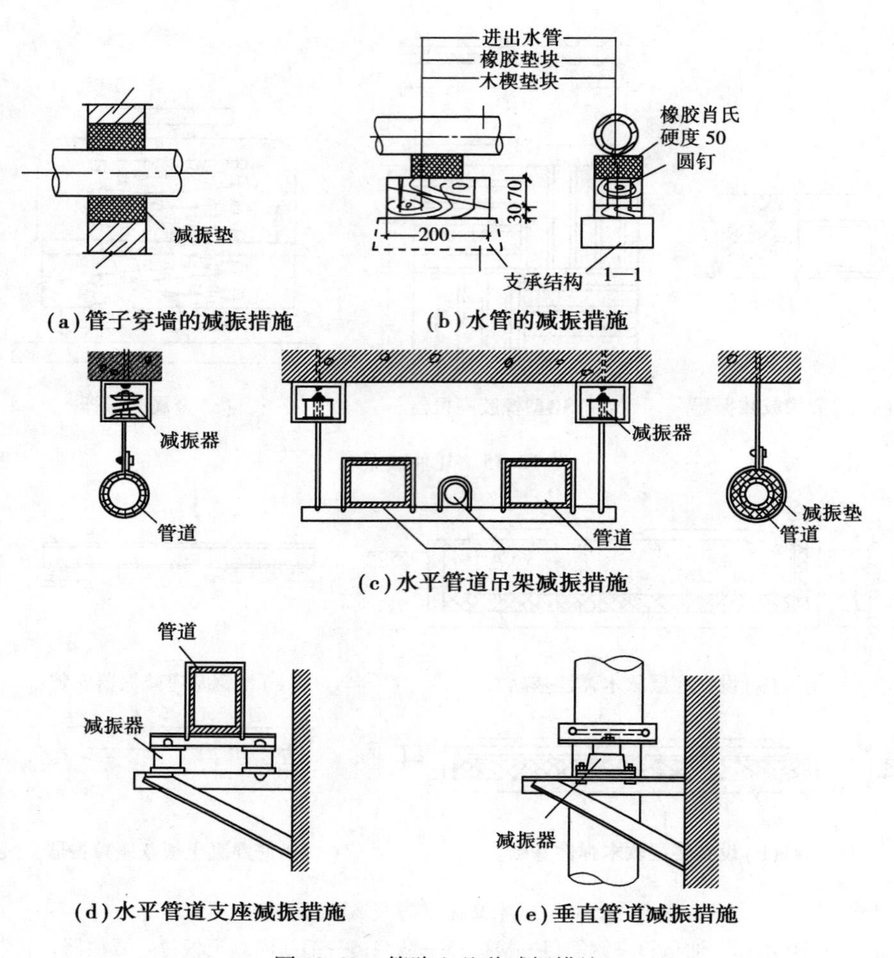

图 12.37　管路上几种减振措施

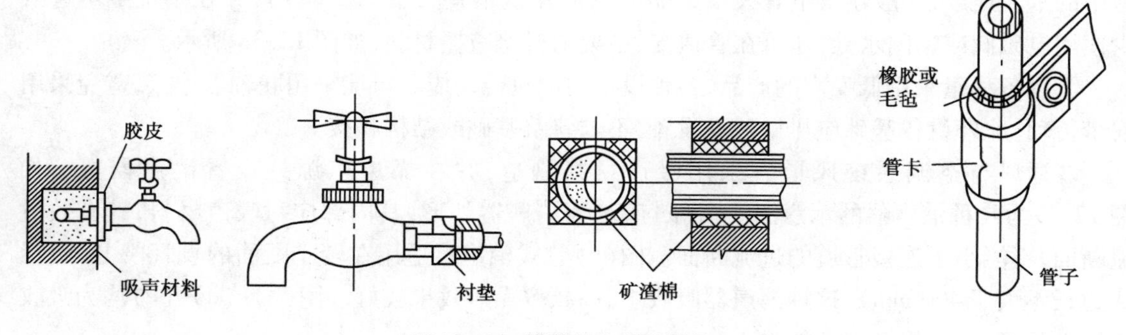

图 12.38　管道的防噪声措施

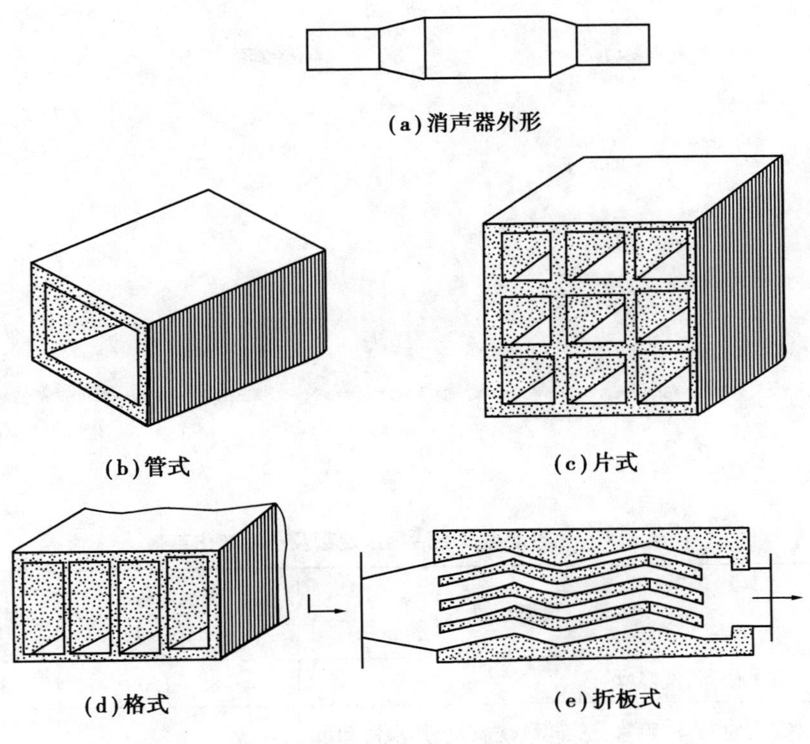

图 12.39　风道上的几种消声器

习 题 12

1. 室内给水管中引入管的布置与敷设应该考虑哪些问题？安装时如何处理？
2. 简述室内给水管道的安装工序。
3. 简述室内排水管道布置与敷设中主要考虑的因素。
4. 简述采暖供热管网布置的原则。
5. 为什么蒸汽供暖系统干管和回水干管需考虑斜坡布置？
6. 燃气管道敷设的主要原则是什么？
7. 通风管如何敷设？风管连接的主要方式有哪些？
8. 建筑电气、电子技术中常见的电缆敷设有哪几种方式？各有什么特点？
9. 高层建筑给排水系统中噪声的来源及其防治措施有哪些？

附　录

附录 3.1　住宅最高日生活用水定额及小时变化系数

住宅类别		卫生器具设置标准	用水定额/[L·(人·d^{-1})]	小时变化系数 K_h
普通住宅	Ⅰ	有大便器、洗涤盆	85～150	3.0～2.5
	Ⅱ	有大便器、洗脸盆、洗涤盆、洗衣机、热水器和淋浴设备	130～300	2.8～2.3
	Ⅲ	有大便器、洗脸盆、洗涤盆、洗衣机、集中热水供应(或家用热水机组)和淋浴设备	180～320	2.5～2.0
别　墅		有大便器、洗脸盆、洗涤盆、洗衣机、洒水栓、家用热水机组和沐浴设备	200～350	2.3～1.8

注:1. 当地主管部门对住宅生活用水定额有具体规定时,应按当地规定执行。

2. 别墅用水定额中含庭院绿化用水和汽车洗车用水。

附录 3.2　集体宿舍、旅馆和公共建筑生活用水定额及小时变化系数

序号	建筑物名称	单　位	最高日生活用水定额/L	使用时间/h	小时变化系数 K_h
1	宿舍 Ⅰ类、Ⅱ类 Ⅲ类、Ⅳ类	 每人每日 每人每日	 150～200 100～150	 24 24	 3.0～2.5 3.5～3.0
2	招待所、培训中心、普通旅馆 设公用盥洗室 设公用盥洗室、淋浴室 设公用盥洗室、淋浴室、洗衣室 设单独卫生间、公用洗衣室	 每人每日 每人每日 每人每日 每人每日	 50～100 80～130 100～150 120～200	24	3.0～2.5

续表

序号	建筑物名称	单 位	最高日生活用水定额/L	使用时间/h	小时变化系数 K_h
3	酒店式公寓	每人每日	200～300	24	2.5～2.0
4	宾馆客房 旅客 员工	 每床位每日 每人每日	 250～400 80～100		2.5～2.0
5	医院住院部 设公用盥洗室 设公用盥洗室、淋浴室 设单独卫生间 医务人员 门诊部、诊疗所 疗养院、休养所住房部	 每床位每日 每床位每日 每床位每日 每人每班 每病人次日 每床位每日	 100～200 150～250 250～400 150～250 10～15 200～300	 24 24 24 8 8～12 24	 2.5～2.0 2.5～2.0 2.5～2.0 2.0～1.5 1.5～1.2 2.0～1.5
6	养老院、托老所 全托 日托	 每人每日 每人每日	 100～150 50～80	 24 10	 2.5～2.0 2.0
7	幼儿园、托儿所 有住宿 无住宿	 每儿童每日 每儿童每日	 50～100 30～50	 24 10	 3.0～2.5 2.0
8	公共浴室 淋浴 浴盆、淋浴 桑拿浴（淋浴、按摩池）	 每顾客每次 每顾客每次 每顾客每次	 100 120～150 150～200	 12 12 12	2.0～1.5
9	理发室、美容院	每顾客每次	40～100	12	2.0～1.5
10	洗衣房	每 kg 干衣	40～80	8	1.5～1.2
11	餐饮业 中餐酒楼 快餐店、职工及学生食堂 酒吧、咖啡馆、茶座、卡拉 OK 房	 每顾客每次 每顾客每次 每顾客每次	 40～60 20～25 5～15	 10～12 12～16 8～18	 1.5～1.2 1.5～1.2 1.5～1.2
12	商场 员工及顾客	每 m^2 营业厅面积每日	5～8	12	1.5～1.2
13	图书馆	每人每次	5～10	8～10	1.5～1.2

续表

序号	建筑物名称	单 位	最高日生活用水定额/L	使用时间/h	小时变化系数 K_h
14	书店	每 m^2 营业厅面积每日	3~6	8~12	1.5~1.2
15	办公楼	每人每班	30~50	8~10	1.5~1.2
16	教学、实验楼 中小学校 高等院校	 每学生每日 每学生每日	 20~40 40~50	 8~9 8~9	 1.5~1.2 1.5~1.2
17	电影院、剧院	每观众每场	3~5	3	1.5~1.2
18	会展中心(博物馆、展览馆)	每 m^2 展厅面积每日	3~6	8~16	1.5~1.2
19	健身中心	每人每次	30~50	8~12	1.5~1.2
20	体育场(馆) 运动员淋浴 观众	 每人每次 每人每场	 30~40 3	 4 4	 3.0~2.0 1.2
21	会议厅	每座位每次	6~8	4	1.5~1.2
22	航站楼、客运站旅客	每人每次	3~6	8~16	1.5~1.2
23	菜市场地面冲洗及保鲜用水	每 m^2 每日	10~20	8~10	2.5~2.0
19	停车库地面冲洗水	每 m^2 每次	2~3	6~8	1.0

注:1. 除养老院、托儿所、幼儿园的用水定额中含食堂用水,其他均不含食堂用水。

2. 除注明外,均不含员工生活用水,员工用水定额为每人每班 40~60 L。

3. 医疗建筑用水中已含医疗用水。

4. 空调用水应另计。

附录 3.3(1) 汽车冲洗用水量定额

冲洗方式	高压水枪冲洗 /[L/(辆·次$^{-1}$)]	循环用水冲洗补水 /[L/(辆·次$^{-1}$)]	抹车、微水冲洗 /[L/(辆·次$^{-1}$)]	蒸汽冲洗 /[L/(辆·次$^{-1}$)]
轿车	40~60	20~30	10~15	3~5
公共汽车 载重汽车	80~120	40~60	15~30	—

附录 3.3(2)　工业企业建筑生活、淋浴用水定额

<table>
<tr><td colspan="2">生活用水定额/[L/(班·人$^{-1}$)]</td><td colspan="2">小时变化系数</td><td>备注</td></tr>
<tr><td colspan="2">25～35</td><td colspan="2">2.5～3.0</td><td>每班工作时间以 8 h 计</td></tr>
<tr><td colspan="4">工业企业建筑淋浴用水定额</td><td rowspan="7">淋浴用水延续时间 1 h</td></tr>
<tr><td colspan="3">车间卫生特征</td><td rowspan="2">每人每班淋浴用水定额/L</td></tr>
<tr><td>有毒物质</td><td>生产性粉尘</td><td>其他</td></tr>
<tr><td>极易经皮肤吸收引起中毒的剧毒物质(如有机磷、三硝基甲苯、四乙基铅等)</td><td></td><td>处理传热性材料、动物原料(如皮毛等)</td><td rowspan="2">60</td></tr>
<tr><td>易经皮肤吸收或有恶臭的物质，或高毒物质(如丙烯腈、吡啶、苯酚等)</td><td>严重污染全身或对皮肤有刺激的粉尘(如碳黑、玻璃棉等)</td><td>高温作业、井下作业</td></tr>
<tr><td>其他毒物</td><td>一般粉尘(如面尘)</td><td>重作业</td><td rowspan="2">40</td></tr>
<tr><td colspan="3">不接触有毒物质及粉尘、不污染或轻度污染(如仪表、金属冷加工、机械加工等)</td></tr>
</table>

附录 3.4　卫生器具的给水额定流量、当量、连接管公称管径和最低工作压力

序号	给水配件名称	额定流量/(L·s^{-1})	当　量	连接管公称管径/mm	最低工作压力/MPa
1	洗涤盆、拖布盆、盥洗槽 单阀水嘴 单阀水嘴 混合水嘴	 0.15～0.20 0.30～0.40 0.15～0.2(0.14)	 0.75～1.0 1.5～2.0 0.75～1.00(0.70)	 15 20 15	0.050
2	洗脸盆 单阀水嘴 混合水嘴	 0.15 0.15(0.10)	 0.75 0.75(0.50)	 15 15	0.050
3	洗手盆 感应水嘴 混合水嘴	 0.10 0.15(0.10)	 0.50 0.75(0.50)	 15 15	0.050
4	浴盆 单阀水嘴 混合水嘴(含带淋浴转换器)	 0.20 0.24(0.20)	 1.00 1.20(1.00)	 15 15	 0.050 0.05～0.07

续表

序号	给水配件名称	额定流量/(L·s^{-1})	当　量	连接管公称管径/mm	最低工作压力/MPa
5	淋浴器 　混合阀	0.15(0.10)	0.75(0.50)	15	0.05~0.10
6	大便器 　冲洗水箱浮球阀 　延时自闭式冲洗阀	0.10 1.20	0.50 6.00	15 25	0.020 0.10~0.15
7	小便器 　手动或自动自闭式冲洗阀 　自动冲洗水箱进水阀	0.10 0.10	0.50 0.50	15 25	0.050 0.020
8	小便槽穿孔冲洗管(每m长)	0.050	0.25	15~20	0.015
9	净身盆冲洗水嘴	0.10(0.07)	0.50(0.35)	15	0.050
10	医院倒便盆	0.20	1.00	15	0.050
11	实验室化验水嘴 　单联 　双联 　三联	0.07 0.15 0.20	0.35 0.75 1.00	15 15 15	0.020 0.020 0.020
12	引水器喷嘴	0.05	0.25	15	0.050
13	洒水栓	0.40 0.70	2.00 3.50	20 25	0.05~0.10 0.05~0.10
14	室内地面冲洗水嘴	0.20	1.00	15	0.050
15	家用洗衣机水嘴	0.20	1.00	15	0.050

注:1. 表中括号内的数值是在有热水供应时,单独计算冷水或热水时使用。

2. 当浴盆上附设淋浴器时,或混合水嘴有淋浴器转换开关时,其额定流量和当量只计水嘴,不计淋浴器。但水压应按淋浴器计。

3. 家用燃气热水器所需水压按产品要求和热水供应系统最不利配水点所需工作压力确定。

4. 绿地的自动喷灌应按产品要求设计。

附录3.5　实验室化验水嘴同时给水百分数

化验水嘴名称	同时给水百分数/%	
单联化验龙头	科研教学实验室	生产实验室
	20	30
双联或三联化验龙头	30	50

附录 3.6　宿舍(Ⅲ、Ⅳ类)、工业企业生活间、公共浴室、影剧院、体育场馆等卫生器具同时给水百分数/%

卫生器具名	宿舍(Ⅲ、Ⅳ类)	工业企业生活间	公共浴室	影剧院	体育场馆
洗涤盆(池)	—	33	15	15	15
洗手盆	—	50	50	50	70(50)
洗脸盆、盥洗槽水嘴	5~100	60~100	60~100	50	80
浴盆	—	—	50	—	—
无间隔淋浴器	20~100	100	100	—	100
有间隔淋浴器	5~80	80	60~80	60~80	60~100
大便器冲洗水箱	5~70	30	20	50(20)	70(20)
大便槽自动冲洗水箱	100	100	—	100	100
大便器自闭冲洗阀	1~2	2	2	10(2)	5(2)
小便器自闭冲洗阀	2~10	10	10	50(10)	70(10)
小便器(槽)自动冲洗水箱	—	100	100	100	100
净身盆	—	33	—	—	—
引水器	—	30~60	30	30	30
小卖部洗涤盆	—	—	50	50	50

注:1. 表中括号内的数值是电影院、剧院的化妆间,体育场馆的运动员休息室使用。

2. 健身中心的卫生间可采用本表体育场馆运动员休息室的同时给水百分率。

附录 3.7　职工食堂、营业餐馆厨房设备同时给水百分数

厨房设备名称	同时给水百分数/%	厨房设备名称	同时给水百分数/%
洗涤盆(池)	70	开水器	50
煮锅	60	蒸汽发生器	100
生产性洗涤机	40	灶台水嘴	30
器皿洗涤机	90		

注:职工或学生饭堂的洗碗台水嘴,按100%同时给水百分数,但不与厨房用水叠加。

附录 3.8　建筑室内消火栓设计流量

建筑物名称			高度 h/m、体积 V/m³、座位数 n/个、火灾危险性			消火栓设计流量/(L·s⁻¹)	同时使用消防水枪数/支	每根最小流量/(L·s⁻¹)
工业建筑		厂房	$h\leqslant24$	甲、乙、丁、戊		10	2	10
				丙	$V\leqslant5\ 000$	10	2	10
					$V>5\ 000$	20	4	15
			$24<h\leqslant50$	乙、丁、戊		25	5	15
				丙		30	6	15
			$h>50$	乙、丁、戊		30	6	15
				丙		40	8	15
		仓库	$h\leqslant24$	甲、乙、丁、戊		10	2	10
				丙	$V\leqslant5\ 000$	15	3	15
					$V>5\ 000$	25	5	15
			$h>24$	丁、戊		30	6	15
				丙		40	8	15
民用建筑	单层及多层	科研楼、实验楼	$V\leqslant10\ 000$			10	2	10
			$V>10\ 000$			15	3	10
		车站、码头、机场的候车(船、机)楼和展览建筑(包括博物馆)等	$5\ 000<V\leqslant25\ 000$			10	2	10
			$25\ 000<V\leqslant50\ 000$			15	3	10
			$V>50\ 000$			20	4	15
		剧场、电影院、会堂、礼堂、体育馆等	$800<n\leqslant1\ 200$			10	2	10
			$1\ 200<n\leqslant5\ 000$			15	3	10
			$5\ 000<n\leqslant10\ 000$			20	4	15
			$n>10\ 000$			30	6	15
		旅馆	$5\ 000<V\leqslant10\ 000$			10	2	10
			$10\ 000<V\leqslant25\ 000$			15	3	10
			$V>25\ 000$			20	4	15
		商店、图书馆、档案馆等	$5\ 000<V\leqslant10\ 000$			15	3	10
			$10\ 000<V\leqslant25\ 000$			25	5	15
			$V>25\ 000$			40	8	15
		病房楼、门诊楼等	$5\ 000<V\leqslant25\ 000$			10	2	10
			$V>25\ 000$			15	3	10
		办公楼、教学楼、公寓、宿舍等其他建筑	$h>15$ m 或 $V>10\ 000$			15	3	10
		住宅	$21<h\leqslant27$			5	2	5

续表

建筑物名称			高度 h/m、体积 V/m³、座位数 n/个、火灾危险性	消火栓设计流量/(L·s⁻¹)	同时使用消防水枪数/支	每根最小流量/(L·s⁻¹)
民用建筑	高层	住宅	$27 < h \leqslant 54$	10	2	10
			$h > 54$	20	4	10
		二类公共建筑	$h \leqslant 50$	20	4	10
		一类公共建筑	$h \leqslant 50$	30	6	15
			$h > 50$	40	8	15
国家级文物保护单位的重点砖木或木结构的古建筑			$V \leqslant 10\ 000$	20	4	10
			$V > 10\ 000$	25	5	15
地下建筑			$V \leqslant 5\ 000$	10	2	10
			$5\ 000 < V \leqslant 10\ 000$	20	4	15
			$10\ 000 < V \leqslant 25\ 000$	30	6	15
			$V > 25\ 000$	40	8	20
人防工程	展览厅、影院、剧场、礼堂、健身体育场所等		$V \leqslant 1\ 000$	5	1	5
			$1\ 000 < V \leqslant 2\ 500$	10	2	10
			$V > 2\ 500$	15	3	10
	商场、餐厅、旅馆、医院等		$V \leqslant 5\ 000$	5	1	5
			$5\ 000 < V \leqslant 10\ 000$	10	2	10
			$10\ 000 < V \leqslant 25\ 000$	15	3	10
			$V > 25\ 000$	20	4	10
	丙、丁、戊类生产车间、自行车库		$V \leqslant 2\ 500$	5	1	5
			$V > 2\ 500$	10	2	10
	丙、丁、戊类物品库房、图书资料档案库		$V \leqslant 3\ 000$	5	1	5
			$V > 3\ 000$	10	2	10

注：1. 丁、戊类高层厂房（仓库）室内消火栓的设计流量可按本表减少 10 L/s，同时使用消防水枪数量可按本表减少 2 支。

2. 消防软管卷盘、轻便消防水龙及多层住宅楼梯间中的干式消防塑管，其消火栓设计流量可不计入室内消防给水设计流量。

3. 当一座多层建筑有多种使用功能时，室内消火栓设计流量应分别按本表中不同功能计算，且应取最大值。

附录 3.9　建筑物室外消火栓设计流量

<table>
<tr><th rowspan="2">耐火等级</th><th rowspan="2" colspan="3">建筑物名称及类别</th><th colspan="6">建筑体积/m^3</th></tr>
<tr><th>$V\leqslant$1 500</th><th>1 500<$V\leqslant$3 000</th><th>3 000<$V\leqslant$5 000</th><th>5 000<$V\leqslant$20 000</th><th>20 000<$V\leqslant$50 000</th><th>V>50 000</th></tr>
<tr><td rowspan="10">一、二级</td><td rowspan="6">工业建筑</td><td rowspan="3">厂房</td><td>甲、乙</td><td colspan="2">15</td><td>20</td><td>25</td><td>30</td><td>35</td></tr>
<tr><td>丙</td><td colspan="2">15</td><td>20</td><td>25</td><td>30</td><td>40</td></tr>
<tr><td>丁、戊</td><td colspan="5">15</td><td>20</td></tr>
<tr><td rowspan="3">仓库</td><td>甲、乙</td><td colspan="2">15</td><td colspan="2">25</td><td colspan="2">—</td></tr>
<tr><td>丙</td><td colspan="2">15</td><td colspan="2">25</td><td>35</td><td>45</td></tr>
<tr><td>丁、戊</td><td colspan="5">15</td><td>20</td></tr>
<tr><td rowspan="3">民用建筑</td><td colspan="2">住宅</td><td colspan="6">15</td></tr>
<tr><td rowspan="2">公共建筑</td><td>单层及多层</td><td colspan="2">15</td><td colspan="2">25</td><td>30</td><td>40</td></tr>
<tr><td>高层</td><td colspan="2">—</td><td colspan="2">25</td><td>30</td><td>40</td></tr>
<tr><td colspan="3">地下建筑(包括地铁)、平战结合的人防工程</td><td colspan="2">15</td><td colspan="2">20</td><td>25</td><td>30</td></tr>
<tr><td rowspan="3">三级</td><td colspan="2" rowspan="2">工业建筑</td><td>乙、丙</td><td>15</td><td>20</td><td>30</td><td>40</td><td>45</td><td>—</td></tr>
<tr><td>丁、戊</td><td colspan="3">15</td><td>20</td><td>25</td><td>35</td></tr>
<tr><td colspan="3">单层及多层民用建筑</td><td colspan="2">15</td><td>20</td><td>25</td><td>30</td><td>—</td></tr>
<tr><td rowspan="2">四级</td><td colspan="3">丁、戊类工业建筑</td><td colspan="2">15</td><td>20</td><td colspan="2">25</td><td>—</td></tr>
<tr><td colspan="3">单层及多层民用建筑</td><td colspan="2">15</td><td>20</td><td colspan="2">25</td><td>—</td></tr>
</table>

注：1. 成组布置的建筑物应按消火栓设计流量较大的相邻两座建筑物的体积之和确定。

2. 火车站、码头和机场的中转库房，其室外消火栓设计流量应按相应耐火等级的丙类物品库房确定。

3. 国家级文物保护单位的重点砖木、木结构的建筑物室外消火栓设计流量，按三级耐火等级民用建筑物消火栓设计流量确定。

4. 当单座建筑的总建筑面积大于 500 000 m^2 时，建筑物室外消火栓设计流量，应按本表规定的最大值增加 1 倍。

附录 3.10　直流水枪充实水柱技术数据

<table>
<tr><th rowspan="3">充实水柱 H_m/m</th><th colspan="6">水枪不同喷嘴口径的压力 H_q 和实际消防射流量 q_{xh}</th></tr>
<tr><th colspan="2">13 mm</th><th colspan="2">16 mm</th><th colspan="2">19 mm</th></tr>
<tr><th>压力/MPa</th><th>流量/($L\cdot s^{-1}$)</th><th>压力/MPa</th><th>流量/($L\cdot s^{-1}$)</th><th>压力/MPa</th><th>流量/($L\cdot s^{-1}$)</th></tr>
<tr><td>6</td><td>0.081</td><td>1.7</td><td>0.080</td><td>2.5</td><td>0.075</td><td>3.5</td></tr>
<tr><td>7</td><td>0.096</td><td>1.8</td><td>0.092</td><td>2.7</td><td>0.09</td><td>3.8</td></tr>
<tr><td>8</td><td>0.112</td><td>2.0</td><td>0.105</td><td>2.9</td><td>0.105</td><td>4.1</td></tr>
<tr><td>9</td><td>0.130</td><td>2.1</td><td>0.125</td><td>3.1</td><td>0.120</td><td>4.3</td></tr>
</table>

续表

充实水柱 H_m/m	水枪不同喷嘴口径的压力 H_q 和实际消防射流量 q_{xh}					
	13 mm		16 mm		19 mm	
	压力/MPa	流量/(L·s^{-1})	压力/MPa	流量/(L·s^{-1})	压力/MPa	流量/(L·s^{-1})
10	0.150	2.3	0.140	3.3	0.135	4.6
11	0.170	2.4	0.160	3.5	0.150	4.9
12	0.190	2.6	0.175	3.8	0.170	5.2
12.5	0.215	2.7	0.195	4.0	0.185	5.4
13	0.240	2.9	0.220	4.2	0.205	5.7
13.5	0.265	3.0	0.240	4.4	0.225	6.0
14	0.296	3.2	0.265	4.6	0.245	6.2
15	0.330	3.4	0.290	4.8	0.270	6.5
15.5	0.370	3.6	0.320	5.1	0.295	6.8
16	0.415	3.8	0.355	5.3	0.325	7.1
17	0.470	4.0	0.395	5.6	0.335	7.5

附录3.11 自动喷水灭火系统的基本设计数据

项目 / 建筑物的危险等级		设计喷水强度 /[L·(min·m^{-2})]	作用面积 /m^2	喷头工作压力/Pa	设计流量 Q_s/(L·s^{-1})		相当于喷头开放数/个
					Q_1	Q_s = 1.15 ~ 1.30 Q_1	
严重危险级	生产建筑物	10.0	300	9.8×10^4	50	57.50 ~ 65.0	43 ~ 49
	储存建筑物	15.0	300	9.8×10^4	75	86.25 ~ 97.5	65 ~ 73
中危险级		6.0	200	9.8×10^4	20	23.0 ~ 20.0	17 ~ 20
轻危险级		3.0	180	9.8×10^4	9	10.35 ~ 11.7	8 ~ 9

注:1. 最不利点处喷头最低工作压力不应小于 4.9×10^4 Pa(0.5 kgf/cm^3)。

2. 作用面积为一次火灾喷水保护的最大面积。

3. Q_1 为设计喷水强度与作用面积之乘积。

4. 公称直径 15 mm 的喷头,其工作压力等于 9.8×10^4 Pa 时,其出水量为 1.33 L/s。

附录5.1　在自然循环上供下回双管热水供暖系统中，由于水在管路内冷却而产生的附加压力

系统的水平距离/m	锅炉到散热器的高度/m	自总立管至计算立管之间的水平距离/m					
		<10	10~20	20~30	30~50	50~75	75~100
1	2	3	4	5	6	7	8
未保温的明装立管							
(1)1层或2层的房屋							
25以下	7以下	100	100	150	—	—	—
25~50	7以下	100	100	150	200	—	—
50~75	7以下	100	100	150	150	200	—
75~100	7以下	100	100	150	150	200	250
(2)3层或4层的房屋							
25以下	15以下	250	250	250	—	—	—
25~50	15以下	250	250	300	350	—	—
50~75	15以下	250	250	250	300	350	—
75~100	15以下	250	250	250	300	350	400
(3)高于4层的房屋							
25以下	7以下	450	500	550	—	—	—
25以下	大于7	300	350	450	—	—	—
25~50	7以下	550	600	650	750	—	—
25~50	大于7	400	450	500	550	—	—
50~75	7以下	550	550	600	650	750	—
50~75	大于7	400	400	450	500	550	—
75~100	7以下	550	550	550	600	650	700
75~100	大于7	400	400	400	450	500	650
未保温的暗装立管							
(1)1层或2层的房屋							
25以下	7以下	80	100	130	—	—	—
25~50	7以下	80	80	130	150	—	—
50~75	7以下	80	80	100	130	180	—
75~100	7以下	80	80	80	130	180	230
(2)3层或4层的房屋							
25以下	15以下	180	200	280	—	—	—
25~50	15以下	180	200	250	300	—	—
50~75	15以下	150	180	200	250	300	—
75~100	15以下	150	150	180	230	280	330

续表

系统的水平距离/m	锅炉到散热器的高度/m	自总立管至计算立管之间的水平距离/m					
		<10	10~20	20~30	30~50	50~75	75~100
(3)高于4层的房屋							
25以下	7以下	300	350	380	—	—	—
25以下	大于7	200	250	300	—	—	—
25~50	7以下	350	400	430	530	—	—
25~50	大于7	250	300	330	380	—	—
50~75	7以下	350	350	400	430	530	—
50~75	大于7	250	250	300	330	380	—
75~100	7以下	350	350	380	400	480	530
75~100	大于7	250	260	280	300	350	450

注:1. 在下供下回系统中,不计算水在管路中冷却而产生的附加压力。
2. 在单管式系统中,附加值采用本附录所示的相应值的50%。

附录5.2 温差修正系数α

围护结构特征	α
外墙、屋顶、地面以及室外相通的楼板等	1.00
闷顶和室外空气相通的非采暖地下室上面的楼板等	0.90
与有外门窗的不采暖楼梯间相邻的隔墙(1~6层建筑)	0.60
与有外门窗的不采暖楼梯间相邻的隔墙(7~30层建筑)	0.50
非采暖地下室上面的楼板、外墙上有窗时	0.75
非采暖地下室上面的楼板、外墙上无窗且位于室外地坪以上时	0.60
非采暖地下室上面的楼板、外墙上无窗且位于室外地坪以下时	0.40
与有外门窗的非采暖房间相邻的隔墙	0.70
与无外门窗的非采暖房间相邻的隔墙	0.40
伸缩缝墙、沉降缝墙	0.30
防震缝墙	0.70

附录5.3 允许温差Δt_y值

建筑物及房间类别	外墙/℃	屋顶/℃
居住建筑、医院和幼儿园等	6.0	4.0
办公建筑、学校和门诊部等	6.0	4.5
公共建筑(上述指明者除外)和工业企业辅助建筑物(潮湿的房间除外)	7.0	5.5
室内空气干燥的生产厂房	10.0	8.0

续表

建筑物及房间类别		外墙/℃	屋顶/℃
室内空气湿度正常的生产厂房		8.0	7.0
室内空气潮湿的公共建筑、生产厂房及辅助建筑物	当不允许墙和顶棚内表面结露时	$t_n - t_1$	$0.8(t_n - t_1)$
	当仅不允许顶棚内表面结露时	7.0	$0.9(t_n - t_1)$
室内空气潮湿且具有腐蚀性介质的生产厂房		$t_n - t_1$	$t_n - t_1$
室内散热量大于23 W/m²,且计算相对湿度不大于50%的生产厂房		12.0	12.0

注:1. 与室外空气相通的楼板和非采暖地下室上面的楼板,其允许温差 Δt_y 值可采用2.5 ℃。

2. t_n 为冬季室内计算温度。

3. t_1 为在室内计算温度和相对湿度状况下的露点温度。

附录5.4(1) 工业车间采暖热指标

建筑物名称	建筑物体积	采暖热指标	建筑物名称	建筑物体积	采暖热指标
	1 000 m³	W/(m³·℃)		1 000 m³	W/(m³·℃)
金工装配车间	10~50 50~100 100~150 150~200 200以上	0.52~0.47 0.47~0.44 0.44~0.41 0.41~0.38 0.38~0.29	油漆车间	50以下 50~100	0.64~0.58 0.58~0.52
			木工车间	5以下 5~10 10~50 50以上	0.70~0.64 0.64~0.52 0.52~0.47 0.47~0.41
焊接车间	50~100 100~150 150~250 250以上	0.44~0.41 0.41~0.35 0.35~0.33 0.33~0.29	工具机修车间	10~50 500~100	0.5~0.44 0.44~0.41
中央实验室	5以下 5~10 10以上	0.81~0.70 0.70~0.58 0.58~0.47	生活间及办公室	0.5~1 1~2 2~5 5~10 10~20	1.16~0.76 0.93~0.52 0.87~0.47 0.76~0.41 0.64~0.35

附录5.4(2) 民用建筑的单位面积供暖热指标

建筑物名称	单位面积热指标/(W·m⁻²)	建筑物名称	单位面积热指标/(W·m⁻²)
住宅	46.5~70	商店	64~87
办公楼、学校	58~81.5	单层住宅	81.5~104.5
医院、幼儿园	64~81.5	食堂、餐厅	116~129.6
旅馆	58~70	影剧院	93~116
图书馆	46.5~75.6	大礼堂、体育馆	116~163

附录 5.5 一些民用建筑物供暖面积热指标概算值

建筑物类型	供暖面积热指标 q_f	
	kcal/(m^2 · h)	W/m^2
住宅	40 ~ 60	47 ~ 70
办公楼、学校	50 ~ 70	58 ~ 81
医院、幼儿园	55 ~ 70	64 ~ 81
旅馆	50 ~ 60	58 ~ 70
图书馆	40 ~ 65	47 ~ 76
商店	55 ~ 75	64 ~ 87
单层住宅	70 ~ 90	81 ~ 105
食堂、餐厅	100 ~ 120	116 ~ 140
影剧院	80 ~ 100	93 ~ 116
大礼堂、体育馆	100 ~ 140	116 ~ 163

注：总建筑面积大，外围护结构热工性能好，窗户面积小，采用表中较小的指标；反之，采用表中较大的指标。

附录 5.6 修正系数计算散热面积时，考虑水在未保温暗装管道内的冷却 β_2

房屋层数	散热器所在的楼层						备 注
	一	二	三	四	五	六	
单管式系统(上给式)							1. 本表适用于机械循环热水供暖系统，对自然循环系统应再各乘以 1.4 的系数 2. 本表适用于暗装情况，若为明装 $\beta_2 = 1.0$ 3. 热媒为蒸汽时 $\beta_2 = 1.0$ 4. 上给式指的是热水自上端给入立管。下给式指的是热水自下端给入立管
2	1.04	1.00	—	—	—	—	
3	1.05	1.00	1.00	—	—	—	
4	1.05	1.04	1.00	1.00	—	—	
5	1.05	1.04	1.00	1.00	1.00	—	
6	1.06	1.05	1.04	1.00	1.00	1.00	
双管式系统(上给式)							
2	1.05	1.00	—	—	—	—	
3	1.05	1.05	1.00	—	—	—	
4	1.05	1.05	1.03	1.00	—	—	
5	1.04	1.04	1.03	1.00	1.00	—	
6	1.04	1.04	1.03	1.00	1.00	1.00	
双管式系统(下给式)							
2	1.00	1.03	—	—	—	—	
3	1.00	1.00	1.03	—	—	—	
4	1.00	1.00	1.03	1.05	—	—	
5	1.00	1.00	1.03	1.03	1.05	—	
6	1.00	1.00	1.00	1.03	1.03	1.05	

附录 5.7　散热器安装方式不同的修正系数 β_3

序号	装置示意图	说　明	系　数	序号	装置示意图	说　明	系　数
1	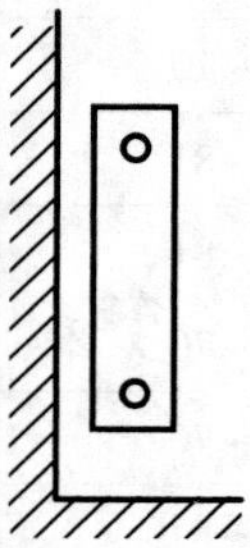	敞开装置	$\beta_3=1.0$	5	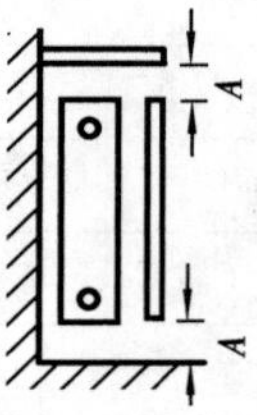 A A	外加围罩在罩子前面上下端开孔	$A=130$ mm 孔是敞开的 $\beta_3=1.2$ 孔带有格网的 $\beta_3=1.4$
2	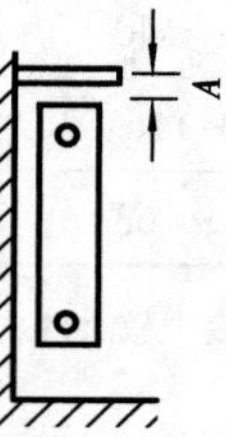 A	上加盖板	$A=40$ mm $\beta_3=1.05$ $A=80$ mm $\beta_3=1.03$ $A=100$ mm $\beta_3=1.02$	6	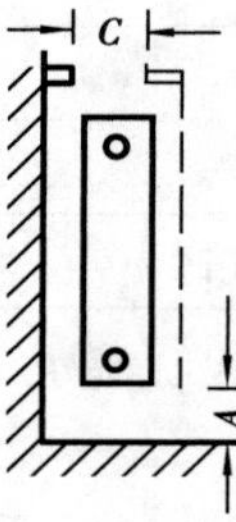 C A	外加网格罩，在罩子顶部开孔，宽度 $C\geqslant$ 散热器宽度，罩子前面下端开孔 $A\geqslant$ 100 mm	$A\geqslant100$ mm $\beta_3=1.15$
3	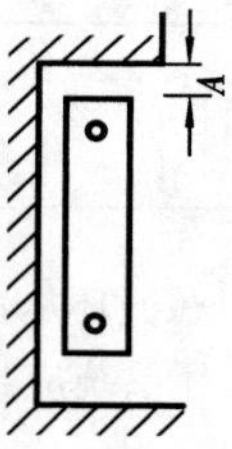 A	装在壁盒内	$A=40$ mm $\beta_3=1.11$ $A=80$ mm $\beta_3=1.07$ $A=100$ mm $\beta_3=1.06$	7	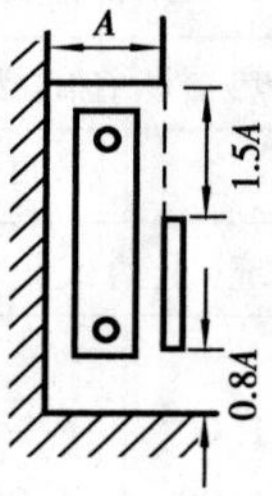 A 1.5A 0.8A	外加围罩，在罩子前面上下两端开孔	$\beta_3=1.0$
4	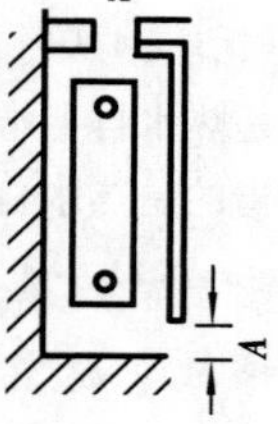 A A	外加围罩，有罩子顶部和罩子前面下端开孔	$A=150$ mm $\beta_3=1.25$ $A=180$ mm $\beta_3=1.19$ $A=220$ mm $\beta_3=1.13$ $A=260$ mm $\beta_3=1.12$	8	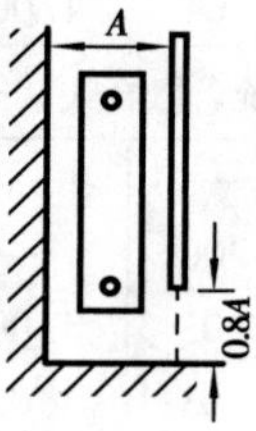 A 0.8A	加挡板	$\beta_3=0.9$

附录 5.8　**每供给 1 kW 热量系统设备的水容积**

设备名称	水容积/(L·kW^{-1})	设备名称	水容积/(L·kW^{-1})
柱形散热器	8.6	单板带对流片钢制扁管散热器 520×1 000 型	5.26
M-132 型散热器	11.2	单板钢制扁管散热器 624×1 000 型	8.0
(60)大长翼型散热器	16.1	单板带对流片钢制扁管散热器 624×1 000 型	5.6
(60)小长翼型散热器	9.46	RSL250-7/95-A 型热火锅炉	0.8
圆翼型散热器(ϕ51)	4.0	SH,DZ,SZ 型热水锅炉	2.6
圆翼型散热器(ϕ71)	5.16	RSD,RSG,RSZ 型立式水管锅炉	1.0
空气加热器或暖风机陶瓷散	0.43	热交换器	5.16
热器(三联)	12.0	考克兰锅炉(LH 型)	9.46
单板钢制扁管散热器 416×1 000型	6.45	M 型、火焰式锅炉	2.75~5.16
单板带对流片钢制扁管散热器 416×1 000型	4.7	机械循环　室外采暖管网	5.16
		室内采暖管网	6.9
单板钢制扁管散热器 520×1 000型	7.4	自然循环室内管网	13.8

附录 6.1　室内空气质量标准

序号	参数类别	参数	单位	标准值	备注
1	物理性	温度	℃	22~28	夏季空调
				16~24	冬季采暖
2		相对湿度	%	40~80	夏季空调
				30~60	冬季采暖
3		空气流速	m/s	0.3	夏季空调
				0.2	冬季采暖
4		新风量	$m^3/(h\cdot p)$	30①	
5	化学性	二氧化硫 SO_2	mg/m^3	0.50	1 小时均值
6		二氧化氮 NO_2	mg/m^3	0.24	1 小时均值
7		一氧化碳 CO	mg/m^3	10	1 小时均值
8		二氧化碳 CO_2	%	0.10	日平均值
9		氨 NH_3	mg/m^3	0.20	1 小时均值
10		臭氧 O_3	mg/m^3	0.16	1 小时均值
11		甲醛 HCHO	mg/m^3	0.10	1 小时均值
12		苯 C_6H_6	mg/m^3	0.11	1 小时均值
13		甲苯 C_7H_8	mg/m^3	0.20	1 小时均值
14		二甲苯 C_8H_{10}	mg/m^3	0.20	1 小时均值
15		苯并[a]芘 B(a)P	mg/m^3	1.0	日平均值
16		可吸入颗粒 PM 10	mg/m^3	0.15	日平均值
17		总挥发性有机物 TVOC	mg/m^3	0.60	8 小时均值
18	生物性	氡 222Rn	cfu/m^3	2 500	依据仪器定②
19	放射性	菌落总数	Bq/m^3	400	年平均值(行动水平)

注:①新风量要求≥标准值,除温度、相对湿度外的其他参数要求≤标准值。

②达到此水平建议采取干预行动以降低室内氡浓度。

附录6.2 室外空气计算参数

地名		北京	天津	呼和浩特	沈阳	哈尔滨	上海	南京	合肥	郑州	武汉	广州	重庆	西安	乌鲁木齐
台站信息	北纬	39°48′	39°05′	40°49′	41°44′	45°45′	31°10′	32°00′	31°52′	34°43′	30°37′	23°10′	29°31′	34°18′	43°47′
	东经	116°28′	117°04′	111°41′	123°37′	126°46′	121°26′	118°48′	117°14′	113°39′	114°08′	113°20′	106°29′	108°56′	87°37′
	海拔/m	31.3	2.5	1 063.0	44.7	142.3	2.6	8.9	27.9	110.4	23.1	41.7	351.1	397.5	917.9
	统计年份	1971—2000	1971—2000	1971—2000	1971—2000	1971—2000	1971—1998	1971—2000	1971—2000	1971—2000	1971—2000	1971—2000	1971—1986	1971—2000	1971—2000
年平均温度/℃		12.3	12.7	6.7	8.4	4.2	16.1	15.5	15.8	14.3	16.6	22.0	17.7	13.7	7.0
室外计算温湿度	供暖室外计算温度/℃	-7.6	-7.0	-17.0	-16.9	-24.2	-0.3	-1.8	-1.7	-3.8	-0.3	8.0	4.1	-3.4	-19.7
	冬季通风室外计算温度/℃	-3.6	-3.5	-11.6	-11.0	-18.4	4.2	2.4	2.6	0.1	3.7	13.6	7.2	-0.1	-12.7
	冬季空调室外计算温度/℃	-9.9	-9.6	-20.3	-20.7	-27.1	-2.2	-4.1	-4.2	-6.0	-2.6	5.2	2.2	-5.7	-23.7
	冬季空调室外计算相对湿度/%	44	56	58	60	73	75	76	76	61	77	72	83	66	78
	夏季空调室外计算干球温度/℃	33.5	33.9	30.6	31.5	30.7	34.4	34.8	35.0	34.9	35.2	34.2	35.5	35.0	33.5
	夏季空调室外计算湿球温度/℃	26.4	26.8	21.0	25.3	23.9	27.9	28.1	28.1	27.4	28.4	27.8	26.5	25.8	18.2
	夏季通风室外计算温度/℃	29.7	29.8	26.5	28.2	26.8	31.2	31.2	31.4	30.9	32.0	31.8	31.7	30.6	27.5
	夏季通风室外计算相对湿度/%	61	63	48	65	62	69	69	69	64	67	68	59	58	34
	夏季空调室外计算日平均温度/℃	29.6	29.4	25.9	27.5	26.3	30.8	31.2	31.7	30.2	32.0	30.7	32.3	30.7	28.3
风向风速及频率	夏季室外平均风速/(m·s^{-1})	2.1	2.2	1.8	2.6	3.2	3.1	2.6	2.9	2.2	2.0	1.7	1.5	1.9	3.0
	夏季最多风向	C SW	C S	C SW	SW	SSW	SE	C SSE	C SSW	C S	C ENE	C SSE	C ENE	C ENE	NNW
	夏季最多风向的频率/%	18 10	15 9	36 8	16	12	14	18 11	11 10	21 11	23 8	28 12	33 8	28 13	15
	夏季最多风向平均风速/(m·s^{-1})	3.0	2.4	3.4	3.5	3.9	3.0	3.0	3.4	2.8	2.3	2.3	1.1	2.5	3.7
	冬季室外平均风速/(m·s^{-1})	2.6	2.4	1.5	2.6	3.2	2.6	2.4	2.7	2.7	1.8	1.7	1.1	1.4	1.6

续表

地名		北京	天津	呼和浩特	沈阳	哈尔滨	上海	南京	合肥	郑州	武汉	广州	重庆	西安	乌鲁木齐
风向风速及频率	冬季最多风向	C N	C N	C NNW	C NNE	SW	NW	C ENE	C E	C NW	C NE	C NNE	C NNE	C ENE	C SSW
	冬季最多风向的频率/%	19 12	20 11	50 9	13 10	14	14	28 10	17 10	22 12	28 13	34 19	46 13	41 10	29 10
	冬季最多风向平均风速/(m·s^{-1})	4.7	4.8	4.2	3.6	3.7	3.0	3.5	3.0	4.9	3.0	2.7	1.6	2.5	2.0
	年最多风向	C SW	C SW	C NNW	SW	SSW	SE	C E	C E	C ENE	C ENE	C NNE	C NNE	C ENE	C NNW
	年最多风向的频率/%	17 10	16 9	40 7	13	12	10	23 9	14 9	21 10	26 10	31 11	44 13	35 11	15 12
冬季日照百分率/%		64	58	63	56	56	40	43	40	47	37	36	7.5	32	39
最大冻土深度/m		66	58	156	148	205	8	9	8	27	9			37	139
冬季室外大气压力/hPa		1 021.7	1 027.1	901.2	1 020.8	1 004.2	1 025.4	1 025.5	1 022.3	1 013.3	1 023.5	1 019.0	980.6	979.1	924.6
夏季室外大气压力/hPa		1 000.2	1 005.2	889.6	1 000.9	987.7	1 005.4	1 004.3	1 001.2	992.3	1 002.1	1 004.0	963.8	959.8	911.2
设计计算用供暖期天数及其平均温度/℃	日平均温度≤+5℃的天数	123	121	167	152	176	42	77	64	97	50	0	0	100	158
	日平均温度≤+5℃的起始日期	11.12~3.14	11.13~3.13	10.20~4.4	10.30~3.30	10.17~4.10	1.1~2.11	12.8~2.13	12.11~2.12	11.26~3.2	12.22~2.9			11.23~3.2	10.24~3.30
	≤+5℃期间内的平均温度	-0.7	-0.6	-5.3	-5.1	-9.4	4.1	3.2	3.4	1.7	3.9			1.5	-7.1
	日平均温度≤+8℃的天数	144	142	184	172	195	93	109	103	125	98	0	53	127	180
	日平均温度≤+8℃的起始日期	11.4~3.27	11.6~3.27	10.12~4.13	10.20~4.9	10.8~4.20	12.5~3.7	11.24~3.12	11.24~3.6	11.12~3.16	11.27~3.4		12.22~2.12	11.09~3.15	10.14~4.11
	≤+8℃期间内的平均温度	0.3	0.4	-4.1	-3.6	-7.8	5.2	4.2	4.3	3.0	5.2		7.2	2.6	-5.4
极端最高气温/℃		41.9	40.5	38.5	36.1	36.7	39.4	39.7	39.1	42.3	39.3	38.1	40.2	41.8	42.1
极端最低气温/℃		-18.3	-17.8	-30.5	-29.4	-37.7	-10.1	-13.1	-13.5	-17.9	-18.1	0.0	-1.8	-12.8	-32.8

附录6.3 圆形通风管统一规格

外径 D /mm	钢板制风管		塑料制风管	
	外径允许偏差/mm	壁厚/mm	外径允许偏差/mm	壁厚/mm
100	±1	0.5	±1	3.0
120				
140				
160				
180				
200				
220		0.75		4.0
250				
280				
320				
360				
400				
450				
500				
560		1.0	±1.5	
630				
700				5.0
800				
900				
1 000				
1 120				6.0
1 250		1.2 ~ 1.5		
1 400				
1 600				
1 800				
2 000				

外径 D /mm	除尘风管		气密性风管	
	外径允许偏差/mm	壁厚/mm	外径允许偏差/mm	壁厚/mm
80 90 100	±1	1.5	±1	2.0
110 120				
(130) 140				
(150) 160				
(170) 180				
(190) 200				
(210) 220				
(240) 250				
(260) 280				
(300) 320				
(340) 360				
(380) 400				
(420) 450				
(480) 500				
(530) 560		2.0		3.0 ~ 4.0
(600) 630				
(670) 700				
(750) 800				
(850) 900				
(950) 1 000				
(1 060) 1 120				
(1 180) 1 250				
(1 320) 1 400				
(1 500) 1 600		3.0		4.0 ~ 6.0
(1 700) 1 800				
(1 900) 2 000				

附录 6.4　矩形通风管统一规格

<table>
<tr><th rowspan="2">外边长
A×B
/mm</th><th colspan="2">钢板制风管</th><th colspan="2">塑料制风管</th><th rowspan="2">外边长
A×B
/mm</th><th colspan="2">钢板制风管</th><th colspan="2">塑料制风管</th></tr>
<tr><th>外边长允许偏差/mm</th><th>壁厚/mm</th><th>外边长允许偏差/mm</th><th>壁厚/mm</th><th>外边长允许偏差/mm</th><th>壁厚/mm</th><th>外边长允许偏差/mm</th><th>壁厚/mm</th></tr>
<tr><td>120×120</td><td rowspan="26">-2</td><td rowspan="6">0.5</td><td rowspan="23">-2</td><td rowspan="14">3.0</td><td>630×500</td><td rowspan="26">-2</td><td rowspan="13">1.0</td><td rowspan="26">-3</td><td rowspan="6">5.0</td></tr>
<tr><td>160×120</td><td>630×630</td></tr>
<tr><td>160×160</td><td>800×320</td></tr>
<tr><td>220×120</td><td>800×400</td></tr>
<tr><td>200×160</td><td>800×500</td></tr>
<tr><td>200×200</td><td>800×630</td></tr>
<tr><td>250×120</td><td rowspan="17">0.75</td><td>800×800</td><td rowspan="12">6.0</td></tr>
<tr><td>250×160</td><td>1 000×320</td></tr>
<tr><td>250×200</td><td>1 000×400</td></tr>
<tr><td>250×250</td><td>1 000×500</td></tr>
<tr><td>320×160</td><td>1 000×630</td></tr>
<tr><td>320×200</td><td>1 000×800</td></tr>
<tr><td>320×250</td><td>1 000×1 000</td></tr>
<tr><td>320×320</td><td>1 250×400</td><td rowspan="13">1.2</td></tr>
<tr><td>400×200</td><td rowspan="9">4.0</td><td>1 250×500</td></tr>
<tr><td>400×250</td><td>1 250×630</td></tr>
<tr><td>400×320</td><td>1 250×800</td></tr>
<tr><td>400×400</td><td>1 250×1 000</td></tr>
<tr><td>500×200</td><td>1 600×500</td><td rowspan="8">8.0</td></tr>
<tr><td>500×250</td><td>1 600×630</td></tr>
<tr><td>500×320</td><td>1 600×800</td></tr>
<tr><td>500×400</td><td>1 600×1 000</td></tr>
<tr><td>500×500</td><td>1 600×1 250</td></tr>
<tr><td>630×250</td><td rowspan="3">1.0</td><td rowspan="3">-3.0</td><td rowspan="3">5.0</td><td>2 000×800</td></tr>
<tr><td>630×320</td><td>2 000×1 000</td></tr>
<tr><td>630×400</td><td>2 000×1 250</td></tr>
</table>

注:1. 本通风管道统一规格系统“通风管道定型化”审查会议通过,作为通用规格在全国使用。

2. 除尘、气密性风管规格中分基本系列和辅助系列,应优先采用基本系列(即不加括号数字)。

附录 7.1 民用建筑空调室内设计参数推荐值

建筑类型（房间名称）			夏季 风速/(m·s^{-1})	夏季 相对湿度/%	夏季 温度/℃	冬季 风速/(m·s^{-1})	冬季 相对湿度/%	冬季 温度/℃	新风量/(m^3·h^{-1})	噪声 超级 NC/dB	空气中含尘量/(mg·m^{-3})
旅馆	客房	一级	0.25	55	24	0.15	50	24	100	30	0.15
		二级		60	25		40	23	80	35	0.3
		三级		65	25		30	22	60	35	0.3
		四级		70	26		—	22	30	50	—
	餐厅、宴会厅	一级	0.25	65	24	0.15	40	23	—	35	0.3
		二级			25			21	40 m^3/(h·P)	40	0.3
		三级			25			21	25 m^3/(h·P)	40	0.3
		四级			26			20	18 m^3/(h·P)	50	—
	会议室、接待室、办公室、	一级	0.25	55	25	0.15	50	24		30	0.15
		二级		60	26		40	23	50 m^3/(h·P)	35	
		三级		65	27		30	22	30 m^3/(h·P)	40	0.3
		四级		70	27		—	22	—	40	—
	商店、服务机构	一级	0.25	65	24	0.15	40	23	18 m^3/(h·P)	50	0.3
		二级			25			21			
		三级			26			21			
		四级			27			20			
	门厅、走道、中庭、四季厅	一级	0.3	65	25	0.3	30	20	走道、中庭、四季厅18 m^3/(h·P)；门厅为0	40	0.3
		二级			26			18		45	
		三级			27			17		45	
		四级			27			16		50	
	美容、理发		0.15	60	26	0.15	50	23	30 m^3/(h·P)	35	0.15
	健身房		0.25	60	24	0.25	40	19	80 m^3/(h·P)	40	0.15
	保龄球房		0.25	60	25	0.25	40	21	40 m^3/(h·P)	40	0.3
	室内游泳池		0.15	60	26	0.15	50	24	30 m^3/(h·P)	40	0.15
	弹子房		0.25	60	27	0.25	40	22	30 m^3/(h·P)	40	0.15
	舞厅、酒吧	非跳舞时	0.15	60	26	0.15	40	23	18 m^3/(h·P)	40	0.3
		跳舞时	0.15	60	23	0.15	50	18	40 m^3/(h·P)	—	—
	餐厅、宴会厅（非用餐时）		0.15	60	25	0.15	40	21	18 m^3/(h·P)	40	0.3
	客房（晚间睡眠时）		0.15	60	26	0.15	50	22	减少20 m^3/(h·P)	30	0.3
公寓	卧室	高级	0.25	60	25	0.15	40	23	30 m^3/(h·P)	30	0.3
		一般		70	26		—	22	20 m^3/(h·P)	35	0.3
	起居室	高级	0.25	60	25	0.15	40	23	90 m^3/(h·P)	35	0.3
		一般		70	26		—	22	70 m^3/(h·P)	40	—
医院	高级病房、CT 诊断		0.25	60	25	0.15	40	23	20 m^3/(h·P)	35	0.3
	手术室		0.15	60	25	0.15	50	25	20 m^3/(h·P)	35	—
大会堂、体育馆、展览厅			0.25	60	26	0.2	40	20	10 m^3/(h·P)	50	—
办公大楼、银行			0.25	60	26	0.15	40	20	20 m^3/(h·P)	40	—

续表

建筑类型（房间名称）	夏季			冬季			新风量/($m^3 \cdot h^{-1}$)	噪声	空气中含尘量/($mg \cdot m^{-3}$)
	风速/($m \cdot s^{-1}$)	相对湿度/%	温度/℃	风速/($m \cdot s^{-1}$)	相对湿度/%	温度/℃		超级 NC/dB	
商业中心、百货大楼、商场	0.25	70	27	0.25	35	18	10 m^3/(h·P)	55	—
影剧院、剧院、候机厅	0.25	60	26	0.15	40	20	15 m^3/(h·P)	40	—

附录 8.1　变配电室对建筑的要求

房间名称	高压配电室（有充油设备）	高压电容器室	油浸变压器室	低压配电室	控制室	值班室
建筑物耐火等级	二级	二级（油浸室）	一级		二级	
屋　面	应有良好的防水、排水措施和保湿、隔热层					
顶　棚	刷　白					
屋　檐	防止屋面的雨水沿墙面流下					
内墙面	邻近带电部分的内墙面只刷白，其他部分抹灰刷白		勾缝并刷白，墙基应防止油浸蚀，与有爆炸危险场所相邻的墙壁内侧应抹灰并刷白	抹灰并刷白		
地　坪	水泥压光	水泥压光采用抬高地坪方案通风效果较好	低式布置采用卵石或碎石铺设，厚度为 250 mm； 高式布置采用水泥地坪，应向中间通风及排油孔做 2% 的坡度	水泥压光	水磨石或水泥压光	水泥压光
采光和采光窗	宜有自然采光，可用木窗，能开启的应设纱窗，第一层开向变电所范围外的窗应加保护网，窗台高不小于 1.8 m。靠近带电部分应设固定窗，在空气污秽或风沙大处，不宜设可开启的窗	可设采光窗，其要求与高压配电室相同	不设采光窗	允许用木窗	允许用木窗，能开启的窗应设置纱窗，在寒冷或风沙大地区采用双层玻璃窗	

续表

房间名称	高压配电室（有充油设备）	高压电容器室	油浸变压器室	低压配电室	控制室	值班室
通风窗	允许用木制百叶窗加保护网(网孔不大于10 mm×10 mm),防止小动物进入	通风窗用百叶窗,并设有网孔不大于10 mm×10 mm的铁丝网	车间内变压器室的通风窗应为非燃材料制成,其他变压器室可为木制,出风窗应有防雨雪进入措施,进风窗应防小动物进入,门上的进风窗可用百叶窗,内设网孔不大于10 mm×10 mm的铁丝网,也可只装铁丝网			
门	门向外开,当相邻房间都有电气设备时,门应能向两个方向开或向电压较低的房间开					
	通往室外的门一般为非防火门。当室内总油量≥60 kg,且门开向建筑物内时,门应采用非燃烧体或难燃烧体做成	与高压配电室相同	采用铁门或木门内侧包铁皮,单扇门宽≥1.5 m时,应在大门上开小门,小门上应装弹簧锁,大门及其上小门应向外开,开启度为180°,应尽量降低小门门槛高度,使得出入方便	允许用木制	允许用木制,在南方炎热地区经常开启的通向屋外的门内还宜设置纱门	
电缆沟	水泥抹光,并采取防火排水措施,若采用钢筋混凝土盖板,要求平整光洁,质量不大于50 kg			水泥抹光并采取防水、排水措施		

附录9.1 主要光源的特征和用途

灯名	种类	发光效率/(lm·W⁻¹)		显色性	亮度	控制配光	寿命/h	特征	主要用途
白炽灯	普通型	10~15	低	优	高	容易	通常1 000(短)	一般用途,易于使用,适用于表现光泽和阴影。暖光色,适用于气氛照明	住宅、商店的一般照明
	透明型	10~15	低	优	非常高	非常容易	同上	闪耀效果、光泽和阴影的表现效果好。暖光色,气氛照明用	花吊灯、有光泽陈列品的照明
	球形	10~15	低	优	高	稍难	同上	明亮的效果,看上去具有辉煌温暖气氛的照明	住宅、商店的吸顶效果
	反射型	10~15	低	优	非常高	非常容易	同上	控制配光非常好,光集中,光泽、阴影和材质感的表现力非常大	显示灯、商店、气氛照明

续表

灯名	种类	发光效率/(lm·W^{-1})		显色性	亮度	控制配光	寿命/h	特征	主要用途
卤钨灯	一般照明用（直管）	约20	稍良	优	非常高	非常容易	2 000（稍良）	体积小，瓦数大，易于控制配光	投光灯、体育馆照明
	微型卤钨灯	15~20	稍良	优	非常高	非常容易	1 500~2 000（稍良）	体积小，用150~500 W易于控制配光	适用于下射光和点光的商店照明
荧光灯		30~90	高	从一般到高显色性	稍低	非常困难	10 000（非常长）	光效高、显色性也好，亮度低，眩光小。有扩散光，难于造成阴影。可做成各种光色和显色性。尺寸大，瓦数不能太大	最适于一般房间、办公室、商店的一般照明

附录9.2　最低悬吊高度

光源种类	灯具形式	保护角	灯泡功率/W	最低悬挂高度/m
白炽灯	搪瓷反射罩或镜面反射罩	10°~30°	≤100 150~200 300~500	2.5 3.0 3.5
高压水银荧光灯	搪瓷、镜面深照型	10°~30°	≤250 ≥400	5.0 6.0
碘钨灯	搪瓷或铝抛光反射罩	≥	500 1 000~2 000	6.0 7.0
白炽灯	乳白玻璃漫射罩	—	≤100 150~200 300~500	2.0 2.5 3.0
荧光灯	—	—	≤40	2.0

附录9.3　居住建筑照明标准值

房间或场所		参考平面及其高度	照度标准值/lx	R_a
起居室	一般活动	0.75 m 水平面	100	80
	书写、阅读		300*	
卧室	一般活动	0.75 m 水平面	75	80
	床头、阅读		150*	
餐厅		0.75 m 餐桌面	150	80
厨房	一般活动	0.75 m 水平面	100	80
	操作台		150*	
卫生间			100	80

注：宜用混合照明。

附录9.4　办公建筑照明标准值

房间或场所	参考平面及其高度	照度标准值/lx	UGR	R_a
普通办公室	0.75 m水平面	300	19	80
高档办公室	0.75 m水平面	500	19	80
会议室	0.75 m水平面	300	19	80
接待室、前台	0.75 m水平面	300	—	80
营业厅	0.75 m水平面	300	22	80
设计室	实际工作面	500	19	80
文件整理、复印、发行室	0.75 m水平面	300	—	80
资料、档案室	0.75 m水平面	200	—	80

附录9.5　商业建筑照明标准值

房间或场所	参考平面及其高度	照度标准值/lx	UGR	R_a
一般商店营业厅	0.75 m水平面	300	22	80
高档商店营业厅	0.75 m水平面	500	22	80
一般超市营业厅	0.75 m水平面	300	22	80
高档超市营业厅	0.75 m水平面	500	22	80
收款台	台面	500	—	80

附录9.6　公用场所照明标准值(1)

房间或场所		参考平面及其高度	照度标准值/lx	UGR	R_a	备　注
1. 通用房间或场所						
实验室	一般	0.75 m水平面	300	22	80	可另加局部照明
	精细	0.75 m水平面	500	19	80	可另加局部照明
检验	一般	0.75 m水平面	300	22	80	可另加局部照明
	精细、有颜色要求	0.75 m水平面	750	19	80	可另加局部照明
计量室、测量室		0.75 m水平面	500	19	80	可另加局部照明
变、配电站	配电装置室	0.75 m水平面	200	—	60	
	变压器室	地面	100	—	20	
电源设备室、发电机室		地面	200	25	60	
控制室	一般控制室	0.75 m水平面	300	22	80	
	主控制室	0.75 m水平面	500	19	80	
电话站、网络中心		0.75 m水平面	500	19	80	

续表

<table>
<tr><th colspan="2">房间或场所</th><th>参考平面及其高度</th><th>照度标准值/lx</th><th>UGR</th><th>R_a</th><th>备注</th></tr>
<tr><td colspan="2">计算机站</td><td>0.75 m 水平面</td><td>500</td><td>19</td><td>80</td><td>防光幕反射</td></tr>
<tr><td rowspan="5">动力站</td><td>风机房、空调机房</td><td>地面</td><td>100</td><td>—</td><td>60</td><td></td></tr>
<tr><td>泵房</td><td>地面</td><td>100</td><td>—</td><td>60</td><td></td></tr>
<tr><td>冷冻站</td><td>地面</td><td>150</td><td>—</td><td>60</td><td></td></tr>
<tr><td>压缩空气站</td><td>地面</td><td>150</td><td>—</td><td>60</td><td></td></tr>
<tr><td>锅炉房、煤气站的操作层</td><td>地面</td><td>100</td><td>—</td><td>60</td><td>锅炉水位表照度不小于 50 lx</td></tr>
</table>

附录 9.7　公用场所照明标准值(2)

<table>
<tr><th colspan="2">房间或场所</th><th>参考平面及高度</th><th>照度标准值/lx</th><th>UGR</th><th>R_a</th></tr>
<tr><td rowspan="2">门厅</td><td>普通</td><td>地面</td><td>100</td><td>—</td><td>60</td></tr>
<tr><td>高档</td><td>地面</td><td>200</td><td>—</td><td>80</td></tr>
<tr><td rowspan="2">走廊、流动区域</td><td>普通</td><td>地面</td><td>50</td><td>—</td><td>60</td></tr>
<tr><td>高档</td><td>地面</td><td>100</td><td>—</td><td>80</td></tr>
<tr><td rowspan="2">楼梯、平台</td><td>普通</td><td>地面</td><td>30</td><td>—</td><td>60</td></tr>
<tr><td>高档</td><td>地面</td><td>75</td><td>—</td><td>80</td></tr>
<tr><td colspan="2">自动扶梯</td><td>地面</td><td>150</td><td>—</td><td>60</td></tr>
<tr><td rowspan="2">厕所、盥洗室、浴室</td><td>普通</td><td>地面</td><td>75</td><td>—</td><td>60</td></tr>
<tr><td>高档</td><td>地面</td><td>150</td><td>—</td><td>80</td></tr>
<tr><td rowspan="2">电梯前厅</td><td>普通</td><td>地面</td><td>75</td><td>—</td><td>60</td></tr>
<tr><td>高档</td><td>地面</td><td>150</td><td>—</td><td>80</td></tr>
<tr><td colspan="2">休息室</td><td>地面</td><td>100</td><td>22</td><td>80</td></tr>
<tr><td colspan="2">储藏室、仓库</td><td>地面</td><td>100</td><td>—</td><td>60</td></tr>
<tr><td rowspan="2">车库</td><td>停车间</td><td>地面</td><td>75</td><td>28</td><td>60</td></tr>
<tr><td>检修间</td><td>地面</td><td>200</td><td>25</td><td>60</td></tr>
</table>

附录 9.8　几种光源的光通量波动深度

光　源	接入电路的方式	波动深度/%	光　源	接入电路的方式	波动深度/%
日光色荧光灯	一灯接入单相电路	55	白炽灯	40 W	13
	二灯移相接入电路	23		100 W	5
	二灯接入二相电路	23	荧光高压光灯	一灯接入单相电路	65
	三灯接入三相电路	5		二灯接入二相电路	31
白色荧光灯	一灯接入单相电路	35		三灯接入三相电路	5
	二灯移相接入电路	15	氙　灯	一灯接入单相电路	130
	二灯接入二相电路	15		二灯接入二相电路	65
	三灯接入三相电路	3.1		三灯接入三相电路	5

附录 9.9　电气图中部分图形符号

图形符号对照			名称和说明	
	—		三相自动开关	规格型号详见工程图注
	—		避雷器	—
向上配线 向下配线 垂直通过配线	=	=	管线引向符号	引上、引下，由上引来，由下引来，引上并引下，由上引来再引下，由下引来再引上
	—	=	双管荧光灯	规格、容量、型号、数量按工程设计图集要求，施工中一般均应采用高效节能型荧光灯灯具及其配套的高可靠、高功率因数（>0.95）的交流电子镇流器
	=	=	单管荧光灯	
	—	=	花灯	符号下面的数字，为选用本图集中待定型灯具的设计编号
	—	=	各种灯具一般符号	
	—	=	明装双控开关（单极三线）	跷板式开关，250 V，6 A
	—	=	暗装单极开关（单极二线）	跷板式开关，250 V，6 A
	—	=	明装单极开关（单极二线）	跷板式开关，250 V，6 A
	=	=	限时开关（单极二线）	250 V，3 A

续表

图形符号对照			名称和说明	
	—	=	暗装三相四极插座(带接地)	380 V, 15 A, 25 A, 距地0.3 m,容量选用见设计图
	—	=	暗装单相三极插座(带接地)	250 V, 10 A, 25 A, 距地0.3 m,居民住宅及儿童活动场所应采用安全插座,如采用普通插座时,应距地1.8 m
	—	=	暗装单相二极插座	
	—	=	明装三相四极插座(带接地)	380 V,15 A,75 A,距地0.3 m
	=	=	明装单相三极插座(带接地)	250 V, 10 A, 25 A, 距地0.3 m,居民住宅及儿童活动场所应采用安全插座,如采用普通插座时,应距地1.8 m
	=	=	明装单相二极插座	
	=	=	电铃	除注明外,距地0.3 m
	=	=	变压器	
	—	=	事故照明配电箱(盘)	画于墙外为明装/墙内为暗装,下沿距地$\frac{1.2}{1.4}$ m
	—	=	照明配电箱(盘)	画于墙外为明装/墙内为暗装,下沿距地$\frac{2.0}{1.4}$ m
	—	=	电力配电箱(盘)	画于墙外为明装/墙内为暗装,下沿距地$\frac{1.2}{1.4}$ m
	—	=	杆上变电所	
国标	IEC	(图集)	名称	型号、规格、做法说明